# 中国现代小卫星技术发展研究论文集（2015年）

《中国现代小卫星技术发展研究论文集》编委会　组织编写

中国宇航出版社

·北京·

**图书在版编目（CIP）数据**

中国现代小卫星技术发展研究论文集.2015年／《中国现代小卫星技术发展研究论文集》编委会组织编写.  -- 北京：中国宇航出版社，2016.1

ISBN 978 - 7 - 5159 - 1053 - 6

Ⅰ. ①中… Ⅱ. ①中… Ⅲ. ①小型卫星-文集 Ⅳ. ①V474.1 - 53

中国版本图书馆 CIP 数据核字（2015）第 321279 号

| | | | |
|---|---|---|---|
| **责任编辑** | 赵宏颖 | | |
| **责任校对** | 祝延萍 | **封面设计** | 宇星文化 |

**出版发行** 中国宇航出版社

| | | | |
|---|---|---|---|
| **社　址** | 北京市阜成路8号 | **邮　编** | 100830 |
| | （010）60286808 | | （010）68768548 |
| **网　址** | www. caphbook. com | | |
| **经　销** | 新华书店 | | |
| **发行部** | （010）60286888 | | （010）68371900 |
| | （010）60286887 | | （010）60286804（传真） |
| **零售店** | 读者服务部 | | |
| | （010）68371105 | | |
| **承　印** | 北京中新伟业印刷有限公司 | | |

| | |
|---|---|
| **版　次** | 2016年1月第1版 |
| | 2016年1月第1次印刷 |
| **规　格** | 880×1230 |
| **开　本** | 1/16 |
| **印　张** | 32.75 |
| **字　数** | 733 千字 |
| **书　号** | ISBN 978 - 7 - 5159 - 1053 - 6 |
| **定　价** | 258.00 元 |

本书如有印装质量问题，可与发行部联系调换

# 序

　　我国第一颗现代小卫星实践五号于 20 世纪 90 年代末发射成功。经历了 15 年高速和不断升级的发展，小卫星已经成为空间技术领域的重要分支，成为我国国家空间基础设施、航天装备体系、科学与技术试验的重要组成部分。小卫星作为航天前沿技术的先行者与探索者，其发展带来的新观念、新设计思想和新技术路线为航天界注入了新的活力。小卫星产业正处在蓬勃发展、方兴未艾的历史机遇期，截至目前，我国已经成功发射了 98 颗小卫星。小卫星以其"快、好、省"的特点受到军民用户的欢迎，市场开拓潜力巨大。

　　我国小卫星的发展历程使我们认识到：市场竞争的本质是产品的竞争，产品竞争的本质是核心技术的竞争，核心技术的不断更新和提高的驱动力在于创新。我们取得的成绩源于技术创新和管理创新。形成小卫星持续发展的新动力、打造小卫星技术发展新优势，重点在于创新，在于系统创新。展望未来，我国小卫星研发将致力于打造一个更加完善、全方位开放的创新平台，引领现代小卫星技术的研究、开发和验证，提供满足客户需求的、具有卓越性能的新技术、新产品及新应用，创新培育小卫星核心技术和核心产品，持续推动我国小卫星事业不断取得辉煌的成就。

　　本论文集汇集了国内来自企业、科研院所、高校等从事小卫星工作的 40 余家单位的 76 篇论文，涉及领域广泛且具有一定的代表性，一定程度上展示了国内现代小卫星技术领域的研发水平和最新成果。希望通过论文集的出版发行，为从事小卫星工作的专家学者和工程技术人员提供借鉴和参考，增进相互之间的了解和沟通，不断提升研发能力，积极推动小卫星技术的创新发展。

中国空间技术研究院　王希季

2015 年 9 月

# 前　言

　　春种秋收，金风送爽，在这收获的九月，凝聚着我国小卫星科研人员智慧与汗水的《中国现代小卫星技术发展研究论文集（2015 年）》终于与读者见面了，这本论文集作为"2015年小卫星技术交流会"的主要成果之一，共收录了涵盖小卫星体系化、综合化、平台技术、载荷技术及科研管理等领域的 76 篇优秀论文，在一定程度上代表和体现了目前国内现代小卫星技术领域的科技创新成果和水平。

　　创新促使着不同技术与理念的融合，而不同领域深度的融合也倒逼着整个小卫星产业的不断升级。本年度，由中国宇航学会、航天东方红卫星有限公司、小卫星及其应用国家工程研究中心联合举办的"2015 年小卫星技术交流会"，以"创新与融合"为主题，旨在通过不同领域的思想交互，促进小卫星技术与管理的能力提升。

　　本次会议得到了各单位的鼎力相助，这既是对小卫星事业的支持，同时也是对公司后续更好更快发展的鞭策。在本书的整理、编辑、校对和出版过程中，作者的辛勤耕耘以及中国宇航学会领导、公司专家的大力支持起到了重要的推动作用，在此一并表示感谢！

　　神圣的使命在激励，宏伟的目标在召唤。后续，公司将和所有关心和支持小卫星事业的同仁一道，集思广益用好机遇，众志成城应对挑战，奋发有为开拓创新，不断促进小卫星技术的发展，为早日实现航天强国梦作出更多贡献！

航天东方红卫星有限公司

总经理

2015 年 9 月

# 目　录

## 第一部分　研究设计

## 第二部分 运行及应用

## 第三部分 发展探讨

## 第四部分　测试试验

## 第五部分　管理实践

# 第一部分　研究设计

# 适应转动惯量变化的卫星质心在轨辨识

包敏凤　张润宁　李洋

航天东方红卫星有限公司，北京　100094

**摘　要**　针对海洋测高卫星在轨质心估计需达到毫米级精确度的要求，研究了转动惯量对质心估计精确度的影响，基于总体最小二乘算法提出了综合考虑推力器推力误差以及陀螺测量误差，对质心偏差和转动惯量变化分别进行估计后迭代求解质心偏差的方法。仿真结果表明，转动惯量改变1%，引起的质心估计误差达到了厘米量级，已不满足质心估计精确度要求；而采用本文所提方法，对转动惯量进行在轨估计，当质心初始估计值为 $[0\ 0\ 0]^T$m 时，迭代22次质心估计精确度就能到达到毫米量级，可为我国未来此类卫星质心在轨估计提供参考。

**关键词**　海洋测高卫星；质心；转动惯量；总体最小二乘算法

## 1　引言

海洋测高卫星测高的基本原理是通过测量高度计发射微波脉冲往返于卫星和星下点海面的时间，从而计算得卫星与星下点海面间的距离，卫星轨道高度与其的差值即为星下点的海面高。高度计的量测值为其相位中心到星下点海面的距离，而卫星的轨道高度通常由精密定轨获得，精密定轨得到的是卫星质心的位置信息，在计算海面高时，卫星轨道高度和高度计量测值的空间基准不一致，卫星质心偏差将直接引入到测高误差中。必须对卫星的质心进行在轨辨识以获取高精度的质心位置信息。

参考文献 [1-4] 针对高精度姿态和轨道控制要求准确已知航天器质量特性的问题，提出最小二乘算法对卫星的质心位置和惯量矩阵等质量特性信息进行在线辨识的方法，该方法只需陀螺作为姿态敏感元件，结合推力器工作输出作为算法的输入参数进行辨识，但辨识过程只考虑了测量矩阵的误差而忽视了系数矩阵的误差。参考文献 [5] 提出了一种基于总体最小二乘法的质心估计算法，综合考虑了实际推力器推力的误差及陀螺仪的测量误差，但该算法假定卫星的转动惯量矩阵是地面精确测量的，卫星在轨运行阶段没有改变，显然这是与实际情况不符的。

本文针对基于总体最小二乘算法的质心估计方法，研究转动惯量对质心估计精确度的影响，并综合考虑卫星在轨运行中转动惯量的改变，对该质心估计算法进行了改进，对质心偏差和转动惯量变化分别进行估计后迭代求解质心偏差，一定程度上提高了质心辨识的精度和准确度。

## 2　卫星质心在轨辨识方法

### 2.1　卫星姿态动力学模型

卫星采用喷气推力器进行姿态控制时，其姿态动力学方程可写为

$$\boldsymbol{J}\dot{\boldsymbol{\omega}} + \boldsymbol{\omega} \times \boldsymbol{J}\boldsymbol{\omega} = \sum_{i=1}^{N}(\boldsymbol{L}_i \times \boldsymbol{D}_i)F_i + \tau_{\mathrm{dis}} \tag{1}$$

式中　$\boldsymbol{\omega}$ ——卫星的体坐标系相对于惯性坐标系的角速度；

$\dot{\boldsymbol{\omega}}$ ——角加速度；

$\boldsymbol{J}$ ——卫星的转动惯量矩阵；

$\tau_{\mathrm{dis}}$ ——卫星受到的干扰力矩；

$N$ ——卫星进行姿态控制的推力器个数；

$\boldsymbol{L}_i$、$\boldsymbol{D}_i$ ——为 $3 \times 1$ 的矩阵，分别表示第 $i$ 个推力器在本体质心坐标系内测得的安装位置和安装方向；

$F_i$ ——第 $i$ 个推力器的推力大小。

## 2.2 转动惯量恒定时的质心辨识

质心决定卫星质心坐标系的原点，因此也就决定 $\boldsymbol{L}_i$ 的值，同样实际质心和标称质心的位置差 $\Delta \boldsymbol{C}$ 也决定了 $\boldsymbol{L}_i$。$\Delta \boldsymbol{C}$ 即为待辨识参数，有

$$\boldsymbol{C} = \boldsymbol{C}_n + \Delta \boldsymbol{C}, \boldsymbol{L}_i = \boldsymbol{L}_{in} - \Delta \boldsymbol{C} \tag{2}$$

其中 $\boldsymbol{C}_n$ 和 $\boldsymbol{L}_{in}$ 分别表示质心位置和推力器 $i$ 安装位置的标称值。式（2）代入式（1）得

$$\boldsymbol{J}\dot{\boldsymbol{\omega}} = \sum_{i=1}^{N}(\boldsymbol{L}_{in} \times \boldsymbol{D}_i)F_i - \sum_{i=1}^{N}(\Delta \boldsymbol{C} \times \boldsymbol{D}_i)F_i - \boldsymbol{\omega} \times \boldsymbol{J}\boldsymbol{\omega} + \tau_{\mathrm{dis}} \tag{3}$$

即有

$$\sum_{i=1}^{N}\boldsymbol{D}_iF_i \times \Delta \boldsymbol{C} = \boldsymbol{J}\dot{\boldsymbol{\omega}} - \sum_{i=1}^{N}(\boldsymbol{L}_{in} \times \boldsymbol{D}_i)F_i + \boldsymbol{\omega} \times \boldsymbol{J}\boldsymbol{\omega} - \tau_{\mathrm{dis}} \tag{4}$$

引入一个 $3 \times 1$ 的矢量变量 $\boldsymbol{d} = \sum_{i=1}^{N}\boldsymbol{D}_iF_i$，应用矩阵叉乘公式可将式（4）写成

$$\begin{bmatrix} 0 & -d_3 & d_2 \\ d_3 & 0 & -d_1 \\ -d_2 & d_1 & 0 \end{bmatrix}\Delta \boldsymbol{C} = \boldsymbol{J}\dot{\boldsymbol{\omega}} - \sum_{i=1}^{N}(\boldsymbol{L}_{in} \times \boldsymbol{D}_i)F_i + \boldsymbol{\omega} \times \boldsymbol{J}\boldsymbol{\omega} - \tau_{\mathrm{dis}} \tag{5}$$

式（5）中的测量项只有 $\dot{\boldsymbol{\omega}}$ 和 $\boldsymbol{\omega}$，$\boldsymbol{\omega}$ 可通过陀螺仪直接测量得到，$\dot{\boldsymbol{\omega}}$ 可通过对 $\boldsymbol{\omega}$ 求微分获得。在不考虑实际推力误差和陀螺测量误差的情况下，若令等式左侧两项为 $\boldsymbol{A}_{\mathrm{c}}$，$\boldsymbol{x}_{\mathrm{c}}$，等式右侧项为 $\boldsymbol{b}_{\mathrm{c}}$，则式（5）可表示为

$$\boldsymbol{A}_{\mathrm{c}}\,\boldsymbol{x}_{\mathrm{c}} = \boldsymbol{b}_{\mathrm{c}} \tag{6}$$

若认为转动惯量矩阵是地面精确测量的，卫星在轨过程中不发生改变，则考虑推力器工作时的推力误差和陀螺测量误差，可以采用总体最小二乘算法求解质心改变量的最小二乘估计值。

## 2.3 转动惯量改变时的质心辨识

由于质心与转动惯量具有耦合关系，质心的改变将引起转动惯量的改变，同时推进剂的消耗等因素造成卫星质量分布的改变也将使转动惯量发生变化，使其不再与地面测量值相同，辨识质心时需要将惯量、质心位置耦合考虑进去，以提高质心的辨识精确度。

（1）质心恒定时的转动惯量辨识

考虑质心不变时的转动惯量的辨识，由卫星姿态动力学方程可得

$$\sum_{i=1}^{N}(\boldsymbol{L}_i \times \boldsymbol{D}_i)F_i + \tau_{\mathrm{dis}}$$

$$= \boldsymbol{J}\dot{\boldsymbol{\omega}} + \boldsymbol{\omega} \times \boldsymbol{J}\boldsymbol{\omega}$$

$$= \begin{bmatrix} J_{11} & J_{12} & J_{13} \\ J_{12} & J_{22} & J_{23} \\ J_{13} & J_{23} & J_{33} \end{bmatrix}\begin{bmatrix} \dot{\omega}_x \\ \dot{\omega}_y \\ \dot{\omega}_z \end{bmatrix} + \begin{bmatrix} 0 & -\omega_z & \omega_y \\ \omega_z & 0 & -\omega_x \\ -\omega_y & \omega_x & 0 \end{bmatrix}\begin{bmatrix} J_{11} & J_{12} & J_{13} \\ J_{12} & J_{22} & J_{23} \\ J_{13} & J_{23} & J_{33} \end{bmatrix}\begin{bmatrix} \omega_x \\ \omega_y \\ \omega_z \end{bmatrix}$$

$$= \begin{bmatrix} J_{11}\dot{\omega}_x & J_{12}(\dot{\omega}_y - \omega_z\omega_x) & J_{13}(\dot{\omega}_z + \omega_x\omega_y) & -J_{22}\omega_y\omega_z & J_{23}(\omega_y^2 - \omega_z^2) & J_{33}\omega_y\omega_z \\ J_{11}\omega_z\omega_x & J_{12}(\dot{\omega}_x + \omega_y\omega_z) & J_{13}(\omega_z^2 - \omega_x^2) & J_{22}\dot{\omega}_y & J_{23}(\dot{\omega}_z - \omega_x\omega_y) & -J_{33}\omega_z\omega_x \\ -J_{11}\omega_x\omega_y & J_{12}(\omega_x^2 - \omega_y^2) & J_{13}(\dot{\omega}_x - \omega_y\omega_z) & J_{22}\omega_x\omega_y & J_{23}(\dot{\omega}_y + \omega_z\omega_x) & J_{33}\dot{\omega}_z \end{bmatrix}$$

$$= \begin{bmatrix} \dot{\omega}_x & \dot{\omega}_y - \omega_z\omega_x & \dot{\omega}_z + \omega_x\omega_y & -\omega_y\omega_z & \omega_y^2 - \omega_z^2 & \omega_y\omega_z \\ \omega_z\omega_x & \dot{\omega}_x + \omega_y\omega_z & \omega_z^2 - \omega_x^2 & \dot{\omega}_y & \dot{\omega}_z - \omega_x\omega_y & -\omega_z\omega_x \\ -\omega_x\omega_y & \omega_x^2 - \omega_y^2 & \dot{\omega}_x - \omega_y\omega_z & \omega_x\omega_y & \dot{\omega}_y + \omega_z\omega_x & \dot{\omega}_z \end{bmatrix} \begin{bmatrix} J_{11} \\ J_{12} \\ J_{13} \\ J_{22} \\ J_{23} \\ J_{33} \end{bmatrix} \quad (7)$$

若分别记等式右侧的两项为 $A_J$ 和 $x_J$，记 $b_J = \sum_{i=1}^{N}(L_i \times D_i)F_i + \tau_{dis}$，则式（7）可表示为

$$A_J x_J = b_J \quad (8)$$

考虑推力器工作时的推力误差和陀螺测量误差，同样可以采用总体最小二乘算法求解转动惯量矩阵的最小二乘估计值。

（2）转动惯量改变时的质心辨识

设置转动惯量或质心的估计初值，分别由式（6）和式（8）估计出质心与转动惯量，经过二者若干次的迭代之后，可得到最终的质心估计值。

# 3　数值仿真

为了对提出的方法进行仿真验证，在 MATLAB 中建立卫星的动力学模型来评估算法的精确度。质心辨识的仿真流程图如图 1 所示。

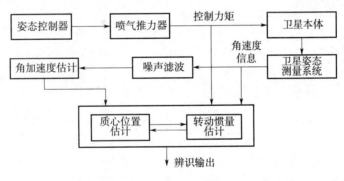

图 1　仿真流程图

推力器安装位置及方向的标称值见表 1。

表 1　推力器参数

| 推力器编号 | 安装方向 | | | 安装位置 | | |
|---|---|---|---|---|---|---|
| | $D_x$ | $D_y$ | $D_z$ | $L_x$ | $L_y$ | $L_z$ |
| 0 | 1.000 | −0.006 0 | 0.001 4 | −0.597 2 | 0.599 5 | 0.600 2 |
| 1 | 0.999 9 | 0.009 0 | 0.010 9 | −0.599 8 | 0.597 7 | −0.599 7 |
| 2 | 0.013 0 | 0.999 5 | 0.028 8 | 0.600 8 | 0.001 2 | −0.002 2 |
| 3 | 0.024 4 | 0.999 7 | −0.002 0 | −0.599 7 | 0.000 0 | −0.005 6 |
| 4 | 0.014 2 | 0.014 0 | 0.999 8 | 0.003 6 | 1.201 3 | −0.597 3 |
| 5 | 0.001 0 | −0.002 3 | 1.000 0 | −0.000 6 | 0.000 7 | −0.600 0 |
| 6 | −0.999 5 | 0.017 0 | 0.026 4 | 0.599 8 | 0.597 5 | 0.599 7 |
| 7 | −0.999 6 | 0.032 2 | −0.018 2 | 0.597 9 | 0.599 4 | −0.603 0 |
| 8 | 0.022 4 | −0.999 5 | 0.022 3 | 0.596 6 | 1.198 5 | 0.001 4 |
| 9 | −0.018 0 | −0.999 7 | 0.016 6 | −0.600 8 | 1.201 0 | −0.003 6 |

| 推力器编号 | 安装方向 | | | 安装位置 | | |
|---|---|---|---|---|---|---|
| | $D_x$ | $D_y$ | $D_z$ | $L_x$ | $L_y$ | $L_z$ |
| 10 | 0.019 9 | 0.059 9 | −0.998 0 | 0.001 0 | 1.198 1 | 0.603 0 |
| 11 | 0.020 0 | 0.001 2 | 0.999 8 | −0.001 4 | −0.000 2 | 0.601 8 |

根据参考文献 [6] 可知，实际中卫星质心偏差在厘米级，所以仿真所用的卫星质心偏差参考真值定为 $[0.05 \quad -0.02 \quad 0.03]^T$m，假设卫星转动惯量参考真值定为 $[220.45 \quad 1.03 \quad -0.72; 1.03 \quad 188.13$ $1.25; -0.72 \quad 1.25 \quad 175.04] $kg·m²，仿真计算中所有推力器标称推力均为 1 N，实际推力的均方根误差为 0.05 N，陀螺的测量误差均方差取为 $1×10^{-6}$rad/s。

## 3.1 转动惯量对质心估计的影响

仿真过程所用的转动惯量都认为是地面精确测量的卫星转动惯量，若认为卫星在轨过程中转动惯量不发生改变，则其与实际的转动惯量相等；若在轨过程转动惯量发生改变，则不相等。取与实际转动惯量存在不同偏差的多个转动惯量分别进行了质心估计的仿真，其结果如表 2 所示。

表 2 不同转动惯量下的质心估计

| 转动惯量各分量 | 质心估计精度/mm | | | 质心估计准确度/mm | | |
|---|---|---|---|---|---|---|
| $[J_{11} \quad J_{12} \quad J_{13} \quad J_{22} \quad J_{23} \quad J_{33}]$ | X | Y | Z | X | Y | Z |
| $[220.45 \quad 1.03 \quad -0.72 \quad 188.13 \quad 1.25 \quad 175.04]$ | 1.31 | 2.05 | 2.18 | −0.12 | 0.06 | −0.15 |
| $[220 \quad 1 \quad 0 \quad 188 \quad 0 \quad 175]$ | 1.32 | 2.05 | 2.22 | 0.54 | 2.25 | 3.81 |
| $[220.45 \quad 1.03 \quad -0.72 \quad 188.13 \quad 1.25 \quad 174]$ | 1.35 | 1.20 | 2.27 | 3.15 | −2.61 | 3.17 |
| $[220.45 \quad 1.03 \quad -0.72 \quad 188.13 \quad 1.25 \quad 173]$ | 1.33 | 1.98 | 2.22 | 6.52 | −5.02 | 6.41 |
| $[220.45 \quad 1.03 \quad -0.72 \quad 190 \quad 1.25 \quad 175.04]$ | 1.34 | 2.07 | 2.25 | −7.23 | 2.09 | −2.75 |
| $[222 \quad 1.03 \quad -0.72 \quad 188.13 \quad 1.25 \quad 175.04]$ | 1.25 | 2.06 | 2.30 | 8.49 | −0.06 | 1.35 |
| $[225 \quad 0 \quad 0 \quad 188 \quad 0 \quad 176]$ | 1.30 | 2.00 | 2.34 | 27.11 | −0.89 | 5.03 |

由仿真结果可得，当实际转动惯量与地面测量转动惯量相等时，质心位置的估计准确度小于 1 mm 量级，估计精度也达到毫米量级；随着实际转动惯量与地面测量转动惯量偏差的增大，质心估计的精度总体上不变，从而验证了估计算法的准确性，但质心位置估计值与实际质心位置的偏差逐渐增大。当对坐标轴的转动惯量分量产生 1% 的变化时，质心的估计误差达到了厘米量级，已经不满足测高卫星对质心估计精确度的要求。

由于卫星在轨时的转动惯量改变难以严格控制，不能保证转动惯量的改变量足够小，因此在质心估计中必须考虑转动惯量的在轨变化。

## 3.2 转动惯量改变时的质心辨识

陀螺的测量误差均方差取为 $1×10^{-6}$rad/s，仿真质心偏差初值选为 $[0 \quad 0 \quad 0]^T$m。质心偏差辨识结果如图 2 所示。

由图 2 可知，质心偏差与转动惯量的估计过程是收敛的。1 000 次仿真的质心偏移均值为 $[0.050 2 \quad -0.020 2 \quad 0.029 9]^T$m，质心偏移均方差为 $[0.001 35 \quad 0.000 91 \quad 0.001 11]^T$m，精度和准确度均达到毫米量级。

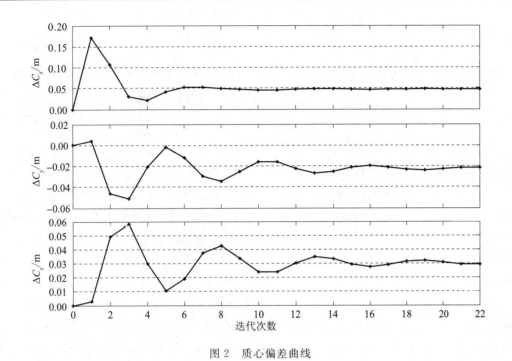

图 2　质心偏差曲线

# 4　结束语

本文研究了基于总体最小二乘算法的质心估计方法中转动惯量对质心估计精确度的影响，结果表明原有的质心估计算法不能适应卫星在轨过程中转动惯量变化较大的情况。在已有方法基础上提出了新的质心估计算法，通过陀螺对卫星姿态角速度的测量，结合喷气推力器的输出以及姿态动力学方程，采用总体最小二乘算法分别对质心偏差和转动惯量进行估计，并通过迭代求解达到质心估计的目的。仿真结果表明，若卫星在轨过程中对坐标轴的转动惯量分量产生1％的变化，质心估计将产生厘米级的误差，因此必须综合考虑转动惯量对质心估计的影响；考虑质心与转动惯量的耦合关系，采用迭代求解的方法，当质心初始值为 $[0\ 0\ 0]^T$ m 时，算法迭代次数为 22 次就能到达到毫米级的精度和准确度，当用于估计的初始值误差较大时，该方法仍能较快收敛，证明该算法的有效性和工程可实施性，满足测高精度为厘米量级的海洋测高卫星对质心估计的要求。

## 参 考 文 献

［1］　EDWARD WILSON，CHRIS LAGES，ROBERT MAH. On－line，gyro－base，mass－property identification for thruster－controlled spacecraft using recursive least squares ［C］. Proceedings of the 2005 AIAA Infotech Aerospace Conference，Arlington，Virginia，2005.

［2］　EDWARD WILSON，DAVID W SUTTER，ROBERT W MAH. MCRLS for On－line spacecraft mass－and thruster－property identification ［C］. IASTED International Conference on Intelligent Systems and Control，Honolulu，2004.

［3］　王书廷，曹喜滨. 卫星质量特性的在线辨识算法研究 ［C］. 第 25 届中国控制会议论文集. 2006：519－524.

［4］　徐文福，何勇，王学谦，等. 航天器质量特性参数的在轨辨识方法 ［J］. 宇航学报，2010，31 (8)：1906－1914.

［5］　李拴劳，张润宁. 一种海洋测高卫星质心在轨估计算法 ［J］. 航天器工程，2014，23 (5)：29－34.

［6］　DANIEL G KUBITSCHEK，GEORGE H BORN. Radiation pressure forces，the anomalous acceleration，and center of mass motion for the Topex/Poseidon spacecraft ［J］. Spaceflight Mechanics，1999：667－683.

# On – line Identification of Satellite Center of Mass for the Change of Moment of Inertia

BAO Minfeng ZHANG Running LI Yang

DFH Satellite Co. Ltd., Beijing 100094

**Abstract** Focusing on the requirement of the on – line center of mass identification of ocean altimetry satellite, the effect of moment of inertia on the estimation accuracy of center of mass is studied in this paper. According to total least squares, an iterative method for aberration of center of mass after both aberration of center of mass and the change of moment of inertia are estimated is presented, by taking into account the factor that both forces of thrusters and data of gyros contain errors in practical terms. The simulation demonstrates that, 1% change of moment of inertia leads to centimeter – level precision of the estimation of center of mass, which does not satisfy the requirement of center of mass precision. When moment of inertia is also estimated by using the method presented in this paper, set the first estimation of center of mass is $[0\ 0\ 0]^T$ m and the estimation can reach to millimeter – level precision after iterating for 22 times, which can provide reference to on – line identification of center of mass for future satellites of this kind.

**Key words** Ocean altimetry satellite; Center of mass; Moment of inertia; Total least squares

## 作 者 简 介

包敏凤，男，硕士研究生，研究方向为航天器总体设计，电子邮箱：cast_bmf@163.com。

# 基于亚像素 Harris – Sift 的图像立体匹配算法

曹姝清[1,2]　卢山[1,2]　刘宗明[1,2]　田少雄[1,2]　张宇[1,2]

1. 上海航天控制技术研究所，上海　201109

2. 上海市空间智能控制技术重点实验室，上海　201109

**摘　要**　针对 Sift 算法存在特征提取复杂度高及误匹配特征较多的缺点，提出一种基于亚像素 Harris – Sift 算法的图像立体匹配方法。算法先对 Harris 检测的特征点进行亚像素提取，并对提取的亚像素特征点建立 Sift 特征矢量及特征点描述；接着利用最近与次近欧式距离比例法完成图像的粗匹配；最后采用带基础矩阵极线约束的 RANSAC 法及运动距离法相结合的方法消除误匹配对，实现特征点对的精确匹配。试验结果表明该算法能快速获取稳定的特征匹配点，并有效剔除误匹配点，进而实现双目视觉超近距离空间非合作目标模拟卫星的高精度特征匹配。

**关键词**　Harris 法；亚像素角点检测；Sift 特征匹配；基础矩阵极线约束；随机抽样一致法

## 1　引言

双目视觉超近距离非合作目标高精度相对测量问题的实质是基于目标的三维模型求解目标的相对位姿信息。而图像特征的合理选择和精确提取是三维模型重建的必要步骤，它为进一步的特征匹配提供必要的信息。文中先对 Harris 算法检测的特征点进行亚像素提取，然后对亚像素提取的特征点建立 Sift 特征矢量，并进行特征点描述；然后利用适合高维度空间的搜索方法对 KD 树进行最近邻搜索，并通过获取最邻近特征点欧式距离与次邻近特征点的欧式距离的比值来确定初始匹配点对，利用直接线性变换来求解线性约束矩阵 $F$（即基础矩阵），且利用奇异值（SVD）分解对 $F$ 的奇异值进行约束处理，提高 $F$ 矩阵的精度，利用基础矩阵约束的随机抽样一致法消除部分误匹配的点对，接着利用运动距离法再次提纯初始匹配对，消除误匹配对，获得最终的匹配点对。并采用空间非合作目标模拟卫星图验证了算法的有效性，试验结果表明该算法实现简单，能够快速地获取稳定的特征匹配点，并有效地剔除误匹配点，进而实现双目视觉超近距离空间非合作目标模拟卫星的高精度特征匹配。

## 2　Harris 亚像素角点检测

Harris 角点检测[1]是一种基于图像梯度的角点检测法，其基本原理是以目标像素点 $(x, y)$ 为中心定义一个局部窗口模板，计算该窗口模板在图像上沿各个方向作微小移动后的平均灰度变化，并用解析形式表达，然后根据这些平均灰度变化 $E$ 来确定角点。

考虑到传统的 Harris 角点检测虽然具有很高的稳定性和鲁棒性，但只能检测到像素级角点坐标，为了提高角点定位的精确性，文中利用二次多项式函数对灰度分布 $E_{u,v}(x, y)$ 函数作最小二乘拟合，从而确定 $E_{u,v}(x, y)$ 的亚像素精确位置[2-3]。令

$$E(x, y) = ax^2 + bxy + cy^2 + dx + ey + f \qquad (1)$$

本文对当前已检测出的像素级角点 $(x, y)$ 周围一定半径 $r$ 邻域内其他角点簇进行观测，$m$ 为待求二次多项式的参数，$n_i$ 为第 $i$ 个观测角点坐标 $(x_i, y_i)$ 构成的系数矩阵。对 Harris 算法检测的每一角点 $(x_i, y_i)$，取 $a = f$ 恒为 1，则可得方程式

$$E_i(x, y) = x_i^2 + bx_i y_i + cy_i^2 + dx_i + ey_i + 1 \qquad (2)$$

其中

$$m = \begin{bmatrix} a & b & c & d & e \end{bmatrix} \tag{3}$$

$$n = \begin{bmatrix} n_1 & n_2 & n_3 & \cdots & n_i \end{bmatrix} \tag{4}$$

$$n_i = \begin{bmatrix} x_i^2 & x_i y_i & y_i^2 & x_i & y_i \end{bmatrix} \tag{5}$$

写成矩阵形式

$$E = l + n \cdot m \tag{6}$$

式中，$l$ 为元素恒为常量 1 的列矢量，即

$$l = \begin{bmatrix} 1 & 1 & \cdots & 1 \end{bmatrix}_{1 \times N}^{T} \tag{7}$$

考虑到当前角点周围一定半径 $r$ 邻域内其他角点簇对该角点检测的贡献，以各角点响应函数 CRF 作为各自的权，采用最小二乘法精化初始角点的坐标，实现亚像素角点检测[4]。

相应的最小二乘解则为

$$\hat{m} = - (n^{T} P n)^{-1} n^{T} P l \tag{8}$$

$$P = CRF \tag{9}$$

将 $\hat{m}$ 中的各项参数代入式（2）中即可得到 $E(x,y)$ 的近似二次多项式。令

$$\begin{cases} \dfrac{\partial E}{\partial x} = 2x_i + by_i + d = 0 \\ \dfrac{\partial E}{\partial y} = bx_i + 2cy_i + e = 0 \end{cases} \tag{10}$$

由式（10）方程组求解的该二次多项式的极大值点坐标即为当前角点的亚像素级坐标。

# 3　亚像素 Harris – Sift 特征匹配

亚像素 Harris – Sift 图像匹配的过程首先用 Harris 提取特征点，并亚像素提取特征点，然后对亚像素特征点建立 Sift 特征矢量，并进行特征点描述，接着利用最近与次近欧式距离比例法完成图像的初匹配，最后采用带基础矩阵极线约束的随机抽样一致法及运动距离法相结合的方法提纯初匹配对，消除误匹配对，完成图像的精确匹配。

## 3.1　特征矢量

特征矢量的确定包括特征点的幅度和方向。其中特征点的方向是利用特征点邻域像素的梯度方向分布特性来确定的，由主方向和辅方向组成。对 Harris 提取的每个亚像素角点的梯度的幅值和方向计算分别如式（11）和式（12）

$$g(x,y) = \sqrt{[M(x+1,y) - M(x-1,y)]^2 + [M(x,y+1) - M(x,y-1)]^2} \tag{11}$$

$$\theta(x,y) = \alpha \tan[2M(x,y+1) - M(x,y-1)]/[M(x+1,y) - M(x-1,y)] \tag{12}$$

其中，$M$ 是提取的亚像素角点 $(x,y)$ 所在的空间尺度函数。通过采用梯度直方图来统计当前角点邻域像素的梯度方向，选取梯度方向直方图的主峰值作为该点的特征点主方向，大于主峰值 80% 的其他峰值，作为该特征点的辅方向。

## 3.2　特征点描述子

特征点描述子的确定流程图如图 1 所示，算法通过对特征描述子进行归一化处理使其具有尺度，旋转及光照不变性。

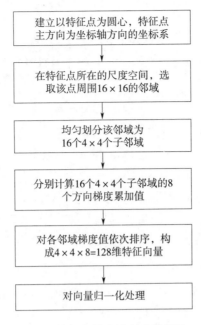

图 1　特征点描述子生成流程图

## 3.3　特征点粗匹配

特征点粗匹配是针对两幅图像分别提取的特征点，采用一种适合高维度空间的搜索方法[5]对 KD 树进行最近邻搜索，简称 BBF - KD 法，完成一幅图像的特征点 $P$ 在另一图像对应的欧式距离最近的两个点 $P_i$，$P_j$ 的搜索，若 $P$ 点到 $P_i$，$P_j$ 两点欧氏距离的比值小于一定的阈值 $T$（文中 $T = 0.07$），则匹配成功，接受这一对匹配点。算法实现流程如图 2 所示。

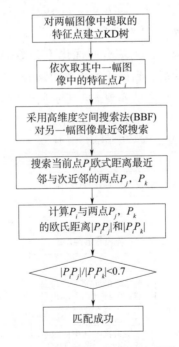

图 2　特征点粗匹配实现流程图

## 3.4　特征误匹配对剔除

文中采用带基础矩阵极线约束的随机抽样一致法（RANSAC）[6]和运动距离法相结合的方法提纯初匹配对，实现特征误匹配对的剔除。

### 3.4.1 带极线约束的 RANSAC 法

基础矩阵求解采用八点法 [7]，基本原理如下：

对任意匹配点 $m = (x, y, 1)$，$m' = (x', y', 1)^\mathrm{T}$，根据对极几何约束关系可得基础矩阵 $\boldsymbol{F}$ 满足

$$x'\boldsymbol{F}x = 0 \tag{13}$$

$$\boldsymbol{F} = \begin{bmatrix} f_{11} & f_{12} & f_{13} \\ f_{21} & f_{22} & f_{23} \\ f_{31} & f_{32} & f_{33} \end{bmatrix} \tag{14}$$

则

$$x'xf_{11} + x'yf_{12} + x'f_{13} + y'xf_{21} + y'yf_{22} + y'f_{23} + xf_{31} + yf_{32} + f_{33} = 0 \tag{15}$$

对于 $n(n \geqslant 8)$ 对匹配点，则有

$$\boldsymbol{A}f = 0$$

其中

$$\boldsymbol{A} = \begin{bmatrix} x'_1 x_1 & x'_1 y_1 & x'_1 & y'_1 x_1 & y'_1 y_1 & y'_1 & x_1 & y_1 & 1 \\ \vdots & \vdots & \vdots & \vdots & \vdots & \vdots & \vdots & \vdots & \vdots \\ x_{n'} x_n & x_{n'} y_n & x'_n & y'_n x_n & y'_n y_n & y'_n & x_n & y_n & 1 \end{bmatrix}$$

$$\boldsymbol{f} = (f_{11} \quad f_{12} \quad f_{13} \quad f_{21} \quad f_{22} \quad f_{23} \quad f_{31} \quad f_{32} \quad f_{33})^\mathrm{T}$$

采用最小二乘法，在满足 $\| f \| = 1$ 的条件下对矩阵 $\boldsymbol{A}$ 进行 $SVD$ 分解：

$$\boldsymbol{A} = UD\boldsymbol{V}^\mathrm{T} \tag{16}$$

$\boldsymbol{V}$ 最后一列即为 $\boldsymbol{f}$。对 $\boldsymbol{F}$ 再次 $SVD$ 分解

$$\boldsymbol{F} = Udiag(s_1, s_2, s_3)\boldsymbol{V}^\mathrm{T} \tag{17}$$

其中 $s_1, s_2, s_3$ 是矩阵 $\boldsymbol{F}$ 的奇异值，满足 $s_1 \geqslant s_2 \geqslant s_3$，置最小奇异值为零，即 $t = 0$，得 $\boldsymbol{F}$ 近似解

$$\boldsymbol{F}' = Udiag(s_1, s_2, 0)\boldsymbol{V}^\mathrm{T} \tag{18}$$

当采用上述八点法初始获取的 $n(n \geqslant 8)$ 对匹配点存在误匹配点时，估计的基本矩阵精度会变差，文中采用随机抽样一致法迭代出满足约束的内点集合并优化 $\boldsymbol{F}$ 参数的估计值[8]，从而剔除不满足约束的误匹配点对。其中去除特征点匹配时，特征点到极线的距离的阈值 $T = 10$。

带基础矩阵极线约束的随机抽样一致法的实现流程图如图 3 所示：

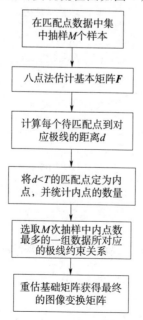

图 3　基础矩阵极线约束的随机抽样一致法流程图

采用带基础矩阵极线约束的随机抽样一致法能够去除大部分的误匹配点，但仍存在一些无法去除的误匹配点。基于此，文中采用运动距离法对带基础矩阵极线约束的随机抽样一致法剔除后的匹配点对再次提纯。

### 3.4.2 运动距离法

运动距离法[9]的基本思想是两幅图像间内容的变化距离相对较一致。两幅图中匹配点 $(x_1, y_1)$ 和 $(x_2, y_2)$ 的运动距离为

$$\hat{D} = \sqrt{(x_1 - x_2)^2 + (y_1 - y_2)^2} \tag{19}$$

对两幅图像的所有 $n$ 个匹配点对的运动距离平均值为

$$\bar{D} = \frac{1}{n}\sum_{i=1}^{n}\hat{D}_i \tag{20}$$

剔除满足 $\hat{D} < t_1\bar{D}$ 且 $\hat{D} > t_2\bar{D}$（上限、下限阈值系数 $t_1$ 和 $t_2$ 分别为 1/3 和 2/3）条件的匹配点对，因其运动距离与平均运动距离差别太大，可以认为是误匹配点。循环调用距离法，最终可将错误匹配降低到一个很小的范围内，最大程度地消除误匹配对，完成最终的精确匹配。

## 4 试验结果分析

为了验证本文提出算法的有效性，图 4 和图 5 分别对空间非合作目标模拟卫星图像采用传统 Sift 算法和本文算法进行图像特征的匹配，具体匹配结果对比如表 1 所示。结果表明，相比传统的 Sift 算法，该算法特征点检测精度高，特征匹配复杂度低，算法消耗时间短，误匹配率低，能有效地剔除误匹配点，进而能够有效地实现双目视觉超近距离空间非合作目标模拟卫星的高精度特征匹配。

表 1 匹配结果对比

| 算法 | 特征检测点数 | 匹配点对数 | 误匹配点对数 | 匹配率/% | 匹配时间/s |
|---|---|---|---|---|---|
| Sift | 左：1 140，右：1 158 | 152 | 31 | 79.6% | 8.532 |
| 亚像素 Harris - Sift | 左：1 029，右：1 016 | 116 | 10 | 91.4% | 4.687 |

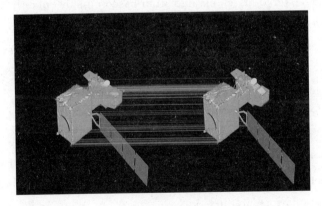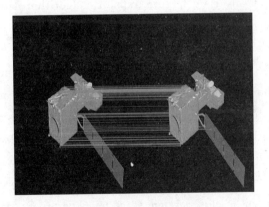

图 4  Sift 图像匹配结果    图 5  本文算法图像匹配结果

## 5 结束语

针对 Sift 算法存在特征提取复杂度高及误匹配特征点较多的缺点，将基于 Harris 亚像素特征点提取与 Sift 算法相结合，提出一种基于亚像素 Harris - Sift 算法的图像立体匹配方法。通过对双目视觉采集的超近距离空间非合作目标模拟卫星图像进行试验，结果表明，该算法特征点检测精度高，特征匹配复杂度低，算法消耗时间短，误匹配率低，能有效地剔除误匹配点，进而实现双目视觉超近距离空间非合作目标模拟卫星的高精度特征匹配。

## 参 考 文 献

［1］ SMITH S，BRADY J M，SUSAN. A new approach to low level image processing ［J］. International Journal of Computer Vision，1997，23（1）：45－78.

［2］ 梁志敏，高洪明，等. 摄像机标定中亚像素级角点检测算法 ［J］. 焊接学报，2006，2.

［3］ 陈光. 亚像素级角点提取算法 ［D］. 吉林：吉林大学，2009：29－43.

［4］ 何海清，黄声享. 改进的 Harris 亚像素角点快速定位 ［J］. 中国图像图形学报，2012，17（7）：853－857.

［5］ BEIS J，LOWE D G. Shape indexing using approximate nearest neighbour search in highdimensional spaces. ［J］ Computer Vision and Pattern Recognition. Puerto Rico，1997.

［6］ FISCHLER M A，BOLLES R C. Random sample consensus：a paradigm for model fitting with applications to image analysis and automated cartography ［J］. Communications of ACM，1981，24（6）：381－395.

［7］ 王琳，张力，艾海滨，等. 一种基于基本矩阵估计的立体视觉中滤除误匹配的方法 ［J］. Natural Science Journal of Shanghai University of Science and Technology，2011，30（1）：16－18.

［8］ 董明利，王振华，祝连庆，孙雨南，吕乃光. 基于 RANSAC 算法的立体视觉图像匹配方法 ［J］. 北京工业大学学报，2009，35（4）：455－457.

# An Image Stereo MatchingAlgorithm Based on Sub－pixel Harris－Sift

CAO Shuqing[1,2]　　LIU Zongming[1,2]　　TIAN Shaoxiong[1,2]　　ZHANG Yu[1,2]

1. Shanghai Institute of Spaceflight Control Technology，Shanghai　201109

2. Shanghai Key Laboratory of Aerospace Intelligent Control Technology，Shanghai　201109

**Abstract**　Considering the shortcomings of high complexity and overabundant mismatching points in scale invariant feature transform algorithm，an image stereo matching algorithm based on sub－pixel Harris－Sift was proposed. The algorithm firstly carried out the sub－pixel extract method on the image feature points detected by the Harris algorithm and established scale invariant feature vector and generated the feature point descriptors for each feature point. Then a method of the ratio of Euclidean distance from the closest neighbor to the distance of the second closest was used to realize the image coarse matching. Finally combining the random sample consensus algorithm based on fundamental matrix epipolar constraints with migration distance method to remove false matching points and realize the accurate matching among feature point pairs. Experimental result show that the algorithm can obtain stable feature matching points quickly and remove the false matching points effectively and then realize high precision feature matching based on close－range space uncooperative target simulation satellite.

**Key words**　Harris algorithm；Sub－pixel corner detection；Sift feature matching；Fundamental matrix epipolar constraints；Random sample consensus

## 作 者 简 介

曹姝清，女，助理工程师，上海航天控制技术研究所，研究方向为模式识别与图像处理，电子邮箱：shuqing070432@163.com。

# 一种基于时间同步的积分时间实时调整方法

常霞　张鹏

北京空间机电研究所，北京　100190

**摘　要**　空间相机的积分时间调整精确度是扩展红外辐射测量系统动态范围的主要手段。针对在轨积分时间调整影响实时跟踪问题，提出基于时间同步的积分时间实时调整方法。该方法通过预先设计得到不同时刻的积分时间，利用 GPS 高精度时间同步进行在轨积分时间发送。并对相机时间同步误差的影响因素提出相应的补偿措施。试验证明，该方法能够满足精确时间要求的最优积分时间，有效提高积分时间实时调整精准度。

**关键词**　空间相机；时间同步；1553 总线；积分时间

## 1　引言

目前，红外辐射特性测量系统大都采用积分时间调整来满足宽动态范围的要求，焦平面探测器积分时间调整的实时性直接影响到图像成像质量。图像配准精度和图像谱段配准精度对成像时标和积分时间匹配性要求越来越高。目前常用的视频电路积分时间调整主要为整星在线指令调整，传输过程中的链路误差和延时严重影响了积分时间时效性。本文针对高实时性积分时间调整以及高精度时间同步要求，利用时间服务机制对在轨时统进行校时，对积分时间进行了准确时刻下预先调整，并对获取图像进行了时标补偿方案，获得在轨目标成像高精度的时间同步和高效的积分时间调整。

## 2　方案设计

通常相机管理器在收到改变焦面积分时间指令时，会先存储指令，并解析打包输出当前图像时序驱动电路中，根据指令发送时刻的不同，不同时间处的积分时间不同步程度并不一样，出现当前图像帧时标与积分时间不匹配，相当于 TDI CCD 推扫成像时引入了额外像移。图像数据的标定由相机的曝光时刻确定，信号处理器将带有时标的图像积分时间数据下传到地面后和其他带有时标的积分时间数据经过几何校正，同一时刻的三种积分时间数据时标存在一定的差异。这种差异为时间同步误差。为减少差异性，必须提高时间同步精度。

系统采用 1553 总线时间服务方法进行高精度秒脉冲授校时方案，通过数传定时发送时间服务时统信息维护整秒时刻，并将需要发送的积分时间信息预先存储在管理器中，通过实时插值积分时间生成图像所需的曝光时间，通过积分时间码比较器在准确的曝光时刻进行积分数据输出，积分时间码比较器由硬件秒脉冲进行触发计时，获取高精度时间同步精度，提高图像数据标定的精准度。高精度积分时间同步生成方法组成见图 1。

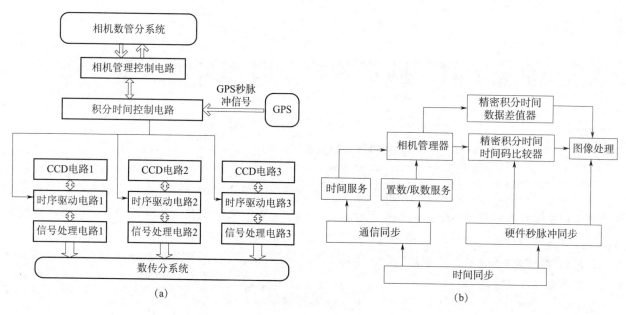

图1 高精度积分时间同步生成方法的组成

# 3 高精度秒脉冲授校时方案

遥感卫星高精度校时采用硬件秒脉冲校时和1553 B总线软校时，用于相机与控制系统的时间同步。秒脉冲高精度授时采用秒脉冲和整秒时刻相结合的方式进行，当积分时间时间码比较器接收到硬件秒脉冲时，本地计数器打开，并通过本地时钟开始计时，同时接收相机管理器传输的1553总线整秒时刻，本地时间码即为整秒时刻和计数器换算的时间之和。本地时间码输出时刻的计数器数值取决于本地的时钟频率。

时间同步基准秒脉冲信号由GPS接收机产生，该秒脉冲及对应的时间数据作为相机分系统的整秒时刻时间基准源，星上GPS秒脉冲信号引入到控制器后，控制器根据自身需要使用该信号，同时转换隔离后实时传输给成像电路。相机分系统将对应图像行的曝光时刻和积分时间加入相应的图像数据，通过秒脉冲方案实现图像标定。图2为高精度秒脉冲授校时方式。

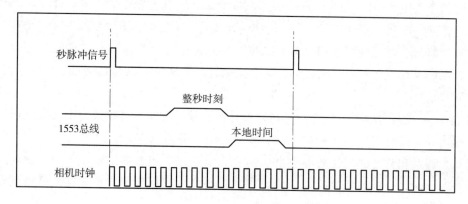

图2 高精度秒脉冲授校时方式

# 4 插值积分时间定时调整

相机焦面探测器件采用多级延时积分的TDI CCD为接收器，在通光能量低的条件下能够实现相机系统高信噪比。TDI CCD相机要求器件电荷转移速度和像速度同步，电荷转移速度由TDI CCD驱动电路垂直转移频率来确定，垂直转移频率由积分时间来确定。目前平台的积分时间由数管计算得出，并按公式转换为积分时间代码。积分时间码数据包格式如表1所示。

**表1 积分时间码数据包格式**

| UTC 时间（本地时间码） | |
|---|---|
| 积分时间码数量 | |
| UTC 时间（曝光时刻） | 积分时间码对应的 UTC 时间 |
| 第 1 个积分时间 | |
| 第 2 个积分时间 | 积分时间码 |
| …… | |
| 第 $n$ 个积分时间 | |

相机接收数管发送的 4 Hz 积分时间数据（带时标），成像时插值成 100 Hz 并按照其时标执行。积分时间调整的范围为 $0.01\sim200$ ms，分层值设计为 $1/25$ μs，实际步长 $0.02$ μs。转换系数 $C$ 为：25 000 code/ms。积分时间设置代码以二进制格式发送，转化为代码公式

$$\mathrm{Code}=\mathrm{Dec2Hex}\left[\mathrm{INT}\left(t_{int}\times C+0.5\right)\right]$$

式中　Code——积分时间代码，十六进制；

　　　Dec2Hex——十进制转换为十六进制函数；

　　　INT——取整函数；

　　　$t_{int}$——积分时间；

　　　msC——转换系数，25 000 code/ms。

管理控制器成像时插值公式

$$输出积分时间码=第 n 个积分时间码+第 n+1 个积分时间码\times\left(m/25\right)$$

式中　$n$ 范围 $[0，本包积分时间码数量]$；

　　　$m$——差分值，范围 $[0，25]$。

积分时间实时插值后和所对应的 UTC 时间预先存储在积分时间插值器中，当积分时间码比较器在硬件秒脉冲时触发开始计时，并实时与存储的 UTC 时间比较，当时间一致时，将插值的积分时间数据发送给图像。

# 5　钟漂补偿校时方案

运行过程中，由于钟漂等会存在比较器本地时钟计时误差，平台需要考虑到因系统时钟不准确会导致计数器周期产生误差的因素，为此系统进行了补偿。可以通过求取两个相邻 GPS 秒脉冲间隔内计数器的计数差并以 GPS 秒脉冲绝对时间间隔为基准对计数器进行周期误差标定，实现对计数器周期误差的补偿。

比较器的钟来维持 1 s 内的精度时，由于时钟稳定度带来的误差可以通过调整两个秒脉冲之间时钟计数值加 1 的方式来进行实时在轨补偿，比较器本地时间码两次秒脉冲的计数值锁存并相减，得到比较器计数和整星秒脉冲的整秒差值，通过设定的阈值进行补偿处理方法的启动标志，当差值超过某个阈值时，计算本秒内的时钟漂，并对相应的计数周期进行补偿。经过多次累计完成，提高相机分系统秒脉冲精度的实时性。钟漂补偿校时方案见图3。

5 μs 的时间同步钟漂补偿方式见图4。

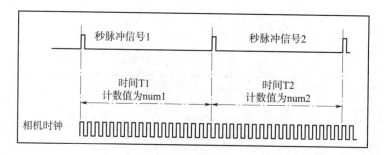

图 3　钟漂补偿校时方案

图 4　5 μs 的时间同步钟漂补偿方式

# 6　结束语

积分时间 GPS 时统终端经过试验检测各项技术指标均符合要求，输出的各同步信号与 1 Hz 同步精度与各分系统通信正常。积分时间系统很好地实现了准确授时、数据精确、输出高精度的采样频率等功能，具有良好的实时处理能力，在长时间的试验中运行稳定。基于 DSP 的积分时间时统终端系统成本低，可以实时实现积分调整，有很大的应用市场和研究价值。

**参 考 文 献**

[1]　罗茂捷，周金梅. 考虑积分时间变量的红外系统辐射响应定标. 红外与激光工程，2013，42（1）.

[2]　李福巍，张运强. 积分时间对红外焦平面成像系统的影响. 应用光学，2008，29（5）.

[3]　周虎，王小勇. 航天 TDI CCD 相机图像空间移变振动降质的复原. 航天返回与遥感，2008，29（2）：23—28.

[4]　周虎. 航天光学遥感器抖动补偿方法研究 [D]. 北京：中国空间技术研究院，2008.

[5]　周虎，王小勇. 积分时间不同步对 TDI CCD 空间探测相机成像质量影响的仿真. 第二十三届全国空间探测学术交流会论文集.

# A Real‐Time Intergration Time Adjustment Method Based on Time Synchronization

CHANG Xia　ZHANG Peng

Beijing Institute of Space Mechanics and Electricity，Beijing　100190

**Abstract**　The integral time adjust accuracy of space camera is a main method to extend the dynamic range of infrared radiation measurement. For the on‐orbit tracking problem of intergtation time adjustment，we put forward the real‐time intergral time adjustment based on time synchronization. The way through pre‐design to get different time integral time data，the integral time data is sending based on high precision time synchronization. The paper also put forward corresponding measure compensation for synchronization error. Pratical test shows that，the method can meet the demand of accurate‐time intergtation time adjustment，effectively improve the precision and veracity .

**Key words**　Space camera；Time synchronization；1553 bus；Intergration time

## 作 者 简 介

常霞，女，工程师，北京空间机电研究所，研究方向为空间遥感相机软件设计，电子邮箱：changxia4321@126.com。

# 一种空间无源定位的误差分析新方法

陈娟　袁仕耿　纪文章　王韶波　王淼

航天东方红卫星有限公司，北京　100094

**摘　要**　本文提出了一种空间无源定位的误差分析新方法，该种方法适用于多项系统测量误差项的分配和控制，以保证定位系统定位精度指标的工程实现。该种方法适用于多种无源定位体制，包括三星时差定位体制、双星时频差定位体制等。

**关键词**　空间无源定位；误差分析

## 1　引言

本文提出了一种空间无源定位的误差分析新方法，该种方法适用于多项系统测量误差项的分配和控制，以保证无源定位系统定位精度指标的工程实现。该种方法适用于多种无源定位体制，包括三星时差定位体制、双星时频差定位体制等，本文以双星时频差定位体制为例进行分析，对于其他定位体制，本文提出的误差分配和分析方法同样适用。

## 2　定位方法

双星系统采用时频差体制进行目标定位，系统由两颗卫星组成，一颗为 A 星，另一颗为 B 星，A/B 卫星分别接收目标辐射源的信号，根据这个信号到达两颗卫星的时间差（TDOA）和频率差（FDOA），确定目标位置。双星时差/频差定位示意图如图 1 所示。

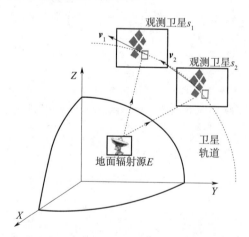

图 1　双星时差/频差定位三维示意图

其中目标辐射源位于 $E$ 处，其坐标矢量记为 $\boldsymbol{u} = [x,y,z]^{\mathrm{T}}$；两个卫星 $s_1$ 和 $s_2$ 的位置坐标分别记为 $\boldsymbol{s}_1 = [x_1,y_1,z_1]^{\mathrm{T}}$ 和 $\boldsymbol{s}_2 = [x_2,y_2,z_2]^{\mathrm{T}}$，速度分别记为 $\boldsymbol{v}_1 = [v_{x1},v_{y1},v_{z1}]^{\mathrm{T}}$ 和 $\boldsymbol{v}_2 = [v_{x2},v_{y2},v_{z2}]^{\mathrm{T}}$，经推导可得如下时差/频差定位方程组

$$\begin{cases} \sqrt{(x-x_1)^2+(y-y_1)^2+(z-z_1)^2} - \sqrt{(x-x_2)^2+(y-y_2)^2+(z-z_2)^2} = c \cdot \Delta t \\ \dfrac{v_{x1}(x-x_1)+v_{y1}(y-y_1)+v_{z1}(z-z_1)}{\sqrt{(x-x_1)^2+(y-y_1)^2+(z-z_1)^2}} - \dfrac{v_{x2}(x-x_2)+v_{y2}(y-y_2)+v_{z2}(z-z_2)}{\sqrt{(x-x_2)^2+(y-y_2)^2+(z-z_2)^2}} = \Delta v_r = -\lambda \cdot \Delta f_d \\ x^2+y^2+z^2 = R^2 \end{cases}$$

(1)

式中　$\lambda$ ——辐射源信号波长；

　　　$R$ ——地球半径；

　　　$\Delta v_r$ ——径向速度差，电磁波从地面辐射源传到卫星 1 相对于传到卫星 2 的时差 TDOA 为 $\Delta t$，相应的信号频率差 FDOA 为 $\Delta f_d$。

## 3　传统定位误差分析方法

根据定位方程组，对方程式两边关于 $\Delta t$、$\Delta f_d$、$(x,y,z)$、$(x_1,y_1,z_1)$、$(x_2,y_2,z_2)$、$(v_{x1},v_{y1},v_{z1})$、$(v_{x2},v_{y2},v_{z2})$，取微分并整理得

$$\begin{bmatrix} c \cdot \mathrm{d}(\Delta t) \\ -\lambda \cdot \mathrm{d}(\Delta f_d) \\ 0 \end{bmatrix} = \begin{bmatrix} \dfrac{(x-x_1)}{r_1}-\dfrac{(x-x_2)}{r_2} \\ \dfrac{v_{x1} \cdot r_1-(x-x_1) \cdot \Delta v_1}{r_1^2}-\dfrac{v_{x2} \cdot r_2-(x-x_2) \cdot \Delta v_2}{r_2^2} \\ x \end{bmatrix}$$

$$\begin{bmatrix} \dfrac{(y-y_1)}{r_1}-\dfrac{(y-y_2)}{r_2} & \dfrac{(z-z_1)}{r_1}-\dfrac{(z-z_2)}{r_2} \\ \dfrac{v_{y1} \cdot r_1-(y-y_1) \cdot \Delta v_1}{r_1^2}-\dfrac{v_{y2} \cdot r_2-(y-y_2) \cdot \Delta v_2}{r_2^2} & \dfrac{v_{z1} \cdot r_1-(z-z_1) \cdot \Delta v_1}{r_1^2}-\dfrac{v_{z2} \cdot r_2-(z-z_2) \cdot \Delta v_2}{r_2^2} \\ y & z \end{bmatrix} \cdot$$

$$\begin{bmatrix} \mathrm{d}x \\ \mathrm{d}y \\ \mathrm{d}z \end{bmatrix} + \begin{bmatrix} -\dfrac{(x-x_1)}{r_1} & -\dfrac{(y-y_1)}{r_1} & -\dfrac{(z-z_1)}{r_1} \\ \dfrac{-v_{y1} \cdot r_1+(x-x_1) \cdot \Delta v_1}{r_1^2} & \dfrac{-v_{y1} \cdot r_1+(y-y_1) \cdot \Delta v_1}{r_1^2} & \dfrac{-v_{z1} \cdot r_1+(z-z_1) \cdot \Delta v_1}{r_1^2} \\ -\dfrac{(x-x_1)}{r_1} & -\dfrac{(y-y_1)}{r_1} & -\dfrac{(z-z_1)}{r_1} \\ 0 & 0 & 0 \end{bmatrix} \cdot \begin{bmatrix} \mathrm{d}x_1 \\ \mathrm{d}y_1 \\ \mathrm{d}z_1 \end{bmatrix} +$$

$$\begin{bmatrix} \dfrac{(x-x_2)}{r_2} & \dfrac{(y-y_2)}{r_2} & \dfrac{(z-z_2)}{r_2} \\ \dfrac{v_{x2} \cdot r_2-(x-x_2) \cdot \Delta v_2}{r_2^{\ 2}} & \dfrac{v_{y2} \cdot r_2-(y-y_2) \cdot \Delta v_2}{r_2^{\ 2}} & \dfrac{v_{z2} \cdot r_2-(z-z_2) \cdot \Delta v_2}{r_2^{\ 2}} \\ 0 & 0 & 0 \end{bmatrix} \cdot \begin{bmatrix} \mathrm{d}x_2 \\ \mathrm{d}y_2 \\ \mathrm{d}z_2 \end{bmatrix} +$$

$$\begin{bmatrix} -\dfrac{(x-x_1)}{r_1} & -\dfrac{(y-y_1)}{r_1} & -\dfrac{(z-z_1)}{r_1} \\ 0 & 0 & 0 \end{bmatrix} \cdot \begin{bmatrix} \mathrm{d}v_{x1} \\ \mathrm{d}v_{y1} \\ \mathrm{d}v_{z1} \end{bmatrix} + \begin{bmatrix} 0 & 0 & 0 \\ -\dfrac{(x-x_1)}{r_1} & -\dfrac{(y-y_1)}{r_1} & -\dfrac{(z-z_1)}{r_1} \\ 0 & 0 & 0 \end{bmatrix} \cdot \begin{bmatrix} \mathrm{d}v_{x2} \\ \mathrm{d}v_{y2} \\ \mathrm{d}v_{z2} \end{bmatrix}$$

(2)

式中　$\Delta v_1$ ——卫星 1 到目标的径向速度，$\Delta v_1 = \dfrac{v_{x1}(x-x_1)+v_{y1}(y-y_1)+v_{z1}(z-z_1)}{\sqrt{(x-x_1)^2+(y-y_1)^2+(z-z_1)^2}}$；

　　　$\Delta v_2$ ——卫星 2 到目标的径向速度，$\Delta v_2 = \dfrac{v_{x2}(x-x_2)+v_{y2}(y-y_2)+v_{z2}(z-z_2)}{\sqrt{(x-x_2)^2+(y-y_2)^2+(z-z_2)^2}}$。

定义
$$g_{si} = \frac{s - s_i}{r_i} \quad s = x, y, z; \ i = 1, 2$$

$$C_{si} = \frac{v_{si} \cdot r_i - (s - s_i) \cdot \Delta v_i}{r_i^2} \quad s = x, y, z; \ i = 1, 2$$

令 $\mathrm{d}u = \begin{bmatrix} \mathrm{d}x \\ \mathrm{d}y \\ \mathrm{d}z \end{bmatrix}$ $\mathrm{d}s_1 = \begin{bmatrix} \mathrm{d}x_1 \\ \mathrm{d}y_1 \\ \mathrm{d}z_1 \end{bmatrix}$ $\mathrm{d}s_2 = \begin{bmatrix} \mathrm{d}x_2 \\ \mathrm{d}y_2 \\ \mathrm{d}z_2 \end{bmatrix}$ $\mathrm{d}v_1 = \begin{bmatrix} \mathrm{d}v_{x1} \\ \mathrm{d}v_{y1} \\ \mathrm{d}v_{z1} \end{bmatrix}$ $\mathrm{d}v_2 = \begin{bmatrix} \mathrm{d}v_{x2} \\ \mathrm{d}v_{y2} \\ \mathrm{d}v_{z2} \end{bmatrix}$ $\mathrm{d}z = \begin{bmatrix} c \cdot \mathrm{d}(\Delta t) \\ -\lambda \cdot \mathrm{d}(\Delta f_d) \\ 0 \end{bmatrix}$

式（2）简写为

$$\mathrm{d}z = C \cdot \mathrm{d}u + U \cdot \mathrm{d}s_1 + W \cdot \mathrm{d}s_2 + V_1 \cdot \mathrm{d}v_1 + V_2 \cdot \mathrm{d}v_2 \tag{3}$$

其中

$$C = \begin{bmatrix} g_{x1} - g_{x2} & g_{y1} - g_{y2} & g_{z1} - g_{z2} \\ c_{x1} - c_{x2} & c_{y1} - c_{y2} & c_{z1} - c_{z2} \\ c_{x1} - c_{x2} & c_{y1} - c_{y2} & c_{z1} - c_{z2} \\ x & y & z \end{bmatrix}, \ U = \begin{bmatrix} -g_{x1} & -g_{y1} & -g_{z1} \\ -c_{x1} & -c_{y1} & -c_{z1} \\ 0 & 0 & 0 \end{bmatrix},$$

$$W = \begin{bmatrix} g_{x2} & g_{y2} & g_{z2} \\ c_{x2} & c_{y2} & c_{z2} \\ 0 & 0 & 0 \end{bmatrix}, \ V_1 = \begin{bmatrix} 0 & 0 & 0 \\ g_{x1} & g_{y1} & g_{z1} \\ 0 & 0 & 0 \end{bmatrix}, \ V_2 = \begin{bmatrix} 0 & 0 & 0 \\ -g_{x2} & -g_{y2} & -g_{z2} \\ 0 & 0 & 0 \end{bmatrix}$$

可推出

$$\mathrm{d}u = C^{-1} \cdot (\mathrm{d}z - U \cdot \mathrm{d}s_1 - W \cdot \mathrm{d}s_2 - V_1 \cdot \mathrm{d}v_1 - V_2 \cdot \mathrm{d}v_2) \tag{4}$$

时差频差测量协方差矩阵、卫星 1 和卫星 2 的位置测量协方差矩阵、卫星 1 和卫星 2 的速度测量协方差矩阵分别为 $R_z$、$R_{s1}$、$R_{s2}$、$R_{v1}$、$R_{v2}$。因此可推导出定位误差协方差矩阵为

$$\boldsymbol{P}_{\mathrm{d}u} = E[\mathrm{d}u \cdot \mathrm{d}u^T]$$
$$= C^{-1} \cdot (R_z + U \cdot R_{s1} \cdot U^T + W \cdot R_{s2} \cdot W^T + V_1 \cdot R_{v1} \cdot V_1^T + V_2 \cdot R_{v2} \cdot V_2^T) \cdot (C^{-1})^T \tag{5}$$

## 4　新的定位误差分析方法

新的定位误差分析方法在传统定位误差分析方法的基础上，对定位误差协方差矩阵中的每一项误差项进行分离，即将时差测量误差、频差测量误差、卫星 1 的位置测量误差、卫星 2 的位置测量误差、卫星 1 的速度测量误差、卫星 2 的速度测量误差进行分离。在本文中将提出的新的定位误差分析方法简称为误差分离方法。

因此可推导出误差分离方法的定位误差协方差矩阵为

$$\boldsymbol{P}_{\mathrm{d}u} = E[\mathrm{d}u \cdot \mathrm{d}u^T]$$
$$= C^{-1} \cdot (R_z + U \cdot R_{s1} \cdot U^T + W \cdot R_{s2} \cdot W^T + V_1 \cdot R_{v1} \cdot V_1{}^T + V_2 \cdot R_{v2} \cdot V_2{}^T) \cdot (C^{-1})^T$$
$$= C^{-1} \cdot R_z \cdot (C^{-1})^T + C^{-1} \cdot U \cdot R_{s1} \cdot U^T \cdot (C^{-1})^T + C^{-1} \cdot W \cdot R_{s2} \cdot W^T \cdot (C^{-1})^T + \tag{6}$$
$$C^{-1} \cdot V_1 \cdot R_{v1} \cdot V_1{}^T \cdot (C^{-1})^T + C^{-1} \cdot V_2 \cdot R_{v2} \cdot V_2{}^T \cdot (C^{-1})^T$$
$$= H1 + H2 + H3 + H4 + H5$$

定位误差的几何分布 GDOP（Geometrical Dilution of Precision）为

$$\mathrm{GDOP} = \sqrt{\sigma_x^2 + \sigma_y^2 + \sigma_z^2} = \sqrt{\mathrm{trace}(P_{\mathrm{d}u})}$$
$$= \sqrt{\mathrm{trace}(H1) + \mathrm{trace}(H2) + \mathrm{trace}(H3) + \mathrm{trace}(H4) + \mathrm{trace}(H5)} \tag{7}$$
$$= \sqrt{N1 \cdot \sigma_{\Delta t}^2 + N2 \cdot \sigma_{\Delta f_d}^2 + N3 \cdot \sigma_{s1}^2 + N4 \cdot \sigma_{s2}^2 + N5 \cdot \sigma_{v1}^2 + N6 \cdot \sigma_{v2}^2}$$

式中　$\sigma_{\Delta t}$——时差测量误差的标准差；

　　　$\sigma_{f_d}$——频差测量误差的标准差；

$\sigma_{s1}$ ——卫星 1 位置误差的标准差；

$\sigma_{s2}$ ——卫星 2 位置误差的标准差；

$\sigma_{v1}$ ——卫星 1 速度误差的标准差；

$\sigma_{v2}$ ——卫星 2 速度误差的标准差。

$N1$、$N2$、$N3$、$N4$、$N5$、$N6$ 为加权系数，可利用式（6）、式（7）计算，计算方法利用 Matlab 符号计算方法。

仿真统计的定位误差为 GDOP 的圆概率误差，即

$$\mathrm{CEP} \approx 0.75 \cdot \mathrm{GDOP} = 0.75 \cdot \sqrt{\sigma_x^2 + \sigma_y^2 + \sigma_z^2} \tag{8}$$

$\sigma_x$，$\sigma_y$，$\sigma_z$ 分别为目标定位误差在 $x$，$y$，$z$ 方向上的标准差。

# 5  新的定位误差分析方法正确性验证

根据给定的各项测量误差，采用传统协方差矩阵定位误差分析方法和新的定位误差分析方法计算定位误差，分析比较两种定位误差分析计算方法的结果，验证新的定位误差计算方法的正确性。传统协方差矩阵方法采用式（5），直接计算协方差矩阵 $\boldsymbol{P}_{du}$，计算矩阵的秩，求出定位误差 GDOP 值。新的误差分离方法分别计算 6 项误差项的系数 $N1$、$N2$、$N3$、$N4$、$N5$、$N6$ 带入式（6）、式（7），计算定位误差 GDOP 值。

仿真参数设置如下：

1）时差测量误差：160 ns；

2）频差测量误差：1 Hz；

3）卫星 1 绝对位置误差：10 m；

4）卫星 2 绝对位置误差：10 m；

5）卫星 1 绝对速度误差：0.05 m/s；

6）卫星 2 绝对速度误差：0.05 m/s；

7）轨道高度：1 000 km；

8）星间距：100 km；

9）工作频率：4 GHz；

10）目标场景飞行方向 5 000 km，垂直于飞行方向 5 000 km，$x$ 方向为飞行方向，选择 $x$ 方向 $-2\,500$ km 到 $2\,500$ km，$y$ 方向 $-2\,500$ km 到 $2\,500$ km，目标高度为 0，目标场景间隔 100 km。

在相同参数下，传统协方差矩阵方法 GDOP（CEP）结果最小值 0.549 0 km，最大值 41.358 3 km，GDOP 的二维等高线分布图如图 2 所示。新的误差分离计算方法 GDOP 结果最小值 0.549 0 km，GDOP（CEP）GDOP 的二维等高线分布图如图 3 所示。两种计算方法的 GDOP 值结果一致，GDOP 的二维等高线分布图一致，验证了新的定位误差分析方法的正确性。

# 6  新的定位误差分析方法的应用

误差分离方法将每一项系统测量误差分离开，定位误差和每一项系统测量误差的关系表示为

$$\mathrm{GDOP} = \sqrt{N1 \cdot \sigma_{\Delta t}^2 + N2 \cdot \sigma_{\Delta f_d}^2 + N3 \cdot \sigma_{s1}^2 + N4 \cdot \sigma_{s2}^2 + N5 \cdot \sigma_{v1}^2 + N6 \cdot \sigma_{v2}^2} \tag{9}$$

定位误差由每一项系统测量误差及 $N1 \sim N6$ 加权系数确定。$N1 \sim N6$ 加权系数与目标的位置（$x$，$y$，$z$）、卫星 1 的位置（$x_1$，$y_1$，$z_1$）、卫星 1 的速度（$v_{x1}$，$v_{y1}$，$v_{z1}$）、卫星 2 的位置（$x_2$，$y_2$，$z_2$）、卫星 2 的速度（$v_{x2}$，$v_{y2}$，$v_{z2}$）相关，即加权系数 $N1 \sim N6$ 的大小与目标的位置、卫星的位置、速度相关，是由目标和卫星的几何关系决定的，与系统测量误差项本身无关。因此，这样就把定位误差中和几何分布相关的误差

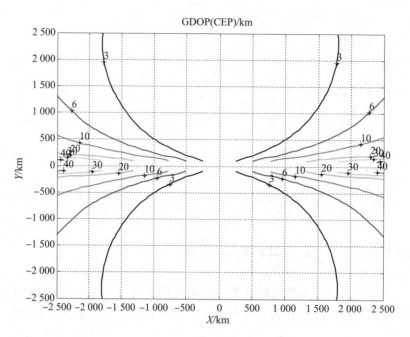

图2 传统协方差矩阵方法 GDOP 结果二维等高线

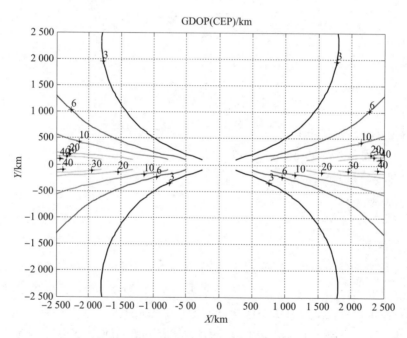

图3 新的误差分离计算方法 GDOP 结果二维等高线

和每一项系统测量误差分离。

在现有文献中的传统无源定位误差分析方法，目标、卫星的几何分布相关的误差项和系统测量误差项是交织在一起的，因此对定位误差的分析是改变每一项系统测量误差的大小观察定位误差几何分布变化的趋势，并且只能根据已有各项系统测量误差计算定位误差，而不能从定位误差要求进行各项系统测量误差指标量化分配。本文提出的误差分离定位误差分析方法可以完成系统测量误差指标的分配。

误差分离的定位误差分析方法，可以结合工程实际进行各个测量误差项的初次分配。假设在一个 $5\,000\ \mathrm{km} \times 5\,000\ \mathrm{km}$ 的场景，要使小于 $3\ \mathrm{km}$ 定位误差的面积在 $4\,000\ \mathrm{km} \times 4\,000\ \mathrm{km}$，可以控制分布在 $X = 2\,000\ \mathrm{km}$，$Y = 2\,000\ \mathrm{km}$ 目标点达到 $3\ \mathrm{km}$ 的定位精度（CEP），定位误差 GDOP 的圆概率误差 CEP 达到 $3\ \mathrm{km}$，对应的定位误差 GDOP 为 $4\ \mathrm{km}$。假设各个测量误差项的贡献是相同的，根据下面的公式分配到每项误差分量

$$N1 \cdot \sigma_{\Delta t}^2 = N2 \cdot \sigma_{\Delta f_d}^2 = N3 \cdot \sigma_{s1}^2 = N4 \cdot \sigma_{s2}^2 = N5 \cdot \sigma_{v1}^2 = N6 \cdot \sigma_{v2}^2 = (4 \times 10^3)^2 \div 6 = 2.67 \times 10^6 \text{ m}^2$$

$$(10)$$

再根据加权系数 $N1 \sim N6$ 的计算公式计算出 6 个加权系数 $N1 \sim N6$ 的值，其中目标的位置、卫星的位置和速度都是已知量。再根据加权系数 $N1 \sim N6$ 的值，分配 6 个误差项时差测量误差、频差测量误差、卫星 1 的位置测量误差、卫星 1 的速度测量误差、卫星 2 的位置测量误差、卫星 2 的速度测量误差。表 1 为双量时差/频差定位系统测量误差分配。

**表 1　双星时差/频差定位系统测量误差分配**

| 加权系数项目 | 加权系数 $N$ 值 | 误差标准差 |
| --- | --- | --- |
| N1 时差测量误差项系数 | $N1 = 5.799\,5e + 20$ | 时差测量误差 $\sigma_{\Delta t} = 67.85$ ns |
| N2 频差测量误差项系数 | $N2 = 2.729\,0e + 06$ | 频差测量误差 $\sigma_{\Delta f_d} = 0.989\,1$ Hz |
| N3 卫星 1 绝对位置测量误差项系数 | $N3 = 8.104\,2e + 03$ | 卫星 1 绝对位置测量误差 $\sigma_{s1} = 18.151\,0$ m |
| N4 卫星 2 绝对位置测量误差项系数 | $N4 = 8.104\,2e + 03$ | 卫星 2 绝对位置测量误差 $\sigma_{s2} = 18.151\,0$ m |
| N5 卫星 1 绝对速度测量误差项系数 | $N5 = 4.851\,5e + 08$ | 卫星 1 绝对速度测量误差 $\sigma_{v1} = 0.074\,2$ m/s |
| N6 卫星 2 绝对速度测量误差项系数 | $N6 = 4.851\,5e + 08$ | 卫星 2 绝对速度测量误差 $\sigma_{v2} = 0.074\,2$ m/s |

按照初步分配的各项系统测量误差进行仿真，其他仿真参数与第 5 章仿真参数相同，场景 GDOP（CEP）分布如图 4 所示，即按照误差加权系数 $N$ 分配误差，控制场景 $X = 2\,000$ km，$Y = 2\,000$ km 目标点的定位误差在 3 km，设计目标小于 3 km 定位误差的面积在 4 000 km×4 000 km，即 $1.6 \times 10^7 \text{ m}^2$，仿真统计小于 3 km 定位误差的面积为 $1.638 \times 10^7 \text{ m}^2$。图 4 为定位误差 GDOP（CEP）结果二维等高线。

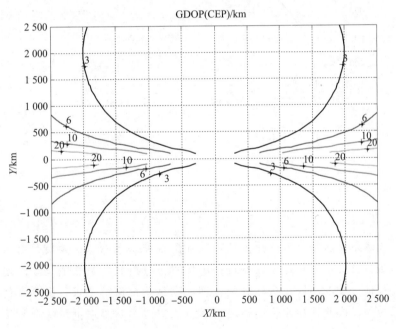

图 4　定位误差 GDOP（CEP）结果二维等高线

结合工程实际对分配的各项系统测量误差进行调整。卫星的绝对位置误差和绝对速度误差工程实际可以达到的指标优于分配的指标，目前 GPS 测量的卫星绝对位置误差可以达到 10 m，绝对速度误差可以达到 0.05 m/s，理论分配的指标为卫星绝对位置误差 18.151 0 m，卫星绝对速度误差 0.074 2 m/s。频率测量误差假设可达到 1 Hz，与理论分配的指标 0.971 4 Hz 相当。时差测量误差理论分配的指标为 67.85 ns，目前系统分析时差测量误差指标实现还有一定的难度。因此可以考虑按目前工程可实现的指标，卫星绝对位置误差 10 m，绝对速度误差 0.05 m/s，频率测量误差 1 Hz，根据式（9）计算时差测量误差为 126.12 ns。通过调整，最终系统测量误差指标分配结果为：

1）时差测量误差：126.12 ns；

2）频差测量误差：1 Hz；

3）卫星1绝对位置误差：10 m；

4）卫星2绝对位置误差：10 m；

5）卫星1绝对速度误差：0.05 m/s；

6）卫星2绝对速度误差：0.05 m/s；

按照最终分配的各项系统测量误差进行仿真，场景 GDOP（CEP）分布如图5所示，控制场景 $X =$ 2 000 km，$Y = 2\,000$ km 目标点的定位误差在 3 km，设计目标小于 3 km 定位误差的面积在 4 000 km× 4 000 km，即 $1.6×10^7$ m²，仿真统计小于 3 km 定位误差的面积为 $1.598×10^7$ m²，因此各项系统测量误差指标的分配结果可以满足定位误差的要求。图5为定位误差 GDOP（CEP）结果二维等高线。

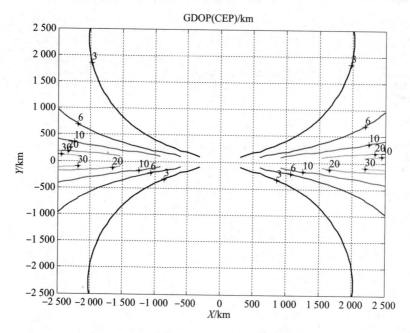

图5 定位误差 GDOP（CEP）结果二维等高线

# 7 结束语

本文提出了一种无源定位误差分析的新方法，推导出各项系统测量误差的分配公式，结合工程实际对各项系统测量误差进行分配，并对定位误差进行了仿真。分析和仿真表明，新的定位误差分析方法能够解决系统测量误差指标分配的问题，指标分配合理，满足系统设计要求，解决了传统无源定位误差方法中只能根据已有系统测量误差计算定位误差，而不能从定位误差要求进行各项系统测量误差指标量化分配的问题，新的定位误差分析方法适用于多种无源定位体制，具有良好的应用潜力。

**参 考 文 献**

[1] 郭福成，樊昀，周一宇，周彩根，李强. 空间电子侦察定位原理［M］. 北京：国防工业出版社，2012.

[2] 胡来招. 无源定位［M］. 北京：国防工业出版社，2004.

# A New Error Analysis Method of Spaceborne Passive Localization

CHEN Juan    YUAN Shigeng    JI Wenzhang    WANG Shaobo    WANG Miao

DFH Satellite CO. LTD. , Beijing    100094

**Abstract**    A new error analysis method of spaceborne passive localization is proposed in this paper. The method is utilized to distribute the localization error to multiple system measurement errors, and the method is also applied to many localization methods, including the three – satellite localization method based on TDOA, the two – satellite localization method of TDOA/FDOA and etc.

**Key words**    Spaceborne passive localization; Error analysis

## 作 者 简 介

陈娟，女，高级工程师，航天东方红卫星有限公司，从事卫星电子有效载荷总体设计工作，电子邮箱：cj432@163.com。

# 随机振动频段范围对结构响应载荷的影响研究

单悌磊　白照广　杨新峰　邹轶群　扈勇强

航天东方红卫星有限公司，北京　100094

**摘　要**　为了研究随机振动输入载荷频段范围对结构振动响应载荷的影响，本文针对多种模态特性的结构，按照相同功率谱大小、不同频段的随机激励条件进行试验，并采集了结构的加速度、应变及界面力响应数据。通过数据分析表明，在 20～600 Hz 激励下，应变、界面力的响应基本都超过了全频段激励下应变、界面力响应的 90%，然而多个组件的加速度响应占全频段激励下加速度响应的比例不到 60%。本文根据应变的收敛情况，给出了响应载荷截止频率的经验公式，为下一步的等效静态载荷计算提供参考。

**关键词**　随机振动试验；频段范围；截止频率；加速度响应；应变响应；界面力响应

## 1　引言

在发射过程中，航天器要经历不同类型的动力学环境，其次级结构强度设计要综合考虑正弦振动环境、噪声环境和随机振动环境等因素[1]，导出并确定其设计载荷，这种设计载荷基本上是以等效准静态过载描述。目前，国内航天领域计算最常用的方法就是全频段法，即将加速度响应谱密度函数在 20～2 000 Hz 的全频段积分，从而计算出其均方根值[2]。2001 年，Y. T. Chung[3] 提出了有限频段法，根据波音公司和 NASA 的试验结果[4] 发现，结构高频部分的应变收敛很快，而加速度收敛很慢。因此有限频段法是以应变的收敛区间来确定加速度的截取频段。从波音公司的测量结果看，应变通常在在 300～400 Hz 收敛，因此，计算加速度响应峰值的积分区间应取为 20～300 Hz。2010 年，国内学者邹元杰[5] 结合某卫星实测的应变和加速度试验结果，对其应变和响应谱密度特征进行了分析，总结了随机振动试验的结果，发现次级结构在 600 Hz 附近应变才收敛。因此对于不同的结构，随机振动频段范围对结构响应的影响，以及有限频段法的截止频率的选择是有待研究的问题。

为了研究随机振动响应载荷与激励频段的关系，并进一步确定截止频率的选取准则。本文按照相同功率谱大小，但不同频段的随机谱激励条件（20～200 Hz、20～300 Hz、20～400 Hz、20～500 Hz、20～600 Hz、20～2 000 Hz）进行随机试验，试验过程中采集了组件的加速度、应变、界面力的响应数据。然后对比了不同频段激励下的加速度、应变、界面力的试验数据。通过试验数据综合分析，研究了随机振动响应载荷随激励载荷截止频率的变化规律。

## 2　试验组件构型设计及试验条件

本文参考小卫星常见星上设备的盒式构型，设计了几种不同模态频率的结构组件，组件都采用铝合金材料，并用配重块来模拟组件上的安装设备。本文选择了几种不同模态特性的组件，进行 Y 向振动试验，组件的频率特性参数如表 1。全频段下的随机振动输入谱条件如图 1 所示，而有限频段激励下，对图 1 的谱形进行截断即可，如 20～300 Hz 激励条件，即对全频段输入谱在 300 Hz 以后截断。

表 1　试验组件设计参数

| | Y 向基频/Hz | Y 向一阶模态质量比/% | 总质量/kg |
|---|---|---|---|
| 组件 2 | 472.03 | 44.40 | 3.155 1 |
| 组件 4 | 393.52 | 43.26 | 5.485 8 |
| 组件 21 | 313.49 | 59.95 | 10.131 6 |
| 组件 11 | 181.78 | 50.97 | 10.618 4 |
| 组件 24 | 141.45 | 66.32 | 18.353 0 |

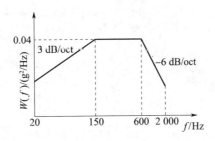

图 1　随机振动全频段输入谱条件

# 3　激励频段范围对加速度响应的规律研究

根据试验的结果,将全部组件的响应加速度数据进行统计。这里以组件上 A9Y 测点的加速度响应数据为例分析,其均方根大小如表 2 所示。其中加速度响应比例的定义为:有限频段激励下加速度响应的总均方根占全频段激励下加速度响应总均方根的百分比。

表 2　不同频段激励下、不同组件的 A9Y 响应大小

| 激励频段 | 20～200 Hz | 20～300 Hz | 20～400 Hz | 20～500 Hz | 20～600 Hz | 20～2000 Hz |
|---|---|---|---|---|---|---|
| 组件 2 响应 | 2.60 g | 3.98 g | 6.65 g | 43.71 g | 47.96 g | 60.49 g |
| 对应比例 | 4.3% | 6.58% | 10.99% | 72.26% | 79.29% | 100% |
| 组件 4 响应 | 2.59 g | 4.03 g | 14.42 g | 16.94 g | 17.45 g | 28.24 g |
| 对应比例 | 9.17% | 14.27% | 51.06% | 59.99% | 61.79% | 100% |
| 组件 21 响应 | 2.63 g | 8.53 g | 16.65 g | 20.64 g | 21.95 g | 78.19 g |
| 对应比例 | 3.36% | 10.91% | 21.29% | 26.40% | 28.07% | 100% |
| 组件 11 响应 | 6.42 g | 9.29 g | 10.09 g | 12.41 g | 17.75 g | 35.67 g |
| 对应比例 | 18.00% | 26.04% | 28.29% | 34.79% | 49.76% | 100% |
| 组件 24 响应 | 13.51 g | 21.91 g | 22.91 g | 25.82 g | 26.21 g | 65.85 g |
| 对应比例 | 20.52% | 33.27% | 34.79% | 39.21% | 39.80% | 100% |

由表 2 数据可以看出:组件 2、4、21、11、24 在 20～300 Hz 频段激励下,加速度的响应比例分别为 6.58%、14.27%、10.91%、26.04%、33.27%,说明了 20～300 Hz 的低频载荷对结构加速度的响应影响较小。而组件 2、4、21、11、24 在 20～600 Hz 频段激励下,加速度的响应比例分别为 79.29%、61.79%、28.07%、49.76%、39.80%,所有组件的加速度的响应比例都不到 80%,说明了 600～2 000 Hz 的中、高频载荷对结构加速度的响应影响明显。

以组件 4 为例,将其全频段激励下,加速度响应数据处理成累积均方根曲线,如图 2。从图 2 中观察 A9Y 曲线,可以直观地发现该曲线一直呈上升趋势,说明了高频载荷对结构加速度的响应影响明显。

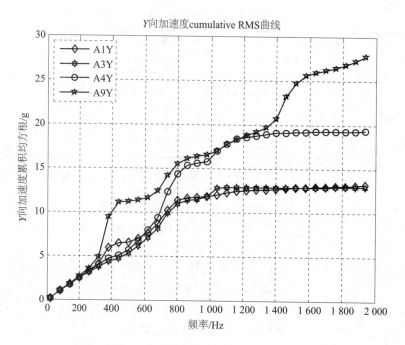

图 2　组件 4 在全频段激励下加速度累积均方根曲线

# 4　激励频段范围对应变响应的规律

由于引起结构破坏的因素是应变，不是加速度，因此必须参照应变的数据，来决定载荷的截止频率。由于篇幅有限，这里只列出应变对应比例大小，不列出具体的应变响应大小，如表 3～表 6。其中应变响应比例的定义为：有限频段激励下应变响应的总均方根占对应组件在全频段激励下应变响应均方根的百分比。

表 3　组件 2 在不同频段激励下的应变响应结果

| 激励频段 | 20～200 Hz | 20～300 Hz | 20～400 Hz | 20～500 Hz | 20～600 Hz | 20～2 000 Hz |
|---|---|---|---|---|---|---|
| S1Z 对应比例% | 6.47 | 9.62 | 15.40 | 93.56 | 99.99 | 100 |
| S2Z 对应比例% | 19.09 | 24.87 | 28.06 | 100.00 | 100.00 | 100 |
| S3Z 对应比例% | 10.38 | 15.84 | 33.60 | 97.90 | 99.99 | 100 |
| S4Z 对应比例% | 18.13 | 20.26 | 33.87 | 99.49 | 100.00 | 100 |

表 4　组件 4 在不同频段激励下的应变响应结果

| 激励频段 | 20～200 Hz | 20～300 Hz | 20～400 Hz | 20～500 Hz | 20～600 Hz | 20～2 000 Hz |
|---|---|---|---|---|---|---|
| S1Z 对应比例% | 11.33 | 18.95 | 76.78 | 89.57 | 90.48 | 100 |
| S2Z 对应比例% | 20.76 | 29.36 | 75.47 | 83.82 | 87.71 | 100 |
| S3Z 对应比例% | 15.62 | 40.33 | 93.25 | 92.67 | 93.83 | 100 |
| S4Z 对应比例% | 16.36 | 35.43 | 90.86 | 90.62 | 91.44 | 100 |

表 5　组件 21 在不同频段激励下的应变响应结果

| 激励频段 | 20～200 Hz | 20～300 Hz | 20～400 Hz | 20～500 Hz | 20～600 Hz | 20～2 000 Hz |
|---|---|---|---|---|---|---|
| S1Z 对应比例% | 20.40 | 59.37 | 84.85 | 89.92 | 90.87 | 100 |
| S2Z 对应比例% | 18.65 | 54.71 | 88.08 | 94.97 | 96.24 | 100 |
| S3Z 对应比例% | 23.30 | 57.26 | 82.35 | 87.97 | 88.91 | 100 |
| S4Z 对应比例% | 19.67 | 48.17 | 86.68 | 90.87 | 92.99 | 100 |

表6 组件24在不同频段激励下的应变响应均方根结果

| 激励频段 | 20～200 Hz | 20～300 Hz | 20～400 Hz | 20～500 Hz | 20～600 Hz | 20～2 000 Hz |
|---|---|---|---|---|---|---|
| S1Z 对应比例% | 85.97 | 86.92 | 89.70 | 91.29 | 89.65 | 100.00 |
| S2Z 对应比例% | 87.61 | 88.06 | 91.36 | 93.09 | 93.38 | 100.00 |
| S3Z 对应比例% | 84.46 | 84.11 | 88.18 | 90.29 | 89.49 | 100.00 |
| S4Z 对应比例% | 88.11 | 89.51 | 92.76 | 93.75 | 93.900 | 100.00 |

从表6观察发现，对于组件24，20～200 Hz 随机振动激励下的应变占全频段激励的 85%，说明了 200 Hz 之后的频段对应变影响较小，说明此频段是主要的作用频段。对于其他组件也分别有一个主要的作用频段，此后的频段可以认为对应变响应影响较小。

从表3～表6可以发现，同频段激励下，同组件不同部位测点的响应比例并不一致。这里以多个应变平均响应超过 85% 为界线分析：组件2、4、21、24 所对应的激励载荷的截止频率分别为 500 Hz、500 Hz、400 Hz、200 Hz，说明了有限频段法纯粹以 300 Hz 作为结构设计载荷的截止频率，对于部分结构并不适用，有一定的片面性。同时也说明了截止频率是与结构的模态特性密切相关的。

根据本文的试验数据，可以推出截止频率 $f_{\lim}$ 近似等效为

$$f_{\lim} \approx \frac{C \cdot f_0}{Meff_0 / Meff_{有效}} \tag{1}$$

式中 $f_0$——结构的基频；

$Meff_0$——基频所对应的模态质量比；

$Meff_{有效}$——20～2 000 Hz 内包含的结构总的模态质量比；

$C$——与结构形式有关的系数，针对本文的方形盒式、板壳类结构，这里取 $C=0.9$。

其计算结果与试验结果的对比如表7。

从表7的计算结果可以看出，截止频率的近似公式计算结果与试验结果基本吻合。对于这种类似的方形盒式、板壳类结构，不仅等效加速度设计载荷的截止频率的可以参照公式1进行选择，而且随机振动条件的制定也可以参照公式1进行截取。

表7 截止频率近似公式的计算结果

| | 基频/Hz | 一阶模态质量比/% | 全频段内总的模态质量比/% | 截止频率试验结果/Hz | 近似公式计算结果/Hz |
|---|---|---|---|---|---|
| 组件2 | 472.03 | 44.40 | 52.02 | 500 | 495 |
| 组件4 | 393.52 | 43.26 | 76.04 | 500 | 620 |
| 组件21 | 313.49 | 59.95 | 85.52 | 400 | 401 |
| 组件24 | 141.45 | 66.32 | 91.88 | 200 | 180 |

# 5 激励频段范围对界面力响应的规律

根据自研的测力装置系统，可以直接测出随机振动环境下传递给结构的界面力的大小。这里仅以主振方向的 $F_y$ 数据为例分析，如表8。其中界面力响应比例的定义为：有限频段激励下界面力响应的总均方根占对应组件在全频段激励下界面力响应均方根的百分比。

表8 不同频段激励下、不同组件的 $F_y$ 响应大小

| 激励频段 | 20～200 Hz | 20～300 Hz | 20～400 Hz | 20～500 Hz | 20～600 Hz | 20～2 000 Hz |
|---|---|---|---|---|---|---|
| 组件2—$F_y$/N | 217.70 | 319.64 | 385.39 | 444.73 | 446.95 | 460.55 |
| $F_y$ 比例/% | 47.26 | 69.40 | 83.68 | 96.56 | 97.04 | 100 |
| 组件4—$F_y$/N | 301.77 | 472.96 | 597.29 | 606.77 | 614.17 | 650.54 |

续表

| 激励频段 | 20～200 Hz | 20～300 Hz | 20～400 Hz | 20～500 Hz | 20～600 Hz | 20～2 000 Hz |
|---|---|---|---|---|---|---|
| $F_y$ 比例/% | 46.38 | 72.70 | 91.81 | 93.27 | 94.40 | 100 |
| 组件 21—$F_y$/N | 464.41 | 935.78 | 1078.7 | 1086.8 | 1091.5 | 1102.7 |
| $F_y$ 比例/% | 42.11 | 84.85 | 97.81 | 98.55 | 98.97 | 100 |
| 组件 24—$F_y$/N | 1029.5 | 1154.4 | 1177.7 | 1203.5 | 1213.0 | 1243.6 |
| $F_y$ 比例/% | 82.78 | 92.82 | 94.70 | 96.77 | 97.54 | 100 |

从表 8 第 6 列数据可以看出，对不同基频的组件，20～600 Hz 的激励频段所引起的响应已经包含了全频段激励引起响应的 95%，说明了随机振动传递力的主要频段在 20～600 Hz 以内。

以界面力响应比例超过 85% 为界线分析：随着组件基频的增大，所对应的激励载荷截止频率也是逐渐在增大的；组件 2、4、21、24 所对应的激励载荷的截止频率约为 500 Hz、400 Hz、400 Hz、300 Hz，这个结果与应变的规律是基本一致的。

# 6  结束语

随机振动环境下等效静态载荷的截止频率选择，对于结构的强度设计、减重设计是至关重要的。针对这一问题，本文按照相同功率谱大小，但不同频段的随机谱激励条件进行随机试验，研究了随机振动响应载荷与激励频段的关系，得出以下结论：

1) 在 20～600 Hz 频段激励下：组件 21、24 的 A9Y 响应比例都不到 50%，而应变响应平均都超过了 90%，并且界面力响应平均都超过了 95%，这说明了中、高频载荷对结构加速度载荷的响应影响明显，而随机振动传递力大部分集中在 20～600 Hz 的中、低频段。

2) 对于本文的方形盒式、板壳类结构，等效加速度设计载荷的截止频率的可以参照公式（1）进行选择，而且随机振动条件的制定也可以参照公式（1）进行截取。

3) 综合考虑不同结构的特性，留出一定的裕度，并考虑试验的方便性，对于设备组件的通用载荷的截止频率可以选择 1 000 Hz。这不仅对于结构减重设计具有重要意义，而且也在一定程度上降低了对振动台的要求，利于部分振动试验的开展。

## 参 考 文 献

[1] 杨宝宁. 随机振动条件下设计载荷的确定 [J]. 航天器工程，2006，5：89 - 96.

[2] 张玉梅. 航天器随机振动设计载荷比较 [J]. 中国空间科学技术，2013，19（2）：7 - 12.

[3] CHUNG, Y. T., KREBS, D. J., PEELBES, J. H. Estimation of Payload Random Vibration Loads for Proper Structure Design [J]. AIAA, 2001 (1667): 1 - 19.

[4] Y. T. CHUNG, B. L. Foist Prediction of payload random vibration loads [J]. NASHVILLE: 13th International Modal Analysis Conference，2004.

[5] 邹元杰. 基础激励和声载荷作用下随机振动的设计载荷估算方法 [C] //全国结构动力学学术研讨会，2009.

# Research on Structure Response Load under Random Vibration of Different Frequency Bandwidth

SHAN Tilei   BAI Zhaoguang   YANG Xinfeng   ZOU Yiqun   HU Yongqiang

DFH Satellite Co. Ltd. ，Beijing   100094

**Abstract**   In order to research on structure response load under random vibration of different frequency bandwidth，random vibration tests with same PSD quantity but different frequency bandwidths were actualized for different mode structures，when the response data of acceleration，strain and force was collected. The results show that the strain response under $20 \sim 600$ Hz inputting spectral is up to $90\%$ contrast to full bandwidth condition，and so is force response；However，the acceleration response is lower $60\%$ for some cases. Based on the convergence of strain，the engineering equation of limit frequency is proposed，which can provide a reference for equivalent static load.

**Key words**   Random vibration test；Bandwidth range；Limit frequency；Acceleration response；Strain response；Force response

## 作 者 简 介

单悌磊，男，硕士研究生，研究方向为航天器结构动力学，电子邮箱：945030236@qq.com。

# 数字卫星源代码生成技术

董云峰　李畅

北京航空航天大学宇航学院，北京　　100191

**摘　要**　数字卫星是一个复杂的系统，开发难度大、研制周期长、可扩展性低、调试与测试难度大。本文将工程方法论中维分解理论与认知科学相结合，提出了将复杂系统分解成可由程序执行的底层决策的集合，使程序可按照人的逻辑处理复杂系统的理论。将该理论应用于数字卫星开发中，设计了可由程序自动完成的一整套数字卫星源代码生成流程。基于多种型号卫星完成了数字卫星的定义与生成，使用数字卫星进行了典型工况的仿真验证。验证结果表明采用该理论能够成功装配出数字卫星。

**关键词**　数字卫星；卫星模拟器；分形；代码生成

## 1　引言

数字化、信息化是新一代智能制造的核心[1-2]，平行系统是处理复杂系统的有效方式[3]，数字卫星是真实卫星的平行系统，是卫星设计研制运行全生命过程中的重要工具。

卫星的数字化研究已经取得了一定的研究成果[4-5]。但数字卫星传统研制模式研制难度大、周期长，需要消耗大量的人力物力，且传统的数字卫星可扩展性较低，需求的改变往往伴随大量源代码的修改。随着认知水平的提高和数字仿真技术的发展，数字卫星仿真粒度越来越精细，传统数字卫星研制模式已难以满足真实卫星研制生产和仿真验证的需求。

人工智能的核心是让机器代替人进行决策和完成工作。认知科学是人工智能的基础，也是推动人工智能向前发展的重要力量[6]。如今认知科学已成为前沿学科[7]，在学术界受到广泛关注，在多个领域开展了应用并产生了成功的应用成果[8-9]。让机器代替人完成源代码书写工作，不仅可以提高效率，而且可将研制规范封装在工具中，为航天工业信息化提供了一个新的发展思路。

## 2　程序员决策的维分解

人的智能表现在对复杂情况的处理过程中。面对复杂情况时，人能够分析问题，将复杂问题等效分解为若干子问题的集合，如果子问题都有解，则复杂问题有解。工程方法论是对人解决问题方法的抽象和提炼，如果教会程序按工程方法论分解问题，则程序就不是简单的程序，也具备一定的智能。

利用维的概念分解问题是一种不重不漏的分解方法，常用的维有系统维、时间维和逻辑维。按照系统维的概念可将卫星分解为有效载荷和服务舱；服务舱可进一步分为结构、电源、温控、遥测遥控、推进、姿轨控、星务与数据管理等子系统。按照时间维的概念可将卫星装配过程分解为成部件入库、卫星物理构成装配、卫星信息传输装配、仿真部署配置、仿真运行配置和通用代码装配。逻辑维是按处理问题逻辑过程分解，可分为先明确问题再解决问题。明确问题可分解为明确目标和指标设计。明确目标是指明确干什么，怎么干；指标设计是指在数字卫星设计前期，要明确卫星的任务目标（如工作时间与观测目标）以及明确卫星的性能指标（如覆盖性能指标与测控性能指标）。解决问题分解为先有解决问题方案，然后再执行。在生成数字卫星源代码时，要先有数字卫星的设计结果，生成程序方能根据设计结果生成数字卫星的源代码。图1为维中的某一格。

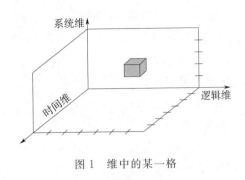

图 1　维中的某一格

维具有分形特征，某一格还可以进行下一层次维的分解。图 1 中系统维上的子系统、时间维上的设计过程、逻辑维上的系统综合步骤所构成的格依然可以按系统维、时间维和逻辑维展开。系统维与时间维往往体现在高层次的分解，而越接近底层日常操作，逻辑维的分形特征越明显。对数字卫星的各个阶段和各个步骤进行逐层次分解，可将其分解成有限个可由机器处理的数据或源代码，使源代码自动生成成为可行。

每个工作按维分解后可以形成一个由若干环节组成的树形结构，遍历一个树就完成一个工作。可将按维分解的树形结构存储在数据库中方便工作的执行。存储时可以将树形结构的定性描述与定量分析分开，根据一般定性描述映射出定量分析的完整信息，从而精简存储的数据，提高程序的可伸缩性与可扩展性。程序读取数据库中各条信息并执行相应的操作，通过完成各个子环节来完成工作，最终装配出完整的数字卫星。

# 3　程序装配

## 3.1　程序的生成方法

数字卫星仿真程序源代码可按维分解成语句，语句是构成程序源代码的基础要素。语句的生成实际上就是从数据库中读取可变的信息，将各条信息按照一定的格式与固定不变的部分组装拼接成一条字符串，最后将字符串打印至源代码文件的过程。语句可分成变量定义、变量赋值、调用函数与条件判断语句。

变量定义即为一条字符串，为了满足编程需求，在定义时还需表明其类型并赋初值，如

double GyroMeasureValue［1］= ｛0｝;

其等号前的部分依次为变量的类型、名称与维数，等号后的部分是为变量赋初值，是固定不变的。程序可从数据库中读取该变量的类型为 double，名称为 GyroMeasureValue，维数为 1，将其按照"类型"＋"名称"＋"［维数］"＋"= ｛0｝;"的格式拼接成一个字符串，并将字符串打印至文件中，即可完成变量定义语句的生成。

变量赋值语句与变量定义语句类似，如

GyroMeasureValue［0］= 0.1;

其等号前的部分依次为变量的名称与维度，等号后的部分为变量值。程序可从数据库中读取该变量的名称为 GyroMeasureValue，维度为 0，变量值为 0.1。将其按照"名称"＋"［维度］"＋"="＋"变量值;"的格式拼接成一个字符串，并将字符串打印至文件中，即可完成变量定义语句的生成。

调用函数语句由函数的名称与函数的参数构成。函数的名称一般固定不变，也可从数据库中读取；函数的参数可固定不变，也可从数据库中读取，也可由程序计算出，如

SendUARTPackage（ulUARTGyroChannelNoforGyro, chrRawValue , 17）;

其函数名称固定不变，第一个参数从数据库读取出，第二个参数固定不变，第三个参数为程序计算出的

值。则程序即可按照"函数名称"＋"（"＋"参数 1 名称"＋"，参数 2 固定名称，"＋"参数 3 值"＋"）;"的格式拼接成一个字符串，并将字符串打印至文件中，即可完成调用函数语句的生成。

条件判断语句由固定的框架与可变的判断条件构成，其中判断条件可整体从数据库中读取，也可分别从数据库中读取参数变量名称、判断逻辑与条件值，拼接而成。如

$$\text{if (ucThrusterIsUpdated} == 1)$$

程序从数据库中读取出参数变量名称为 ucThrusterIsUpdated，判断逻辑为相等，条件值为 1，并将按照固定的框架"if（"＋"变量名称"＋"判断逻辑"＋"条件值"＋"）"拼接成一个字符串，并将字符串打印至文件中，即可完成判断条件语句的生成。

程序中存在部分源代码片段固定不变，仅需根据卫星装配的需求选择性的启用，如单机部件的功能模型、星上的算法等。这些源代码无需逐条生成语句，可将各代码片段分类存放于各文件中，并在数据库中存储文件的名称与存放路径，程序即可从数据库中读取出所需的各类模型与算法，查找到指定文件，将文件中的源代码整体打印至文件中，即可完成代码片段的装配。

在代码片段的整体装配中，代码片段的部分参数值会随需求而改变。对固定代码片段的参数进行赋值可采用两种方法。其一可将各项参数的赋值生成至头文件中，在数据库中存储参数的名称与值，即可按照生成变量赋值语句的流程生成该头文件，并在固定代码片段中包含该头文件，即可完成在不影响代码片段通用性的基础上完成对参数的赋值。其二可将各项参数输出至 XML 文档中，由仿真程序进行读取从而完成参数的赋值。

## 3.2　静态装配

静态是指状态数据不随时间变化，单机状态更新通过信息传输来实现，因此静态装配的主要工作是信息流装配。数字卫星的静态装配可分解成单机部件装配与整星装配。

单机部件信息流传输源代码具有高度的一般性，不同单机部件的源代码具有相同的结构，因此可对信息传输流程进行定义，程序根据定义结果将变化的信息按照固定的结构生成源代码，即可完成单机部件信息流传输源代码的生成。

单机部件信息流传输源代码的核心是信息包的组包与解包过程，由于组包与解包过程相似，此处对组包过程进行介绍。发送包的组包源代码由包中各状态参数组包语句构成，如某状态参数的组包语句

$$\text{memcpy（chrRawValue＋6，\&TimeNow，8）;}$$

该语句为函数调用语句。函数名称固定不变；第一个参数的前半部分为固定的变量名称，后半部分为状态参数在包中的位置，可在组包的过程中对已组进包中的状态参数长度累加计算得到；第二个参数固定不变；第三个参数为状态参数的长度，可从数据库中读取。因此将信息包中各个状态参数的信息和排序存入数据库中，程序即可从数据库中查询出信息包包含的全部状态参数与各状态参数的名称、长度，按照生成函数调用语句的流程依次生成出包中各个状态参数的组包过程源代码，从而完成整个信息包组包过程源代码的生成。

在单机部件信息流装配的基础上，加入单机部件与整星算法模块之间的信息传输，即可完成整星信息流装配。单机部件与整星算法模块信息传输的接收与发送的信息包内容固定，因此可将其分解成各个固定不变的源代码片段。将数字卫星所使用的包存储在数据库中，程序即可按照代码片段的装配流程生成完整的信息传输源代码。

## 3.3　动态装配

数字卫星的动态装配可分解成单机部件装配、星上算法装配与整星装配。

单机部件的功能模型可分解成原理模型、误差模型与失效模型。各单机部件的功能模型源代码固定不变，因此可将源代码按部件型号分类存放于各个文件中。将卫星所使用部件型号存储于数据库中，程序即可按照代码片段的装配流程完成单机部件的动态装配。

星上算法装配主要包括姿态控制系统装配与数据管理系统装配。姿态控制系统包含剔野、滤波、姿态确定、姿态控制和指令分配算法。数据管理系统包含 CCSDS 遥测处理、数据压缩、视频与图像复接等算法。各算法固定不变，仅需修改参数来满足不同的设计需求。因此将其源代码存放于各个源文件中，程序即可按照代码片段的装配流程装配算法，并采用生成头文件的方法对算法中的参数进行赋值。

针对不同的工作任务，姿态控制系统的工作可以分为不同的模式，不同的模式可以启用不同算法与参数，多个飞行模式通过各种切换条件相互联系，组成一个飞行流程。一个飞行模式的执行流程分为参数输入、算法执行、条件判断与模式切换。参数输入部分源代码为变量赋值语句，算法执行部分源代码为调用函数语句，条件判断部分为条件判断语句，模式切换为函数调用语句。在数据库中存储参数的名称与值、算法的名称、切换的条件与目标模式的名称，程序即可按照对应语句的生成方法生成模式的执行流程源代码。

整星装配可分解成装配动力学解算算法、热力学解算算法、能源流解算算法、燃料流解算算法、无线电传输损耗算法和光学成像算法。

动力学解算算法可分解成刚体、柔性结构、充液贮箱等动力学模块，各动力学模块的算法源代码固定不变，模块之间相互解耦。因此将其源代码存放于文件中，程序即可按照代码片段的装配流程装配算法，并将卫星的各项动力学参数生成至由仿真程序读取 XML 文件中，从而实现动力学解算算法的装配。

热力学解算算法采用结点热网络法解算卫星温度场，其算法源代码固定不变，不同的卫星仅传导热网络系数与辐射网络系数不同。因此将其源代码存放于文件中，程序即可按照代码片段的装配流程装配算法。将卫星的结构与材料存储于数据库中，程序即可读取该信息，自动调用 ANSYS 软件对卫星进行热单元划分，并根据划分结果计算出相关系数并生成至由仿真程序读取文件中，从而实现热力学解算算法的装配。

能源流解算算法、燃料流解算算法、无线电传输损耗算法和光学成像算法均由固定不变的算法与相关部件的功能模型构成。其中能源流解算算法与电池、太阳帆板相关，燃料流解算算法与贮箱、气瓶和阀门相关，无线电传输损耗算法与天线、放大器相关，光学成像算法与相机相关。因此可将其固定不变的算法源代码存储于文件中，并在数据库中存储所选择的各单机型号，程序即可按照代码片段的装配流程装配固定部分源代码，从而与已装配的部件功能模型相配合形成完整算法。

# 4 执行案例

为了验证数字卫星源代码生成的可行性、有效性和通用性，本文基于三颗不同型号卫星完成了数字卫星的装配，具体装配流程如下文所述。

定义卫星所使用的各型号部件，输入其各项参数，如尺寸、质量、电功率、热功率等，定义各单机的状态参数，并将其原理模型、误差模型与失效模型存放至源文件中。

选择卫星主承力结构、各项单机部件型号，并配置其个数与安装信息。A 卫星选取陀螺、太阳敏感器、地球敏感器、星敏感器、GPS、推力器、反作用轮、加热器、散热窗口、电池、太阳帆板、氧化剂贮箱、燃料贮箱、气瓶、阀门、天线、放大器与相机。B 卫星选取的单机种类与 A 卫星相同，但型号、个数与安装信息不同。C 卫星在 A 卫星的基础上增加了控制力矩陀螺。此时即可得到卫星的整体构成，如其中一颗卫星的电源与推进子系统的构成（见图 2）。

分别定义三颗卫星单机部件之间的信息流传输流程。定义单机部件与整星算法模块之间的信息传输，将信息包源代码片段存放于源文件中。

分别配置三个卫星飞行模式的执行流程，如太阳捕获模式，选择剔野算法，滤波算法，姿态确定算法选择太阳敏感器测角度，姿态控制算法选择推力器脉宽调制器控制，并输入各算法参数。配置飞行模式间的切换条件，如太阳捕获模式在满足太阳矢量角小于一定角度后切换至地球捕获模式。各颗卫星分别配置不同的飞行模式。

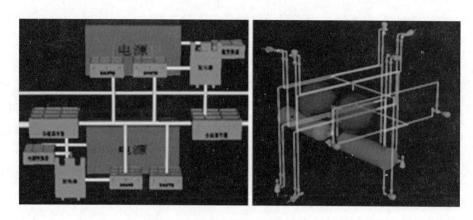

图 2　电源与推进子系统三维显示

分别配置三个卫星数据管理算法相关参数，如配置工程源包发送序列，位流数据类型、尺寸、压缩方式，CCSDS 主导头、同步位、调度方式、编码方式等参数。

对于 A 卫星，仅考虑其刚体动力学部分。B 卫星在 A 卫星基础上加入柔性部件的影响，输入 B 卫星柔性结构模态。C 卫星再进一步加入液体晃动的影响，输入 C 卫星柔性结构模态与液体晃动等效摆参数。将整星各算法固定部分存放于源文件中。

运行生成程序分别读取不同型号卫星的配置结果，成功生成了三颗卫星的数字卫星仿真程序。分别运行各颗数字卫星进行典型工况的仿真验证，运行结果表明各颗数字卫星生成结果均与需求相符合。其中一颗数字卫星运行的三维显示结果如图 3 所示。

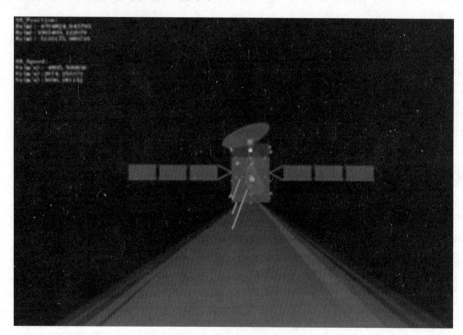

图 3　卫星三维显示

# 5　结束语

本文将维分解理论与认知科学相结合，提出了将复杂系统分解成可由程序执行的底层决策的集合，使程序可按照人的逻辑处理复杂系统的理论。将该理论应用于数字卫星开发中，将数字卫星仿真程序分解成具有一定逻辑和规律的模块集合。针对分解的结果提出了程序各类语句的生成方法，据此设计了可由程序自动完成的一整套数字卫星源代码生成流程，并通过仿真验证了按照该流程可以装配形成数字卫星。依据该理论形成的数字卫星源代码生成技术极大地简化了数字卫星开发过程，革命性地降低了数字卫星的研制周期，将开发人员从繁琐的代码编写中解放出来，使成批地生产数字卫星成为可能。

本文所提出的处理复杂系统的理论具有很强的通用性，可进一步推广至地面测试等程序开发中，为各类程序自动生成的实现提供参考。

## 参 考 文 献

[1] 周济. 制造业数字化智能化 [J]. 中国机械工程，2012，23 (20)：2395 – 2400.

[2] 朱剑英. 智能制造的意义，技术与实现 [J]. 机械制造与自动化，2013，42 (3)：1 – 6.

[3] 王飞跃. 平行系统方法与复杂系统的管理和控制 [J]. 控制与决策，2004，19 (5)：485 – 489.

[4] Lee S, Cho S, Lee B S, et al. Design, Implementation, and Validation of KOMPSAT – 2 Software Simulator [J]. ETRI journal, 2005，27 (2)：140 – 152.

[5] 董云峰，陈士明，苏建敏，等. 卫星姿态控制动态模拟技术 [M]. 北京：科学出版社，2010.

[6] 史忠植. 智能科学 [M]. 北京：清华大学出版社，2006.

[7] Thagard P. Theory and Experiment in Cognitive Science [J]. Artificial Intelligence, 2007，171 (18)：1104 – 1106.

[8] 李小勇，桂小林. 动态信任预测的认知模型 [J]. 软件学报，2010，21 (1)：163 – 176.

[9] Van Ditmarsch H P, Ruan J, Verbrugge R. Sum and Product in Dynamic Epistemic Logic [J]. Journal ofLogic and Computation, 2008，18 (4)：563 – 588.

# Code Generation Technology of Digital Satellite

DONG Yunfeng    LI Chang

School of Astronautics, Beihang University, Beijing    100191

**Abstract**    The traditional satellite simulators have great development difficulty, low extensibility, great difficulty of debug and test. A theory that complex system is resolved into a set of underlying decisions so that the complex system can be handled by program is advanced based on the theory of dimension decomposition of engineering methodology and cognitive science. A complete digital satellite code generation process is designed according to the theory. The digital satellites configuration and code generation based on several satellites are completed. And digital satellites are used for simulations in the typical condition. The simulations reveal that digital satellite can be assembled automatically using the theory.

**Key words**    Digital satellite; Satellite simulators; Fractals; Code generation

## 作 者 简 介

董云峰，男，教授，北京航空航天大学宇航学院，研究方向为航天器总体设计、轨道姿态动力学与控制，电子邮箱：sinosat@buaa. edu. cn。

# 遥感卫星对月成像姿态机动补偿方法研究

高涵　白照广

航天东方红卫星有限公司，北京　　100094

　　**摘　要**　基于 MATLAB 和 STK 软件，提出一种采用姿态机动补偿卫星推扫速度的方法，用于解决星载 TDI CCD 相机对月成像过程中积分时间与推扫速度失配问题。以一颗 645 km 太阳同步轨道卫星作为分析对象，计算卫星运行各时刻的补偿角速度，并利用软件进行姿态机动补偿的仿真分析。仿真结果表明使用文中方法，可以使相机推扫速度与积分时间匹配，达到正常对月推扫成像的目的。

　　**关键词**　TDI CCD；对月成像；姿态机动补偿

## 1　引言

　　时间延迟积分 CCD（TDI CCD）是一种具有多级延时积分功能的线阵 CCD。它能够利用多级敏感单元对运动的同一目标进行多次积分，提高了光学系统的信噪比，有效地解决了普通 CCD 灵敏度较低，动态范围小，在入瞳辐照度低时无法获取图像等问题[1-2]。TDI CCD 多极积分工作模式，增加了光信号强度的同时，也增加了成像质量下降的影响因素。其中最重要的一条就是积分行周期与推扫速度失配问题[3-4]。利用 TDI CCD 成像要求推扫速度与积分时间严格匹配，否则会造成相机无法成像。图 1～图 3 中黑点为景物，正常推扫时，每个行周期结束后，景物会进入下一个像元区域，如图 1。推扫速度过慢和过快时，景物无法按周期依次进入每个像元，如造成 TDI CCD 相机无法正常成像，如图 2 和图 3。

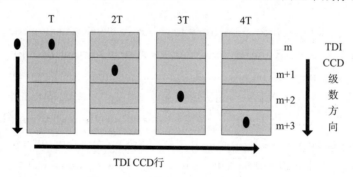

图 1　TDI CCD 正常推扫示意图

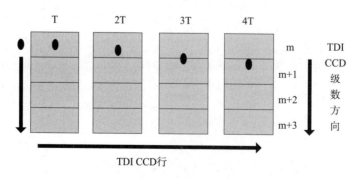

图 2　TDI CCD 过慢推扫示意图

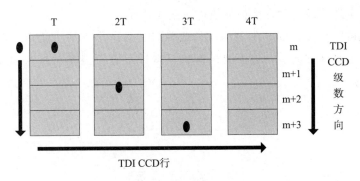

图 3　TDI CCD 过快推扫示意图

月球是距离地球最近的天体，具有表面反射率长期稳定、光谱响应一致、周围深冷空背景单一等特点。利用太阳同步轨道地球卫星对月球进行长期观测，得到结果可以用于建立大气层外月球辐照度模型，用于星上光学敏感仪器标定。目前法国已经利用 Pleiades 卫星建立了大气层外月球辐照度模型，将卫星的绝对定标精度提高到 3%，可以进行长期在轨标定[5]。一般高分辨率卫星在轨对月成像过程中，由于日地距离较远，采用 TDI CCD 成像推扫速度过慢，会出现如图 2 中的情况，造成 TDI CCD 相机无法成像。

针对上面的问题，本文提出采用姿态机动进行速度补偿的方法，在不增加仪器、不改变原有扫描行周期的情况下，使卫星达到正常推扫速度。主要实现方法如下：

1）采用理论计算方式，推导卫星对月推扫补偿角速度计算公式，根据卫星对月成像特点推导卫星在每次成像开始时的姿态角。

2）利用轨道参数建立卫星和相机模型，同时根据 JPL 星历，建立月球轨道模型，基于推扫原理和成像方式计算卫星对月推扫速度及补偿角速度。

3）利用物理成像模型，采用文中使用的机动方法进行仿真，验证了利用姿态机动对推扫速度进行补偿的方法，最后对该方法进行分析，提出实现该方法的要求。

# 2　卫星姿态机动补偿方法

## 2.1　积分时间与推扫速度的计算

卫星的星下点地速

$$V_n = R \sqrt{\frac{\mu}{a^3}} \tag{1}$$

地面像元分辨率

$$GSD = H \cdot \frac{d}{f'} \tag{2}$$

积分时间

$$T_{int} = \frac{GSD}{V_n} \tag{3}$$

式中　$V_n$ ——星下点地速；

　　　$R = 6\ 371.004\ \text{km}$；

　　　$a$ ——轨道半长轴；

　　　$GSD$ ——中心视场像元分辨率。

卫星对月成像过程中，需要将光轴对准月球，由于成像时对卫星推扫方向无要求，因此在成像过程中令偏航角为零。卫星对月成像方式有两种：一种是先进行滚转机动，再进行俯仰机动，如图 4 所示，推扫方向与卫星运动方向相同；二种是先进行俯仰机动，再进行滚转机动，如图 5，推扫方向与卫星运动方向相反。两种机动方式会造成最终对月推扫补偿角速度的差异。

　　下面推导补偿角速度的计算公式。在卫星对月成像时，月球位于卫星轨道面附近，当使用上述两种姿态机动方式将光轴对准月球方向后，只需要俯仰轴机动即可补偿卫星对月球的推扫速度，得到月球图像。该俯仰角速度 $\mathrm{d}\theta$ 为：

$$v = \omega S \sin(\omega t + \alpha) \tag{4}$$

$$V = \frac{\mathrm{GSD(S)}}{T_{\mathrm{int}}} \tag{5}$$

$$\mathrm{d}\theta = \frac{V \pm v}{S - R_{\mathrm{m}} - R_e} \tag{6}$$

式中　$S$——地月距离；

　　　　$R_{\mathrm{m}}$、$R_e$——月球和地球半径；

　　　　$\omega$——角速度；

　　　　$v$——卫星在轨运行时在月球表面投影线速度；

　　　　$\alpha$——黄白交角；

　　　　$V$——与积分时间相匹配的推扫速度，即卫星实现正常成像需要的推扫速度。

　　当卫星采用第一种方式对月成像时，式（6）中取减号，以第二种方式对月成像时式（6）中取加号，式（6）表明，采用第一种推扫方式，在卫星处于赤道附近时补偿速度最小，处于两极附近时补偿速度最大；而采用第二种方式推扫，在卫星赤道附近时补偿速度最大，处于两极附近时补偿速度最小。

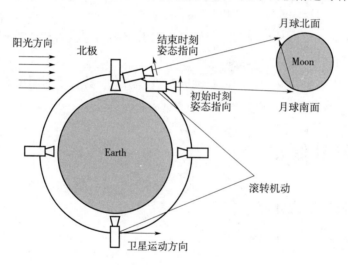

图 4　采用第一种方式成像（同向推扫）

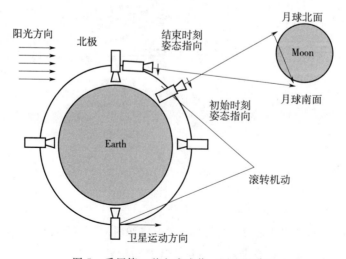

图 5　采用第二种方式成像（反向推扫）

## 2.2　相关坐标系

为实现对补偿情况的物理仿真，需要知道卫星在轨道各个位置处的姿态。下面引入三个相关坐标系，用来计算卫星各个位置的姿态。

1）惯性坐标系 $I$：即地心赤道惯性系，其原点在地心，$Ex$ 轴指向春分点，$Ez$ 轴垂直于赤道面向北极，$Ey$ 轴由右手法则确定。

2）卫星轨道坐标系 $B$：也称为相对运动坐标系，其原点在航天器质心，$Bx$ 轴指向航天器前进方向，$Bz$ 由航天器质心指向地心，$By$ 轴垂直于 $Bx$ 和 $Bz$ 构成的轨道平面。

3）卫星本体坐标系 $O$：原点在卫星质心，三个坐标轴和星体主惯量轴重合，其中 $Bz$ 轴与卫星光轴重合（假设无离轴角）。

下面是三个坐标系之间相互转换关系

$$C_{BI} = C_{BO}C_{OI}$$

$$
\begin{aligned}
=& \begin{bmatrix} 1 & 0 & 0 & 0 \\ 0 & \cos\varphi & \sin\varphi & 0 \\ 0 & -\sin\varphi & \cos\varphi & 0 \\ 0 & 0 & 0 & 1 \end{bmatrix}
\begin{bmatrix} \cos\theta & 0 & -\sin\theta & 0 \\ 0 & 1 & 0 & 0 \\ \sin\theta & 0 & \cos\theta & 0 \\ 0 & 0 & 0 & 1 \end{bmatrix}
\begin{bmatrix} \cos\psi & \sin\psi & 0 & 0 \\ -\sin\psi & \cos\psi & 0 & 0 \\ 0 & 0 & 1 & 0 \\ 0 & 0 & 0 & 1 \end{bmatrix}
\begin{bmatrix} 0 & 1 & 0 & 0 \\ 0 & 0 & -1 & 0 \\ -1 & 0 & 0 & 0 \\ 0 & 0 & 0 & 1 \end{bmatrix} \times \\
& \begin{bmatrix} 1 & 0 & 0 & 0 \\ 0 & 1 & 0 & 0 \\ 0 & 0 & 1 & -(R+H) \\ 0 & 0 & 0 & 1 \end{bmatrix}
\begin{bmatrix} \cos\gamma & \sin\gamma & 0 & 0 \\ -\sin\gamma & \cos\gamma & 0 & 0 \\ 0 & 0 & 1 & 0 \\ 0 & 0 & 0 & 1 \end{bmatrix}
\begin{bmatrix} 1 & 0 & 0 & 0 \\ 0 & \cos i_0 & \sin i_0 & 0 \\ 0 & -\sin i_0 & \cos i_0 & 0 \\ 0 & 0 & 0 & 1 \end{bmatrix}
\begin{bmatrix} 1 & 0 & 0 & 0 \\ 0 & 1 & 0 & 0 \\ 0 & 0 & 1 & \Omega \\ 0 & 0 & 0 & 1 \end{bmatrix}
\end{aligned}
\tag{7}
$$

式中　$C_{BO}$——卫星轨道坐标系到卫星本体坐标系的转换关系；

$\quad\quad C_{OI}$——惯性系到卫星轨道坐标系的转换关系；

$\quad\quad R$——地球半径；

$\quad\quad H$——卫星轨道高度；

$\quad\quad i_0$——轨道倾角；

$\quad\quad\gamma$——摄像时刻从升交点开始到卫星所对应的地球中心角，$\gamma = \gamma_0 + \Omega t$，其中 $\Omega$ 为摄像时刻卫星轨道运行相对地心的角速度；$\psi, \theta, \varphi$ 表示摄像时刻的偏航、俯仰和滚转角[6]。

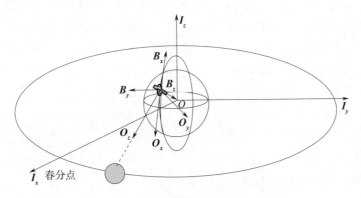

图 6　相关坐标系示意图

根据预先给定的卫星每次成像的成像起始时间，计算得到卫星每次成像开始时的姿态角，在惯性系 $I$ 中，根据卫星轨道和月球星历确定每次成像的成像卫星与月球之间的位置矢量 $p$，$p$ 即卫星本体系 $Bz$ 的指向，将惯性系中的位置矢量 $p$ 转换到卫星轨道系 $B$ 中，在三轴进行投影得到 $p = \begin{bmatrix} p_1 & p_2 & p_3 \end{bmatrix}$。

月球星历采用 JPL 星历表，JPL 星历表是由美国喷气推进实验室依据最新确定的天文常数和天体运动理论计算的各大行星、太阳、地球及月球的相对位置、速度、黄经章动和月球物理天平动及其变率的数值[7]。根据角度关系求得任意成像开始时刻的卫星姿态角为

$$滚动角：\theta = \arcsin\left[\frac{|p_2|}{\sqrt{p_1^2 + p_2^2 + p_3^2}}\right]$$

$$俯仰角：\varphi = 180° - \arcsin\left[\frac{|p_1|}{\sqrt{p_1^2 + p_3^2}}\right]$$

$$偏航角：\psi = 0°$$

# 3 姿态机动模型与仿真

## 3.1 建模与仿真分析流程

根据卫星轨道参数及月球星历，建立卫星姿态机动模型，根据上文计算方法，求取卫星运行时在月球表面投影线速度和正常推扫需要的线速度，分别计算两种成像方式下的补偿角速度。为了模拟卫星实际姿态机动补偿情况，建立卫星仿真场景，根据 2.2 中的方法，求取卫星处于某一时刻时的姿态参数，并和理论计算的补偿参数一起作为输入条件，观察最终仿真结果。图 7 为上述整个过程的流程图。

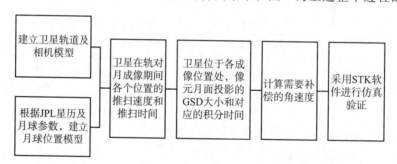

图 7　姿态机动补偿建模与仿真流程图

## 3.2 姿态机动补偿建模与计算

仿真条件：2018 年 1 月 1 日至 2021 年 1 月 1 日，月球星历采用 JPL 提供的 DE 星历，设卫星轨道为 645 km 的太阳同步圆轨道，轨道倾角 97°，降交点时刻 10：30。TDI CCD 相机像元尺寸 $d = 8.75$ um，焦距 $f' = 2\,850$ mm。根据式（1）～式（3）计算得到，卫星星下点地速为 $V_n = 6.845$ km/s，地面像元投影尺寸 GSD＝2 m，积分时间 $T_{int} = 0.289$ ms。采用 MATLAB 软件进行仿真计算。图 8～图 11 中 $x$ 轴和 $y$ 轴分别为卫星运行时间和卫星与月球距离，卫星运行时间从南极到北极半圈轨道的运行时间为 0～3 000 s，卫星与月球距离按照星历输入。

图 8 是卫星各个时刻正常成像需要的推扫速度，从 3 726.9～4 389.6 km/s。图 9 是卫星正常运行，在无补偿的情况下，各个时刻在月球表面投影线速度，设运动方向推扫为正，该数值从 -37.2～442.7 km/s，产生负值的原因是由于黄白交角的存在。图 10 是正向正常推扫的补偿角速度，该数值从 0.505 1～0.667 5（°）/s，在速度垂直于卫星到月球矢量时最小，与该矢量夹角最大（＞180°）时最大，与理论讨论结果一致。图 11 是反向正常推扫的补偿角速度，该数值从 0.557 2～0.728 8（°）/s，在速度垂直于卫星到月球矢量时最大，与该矢量夹角最大（＞180°）时最小，与理论讨论结果一致。

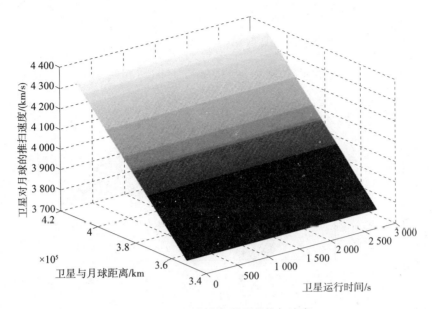

图 8　卫星正常成像需要的推扫速度

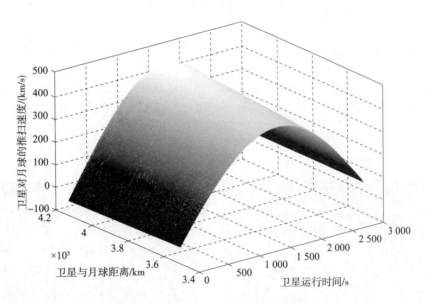

图 9　卫星无补偿时在月表投影线速度

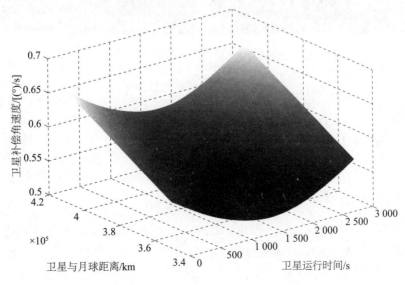

图 10　采用第一种成像方式的补偿角速度

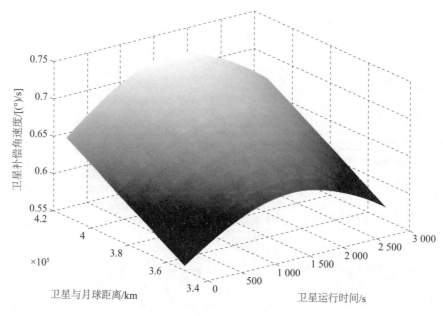

图 11　采用第二种成像方式的补偿角速度

## 3.3　STK 软件物理仿真情况

使用 STK 分别验证两种成像方式下推扫补偿是否可以满足要求，选取仿真时刻 29 Mar 2018 10：11：30.000。第一种成像方式对应姿态角为 $[0°\quad 10.51°\quad 174.34°]$，对应补偿俯仰角速度为 $d\theta_1 = 0.546\ 1(°)/s$（见图 12）。第二种成像方式对应卫星姿态角为 $[0°\quad 168.45°\quad 20.18°]$，对应补偿俯仰角速度为 $d\theta_2 = 0.694\ 5(°)/s$（见图 13）。

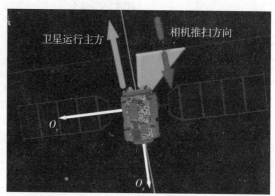

图 12　卫星采用第一种成像方式仿真情况　　　图 13　卫星采用第二种成像方式仿真情况

仿真结果显示，卫星对月球推扫时间分别为 $t_1 = 0.805\ 5$ s 和 $t_2 = 0.804\ 0$ s，与理论计算值的 $t_{理} = 0.804\ 6$ s 的偏差分别为 0.11％和 0.07％，可以达到正常成像的理论推扫速度，误差产生的主要原因是月球边缘确定误差和软件本身舍入误差。

# 4　结束语

本文首先分析了 TDI CCD 相机推扫过快和过慢的情况下无法对景物进行正常成像的特点，在分析此问题产生原因的基础上，针对卫星对月成像过程，提出了采用姿态机动的方法对推扫速度进行补偿的方法，使用 MATLAB 软件和 STK 软件对该方法进行仿真分析与验证。结果显示使用该姿态机动补偿方法可以达到正常成像的理论推扫速度。

文中采用姿态机动方式进行推扫速度的补偿，对卫星平台姿态机动能力提出要求，要求卫星具有敏捷机动的能力和姿态机动中成像的能力；同时对控制系统有一定要求，卫星在大幅度姿态机动后需要具有回到原有姿态的能力。文中并没有给出姿态机动对卫星成像质量的影响和卫星星敏感器等器件可用性分析，今后研究将瞄准具体姿态机动时机选择与成像过程任务规划进行更深入的研究。

## 参 考 文 献

[1] 朱兴鸿，等. 遥感卫星全视场成像质量仿真方法研究. 航天器工程，2013. 22 (6).

[2] 樊超，等. 速高比对 TDI CCD 相机的影响分析 [J]. 兵工学报，2007. 28 (7).

[3] JIAGU WU，Z. Z. H. F.，Restoration of TDI camera images with motion distortion and blur. 2010.

[4] 杨秉新. TDI CCD 在航天遥感器中的应用 [C]. 第七届全国光电技术与系统学术会议，1997.

[5] LEBEGUE，L.，et al. Using Exotic Guidance For Pleiades – hr Image Quality Calibration [J]. 第 21 届国际摄影测量与遥感大会 (ISPRS 2008)，2008.

[6] 任建岳，何斌，王家骐，于平，颜昌翔. 航天光学遥感器像移速度矢计算数学模型 [J]. 光学学报，2004：1585 – 1589.

[7] 马高峰，鲁强，郑勇. 中国宇航学会深空探测技术专业委员会第一届会议，2005.

# Altitude Maneuver Compensation Method Analysis on Lunar Imaging for Remote Sensing Satellite

GAO Han    BAI Zhaoguang

DFH Satellite Co. Ltd，Beijing    100094

**Abstract**    An altitude maneuver compensation method based on MATLAB and STK is proposed to solve the mismatch of integral time and scan rate when the TDI CCD camera carries out the lunar imaging task. And a 645 km sun – synchronous orbit remote sensing satellite is taken as an example for analysis. The satellite's compensation angular velocity of each moment is calculated and verified by the simulation software. The simulation method shows using the method in this article can match integral time and scan rate and obtain the valid lunar images.

**Key words**    TDI CCD；Lunar imaging；Altitude maneuver compensation

## 作 者 简 介

高涵，男，硕士研究生，航天东方红卫星有限公司，研究方向为航天器总体设计，电子邮箱：m18600208173@163.com。

# 航天器悬停轨道设计与控制方法

韩潮[1]　饶殷睿[1]　殷建丰[2]

1. 北京航空航天大学宇航学院，北京　100191

2. 中国空间技术研究院，北京　100094

**摘　要**　为满足航天器在轨服务任务对悬停技术的需求，对航天器悬停轨道设计与控制问题进行研究。通过任务航天器轨道设计得出目标航天器与任务航天器的绝对轨道关系，并用以说明悬停轨道的形成机理。结合任务航天器相对于目标航天器的相对轨迹，采用具有严格定义的相对轨道要素，对悬停轨道在目标航天器轨道平面内和平面外的构型进行描述。对"间隔式"的悬停构型脉冲控制策略进行推导，以实现任务航天器在目标航天器任意位置的长期悬停，并在此基础上分析悬停构型变化对速度脉冲的影响。提出了使悬停构型在平面内移动的脉冲控制策略，实现了航天器在悬停过程中对悬停位置的调整。最后，通过典型仿真算例验证所提方法与结果的正确性和有效性。研究结果完善了航天器悬停轨道设计与控制方法，能够为工程任务设计人员提供参考。

**关键词**　悬停构型；悬停轨道；相对轨道要素；构型控制；在轨服务

# 1　引言

随着空间技术的发展，航天器在轨服务技术逐步成为国内外的研究热点。近年来，各国也开展了相应的试验计划。在航天器检查与维护、部件替换和交会对接等多项在轨服务任务中，经常会使用"悬停"技术，使任务航天器相对于目标航天器在指定坐标系中，长期稳定地静止于某个固定点，以增强任务执行的安全性与可靠性[1]。

目前，国内外对悬停技术已开展了较多的研究[2-5]。但上述文献中的方法均需要目标航天器各时刻的位置和方位角信息，并要求任务航天器采用能够提供连续可变推力的发动机，工程实现难度较大。为此，Hope 和 Trask[6] 提出了一种使任务航天器以"雨滴"形轨迹的方式实现在目标航天器轨道平面内近似悬停的构想。饶殷睿和韩潮[7] 采用了一种新的相对轨道要素的方法，设计了可使任务航天器在目标航天器轨道平面外悬停的"雨滴"悬停轨道，并给出了清晰合理的构型描述方法和控制策略。

本文对"雨滴"悬停轨道的控制方法进行了更为深入的研究。首先，给出任务航天器轨道的设计方法，通过两个航天器的绝对轨道关系，说明"雨滴"悬停构型的形成机理和存在的合理性。其次，采用基于相对轨道要素的航天器近距离相对运动模型，给出悬停轨道在目标航天器轨道平面内和平面外构型的几何描述方法。根据相对运动轨道控制在平面内外解耦的特点，分别对悬停轨道的平面内和平面外的控制进行了研究。在平面内控制部分，推导了形成长期稳定的平面内悬停构型的"间隔式"脉冲控制策略和实现悬停构型在目标航天器轨道平面内移动的控制策略。在平面外控制部分，推导了形成长期稳定的平面外悬停构型的"间隔式"脉冲控制策略。在此基础上，将悬停轨道平面内控制和平面外控制方法相结合，详细分析了悬停构型变化对速度脉冲的影响。本文悬停轨道设计和控制过程清晰合理，描述方法完整全面，悬停位置和"雨滴"大小设计方便灵活。提出的脉冲控制方法的工程实现难度小于连续推力控制方法，而效果却能够与之媲美。最后，结合具体算例给出了任务航天器悬停轨道设计与控制的整个过程，验证了提出的方法的正确性和有效性，为工程实际应用提供参考。

## 2 悬停轨道设计构想

为实现任务航天器相对于目标航天器在任意指定位置附近区域进行悬停的目标，对其运行轨道进行设计，如图1和图2所示。图1和图2中采用的坐标系为目标航天器的拱线坐标系（perifocal coordinate system）[8]；细实线为目标航天器的绝对轨道；粗实线为任务航天器的绝对轨道。任务航天器从点 $A_1$ 出发，依次经过点 $P_1^1$、$S_1^1$ 和 $P_1^2$，目标航天器则依次经过点 $A_0$、$P_0^1$、$S_0^1$ 和 $P_0^2$，且任务航天器从点 $P_1^j$ 运行到点 $P_1^{j+1}$ 的时间与目标航天器从点 $P_0^j$ 运行到点 $P_0^{j+1}$ 的时间相等，$\Delta u$ 为目标航天器从点 $P_0^j$ 运行到点 $P_0^{j+1}$ 过程中纬度辐角的增量，$\delta v_j$ 和 $\delta v_j'$ 分别为任务航天器运行到点 $P_1^{j+1}$ 处，沿矢径方向和目标航天器动量矩反方向施加的速度脉冲，其中，$j = 1, 2, \cdots$。

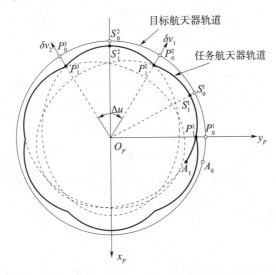

图 1　目标航天器轨道平面内悬停轨道示意图

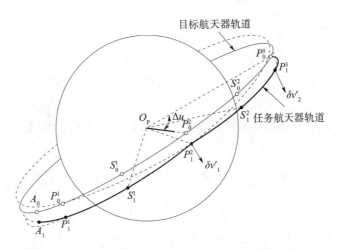

图 2　目标航天器拱线坐标系中悬停轨道三维示意图

当任务航天器运行到 $P_1^{j+1}$ 点时，通过对其施加沿矢径方向和沿目标航天器动量矩反方向的脉冲，来改变偏心率矢量[9]指向与倾角矢量[9]指向，使其沿与 $\overgroup{P_1^j P_1^{j+1}}$ 形状相同的 $\overgroup{P_1^{j+1} P_1^{j+2}}$ 运行，即可实现任务航天器在目标航天器指定位置附近区域进行悬停的目标。由此可知，所设计的任务航天器的轨道与一般的开普勒轨道不同，它是一种通过不断施加控制形成的非开普勒轨道。从物理学原理和实际工程的角度来看，该轨道是能够存在且切实可行的。

考虑到直接分析两个航天器之间绝对轨道关系的过程较为复杂，且对所需速度脉冲的求解非常困难，故给出任务航天器轨道投影到目标航天器质心轨道坐标系[10]下的相对轨迹，如图 3、图 4 和图 5 所示。通过研究两个航天器之间的相对构型，并结合航天器近距离相对运动的相关理论，可使问题简化并便于求解。

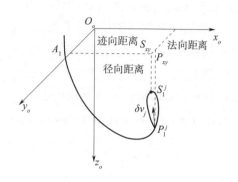

图 3  悬停构型三维示意图

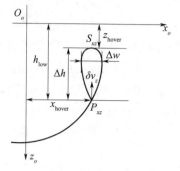

图 4  悬停轨道平面内构型

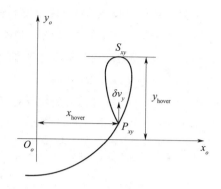

图 5  悬停轨道平面外构型

图 3 中采用的坐标系为目标航天器的质心轨道坐标系，原点 $O_o$ 为目标航天器；$z_o$ 轴指向地心；$x_o$ 轴在目标航天器轨道平面内，垂直于 $z_o$ 轴指向目标航天器运动方向；$y_o$ 轴与 $x_o$ 轴、$z_o$ 轴满足右手定则；$S_{xy}$ 和 $P_{xy}$ 分别为点 $S_1^j$ 和点 $P_1^j$ 在平面 $x_o y_o$ 上的投影。由上述分析及图 1 和图 2 可知，通过在点 $P_1^{j+1}$ 处施加适当的脉冲 $\delta v_j$，可以让任务航天器长期在 $\overset{\frown}{P_1^j S_1^j P_1^{j+1}}$ 这一封闭曲线上运行，即在目标航天器附近形成一个稳定的悬停构型。这一封闭曲线被称作"雨滴"，任务航天器的运行轨道则被称为悬停轨道。

# 3  悬停构型描述方法

为了更好地对设计的悬停构型的几何形状进行描述，本文引入基于相对轨道要素的航天器近距离相对运动模型。

## 3.1  基于相对轨道要素的相对运动方程

为了描述航天器间的相对运动关系，参考文献 [11] 根据地球静止卫星轨道要素的定义，采用球面几何方法，严格定义了相对轨道要素（ROE），即：相对漂移率 $D$，相对偏心率矢量 $\Delta e = [\begin{matrix} \Delta e_x & \Delta e_y \end{matrix}]$，相对倾角矢量 $\Delta i = [\begin{matrix} \Delta i_x & \Delta i_y \end{matrix}]$ 以及初始振荡中心偏差 $\Delta M'(t_0)$ 共 4 个参数，其中，$t_0$ 为初始时刻。利用相对轨道要素可以描述任意两个航天器之间的相对运动关系，且几何关系清晰，不用考虑航天器之间的距离。

当目标航天器的偏心率趋于 0 时，任务航天器在目标航天器的质心轨道坐标系下的相对运动方程可以简化为

$$\begin{cases} x/a_T - \Delta M'(t_0) - D \cdot (t-t_0) = 2\parallel\Delta e\parallel\sin[u_T(t) - \varphi] \\ y/a_T = \parallel\Delta i\parallel\cos[u_T(t) - \psi] \\ z/a_T - 2D/(3n_T) = \parallel\Delta e\parallel\cos[u_T(t) - \varphi] \\ v_x = 2a_T n_T \parallel\Delta e\parallel\cos[u_T(t) - \varphi] + a_T D \\ v_y = -a_T n_T \parallel\Delta i\parallel\sin[u_T(t) - \psi] \\ v_z = -a_T n_T \parallel\Delta e\parallel\sin[u_T(t) - \varphi] \end{cases} \tag{1}$$

其中

$$\Delta M'(t) = \Delta M'(t_0) + D \cdot (t-t_0)$$

$$\varphi = \arctan(\Delta e_y / \Delta e_x)$$

$$\psi = \arctan(\Delta i_y / \Delta i_x)$$

式中　$x$、$y$、$z$——任务航天器在目标航天器质心轨道坐标系中的位置，其中，$x$ 方向称为迹向，$y$ 方向

称为法向，$z$ 方向称为径向；

$v_x$、$v_y$、$v_z$——分别为任务航天器在目标航天器质心轨道坐标系中沿各轴向的速度；

下标 T——目标航天器；

$t$——当前时刻；

$t_0$——初始时刻；

$u_T(t)$——目标航天器在 $t$ 时刻的纬度幅角，即近地点幅角与真近点角之和；

$\|\cdot\|$——2-范数。

下面分别给出在目标航天器轨道平面内和平面外的"雨滴"悬停构型描述方法。

## 3.2　悬停轨道平面内的构型描述

悬停轨道在目标航天器轨道平面内的构型如图 4 所示。图 4 中，$\delta v_z$ 为实现悬停构型需要施加的径向速度脉冲。用于描述悬停轨道平面内构型的参数为："雨滴"顶点 $S_1^i$ 到 $x_o y_o$ 平面的距离 $z_{hover}$（简称为径向距离），"雨滴"尖点 $P_1^i$ 到 $x_o y_o$ 平面的距离 $h_{low}$，"雨滴"高度 $\Delta h$，"雨滴"尖点 $P_1^i$ 到 $y_o z_o$ 平面的距离 $x_{hover}$（简称为迹向距离），以及"雨滴"宽度 $\Delta w$。参考文献 [7] 中已给出各参数表达式的详细推导过程，现将结果整理如下

$$x_{hover} = a_T \left[ 2(-1)^{N+1} \|\Delta e\| \sin\left(\frac{\Delta u}{2}\right) + D \cdot (t_{in} - t_0) + \Delta M'(t_0) \right]$$

$$z_{hover} = a_T \left[ (-1)^N \|\Delta e\| + 2D/(3n_T) \right]$$

$$\Delta w = 2a_T \left\{ \frac{D}{n_T} \arccos\left( -\frac{D}{2n_T \|\Delta e\|} \right) - \|\Delta e\| \sin\left[ \arccos\left( -\frac{D}{2n_T \|\Delta e\|} \right) \right] \right\}$$

$$\Delta h = (-1)^N a_T \|\Delta e\| \left[ \cos(\Delta u/2) - 1 \right] \tag{2}$$

其中

$$\Delta T = \Delta u / n_T$$

式中　$N$——整数；

$\Delta u$——任务航天器从 $P_1^i$ 点经过 $S_1^i$ 点再到 $P_1^{i+1}$ 点的过程中，目标航天器纬度幅角的增量，易知

$\Delta u \in (0, 2\pi)$；

$\Delta T$——控制周期。

综上可知，悬停轨道平面内的构型可通过参数 $z_{hover}$、$\Delta h$、$x_{hover}$、$\Delta w$ 和 $\Delta u$ 进行描述，且 $z_{hover}$ 和 $x_{hover}$ 相互独立，$\Delta h$、$\Delta w$ 均与 $\Delta u$ 相关。

## 3.3　悬停轨道平面外的构型描述

悬停轨道在目标航天器轨道平面外的构型如图 5 所示。图中，$\delta v_y$ 为实现悬停构型需要施加的法向速度脉冲，用于描述悬停轨道平面外构型的参数为：迹向距离 $x_{hover}$ 和"雨滴"顶点 $S_1^i$ 到 $x_o z_o$ 平面的距离 $y_{hover}$（简称为法向距离）。根据参考文献 [7]，法向距离的表达式如下

$$y_{hover} = (-1)^{N+N'} a_T \|\Delta i\| \tag{3}$$

其中

$$\psi = \varphi - N'\pi$$

式中　$N'$——整数。

因此，悬停轨道平面外构型可通过参数 $x_{hover}$ 和 $y_{hover}$ 进行描述。

综上可知，只要选择任意 4 个独立的参数，即可对悬停构型进行描述。

# 4 悬停构型控制策略

## 4.1 悬停轨道平面内"间隔式"脉冲控制策略

为在目标航天器轨道平面内形成长期稳定的悬停构型，需要在任务航天器每次到达"雨滴"尖点 $P_1^{j+1}$ 时，对其施加适当的径向速度脉冲。结合图 4 和式（1），当任务航天器第 $j+1$ 次到达"雨滴"尖点时，其在目标航天器质心轨道坐标系下的径向相对速度为

$$v_z = (-1)^{N+1} a_T n_T \| \Delta e \| \sin(\Delta u/2) \tag{4}$$

根据第 2 节和第 3 节的分析，并结合式（4）可知，在"雨滴"尖点处每次需要施加的径向速度脉冲为

$$\delta v_z = (-1)^N 2 a_T n_T \| \Delta e \| \sin(\Delta u/2) \tag{5}$$

施加脉冲时刻，对应的目标航天器纬度辐角为

$$u_m^j = N\pi + \varphi - \frac{\Delta u}{2} + j \cdot \Delta u = N\pi + \varphi + \left(j - \frac{1}{2}\right)\Delta u \tag{6}$$

## 4.2 悬停轨道平面内构型移动控制策略

由于任务航天器在执行任务时，可能需要对悬停点的位置进行调整，因此，需要设计使悬停构型在目标航天器轨道平面内移动的控制策略。根据"雨滴"的几何特性，可以得到相应的控制策略，如图 6 所示。图中，粗实线表示当前悬停构型的相对轨迹，虚线表示目标悬停构型的相对轨迹。

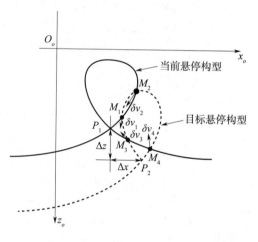

图 6 悬停构型平面内移动示意图

由图 6 可知，只要在当前悬停构型与目标悬停构型的相对轨迹交点（$M_1$，$M_2$，$M_3$ 和 $M_4$）处，施加适当的速度脉冲（$\delta v_1$，$\delta v_2$，$\delta v_3$，$\delta v_4$），即可实现"雨滴"在平面内任意距离（$\Delta x$ 和 $\Delta z$）的移动。以 $M_1$ 点为例，根据速度矢量的关系，易知，目标悬停构型与当前悬停构型在 $M_1$ 点处的速度之差，即为所求的速度脉冲，具体表达式如下

$$\delta v_x = 2 a_r n_r \| (\Delta e)_{Cur} \| \cos[u_r(t_{M_1}) - \varphi_{Cur}] - 2 a n \| (\Delta e)_{Tar} \| \cos[u_r(t_{M_1}) - \varphi_{Tar}] + a_r (D_{Cur} - D_{Tar})$$

$$\delta v_z = - a_r n_r \| (\Delta e)_{Cur} \| \sin[u_r(t_{M_1}) - \varphi_{Cur}] + a_r n_r \| (\Delta e)_{Tar} \| \sin[u_r(t_{M_1}) - \varphi_{Tar}] \tag{7}$$

式中 $u_r(t_{M_1})$ ——目标航天器在 $M_1$ 点处对应的纬度辐角。当前悬停构型的相关参数用下标 $(\cdot)_{Cur}$ 表示，目标悬停构型的相关参数用下标 $(\cdot)_{Tar}$ 表示。

$u_r(t_{M_1})$ 的表达式可通过联立 $t$ 时刻当前悬停构型和目标悬停构型的相对位置方程，采用牛顿迭代法求解得到。

## 4.3 悬停轨道平面外"间隔式"脉冲控制策略

为在目标航天器轨道平面外形成长期稳定的悬停构型，需要在任务航天器每次到达"雨滴"尖点 $P_1^{j+1}$ 时，对其施加适当的法向速度脉冲。结合图 5 和式（1），当任务航天器第 $j+1$ 次到达"雨滴"尖点时，其在目标航天器质心轨道坐标系下的法向相对速度为

$$v_y = (-1)^{N+N'+1} a_T n_T \parallel \Delta i \parallel \sin(\Delta u/2) \tag{8}$$

根据第 2 节和第 3 节的分析，并结合式（8）可知，在"雨滴"尖点处每次需要施加的法向速度脉冲为

$$\delta v_y = (-1)^{N+N'} 2 a_T n_T \parallel \Delta i \parallel \sin(\Delta u/2) \tag{9}$$

施加脉冲时刻，对应的目标航天器纬度辐角为 $u_m^j$。

## 4.4 悬停构型参数对"间隔式"脉冲的影响分析

根据式（1）、式（2）、式（5）和式（9）可知，所需的速度脉冲与"雨滴"位置及控制周期相关。目标航天器一个轨道周期内，各方向速度脉冲大小及其对 $\Delta u$ 的偏导如式（10）所示，总速度脉冲大小如式（11）所示

$$\begin{cases} \sum \delta v_x = 0 \\ \sum \delta v_y = 2 n_T \pi y_{hover} \dfrac{\sin k}{k} \\ \sum \delta v_z = 2 n_T \pi z_{hover} \dfrac{\sin k}{k} \dfrac{1}{|-4\sin k/(3k)+1|} \end{cases} \qquad \begin{cases} \dfrac{\partial \left( \sum \delta v_y \right)}{\partial (\Delta u)} = n_T \pi y_{hover} \dfrac{k\cos k - \sin k}{k^2} \\ \dfrac{\partial \left( \sum \delta v_z \right)}{\partial (\Delta u)} = (-1)^m n_T \pi z_{hover} \dfrac{k\cos k - \sin k}{\left( -\dfrac{4}{3}\sin k + k \right)^2} \end{cases} \tag{10}$$

$$\sum \delta v = \sum \sqrt{\delta v_x^2 + \delta v_y^2 + \delta v_z^2} = 2 n_T \pi \dfrac{\sin k}{k} \sqrt{y_{hover}^2 + \dfrac{z_{hover}^2}{[-4\sin k/(3k)+1]^2}} \tag{11}$$

式中 $k = \Delta u/2$，当 $\Delta u \in (0°, 146.18°]$ 时，$m$ 取 1；当 $\Delta u \in (146.18°, 360°)$ 时，$m$ 取 0。

（1）$\Delta u$ 不变

显然，此时的总径向速度脉冲和总法向速度脉冲分别与径向距离和法向距离呈线性关系。

（2）径向距离和法向距离不变

此时，总径向速度脉冲和法向速度脉冲均是关于 $\Delta u$ 的函数。令 $y_{hover}$ 和 $z_{hover}$ 为正，对式（10）进行分析可知：当 $\Delta u \in (0°, 146.18°)$ 时，$\dfrac{\partial \left( \sum \delta v_y \right)}{\partial (\Delta u)}$ 小于 0，$\dfrac{\partial \left( \sum \delta v_z \right)}{\partial (\Delta u)}$ 大于 0；当 $\Delta u \in (146.18°, 360°)$ 时，$\dfrac{\partial \left( \sum \delta v_y \right)}{\partial (\Delta u)}$ 和 $\dfrac{\partial \left( \sum \delta v_z \right)}{\partial (\Delta u)}$ 均小于 0。又 $\Delta u = 146.18°$ 时，$\sum \delta v_z$ 的分母为 0，即 $\Delta u = 146.18°$ 为 $\sum \delta v_z$ 的奇点。此时，平均一个轨道周期内的控制次数为 2.462 4，任务航天器的偏心率趋于无穷，其轨道为一条与目标航天器轨道相切的直线，而这样的情况在工程上是不会出现的，故本文主要研究控制次数大于 2.462 4，即 $\Delta u \in (0°, 146.18°)$ 时的情况。另外，由上述分析可知，随着控制周期的增大，径向速度脉冲增大，法向速度脉冲减小。

此外，当 $\Delta u \to 0$，即"雨滴"变成一个点时，任务航天器相对于目标航天器在固定点进行悬停，由式（11）可直接得到

$$\sum \delta v = 2 n_T \pi \sqrt{y_{hover}^2 + 9 z_{hover}^2} \tag{12}$$

当 $y_{hover} = 0$ 时，式（12）的结果与参考文献［4］中基于 CW 方程推导得到的连续推力控制结果相同，但本文方法的适用范围更广。

## 5　数值算例

目标航天器的初始轨道参数为：半长轴 42 164.169 6 km，偏心率 0，轨道倾角 0.05°，升交点赤经 0°，近地点辐角 0°，平近点角 100.39°。

### 5.1　悬停构型设计结果

悬停任务要求为：迹向距离、法向距离和径向距离均为 1 km；"雨滴"宽度和高度允许的最大值分别为 150 m 和 500 m。根据第 4.1 和 4.3 小节中的控制策略设计方法，为得到稳定的悬停构型，在"雨滴"尖点处，单次所需的法向速度脉冲和径向速度脉冲分别为 0.056 m/s 和 −0.187 m/s，两次脉冲间隔为 3 h。任务航天器相对于目标航天器的运动轨迹如图 7 所示。图中目标航天器位于原点，"·"为施加脉冲的位置。

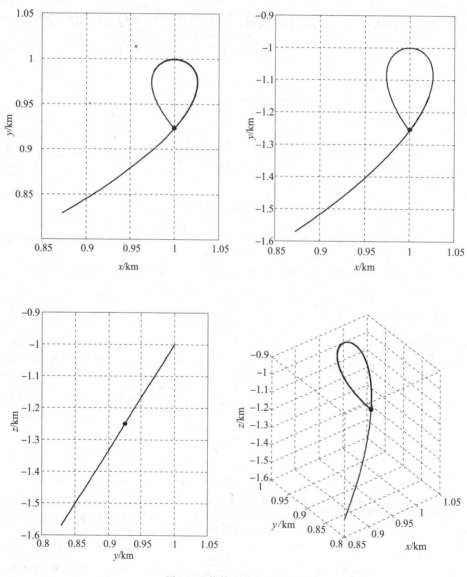

图 7　悬停构型的相对轨迹

由图 7 可知，任务航天器在距离目标航天器迹向、法向和径向各为 1 km 的指定悬停点实现了长期悬停。在悬停过程中，"雨滴"的宽度和高度也能够满足任务要求。

## 5.2 悬停构型对速度脉冲的影响

本算例主要仿真在目标航天器一个轨道周期内，形成悬停构型所需的总速度脉冲随控制次数、径向距离以及法向距离的变化情况。考虑如下两种情况，悬停构型参数设置如表1、表2所示。

**表 1 控制次数和径向距离取值（情况一）**

| 参数 | 初始值 | 终止值 | 步数 |
|---|---|---|---|
| 径向距离 $z_{hover}$/km | 1 | 20 | 1 |
| 一个轨道周期内的控制次数 | 3 | 23 | 1 |

**表 2 控制次数和法向距离取值（情况二）**

| 参数 | 初始值 | 终止值 | 步数 |
|---|---|---|---|
| 法向距离 $y_{hover}$/km | 1 | 20 | 1 |
| 一个轨道每周期内的控制次数 | 3 | 23 | 1 |

1）考虑法向距离固定，控制次数和径向距离变化的情况。$y_{hover}=1$ km 时，悬停构型的参数设置如表 1 所示。根据式（10），可以得到总速度脉冲随控制次数和径向距离变化的等高线图，如图 8 所示。从图中可以看出，总速度脉冲随径向距离的增大而增大，随控制次数的增大而减小，且径向距离对其的影响较大。对于同一径向距离，随着控制次数的增大，总速度脉冲将逐渐减小并趋于定值，这是由式（12）确定的连续推力的控制结果。由此说明，在控制次数足够大（20 次左右）时，从燃料消耗的角度来看，本文提出的脉冲控制策略是可以和连续推力控制策略相媲美的。

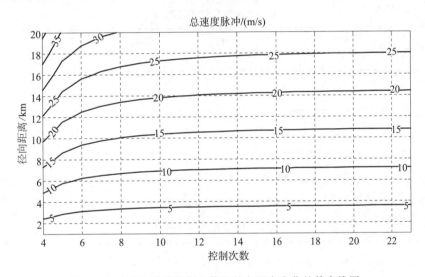

图 8　总速度脉冲随控制次数和径向距离变化的等高线图

2）考虑径向距离固定，控制次数和法向距离变化的情况。$z_{hover}=1$ km 时，悬停构型的参数设置如表 2 所示。根据式（10），可以得到总速度脉冲随控制次数和法向距离变化的等高线图，如图 9 所示。由图 9 可知，总速度脉冲随法向距离的增大而增大。当法向距离较小时，径向距离对总速度脉冲的影响占主导地位，故随着控制次数的增大，总速度脉冲将逐渐减小并趋于连续推力的控制结果；当法向距离较大时，法向距离对总速度脉冲的影响占主导地位，此时，随着控制次数的增大，总速度脉冲大小将逐渐增大，故在此情况下，通过减小控制次数，可以得到优于连续推力控制策略结果的脉冲控制策略。

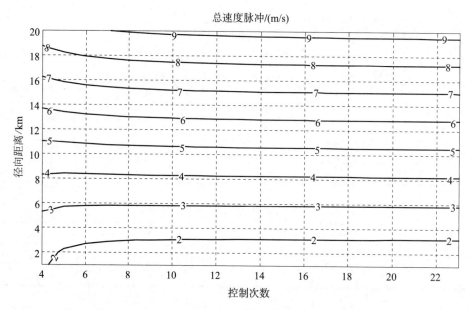

图 9　总速度脉冲随控制次数和法向距离变化等高线图

## 5.3　悬停构型平面内移动控制结果

当前悬停构型和目标悬停构型的参数如表 3、表 4 所示。悬停构型需要在 $x_0$ 轴方向和 $z_0$ 轴方向各移动 1 km。

表 3　当前悬停构型参数

| $z_{hover}$/km | $y_{hover}$/km | $x_{hover}$/km | $\Delta u$/ (°) | 一个轨道周期内的脉冲控制次数 |
|---|---|---|---|---|
| 1.0 | 0.0 | 1.0 | 44.65 | 8.06 |

表 4　目标悬停构型参数

| $z_{hover}$/km | $y_{hover}$/km | $x_{hover}$/km | $\Delta u$/ (°) | 一个轨道周期内的脉冲控制次数 |
|---|---|---|---|---|
| 2.0 | 0.0 | 2.0 | 32.30 | 11.15 |

根据 4.2 小节的悬停构型平面内移动控制策略设计方法，在 21.154 h 后，应施加相应的迹向速度脉冲和径向速度脉冲，具体结果如表 5 和图 10 所示。

表 5　控制策略设计结果

| | 施加脉冲时刻目标航天器纬度幅角/ (°) | $\delta v_x$ / (m/s) | $\delta v_y$ / (m/s) | $\delta v_z$ / (m/s) |
|---|---|---|---|---|
| 构型移动控制策略 | 317.311 | $-0.146$ | 0.000 | $-0.395$ |
| 构型保持控制策略 | 367.234 | 0.000 | 0.000 | $-0.258$ |
| | 411.780 | 0.000 | 0.000 | $-0.257$ |
| | ⋮ | ⋮ | ⋮ | ⋮ |

由图 10 可知，根据给出的悬停构型平面内移动控制策略设计方法，能够使悬停构型在目标航天器轨道平面内移动指定距离。

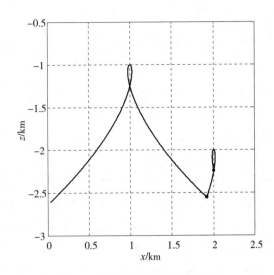

图 10　悬停构型平面内相对轨迹

# 6　结束语

1）从两个航天器的绝对轨道关系和相对轨道关系出发，说明了"雨滴"悬停构型的形成机理。采用相对轨道要素，给出了悬停轨道在目标航天器轨道平面内和平面外的构型描述方法，"雨滴"位置和大小设计方便灵活，方案符合实际，切实可行。

2）通过设计的"间隔式"脉冲控制策略，可以使任务航天器相对于目标航天器在任意位置实现长期悬停，且控制策略对发动机的要求不高，易于工程实现。

3）在一个轨道周期内，随着控制周期的增大，实现悬停所需的径向速度脉冲增大，法向速度脉冲减小。当控制周期小于等于 0.05 倍目标航天器轨道周期时，提出的脉冲控制策略可以与连续推力控制策略的效率相媲美。

4）采用悬停构型移动控制策略和推导的"间隔式"脉冲控制策略，给出了"雨滴"悬停构型在目标航天器轨道平面内移动的实现过程。

## 参 考 文 献

[1]　殷建丰．椭圆轨道航天器近距离相对运动问题研究［D］．北京：北京航空航天大学，2013．

[2]　Sawai S，Scheeres D J，Broschart S B．Control of Hovering Spacecraft Using Altimetry［J］．Journal of Guidance，Control，and Dynamics，2002，25（4）：786 – 795．

[3]　Lu E T，Love S G．Gravitational Tractor for Towing Asteroids［J］．Nature，2005，438（7065）：177 – 178．

[4]　林来兴，黎康．卫星对空间目标悬停的轨道动力学与控制方法研究［J］．中国空间科学技术，2008，2（1）：9 – 13．

[5]　王功波，郑伟，孟云鹤，等．相对非圆轨道的悬停控制方法研究［J］．中国科学：技术科学，2011，41（11）：1505 – 1511．

[6]　Hope A S，Trask A J．Pulsed – Thrust Method for Hover Formation Flying［C］// AAS/AIAA Astrodynamics Specialists Conference，2008：1 – 11．

[7]　饶殷睿，韩潮，殷建丰，等．航天器悬停构型设计与控制［J］．航空学报，2015．

[8]　Alfriend K T，Vadali S R，Gurfil P，et al．Spacecraft Formation Flying Dynamics，Control and Navigation［M］．London：Butterworth – Heinemann，2010：13 – 16．

[9]　D'Amico S，Montenbruck O．Proximity Operations of Formation Flying Spacecraft Using an Eccentricity/Inclination Vector Separation［J］．Journal of Guidance，Control，and Dynamcis，2006，29（3）：554 – 563．

[10]　肖业伦．航天器飞行动力学原理［M］．北京：宇航出版社，1995．

[11]　韩潮，殷建丰．基于相对轨道要素的椭圆轨道卫星相对运动研究［J］．航空学报，2011，32（12）：2244 – 2258．

# Method of Spacecraft Hovering Orbit Design and Control

HAN Chao[1]   RAO Yinrui[1]   YIN Jianfeng[2]

1. School of Astronautics, Beihang University, Beijing   100191

2. China Academy of Space Technology, Beijing   100194

**Abstract**   To satisfy the need of the hovering technology in the spacecraft on - orbit servicing mission, a study on spacecraft hovering orbit design and control is carried out. By designing the mission spacecraft orbit, the absolute orbit relationship between the target spacecraft and the mission spacecraft is presented and the mechanism of the hovering orbit is illustrated. According to the relative trajectory of the mission spacecraft relative to the target spacecraft, and using the well - defined relative orbit elements, the configuration of the hovering orbit in the target spacecraft orbital plane and out of the target spacecraft orbital plane are described. An interval control strategy for hovering formation is derived and the mission spacecraft can be remained at a specified region relative to the target spacecraft for a long time. Furthermore, the effect of the hovering formation on the required velocity impulse is analyzed. To modify the hovering position during the hovering mission, an impulsive control strategy for hovering formation in - plane movement is presented. The proposed method and conclusions are validated by simulation through some typical examples. The study improves the design and control methods of spacecraft hovering orbit, and the results could provide some references for the designers of the engineering missions.

**Key words**   Hovering formation; Hovering orbit; Relative orbit elements; Formation control; On - orbit servicing

## 作 者 简 介

韩潮，男，1960 年出生，教授，研究方向为航天器动力学与控制，航天器导航、制导与控制，航天系统动力学仿真，电子邮箱：hanchao@buaa.edu.cn。

# 伪谱法在小行星取样返回轨道设计中的应用

黄镐　吕秋杰　谭田　王鹏

航天东方红卫星有限公司，北京　100094

**摘　要**　利用分段伪谱法求解了小推力最优小行星取样返回轨道设计问题。通过详细分析小行星取样返回任务轨道各阶段需要满足的约束，建立多段最优控制问题；采用分段 Lobatto 伪谱法对分段最优控制问题做参数离散化处理，将求解多段最优控制问题转换成求解非线性参数规划问题，并推导分析了非线性规划问题性能指标和约束方程的稀疏雅可比矩阵；最后以近地小行星（2010 UE51）的小推力能量最优取样返回轨道设计为例，对所述算法进行了验证，仿真结果显示，分段伪谱法能有效求解此类问题；同时通过提供非线性规划问题的解析雅可比矩阵，能有效提高算法的计算效率。

**关键词**　小行星取样返回；小推力；伪谱法；最优控制

## 1　引言

小行星探测作为深空探测的重要组成部分，对于揭示生命起源，促进空间科学和空间技术的发展意义重大。近年来，各国纷纷制定自己的小行星探测计划，一些公司也加入到小行星探测的行列中[1]。1996年美国发射 NEAR 探测器，首次着陆小行星表面；2003年日本发射"隼鸟"号小行星采样返回探测器，首次完成小行星 25143 的取样返回；2012年中国"嫦娥二号"在完成月球探测任务后，对近地小行星 4179 号进行飞掠探测。随着深空探测任务的深入，传统化学火箭发动机比冲小、效率低的问题日益暴露，与此同时，电推进、离子推进、太阳帆为动力的小推力技术备受关注。小推力轨道转移相较于大推力轨道转移，其转移时间较长，往往需要多圈才能最终实现，该特点使得小推力轨道转移的时间窗口有更高的灵活性，但与此同时，也增加了小推力轨道设计的难度。

小推力轨道优化设计问题的本质是最优控制问题，对于小推力轨道优化问题的研究早在20世纪60年代就已经开始，经过国内外学者50多年的研究，小推力轨道优化的方法日臻完善，这些方法按照原理可以分为直接法和间接法[2-5]。间接法利用变分法和庞特里亚金极大值原理将最优控制问题转换成满足最优控制一阶必要条件的两点边值问题（TPBVP），进而利用牛顿法或 UKF 参数估计算法进行求解[6]，间接法求解精度高，但是对初值非常敏感，且求得的最优控制只满足最优性的必要条件而非充要条件；直接法直接对原最优控制的状态、控制或状态和控制进行离散，将原问题转换成非线性参数规划问题，进而利用非线性参数规划工具进行求解，直接法原理简单，收敛范围大，但求解精度不高。

近年来，一类离散系统状态量和控制量的直接法备受关注，即伪谱法（Pseudospectral Method）。伪谱法又称正交转录配置法，源于早期求解流体力学问题的谱方法，1995年，Banks 和 Fahroo 率先将伪谱法引入最优控制领域[7]。伪谱法的主要理论基础是插值拟合和高斯积分，通过在特定高斯积分节点上对状态和控制进行参数离散处理，将原最优控制满足的约束用离散点上的参数进行近似，进而将原最优控制问题转换成非线性规划（NLP）问题。伪谱法继承了直接法收敛范围大的特点，对于连续控制问题的求解精度与间接法相当，是一种高效的最优控制方法[8]。常见的伪谱法有 Chebyshev 伪谱法和 Legendre 伪谱法。Legendre 伪谱法中常选用的高斯积分节点有 Legendre - Gauss（LG）点、Legendre - Gauss - Radau（LGR）点和 Legendre - Gauss - Lobatto（LGL）点，对应这些积分节点形成的伪谱法分别称为 Gauss 伪谱法（GPM）[9]、Radau 伪谱法（RPM）[10]和 Lobatto 伪谱法（LPM）[11-12]。

本文针对典型小推力最优取样返回轨道设计任务，通过分析各阶段需要满足的约束条件，构建多段联合最优控制问题，随后采用分段 Lobatto 伪谱法将分段最优控制问题转换成参数规划问题，在此基础上，推导参数规划问题的解析雅可比矩阵，最后采用序列二次规划算法求解该参数规划问题。

# 2　问题描述

## 2.1　动力学方程

基于二体问题假设，将太阳、地球、小行星和航天器简化为质点，地球和小行星在日心坐标系中的运动为开普勒轨道。日心黄道惯性坐标系下，航天器轨道动力学系统的状态量为 $\boldsymbol{x} = [r, \theta, \phi, v_r, v_\theta, v_\varphi]^T$，仅考虑太阳引力和发动机的推力，航天器的轨道动力学方程为

$$\dot{\boldsymbol{x}} = \begin{bmatrix} \dot{r} \\ \dot{\theta} \\ \dot{\phi} \\ \dot{v}_r \\ \dot{v}_\theta \\ \dot{v}_\phi \end{bmatrix} = \begin{bmatrix} v_r \\ v_\theta/(r\cos\phi) \\ v_\phi/r \\ (v_\theta^2 + v_\phi^2)/r - \mu/r^2 + F_r/m \\ v_\theta(v_\phi\tan\phi - v_r)/r + F_\theta/m \\ -(v_r v_\phi + v_\theta^2\tan\phi)/r + F_\phi/m \end{bmatrix} = \boldsymbol{f}(\boldsymbol{x}, t) + \frac{\boldsymbol{F}}{m} \tag{1}$$

式中　$\mu$——太阳的引力常数；

$m$——航天器的质量；

$F_r$、$F_\theta$、$F_\phi$——推力加速度矢量 $\boldsymbol{F}$ 在径向、切向和法向的分量；

$F$——发动机推力大小；

$F_r$、$F_\theta$、$F_\phi$ 与 $F$ 之间的关系可以通过推力角度 $\alpha, \beta$ 来表示。

$$[F_r, F_\theta, F_\phi]^T = [F\cos\alpha\cos\beta, \ F\sin\alpha\cos\beta, \ F\sin\beta]^T \tag{2}$$

采用推力和比冲恒定的发动机，航天器的质量的变化方程为

$$\dot{m} = -F/g_0 I_{sp} \tag{3}$$

式中　$g_0$、$I_{sp}$——地球平均重力加速度和发动机比冲。

## 2.2　约束条件

将小行星取样返回星际转移轨道全过程分为三个阶段：地球出发到交会小行星阶段 $t \in [t_{1S}, t_{1F}]$、驻留小行星阶段 $t \in [t_{1F}, t_{2S}]$、从小行星返回地球阶段 $t \in [t_{2S}, t_{2F}]$。航天器从地球出发到交会小行星阶段，初始质量已知，出发时刻的轨道状态与地球的轨道状态相同，即

$$\boldsymbol{x}(t_{1S}) = \boldsymbol{x}_E(t_{1S}); \quad m(t_{1S}) = m_0 \tag{4}$$

在交会小行星后，航天器的轨道状态满足

$$\boldsymbol{x}(t_{1F}) = \boldsymbol{x}_A(t_{1F}) \tag{5}$$

式中　$\boldsymbol{x}_E$、$\boldsymbol{x}_A$——地球和小行星的轨道状态量；

$m_0$——航天器初始质量。

航天器在出发前往小行星阶段中满足的边界约束方程统一记为

$$\boldsymbol{\Phi}_0[t_{1S}, \ t_{1F}, \ \boldsymbol{x}(t_{1S}), \ m(t_{1S}), \ \boldsymbol{x}(t_{1F})] = \boldsymbol{0} \tag{6}$$

驻留小行星阶段，由于没有燃料消耗，航天器的质量不变，即

$$m(t_{1S}) = m(t_{2S}) \tag{7}$$

通常为满足小行星探测任务的需求，驻留时间需满足最短驻留时间 $t_L$ 和最长驻留时间 $t_U$ 的约束

$$t_L \leqslant t_{2S} - t_{1F} \leqslant t_U \tag{8}$$

为了方便起见，统一将驻留小行星阶段需满足的约束记为

$$\boldsymbol{\Phi}_m\big[t_{1F}, \ t_{2S}, \ m(t_{1F}), \ m(t_{2S})\big] = \boldsymbol{0} \tag{9}$$

从小行星返回地球阶段，航天器在飞离小行星和交会地球时刻，满足轨道状态约束

$$\boldsymbol{x}(t_{2S}) = \boldsymbol{x}_A(t_{2S}); \quad \boldsymbol{x}(t_{2F}) = \boldsymbol{x}_E(t_{2F}) \tag{10}$$

任务结束时刻还需满足剩余燃料约束，即

$$m(t_{2F}) < m_0 - m_{\text{fuel}} \tag{11}$$

式中　$m_{\text{fuel}}$——航天器所携带的燃料总质量。

统一将小行星返回地球阶段需满足的约束记为

$$\boldsymbol{\Phi}_F\big[t_{2S}, t_{2F}, \boldsymbol{x}(t_{2S}), \boldsymbol{x}(t_{2F}), m(t_{2F})\big] = \boldsymbol{0} \tag{12}$$

由于航天器的推力是有限的，所以航天器在整个任务阶段除了需要满足约束式以外，推力大小 $F$ 还应满足

$$0 \leqslant F(t) \leqslant T_{\text{max}}, \quad t \in [t_{1S}, \ t_{2F}] \tag{13}$$

式中　$T_{\text{max}}$——发动机能提供的最大推力。

## 2.3 最优控制问题

常用的最优轨道转移性能指标有时间最优、燃料最优和能量最优。能量最优的小行星取样返回轨道设计，即通过设计最优控制律，使得航天器在初始时刻 $t_{1S}$ 从地球出发，到完成驻留探测小行星后于 $t_{2F}$ 时刻返回，整个轨道转移任务过程中，满足各阶段约束条件的同时，使得性能指标

$$J = \int_{t_{1S}}^{t_{2F}} F^2 \mathrm{d}t \tag{14}$$

最小。由于驻留阶段没有燃料消耗，能量最优控制问题可以描述为

$$\begin{cases} \min \quad J = \int_{t_{1S}}^{t_{1F}} F^2 \mathrm{d}t + \int_{t_{2S}}^{t_{2F}} F^2 \mathrm{d}t \\ \text{s. t.} \quad \dot{\boldsymbol{x}} = \boldsymbol{f}(\boldsymbol{x}, t) + \boldsymbol{F}/m; \quad \dot{m} = -F/(g_0 I_{sp}) \\ \boldsymbol{\Phi}_0\big[t_{1S}, \ t_{1F}, \ \boldsymbol{x}(t_{1S}), \ m(t_{1S}), \ \boldsymbol{x}(t_{1F})\big] = \boldsymbol{0}; \quad \boldsymbol{\Phi}_m\big[t_{1F}, \ t_{2S}, \ m(t_{1F}), \ m(t_{2S})\big] = \boldsymbol{0} \\ \boldsymbol{\Phi}_F\big[t_{2S}, \ t_{2F}, \ \boldsymbol{x}(t_{2S}), \ \boldsymbol{x}(t_{2F}), \ m(t_{2F})\big] = \boldsymbol{0}; \quad 0 \leqslant F(t) \leqslant T_{\text{max}}, \quad t \in [t_{1S}, \ t_{2F}] \end{cases} \tag{15}$$

# 3 分段伪谱法简介

式中可以看出，能量最优小行星采样返回轨道设计是一个两段最优控制问题。伪谱法在处理分段最优控制问题时，采用如下仿射关系

$$\tau = \frac{2t}{t_{iF} - t_{iS}} - \frac{t_{iF} + t_{iS}}{t_{iF} - t_{iS}}, \quad i = 1, 2 \tag{16}$$

分别将每一段的时间区间从 $t \in [t_{iS}, t_{iF}]$ 都转换到 $\tau \in [-1, 1]$，从而建立多段 $\tau \in [-1, 1]$ 上的最优控制问题。

$$\begin{cases} \min \quad J = \frac{t_{1F} - t_{1S}}{2} \int_{-1}^{1} F^2 \mathrm{d}\tau + \frac{t_{2F} - t_{2S}}{2} \int_{-1}^{1} F^2 \mathrm{d}\tau \\ \text{s. t.} \quad \frac{\mathrm{d}\boldsymbol{x}}{\mathrm{d}\tau} = \frac{t_{iF} - t_{iS}}{2} \boldsymbol{f}(\boldsymbol{x}, \tau) + \boldsymbol{F}/m; \quad \frac{\mathrm{d}m}{\mathrm{d}\tau} = -\frac{t_{iF} - t_{iS}}{2} \frac{F}{g_0 I_{sp}}, i = 1, 2 \\ \boldsymbol{\Phi}_0\big[\boldsymbol{x}(-1), m(-1), \boldsymbol{x}(1), t_{1S}, t_{1F}\big] = \boldsymbol{0}; \quad \boldsymbol{\Phi}_m\big[m(1), m(-1), t_{1F}, t_{2S}\big] = \boldsymbol{0} \\ \boldsymbol{\Phi}_F\big[\boldsymbol{x}(-1), \boldsymbol{x}(1), m(1), t_{2S}, t_{2F}\big] = \boldsymbol{0}; \quad 0 \leqslant F(\tau, t_{iS}, t_{iF}) \leqslant T_{\text{max}}, \quad \tau \in [-1, 1], i = 1, 2 \end{cases} \tag{17}$$

采用 Lobatto 伪谱法（LPM），在每段 $\tau \in [-1, 1]$ 都取 $N+1$ 个 LGL 点，用 $\boldsymbol{y}$ 和 $\boldsymbol{Y}$ 分别代表广义的状态量和状态量的近似，第 $k$ 个 LGL 点上的状态量 $\boldsymbol{y}(\tau_k) \approx \boldsymbol{Y}(\tau_k) = \boldsymbol{Y}_k$；$\boldsymbol{u}$ 和 $\boldsymbol{U}$ 分别代表广义的控制量和控制量的近似，第 $k$ 个 LGL 点上的控制量 $\boldsymbol{u}(\tau_k) \approx \boldsymbol{U}(\tau_k) = \boldsymbol{U}_k$，其中 $k = 0, 1, 2, \cdots, N$。利用 $N+1$ 个 LGL 点上的状态量 $\boldsymbol{Y}_k$ 对系统状态量 $\boldsymbol{y}(\tau)$ 进行拉格朗日插值逼近

$$y(\tau) \approx Y(\tau) = \sum_{k=0}^{N} Y_k \ell_k(\tau) \tag{18}$$

式中

$$\ell_k(\tau) = \prod_{i=0, \, i \neq k}^{N} \frac{\tau - \tau_i}{\tau_k - \tau_i} \tag{19}$$

为拉格朗日插值基函数。$\dot{y}(\tau)$ 为状态量 $y(\tau)$ 求微分，当 $\tau = \tau_k$ 时

$$\dot{y}(\tau_k) \approx \dot{Y}(\tau_k) = \sum_{j=0}^{N} D_{kj} Y_j \tag{20}$$

其中 $D_{kj} = \dot{\ell}_j(\tau_k); k = 0, 1, 2, \cdots, N, j = 0, 1, 2, \cdots, N$ 是 $N + 1$ 阶方阵。

$$D_{kj} = \begin{cases} \dfrac{P_N(\tau_k)}{P_N(\tau_j)} \cdot \dfrac{1}{\tau_k - \tau_j} & k \neq j \\[2mm] -\dfrac{N(N+1)}{4} & k = j = 0 \\[2mm] \dfrac{N(N+1)}{4} & k = j = N \\[2mm] 0 & k = j, k \neq 0, N \end{cases} \tag{21}$$

用 $L(\cdot)$ 表示性能指标中广义的积分函数，$L(\cdot)$ 通常是状态量 $y$ 和控制量 $u$ 的函数，利用高斯积分，性能指标中的积分项近似为

$$\int_{-1}^{1} L[y(\tau), u(\tau), \tau] \mathrm{d}\tau \approx \sum_{k=0}^{N} w_k \cdot L(Y_k, U_k, \tau_k); \quad w_k = \frac{2}{N(N+1) \cdot [P_N(\tau_k)]^2}, \quad k = 0, 1, 2, \cdots, N \tag{22}$$

式中　　$w_k$ ——高斯积分权重；

　　　　$P_N(\tau_k)$ ——$N$ 次 Legendre 多项式在 $\tau_k$ 时的值。

利用式（20）和式（22），只考虑 LGL 点上的约束，将式（17）转换为非线性规划问题。

$$\begin{cases} \min \quad J = \dfrac{t_{1F} - t_{1S}}{2} \sum_{k=0}^{N} w_k F_{1k}^2 + \dfrac{t_{2F} - t_{2S}}{2} \sum_{k=0}^{N} w_k F_{2k}^2 \\[3mm] \text{s. t.} \sum_{j=0}^{N} D_{kj} X_{ij} = \dfrac{t_{iF} - t_{iS}}{2} f(X_{ik}) + \dfrac{F_{ik}}{M_{ik}}; \quad \sum_{j=0}^{N} D_{kj} M_{ij} = -\dfrac{t_{iF} - t_{iS}}{2} \dfrac{F_{ik}}{g_0 I_{sp}} \\[3mm] \Phi_0(X_{10}, M_{10}, X_{1N}, t_{1S}, t_{1F}) = 0; \quad \Phi_m(M_{1N}, M_{20}, t_{1F}, t_{2S}) = 0 \\[2mm] \Phi_F(X_{20}, X_{2N}, M_{2N}, t_{2S}, t_{2F}) = 0; \quad 0 \leqslant F_{ik} \leqslant T_{\max}; \quad i = 1, 2, \quad k = 0, 1, 2, \cdots, N \end{cases} \tag{23}$$

式中　　$X_{ij}$、$M_{ij}$ ——第 $i$ 阶段状态量 $x$ 和 $m$ 在第 $j$ 个 LGL 点时刻 $\tau_j$ 处的近似值；

　　　　$F_{ik}$、$F_{ik}$ ——第 $i$ 阶段航天器推力矢量 $F$ 和推力大小 $F$ 在第 $k$ 个 LGL 点时刻 $\tau_k$ 处的近似值。

# 4　非线性规划问题的雅可比矩阵

对于非线性参数规划问题式（23），设计变量为

$$[R_{i0:N}, \Theta_{i0:N}, \Psi_{i0:N}, V_{Ri0:N}, V_{\Theta 10:N}, V_{\Psi i0:N}, M_{i0:N}, F_{Ri0:N}, F_{\Theta i0:N}, F_{\Psi i0:N}, t_{iS}, t_{iF}], \quad i = 1, 2$$

式中　　$R_{i0:N}, \Theta_{i0:N}, \Psi_{i0:N}, V_{Ri0:N}, V_{\Theta 10:N}, V_{\Psi i0:N}$ ——第 $i$ 阶段的各轨道状态量 $x = [r, \theta, \phi, v_r, v_\theta, v_\phi]^{\mathrm{T}}$ 在 $N +$

　　　　　　　　　　　　　　　　　　　　　　　　1 个 LGL 点上的近似；

　　　　$M_{i0:N}$ ——第 $i$ 阶段 $N + 1$ 个 LGL 点上航天器质量的近似；

　　　　$F_{Ri0:N}, F_{\Theta i0:N}, F_{\Psi i0:N}$ ——第 $i$ 阶段的各控制量 $F = [F_r, F_\theta, F_\phi]^{\mathrm{T}}$ 在 $N + 1$ 个 LGL 点上的近似；

　　　　$t_{iS}, t_{iF}$ ——第 $i$ 阶段起始时刻和终点时刻。

综合统计，非线性规划问题式（23）共有 2 个阶段，每个阶段离散为 $N+1$ 个 LGL 点，每个 LGL 点上分别包含 6 个轨道状态量、1 个航天器的质量参数和 3 个控制量；加上每个阶段的起始时刻和终点时

刻，整个参数规划问题的设计变量总数为 $2\times[(6+1+3)\times(N+1)+2]$。

参数规划问题式（23）的约束方程分为由系统微分方程转换而来的微分约束、每个阶段需要满足的边界条件转换而来的事件约束、每个阶段过程中需要满足推力最大限制的路径约束，以及阶段与阶段之间需满足的链接约束。综合统计，上述非线性规划问题包含 2 个阶段，每个阶段各有 $N+1$ 个 LGL 点，每个 LGL 点上分别 7 个微分约束、1 个路径约束；每个阶段还都分别包含 13 个事件约束，加上两个阶段之间的链接约束 2 个，共有约束方程的总数为 $2\times[(7+1)\times(N+1)+13]+2$。

由参数规划问题式（23）的性能指标可以看出，$J$ 只与控制量和各阶段的起止时刻有关，性能指标的雅可比结构只有控制和时刻部分有值，其他都为零。对于约束的雅可比矩阵，可以看出，也只有少部分有值，其他都为零。当 $N=3$ 时，非线性规划问题约束的雅可比矩阵结构如图 1 所示，途中黑点表示矩阵结构对应项不为零，空白部分表示矩阵结构中对应的项为零，矩阵机构中阴影方框部分表示 $N+1$ 阶的 $D$ 方阵，阴影方框中包含对角线元素的部分表示方阵 $D$ 加上对应的对角阵。

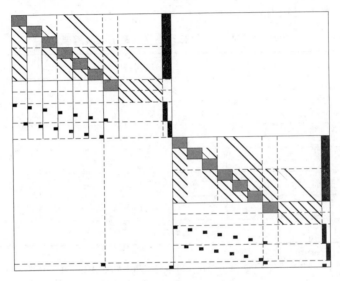

图 1　非线性规划问题的稀疏雅可比矩阵结构图（$N=3$）

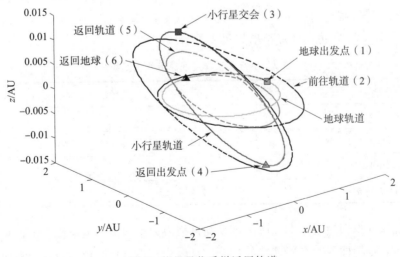

图 2　能量最优采样返回轨道

本文求解非线性规划问题采用软件包 SNOPT[13] 完成。

# 5 数值仿真

本文以小行星 2010 UE51 为探测目标，设计地球到小行星的采样返回轨道，为了计算方便，采用天文单位，其中太阳引力常数为 $\mu = 1.327\,124\,400\,18 \times 10^{20}\,\mathrm{m}^3/\mathrm{s}^2$，地日间距为 $1\,\mathrm{AU} = 1.495\,978\,706\,91 \times 10^{11}\,\mathrm{m}$，时间单位 $1\,\mathrm{TU} = 5.022\,642\,891\,1 \times 10^6\,\mathrm{s}$。航天器从地球出发，纪元时刻为 2020 年 1 月 1 日，出发时刻 $t_{1S}$ 为设计变量，相对于纪元时刻的取值范围为 $t_{1S} \in [0,365]$ 天；由于任务有最长周期限制，限定航天器取样返回总的任务时间不大于 2 000 天，即 $t_{2F} - t_{1S} \leqslant 2\,000$ 天；航天器在完成交会小行星后，需要完成科学试验任务，要求停留时间不小于 200 天，即 $t_{2S} - t_{1F} \geqslant 200$。航天器地球出发时刻 $t_{1S}$，交会小行星的时刻 $t_{1F}$、飞离小行星的时刻 $t_{2S}$，以及返回地球时刻 $t_{2F}$ 皆为设计变量。

航天器初始质量 $m_0$ 为 500 kg，发动机最大推力为 60 mN，发动机比冲为 2 500 s。地球和小行星在日心惯性系下的轨道要素在表 1 中列出。

**表 1  地球和小行星在日心惯性系下的轨道要素**

| 名称 | 地球 | 小行星 2010 UE51 |
|---|---|---|
| 纪元时刻/MJD | 54 000 | 56 000 |
| 半长轴/AU | 1.000 840 372 | 1.055 204 87 |
| 偏心率 | 0.016 506 734 | 0.059 697 95 |
| 倾角/（°） | 0.001 218 222 | 0.624 604 |
| 升交点黄经/（°） | 1.770 191 321 | 32.285 803 |
| 近日点幅角/（°） | 98.504 893 2 | 47.201 194 |
| 平近点角/（°） | 260.350 295 6 | 57.560 351 |

仿真采用 Intel Core i7 - 3770 CPU 3.40 GHz 处理器和 Matlab2013a 编程环境，非线性规划问题的求解采用 SNOPT 软件包。航天器在地球出发前往小行星阶段和小行星出发返回地球阶段分别都取 50 个 LGL 点，共有设计变量 1 004 个，约束方程 828 个。采用多圈 Lambert 转移轨道状态量的变化作为初值，控制力的初值设为零，采用解析的雅可比矩阵，优化迭代过程计算时长为 93.2 s，而采用数值差分求解雅可比矩阵，计算耗时 506.7 s，仿真计算结果如表 2 所示。

**表 2  小行星采样返回轨道优化结果**

| 事件 | 时间 | 航天器质量/kg |
|---|---|---|
| 地球出发 | 2020 年 09 月 29 日 | 500 |
| 交会 2010 UE51 | 2023 年 12 月 31 日 | 331.1 |
| 离开 2010 UE51 | 2024 年 07 月 18 日 | 331.1 |
| 返回到达地球 | 2025 年 12 月 30 日 | 300.7 |

航天器能量最优采样返回轨道如图 2 所示；发动机推力大小和推力方向随任务时间变化的变化曲线分别如图 3 和图 4 所示，推力曲线存在不连续的特点，是因为在小行星驻留阶段没有推力造成的。

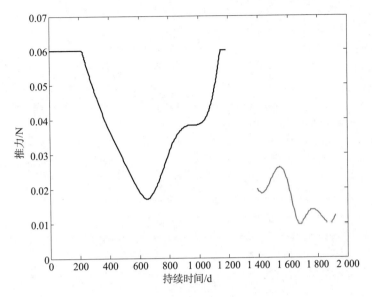

图 3　发动机推力大小随时间变化的曲线

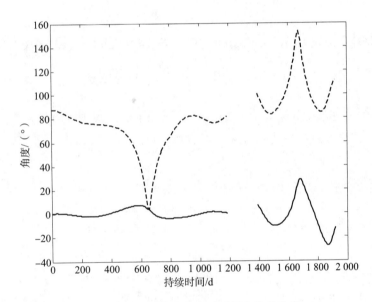

图 4　发动机推力方向角随时间变化的曲线

# 6　结束语

将小推力最优取样返回问题描述成具有时变内点约束的分段最优控制问题，并利用分段伪谱法求解了多段最优控制问题。分段伪谱法通过链接约束，建立各分段之间的联系，将原问题进行全局优化，有利于得到全局最优解。此外，通过分析给出非线性规划问题的优化指标和约束的雅可比矩阵，有效地提高了参数规划问题的计算效率。

**参　考　文　献**

［1］ 朱恩涌，孙国江，果琳丽，等．我国小行星探测发展思路及关键技术探讨［J］．航天器工程，2012，21（3）：96－100.

［2］ CONWAY B. A.．Spacecraft Trajectory Optimization［M］．New York：Cambridge University Press，2010.

［3］ 雍恩米，陈磊，唐国金．飞行器轨迹优化数值方法综述［J］．宇航学报，2008，29（2）：397－406.

［4］ 李俊峰，蒋方华．连续小推力航天器的深空探测轨道优化方法综述［J］．力学与实践，2011，33（3）：1－6.

［5］ 黄国强，陆宇平，南英．飞行器轨迹优化数值算法综述［J］．中国科学：技术科学，2012，42（9）：1016 – 1036．

［6］ 李鉴，韩潮．小推力最优轨道转移问题的 UKF 估计算法［J］．宇航学报，2014，35（2）：144 – 150．

［7］ BANKS H. T.，FAHROO F.．Legendre – Tau Approximations for LQR Feedback Control of Acoustic Pressure［J］．Journal of Mathematical Systems，Estimation，and Control，1995，40（10）：1793 – 1796．

［8］ 黄镐，深空探测转移轨道优化问题研究［D］．北京：北京航空航天大学，2014．

［9］ HUNTINGTON G. T.．Advancement and Analysis of a Gauss Pseudospectral transcription for optimal control problems［D］．Cambridge Massachusetts：Massachusetts Insititute of Technology 2007．

［10］ CARG D.，PATTERSON M. A.，FRANCOLIN C.，et al. Direct Trajectory Optimization and Costate Estimationof Finite – Horizon and Infinite – Horizon Optimal Control Problems Using a Radau Pseudospectral Method［J］．Computational Optimization and Applications，2009，49（2）：335 – 358．

［11］ FAHROO F.，ROSS I. M. Costate Estimation by a Legendre Pseudospectral Mehod［J］．Journal of Guidance，Control，and Dynamics，2001，24（2）：270 – 277．

［12］ GONG Q，FAHROO F.，Ross I. M. Spectral Algorithm for Pseudospectral Methods in Optimal Control［J］．Journal of Guidance，Control，and Dynamics，2008，31（3）：460 – 471．

［13］ GILL P. E.，WALTER M.，MICHAEL A. S. SNOPT：An SQP Algorithm for Large – Scale Constrained Optimization［J］．SIAM Journal on Optimization，2012，12（4）：979 – 1006．

# Optimal Asteroid Sampling Return Orbit Design Using Pseudospectral Method

HUANG Hao    LV Qiujie    TAN Tian    WANG Peng

DFH Satellite co.，LTD.，Beijing    100094

**Abstract**    Multi – phase pseudospectral method is used to solve optimal low – thrust asteroid sampling return orbit design problem. The essential of the optimal asteroid sampling return orbit design problem is a multi – phase optimal control problem with time – vary inner constraints. The multi – phase optimal control problem turns to a nonlinear parameter programming problem by applying multi – phase Lobatto pseudospectral method. The Jacobi matrix of the nonlinear parameter programming problem is derived. To validate the method，a near – earth asteroid（2010 UE51）low thrust energy – optimal sampling return orbit design problem is studied. The simulation result shows the reliability of such method，and it also shows that the efficiency of the method could be greatly improved by providing analytic Jacobi matrix of the nonlinear parameter programming.

**Key words**    Asteroid sampling；Low thrust；Pseudospectral method；Optimal control

## 作 者 简 介

黄镐，男，工学博士，工程师，航天东方红卫星有限公司，电子邮箱：huanghao@dfh. cast；waloga@qq. com。

# 在轨补加技术在小卫星上的应用

黄立钠　景育　朱文杰　陈志坚

上海空间推进研究所，上海　201112

**摘　要**　现代小卫星具有体积小、质量轻、成本低、研制周期短等特点，且可协同工作形成功能相刘传统卫星更完善的"虚拟卫星"，因而逐渐成为新一代卫星发展主要方向。上海空间推进研究所在"十二五"期间开展了卫星在轨补加技术研究，进行了补加控制程序验证试验和补加关键性能验证试验，掌握了气垫压缩补加控制策略和加注量测量方法。研究表明，卫星在轨补加技术论证充分，加注量测量精度可达 2%，将有效地为在轨小卫星增效延寿。

**关键词**　小卫星；在轨补加；加注量测量；延长寿命

## 1　引言

自 20 世纪 80 年代以来，国际上微小卫星的发展十分迅速，世界上已有 20 多个国家和地区开展了微小卫星的研究工作[1]。现代小卫星有别于早期的小卫星，典型特征为具有技术先进性和高功能、高密度[2]。

民用航天在轨服务技术是国防科工局支持的重点预研项目，主要研究内容包括在轨补加、在轨维护等。其中在轨补加技术通过前期研究，得到了在轨补加过程自动控制策略和加注量测量方法。

对于一般采用组网和编队飞行的小卫星来说，在轨补加优势尤为凸显，文中将对其适用性进行分析。

## 2　小卫星概述

### 2.1　小卫星的应用领域

小卫星以质量为特征进行分类，在世界上有好几种版本，比较典型的有以下四种[3]，见表 1。

**表 1　小卫星分类表**

| 英国萨里大学 | 美国航空宇宙公司 | 空间开发公司 | 中国．林来兴等 |
|---|---|---|---|
| 小型卫星<br>100 kg 以上 | 微小卫星 40～450 kg | 小卫星 150～250 kg | 小卫星 500 kg 以下（个别用途 1 000 kg 以下） |
| | | | 微小卫星 150～300 kg |
| 微卫星 10～100 kg | 纳卫星 10～40 kg | 微卫星 10～150 kg | 微型卫星 150 kg 以下 |
| 纳卫星 5～10 kg | 皮卫星 5 kg | 纳卫星 1～10 kg | 纳型卫星 10 kg 量级 |
| 皮卫星 1～5 kg | 立方体卫星 1 kg | 皮卫星 0.1～1 kg | 皮型卫星 1 kg 量级 |

小卫星主要有以下几方面的应用。

（1）小卫星星座

小卫星星座是指为完成某一特定空间飞行任务而协同工作的多颗小卫星集合。现有的小卫星星座主要分为通信星座、遥感星座、科学试验星座。

（2）小卫星编队飞行

小卫星编队飞行是指由若干颗卫星构成一个特定形状，各颗卫星互相协同工作，共同承担信号处理、通信和有效载荷等任务。任务功能是由整个编队飞行的星群来完成的，整个星群构成一颗大的"虚拟卫星"。

## 2.2　小卫星的推进系统

小卫星推进系统可以选用电推进系统、冷气/液化气推进系统、单组元/双组元化学推进系统。其中，电推进系统功耗较大；冷气/液化气推进系统结构简单，但是比冲较低；化学推进系统目前仍是小卫星推进系统的首选，相对双组元推进系统，单组元推进系统更加简单，控制更加容易，其在小卫星中被选用最多。

下文针对单组元化学落压式推进系统进行在轨补加技术研究。

# 3　航天器在轨补加技术研究

## 3.1　在轨补加方案

从国外常用的直接输送推进剂的方式来看，常用的补加方案有如下四种[4]：气垫压缩补加方案、气垫交换补加方案、气垫降压补加方案、贮箱放空补加方案。

（1）气垫压缩补加方案

对于落压式推进系统，可以直接把推进剂从服务航天器挤压到目标航天器贮箱内。进入目标航天器贮箱内的推进剂压缩贮箱气垫使其恢复初始压力，接收贮箱的压力决定可补加推进剂量。

（2）气垫交换补加方案

气垫交换补加方案使用泵把服务航天器的推进剂传输到目标航天器贮箱内，要求服务航天器与目标航天器推进系统工作压力相同，两个系统之间通过管路连接，形成闭路泵压系统。泵压驱动服务航天器贮箱内推进剂进入目标航天器贮箱内，目标航天器贮箱气垫则被挤出进入服务航天器贮箱内，以填补被输出的推进剂的位置。

（3）气垫降压补加方案

气垫降压补加方案首先需要降低目标飞行贮箱内气垫压力。压力降低后，使用低压挤压气体将服务航天器贮箱内推进剂输送至目标航天器。

（4）贮箱放空补加方案

贮箱放空补加方案首先将目标航天器贮箱的所有推进剂都要排回到服务航天器贮箱内，因此需要服务航天器贮箱有空间容纳排回的推进剂；然后把残留的推进剂和挤压气体排到太空，使贮箱内部处于真空状态；最后用低压气体将服务航天器贮箱内推进剂挤压输送至目标航天器内，直至贮箱加满。

上述四种补加方案的适用范围如表 2 所示。

表 2　补加方案适用范围

| 补加方案 | 适用系统模式 |
| --- | --- |
| 气垫压缩 | 落压式系统 |
| 气垫交换 | 恒压加压式系统 |
| 气垫降压 | 恒压挤压式系统、落压式系统 |
| 贮箱放空 | 恒压加压式系统、落压式系统 |

下文选择气垫压缩补加方案进行分析。

## 3.2　气垫压缩补加技术

早在 20 世纪 70 年代，俄罗斯（苏联）的进步号飞船向其空间站成功执行了液体推进剂（$N_2O_4$ 和

UDMH）的传输任务，随后俄罗斯完成了和平号空间站和国际空间站的星辰号和曙光号的补加任务。俄罗斯在推进剂补加方面具有较为成熟的研制和使用经验，是目前国际上唯一进行在轨补加应用的国家。

NASA 也从 20 世纪 60 年代开始对推进剂直接传输加注技术展开了大量的研究工作，并进行了飞行试验，包括：

1984 年 STS—41G 飞行任务，对在轨推进剂补加系统进行了在轨试验，进行了 6 次共计 142kg 的肼推进剂传输；

1992 年 STS—53 飞行任务，进行了液体推进剂获取与传输加注试验的第一次在轨试验（FARE—Ⅰ），研究筛网通道式表面张力贮箱的补加性能；

1993 年 STS—57 飞行任务，进行了液体推进剂获取与传输加注试验的第二次在轨试验（FARE—Ⅱ）试验，研究板式表面张力贮箱的补加性能；

1996 年 STS—77 飞行任务，进行了排气式加注试验，并对其在航天器加速条件下的液体位置恢复能力进行测试；

2007 年 3 月美国轨道快车项目（Orbital Express，OE）发射在轨服务卫星 ASTRO 和客户星 Next-Sat，演示了两星之间推进剂（肼）的往返传输。流体传输过程验证了单组元推进剂肼从 ASTRO 传输到 NextSat 以及从 NextSat 传输到 ASTRO 的过程，采用了气垫交换补加和气垫压缩补加两种补加方法。

我国的在轨补加技术取得了一定的成绩，XXX 工程三期规划采用货运飞船向空间站补给燃料和物资，上海空间推进研究所负责推进剂补加系统的研制，其研制的 300L 膜盒贮箱已随 XX—1 空间实验室在轨飞行近四年，其同尺寸改进型产品将用于空间站项目中，压气机也已进入试样阶段。

"十二五"期间，上海空间推进研究所又在国防科工局的支持下，开展了基于气垫压缩补加的在轨补加技术的研究。所内自主研制了气垫压缩在轨补加的演示样机（如图 1 所示）和攻关样机（如图 2 所示）。

图 1　气垫压缩补加演示样机

图 2　气垫压缩补加攻关样机

通过多次论证和试验验证了以下关键技术：

1）可多次充填排放的表面张力贮箱设计及相关设计准则的制定；

2）补加系统方案及补加过程液体流动控制技术；

3）补加自动控制程序；

4）气垫压缩过程气垫温度场和压力场的监测与采集；

5）加注量测量方法验证并确定测量的修正参数。

试验过程中，系统补加采用自动控制程序，采用温度和压力传感器对补加过程气垫温度和压力数据进行采集，如图 3、图 4 所示。

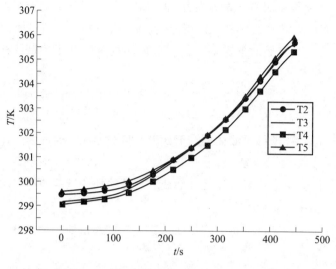

图 3　补加过程温度场

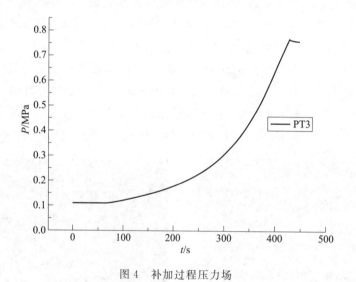

图 4　补加过程压力场

关于加注量测量，采用温度、压力等过程参数采集和电子秤测量两种模式。经验证，参数计算的结果与电子秤实测结果基本一致，补加末期差值小于 2%。补加初始阶段因为温度传递滞后，计算补加量偏低，随着补加量增多，补加量的计算结果与电子秤秤量结果一致，该补加量测算方法有效。补加过程的两次补加量计算结果与测量结果对比情况见图 5 和图 6。

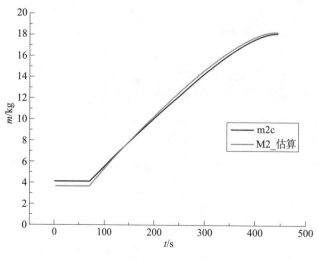

图 5　第一次加注量测量

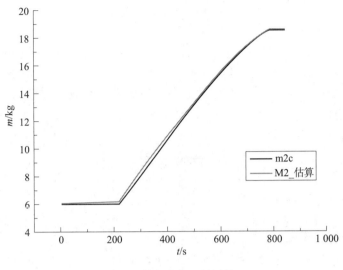

图 6　第二次加注量测量

# 4　在轨补加技术在小卫星上应用的适应性分析

　　卫星在轨补加可选用自备服务星（燃料补充站）的方案。这也是科工局民用航天的一项研究内容，由上海航天技术研究院和上海空间推进研究所共同完成。方案可以简单描述为：在小卫星任务发射时，除了发射多颗主份星和少量备份星外再发射一颗服务星，如图 7 所示。服务星与主备份星不同之处在于：无需携带过多的有效载荷，整星以推进剂贮存为功能要求仅配有必要的导航和推进系统。图 7 为配有服务星的编队飞行小卫星。

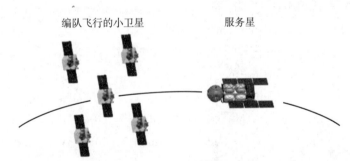

图 7　配有服务星的编队飞行小卫星

　　经分析，配备服务星的星座或"虚拟卫星"有以下优势：

1）提高功能密度。每颗小卫星初始携带推进剂量减少，在提高整星干重比的同时减轻了整星重量。

2）优化整星结构配置。卫星上贮箱体积缩小，为有效载荷省出更多的空间。

3）优化系统控制。整星液体所占的比例降低，减少固液耦合带来的影响。

4）延长运行寿命。仅需保证服务星燃料充足和可靠运行，即可使得小卫星不会因推进剂耗光而寿命终结。

5）降低运营成本。由多颗小卫星的新旧替换，转换为服务星的补充，避免有效载荷因燃料耗尽而无故障报废。

　　经上述分析可见，为"虚拟卫星"配备一颗服务星，无论在技术、成本、研制周期等方面均有不可忽视的效益。推荐在小卫星新项目论证中考虑增加在轨补加项目。

# 5　结束语

通过介绍小卫星的应用前景及其常用推进系统，并分析在轨补加技术成熟度、技术验证过程和技术成果，得出在轨补加技术应用于小卫星具有延长卫星的使用寿命和减少整星的长期运营成本的优势，建议未来小卫星论证时选用这一工作模式。

## 参 考 文 献

[1]　王晓梅. 微小卫星技术的发展现状及趋势［J］. 数字通信世界，2006.
[2]　张艳娥，等. 现代小卫星技术及专题应用讲座（一）［J］. 军事通信技术，2006.
[3]　林来兴. 小卫星技术的发展和应用前景［J］. 中国航天，2006.
[4]　R. EBERHARDT，T. TRACEY，W. BAILEY. Orbital Spacecraft Resupply Technology. AIAA86－1604.

# On－orbit Resupply Technology for Microsatellite

HUANG Lina　JING Yu　ZHU Wenjie　CHEN Zhijian

Shanghai Institute of Space Propulsion，Shanghai　201112

**Abstract**　Modern small satellites have been one of the most promising research areas due to their excellent merits such as small bulk，light weight，low cost，and short research period. Net－working small satellites can form the "Virtual Satellite" whose supper performances far outweigh common satellites. During the "National Twelfth Five－Year Plan" period，Shanghai Institute of Space Propulsion has engaged in doing research on the on－orbit resupply technique，and several tests have been carried out，including validating tests of control program and critical performances. Control methods of adiabatic ullage compression transfer and transfer mass measurement have been mastered. The results show that，the on－orbit resupply technique for small satellite is fully demonstrated，and the accuracy of transfer mass measurement is up to 2%. Therefore，this technique can be applied to the small satellites for extending their on－orbit working life in the future.

**Key words**　Small satellites；On－orbit resupply；Transfer mass measure；Long life

## 作 者 简 介

黄立钠，女，工程师，上海空间推进研究所，研究方向为空间推进技术研究，电子邮箱：hh703@163.com。

# 敏捷卫星机动中推扫成像轨迹规划研究

黄敏　葛玉君　杨芳　赵键　黄群东　王抒雁

航天东方红卫星有限公司, 北京　100094

**摘　要**　针对沿狭长地理区域进行成像的任务需求, 提出了采用斜条带拼接成像的轨迹规划方法。本文首先在建立斜条带几何模型的基础上, 提出采用不同方向的斜条带对狭长地理区域拼接的方法; 然后对单段斜条带成像进行了姿态机动规划, 得到沿斜条带成像过程中的姿态及姿态角速度随时间的变化规律; 最后对斜条带拼接处的姿态调整做了讨论分析。本文的轨迹规划方法能够为敏捷卫星实现沿狭长地理区域的成像提供参考。

**关键词**　斜条带; 敏捷卫星; 机动中成像; 狭长地理区域

## 1　引言

敏捷卫星具有快速姿态机动与快速稳定能力, 能够实现快速侧摆成像、同轨多条带成像、同轨立体成像, 提高了卫星对地观测的时间分辨率、扩大了观测区域[1]。这些遥感卫星依靠卫星的轨道运动形成的摄影点与像面的相对运动来实现对目标区域的推扫成像, 成像的地理区域必须平行星下点轨迹。随着小卫星姿态控制能力的进一步增强, 卫星可以通过姿态机动打破严格依靠轨道运动推扫的约束, 从而实现更加灵活的地面推扫成像, 成像条带不再需要平行星下点轨迹, 甚至可以通过姿态机动形成垂直星下点轨迹的成像[2]。参考文献 [3] 提出敏捷卫星对块状区域目标的成像, 采用的是多条带的拼接成像技术, 其实质是利用敏捷卫星姿态的快速机动能力, 将姿态控制到位后利用轨道运动进行推扫成像, 不具备三自由度对地成像能力。参考文献 [4] 提出了动态成像方式, 利用轨道运动和姿态机动进行推扫成像, 此种成像模式具有三自由度的成像能力, 对光学载荷提出了一定要求, 成像区域可以与星下点成一定的角度。参考文献 [5] 指出相比于 SPOT - 5 的单自由度成像卫星, 新型敏捷卫星具有利用滚动、俯仰和偏航的姿态控制, 实现三自由度对地成像的能力, 文中将块状区域划分成宽度为相机幅宽的多个相同方向的推扫条带, 这些条带方向可以与星下点轨迹成一定的夹角, 但文中没有提及对狭长地理区域成像的方法。

目前, 遥感卫星对地面成像通常采用平行星下点轨迹的同方向的矩形条带对块状区域进行拼接覆盖[6]。然而, 对于一些特殊成像任务的需求, 例如沿公路、沿河流、沿海岸线、沿边境线等狭长地理区域的成像, 目标区域狭长且形状不规则, 难以用一条或同方向的多个条带实现覆盖, 或者采用同方向条带覆盖的效能比较低。敏捷卫星机动中成像技术[7], 指卫星在三轴姿态机动中开启光学有效载荷并进行成像, 在成像过程中实时调整光轴对地指向以实现复杂的成像任务。由于卫星具有灵活的姿态机动能力, 可以实现与航迹方向存在夹角的成像任务, 对狭长地理区域的成像有更高的效能。本文针对狭长地理区域的特点, 提出采用不同方向的与星下点轨迹成一定夹角的斜条带拼接成像的方法, 来实现沿狭长地理区域的成像。

## 2　狭长地理区域的斜条带拼接成像规划

利用敏捷卫星机动中成像的能力, 对狭长地理区域的成像采用不同方向的斜条带进行拼接成像。然而, 对于给定的狭长区域, 如何实现这一目标尚需研究。目前, "斜条带"尚没有给出严格的定义和模型, 需要给出其几何模型, 对给定的狭长地理区域需要选取合适的斜条带进行拼接, 斜条带选取方法尚需研究; 单段斜条带成像时, 卫星必须实时调整姿态指向目标完成成像, 然而成像过程中的姿态调整尚没有规划方法；两个斜条带拼接处的卫星姿态调整尚需进一步研究等。

## 2.1 狭长地理区域的地面规划

传统成像模式中，通过获取成像时刻卫星的位置、姿态数据以及相机的视场角，就能够完成对目标区域覆盖的判断，进而实现成像的任务规划[6]。然而，机动中成像的地面成像轨迹模型尚未建立，没有确定的地面成像轨迹模型，就难以实现对目标区域的覆盖判断，进而难以实现任务规划；从卫星姿控的角度来讲，则难以获取合适的姿态机动方案以满足任务需求。

对传统成像的平行星下点轨迹的成像条带进行扩展，建立球面上的斜条带几何模型，如图 1 所示，斜条带中心在某一过地心的圆上，该过地心的圆与星下点轨迹所在的圆形成的夹角 $\eta$ 即为斜条带的相对倾角，斜条带的幅宽以卫星星下点传统成像时的成像幅宽 $2\lambda$ 表示。给定斜条带中心上的起点经纬度 $M(\alpha_M, \delta_M)$ 与终点经纬度 $N(\alpha_N, \delta_N)$，斜条带在球面上的覆盖区域能够完全确定，任意目标点能否被已知斜条带覆盖可以进行几何判定。

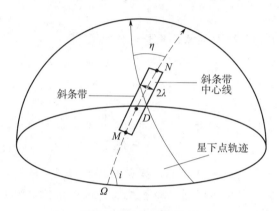

图 1　斜条带几何模型

狭长地理区域的特点是成曲线的狭长状，且狭长区域的宽度相对于卫星的幅宽小很多。根据这一特点，并结合斜条带模型能对点目标实现覆盖判断的能力，可以将狭长地理区域简化成顺序排列的点目标，从而将对复杂区域的覆盖转化成对顺序排列点目标的依次覆盖。这一简化方法可能造成偏离点目标的区域以及斜条带衔接处地理区域的一小部分不被覆盖，但是对于需要观测的重点区域可以用较密集的点目标代替，从而保证对重点地区的完整覆盖。如图 2（a）所示，是对中国东部海岸线的简化结果。

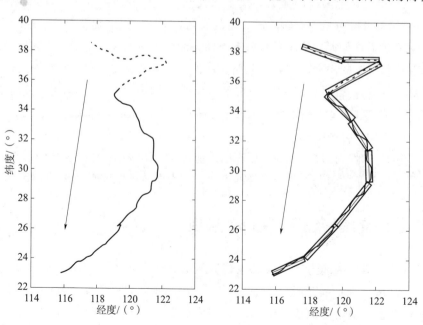

图 2　中国东海岸线拼接结果

对狭长地理区域简化后,采用不同方向的斜条带对这些顺序点目标进行拼接覆盖的基本原则是:选取尽量少的斜条带实现对狭长地理区域的覆盖。单个斜条带的选择方法可用图3表示,从某一起始点目标开始依次判断点目标能否被斜条带覆盖;调整斜条带的方向,直至某一斜条带顺序覆盖最多的点目标,则选此斜条带为最优的斜条带;为了保证两个斜条带之间的覆盖要求,选取上一个斜条带的终点作为下一个斜条带的起点;依次选取斜条带直至把狭长地理区域完全覆盖。以中国东海岸线由北向南从经纬度 (117.66°,38.51°) 到 (115.89°,23.02°) 的长度约为 2 500 km 的中国东部海岸线长度为例,需采用多个斜条带进行拼接规划,取卫星的观测幅宽 $2\lambda = 30$ km,规划结果总共用了9个斜条带,如图2(b)所示。

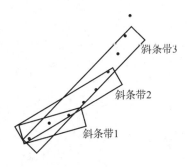

图 3  斜条带选择示意图

## 2.2  单段斜条带成像规划

卫星姿态机动中成像打破了卫星轨道的严格约束,但同时也带来了成像规划的难题。机动中成像敏捷卫星沿轨运行过程中卫星姿态在不断的改变,观测的目标点也随之改变,需要合理的姿态规划使得目标点沿着所需的斜条带运行,即已知起始时刻、起始位置和结束时刻,地面目标轨迹与姿态机动方案相关。此外,在姿态规划的同时需要分析姿态机动对成像的影响。

机动中沿斜条带成像技术方案设计如下:在进入遥感区域之前,通过卫星姿态的控制,事先调整线阵 CCD 的推扫方向,使得 TDI CCD 的推扫方向与条带方向基本一致,再通过卫星的俯仰和滚动控制约束卫星的光轴指向,然后采用偏流角的间歇式调整策略实现对偏流角的控制[8]。沿条带成像某一时刻卫星的姿态如图4(a)所示,卫星通过姿态机动使得目标点指向给定斜条带中心上的 $D$ 点,同时使得目标点合速度 $V_D$ 沿着斜条带方向,$V_D$ 在 $D$ 点所处的地平面内,由卫星轨道运动导致的牵连速度 $V_s$、地球自转导致的目标点绝对速度 $V_e$ 和卫星姿态机动导致的牵连速度 $V_\eta$ 共同合成。姿态控到位时,并假设相机坐标系与本体系重合,卫星的姿态如图4(b)所示,本体 $Z_b$ 轴指向目标 $D$ 点,$X_b$ 轴与地平面上的推扫合速度 $V_D$ 处于同一平面,$Y_b$ 轴由右手系确定。

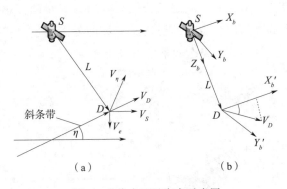

（a）　　　　　　　　　　（b）

图 4  成像中卫星姿态示意图

卫星对整个斜条带成像过程中,目标点 $D$ 沿着地球上给定的斜条带运动,卫星沿着轨道运行,卫星与目标点的相对位置随时间变化,卫星的姿态需要实时调整到图4中的状态。假定目标点随时间 $t$ 的位置

用 $D(t)$ 表示，即任意时刻已知目标点的具体位置，卫星位置 $S(t)$ 由轨道运动规律决定，任意时刻矢量 **SD** 得以确定，从而得到卫星姿态随时间的变化关系，同时可以求解沿斜条带成像过程中卫星的姿态角速度变化。根据上面的分析如果可以确定地面目标随时间的变化规律 $D(t)$，则可以确定姿态随时间的机动方案实现成像过程中的规划。最简单的一种规划方案是假定目标点以恒定的速度在地球面上运动，即任意时刻 $V_D$ 的大小保持恒定。以运行在 500 km 太阳同步轨道的卫星沿不同角度的斜条带成像为例，目标点 $D$ 以恒定的速度沿斜条带运动，假设任意时刻推扫合速度 $V_D$ 的大小恒定为传统卫星星下点成像时的地面推扫速度，得到卫星的俯仰角速度和滚动角速度变化曲线如图 5，为了实现垂直星下点轨迹的成像需要滚动角速度 0.82（°）/s，俯仰角速度 0.86（°）/s。图 6 为沿 30°斜条带成像的 STK 仿真图。

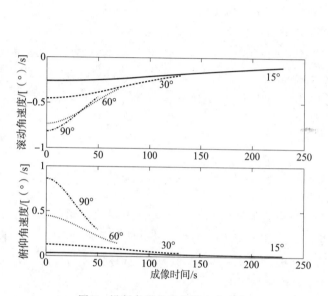

图 5　沿斜条带成像的姿态角速度

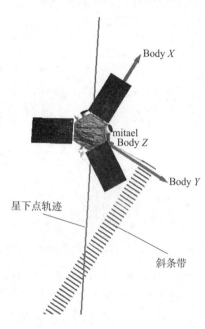

图 6　沿 30°斜条带成像

## 2.3　斜条带拼接姿态规划

本文 2.1 中采用了不同方向的斜条带对狭长地理区域进行了拼接成像，成像的拼接部分如图 7 所示，上一个斜条带的成像结束时卫星在 B 位置，下一个斜条带的成像起始时卫星在 C 位置，B 到 C 的过程需要进行姿态调整。传统成像卫星的姿态调整是将卫星的姿态调整到预期姿态角，并达到姿态稳定，然后进行成像，调整前和调整后的姿态角速度均为零，是一个较简单的姿态规划问题。而机动中成像的斜条带拼接过程中，上一斜条带成像结束时和下一斜条带成像开始时卫星的三轴姿态角速度均不为零，在姿态调整过程中卫星需要在给定的时间内将卫星的姿态及卫星的姿态角速度控制到预期，对卫星的快速机动能力有很大的要求。斜条带拼接部分的姿态调整规划需要进一步深入的研究。

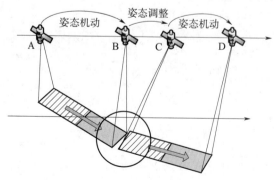

图 7　斜条带的拼接

## 3 机动中成像的成像约束

对狭长地理区域的拼接成像主要受两方面因素的制约，卫星的姿态控制能力约束和 TDI CCD 相机的成像约束。姿态控制能力一方面要求卫星具有快速姿态机动能力，以实现对 TDI CCD 级数方向的快速预置、成像时的实时姿态机动以及斜条带拼接处的姿态快速调整，其对姿态控制系统的要求是需要能够提供大输出力矩的执行机构，以实现大角度快速姿态机动能力；另一方面，需要保证机动成像过程中的高稳定度控制，满足机动过程中成像的图像质量要求。姿态机动给敏捷小卫星平台的设计带来新的问题，实现大角度快速姿态机动最主要的关键技术为高精度大力矩输出的姿态执行机构。目前，法国的昂宿星（Pleiades IIR）采用 4 个角动量为 15 N·ms，最大输出力矩为 45 N·m 的控制力矩陀螺以实现三轴姿态控制，俯仰和滚动通道的机动能力达到 10 s 机动 10°，25 s 机动 60°[9]。此外，卫星沿斜条带成像过程中，像面的像移速度会有较大的变化，将导致成像质量的下降，为了使得成像质量满足要求，相机需具备调整 TDI CCD 行转移帧频的能力。

## 4 结束语

本文利用敏捷卫星机动中推扫成像技术提出对狭长地理区域采用斜条带拼接的成像方法，讨论了对狭长地理区域的地面拼接规划、单段斜条带成像的规划以及斜条带拼接处的姿态调整规划存在的问题，为实现沿曲线狭长目标的成像指出了方向。在后续的研究中，将进一步探索成像对卫星姿态控制能力的具体指标以及姿态机动中成像对成像质量的影响，以实现沿狭长地理区域成像的详细规划分析。

### 参 考 文 献

[1] A. Defendini. J. Morand，P. Faucheux，et al. Control Moment Gyroscope（CMG）Solutions For Small Satellites［C］. The 28th Annual AAs Guidance and Control Conference，Breckenridge，2005.

[2] Jaubert J，Julien E，Lassalle – Balier G，et al. Attitude guidance technics developed in CNES for Earth observation and scientific missions［C］//Proceedings of the 28th Annual AAS Guidance and Control Conference. San Diego：AAS Publications Office，2005.

[3] 刘一武，张军. 敏捷卫星快速姿态机动控制方法研究［C］. 全国第十三届空间及运动体控制技术学术年会论文集，湖北宜昌，2008：1 – 6.

[4] 黄群东，杨芳，赵键. 姿态对地指向不断变化成像时的像移速度计算［J］. 光学精密工程，2012，20［12］：2812 – 2820.

[5] Michel Lemaitre，Gerard Verfaillie，Frank Jouhaud，etal. Selecting and scheduling observations of agile satellites［J］. Aerospace Science and Technology，2002，6：367 – 381.

[6] 孙凯，白国庆，陈英武，等. 面向动作序列的敏捷卫星任务规划问题［J］. 国防科技大学学报，2012，34（6）：141 – 147.

[7] 黄群东，杨芳. 敏捷卫星动态遥感技术指标分析［C］//第一届空间光学技术全国学术会议论文集（下册）. 北京：中国光学学会，2012：55 – 63.

[8] 黄群东，杨芳，赵键. 姿态对地指向不断变化成像时的偏流角分析［J］. 宇航学报，2012，33（10）：1544 – 1551.

[9] B. Girouart，ISebbag，JM. Lachiver，Performances of the Pléiades – HR Agile Attitude Control System，ESA Guidance Navigation and Control Conference［C］，October 2002，Frascati（Italy）.

# Research on the Imaging Track Scheduling of Agile Satellite for Dynamic Imaging Mission

HUANG Min    GE Yujun    YANG Fang    ZHAO Jian    HUANG Qundong    WANG Shuyan

DFH Satellite Co. Ltd. ，Beijing    100094

**Abstract**    With the demand of imaging mission for slit imaging areas，a schueduling method is put forward to patch up the slit imaging area by inclined – tracks. Firstly，based on the the geometrical model of inclined – track，a method to patch up the slit imaging area by inclined – tracks with various angle is put forward. Then the attitude maneuvering scheme of imaging to a single inclined track is made. The variation law of satellite attitude and attitude angular velocity in the progress of imaging along the inclined – track is obtained. At last，the attitude adjustment at the seam of two inclined – tracks is discussed. This paper's schueduling method can provide some refenences to the imaging along slit areas of agile satellite.

**Key words**    Inclined – track ；Agile satellite；Dynamic imaging；Slit imaging area

## 作 者 简 介

黄敏，男，硕士研究生，航天东方红卫星有限公司，研究方向为卫星总体设计，电子邮箱：minmin677@163.com。

# 遥测失效模式下电源分系统在轨状态分析方法

贾晓冬　　鄢婉娟

航天东方红卫星有限公司，北京　　100094

**摘　要**　卫星在轨运行期间，电源分系统遥测参数发生异常后，无法准确表征电源分系统状态。本文针对这种情况，梳理了不同种类遥测发生失效故障时，利用卫星其他遥测进行辅助分析，使用直接替代、拟合曲线和地面数据处理等方式评估电源分系统运行状态、充放电趋势分析、蓄电池组温控及在轨温度。

**关键词**　遥测失效；替代参数；在轨状态评估

## 1　引言

卫星平台控制、电源、推进等系统发生的故障在整星中占比最大，其中电源系统能否正常工作关系到整星任务的成败。

在电源分系统中，电源下位机实现了系统的智能控制，负责电源分系统各种遥测参数的采集、存储和发送；蓄电池温度的控制及控制模式的注入；蓄电池组充放电电量的安时计控制和充电电流安时计两阶段控制；按照约定的数据格式与星务主机进行总线通信。

相对于其他设备，电源下位机更易受到空间环境影响，从而出现故障。严重的可以导致卫星电源彻底失效，发生整星断电的灾难性故障。然而更多的电源下位机故障带来的后果是电源下位机部分功能失效。本文着重分析电源下位机遥测采集功能失效后的电源分系统在轨状态分析方法。根据在轨发生的实际案例，梳理了不同种类遥测发生异常时，利用卫星其他遥测进行辅助分析，实现充放电趋势分析、蓄电池组温度分析，从而达到评估电源分系统运行状态的目的，并提出了应对电源下位机遥测失效的建议。

## 2　基于电压电流替代遥测判断电源分系统运行状态

正常情况下，通过电压电流遥测可以判断电源分系统运行状态，确认母线电压稳定、充放电控制方式正确、负载电流按照不同工作模式正常变化。当各电压电流遥测均在正常范围内，可判断电源分系统运行状态正常。当电源下位机采集的电压电流遥测失效时，可通过相关遥测替代判断。

### 2.1　电压遥测替代关系

母线电压和电池组电压遥测是由电源下位机采集的。当这两个电压遥测量失效时，可使用配电器采集的供电母线电压和火工品母线电压分别替代。电源下位机和配电器采集的电压遥测的区别主要在于采样点位置的不同。图1是使用供电母线电压替代母线电压、火工品母线电压替代电池组电压的曲线。可以看出替代后的遥测与原遥测变化趋势一致。但是误差范围较大，本节采用统计数据进行曲线的修正，将误差范围减小到0.5%以内，以用于准确的数据计算。

母线电压由电源下位机采集，采样点在电源控制器内部；供电母线电压由配电器采集，采样点在配电器出口端附近。两个电压遥测在数值上存在由线缆压降导致的电压差，经统计此压降约为0.157 6 V，除此之外，其变化趋势应基本一致。则两个电压遥测之间可用如下公式表征

$$V_{bus} = V_{pdu} + 0.157\,6 \tag{1}$$

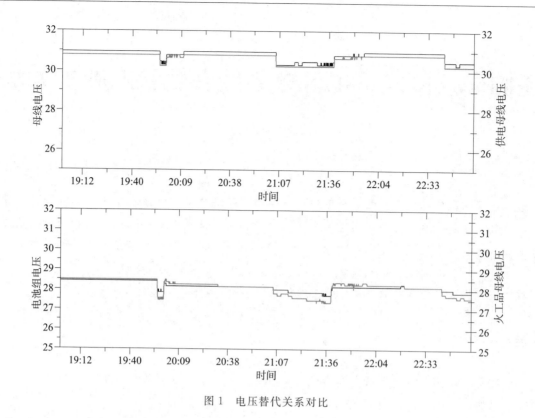

图 1　电压替代关系对比

式（1）中 $V_{bus}$ 是利用供电母线电压计算得到的母线电压值，$V_{pdu}$ 是由配电器采集的供电母线电压。采用式（1）得到的曲线如图 2 所示。

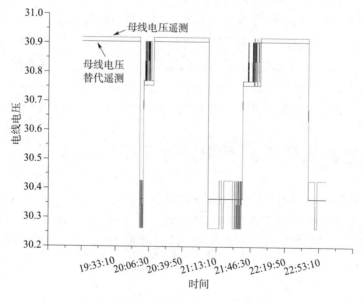

图 2　母线电压替代遥测与实际遥测对比

直接使用供电母线电压替代母线电压的误差范围在 0.03％～0.72％范围内，使用式（1）替代的公式，得到的误差范围为 0.05％～0.49％，精度要好于直接替代的方法。

电池组电压由电源下位机采集，采样点电池组输出端；火工品母线电压同样从电池组根部引出，由配电器负责采集。由于采集下位机的不同，两者数值略有差别，但总体而言变化趋势也应该一致。从图 1 看出，两条曲线的变化趋势一致，火工品母线电压变化幅度大于电池组电压变化幅度，误差范围是 0.04％～1.81％。为减小误差，采用如下公式拟合

$$V_{bat} = f(V_{eed})$$

$$(2)$$

式中是利用火工品母线电压拟合得到的电池电压，是配电器采集的火工品母线电压。

利用曲线拟合得到式（2）的数值公式是

$$V_{bat} = 0.53V_{eed} + 13.233 \qquad (3)$$

按照式（3）拟合得到的电池组电压与实际电池电压遥测进行比对，如图 3 所示，其误差范围为 0.03%～0.5%。

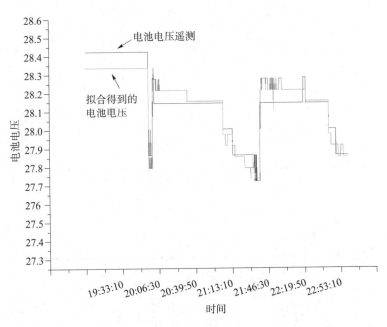

图 3　电池电压替代遥测与实际遥测对比

经上述分析，采用式（1）、式（3）的处理供电母线电压和火工品母线电压，所得到的母线电压和电池电压误差均不大于 0.5%，可以定量地判断电源分系统运行状态。

## 2.2　电流遥测替代关系

电源分系统电流遥测替代关系主要是针对负载电流而言。当负载电流遥测失效后，可使用配电器采集的各分区电流替代，同时还应该考虑到电源控制器的自耗，其基本关系如下

$$I'_{load} = \sum_1^m I_n + I_{pcu} \qquad (4)$$

式中　$I'_{load}$ ——利用配电器遥测计算得到的母线负载电流；

　　　$I_n$ ——配电器采集的第 $n$ 个分区电流；

　　　$m$ ——配电器分配的载荷分区个数；

　　　$I_{pcu}$ ——电源控制器的自耗电流。

通过在轨遥测数据分析，将实际负载电流（$I_{load}$）和 $I'_{load}$ 之间关系作图如图 4 所示。

通过图 4 的曲线可以看出，拟合得到的负载电流与实际负载电流的误差最小都在 1% 左右，不能满足用于精确计算的精度要求。则该方法得到负载电流 $I'_{load}$ 仅可用于负载电流变化趋势的预测，反映较大电流的变化，如载荷设备开关机、载荷工作模式变化等。

## 2.3　实例分析

使用上述电压电流替代关系对某个轨道周期内的电源分系统运行情况进行分析如图 5 所示。

当电池组电压台阶式升高表示从该时刻卫星出影，开始对电池充电，直至电池电压出现第一个向下的台阶，表示充电结束；随后，负载电流增加，载荷开机工作，总负载约 18.4 A，持续 6 min 后关机；电池电压开始逐渐下降，此时距卫星出影约 68 min，卫星进入地影，在地影区共计运行约 30 min，卫星

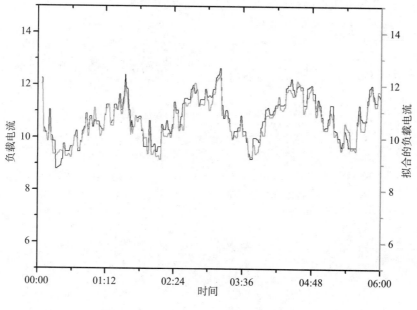

图 4　实际负载电流与拟合负载电流对比

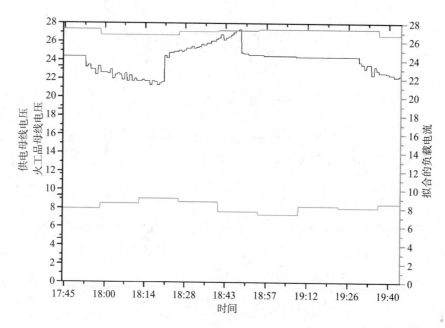

图 5　电压电流替代关系的实例分析

再次出影，此时电池电压再次出现台阶式升高。

使用上述电压电流替代关系可在电源遥测失效时对电源运行状态进行分析，对整个进出影、载荷工作、母线及电池电压变化进行监测。

# 3　部分遥测失效后的充放电及能量平衡分析

当电源分系统遥测失效时，诸如充放电电流、电池组电压、蓄电池组电量等表征充放电状态的遥测无法正常使用，需要通过其他遥测进行判断，主要目的是利用有相关替代关系的遥测确定充放电过程的正确性和当圈能量平衡情况。

## 3.1 充电过程分析

充放电过程分析主要是如何确定充、放电起止时间，这可以通过火工品母线电压来判断，以图 6 为例。

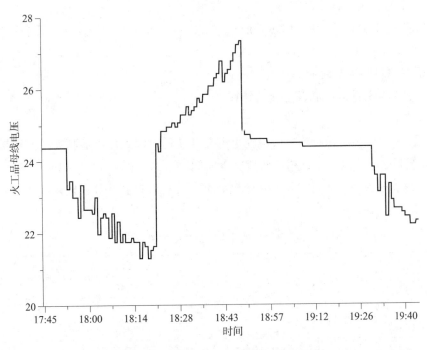

图 6 根据火工品母线电压分析充电过程

电池电压台阶式上升的时刻是卫星出影的时刻，电池电压逐渐上升的阶段是充电阶段，且其上升趋势与 VT 控制的两阶段充电一致，在充电电压达到转阶段电压时，电源控制器将充电电流减小，同时电池组电压小幅下降后再次持续升高，直至达到充电终止电压，充电结束。

充电结束的时刻是电池组电压台阶式下降的时刻，负载用电由太阳电池阵提供，电池组处于不充不放的状态，电池电压保持稳定。

电池组电压开始下降，代表电池组开始为负载供电，意味着卫星进入地影，太阳电池阵输出降低直至不再输出。当电池组放电 30 min 左右，再次出现台阶式上升，表明卫星出影，太阳阵输出功率可以为负载供电和为电池组充电。

同时结合图 6 和遥测数据，还可以得到卫星 VT 充电的主要参数如表 1 所示。

**表 1　分析得到的 VT 充电参数**

| | |
|---|---|
| VT 第一阶段充电时间 | 22 min |
| VT 充电转阶段电压 | 26.988 V |
| VT 第二阶段充电时间 | 7 min 20 s |
| VT 充电终止电压 | 27.216 6 V |

## 3.2 能量平衡分析

为直观反映能量平衡情况，可对充放电电量进行估算，当充电电量（$Q_{ch}$）与放电电量（$Q_{dis}$）满足如下关系式，认为电源分系统可满足当圈能量平衡

$$Q_{ch} - Q_{dis} \geqslant 0 \tag{5}$$

放电电量 $Q_{dis}$ 可通过 2.1 节和 2.2 节的电压电流替代参数进行计算

$$Q_{dis} = \sum_1^T \frac{I'_{load}(t)V'_{bus}(t)}{V'_{bat}(t)\eta_{BDR}}\Delta t \tag{6}$$

式中　$I'_{load}$ ——卫星在地影区 $t$ 时刻的负载电流；

　　　$V'_{bus}(t)$ ——卫星在地影区 $t$ 时刻的供电母线电压；

　　　$V'_{bat}(t)$ ——卫星在地影区 $t$ 时刻的火工品母线电压；

　　　$\eta_{BDR}$ ——电源控制器放电模块（BDR）的放电效率；

　　　$T$ ——卫星地影区时间；

　　　$\Delta t$ ——星上遥测下传间隔时间。

充电电量可通过充电两阶段时间及电流来计算

$$Q_{ch} = I_{CH1}T_1 + I_{CH2}T_2 \tag{7}$$

式中　$I_{CH1}$、$I_{CH2}$ ——VT 控制第一、第二阶段充电电流，使用电源下位机遥测失效前在轨统计值；

　　　$T_1$、$T_2$ ——VT 充电控制第一、第二阶段充电时间。

仍然以 2.1 节的数据为例，通过对图 6 和遥测数据的分析，得到计算所需的各项参数，对能量平衡计算的结果如下：

表 2　能量平衡计算的结果

| VT 第一阶段充电时间 | 22 min |
|---|---|
| 一阶段充电电量 | 6.6 Ah |
| VT 第二阶段充电时间 | 7 min 20 s |
| 二阶段充电电量 | 1.33 Ah |
| 充电电量 | 7.93 Ah |
| 放电电量 | 5.61 Ah |

在该轨道圈内，充电电量大于放电电量，其差值表征了该圈次的充电余量。

# 4　针对遥测失效的蓄电池组温度控制措施

电源下位机承担着蓄电池组温度控制的任务，其温度闭环控制是以遥测采集到的电池温度作为门限判断的标准。当温度遥测失效后，蓄电池组的闭环温度控制也就随之失效。对蓄电池组温控的评估必须引入合适的温度估计方法和温控管理方法。

## 4.1　蓄电池组温度估算

温度估计方法可以使用 VT 充电控制终压反算充电时温度（$T_{bat}$），其基本公式如下

$$T_{bat} = \frac{V_{bat-B}}{a} \tag{8}$$

对于第一阶段充电 $a = -0.068\,4$，$b = 27.126$，对于第二阶段充电 $a = -0.077\,4$，$b = 27.682$。

在一个轨道周期内，可以使用上述公式计算出两个温度值，通过对长时间运行的数据统计，可以得到电池温度的变化趋势，如图 7 所示。

图 7 根据统计了 50 个圈次里 VT 充电转阶段电压、充电终止电压推算出的电池组温度。可以看出，整个温度变化范围在 2～9℃之间，符合在轨期间要求的 −5～10℃工作范围。

## 4.2　蓄电池温控管理

温控管理方法可模拟闭环温控模式，根据在轨闭环温控统计情况，对加热器实施定时开关。遥测失效发生前，加热器在轨实际开启关闭占空比的变化情况，基本与蓄电池温度上升下降区间比例一致，对

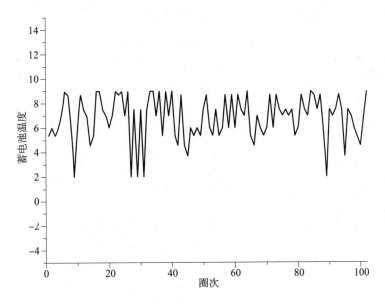

图 7　利用充电终压估算蓄电池组温度变化趋势

蓄电池组温度变化情况统计如图 8 所示。

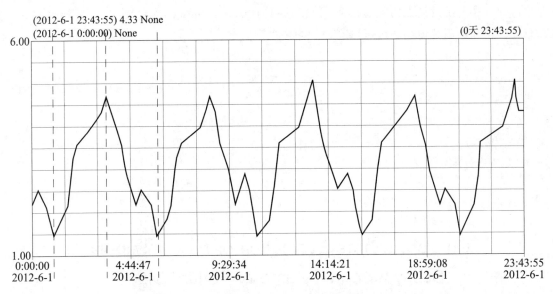

图 8　2012 年 6 月 1 日电池组温度变化趋势

　　随季节变化而不同，典型的占空比（加热器关闭时间/开启时间）约 1∶1.5 到 1∶2 之间。电源分系统使用"蓄电池组开环周期加热"功能替代原有的闭环温控模式。将两路主份控温回路按照"开启—关闭—开启"的方式循环动作。通过软件参数设置开关占空比。为确保在轨不会出现加热器开启时间过长、电池热失控的情况，同时，考虑到较低的温度对放电电压略有影响但不会导致电池组失效，程序中默认开关比例为 1∶1。运行新温控程序后，定期评估电池温度，确认开关比例调整情况，从而保证较为精确地控制蓄电池工作温度。

　　在轨使用"蓄电池组开环周期加热"方式调控的电池温度变化趋势在图 7 中有所显示，其调节的温度范围在 2～9℃ 之间，与图 7 显示的温度范围（2～5℃）有所提高。表明开关比例设置为 1∶1 调控得到的温度水平略高于闭环调控，可继续观察温度趋势，如有必要可调整开关比例，将关闭时间适当延长。

# 5　结果分析

　　上述替代方式下得到的结果与在轨实际遥测值之间的精度对比，当误差不大于 0.5%，认为可用于准确遥测，当误差超过 $0.5\%$ 时，则用于趋势估计，最终形成表3。

表3　替代方法的可行性分析

| 遥测名称 | 替代公式 | 用途 |
|---|---|---|
| 母线电压 | $V_{bus} = V_{pdu} + 0.157\,6$ | 用于准确遥测 |
| 电池电压 | $V_{bat} = 0.53V_{eed} + 13.232$ | 用于准确遥测 |
| 负载电流 | $I'_{load} = \sum_1^m I_n + I_{pcu}$ | 用于趋势估计 |
| 充电电量 | $Q_{ch} = I_{CH1}T_1 + I_{CH2}T_2$ | 用于估算 |
| 放电电量 | $Q_{dis} = \sum_1^T \dfrac{I'_{load}(t)V'_{bus}(t)}{V'_{bat}(t)\eta_{BDR}}\Delta t$ | 用于估算 |
| 电池温度 | $T_{bat} = \dfrac{V_{bat-B}}{a}$ | 用于估算 |

# 6　结束语

当电源下位机故障出现部分遥测失效故障时，电源控制器脱离软件独立运行，可通过对整星其他遥测参数的分析，利用直接替代、拟合参数及地面处理的方式得到电源分系统的重要遥测，从而实现在轨状态分析的目的。在卫星设计之初就考虑到遥测参数替代关系，可以作为遥测失效的备份手段；在发生故障后，充分分析和利用其他遥测也可以有效地判断电源状态。

## 参 考 文 献

［1］李国强，等. 一种基于遥测温度的航天器在轨故障分析方法［M］. 航天器工程，2012.
［2］姜东升，等. 卫星电源系统在轨故障分析及对策［M］. 航天器工程，2013.
［3］卫星电源技术. 宇航出版社，2001.
［4］航天器电源系统技术概论. 中国宇航出版社，2008.

# On‐orbit State Evaluation of Power Supply Subsystem in Telemetry Failure Mode

**Abstract**　On the orbit, the Power Supply Subsystem (PSS) of one satellite has many telemetry which indicate the state of PSS. When All these telemetry in failure mode, we could not estimate the state of PSS directly. So, we can use some other telemetry collected by other subsystems as substituted parameters. Using these substitute parameters with fitting curves and data processing. we could estimate the PSS operation state、charge‐discharge trend analysis and temperature control result of batteries.

**Key words**　Telemetry failure; Substituted parameter; On‐orbit state evaluation

## 作 者 简 介

贾晓冬，男，工程师，航天东方红卫星有限公司，研究方向为卫星总体一次电源设计，电子邮箱：heric@vip.qq.com。

# 基于平行观测的高频误差探测[①]

蒋永华　张过

武汉大学，武汉　430079

**摘　要**　随着我国光学卫星敏捷成像能力及分辨率的提高，高频误差对影像几何质量的影响将越来越凸显。本文揭示了平行观测的内涵，阐述了基于平行观测探测高频误差的原理和方法流程。试验中采用我国 2014 年发射的某星影像，探测出了其存在约 100 Hz 的高频抖动，进一步修正了由于平台抖动造成的"扭曲"成像，验证了本文算法的正确性和可行性。

**关键词**　光学卫星；高频误差；几何检校；平行观测

## 1　引言

我国在未来几年内将发射高机动性能的敏捷成像卫星及分辨率高达 0.3 m 的甚高分辨率卫星，在更为复杂的工作模式及更高分辨率的卫星载荷面前，星上高频误差对几何质量的影响将更加凸显。从目前国内卫星与国外卫星在机动性能上的巨大差距来看，我们难以依靠国产卫星平台稳定控制技术短期内的突破来保障后续敏捷卫星及甚高分辨率卫星几何质量。因此，开展高频误差消除方法研究，能够为后续复杂拍摄模式卫星、甚高分辨率卫星的高精度几何处理提供理论基础，确保数据应用效果，真正使卫星观测模式、分辨率等性能的提升见效于应用中。

国外对星上高频误差源的控制及消除主要针对平台振颤，并针对硬件控制、测量技术及地面处理技术均做了相关研究。早在 1986 年 Laskin 等就提出为满足未来空间精密有效载荷的高稳定度要求，应采取多级隔振及主动补偿的方法，将有效载荷与平台扰动隔离[1]；美国 1990 年发射 Hubble 望远镜时，研究人员为每个姿态控制飞轮设计安装了被动隔振装置，以减少飞轮振动对成像质量的影响[2]；1999 年美国发射 Terra 卫星时，采取了主动隔振及在安装座上增加黏弹性阻尼材料来减小传递至有效载荷的振动[3]；近几年国外发射的高分卫星不仅对星上主要扰动源进行了隔振措施，部分还采取了相机隔振技术（如 WorldView-2、GeoEye-1）[4-6]。然而，微小振动在卫星成像过程仍然是难以避免的。日本于 2006 年发射的 ALOS 卫星，采用角位移传感器（ADS）测量平台高频振颤，以便地面恢复高精度平台指向，提升几何质量[7]。

同时，国外开展了基于遥感影像的平台振颤探测及消除方法研究。Junichi Takaku 和 Takeo Tadono针对 ALOS 卫星分别利用 High-frequency Attitude Det（HAD）姿态和小波滤波器消除了 1 km-jitter、100 m-jitter 姿态波形误差[7]；Yu Teshima 和 Akira Iwasaki 等基于多谱段平行观测对 ASTER 的 SWIR 载荷的姿态颤振进行探测、消除，使谱段配准精度由 0.2 像素提升至 0.08 像素左右[8-9]，并提升了 AS-TER DEM 精度[10]；May Stephane 和 Latry Christophe 基于全色和多光谱 CCD 线阵的平行观测消除了 SPOT-5 的姿态颤振，在小基高比的条件下获得了较好精度的 DTM[11-12]；S. Mattson 和 A. Boyd 等同样采用平行观测对 HiRISE 姿态颤振消除，最终得到了几乎无畸变的影像，DEM 精度也从 >5 m 提升至 < 0.5 m[13]。

我国众多学者研究了平台振颤特性，研究了平台颤振对光学载荷内检校、几何产品生产、有理多项式模型（RPC）替代严密几何成像模型等的影响[14-15]。为降低星体扰动源对有效载荷的影响，浙江大学、

---

①　测绘地理信息公益性行业科研专项（201412007，201512022）。

北京航空航天大学、哈尔滨工业大学、长春光机所等单位均对隔振技术等进行了一定研究[16-19]；角位移传感器也将安装在我国即将发射的高分光学卫星上，用以测量高频振颤。即便如此，高频误差对国产卫星高精度定位的影响仍不可忽视。一方面国产卫星平台稳定控制技术较国外有一定差距，隔振技术并不能完全阻断星上振颤传播至有效载荷；二者，虽然星上采用了角位移传感器等高频振颤测量装置，但限于安装位置，这些装置并不能精确测量星体最终传递至相机焦面处的扰动量。因此，为提升国产现役高分光学卫星几何质量，并为后续高分敏捷、亚米级超高分辨率光学影像的高精度几何处理提高理论、方法基础，迫切地需要开展高分辨率光学卫星高频误差探测及消除技术研究。

## 2 高频误差探测原理

### 2.1 平行观测的含义

TDI CCD 器件是当前高分辨率对地光学卫星的主流成像器件，它可以通过多级时间积分来延长对同一地物目标的曝光时间，在提高光通量、增强灵敏度的同时又不会因积分时间的延长而降低分辨率[20-21]。受限于硬件制造水平，单 TDI CCD 线阵长度有限，难以满足光学遥感卫星对成像幅宽的要求。为了扩大成像视场，通常将多片 TDICCD 进行拼接，增加成像探元数以扩大观测幅宽。目前常用的 CCD 拼接方式主要包括机械拼接、电子学拼接及光学拼接方式[22-23]。其中，机械拼接是指多片 CCD 之间直接首尾相连成一条直线，这要求 CCD 两端探元必须有效，否则会造成像元缺失；电子学拼接同样将多片 CCD 首尾相连，但其使相邻 CCD 沿轨交错、平行排列，如图 1 所示；而光学拼接则是利用分光棱镜形成一对光程相等的共轭面，从入射光方向看，拼接 CCD 形成首尾相连的较长的 CCD 线阵，如图 2 所示。表 1 所示国内主流高分辨率光学卫星采用的拼接方式主要为电子学拼接和光学拼接。

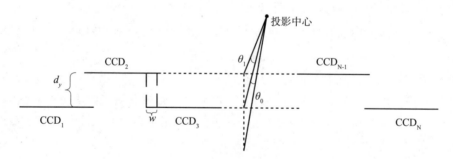

图 1　电子学拼接示意图

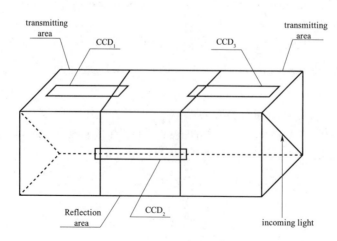

图 2　光学拼接示意图

**表 1　国内部分现役光学卫星 CCD 拼接信息**

| 卫星 | CCD 阵列 | 拼接方式 | 设计重叠/像素 | 沿轨错位/像素 |
|---|---|---|---|---|
| 遥感四号 | 4 096×3 | 电子学 | 10 | ≈2 600 |
| 资源一号 02C HR | 4 096×3 | 电子学 | 30 | ≈2 600 |
| 资源三号 | F/B：4 096×4<br>N：8 192×3<br>MS：3 072×3 | 光学 | F/B：27<br>N：23<br>MS：195 | — |
| 实践九号 A | P：6 144×2<br>MS：1 536×2 | 光学 | P：82<br>MS：82 | |
| 遥感十四号 | 4 096×8 | 电子学 | 28 | ≈2 600 |
| 高分二号 | P：6 144×5<br>MS：1 536×5 | 电子学 | P：380<br>MS：95 | |
| 遥感十二号 | 3 072×4 | 电子学 | 40 | ≈5 000 |
| 遥感六号 A 星 | P：8 192×4<br>MS：3 072×4 | 光学 | P：200<br>MS：200 | — |
| 遥感二十六号 | P：6 144×8<br>MS：1 536×8 | 光学 | P：500<br>MS：125 | — |

　　而对于多光谱相机，不同谱段需要对同一地物曝光成像；为满足这一目的，目前国内采用的主要设计方法是通过将多片 CCD 拼接成单个谱段线阵，再将多个谱段线阵沿着卫星飞行方向错位、平行排列，如图 3 所示。

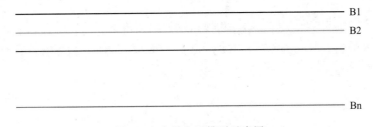

图 3　多光谱焦面排列示意图

　　根据线阵推扫成像特点，图 1 至图 3 所示载荷均具备在较短时间内连续两次对同一地物成像的能力。图 4 中以三片电子学拼接 CCD 为例，描述了相邻 CCD 在短时间内对同一地物 S 成像的过程，其中 $p_0$ 和 $p_1$ 为同名点对。本文将相邻 CCD 阵列对同一地物成像获取的同名点对（包含点对位置关系、成像时间间隔）定义为平行观测。

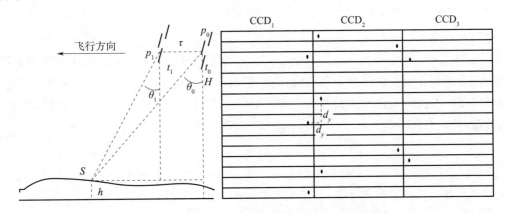

图 4　电子学拼接中的平行观测及扫描图像示意图

　　以 $d_y$ 为例来阐述星上成像参数变化在影像上的表现。图 4 中，卫星分别在 $t_0$、$t_1$ 时刻对地物 S 成像

（$\tau = t_1 - t_0$），成像俯仰角度分别为 $\theta_0$、$\theta_1$，卫星轨道高度为 $H$，$S$ 点高程为 $h$；$d_x$，$d_y$ 为同名点相对关系，卫星飞行速度 $v_s$，积分时间 $\Delta t$，则

$$d_y \approx \frac{(H-h)(\tan\theta_0 - \tan\theta_1)}{v_s \Delta t} \tag{1}$$

由式（1）可知，卫星成像角度、运行速度、积分时间等的变化均会引起平行观测中同名点对的相对位置关系变化。图 5 以 XX10 卫星影像为例，通过影像匹配在相邻 CCD 线阵影像上获取同名点并计算了同名点对相对位置关系。可见影像中的平行观测随星上成像参数的变化而发生复杂的变化。

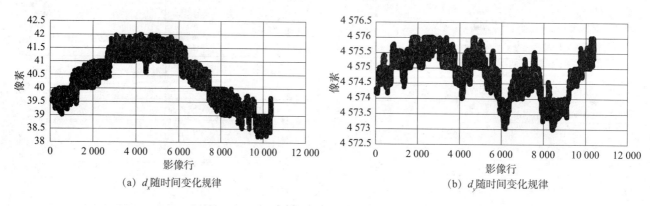

(a) $d_x$ 随时间变化规律　　　　　　　　　(b) $d_y$ 随时间变化规律

图 5　XX10 单景内 $d_x$、$d_y$ 变化规律示意图

因此，平行观测的内涵是卫星平台成像条件变化在影像中的具体体现。

## 2.2　高频误差探测机理

图 4 中，地面点 $S$ 先后成像于相邻 CCD，即同名点对 $p_0$ 和 $p_1$。假定 $p_0$、$p_1$ 的像素坐标分别为 $(x_0, y_0)$、$(x_1, y_1)$，地物 $S$ 的物方坐标为 $(X, Y, Z)$；若 $p_0$、$p_1$ 成像间隔 $\tau$ 内不存在任何成像几何误差，且地面点 $S$ 的高程 $h$ 已知，则有式（2）关系成立。

式中　$f$——几何定位模型；

　　　$Pos\_s$、$Att\_s$——卫星成像时刻位置矢量、姿态，其由星上测轨、测姿设备获取

$$(X, Y, Z) = f(Pos\_s_0, Att\_s_0, x_0, y_0, h)$$
$$(X, Y, Z) = f(Pos\_s_1, Att\_s_1, x_1, y_1, h) \tag{2}$$

式（2）的本质是同名点对 $p_0$ 和 $p_1$ 定位于地面同一位置。然而，利用真实卫星下传数据通常难以使同名点定位于地面同一位置（本文称为同名点交会误差）。原因如下：1）成像几何参数中存在高频误差，包括未被采样记录的高频姿态误差、姿轨测量随机误差及时间同步误差；2）内方位元素误差；3）地面点 $S$ 高程误差引起的投影差的影响。

首先分析地面点 $S$ 高程误差对同名点交会的影响。

图 6（a）和图 6（b）分别从垂轨、沿轨两个方向分析了高程误差对同名点交会的影响。其中，$\alpha_0$ 和 $\alpha_1$ 为成像光线的垂轨向角度（含侧摆角及成像探元视场角），$\theta_0$ 和 $\theta_1$ 为成像光线的沿轨向角度（主要为 CCD 线阵的偏场角），$\Delta h$ 为地面 $S$ 点的高程误差；$\Delta X$ 和 $\Delta Y$ 分别为垂轨向、沿轨向的同名点交会误差。由图上几何关系可知

$$\Delta X = \Delta h(\tan\alpha_1 - \tan\alpha_0)，\Delta Y = \Delta h(\tan\theta_1 - \tan\theta_0) \tag{3}$$

因此，高程误差对同名点交会的影响主要取决于 $\alpha_0$ 与 $\alpha_1$ 及 $\theta_0$ 与 $\theta_1$ 的差值，而该差值又进一步由相邻 CCD 线阵的摆放位置关系确定。参考表 1，考虑极端情况，以 XX10 卫星为例进行分析。

图 7 为 XX10 相机焦面示意图。根据其载荷设计，相机焦距为 5 m，探元大小为 0.000 01 m，相邻 CCD 重叠像素不超过 40 个；卫星最大侧摆角为 32°。考虑图 6（a）中 $\alpha_0$、$\alpha_1$ 的最大差值，令

$$\alpha_0 \approx 32° + \tan^{-1}(0.000\,01 \times 3\,072/5) = 32.352° \tag{4}$$

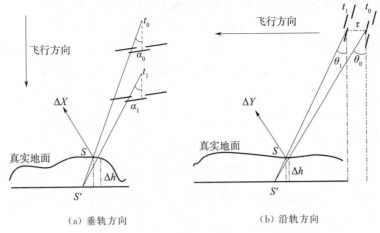

（a）垂轨方向　　　　　　　　（b）沿轨方向

图 6　高程误差对同名点交会影响分析

$$\alpha_1 \approx 32° + \tan^{-1}[0.000\,01 \times (3\,072 + 40)/5] = 32.356° \tag{5}$$

则

$$\Delta X = \Delta h[\tan(32.356°) - \tan(32.352°)] = 0.000\,098\Delta h \tag{6}$$

类似的，考虑图 6（b）中 $\theta_0$、$\theta_1$ 的最大差值，令

$$\theta_1 = 0.20° \tag{7}$$

$$\theta_0 \approx 0.20° + \tan^{-1}(5\,000 \times 0.000\,01/5) = 0.77° \tag{8}$$

则

$$\Delta Y = \Delta h[\tan(0.77°) - \tan(0.20°)] = 0.01\Delta h \tag{9}$$

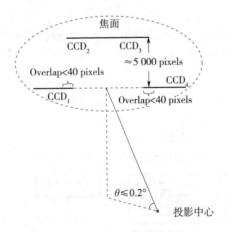

图 7　XX10 相机焦面示意图

　　由式（6）、式（9）可知，当采用全球 90 m 格网的 SRTM-DEM 高程数据获取地面 $S$ 点高程信息时，高程误差小于 30 m，则高程误差引起的同名点交会误差小于 0.3 m[22]（约 0.3 个 XX10 全色像素）。因此，针对现役在轨的高分光学卫星而言，当利用全球 90 m 格网 SRTM-DEM 高程数据时，高程误差不会造成平行观测中的同名点交会误差。

　　上述分析可知，在利用全球 SRTM-DEM 数据获取高程的前提下，平行观测中的同名交会误差可能是由成像几何参数中的高频误差和内方位元素误差造成。而由于光学相机均有一定的热控等稳定性设计，内方位元素误差属于较为稳定的系统性误差，即在一段时间内不会发生变化或者变化不显著，可以通过在轨检校消除内方位元素误差。在此基础上，平行观测中的同名点交会误差即为高频误差的具体体现，可表示为

$$\Delta(t_0) = (\Delta X, \Delta Y, \Delta Z) = \Psi(\Delta Pos\_s_0, \Delta Att\_s_0, \Delta t_0) - \Psi(\Delta Pos\_s_1, \Delta Att\_s_1, \Delta t_1) \tag{10}$$

式中　$(\Delta X, \Delta Y, \Delta Z)$——同名点交会误差；

$\Psi(\Delta Pos\_s_0, \Delta Att\_s_0, \Delta t_0)$ —— $t_0$ 时刻高频误差引起的定位误差；

$\Psi(\Delta Pos\_s_1, \Delta Att\_s_1, \Delta t_1)$ —— $t_1$ 时刻高频误差引起的定位误差。

记 $\Psi(t_0) = \Psi(\Delta Pos\_s_0, \Delta Att\_s_0, \Delta t_0)$ ，则

$$\Delta(t_0) = \Psi(t_0) - \Psi(t_0 + \tau) \tag{11}$$

对上式做傅里叶变换有

$$\mathrm{F}[\Delta(t_0)] = \mathrm{F}[\psi(t_0)] - \mathrm{F}[\psi(t_0)]e^{i\omega\tau} = (1 - e^{i\omega\tau})\mathrm{F}[\psi(t_0)] \tag{12}$$

式中　$\mathrm{F}[\quad]$ 为傅里叶变换，则

$$\mathrm{F}[\psi(t_0)] = \frac{\mathrm{F}[\Delta(t_0)]}{(1 - e^{i\omega\tau})} \tag{13}$$

由式（13）可知，通过对平行观测同名点交会误差进行频谱分析，便可探测出高频误差的频率等信息。但由欧拉公式可知

$$e^{i\omega\tau} = \cos(\omega\tau) + i\sin(\omega\tau) \tag{14}$$

当 $\omega\tau = 2n\pi$ ，即 $freq = \frac{2\pi}{\omega} = \frac{n}{\tau}$ ，式（13）因分母为零而无意义。基于平行观测方法无法探测到频率为 $\frac{1}{\tau}$ 整数倍的高频误差；另一方面，当 $\tau = 0$ ，即平行观测中的同名点同时成像，式（13）同样因分母为零而无意义。

综上分析可知，高频误差探测的流程可归纳如下：

1）平行观测同名点提取：卫星成像几何参数的变化会体现在平行观测中，提取平行观测同名点，是高频误差探测的基础步骤；

2）同名点交会误差计算：实现高精度的在轨几何检校，精确恢复相机内方位元素后建立几何定位模型，进一步计算同名点交会误差；

3）对计算得到的同名点交会误差进行频谱分析，探测高频误差的频率、振幅等信息。

图 8 为高频误差探测处理流程。

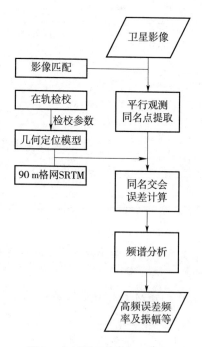

图 8　高频误差探测处理流程

# 3 试验验证与分析

## 3.1 试验数据

为了验证本文算法的正确性，采用我国 2014 年发射的某星影像作为试验数据。该星采用 CAST2000 小卫星平台，成像时平台稳定度较低，获取影像存在扭曲变形特征。收集了该卫星分别于 2014 年 12 月 9 日和 2015 年 1 月 3 日对云南区域拍摄获取的影像，成像区域内以山地为主，平均高程 2 854.5 m，最大高差约 1 698 m。

在进行高频误差探测前，利用位于安阳区域的 1∶1 000 数字正射影像及高程模型完成了某星在轨几何检校，检校内方位元素精度优于 0.3 像素。图 9 为平台抖动引起的成像"扭曲"。

图 9　平台抖动引起的成像"扭曲"

## 3.2 试验结果与分析

采用最小二乘匹配方法从"2014 - 12 - 9 景"和"2015 - 1 - 3 景"影像上分别获取同名点 2165073 对和 644874 对。以"2015 - 1 - 3 景"为例，其同名点分布见图 10。

图 10　"2015 - 1 - 3 景"同名点分布示意图

　　分别计算两景的同名点交会误差，并进行频谱分析，结果如图 11 所示，其中 $x$ 轴单位为赫兹（Hz），$y$ 轴单位为像素。从图中可以看到，两景的频谱一致性较好，垂轨向和沿轨向频谱的显著峰值点均位于 0 Hz 和 99.89 Hz 处；其中，0 Hz 代表的是同名点交会的系统性偏差，主要由内方位元素误差及姿态线性漂移造成，而 99.89 Hz 则由平台的高频抖动造成。

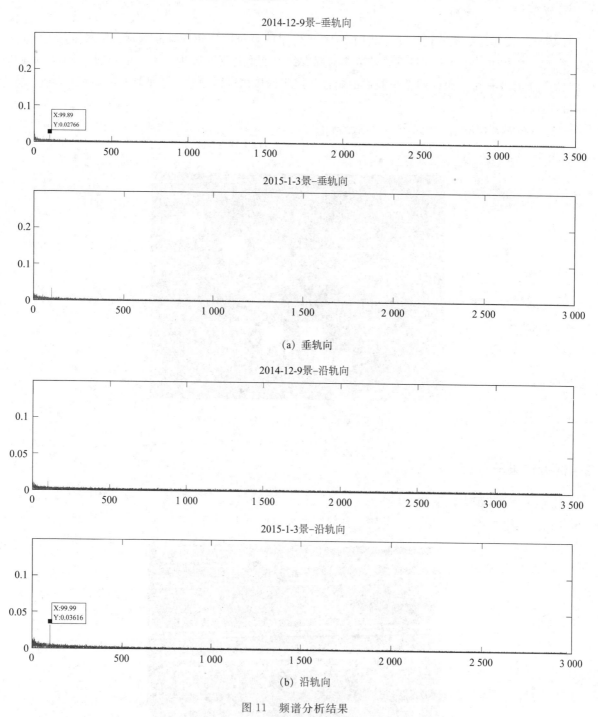

图 11　频谱分析结果

　　利用探测到的平台抖动对原始影像进行高频消除，其消除效果如图 12 和图 13 所示。

　　图 12、图 13 显示了高频恢复前后的影像对比情况。从图中可以看到，采用探测到的抖动对原始影像进行高频影响的消除，有效地修正了图像中由于抖动造成的"弯曲"变形。但由于该方法受限于平行观测中同名点的提取精度及密度，修正后的图像无法达到理想的"直线"特性。

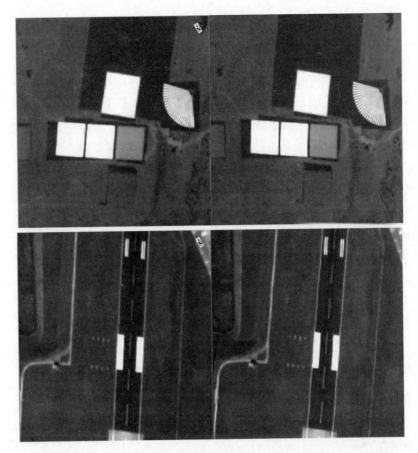

图 12  2014 - 12 - 9 景高频消除效果（左：消除后；右：原始影像）

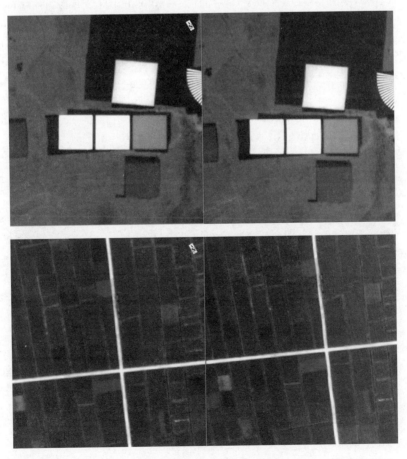

图 13  2015 - 1 - 3 景高频消除效果（左：消除后；右：原始影像）

# 4 结束语

本文研究了基于平行观测的高频误差探测原理及方法流程，得出如下结论：

1）平行观测是基于图像分析方法来探测、恢复高频误差的基本观测量。卫星成像时的姿态变化、积分时间调整等均会引起平行观测的改变。因此，平行观测是卫星成像条件变化在图像中的具体表现，这也是利用平行观测探测高频误差的根本依据；

2）根据国产现役高分光学卫星载荷特征，在全球 90 m 格网 SRTM - DEM 数据及高精度几何检校参数辅助下，同名点交会误差仅由高频误差引起，可以通过对同名点交会误差进行频谱分析来探测高频误差的频率成分等；因此，高精度在轨几何检校是高频误差探测的基础条件之一；另外，该方法无法探测到频率等于平行观测自身频率（平行观测时间间隔倒数）整数倍的误差；

3）采用某星影像作为试验数据，试验结果验证了基于同名点交会误差来探测高频误差的正确性；同时，试验也表明了该方法的探测精度受到同名点配准精度的限制。

## 参 考 文 献

[1] LASKIN R A, SIRLIN S W. Future payload isolation and pointing system technology. J Guidance, 1986, 9 (4)：469 - 477.

[2] REALS G A, CRUM R C, DOUGHERTY H J, et al. Hubble Space Telescope precision pointing control system. J Guidance, 1988, 11 (2)：119 - 123.

[3] NEECK S P, VENATOR T J, BOLEK J T. Jitter and stability calculation for the ASTER instrument Platforms and Systems. // Proceedings of Platforms and Systems. Rome：SPIE, 1994：70 - 80.

[4] DigitalGlobe. Worldview - 1 Data Sheet [EB/OL]. 2012. http：//www. digitalglobe. com/downloads/WorldView1 - DS - WV1 - Web. pdf.

[5] J. TAKAKU., T. TADONO, High Resolution DSM Generation from ALOS PRISM - Processing Status and Influence of Attitude Fluctuation, Proceedingsof International Geoscience and Remote Sensing Symposium (IGARSS), IEEE, CD - ROM, 2010.

[6] Y. TESHIMA, A. IWASAKI, Correction of Attitude Fluctuation on Terra Spacecraft Using ASTER/SWIR Imagery With parallax observation, IEEE Transactions on Geoscience and Remote Sensing, vol. 46, no. 1, pp. 222 - 227, January, 2008.

[7] A. IWASAKI, A. FUJISADA, ASTER Geometric Performance, IEEE Transactions on Geoscience and Remote Sensing, vol. 43, pp. 2700 - 2706, 2005.

[8] A. IWASAKI, M. KOGA, H. KANNO, N. YOKOYA, T. OKUDA, K. SAITO, Challenge of aster digital elevation model, Geoscience and Remote Sensing Symposium (IGARSS), 2010 IEEE International. IEEE, 2010：4580 - 4583.

[9] M. STEPHANE, L. CHRISTOPHE, Digital Elevation Model Computation With SPOT5 Panchromatic And Multispectral Images Using Low Stereoscopic Angle and Geometric Model Refinement, Geoscience and Remote Sensing Symposium, 2009 IEEE International, IGARSS 2009 (Volume 4).

[10] C. LATRY, J - M. DELVIT, Staggered Arrays for high resolution earth observing systems, Earth Observing Systems XIV, Proceedings of the SPIE, Volume 7452, pp. 74520O - 74520O - 12, Jul. 2009.

[11] S. MATSON, A. BOYD, R. L. KIRK, D. A. COOK , E. HOWINGTON - KRAUS. HiJACK：Correcting spacecraft jitter in Hi-RISE images of Mars, Proc. Eur. Planet. Sci. Conf., vol. 4, 2009.

[12] 刘斌. 高分辨光学卫星空地一体化定姿及姿态抖动下几何处理方法研究 [D]. 武汉：武汉大学, 2011.

[13] P. HONGBO, Z. GUO, T. XINMING, L. DEREN, Z. XIAOYONG. Basic Products of the ZY - 3 Satellite and Accuracy Evaluation, Photogrammetric Engineering & Remote Sensing (accepted in 2013).

[14] 胡强，程耀东，齐津. 主动控制的高精度隔振平台的仿真 [J]. 浙江大学学报（自然科学版）, 1999, 33 (2)：209 - 213.

[15] 张泽，崔龙，黄海. 基于实时 Linux 的 Stewart 主动隔振平台控制器及试验 [C]. 第 30 届中国控制会议论文集. 烟台：2011：2429 - 2434.

[16] 王晓雷，杨庆俊，郑钢铁. 八作动器隔振平台的通道耦合分析及解耦控制 [J]. 宇航学报, 2007, 28 (4)：1007 - 1011.

[17] 刘磊，王萍萍，孔宪仁，等. Stewart 平台动力学建模及鲁棒主动隔振控制 [J]. 宇航学报, 2011, 32 (6)：1231 - 1238.

[18] 杨秉新. TDICCD 在航天遥感器中的应用 [J]. 航天返回与遥感. 1997, 18 (3)：15 - 18.

[19] 张兰庆. 基于星载 TDI CCD 相机动态成像质量的分析与仿真 [D]. 哈尔滨：哈尔滨工业大学, 2012.

［20］ 李朝辉，王肇勋，武克用. 空间相机 CCD 焦平面的光学拼接 ［J］. 光学精密工程，2000，8 (3)：213 - 216.

［21］ 张星祥，任建岳. TDI CCD 焦平面的机械交错拼接 ［J］. 光学学报，2006，26 (5)：740 - 745.

［24］ Consortium for Spatial Information，2012. http：//www. cgiar - csi. org/data/srtm - 90m - digital - elevation - database - v4 - 1，(last accessed：December 4，2013).

# Detection of High - Frequency Errors Based on Parallel Observations

JIANG Yonghua    ZHANG Guo

Wuhan University，129 Luoyu Road，Wuhan    430079

**Abstract**    With the development of maneuver capability and resolution for domestic optical satellites，the bad effects on geometric quality caused by high - frequency errors will become more and more apparent. This paper reveals the connotation of parallel observation，and demonstrates the principle and method of detection of high - frequency errors based on parallel observation. The images of one satellite launched in 2014 are taken as experimental data，the attitude jitter with a frequency of about $100\,\mathrm{Hz}$ is detected successfully，then its effects on the original images can be eliminated，which show the validity and feasibility of the proposed method.

**Key words**    Optical satellite；High - frequency error；Geometric calibration；Parallel observation

## 作 者 简 介

蒋永华，男，博士，武汉大学，研究方向为航天摄影测量，电子邮箱：jiangyh@whu. edu. cn。

# 工程塑料 3D 打印及其表面金属化技术

李力　崔庆新　郭中增　佟晓波　白晶莹

北京卫星制造厂，北京　100094

**摘　要**　工程塑料具有质量轻、强度高和空间环境稳定性良好的优点，在航天领域具有广阔的应用前景。特别是针对小卫星结构或功能产品的轻量化、一体化需求，工程塑料可替代金属，作为结构件或结构功能一体化零件而使用。表面金属化，可以使工程塑料满足航天产品等导电、抗辐照等功能需求，同时可赋予其更好的外观以及类似金属的电磁屏蔽或热控性能。通过 3D 打印技术对工程塑料进行成型加工可以满足航天产品品种多、批量小、结构复杂、零件精度要求高的特点，因而在小卫星结构制造领域有着广阔的应用前景。

**关键词**　工程塑料；3D 打印；表面金属化；导电

## 1　工程塑料

工程塑料是指可作为结构材料，在较宽的温度范围内承受机械应力，在较苛刻的化学物理环境中使用的高性能高分子材料[1]。工程塑料具有良好的耐温性能，在空间环境的高低温循环冲击下仍能够保持良好的力学性能与韧性。同时由于其具有质量轻、强度高、耐热性和耐辐照性能良好的特点，而在航天领域具有广阔的应用前景（几种工程塑料的热物理性能如表 1 所示）。特别是针对小卫星产品的轻量化需求，工程塑料可作为金属的替代材料，而具有明显的减重优势，用于小卫星结构产品中大量次级结构件的制造。目前，在航天领域取得应用的工程塑料主要有聚酰胺（PA）、聚氨酯（PU）、聚苯硫醚（PPS）、聚酰亚胺（PI）、聚醚醚酮（PEEK）以及聚四氟乙烯（PTFE）等[2]。

表 1　典型工程塑料的热物理性能[2]

| 材料 | 熔点/℃ | 热变形温度/℃ | 分解温度/℃ | 连续使用温度/℃ |
|---|---|---|---|---|
| 聚苯硫醚 | 280～290 | 约 260 | ＞400 | 200～240 |
| 聚醚醚酮 | 334 | 135～160 | 500 | 260～300 |
| 均苯聚酰亚胺 | 592 | 360 | 530～550 | −240～260 |
| 单醚酐聚酰亚胺 | 300～320 | 270 | 530～550 | −180～230 |
| 双醚酐聚酰亚胺 | 340～360 | 232 | 450 | −250～230 |
| 聚四氟乙烯 | 327 | 55.6 | 400 | −250～260 |
| 聚酰胺 PA610 | 215～225 | 51～56 | / | 80～120 |
| 聚酰胺 PA1010 | 200～210 | 54.5 | 328 | ＜80 |
| 聚氨酯 | / | / | / | −253～60 |
| 聚醚砜 | / | 203 | / | −150～180 |
| 聚芳酯 | / | 175 | 430 | 160 |
| LCP | 421 | 260～355 | 560 | 240 |

工程塑料的结构特点是主链由苯环、萘环、氮杂环等通过醚基、砜基、酮基等连接而成（如图 1 所示），骨架具有一定的刚性，这种结构的存在使其化学键能高于一般线性 C—C 键，在高温下使用不易发生降解和裂解。对于具有双排碳链梯形结构的工程塑料，在受热或受到辐照后，双排碳链同时发生断裂

的可能性较低，不易造成相对分子质量下降。同时，一些工程塑料的结构中含氢量很少，与氧发生反应的可能性较小。这些结构特点决定了工程塑料具有较好的耐温性能与空间环境稳定性。

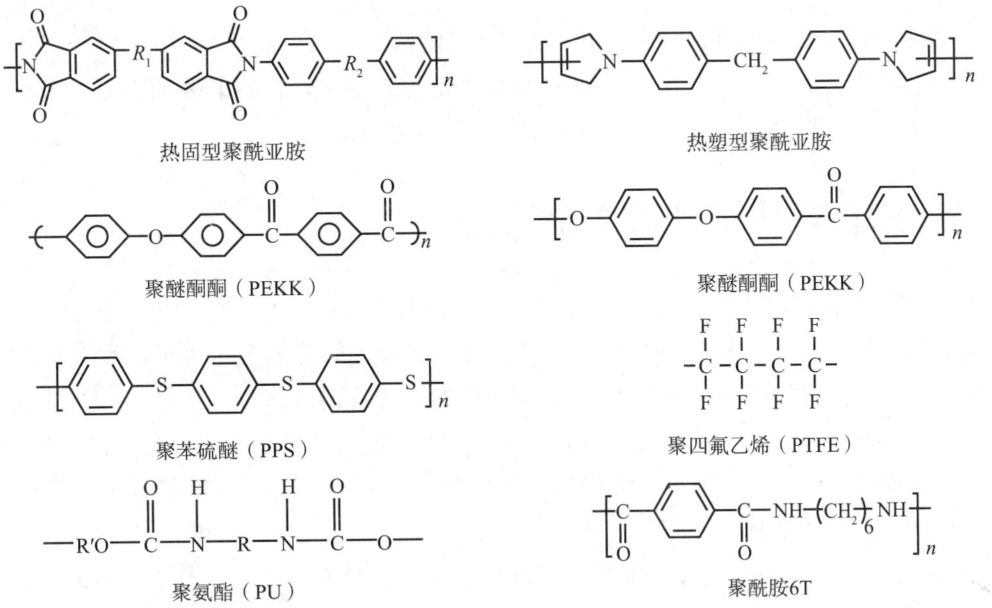

热固型聚酰亚胺　　　　　　　　　　热塑型聚酰亚胺

聚醚酮酮（PEKK）　　　　　　　　聚醚酮酮（PEKK）

聚苯硫醚（PPS）　　　　　　　　　聚四氟乙烯（PTFE）

聚氨酯（PU）　　　　　　　　　　　聚酰胺6T

图 1　典型工程塑料的结构

工程塑料具有类似金属的综合力学性能，可制作航天产品结构零部件。例如，用工程塑料制作的电缆卡箍、支架以及捆扎带等梳理、固定卫星内部的电缆线，不仅质量轻，而且不干扰产品的电磁特性[3]。聚酰胺复合材料具有质量轻、承载力学性能良好、减振性能好的特点，可以制造航天产品的计算机和电源框架，作为铝合金的优秀替代材料。PEEK 树脂具有耐高温、抗辐照、耐蚀性能良好、加工性能优异的特点，并且可以连续在高于 260 ℃ 的工况条件下工作，这些性能使其在航空发动机部件以及飞行器外壳中得到广泛的应用[4]。美国 NASA Langley 研究中心开发的含苯氧磷（PPO）结构的 PI 材料，该工程塑料不仅具有良好的耐紫外线辐照的能力，而且由于其在原子氧环境中表面会形成多聚磷酸层，因此具有较好的耐原子氧的能力，可作为近地轨道飞行器的结构材料使用[4]。PTFE 树脂在航天领域的应用也非常广泛，可用来制备各类支架、支座、绝缘套管、垫圈、衬垫、密封件、电缆包覆材料、耐摩擦材料等部件[5]。

# 2　工程塑料表面金属化

工程塑料的导电性较差，难以满足卫星产品等电位的要求，因此需对工程塑料进行表面金属化改性。金属化后，工程塑料表面可具有类似金属那样的热控性能以及类似金属的反射、吸收、传导电磁波的能力，起到屏蔽电磁干扰的作用。同时，金属化可以改善产品的其他性能，如提高材料的力学性能，耐冲击能力，耐曲折能力以及导热性、可焊性与抗溶剂性等[6]。金属化后的工程塑料具有类似金属材料的外观与热控性能，将金属和工程塑料两种材料的优势结合起来，应用于航天产品中，具有非常明显的减重优势。

工程塑料的金属化有很多方法，如湿法的电镀与化学镀法、液相喷涂等以及干法的热喷涂法、真空蒸镀以及磁控溅射法等[6-9]。电镀与化学镀的方法是目前工程塑料表面金属化最常用的一种方法，具有价格低廉、工艺简单、不受产品形状影响的优点。但是，由于工程塑料通常具有明显的憎水性，材料表面缺少与金属涂镀层相结合的极性基团，这种性质为其金属化带来了难度。在表面进行电镀与化学镀之前，需对表面进行粗化处理，以提高材料表面的亲水性。

对于聚酰亚胺（PI）材料，可以使用紫外光照射法、等离子处理法、聚合物接枝法等方法，一定限度的增加聚酰亚胺表面的粗糙度，改变其表面的化学性质，极大增强聚酰亚胺材料表面的亲水性能[9]。对于聚砜（PSF），一般采用机械粗化，比较有效的处理方法是喷砂法。另外，根据聚砜塑料对某些溶剂的敏感反应，也可采用溶剂粗化法[6]。对于聚四氟乙烯（PTFE）材料，可以采用先喷砂处理再化学粗化的方法对表面进行粗化，粗化后再通过胶体钯活化工艺可以进行化学镀铜或化学镀镍处理[10]。其他的工程塑料，如聚氨酯、聚酰胺、聚芳酯等，也可以通过类似的化学镀方法，实现其表面金属化改性，根据导电性能的需求镀覆不同的金属镀层，以满足小卫星结构产品等电位的需要。

# 3 工程塑料 3D 打印及其表面金属化

采用 3D 打印技术对工程塑料进行加工成型，在航天器制造领域具有广阔的应用前景。不仅可以开展相关产品的地面快速演示验证，制造相关产品的工装与精密铸造的芯模等，也可以实现航天结构产品的成型加工。3D 打印工艺可以在一定程度上取代卫星结构产品传统的机械加工工艺，尤其能够适应航天产品品种多、批量小、结构复杂、零件精度要求高的特点。有研究表明，对于小批量产品，采用 3D 打印工艺取代传统的航天制造工艺，有望节省人力资源 75%～85%，减少工艺装备 70% 以上，降低 50%～70% 传统航天材料的消耗和能源消耗[11]。

3D 打印概念提出之初，各国航天机构就对其进行了大量的研究。NASA 针对工程塑料的 3D 打印技术开展了一系列研究，并采用喷涂、溅射与化学镀的方式在 3D 打印工程塑料表面进行了金属化改性，制造了一系列卫星结构产品（如图 2 所示）以及微波器件（如图 3 所示）。

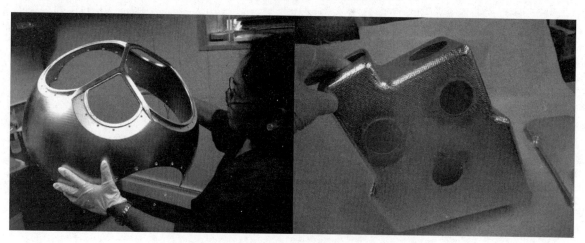

图 2　NASA 的 3D 打印及金属化技术加工的产品

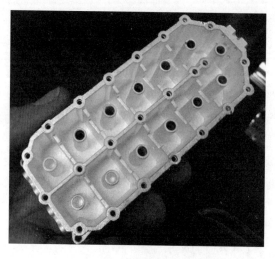

图 3　工程塑料微波器件

NASA 利用 3D 打印技术为 FORMOSAT－7 号卫星 3D 打印了 30 组阵列天线，表面喷涂金属涂层以达到导电的效果，并进行了飞行验证，各项性能指标均满足设计要求。2014 年，美国 RedEye 3D 打印公司采用 ULTEM9085 材料为 NASA 制作了的 12 颗 COSMIN－2 小卫星的 30 个天线阵列支架，并进行了表面金属化处理（如图 4 所示），已经通过了 NASA 的相关测试。支架精度达到了 0.1/150 mm。英国制备了材料为聚甲醛树脂的小卫星铰链。

图 4　COSMIN－2 小卫星的天线支架

北京卫星制造厂开展了工程塑料 3D 打印与表面金属化技术的研究，并取得了大量研究成果。对 ABS、PLA 等工程塑料进行了 3D 打印研究。并针对工程塑料表面金属化技术，开发了无铬化学粗化、低温化学镀镍等工艺。表面金属化膜层结合力良好，并可根据导电性需求进行镀金、镀银处理，满足星上产品等电位的需求。已实现了太阳敏感器支架、电源机箱等典型产品模拟件的加工（如图 5 所示）。图 5 中，左右两个模拟件仅重 33.4 g 与 20.1 g；而相同尺寸的铝合金产品质量为 100.7 g 与 58.5 g。其质量仅为相同尺寸铝合金产品的 30％ 左右，具有非常显著的减重优势。目前，北京卫星制造厂正在针对高性能航天特种工程塑料的 3D 打印与表面金属化工艺进行研发。

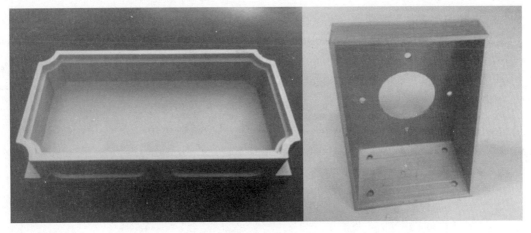

图 5　采用 3D 打印及金属化工艺加工的模拟件

# 5　展望

工程塑料具有较好的 3D 打印成形性能，同时具有质量轻、快捷、柔性的特点，与目前最为常用的铝合金材料相比，工程塑料的质量仅为其三分之一，应用于小卫星结构产品将有非常明显的轻量化优势。随着航天高性能工程塑料材料的发展、3D 打印以及表面金属化技术的不断进展，航天特种工程塑料必将作为部分金属结构件或功能器件的替代材料而应用于小卫星型号的研制过程中，具有十分广阔的发展空间。

## 参 考 文 献

[1]　赵云峰．先进高分子材料在航天工业领域的应用 [C]．军工配套材料论坛 IV—2013 中国军民两用高新材料技术交流会．2013.

[2]　赵云峰．高分子材料及其在航天工业领域的应用 [C]．特种化工材料技术交流会暨新产品、新成果发布会，2010.

[3]　陈树海．卫星结构中的非金属材料 [J]．上海航天，2004 (3)：39 - 43.

[4]　刘金刚，范琳，杨士勇．特种工程塑料市场与应用 [J]．合成树脂及塑料，2005，22 (6)：67 - 70.

[5]　赵云峰．有机氟有机硅材料在航天工业领域的应用 [C]．第九届高功能氟硅材料和涂料市场开发及应用技术研讨会，2011.

[6]　陈亮，仵亚婷，甘雪萍，胡文彬．塑料表面化学镀金属化的进展 [J]．电镀与涂饰，2007，26 (12)：10 - 13.

[7]　白秀琴，李健，严新平，赵春华．真空镀膜技术在塑料表面金属化上的应用 [J]．武汉理工大学学报（交通科学与工程版），2005，29 (6)：947 - 950.

[8]　李丽波，安茂忠，武高辉．塑料化学镀 [J]．电镀与环保，2004，24 (3)：1 - 4.

[9]　任志华．用于金属化的工程塑料表面改性方法的研究评析 [J]．科技风，2014 (18)：31.

[10]　伍学高，李铭华，黄渭澄．化学镀技术 [M]．成都：四川科学技术出版社，1985：318 - 324.

[11]　林一平．航天科技创新与 3D 打印技术（上）[J]．中国航天，2014 (5)：36 - 40.

# 3D Printing and Surface Metallization of Engineering Plastics

LI Li　CUI Qingxin　GUO Zhongzeng　TONG Xiaobo　BAI Jingying

Beijing Spacecrafts，Beijing 100094

**Abstract**　Because of the advantages of light weight，high strength and good stability in space environment，engineering plastics have potential application. Particularly，for the demand of light weight of small satellite，engineering plastics will be secondary structure materials instead of metal. With the method of surface metallization，engineering plastics can meet the need of equipotential of aerospace products. And this method can give the similar performance，thermal control property and exterior as metal. By the method of 3D printing，engineering plastics will be widely used in small satellite structures.

**Key words**　Engineering plastics；3D printing；Surface metallization

## 作 者 简 介

李力，男，工程师，北京卫星制造厂，从事航天工程材料及其表面处理工艺研发工作，电子邮箱：13581567188@163.com。

# 低轨遥感小卫星网络化传输技术

李立 杨新权 郑小松 邵应昭 吉欣 徐伟林

中国空间技术研究院西安分院，西安 710100

**摘 要** 低轨遥感卫星组网对于完成军事装备网络化体系架构、多星自主协同应用、在轨多源信息共享和融合等具有重要意义。本文提出了低轨遥感卫星星间自组网技术，并建立中继/北斗天基指控，情报战术分发等网络互连体制，建立了与我国中继卫星系统、通信卫星系统、北斗时空基准系统的互联，构建了一种可应用于低轨遥感卫星的网络化传输方案。

**关键词** 低轨遥感卫星；自组织网络；网络化传输

## 1 引言

近年来，随着小卫星功能密度、敏捷机动能力、自主生存能力的不断提升，已逐渐成为全球航天发展的热点，发射数量急剧增长。小卫星在应急增强、快速组网服役等方面优势突出，备受军方青睐。2013 年 8 月，美国空军航天司令部发布《弹性和分散空间体系》白皮书，明确指出小卫星采用星座、编队方式对于提高航天装备体系效能具有重要意义。

随着我国小卫星技术的发展，通过发射多颗小卫星进行多载荷、多任务协同已成为我国航天发展的趋势之一。但是小卫星资源受限，小卫星间协同工作，需完成数据资源、存储资源、指控资源甚至传输资源的共享，需建立多星互联的网络化共享通道。除此之外，我国在数据传输的灵活和时效性方面，仍存在诸多不足，仅依靠传统的星地传输模式已不能完全满足我国未来航天战术发展的需求。

因此发展低轨遥感小卫星的网络化传输技术，解决星间组网，天地组网，提高多星协同、数据时效性对于未来航天装备的发展具有重要意义。

## 2 网络传输发展需求及现有地面网路体制介绍

### 2.1 低轨遥感卫星的指控需求

构建遥感卫星天基高覆盖实时指控、全天时数据获取网络是航天军事装备发展的目标之一。第一，低轨遥感卫星越来越多，随着军事装备协同作战的发展，需要低轨遥感卫星间建立起实时、可靠的信息共享路径。低轨遥感卫星内部组网提供了更多的信息路径传输，利用网络多路径时间共享、部分通道共享，构建随时随地的星间网络化共享协议体系，满足用户更加复杂的指控需求。第二，目前位于低轨遥感卫星的指控多采用地面系统、较少的卫星可接入中继卫星系统，在天基指控的实时性、灵活性方面存在不足，极大地降低了用户灵活使用卫星的可能性，很难满足日益增加的战术作战应用需求。通过将低轨遥感卫星和现有中继、北斗等天基资源构建网络互连，网络的连通能力将提升卫星任务需求响应时间，从原有的特定时间控制传输将发展到随时随地可控可传输。

### 2.2 低轨遥感卫星的数据传输需求

在战役战术应用中，卫星获取目标的情报信息后，如何快速传递至地面作战应用平台是战术任务快速响应成功与否的关键。

信息分发内容分为描述目标状态变化的文字类信息、描述目标详细特征的图像类信息，以及未经处理但含有目标的原始数据类信息。文字类信息用于态势变化的获取，如指定区域目标有无、目标数量、目标运动状态、目标位置等，通常数据量在 kbps 量级。此类信息对时间响应要求最高，通常要求以最快的速度发送至地面应用人员；图像类信息用于目标识别和确认，通常是局部范围内带有目标详细特征的图像切片，带有目标周边环境信息，通常数据量在 Mbps 量级。此类信息量经处理后折中，要求以尽快的速度发送至地面指控人员；原始数据类信息此为传统的卫星应用需求，用于战场平时数据积累，是载荷获取未经处理（可能仅压缩）的原始信息，含有最全面最丰富的特征信息，数据量与成像时间相关，通常在几百 Mbps 甚至 Gbps 量级。此类信息对时间响应要求处于中等要求，在过境时下传即可。

因此，我国航天装备现有的技术能力以及地面作战单元配备的技术装备，在情报信息分发时应综合考虑星地（过顶时与传统固定地面站，移动地面站的链路）、星星地（通过中继卫星、通信卫星、导航卫星与国内地面站建立的链路）、星地端（直接通过星上设备发射到地面应用终端的链路）等多种路径。

## 2.3 现有地面无线网络体制分析

（1）移动通信网

移动通信网目前包括 2G、3G 和 4G 网络，移动通信网是有固定基础设施的中心式网络，基本为有线网，网络部署、配置、运维都由人工完成，占用了大量的人力资源，效率低下。低轨卫星网络要求所有节点地位平等，通过分布式或集中式方式协调，可在任何时刻、任何地方快速展开并自动组网，具有分布式、无中心特性；移动通信网中，核心网由固定位置的节点组成的，接入网中的基站也是位置固定的，只有终端是移动的，终端间只能通过固定的网络设备连接，因此移动通信网的拓扑是固定的，但低轨卫星网络中的每个节点可以任意移动，节点间的连接关系随着任务队形的变化是不断变化的。

（2）WIFI 协议组网

WIFI 采用 802.11 系列协议，是一套针对无线局域网（WLAN）设计的标准协议体系，符合该标准的设备可满足热点覆盖、低移动性和高数据传输速率的应用场景需求，是对有线网的延伸，具有节点间传输距离小，距离变化跨度小，协议芯片难以修改，不支持多跳和网络安全风险大等缺点。

因此，移动通信网和 WIFI 协议组网不适合低轨遥感卫星组网体制。

# 3 低轨道遥感卫星网络化传输方案设想

## 3.1 方案组成

低轨道遥感卫星网络方案包括低轨道遥感卫星星间链路、星地链路、与中继\通信\北斗卫星链路等天基资源形成的一体化网络系统，其中星间网络链路由低速网络和高速网络组成。图 1 为低轨道遥感卫星网络化传输示意图。

## 3.2 星地网络

星地网络完成低轨道遥感卫星与地面站之间的数据交互以及网络认证维护等服务，为了增强传统数传与控制能力，星地网络设计的地面部分为网格式地面站布局，国内布局多个小型站点，采用小口径天线，利用星下点最近地面站通信，与传统通信距离减少 1 倍以上，速率可以成倍提升。地面站网络利用地面高速光纤网连接，主要可以利用目前的商业网络，形成网络化服务体系；网络化服务体系可以完成分布式接收、分布式运算、网络化分发。

为了增强现有固定站体制下数据实时性的问题，地面网络增加动中通地面接收系统，可有效提高作战情报的时效性。

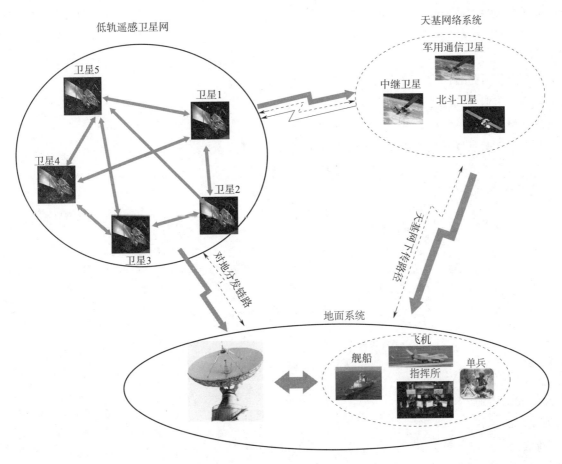

图 1   低轨道遥感卫星网络化传输示意图

## 3.3   天基指控与天基互联传输网络

采用北斗短报文和中继 S 接收机实现高覆盖、实时指控，可通过地面北斗短报文终端、中继地面系统、Ku 上行等手段实现随时随地的控制和遥测信息传输，可与我国中继卫星系统、通信卫星系统建立互联，将星上处理后的切片情报信息实时传输至地面，与天基资源建立互连，全方位多手段实现系统互连。

## 3.4   星间网络

星间网络完成低轨道遥感卫星之间的遥感数据、指控数据传输以及网络维护服务，从传输需求上，星间控制的速率需求为 kbps 数据量级别，星间业务数据的速率为 Mbps 数据量级别，且两种数据联网时间也完全不同，为了提高内部网络效率，可设计用于星间控制链路的低速网和星间高速业务数据链路的高速网。

低速网实现低速的对等通信，构成自组织网络，实现任意卫星节点之间的信息交互，包括相对位置信息、时统信息、地面指控信息、任务指派信息、低速情报信息等。自组织网络内部成员星自主管理和动态调整的功能，具备网络建立、撤销，成员进入、撤销等基本的自适应管理功能，提供 kbps 级别的自适应网络传输通道，支持传输距离可达上千千米，采用时分、码分的传输体制，由于要实现各种位置和姿态下的网络互连，因此采用全向天线。

高速网的传输具有方向性和突发性，因此采用网状拓扑结构，提供 Mbps 的高速数据传输通道，支持传输距离达百千米。高速网先通过控制链路进行链路准备，根据在轨卫星链路情况进行路由，根据规划的路由表进行星间高速链路天线指向，建立初始链路，中间节点根据自身链路情况以及路由规划进行目的地传输。高速星间链路速率根据邻近传输卫星的距离、接收能力决定，可以在编码方式、调制方式等方面进行自适应选择。

（1）星间自组织网络自组织工作模式

①网络自组织建立

建立网络的步骤：

1）各节点侦听是否已存在网络；

2）各节点采取先到先建的原则申请建立网络；

3）根据预先制定的策略，选定临时中心协调节点；

4）由该中心节点发送网络指令，安排其他成员节点的网络资源；

5）进入工作模式后，形成网状结构的指控信息传输网络。

图 2 为自组织网络建立过程图。

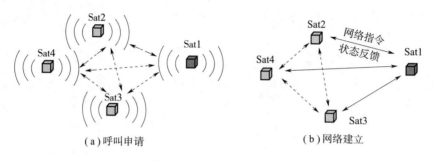

（a）呼叫申请　　　　　　　　　（b）网络建立

图 2　自组织网络建立过程

②网络成员增加

增加成员的步骤：

1）新成员（可以是单个卫星，也可以是一个卫星子网）侦听主网络的同步广播信息；

2）新节点向网络发送接入申请；

3）临时中心协调节点向新节点分配网络资源，正式加入网络。

节点在加入网络时首先要进先鉴权，可以通过地面上注的形式维护一张具有加入网络权限的节点 ID 表，具备安全性。

图 3 为网络成员增加图。

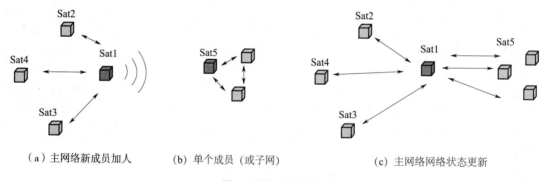

（a）主网络新成员加入　　　　（b）单个成员（或子网）　　　　（c）主网络网络状态更新

图 3　网络成员增加

③网络成员减少

网络成员减少可能有不同的情况：

1）一种情况是由主节点发起删除某个网络节点，通过广播指令告知，得到回应后，不再为其分配网络资源；

2）第二种情况是由成员节点申请退出，主节点接受后通过广播回应，不再为其分配网络资源；

3）第三种情况是某成员节点故障，不再响应主节点的指令，则主节点取消其网络资源。

图 4 为网络成员减少图。

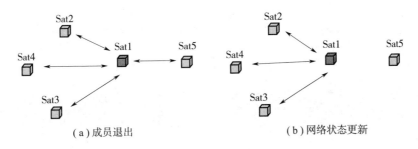

（a）成员退出　　　　　　　　　　（b）网络状态更新

图 4　网络成员减少

④节点角色发生变化

自组织网络的临时中心协调节点角色是可以发生变化的。例如原中心协调节点发生故障后，成员节点接收不到其控制信号，一定时间后各成员重新开始竞争申请重组网络。图 5 为自组织网络的主节点变化。

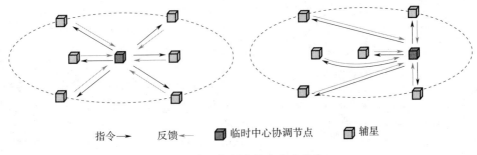

指令→　　　反馈←　　🔲 临时中心协调节点　　　🔲 辅星

图 5　自组织网络的主节点变化

（2）星间自组织网络协议

由于网络拓扑的变化以及节点间的部分连通特性，使得在网络中如何实现全网同步成为一个重要的问题。网络在建立过程中采用竞争方式，形成时间基准节点，其他所有节点与时间基准节点同步，与基准节点单跳节点可以直接接收到同步信息，两跳节点可以接收单跳节点提供的网络同步信息，依次类推，将基准节点时间基准覆盖至全网。

自组网的时隙资源采用半静态分配方式，每个节点能够按需预约时隙资源，保证各节点的突发业务需求。

信号波形采用扩频方式，可以获得较大的扩频增益，有利于提升系统的抗干扰能力，降低信号峰均比，有利于提高功放的效率。

①帧结构

系统帧结构的设计中，复帧的个数应大于网络密度，这样才能给每个节点分配两跳内唯一的同步信道。因此，为了保证网络中节点传输时尽量不产生冲突，并对网络中节点数量留有一定扩展性，复帧的个数会选的比较大，这样，在网络节点较少或网络传输不是很繁忙的情况下，势必会浪费大量没有被分配的时隙资源。

系统帧结构如图 6 所示，系统超帧长度为 M×1 072 ms，一个超帧中含有 M 个复帧；每个复帧长度为 1 072 ms，一个复帧包含一个同步帧和一个 N 个业务帧；同步帧长为 48 ms，用于系统同步；每个业务帧长度为 M×2 ms，一个业务帧包含 M 个时隙；每个时隙长度为 2 ms，一个时隙内包含训练序列、控制位、数据和保护间隔。

②系统同步

本协议中各子节点与主节点的同步过程分为开环同步和闭环同步两个步骤。主节点会周期性的广播同步信标，各子节点检测到同步信标后就立即重新启动定时，这就是开环同步。对于链路的传播时延，采用闭环同步的方式进行校准：同步节点在固定时隙内向基准节点周期地发送 ECHO 分组，并且通过本

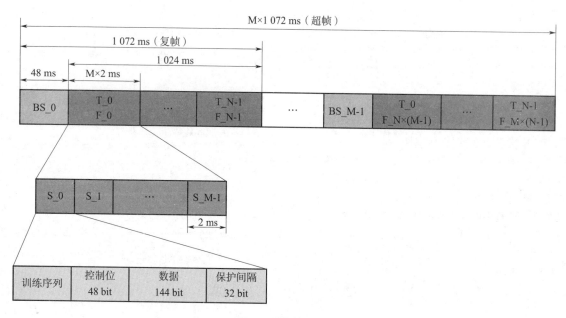

图 6　系统帧格式

地的时钟计数器开始计数，基准节点在接收到 ECHO 分组后要立即返回该分组，同步节点收到回复的 ECHO 时，时钟计数器停止计数，根据该计数值就可以估算出同步节点与基准节点的链路时延，这样节点就可以实时刷新链路传播时延，修正开环同步。

③邻居发现

自组织网络的一个初始化基本过程是邻居发现，对于网络节点而言，邻居发现的过程是节点在发送功率限制与链路性能约束下，找到可以与其直接建立连接的邻居节点的数量和身份的过程。

本方案的邻居发现算法采用同步全向天线邻居发现算法，当全网同步完成后，各节点有序在各自的同步帧中广播同步基准信息，该信息不仅可用作全网时间同步的保持，还可用于各节点的邻居发现。各节点在非自己的同步帧中侦听其他节点的同步基准信息，以此获知周围邻居节点的信息，并可根据同步帧的时延来计算节点间距离，根据信号强度计算节点间链路质量。每个节点维护一张邻居节点信息表，包含与所有邻居节点间的时延、距离、链路质量、最高码速率等信息。

④路由策略

一个理想的自组网的路由协议应当满足以下七个方面的要求：分布式运行、提供无环路由、按需进行协议操作、提供节能策略、可扩展性、安全性。

本文提出的自组织网络的网络层采用 AODV 路由协议。AODV 路由协议是一种按需路由协议。当网络拓扑结构发生变化时，它能快速收敛，具有断路的自我修复功能。计算量小，存储资源消耗小，对网络带宽占用小。

# 4　结束语

本文从未来低轨遥感小卫星的网络化传输需求出发，提出了低轨遥感小卫星的网络化传输方案设想，文中提出的低轨遥感小卫星自组网、天基指控、多路径传输的天基互联方案架构，对于我国低轨遥感小卫星组网具有一定的参考意义。

## 参 考 文 献

[1] Carlos Alberto Campos, Daniel Otero, Luis Felipe de Moraes. Realistic individual mobility markovian models for mobile adhoc networks [J] . IEEE WCNC' 04, 2004, (4): 1980 - 1985.

[2] The network simulator ns—2 available online [EB/OL] . http: www. isi. edu/nsnam/ns/.

[3] 李云 . 无线 Ad Hoc 网络 MAC 机制研究 [D] . 电子科技大学, 2004.

[4] 闵士权 . 我国天基综合信息网构想. 中国卫星通信集团公司, 2013.

[5] 张云杉 . 多源信息融合与天基信息网. 信息工程大学, 2013.

# The Networking Transmation Technology for Low Orbit Remote Senseing Satellites

LI Li   YANG Xinquan   ZHENG Xiaosong   SHAO Yingzhao   JI Xin   XU Weilin

The institute of space electronic information technology, Xi'an   710100

**Abstract**   The network of low orbit satellite does have important significance for networking of military equipment, Satellite Autonomous Cooperation and muti - source information shaaring and integration. This paper put forward low orbit satellites Ad hoc networking technology, and build the control with relay Satellite and communication satellite, the interconnection of intelligence distribution, setup the link with relay Satellite, communication satellite, Beidou satellite system, and make a networking transmation for low orbit satellites.

**Key words**   Low orbit satellite; Ad hoc networking; Networking Transmation

## 作 者 简 介

李立, 男, 研究员, 中国空间技术研究院西安分院, 研究方向为空间数据传输与处理领域研究, 电子邮箱: lili_504@126.com。

# 磁层-电离层-热层耦合的小卫星星座探测方案

刘勇　王赤　李小玉　徐寄遥　蔡金荣

中国科学院国家空间科学中心空间天气学国家重点实验室，北京　100190

**摘　要**　本文介绍了一个探索磁层-电离层-热层耦合的小卫星星座方案。利用在多颗卫星，组成星座，在极区不同高度观测从极区电离层上行到磁层的离子流的加速机制和传输规律，研究磁层-电离层-热层耦合的关键途径和变化规律。卫星上搭载不同能段的粒子探测载荷，电磁场探测载荷和遥感成像载荷。卫星计划即将完成背景型号研究，有望在"十三五"立项，完成工程研制并发射。

**关键词**　磁层-电离层-热层耦合；小卫星；星座；上行粒子

## 1　引言

磁层-电离层-热层是等离子体与中性气体共存、彼此紧密耦合的复杂系统，是太阳剧烈活动引起灾害性空间天气的主要发生区域，对于人类航天活动的安全及导航/通信系统的正常运行有着重要影响，同时也是地球大气圈和行星际空间物质和能量交换的重要通道。对该区域的探测研究蕴涵重大的科学意义并具有重要的应用前景。

从人类进入太空时代以来，关于磁层，电离层和热层的研究和探测就没有停止过。不过，之前的研究往往集中于某一个圈层。到目前为止，国际上还没有实施过专门用于磁层-电离层-热层大气耦合探测和研究的卫星星座探测项目。随着空间天气学研究的深入和定量化需求，对磁层-电离层-热层大气耦合的研究已成为国际上研究的重点和前沿课题，对该领域的研究引起了科学家们极大的重视。对地球空间各圈层之间的相互作用进行综合的观测是目前国际上科学卫星探测的重要趋势[1]。

本文提出了一个以探测磁层-电离层-热层耦合为主要科学目标的小卫星星座探测计划，通过多颗卫星在不同圈层的联合探测，研究三个不同圈层之间的物质耦合过程和上行氧离子的加速机制以及传输规律。

## 2　磁层-电离层-热层耦合探测的重大科学意义

磁层-电离层-热层耦合可以通过多种耦合方式进行，包括能量耦合，动量耦合，质量耦合和电动力学耦合。不同的耦合方式也相互影响，相互关联。质量耦合的重要过程，极区上行氧离子的研究具有重大的科学意义。主要包括以下几点。

（1）极区电离层上行到磁层的 $O^+$ 离子是磁层-电离层物质耦合的示踪剂

地球磁层处于地球电离层以上，向上一直延伸至行星际空间的交界处。磁层中的粒子或者源于行星际空间中的太阳风，或者源于下方的电离层。由于太阳风和电离层中都含有质子，因此一般情况下，无法确定磁层中质子的来源。相对而言，电离层中存在大量的 $O^+$ 离子，太阳风中的氧元素绝大多数是以高价离子（$O^{+6}$，$O^{+7}$）的形式存在。因此，磁层中绝大部分 $O^+$ 离子来源于下方的电离层，$O^+$ 离子在磁层中的分布很好地反映了来自于电离层的粒子在磁层中的输运过程。

（2）上行氧离子是磁暴的粒子源

磁暴是空间天气研究中的一个重要现象，主要表现为磁场的剧烈变化。引起这一变化的直接原因就是环电流的增强。图1显示了磁暴时环电流中质子和氧的能量比例的变化。宁静时环电流中主要的能量携带者是质子，暴时 $O^+$ 离子的能量比例迅速增加，说明 $O^+$ 离子增加是环电流增强的重要原因。因此相当多的科学家认为，从电离层上行到磁层的 $O^+$ 离子是磁暴产生的"粒子源"。这一发现也改变了磁暴过程中电离层的地位。传统上认为，磁暴时电离层的扰动是由磁层的扰动触发的，电离层被动地受磁暴的影响。由于电离层提供 $O^+$ 离子作为磁暴的粒子源。因此，电离层在磁暴的触发过程中也扮演了重要的角色，不仅仅是一个被动的"受害者"。

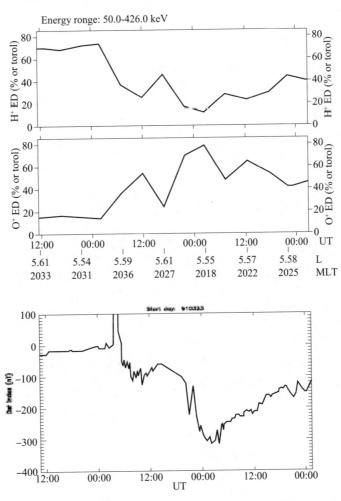

图 1　磁暴时环电流中质子和氧的能量比例[2]

（3）上行氧离子决定宁静时磁暴的振荡模式

Brambles 等人利用计算机模拟地球磁层锯齿状振荡周期随上行氧离子流量的变化。发现随着上行氧离子流量的增加，振荡周期减小（如图 2)[3]。这一结果充分说明，上行的氧离子不仅仅影响着暴时的磁层，宁静时也对磁层有着非常重要的影响。由于上行的离子流的加速机制没有被充分的认识，因此，上行的氧离子流量如何变化以及受哪些因素的影响都是未知的，需要进一步的研究。

（4）上行氧离子的比较行星学意义

对上行粒子的探测研究在太阳系演化历史和行星比较学研究方面也具有重要意义。而水和生命的存在息息相关。过去对金星和火星的研究发现这两颗行星的大气粒子逃逸率为每秒 $10^{23} \sim 10^{25}$ 个粒子，普遍认为由于它们没有内在磁场，太阳风与行星大气直接作用造成水和大气发生逃逸所致。但近年来对 FAST 和 Cluster 探测数据分析推翻了这一假设。分析结果发现地球的大气粒子逃逸率竟达到每秒 $10^{26}$ 个粒子，与金星的粒子逃逸率相仿[4]。这些粒子逃逸渠道主要在地球极区，但由于地球极区观测数据有限，对上行及下行粒子通量观测并不完善，所以地球大气逃逸率还有待进一步验证。

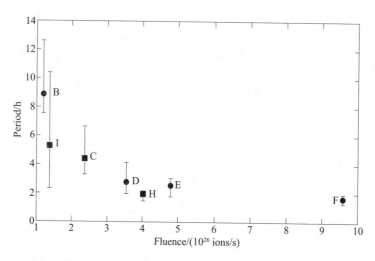

图 2　上行氧离子流随地球磁层锯齿状振荡的变化

# 3　上行氧离子的加速机制

关于上行氧离子的加速机制前人已经做过很多研究，主要的结论是在不同的高度上加速机制不同。如图 3 所示，在 1 000 km 以下的电离层高度，主要的加热机制是焦耳加热和软粒子沉降加热。软粒子指的是能量较低（小于 100 eV）的那部分粒子。研究表明软粒子，尤其是软电子很容易加热电离层的中性成分，间接导致电离层中电离成分温度升高，部分粒子，包括 $O^+$ 离子开始向上运动。

磁层较低的区域，具体的说从 1 000 km 到大约一个地球半径（$R_E$）的区域，主要的加热机制是平行电场加热和波粒相互作用。平行电场在等离子体中的存在是一个关于等离子体学的基本问题。简单的说，等离子体整体呈现电中性，不过在局部可能存在电荷分离。如果把地球磁场看着一个接近封闭的结构，极区就是这个结构的开口。由于电子质量比较轻，更容易获得能量，沿着磁场方向向上运动，形成一个沿磁场方向向上的电场。在这个区域还存在各种不同模式的等离子体波动，波动和离子之间的能量交换也会导致上行 $O^+$ 离子进一步加速，并由此上升到更高的区域。在 $1R_E$ 以上，平行电场还是上行氧离子的主要加速机制。除了平行电场以外，这个高度另一个主要的加速机制是离心力加速。离心力的甩摆作用导致离子一边绕磁力线旋转一边向上运动，产生螺旋向上的轨迹。

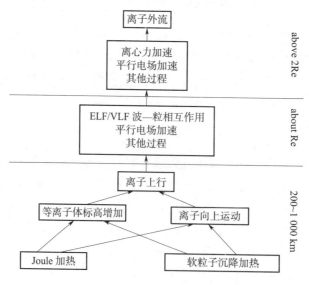

图 3　上行粒子的加速机制假设

以上这些加速机制是现在已知的主要加速机制。事实上，关于这些加速机制的研究还存在很多问题。有些加速机制是相互关联的，比如波动和平行电场，沉降粒子和波动等等。它们之间关联的物理机制还有待进一步研究，另外还可能存在一些未知的加速机制。

## 4 星座方案

为了探索不同的加速机制的贡献和他们之间的相互关联，需要多颗卫星组成星座，在不同的高度联合探测。MIT 卫星计划的星座配置由两颗电离层热层星（ITA，ITB）和两颗磁层星（MA，MB）组成。四颗卫星都是极轨卫星，IT 星的轨道都是 $500 \text{ km} \times 1\,500 \text{ km}$，M 星的轨道高度为 $1R_E \times 7R_E$，如图 4 所示。这个配置使得北极区附近区域内，MA 在远地点，MB 在近地点，ITA、ITB 在低轨道形成不同高度的联合观测。在 MA 运行半个周期，到达南极附近的近地点，MB 星也同样运行半个周期到达南极的远地点，ITA 和 ITB 运行 4.5 个周期，也到达南极附近，同样在南极形成三个高度的联合观测。这样的设计保证了最多的联合观测的机会，有利于科学目标的实现。

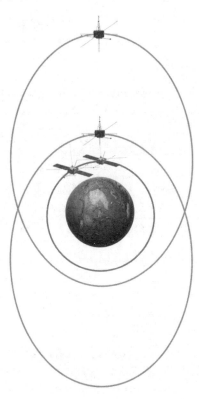

图 4　MIT 计划星座轨道方案示意图

## 5 探测需求和载荷配置

为了探索磁层、电离层和热层耦合的关键机制，需要测量的主要物理参数有：粒子参数（比如带电离子和中性粒子的组成成分，离子和电子的能量和速度方向等），电磁场的波动和极光分布。MIT 的卫星上搭载粒子探测系统、电磁场探测系统和成像遥感探测系统（参考表 1）。三大系统密切配合，对磁层、电离层和热层耦合关键区域进行全面的观测。

**表 1　MIT 计划有效载荷分系统**

| | | 仪器名称 |
|---|---|---|
| 粒子探测系统 | 离子探测子系统 | 热等离子体分析仪－离子分析器 |
| | | 超热离子分析仪 |
| | | 中高能离子成份分析仪 |
| | | 中能粒子探测仪（质子、电子） |
| | 电子探测子系统 | 热等离子体分析仪－电子分析器 |
| 电磁场探测系统 | 磁场 | 数字磁强计 |
| | 电场 | 双球型电场仪 |
| | 波动 | 低频电磁波探测仪 |
| | | 宽频等离子体波动分析器 |
| 成像遥感探测系统 | | 中性原子成像仪 |
| | | 有效载荷数据处理器 |

　　其中电离层、热层的两颗卫星配置一样，配置 9 台有效载荷探测器；磁层的两颗卫星配置一样，配置 10 台有效载荷探测器；另外每颗卫星的有效载荷系统还配置了有效载荷数据处理器。

　　MIT 计划四颗卫星的有效载荷配置方案见表 2。

**表 2　MIT 计划四颗卫星有效载荷配置方案**

| | | 仪器名称 | ITA、ITB | MA、MB |
|---|---|---|---|---|
| 粒子探测系统 | 离子探测子系统 | 热等离子体分析仪－离子分析器 | | √ |
| | | 超热离子分析仪 | | √ |
| | | 中高能离子成份分析仪 | | √ |
| | | 冷等离子体分析仪 | √ | |
| | | 中能粒子探测器（质子、电子） | √ | √ |
| | 电子探测子系统 | 热等离子体分析仪－电子分析器 | | √ |
| | | 朗缪尔探针 | √ | |
| | 中性成分探测子系统 | 高热层大气环境综合探测仪 | √ | |
| 电磁场探测系统 | 磁场 | 数字磁强计 | √ | √ |
| | 电场 | 双球型电场仪 | √ | √ |
| | 波动 | 低频电磁波探测仪 | √ | √ |
| | | 宽频等离子体波动分析器 | √ | √ |
| 成像遥感探测系统 | 中性原子成像仪 | | √ | |
| | 气辉极光成像仪 | √ | | |
| | | 有效载荷数据处理器 | √ | √ |
| | | 合计台数 | 10 | 11 |

# 6　结束语

　　磁层、电离层和热层的研究具有很强的应用价值，因此也是人类不断通过各种手段探索研究的区域。到目前为止，已有的卫星计划往往集中在一个圈层进行研究。MIT 卫星计划第一次把磁层-电离层-热层的耦合过程作为主要科学目标的卫星计划。通过星座在不同高度的联合探测来研究磁层-电离层-热层的耦合过程，具有创新性。最近美国提出了数个类似的卫星计划，不过还处于概念研究阶段。因此，MIT 需要尽快实施，可以率先发射，取得探测结果。

通过 2011—2014 年期间背景型号阶段的研究，工程方案日趋成熟，载荷的关键技术攻关已经完成，大部分载荷已经完成原理样机的研制工作，一旦获准立项，能在预定的时间内完成卫星和载荷的正样研制，完成发射任务并取得观测数据，完成既定的科学目标。

## 参 考 文 献

［1］ 刘勇，等. 磁层-电离层-热层耦合的空间探测需求分析，2013，1.

［2］ Daglis, I. A., Ring Current Dynamics, Space Science Reviews 2006，124.

［3］ Brambles, O. J., et al. Magnetosphere Sawtooth Oscillations Induced by Ionospheric, Science 2011，332.

［4］ Strangeway R. J., et al. Comparative Planetology: How Effective is an Intrinsic Magnetic Field in Shielding a Planetary Atmosphere? European Planetary Science Congress, 2010，5.

# Magnetosphere – Ionosphere – Thermosphere Coupling Small Spacecraft Constellation Explorer

LIU Yong    WANG Chi    LI Xiaoyu    XU Jiyao    CAI Jinrong

State Key Laboratory of Spaceweather，National Space Science Center，Beijing    100190

**Abstract**    We introduce a constellation to investigate the Magnetosphere – Ionosphere – Thermosphere coupling. Combing multiple spacecraft at different altitude，we will monitor the acceleration and transportation of the upflow ions from Ionosphere into Magnetosphere，thus analysis the key mechanism for the coupling of different layers. The payload onboard includes particles detectors，electric and magnetic field detectors，and some imagers. We will finish the background study soon and get into the engineering phase during the next Five year Period and launch before 2020.

**Key words**    Magnetosphere – Ionosphere – Thermosphere Coupling；Constellation；Upflow ions

## 作 者 简 介

刘勇，男，研究员，中国科学院国家空间科学中心空间天气学国家重点实验室，研究方向为空间物理学，电子邮箱：liuyong@spaceweather. ac. cn。

# 一种用于近地轨道航天器的天地网络一体化方案

龙吟[1]  朱珂[1]  丁凯[1]  陈淞[1]  邓松峰[2]

1. 中国空间技术研究院载人航天总体部，北京　100094

2. 上海航天电子技术研究所，上海　201109

**摘　要**　当前空间通信的发展趋势是空间通信网与地面通信网融合，建立天地一体化的信息传输系统。针对航天器内部网段设计和 IP over CCSDS 的协议转换技术开展研究，提出一种适用于近地轨道航天器的天地网络一体化方案，并通过研制航天器网关实现了 IP 协议与 CCSDS AOS 空间数据链路协议的相互转换，并对 QoS（服务质量）保证方法进行了设计，试验结果表明，本文提出的方案可用于构建天地一体化互联网络。

**关键词**　天地一体化；近地轨道；航天器网关；IP over CCSDS

## 1　引言

空间通信未来的主要发展趋势将是以 CCSDS 空间通信与地面网络[1]相融合，建立天地一体化的信息传输系统。2006 年 10 月 CCSDS 制定了 IP over CCSDS[2] Space Links 红皮书建议草案，为航天器和地面系统间实现 CCSDS 空间数据链路协议之上传输 IP 数据包提供了指南。IP over CCSDS 使天地间的通信从网络层开始采用基本一致的协议实现一体化的端到端通信，不但可以有效利用现有的互联网设施，而且可以利用现有的地面网技术和产品，使空间任务的成本大幅度降低。但是由于往返传输时延对 TCP 性能的影响，IP 技术只适用于近地轨道航天器。

对国内外研究现状进行调研，国际空间站首先与地面之间使用标准 IP 协议初步组网，通过采用以光纤网络为核心的多级网络，使用 CCSDS 建议标准，实现了天地一体化的信息传输。国内对卫星网络与地面因特网的互联开展研究，但仅停留在研究仿真阶段[3-7]，尚未投入实际应用。针对研究现状，本文提出一种适用于近地轨道航天器的天地网络一体化方案，并通过实物和搭建测试系统验证了本方案的可行性。

## 2　航天器 TCP/IP 网络拓扑设计

航天器内部的网络终端主要包括遥测终端、计算机、手机和摄像机，网络终端分别通过有线网络接入到接入交换机，若干接入交换机再有线接入至顶层交换机，顶层交换机将网络终端的数据与航天器网关进行交互，航天器网络进行 IP 协议和 CCSDS　AOS[8]协议的转换，从而实现航天器和地面的双向数据传输。

根据天地一体化网络拓扑结构：天地一体化网络由若干个子网组成，包括目标航天器子网、若干其他航天器子网和地面网络。针对天地一体化网络进行 IP 地址划分，设计原则是不同子网占用不同网段，同一子网内的网络设备位于同一网段。图 1 为天地一体化网络拓扑结构图，表 1 为 IP 地址划分表。

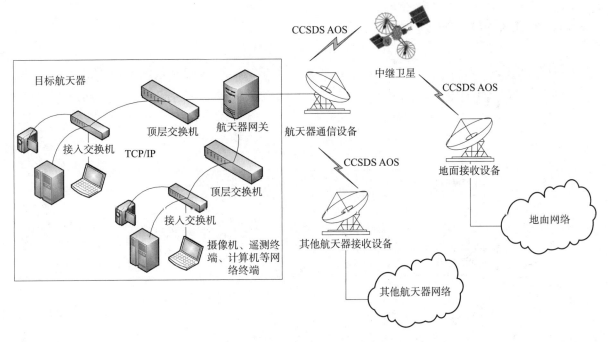

图 1    天地一体化网络拓扑结构图

**表 1    IP 地址划分表**

| 序号 | 子网名称 | 设备名称 | 子网地址 | IP 地址分配 | 默认网关 |
|---|---|---|---|---|---|
| 1 | | 网关 | 172.18.0.0 | 172.18.0.1 | — |
| 2 | | 以太网交换机 1 | 172.18.0.0 | 172.18.0.2 | 172.18.0.1 |
| 3 | 目标航天器子网 | 网络摄像机 1 | 172.18.0.0 | 172.18.0.41 | 172.18.0.1 |
| 4 | | 网络计算机 1 | 172.18.0.0 | 172.18.0.51 | 172.18.0.1 |
| 5 | | 网络遥测终端 2 | 172.18.0.0 | 172.18.0.71 | 172.18.0.1 |
| 6 | | … | 172.18.0.0 | … | 172.18.0.1 |
| 7 | 其他航天器 | 网关 | 172.20.0.0 | 172.20.0.1 | — |
| 8 | | … | 172.20.0.0 | | 172.20.0.1 |
| 9 | 地面网 | 网关 | 172.16.0.0 | 172.16.4.1 | — |
| 10 | | … | 172.16.0.0 | | 172.16.4.1 |

同一子网内的网络设备仅通过二层交换即可相互通信，不同子网间的通信需要通过三层交换实现。

三层交换流程：

1）识别接收数据包的目标 IP 地址的网段信息，如果在航天器网段范围内，则进行二层交换，否则进行三层交换；

2）三层交换过程，判断目标 IP 地址的网段信息，如果是地面网段则通过航天器通信设备发送至地面，如果是其余航天器，则通过航天器通信设备发送至目标航天器。

二层交换流程：

1）当航天器网关从某个端口收到一个数据包时，首先读取包头中的源 MAC 地址，从而知道源 MAC 地址的机器是连在哪个端口上的，如果地址信息表中没有则加入该地址；

2）再去读取包头中的目的 MAC 地址，并在地址表中查找相应的端口；

3）如果表中有与这个目的 MAC 地址对应的端口，把数据包直接复制到这端口上；

4）如果表中找不到相应的端口则把数据包广播到除原端口外的所有端口上；

5）当目的机器对源机器回应时，就可以又学习到一个 MAC 地址与端口的对应关系，将其记录到地址表中，在下次传送数据时就不再需要对所有端口进行广播了。

# 3　IP over CCSDS 协议转换

航天器网关中执行 IP over CCSDS 模块的数据流程如图 2 所示。CCSDS AOS 的帧格式如表 2 所示。IP over CCSDS 执行过程如图 2 所示。

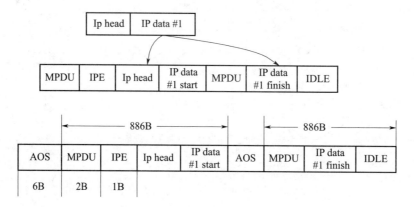

图 2　IP over CCSDS 执行流程图

**表 2　CCSDS AOS 的帧格式**

| 同步字 | 虚拟信道主导头 | | | | | 数据区 | 校验 |
|---|---|---|---|---|---|---|---|
| 1ACFFC1D | 版本号 | 航天器标识符 SCID | 虚拟信道标识符 VCID | 虚拟信道帧计数 | 信令域 | 传输帧数据域 | RS 校验 |
| 32 bit | 2 bit | 8 bit | 6 bit | 24 bit | 8 bit | 7 088 bit | 1 024 bit |
| 4 B | 6 B | | | | | 886 B | 128 B |

采用多路协议数据单元（MPDU）传输 IP 包。MPDU 数据格式如表 3 所示。MPDU 导头：MPDU 导头长度 16 bit，其中前 5 bit 设置为备用域，填充为全 0，后 11 bit 为首导头指针，首导头指针直接指向第一个源包的起始位置，根据源包中包长度的标志就可以区分出每个独立的源包。如果多路协议数据单元包域第一个字节就是源包头的第一字节，则首导头指针为 0；如果多路协议数据单元中不包含源包包头，那么首导头指针域设为全 1，即"11111111111"；如果多路协议数据单元中不包含任何有效的用户数据，也就是只包含填充包，那么首导头指针域设为"11111111110"；如果一个源包的导头被分在两个多路协议数据单元中，（被分割的源包分在多路协议数据单元（x）和多路协议数据单元（x＋1）中），如果该源包是多路协议数据单元（x）的第一个源包，那么多路协议数据单元（x）的首导头指针域指向这个源包首地址。如果不是多路协议数据单元（x）的第一个源包，那么多路协议数据单元（x＋1）的首导头指针指向被分割源包的后一个源包头。

IPE 由一个或者多个的填充字节组成，放置在 IP 数据包的前端，是 CCSDS 封装头的延伸，通过 IPE 的取值，可以标示使用不同分支协议的 IP 数据，并允许以此解复用。IPE 在 IPV4 协议规定下定义为 21H。

**表 3　MPDU 数据格式**

| M_PDU 导头 | | M_PDU 包域 | | | | | | | |
|---|---|---|---|---|---|---|---|---|---|
| 备用 00000 | 首导头指针 | 前一个 IP 包尾部 | 第 1 个 IP 包的 EPDU 头 | IPE | 第 1 个 IP 包 | … | 第 $n$ 个 IP 包的 EPDU 头部 | IPE | 第 $n$ 个 IP 包开始 |
| 5 bit | 11 bit | 不确定 | 8B | 1B | 不确定 | | 8B | 1B | 不确定 |
| 2B | | 884B | | | | | | | |

航天器网关执行协议转换流程如图 3 和图 4 所示，分别为 AOS 数据帧封装模块和 AOS 数据帧拆分模块的状态机。

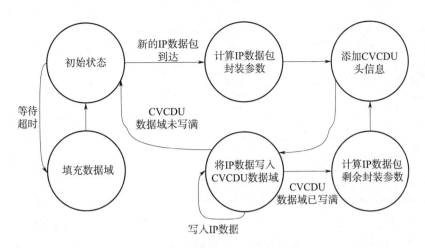

图 3  AOS 数据帧封装模块状态机

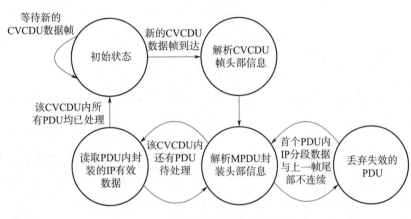

图 4  AOS 数据帧拆分模块状态机

# 4  QoS 保证方法

为保证天地一体化互联网络的 QoS，针对航天器网关进行了缓存设计和调度策略设计，保证天地间数据传输的延时、抖动和效率达到最优化。首先，对天地间前返向的数据按照虚拟信道进行分类，如表 4 所示。IP 地址信息与虚拟信道 ID 是一一绑定的，所以在组帧之需要对输入的 IP 数据进行源 IP 地址识别。从而得出 IP 数据包来源的虚拟信道信息。为了完成这一功能，需要在航天器网关内部中开辟一段存储空间，在存储空间中存放了源 IP 地址与虚拟信道 ID 的对应关系。

在初始化阶段，以 6 位的虚拟信道 ID 为地址在存储器中顺序存储虚拟信道对应的 IP 地址，即

$$\text{Addr} = \text{VCID} \tag{1}$$
$$\text{data} = \text{IP} \tag{2}$$

在数据传输阶段，在存储器中遍历存储器的地址，将其内容与源端 IP 地址进行对比，当查找到源端 IP 地址之后，其对应的存储器地址就是其虚拟信道 ID。

表 4  虚拟信道信息表

| 传输数据类型 | 虚拟信道 | 速率 | 数据流向 | 默认优先级 |
|---|---|---|---|---|
| 遥控 IP 数据 | 000110 | 约 1 Mbit/s | | 第一 |
| 视频 IP 数据 | 000110 | 约 1 Mbit/s | | 第二 |
| 计算机 IP 数据 | 010101 | 约 5 Mbit/s | 前向 | 第三 |
| 空闲数据 | 111111 | — | | 第四 |

续表

| 传输数据类型 | 虚拟信道 | 速率 | 数据流向 | 默认优先级 |
|---|---|---|---|---|
| 遥测 IP 数据 | 111101 | 约 64 kbps | | 第一 |
| 高清视频 IP 数据 | 110000 | 约 8 Mbit/s | | 第二 |
| 计算机 IP 数据 | 101000 | 约 5 Mbit/s | | 第三 |
| 遥测 IP 数据 | 101011 | 约 300 kbps | 返向 | 第四 |
| 标清视频 IP 数据 | 101110 | 约 1 Mbit/s | | 第五 |
| 有效载荷 IP 数据 | 101101 | 约 40 Mbit/s | | 第六 |
| 空闲数据 | 111111 | — | | 第七 |

航天器网关针对不同传输数据类型进行缓存设计，采用 FIFO 作为缓存，缓存接口如图 5 所示。航天器网关根据缓存大小发出使能信号，当缓存空时，使能信号为低，允许各用户数据进入缓存等待调度，当缓存满时，使能信号为高，禁止用户数据进入，直到缓存使能信号为低允许数据发送。

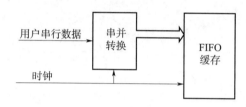

图 5　输入数据缓存

当 FIFO 数据满一帧数据时发出调度请求，请求数据传输。航天器网关接收调度请求，并按照策略进行各个虚拟信道的调度。虚拟信道调度采用个排队模型，是消失制和等待制的混合模型，即在数据帧到达时，如果航天器网关正在处理已经到达的数据帧，则新到达的数据帧在缓存区未满的条件下进入缓存区内等待输出，否则就丢弃该数据帧。

航天器网关的虚拟信道调度过程采用静态优先级和轮询调度策略相结合的调度模式。虚拟信道调度过程需要提供两路优先级较高的信道，其他信道采用同一优先级的轮询调度策略，这种调度模式设计简单，易于实现。调度模块由多个输入队列和一个输出队列构成，模块首先对优先级高的队列进行查询，而对于同一优先级的队列则按一定顺序查询。接受查询的队列获得服务机会，若该队列中有数据包存在则数据包被添加到输出队列。若该队列无数据，则继续对下一个队列进行查询，若在规定时限内系统内没有数据包，则填充空闲帧到输出队列。图 6 为调度流程图。

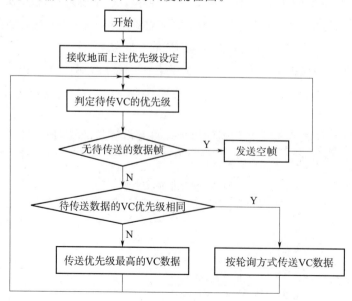

图 6　调度流程图

另外，调度策略在航天器运行期间可以通过地面上行注入数据的方式改变优先级，以适应特殊任务的需要。各返向输入通道的优先级分别为 $I_1$、$I_2$、$I_3$、$I_4$、$I_5$、$I_6$、$I_7$，默认优先级关系为 $I_1 > I_2 > I_3 > I_4 > I_5 > I_6 = I_7$，通过注入数据可以实现 $I_1 \neq I_2 \neq I_3 \neq I_4 \neq I_5 \neq I_6 \neq I_7$ 的优先级更换。例如：当设置优先级顺序为 VC1、VC4、VC3、VC2、VC6、VC5、VC7 时，则调度过程见图 7。

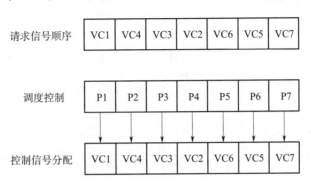

图 7　虚拟信道调度过程

# 5　试验验证

根据上述设计方案完成了航天器网关的实物设计，并搭建了航天器网关测试系统平台，见图 8。航天器网络以一台交换机作为中心连接各网络设备，航天器上网络设备包括遥测用户、摄像机、计算机，网关接收各个网络终端的 IP 数据并进行 IP over CCSDS 协议转换，同时从地面上行数据帧中解析出 IP 数据包并分发，地面网关完成相反的功能；地面网络的构架与航天器网络构架类似，在计算机上安装 wireshark 网络抓包工具进行网络数据分析，并用网络图像处理设备来完成下行图像的解码显示；使用天地通信设备模拟了天地通信时延。在演示验证中，5 路 8 Mbit/s 的高清图像均能够正常下传，同时还可以在天地间建立计算机连接，完成大文件传输。图 9 为地面网络流量分析结果，图 10 为地面图像解码统计软件，表 5 为测试结果统计表。

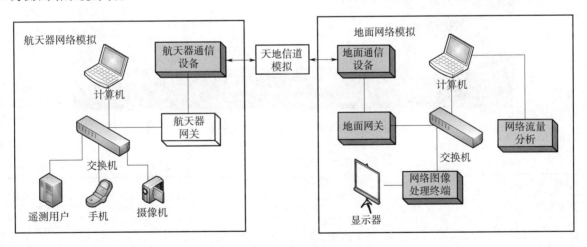

图 8　航天器网关测试系统示意图

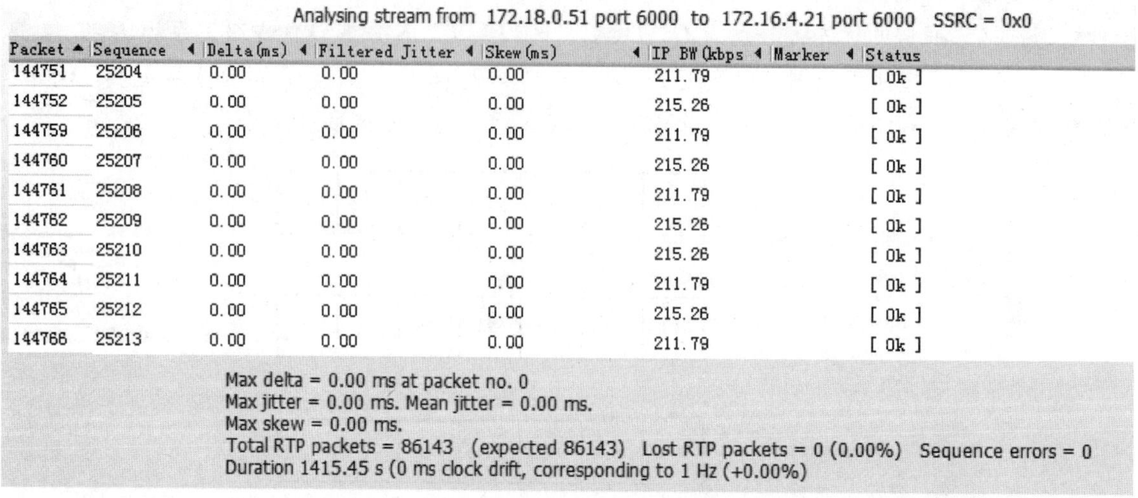

Analysing stream from 172.18.0.51 port 6000 to 172.16.4.21 port 6000 SSRC = 0x0
Packet Sequence Delta(ms) Filtered Jitter Skew(ms) IP BW(kbps) Marker Status
144751 25204 0.00 0.00 0.00 211.79 [ Ok ]
144752 25205 0.00 0.00 0.00 215.26 [ Ok ]
144759 25206 0.00 0.00 0.00 211.79 [ Ok ]
144760 25207 0.00 0.00 0.00 215.26 [ Ok ]
144761 25208 0.00 0.00 0.00 211.79 [ Ok ]
144762 25209 0.00 0.00 0.00 215.26 [ Ok ]
144763 25210 0.00 0.00 0.00 215.26 [ Ok ]
144764 25211 0.00 0.00 0.00 211.79 [ Ok ]
144765 25212 0.00 0.00 0.00 215.26 [ Ok ]
144766 25213 0.00 0.00 0.00 211.79 [ Ok ]
Max delta = 0.00 ms at packet no. 0
Max jitter = 0.00 ms. Mean jitter = 0.00 ms.
Max skew = 0.00 ms.
Total RTP packets = 86143 (expected 86143) Lost RTP packets = 0 (0.00%) Sequence errors = 0
Duration 1415.45 s (0 ms clock drift, corresponding to 1 Hz (+0.00%)

图9　地面网络流量分析结果（丢包率为0）

媒体信息
常规(G)
元数据(M)
编解码器(C)
统计(T)
当前媒体 / 流统计
音频
已解码 0 块
已播放 0 缓冲器
丢失 0 缓冲器
视频
已解码 42210 块
已显示 42206 帧
丢失 0 帧
输入/读取
媒体数据尺寸 0 KiB
输入位率 0 kb/s
已去复用的数据尺寸 1620958 KiB
内容位率 7156 kb/s
已丢弃(已损坏) 0
已丢弃(非连续) 0
输出/已写/已发
已发送 0 数据包
已发送 0 KiB
位置:
rtsp://172.16.4.40
关闭(C)

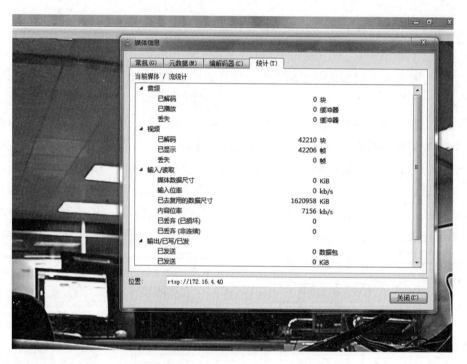

图10　地面图像解码统计软件（丢帧率为0）

**表5　测试结果统计表**

| 数据类型 | 源IP地址 | 理论包 | 实收包 | 丢包率 | 备注 |
| --- | --- | --- | --- | --- | --- |
| 高清图像1 | 172.18.0.41 | 42 206 | 42 206 | 0 | 图像清晰 |
| 高清图像2 | 172.18.0.42 | 44 723 | 44 723 | 0 | 图像清晰 |
| 高清图像3 | 172.18.0.43 | 51 078 | 51 078 | 0 | 图像清晰 |
| 高清图像4 | 172.18.0.44 | 48 109 | 48 109 | 0 | 图像清晰 |
| 高清图像5 | 172.18.0.45 | 46 454 | 46 454 | 0 | 图像清晰 |
| 计算机数据 | 172.18.0.51 | 86 143 | 86 143 | 0 | 帧计数连续 |
| 遥测数据 | 172.18.0.71 | 32 841 | 32 841 | 0 | 帧计数连续 |

# 6 结束语

本文提出一种适用于近地轨道航天器的天地网络一体化方案，实现了 IP over CCSDS 的协议转换技术和天地一体化互联网络的 QoS 保证，可用于航天器与地面系统的网络通信。

## 参 考 文 献

[1] 谢西仁. 计算机网络 [M]. 第5版. 北京：电子工业出版社，2008.

[2] CCSDS. CCSDS 702.1 - B - 1. IP over CCSDSspace links [S]. Washington D. C. : CCSDS, 2012.

[3] 李宁宁，谭维炽. 空间因特网与空间测控 [C]. 第十四届全国遥测遥控技术年会论文集，2006：5 - 12.

[4] 沈荣骏. 我国天地一体化航天互联网构想 [J]. 中国工程科学，2006，8（10）：19 - 30.

[5] 蒋立正. IP over CCSDS 空间组网通信关键技术研究 [D]. 北京：中国科学院研究生院，2009：1 - 2.

[6] 胡行毅. IP over CCSDS 解析 [J]. 卫星与网络，2010，9（9）：34 - 40.

[7] 张亚生，彭华，谷聚娟，等. IP over CCSDS 网关 TCP 增强关键技术研究 [J]. 载人航天，2012，18（4）：85 - 89.

[8] CCSDS. CCSDS 701.0 - B - 3. Advanced orbiting systems - networks and data links - architectural specification [S]. Washington D. C. : CCSDS, 2001.

# Design of Space – ground Integrated Network for LEO Spacecraft

LONG Yin[1]  ZHU Ke[1]  DING Kai[1]  CHEN Song[1]  Deng Songfeng[2]

1. Institute of Manned Space System Engineering，China Academy of Space Technology，Beijing 100094

2. Shanghai Institute of Aerospace Electronic Technology，Shanghai 201109

**Abstract**　The construction of an integrated space to ground data transmission system fusing the space and terrestrial communication networks is the trend of space communication. Study on the spacecraft networks designing and the protocol conversion of IP over CCSDS is conducted. A method of integrating space-ground network for LEO spacecraft is proposed，IP over CCSDS is carried out by developing gateway for spacecraft and a method of the guaranteed QoS（Quality of Service）is designed. The experiment is designed and implemented，and the function of constructing an integrated space to ground data transmission system is verified.

**Key words**　space – ground integrated；LEO；spacecraft Gateway；IP over CCSDS；

## 作 者 简 介

龙吟，男，分系统主管设计师，中国空间技术研究院载人航天总体部，主要从事航天器测控与通信技术研究，电子邮箱：ly24381@163.com。

# 一种 EEPROM 中星载软件高可靠维护方法

陆灵君　胡晓刚

上海航天技术研究院 804 研究所，上海　201109

**摘　要**　由于卫星是运行于天体轨道的空间飞行器，极易受到太阳风、空间电磁风暴、空间高能粒子或宇宙射线的威胁，引起存储单元的单粒子翻转。为应对这种破坏，对星载计算机上软件存储的 EEPROM 的可靠性提出了极高的要求。本文基于 TSC695 芯片，采用 Ada 这种高级语言，深入讨论了提高 EEPROM 中星载软件可靠性的方法；提出提高可靠性的三方面的措施；搭建了试验平台，验证了所设计的维护方法能显著提高 EEPROM 的可靠性。这样卫星可以适应复杂的空间环境，屏蔽部分 EEPROM 中的单粒子翻转错误，及时纠正单粒子翻转错误，提高软件的可靠性，从而延长卫星使用寿命。

**关键词**　EDAC；位翻转；EEPROM；星载软件

## 1　引言

处于复杂空间环境中的飞行器，极易受到太阳风、空间电磁风暴、空间高能粒子和宇宙射线的威胁。运行于其上的星载软件是卫星的控制核心，对可靠性、安全性、可维护性以及使用寿命都有着较高的要求。

目前，星载软件通常分为 2 部分，存储在 PROM 中的引导软件和存储在 EEPROM 中的系统应用软件。当星载计算机加电或复位后，软件启动流程是先运行 PROM 中的引导软件，引导软件将 EEPROM 中的系统应用软件引导到 SRAM 中，最后整个系统应用软件在 SRAM 中运行。存放引导软件的 PROM 是反熔丝的存储器，不会受到高能粒子的辐射而发生逻辑 0 变为逻辑 1 的翻转，而存放系统应用软件的 EEPROM 则极易受到高能粒子的辐射发生内部逻辑状态翻转，翻转会导致系统应用软件不能正常运行，任务失败。因此，必须采取一定的技术方法维护 EEPROM 中系统应用软件，确保其能正常运行，顺利完成任务。

TSC695 芯片采用 SPARC 体系结构，该结构是一种 RISC 类型的 CPU 指令集体系结构[1]，因其优异的可扩展性，在 32 位处理器中占据重要地位，广泛应用于航天领域星载计算机系统中。

当前我国航天工程中，高级语言已经逐步得到应用，其中 Ada 语言作为美国国家标准和军用标准[2]，不但集中了大多数高级语言的精华，而且还提出了一系列新概念，使其在可读性、可靠性、适应性、实时性、并发性等方面都具有优异的性能[3]。因此在我国航天领域也越来越多地得到工程应用。本文正是基于上述应用背景，基于 Ada 语言，通过设计维护 EEPROM 中系统应用软件的方法，提高 EEPROM 存储的系统应用软件的可靠性。

## 2　高可靠 EEPROM 维护的方法

提高 EEPROM 的可靠性的维护方法从三个层次来考虑：首先，确保对 EEPROM 的操作都是在受控的状态下进行，对 EEPROM 不能进行误操作；其次，当真的发生单粒子翻转的错误时，能够不影响程序的正常运行；最后，能够从根本上将单粒子翻转的错误改正。根据这三个方面，采取如下措施提高 EEPROM 的可靠性：

1) 软硬件协同，采用硬件保护和软件保护措施，对 EEPROM 的读写操作进行保护；

2）利用芯片自带的 EDAC 功能，采取汉明码校验和奇偶校验码结合的存储措施；

3）对 EEPROM 进行读操作，及时将错误的地址进行遥测下传，地面进行干预；

有了措施 1，在未授权的情况下，对 EEPROM 的读写就不能进行，从而将程序中对 EEPROM 的误读写的影响消除。有了措施 2，当 EEPROM 中发生单粒子反转，产生一位错时，CPU 的自动检错纠错就能够发现并纠正，两位错时，CPU 能够产生中断报出错误，大大提高了 EEPROM 数据使用的正确性。有了措施 3，地面能够及时干预，消除产生单粒子反转数据的错误，保证软件重新运行时，加载系统应用软件的可靠性。

# 3  三方面维护措施的技术实现

## 3.1  软硬件协同，采用硬件保护和软件保护措施，对 EEPROM 的读写操作进行保护

EEPROM 是一种具有掉电记忆功能的存储器，其内容可以像普通 RAM 一样进行改写，而且改写时能够自动擦除并换成新内容。它只需用电即可擦除并改写存储在其内部的内容。本文中的 EEPROM 采用 AT28C 系列的 EEPROM。对 Vcc 实施监控，当 Vcc 低于 3.8V 时，禁止对 EEPROM 的写入。

由于 EEPROM 极易被改写，为防止对其的误操作，提高数据的可靠性，从硬件以及软件上设计数据保护。

硬件数据保护方式：在需要对 EEPROM 进行读写操作时首先将 Vcc 的电压提至 5.0 V，然后进行读写，操作结束后将 Vcc 电压降低为小于 3.8 V。这就确保了所有的对 EEPROM 的操作都是在受控的状态下进行，防止了误操作带来的破坏。

软件数据保护方式：对 EEPROM 的写操作直接影响到存储在其中的系统应用软件的数据，需要严格保护起来。由用户编程来启动或禁止 EEPROM 的写操作。在对 EEPROM 进行写操作时除了提高 Vcc 的电压，还需要输入一串特殊的序列，才能进行 EEPROM 的写操作。通过这种方式，软硬件协同，保证 EEPROM 的写操作都是在受控的地方进行。软件数据保护方式下的写操作流程见图 1 所示。

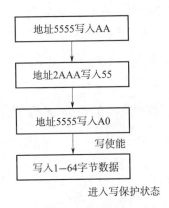

图 1  软件数据保护使能算法图

## 3.2  利用芯片自带的 EDAC 功能，采取汉明码校验和奇偶校验码结合的存储措施

TSC695 芯片提供 EDAC 功能，当向 EEPROM 中存储数据时自动写入汉明校验码（7 位）和奇偶校验码（1 位）。该功能实现了对系统应用软件的纠错检错及错误屏蔽功能，提高了 EEPROM 中存储数据的可靠性。

结合上文所提的使用软件数据保护的措施，在实现汉明校验码和奇偶校验码存储时可以使用芯片提供的 TESCTR 寄存器来产生软件数据保护，使算法中的特殊序列进行写 EEPROM 的数据。操作步骤如下：

1）打开硬件保护；

2）向地址 16#5555# 写入 16#AAAA_AAAA#，且校验码为 16#AA#；

3）向地址 16#2AAA# 写入 16#5555_5555#，且校验码为 16#55#；

4）向地址 16#5555# 写入 16#A0A0_A0A0#，且校验码为 16#A0#；

5）向 EEPROM 写入数据想要存储的数据；

6）关闭硬件保护。

芯片中 TESCTR 寄存器在 EDAC 测试模式下可以向指定的地址写入指定的汉明校验码，校验码中的奇偶校验码不可控，由 CPU 自动产生。因为 TESCTR 寄存器不支持对校验码进行人为注入，所以在步骤 2～4 中向指定地址写入的特殊码序列和指定的校验码不能在一条语句中执行，故以上步骤不能实现向 EEPROM 的写，所以分成如下步骤进行：

1）打开硬件保护；

2）通过 TESCTR 寄存器，向地址 16#5555# 写入校验码 16#AA#；

3）通过 TESCTR 寄存器，向地址 16#2AAA# 写入校验码 16#55#；

4）通过 TESCTR 寄存器，向地址 16#5555# 写入校验码 16#A0#，此时只有校验区解除软、硬件保护，可写入；

5）将需要写入数据的校验位写到 EEPROM 中的校验码区；

6）向地址 16#5555# 写入 16#AAAA_AAAA#；

7）向地址 16#2AAA# 写入 16#5555_5555#；

8）向地址 16#5555# 写入 16#A0A0_A0A0#，此时只有数据区解除软、硬件保护，可写入；

9）向 EEPROM 写入数据想要存储的数据；

10）关闭硬件保护。

步骤 2～4 中只对 EEPROM 校验码区域写入了软件数据保护特殊序列码，对 EEPROM 中的数据部分未操作，故步骤 5 中只将需要存储数据的校验码存入 EEPROM 中对应的校验区，而数据区的数据未解除保护，不能进行写操作。步骤 6～8 对 EEPROM 的数据域部分写入软件数据保护特殊序列码，而未对校验码区域写特殊序列，故步骤 9 中只将需要存储的数据写入 EEPROM 中，而校验码区域数据写不进。至此，完全实现了在如见数据保护的条件下进行 EEPROM 的带校验码的写入。当引导软件运行时，引导的 EEPROM 中的系统应用软件就带有 EDAC 功能，能够自动将一位错纠掉，提高了系统应用软件的正确性和可靠性。

### 3.3  对 EEPROM 进行读操作，及时将错误的地址进行遥测下传，地面进行干预

上述 2 个措施已经屏蔽了 EEPROM 中产生单粒子一位翻转的影响，能够指出两位翻转错误的地址，但是从根本上解决单粒子翻转才是软件能够长期在轨正确运行的保证，这就要求软件能够及时将错误地址进行遥测下传，由地面授权更改。

在 Ada 程序的背景任务中对 EEPROM 进行周期性的读操作，当发生 EDAC 一位错时，TSC695 芯片会触发 16#16# 号中断，发生 EDAC 两位错时触发 16#9# 号中断。在中断处理程序中不进行错误处理，只将错误地址遥测下传，由地面遥控注数修改。

## 4  试验验证和分析

### 4.1  验证平台

整个验证平台由 3 个主要设备组成：目标机，即星载计算机，是星载软件的运行平台，其中 Prom 运行引导软件，EEPROM 中存储系统应用软件，SRAM 运行系统应用软件；PC 机，通过串口和地测设备

相连，驱动地测设备向目标机注入数据，并显示星载软件运行结果；地测设备，通过串口和目标机相连，用来模拟星际链路，显示星载软件传下来的遥测。平台的 3 个设备之间的连接关系如图 2 所示。

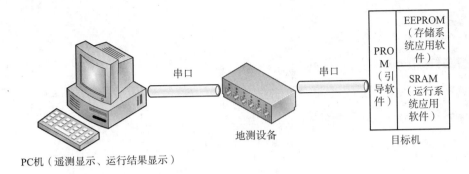

图 2　试验平台组成图

## 4.2　结果分析

措施 1 中，必须在硬保护和软保护措施都解除的状态下才能对 EEPROM 进行写，否则对 EEPROM 的操作无效。图 1 显示地址 16#04000000# 的初始数据为 16#1ACFFC1D#，在未解除软硬件保护的情况下对 16#04000000# 进行改写数据，图 3 为初始数据图，图 4 显示未解除保护下写操作后的数据。实验结果表明，EEPROM 中地址 16#04000000# 的数据，写之前为 16#1ACFFC1D#，在没有解除硬保护和软保护的条件下，虽然对 EEPROM 的第一个字进行了写操作，但操作不成功，该字节未被改写，仍为 16#1ACFFC1D#。

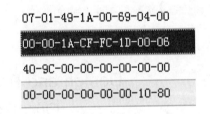

图 3　初始数据图　　　　　　　　　　　图 4　未解除保护下写操作后数据图

措施 2 中，通过故障注入，对 EEPROM 中地址 16#04000404# 和 16#04000408# 地址人为制造一个 EDAC 一位错。从图 5 的试验结果可以看到，由于 EEPROM 中的数据存储时带有汉明校验码和奇偶校验码，通过 CPU 自带的纠错功能，读出的数据是正确的，保证了数据的可靠性。

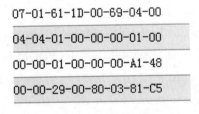

图 5　EDAC 一位错下读出的数据图

措施 3 中，通过故障注入，对 EEPROM 的地址 16#04000404# 和 16#04000408# 地址人为注入一个 EDAC 一位错，可以看到在图 6 中显示了错误个数 2 个，地址为 16#04000404# 和 16#04000408#，通知了地面出错地址，从而有助于地面进行修改。

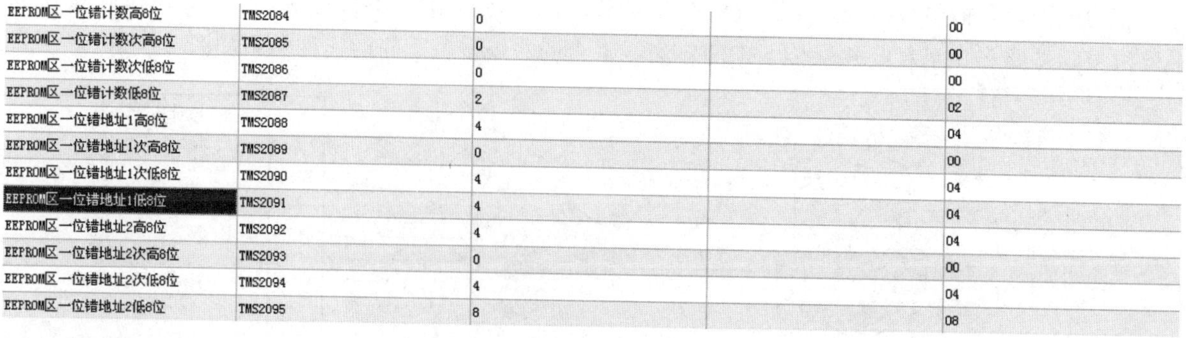

| | | | |
|---|---|---|---|
| EEPROM区一位错计数高8位 | TMS2084 | 0 | 00 |
| EEPROM区一位错计数次高位 | TMS2085 | 0 | 00 |
| EEPROM区一位错计数次低8位 | TMS2086 | 0 | 00 |
| EEPROM区一位错计数低8位 | TMS2087 | 2 | 02 |
| EEPROM区一位错地址1高8位 | TMS2088 | 4 | 04 |
| EEPROM区一位错地址1次高8位 | TMS2089 | 0 | 00 |
| EEPROM区一位错地址1次低8位 | TMS2090 | 4 | 04 |
| EEPROM区一位错地址1低8位 | TMS2091 | 4 | 04 |
| EEPROM区一位错地址2高8位 | TMS2092 | 4 | 04 |
| EEPROM区一位错地址2次高8位 | TMS2093 | 0 | 00 |
| EEPROM区一位错地址2次低8位 | TMS2094 | 4 | 04 |
| EEPROM区一位错地址2低8位 | TMS2095 | 8 | 08 |

图 6　错误地址显示图

# 5　结束语

提高 EEPROM 中星载软件可靠性的方法多种多样。本文提出了一套采用软硬件协同以及纠错检错的方法。及时发现翻转错误，并由地面干预修改，从而提高 EEPROM 中星载软件的可靠性。本文的论述表明，所述的三方面的措施，可以较好地提高 EEPROM 中星载软件的可靠性。

## 参 考 文 献

［1］　TSC695F SPARC 32 – bit Space Processor User Manual.
［2］　Ada 程序设计语言高级教程，解放军出版社，1998.
［3］　陈洁，李芳华，Ada 语言在星载软件上的应用 ［J］．上海航天，2002（4）：46 – 50.

# Design and Realization of High Reliable On – Board Programming

LU Lingjun　　HU Xiaogang

The 804th Institute，Shanghai Academy of Spaceflight Technology，Shanghai　　201109

**Abstract**　　The satellite is easy to be threatened by the hertzian waves，high – octane particle and universal radial which induce SEU storage unit. Failure to respond to this，put forward high requirements on the reliability of on – board computer on the EEPROM. Based on the TSC695F chip，using the Ada language，the method to improve the software reliability of EEPROM is discussed in this paper；three measures to improve the reliability are brought forward，last an experiment is conducted to verify the feasibility of the measures. The experiment result is showed that the method can improve the reliability. As a result，satellite can adapt to the outer space，SEU EEPROM shielding part of the error，correct SEU error，improve the reliability of software，thus prolonging the service life.

**Key words**　　EDAC（Error Detection and Correction）；SEU（single Event Upset）；EEPROM；On – Board Software

## 作 者 简 介

陆灵君，女，工程师，上海航天 804 所，研究方向为星载软件设计，电子邮箱：dennywen0815@gmail.com。

# 面向应用的小卫星遥控遥测数据设计

马磊 史简 李志刚 张可立

航天东方红卫星有限公司，北京 100094

**摘　要** 遥控遥测数据作为星地交互信息的载体，在小卫星总体设计中具有重要地位。在调研多颗小卫星遥控遥测数据设计的基础上，本文首先从应用角度阐述了遥控数据和遥测数据的设计原则，分析了传统的程控指令、相对时间程控指令和小卫星任务模式的特点，进而提出了一种基于条件执行指令和最大包络法的面向多任务的遥控数据设计方法，说明了该方法的具体执行流程以及主要优点，然后从指令路径、整体、统计、安全等多个方面研究了面向应用的遥测数据设计方法，最后简述了进一步研究的方向和重点。本文提出的遥控遥测数据设计方法有助于提高小卫星总体设计水平，并有利于用户对卫星的使用。

**关键词** 面向应用；遥控数据；遥测参数；条件指令；最大包络

## 1　引言

遥控是地面控制小卫星在轨执行各种任务以及处理应急情况的重要手段[1]，遥测数据是地面人员了解卫星运行状态、性能分析和制定重大决策的主要依据[2-3]。遥控遥测数据设计的合理性直接关系着卫星在轨使用和维护的便利性。遥控遥测数据设计属于总体设计范畴，需根据卫星载荷使用特点，从卫星方案设计阶段开展工作，并在后续阶段加以完善和通过测试验证。

在环境减灾-1A、环境减灾-1B[4]、高分一号[5]等小卫星中设计了程控指令和相对时间程控指令，两者组合使用，通过程控指令来启动相应的相对时间程控指令组完成一项卫星任务，提高了对卫星管理的效率。但相对时间程控指令组内的指令内容是固定的，可操作性数据太少，且每组相对时间程控指令只能服务于一项指定的卫星任务，在卫星任务模式较多的情况下，使用该方法执行卫星任务变得异常复杂和困难，也增加了卫星使用的危险性。目前小卫星遥测数据的设计主要是从设计方考虑的，较少关注用户对遥测数据的需求，也未见如何进行面向应用的遥测数据设计的相关文献。本文从卫星应用角度出发，在分析程控指令、相对时间程控指令和卫星任务模式特点的基础上，提出了一种基于条件执行指令和最大包络法的面向多任务的遥控数据设计方法，并从整体、统计、安全等多方面研究了面向应用的遥测数据设计方法。

## 2　设计原则

### 2.1　遥控数据设计原则

从应用角度分析，遥控数据设计应遵循以下原则。

1）便利性设计：卫星任务模板数应尽量少，用户需要上注的遥控数据的种类和格式应尽量固定。

2）安全性设计：尽量减少卫星用户与星上遥控指令间的接口，用户参与编写的遥控数据越少越好。

### 2.2　遥测数据设计原则

1）面向使用：卫星的使用者是不熟悉卫星设计和运行规律的用户，遥测参数的设计要面向用户对卫星的使用需求，应设计有能表示整个卫星产品的健康状态、功能状态的遥测信息。

2）面向整体：卫星作为产品，应具备其整体性的参数特征，由简单、明了的数据表明自身的工作情况、健康状态等。整体性的遥测参数应能够直观的表征当前卫星处于何种状态，如所处的区域、使用内电还是外电等。

3）自顶而下：在整星方案设计时应进行全局的信息设计和输出对下层的设计要求，对系统级、分系统级以及部件级的遥测参数进行层次性设计，卫星系统方应早期介入分系统、单机层面的遥测参数设计。

4）与遥控指令联合设计：遥测参数与遥控指令之间应具备一对一或多对一的映射关系，对于每一条指令都应设置至少一处遥测参数来表征其所对应的状态变化。

5）信息完整性设计：合理定义各类遥测参数的传送周期，需满足传送速度要求；遥测参数的测量应采用滤波的方法减小噪声对遥测参数准确性的影响，对卫星正常工作影响较大的参数应设计遥测参数在一定周期内的最大值、最小值和平均值作为独立的遥测参数发送[6]；重要的瞬态状态应考虑采用存储的方式下传到地面。

# 3 遥控数据设计

目前，在轨运行小卫星采用程控指令和相对时间程控指令的组合设计来完成星上任务。该设计方法的基本思想在于每个任务模式对应一组相对时间程控指令，启动一组相对时间程控指令就可以由星上自主完成整个任务的操作，在卫星任务模式较少的情况下，可以大大简化地面对卫星管理的复杂度。但卫星的任务模式越来越复杂，甚至多达上百种，如果按以往方式设计上百组相对时间程控指令，一方面使得指令模板的编排和校对异常繁琐，地面数据注入量巨大，增加了卫星使用的风险性；另一方面，上百组指令的存储极大地占用了星上有限的内存资源，甚至造成浪费。

程控指令和相对时间程控指令都是基于数据指令的，而数据指令可以分为不含参数指令和含参数指令。另外通过对卫星任务模式的分析，可以得到，任务模式虽说多达上百种，但基本模式只有有限的几种，如遥感任务可分为数据直传、记录、回放等少数几种，基本模式的细分和组合使得总模式数呈几何级数增加，并且某些任务模式间往往只有一条或几条指令不同，或者只是某条指令携带的参数不同。如有的任务是在卫星侧摆情况时执行，有时不侧摆完成同样的任务，那么两者之间只有执行侧摆和侧摆回两条指令的不同。

基于上述分析，设计了一种含有多个参数的任务数据块，包括执行时间、指令码、状态控制位和若干控制参数，其中执行时间表示相应任务执行的启动时间，指令码表示所要执行的相对时间程控指令，两者都由任务而定。状态控制位和控制参数的种类和位置在具体卫星中是固定的，只是数据内容因任务而异。

同时对现有相对时间程控指令格式进行了优化，加入了一种条件执行指令。该条件执行指令由特征码（如 A0H，A1H 等）、设备号、指令号、参数指针组成，其中特征码规定了条件执行指令执行的规则，每个特征码对应一种执行规则，设备号和指令号指明指令的接收者和指令路序，参数指针则指向上述多个参数任务数据块的状态控制位或控制参数数据域部分，用于取出需要的数据。

该方法的基本思想是用位来控制不含参数的指令是否执行，如'1'表示指令执行，'0'表示指令不执行，用字节参数来控制含参指令是否执行及如何执行，并按基本任务模式最大包络法设计基于条件执行指令的相对时间程控指令组，即将功能相近的指令组进行合并，使得一组相对时间程控指令可以满足多种相似任务模式即一类基本任务模式的使用。

多参任务数据块与相对时间程控指令、条件执行指令、间接指令配合使用完成对星上设备的控制，执行流程如下：

1）多参任务数据块中的时间与星上时间相等时，按指令码启动相应的相对时间程控指令，并把全部参数传递给相对时间程控指令；

2）相对时间程控指令启动本组独立的计时器，按时间顺序执行对应的条件执行指令，或直接调用间接指令执行函数。

3）条件执行指令根据对应的指令类型、参数指针，直接生成接指令代码或判断条件成立后生成代码，然后调用间接指令执行函数。条件不成立时不进行任何操作。

4）间接指令执行完成状态设置、设备开关机等功能。

该方法的主要优点在于：

1）任务模板数大幅度减少，通过最大包络法设计相对时间程控指令组，可将任务模板数降低一个数量级，方便了地面管理，减少了对星上内存资源的占用。

2）对具体指令进行了封装，对指令的执行细节进行了隐藏，用户应用时只需关心和设置多参任务数据块中相关的数据，操作简单，降低了数据注入量，提高了数据注入效率，安全性高；

3）卫星可以执行的实际总任务数并没有因任务模板的减少而减少，只是将以往地面人工排布的任务由星上软件根据执行条件自主进行了条件执行，由机器代替人工，进一步增强了使用安全性。

图 1 为多参任务数据块执行信息流示意图。

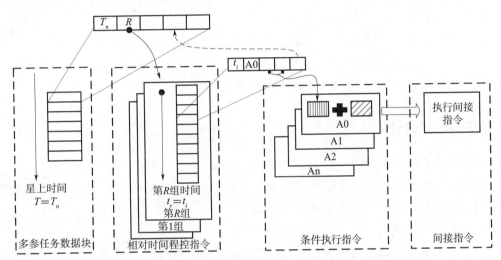

图 1 多参任务数据块执行信息流示意图

# 4 遥测数据设计

## 4.1 整体性遥测参数设计

整体性遥测参数指能够最简洁、最直观地反映卫星运行状态的数据，包括卫星工作模式、所在区域（地面经纬度、阳照区还是阴影区）、资源剩余量、姿态情况（正常或异常）、载荷工作状态（直传、回放或其他）等。支撑系统级、分系统级工作状态的整体性遥测参数往往是由某些参数组合或推演而得到的，应根据设计的判据或算法利用星务中心计算机对这些遥测参数进行处理，获取不同层次的系统工作状态，如通过姿控模式字判断当前卫星姿态状态，通过方阵电流和卫星姿态判断当前为阳照区或阴影区，通过数传工作模式字和载荷电流给出载荷工作状态等，最终通过这些模式判断的组合，给出例如阳照区侧摆直传模式、阴影区回放模式等卫星综合模式描述。具体的判断流程如图 2 所示。

## 4.2 指令路径处的遥测参数设计

在指令流的重要环节应设置遥测参数以反映信息传送的正常情况和指令流路径相关设备的健康情况。对于每条指令，都应设置至少一处遥测参数，并且应在指令路径的每个节点处设置遥测参数，如指令计数等，用以标识指令的传递状态。如对于图 3 所示的一条指令，应在指令路径处的 A、B、C、D、E 点设置指令接收、发送计数等遥测参数。星上任何分系统涉及指令在不同设备间传递的情况，也应按图 3 所示设计相应遥测参数。该设计方法有助于星上故障排查和定位。

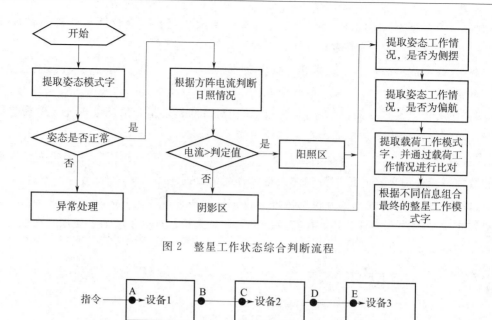

图 2 整星工作状态综合判断流程

图 3 指令路径处的遥测参数设计

## 4.3 统计型遥测参数设计

为提高载荷开机时间、工作圈次，温控回路开启时间，卫星运行圈次等统计型数据获得的及时性，减少地面统计的延时，及统计卫星的在轨使用频率，需将由地面完成的统计工作前移至星上，由卫星上的各智能设备自主完成时间型数据，如相机成像时间、数传工作时间等统计工作，形成统计数据遥测参数，组成遥测包进而下传至地面。

可使用相机、数传的总线通信无效计数来判断相机、数传是否开机，在开机的情况下，再分别判断固放、固存开机情况，确定数传传输或数据存储的时间和次数，同样方法判断载荷开机后的成像时间和成像次数。最终将时间和次数累加，作为最终工作时间、次数的在轨统计结果，

通过实时检测各加热回路的开启和关闭状态，根据相应状态启动或停止计时器对温控回路的工作时间进行统计，并可根据遥测总时间算出各温控回路的工作占空比。对于卫星在轨实际运行圈次的统计，可通过对帆板电流的判断进行累加计算得到。

## 4.4 健康状态遥测参数设计

应设计判断整星和分系统健康状态的综合性遥测参数，全面反映卫星的健康状态，便于地面快速监测卫星的状态和即时发现异常情况。在健康状态遥测参数设计上可采用分层设计方法，首先由各分系统或单机自己的健康状态字，然后以此为基础，在整星层面上通过加权的方法给出卫星当前的健康状态。通过分系统或下位机自身健康遥测设计，使卫星健康状态监视分布于整星各分系统或智能单机层面，有利于星上资源综合利用及提高整星的自治能力[7]。

另外，为有效监测各类安全模式运行状态，在进行安全模式相关遥测参数设计时，应至少覆盖表1所列的遥测参数。

表 1 安全模式相关遥测参数设计

| | 参数 1 | 参数 2 | 参数 3 | 参数 4 | 参数 5 |
|---|---|---|---|---|---|
| 整星安全模式 | 允许/禁止 | — | — | — | — |
| 各类具体安全模式 | 允许/禁止 | 进入/退出 | 触发门限值 | 触发门限满足计数值 | 相应安全序列发送计数 |

其中，触发门限值和触发门限满足计数值应能够通过遥控指令进行在轨重新设置。考虑到触发门限

值和触发门限满足计数值为指令触发型数据，遥测通道资源紧张的情况下，可将其单独组包，在需要时将此包在线下传，否则进行数据包星上离线处理。

# 5 结束语

本文提出的遥控遥测数据设计方法以多个工程实践项目为基础，重点进行了面向应用的提升设计，具有一定的指导意义，可应用于小卫星型号遥控遥测数据设计工作，也可为其他航天器遥控遥测数据设计所借鉴。

在后续研究中，应进一步研究遥控数据操作的简易性和安全性，重点研究总体性遥测参数的归纳和推演技术，并应紧密联系用户，开展卫星总体方、设计方、使用方在遥控遥测数据方面的协同设计工作。

## 参 考 文 献

[1] 张卫民. 飞行器遥控命令执行结果判断软件构件设计与实现 [J]. 测控技术，2004，23 (1)：51-53.
[2] 张维洲，蒋孟虎，杨平会，等. 卫星遥测信息自动监视处理系统设计 [J]. 航天器工程，2008，17 (5)：51-57.
[3] 王平. 小卫星软件遥测方案及模块化设计方法 [J]. 量子电子学报，2004，21 (3)：392-395.
[4] 李志刚，伍保峰，冯永. 环境减灾-1A、1B卫星星务分系统技术 [J]. 航天器工程，2009，18 (6)：76-80.
[5] 马磊，史简，李志刚. 高分一号卫星星务系统技术及在轨验证 [J]. 航天器工程，2014，23 (增刊)：69-73.
[6] 吴继峰，许晓冬，薛敏，等. 星上遥测的精度分析 [J]. 航天器工程，2007，16 (5)：54-58.
[7] 李孝同. 小卫星星务管理技术 [J]. 中国空间科学技术，2001，21 (1)：29-36.

# Design of Application – oriented Telecommand and Telemetry Data for Small Satellite

MA Lei　SHI Jian　LI Zhigang　ZHANG Keli

DFH Satellite Co. Ltd，Beijing 100094

**Abstract**　Telecommand and telemetry data，considered as the carrier of satellite – earth information，plays a vital role in small satellite system design. Based on the telecommand and telemetry data design for a few of small satellites，applicationoriented principles of telecommand and telemetry data design are discussed firstly in this paper，and the characters of traditional tagged command，relative time – tagged and mission modes are analyzed. Then，a mission – oriented method for telecommand and telemetry data design is expounded，based on conditional command and maximal envelope. Secondly，application – oriented method for telemetry parameter design are discussed from command route，collectivity，statistics，security and so on. Finally，the further research direction and emphases are indicated. The methods mentioned in this paper may redound to advance system design of small satellite and be propitious to consumer's applications.

**Key words**　Application – oriented；Telecommand data；Telemetry parameter；Conditional command；Maximal envelope

## 作 者 简 介

马磊，男，工程师，航天东方红卫星有限公司，现从事小卫星星务系统和星上信息流设计，电子邮箱：tianma_1112@163.com 。

# 基于矢量观测的微小卫星姿态确定研究

梅昌明　张进

国防科学技术大学航天科学与工程学院，长沙　410073

**摘　要**　针对微小卫星陀螺/磁强计/太阳敏感器组合姿态确定系统配置，研究了基于矢量观测信息的卫星姿态确定算法。建立了联邦扩展卡尔曼滤波模型和基于双矢量确定性算法（QUEST 算法）的扩展卡尔曼滤波模型，并对以上两种姿态确定算法进行仿真分析，仿真结果表明：敏感器测量精度较高时，两种算法的定姿精度相当，但基于双矢量确定性算法的扩展卡尔曼滤波算法的收敛速度更快；当某一个敏感器或所有敏感器测量精度降低时，联邦扩展卡尔曼滤波算法的定姿精度更高。根据仿真结果，可以确定微小卫星在轨姿态确定算法模式的切换逻辑，从而进一步提高微小卫星姿态确定的收敛速度和精度。

**关键词**　矢量观测；微小卫星；姿态确定；联邦滤波

## 1　引言

目前，卫星姿态确定常用的是基于敏感器的矢量观测方法，其对应的算法主要有两个发展方向[1]：1）最小二乘估计的确定性方法，即 Wahba 问题；2）最小协方差处理的估计滤波器，即状态估计法。确定性方法需要两组及以上的观测量才能实现姿态确定，且定姿精度较低，极大的限制了其应用范围。状态估计算法中最为常用的算法为扩展卡尔曼滤波（EKF），但由于微小卫星常采用低精度、低功耗的敏感器，单独采用 EKF 进行姿态确定精度有限。为实现低精度敏感器的高精度、高可靠姿态估计，基于信息融合的联邦滤波方法被众多学者采用，并提出了多种信息分配的方法[2-3]。

本文针对由陀螺、磁强计和太阳敏感器组成的姿态确定系统的微小卫星，设计了联邦扩展卡尔曼滤波器和基于双矢量确定性算法的扩展卡尔曼滤波器。结合两种滤波器的仿真结果，最终提出了一种微小卫星在轨飞行姿态确定收敛速度快、精度高的方法。

## 2　卫星姿态运动方程

卫星本体坐标系相对惯性坐标系的姿态四元数 $\boldsymbol{q}_{bi}$ 定义为

$$\boldsymbol{q}_{bi} = \begin{bmatrix} q_0 & \boldsymbol{q}_e^{\mathrm{T}} \end{bmatrix}^{\mathrm{T}} \tag{1}$$

式中　$\boldsymbol{q}_e = \begin{bmatrix} q_1 & q_2 & q_3 \end{bmatrix}^{\mathrm{T}}$。

由四元数表示的星体运动学方程为[4]

$$\dot{\boldsymbol{q}}_{bi} = \frac{1}{2}\boldsymbol{q}_{bi} \otimes \bar{\boldsymbol{\omega}}_{bi} \tag{2}$$

式中　$\bar{\boldsymbol{\omega}}_{bi} = \begin{bmatrix} 0 & \boldsymbol{\omega}_{bi}^{\mathrm{T}} \end{bmatrix}^{\mathrm{T}}$——卫星本体坐标系相对惯性坐标系转动角速度的四元数表示；

　　　　$\otimes$——四元数乘法；

　　　　$\boldsymbol{\omega}_{bi} = \begin{bmatrix} \omega_{bix} & \omega_{biy} & \omega_{biz} \end{bmatrix}^{\mathrm{T}}$——对应的转动角速度。

# 3 敏感器测量模型

## 3.1 陀螺测量模型

文中假定陀螺的敏感轴与卫星本体坐标轴平行，则陀螺的测量数学模型可描述为

$$\begin{cases} \boldsymbol{\omega}_g = \boldsymbol{\omega}_{bi} + \boldsymbol{b} + \boldsymbol{V}_g \\ \dot{\boldsymbol{b}} = \boldsymbol{V}_b \end{cases} \tag{3}$$

式中 $\boldsymbol{\omega}_g$ ——陀螺测量值；

$b$ ——陀螺的常值漂移；

$\boldsymbol{V}_g$ ——陀螺测量白噪声；

$\boldsymbol{V}_b$ ——陀螺漂移斜率白噪声。

陀螺输出的角速度信息不作为观测值，而是代替卫星的运动学模型作为公共参考信息，陀螺漂移量可在滤波过程中得到修正。

## 3.2 磁强计测量模型

三轴磁强计安装在卫星的三个本体坐标轴上，测量数学模型可描述为

$$\boldsymbol{B}_b = A_{bi}(\boldsymbol{q}_{bi})\boldsymbol{B}_i + \boldsymbol{V}_B \tag{4}$$

式中 $\boldsymbol{B}_b$ ——磁强计观测值；

$A_{bi}(\boldsymbol{q}_{bi})$ ——惯性坐标系到卫星本体坐标系的姿态转换矩阵；

$\boldsymbol{B}_i$ ——地球磁场矢量在惯性坐标系下的值；

$\boldsymbol{V}_B$ ——磁强计的测量噪声。

## 3.3 太阳敏感器测量模型

多个太阳敏感器安装在卫星本体的不同面，其综合测量数学模型可描述为

$$\boldsymbol{S}_b = A_{bi}(\boldsymbol{q}_{bi})\boldsymbol{S}_i + \boldsymbol{V}_s \tag{5}$$

式中 $\boldsymbol{S}_b$ ——太阳敏感器观测值；

$\boldsymbol{S}_i$ ——太阳矢量在惯性坐标系中的描述；

$\boldsymbol{V}_s$ ——太阳敏感器的测量噪声。

太阳敏感器在卫星进入阴影区时将无法正常工作。

# 4 联邦扩展卡尔曼滤波模型

## 4.1 联邦滤波结构

以联邦扩展卡尔曼滤波器作为微小卫星姿态确定系统的信息融合结构。文中以陀螺输出信息作为公共参考信息，与各子敏感器组成陀螺/磁强计和陀螺/太阳敏感器两个子滤波系统，各测量信息在相应的子滤波器中独立进行处理。该姿态确定系统具有一定的冗余度，当某个测量敏感器故障或卫星进入阴影区时，信息融合结构中的信息分配因子实时调配可保证系统的稳定性和可靠性。

本文采用的联邦滤波器的子滤波器没有独立的状态变量，其状态变量和误差协方差阵的时间更新均在主滤波器中完成，并由主滤波器提供更新后的状态变量及信息分配因子，子滤波器仅完成测量更新功能

$$\begin{cases} \boldsymbol{P}_i^{-1}{}_{k/k-1} = \beta_i \boldsymbol{P}^{-1}{}_{k/k-1} \\ \sum_{i=1}^{2} \beta_i = 1 \end{cases} \tag{6}$$

式中 $\boldsymbol{P}$ ——全局状态估计的协方差；

$\boldsymbol{P}_i$ ——子滤波器局部状态的协方差阵；

$k$ ——滤波步数；

$\beta_i$ ——信息分配因子，其分配的合理性证明参见文献［5］。

联邦滤波器的具体结构如图 1 所示，其中 $\hat{X}_i$ 为子滤波器的状态量，$\hat{X}$ 为全局状态量。

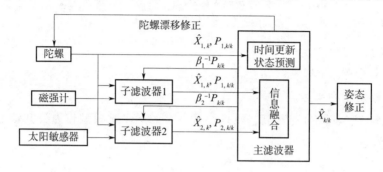

图 1 联邦滤波器结构

## 4.2 系统状态方程

四元数的误差表示形式有附加式和增量式，本文采用增量式来表示，定义如下

$$\boldsymbol{q}_{bi} = \hat{\boldsymbol{q}}_{bi} \otimes \Delta \boldsymbol{q}_{bi} \tag{7}$$

式中 $\hat{\boldsymbol{q}}_{bi}$ —— $\boldsymbol{q}_{bi}$ 的估计值；

$\Delta \boldsymbol{q}_{bi} = \begin{bmatrix} \Delta q_0 & \Delta \boldsymbol{q}_e^{\mathrm{T}} \end{bmatrix}^{\mathrm{T}}$ ——真实四元数与估计四元数之间的误差四元数；

$\Delta \boldsymbol{q}_e = \begin{bmatrix} \Delta q_1 & \Delta q_2 & \Delta q_3 \end{bmatrix}^{\mathrm{T}}$。

角速度的估计值和偏差量可表示为

$$\bar{\boldsymbol{\omega}}_{bi} = \hat{\bar{\boldsymbol{\omega}}}_{bi} + \Delta \bar{\boldsymbol{\omega}}_{bi} \tag{8}$$

式中 $\hat{\bar{\boldsymbol{\omega}}}_{bi}$ ——角速度的估计值；

$\Delta \bar{\boldsymbol{\omega}}_{bi}$ ——角速度的偏差量。

对式（7）求导，并结合式（2）、式（8）可得

$$\Delta \dot{\boldsymbol{q}}_{bi} = \frac{1}{2} \Delta \boldsymbol{q}_{bi} \otimes \Delta \bar{\boldsymbol{\omega}}_{bi} + \frac{1}{2} \Delta \boldsymbol{q}_{bi} \otimes \Delta \hat{\bar{\boldsymbol{\omega}}}_{bi} - \frac{1}{2} \Delta \bar{\boldsymbol{\omega}}_{bi} \otimes \Delta \boldsymbol{q}_{bi} \tag{9}$$

根据陀螺测量模型，可得[6]

$$\Delta \boldsymbol{\omega}_{bi} \approx - \Delta \boldsymbol{b} - \boldsymbol{V}_g \tag{10}$$

$$\Delta \dot{\boldsymbol{b}} = \boldsymbol{V}_b \tag{11}$$

当姿态角估计偏差较小时，即 $\Delta \boldsymbol{q}_{bi} \approx \begin{bmatrix} 1 & 0 & 0 & 0 \end{bmatrix}^{\mathrm{T}}$，将式（11）代入式（10）中，可得

$$\begin{cases} \Delta q_0 = 0 \\ \Delta \dot{q}e = - \begin{bmatrix} \hat{\bar{\boldsymbol{\omega}}}_{bi} \times \end{bmatrix} \Delta \boldsymbol{q}_e - \frac{1}{2} \Delta \boldsymbol{b} - \frac{1}{2} \boldsymbol{V}_g \end{cases} \tag{12}$$

式中 $\begin{bmatrix} \hat{\bar{\boldsymbol{\omega}}}_{bi} \times \end{bmatrix}$ —— $\hat{\bar{\boldsymbol{\omega}}}_{bi}$ 的叉乘矩阵。

综合式（12）、式（13），取系统状态变量 $\boldsymbol{X} = \begin{bmatrix} \Delta \boldsymbol{q}_e^{\mathrm{T}} & \Delta \boldsymbol{b}^{\mathrm{T}} \end{bmatrix}^{\mathrm{T}}$，其状态方程可表示为

$$\dot{\boldsymbol{X}} = \begin{bmatrix} - \begin{bmatrix} \hat{\bar{\boldsymbol{\omega}}}_{bi} \times \end{bmatrix} & - \frac{1}{2} \boldsymbol{I}_{3\times3} \\ \boldsymbol{0}_{3\times3} & \boldsymbol{0}_{3\times3} \end{bmatrix} \boldsymbol{X} + \begin{bmatrix} - \frac{1}{2} \boldsymbol{I}_{3\times3} & \boldsymbol{0}_{3\times3} \\ \boldsymbol{0}_{3\times3} & \boldsymbol{I}_{3\times3} \end{bmatrix} \begin{bmatrix} \boldsymbol{V}_g \\ \boldsymbol{V}_b \end{bmatrix} \tag{13}$$

## 4.3 测量方程

（1）磁强计测量方程

地磁场矢量在卫星本体坐标系中的测量值与预测值的偏差为

$$\Delta \boldsymbol{B} = \boldsymbol{B}_b - \hat{\boldsymbol{b}}_b = A_{bi}(\boldsymbol{q}_{bi})\boldsymbol{B}_b + \boldsymbol{V} - A(\hat{\boldsymbol{q}}_{bi})\boldsymbol{B}_b = [A(\Delta \boldsymbol{q}_{bi}) - \boldsymbol{I}_{3\times3}]\hat{\boldsymbol{b}}_b + \boldsymbol{V}_b \tag{14}$$

考虑到误差四元数为小量，则 $A(\Delta \boldsymbol{q}_{bi})$ 可简化为

$$A(\Delta \boldsymbol{q}_{bi}) = \begin{bmatrix} 1 & 2\Delta q_3 & -2\Delta q_2 \\ -2\Delta q_3 & 1 & 2\Delta q_1 \\ 2\Delta q_2 & -2\Delta q_1 & 1 \end{bmatrix} = \boldsymbol{I}_{3\times3} - 2[\Delta \boldsymbol{q}_e \times] \tag{15}$$

那么，将式（16）代入式（15）可得

$$\Delta \boldsymbol{B} = \boldsymbol{H}_B \boldsymbol{X} + \boldsymbol{V}_b \tag{16}$$

式中　　$\boldsymbol{H}_B = [2[\hat{\boldsymbol{b}}_b \times]\boldsymbol{0}_{3\times3}]$. $[\hat{\boldsymbol{b}}_b \times]$ —— $\hat{\boldsymbol{b}}_b$ 的叉乘矩阵。

（2）太阳敏感器测量方程

太阳敏感器测量方程的推导过程与磁强计测量方程相同，最后得到的测量方程如下

$$\Delta \boldsymbol{S} = \boldsymbol{H}_S \boldsymbol{X} + \boldsymbol{V}_s \tag{17}$$

式中　　$\boldsymbol{H}_S = [2[\hat{\boldsymbol{S}}_b \times]\boldsymbol{0}_{3\times3}]$. $[\hat{\boldsymbol{S}}_b \times]$ —— $\hat{\boldsymbol{S}}_b$ 的叉乘矩阵。

## 4.4 系统滤波算法

文中联邦扩展卡尔曼滤波的主滤波器不参与滤波，仅对各子滤波器的输出量进行融合以及再分配。联邦扩展卡尔曼滤波算法的基本步骤如下：

1）将系统初始公共信息按式（6）进行分配，初始时刻信息分配因子按 $\beta_1 = \beta_2 = \dfrac{1}{2}$ 选取；

2）姿态四元数预测值 $\hat{\boldsymbol{q}}_{bi,k/k-1}$ 及陀螺常值漂移一步预测按式（19）计算

$$\begin{cases} \hat{\boldsymbol{q}}_{bi,k/k-1} = \hat{\boldsymbol{q}}_{bi,k-1/k-1} + \left[ \dfrac{1}{2}\hat{\boldsymbol{q}}_{bi,k-1/k-1} \otimes (\hat{\boldsymbol{\omega}}_{bi,k})\Delta t \right] \\ \hat{\boldsymbol{b}}_{k/k-1} = \hat{\boldsymbol{b}}_{k/k} \end{cases} \tag{18}$$

式中　　$\Delta t$ ——滤波周期。

3）各子滤波器获得相应的观测信息后，按照经典的卡尔曼滤波流程[7]进行滤波计算；

4）主滤波器采用如式（20）对各子滤波器的输出信息进行融合，并采用文献［3］中的方法进行信息分配因子的实时自适应确定

$$\begin{cases} \boldsymbol{P}_k^{-1} = \boldsymbol{P}_{1,k}^{-1} + \boldsymbol{P}_{2,k}^{-1} \\ \boldsymbol{X}_k = \boldsymbol{P}_k(\boldsymbol{P}_{1,k}^{-1}\boldsymbol{X}_{1,k} + \boldsymbol{P}_{2,k}^{-1}\boldsymbol{X}_{2,k}) \end{cases} \tag{19}$$

5）根据系统变量 $\boldsymbol{X}_k$ 对状态修正，修正方法如下

$$\hat{\boldsymbol{q}}_{bi,k/k} = \hat{\boldsymbol{q}}_{bi,k/k-1} \otimes \left[ \sqrt{1 - |\Delta \boldsymbol{q}_{e,k/k}|^2} \ \ \Delta \boldsymbol{q}_{e,k/k}^{\mathrm{T}} \right]^{\mathrm{T}} \qquad \hat{\boldsymbol{b}}_{k/k} = \hat{\boldsymbol{b}}_{k/k-1} + \Delta \hat{\boldsymbol{b}}_{k/k} \tag{20}$$

6）重复步骤 2）～6），实现姿态及陀螺漂移估计。

# 5　基于双矢量确定性算法的扩展卡尔曼滤波模型

## 5.1 滤波结构

该滤波模型首先利用磁强计和太阳敏感器分别获得的两组观测矢量，采用确定性的姿态确定算法初步计

算卫星姿态，然后将初步计算得到的卫星姿态信息作为 EKF 滤波器的观测量输入进行滤波，如图 2 所示。其中，确定性方法所得到卫星姿态信息的统计误差特性与敏感器测量误差特性的关系可参见文献 [8]。

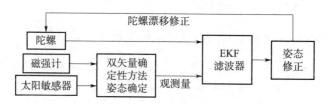

图 2　基于确定性算法的 Kalman 滤波结构

## 5.2　系统滤波算法

本文选用 QUEST 算法作为滤波模型中确定性姿态确定算法，整个滤波算法的基本步骤如下：

1）根据敏感器的矢量输出调用 QUEST 算法[8]，求得初步最优姿态四元数 $\boldsymbol{q}_{opt}$；

2）采用与 4.4 节中相同的方法计算 $\hat{\boldsymbol{q}}_{bi,k/k-1}$ 与 $\hat{\boldsymbol{b}}_{k/k-1}$；

3）在得到初步最优姿态四元数 $\boldsymbol{q}_{opt}$ 和姿态四元数预测值 $\hat{\boldsymbol{q}}_{bi,k/k-1}$ 后，按式（22）计算 EKF 滤波器的测量值，对应的观测矩阵 $\boldsymbol{H}_{opt} = \begin{bmatrix} \boldsymbol{I}_{3\times3} & \boldsymbol{0}_{3\times3} \end{bmatrix}$；

$$\Delta \boldsymbol{q}_{opt,e} = \hat{\boldsymbol{q}}_{bi,k/k-1}^{-1} \otimes \boldsymbol{q}_{opt} \tag{21}$$

4）EKF 滤波器获得观测信息后，开始滤波计算；

5）后续步骤与 4.4 节中联邦扩展卡尔曼滤波算法的基本步骤 5）、6）相同。

# 6　仿真分析

## 6.1　仿真条件

下面对所设计的滤波算法进行数学仿真，选取的初始仿真参数如下：

1）陀螺随机漂移白噪声为 0.15（°）/h（$3\sigma$），随机游走白噪声为 0.012（°）/h（$3\sigma$），常值漂移 $b(0) = \begin{bmatrix} 5 & 5 & 5 \end{bmatrix}^{\mathrm{T}}$（°）/h；

2）磁强计测量噪声取 100 nT、1 000 nT（$3\sigma$）两种，太阳敏感器测量噪声取 0.1°、1°（$3\sigma$）两种，共四种组合；

3）初始姿态角估计误差取 $\begin{bmatrix} 5° & 5° & 5° \end{bmatrix}^{\mathrm{T}}$，初始陀螺常值漂移预测值 $\hat{\boldsymbol{b}}(0) = \begin{bmatrix} 0 & 0 & 0 \end{bmatrix}^{\mathrm{T}}$（°）/h；

4）滤波步长取 0.4 s，仿真时间取 6 000 s。

## 6.2　仿真结果

本文对 5.1 节所述的四种敏感器测量精度组合分别进行仿真，并对仿真结果进行了详细的对比分析，但由于篇幅的限制，下文中仅给出典型的仿真结果曲线，如图 3 至图 7 所示。

仿真结果表明：当磁强计和太阳敏感器测量精度较高时（100nT/0.1°），两种滤波方法的定姿精度相当，如图 3 和图 4 所示，且都具有较高的定姿精度，但基于双矢量确定性算法的扩展卡尔曼滤波算法收敛速度更快；当磁强计和太阳敏感器测量精度都较低（1 000 nT/1°）或某一个敏感器测量精度较低时，联邦卡尔曼滤波算法具有更高的定姿精度，但其收敛速度较慢，如图 5 和图 6 所示；两种算法都能对陀螺常值漂移进行有效的估计，估计精度都随敏感器测量精度的降低而降低，但联邦滤波算法的初始估计偏差较大，如图 7 所示。

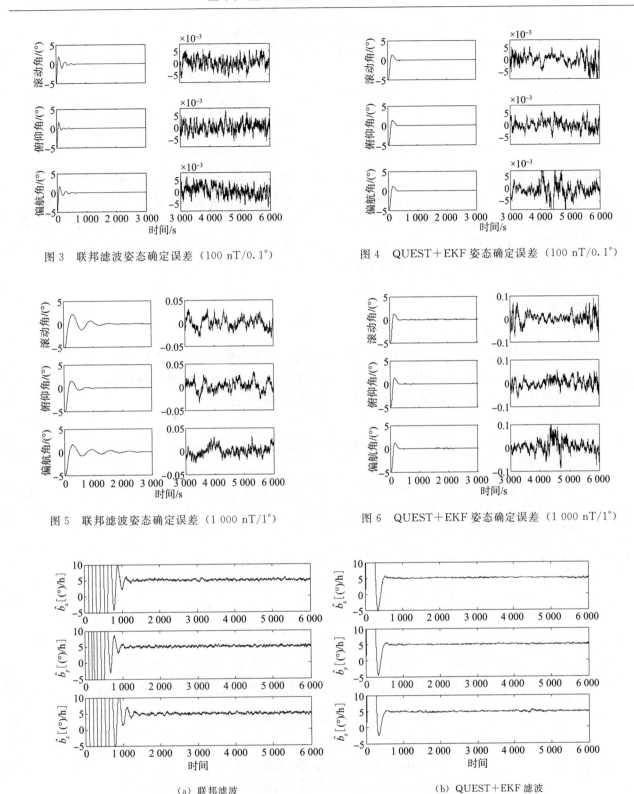

图 3　联邦滤波姿态确定误差（100 nT/0.1°）

图 4　QUEST＋EKF 姿态确定误差（100 nT/0.1°）

图 5　联邦滤波姿态确定误差（1 000 nT/1°）

图 6　QUEST＋EKF 姿态确定误差（1 000 nT/1°）

（a）联邦滤波

（b）QUEST＋EKF 滤波

图 7　陀螺常值漂移估计

　　取仿真时间 $t \geqslant 3\ 000$ s 时为滤波稳定段，四种仿真条件下的姿态确定精度在稳定段的统计标准差见表 1，姿态角估计误差的统计标准差随敏感器测量精度的降低而增大，且联邦滤波的统计标准差较小，统计结果与得到的仿真结论相符合。

**表 1　稳定段姿态角误差统计标准差**

| | 联邦滤波 | QUEST＋EKF 滤波 |
|---|---|---|
| 0.1°/100 nT | [0.002 2　0.002 1　0.0021] / (°) | [0.002 3　0.002 0　0.003 1] / (°) |
| 1°/100 nT | [0.012 9　0.004 2　0.016 1] / (°) | [0.011 8　0.006 8　0.019 2] / (°) |
| 0.1°/1 000 nT | [0.021 3　0.019 5　0.018 8] / (°) | [0.002 2　0.002 0　0.002 4] / (°) |
| 1°/1 000 nT | [0.011 9　0.011 0　0.009 5] / (°) | [0.022 4　0.019 8　0.024 7] / (°) |

结合仿真结果及分析，对于具有文中敏感器配置的在轨运行的微小卫星可以采用如下姿态确定策略：当卫星处于阴影区或某个敏感器失效时，基于双矢量确定性算法的扩展卡尔曼滤波算法失效，而联邦滤波算法具有冗余性，通过信息分配因子的自适应确定，可适应这种情况，故采用联邦滤波算法；当卫星处于光照区且敏感器正常工作时，先采用 QUEST＋EKF 算法，降低陀螺常值漂移初始估计偏差，加快收敛速度，然后切换为联邦滤波算法，提高稳定精度。

# 7　结束语

本文以微小卫星姿态确定为研究对象，针对陀螺/磁强计/太阳敏感器的敏感器配置，分析了提出的联邦扩展卡尔曼滤波和基于双矢量确定性算法的扩展卡尔曼滤波两种算法的姿态确定特点，提出了一种微小卫星在轨快速、高精度姿态确定的策略，具有较高的工程应用价值。

## 参 考 文 献

[1] 林玉荣，等. 基于矢量观测确定飞行器姿态的算法综述 [J]. 哈尔滨工业大学报，2003，1.

[2] 刘准，等. INS/GPS/TERCOM 组合制导系统中的信息融合方法研究 [J]. 宇航学报，2005，1.

[3] 刘瑞华，等. 联邦滤波信息分配新方法 [J]. 中国惯性技术学报，2001，6.

[4] 屠善澄. 卫星姿态动力学与控制 [M]. 中国宇航出版社，1999.

[5] 郁丰登，等. 微小卫星姿态确定系统多信息融合滤波技术 [J]. 上海交通大学学报，2008，5.

[6] LEFFERTS E J et al. Kalman filtering for spacecraft attitude estimation [J]. Journal of Guidance Control and Dynamics，1982.

[7] 秦永元，等. 卡尔曼滤波与组合导航原理 [M]. 西北工业大学出版社，2012.

[8] SHUSTER M D et al. Three axis attitude determination from vector observations [J]. Journal of Guidance and Control，1981.

# Research on Determination of Micro – Satellite based on Vector Observations

MEI Changming　ZHANG Jin

College of Aerospace Science and Engineering. National University
of Defense Technology. Changsha　410073

**Abstract**　For the micro – satellite attitude determination system using the gyro. magnetometer and sun sensor. the attitude determination algorithms based on vector observation information are studied. The federal extended Kalman filter model and the extended Kalman filter model based on deterministic algorithm are both built. and the numerical simulation to evaluate the performance of the two algorithms is executed. The simulation results show that 1) when the accuracies of the sensors are all high. the two algorithms have the same accuracy. while the extended Kalman filter algorithm based on deterministic algorithm shows a faster convergence speed; 2) when the accuracies of one sensor or all sensors are low. the federal extended Kalman filter shows the higher accuracy. According to the above results. the switching logic of the micro – satellite attitude determination algorithm mode is presented. and then the convergence speed and accuracy of attitude determination can be further improved.

**Key words**   Vector observation; Micro – satellite; Attitude determination; Federal Filtering

## 作 者 简 介

梅昌明，男，于国防科学技术大学飞行器设计专业攻读硕士学位，研究方向为飞行器总体设计与系统仿真，电子邮箱：272580676@qq. com。

# 轻小型深空探测 SAR 系统设计技术研究

盛磊　刘小平　席龙梅

中国电子科技集团公司第 38 研究所，合肥　230031

**摘　要**　深空探测是人类探测宇宙世界的重要科学研究方向之一，"麦哲伦"号金星探测器实现了对金星表面的合成孔径雷达观测，开创了历史。本文根据深空天体探测的特殊性，结合目前星载 SAR 技术发展的水平，提出一种轻小型星载合成孔径雷达的系统设计方案，并通过实例仿真设计，分析了相关技术的可行性。

**关键词**　深空探测；麦哲伦；轻小型 SAR；系统设计

## 1　引言

深空探测是脱离地球引力场，进入太阳系空间和宇宙空间的探测。本世纪的深空探测以太阳系空间为主，包括月球、火星、水星和金星、巨行星的卫星、小行星和彗星，兼顾宇宙空间的观测[1]。深空探测技术研究是在卫星应用和载人航天取得重大成就的基础上，围绕太阳系天体演化、地外生命等关键科学问题，开展的天体表层结构、生命、物质等关键要素的探测技术，形成太阳系天体演化和生命物质探测科学目标体系、生命特征信息与天体表层探测载荷的基础能力，推动空间探测领域科学技术的原创性发展。

本文结合深空天体探测发展历程和探测特殊性，提出一种采用轻型星载合成孔径雷达系统的设计方案，给出了设计实例，可用于对天体（主要指行星）的表层结构进行干涉成像探测，以实现对行星表面的连续三维成像，为后续反演行星的表面结构、地质特性和物理特性提供支撑。

## 2　深空天体探测的特殊性

对太阳系类地行星而言，在大小、密度、质量、外表等方面都有与地球像类似的地方，对行星表面形貌进行三维影像的获取是人类进行地外生命探测，更深入认识地外行星以服务于人类的有力条件与措施。

工作于微波频段的合成孔径雷达（SAR）探测器受大气环境影响较小、能够穿透行星云层及大气，不仅能够实现对行星表面的连续成像，还能利用干涉 SAR 三维测绘成像技术获取高分辨率行星表面三维影像，用来精细划分行星表面的地貌单元，编制高精度行星三维地形图、地质图和表面地物要素图，对掌握行星的地质、地貌信息、地理要素，实现行星空间物质结构探测和生命迹象环境探测具有重大意义。

国外利用 SAR 进行地外行星探测的典型例证有美国于 1989 年发射的"麦哲伦号"探测器，其利用合成孔径雷达以 120～360 m 的分辨率对金星 98％ 的表面进行了连续成像，并获取了金星的全球地形图，对了解金星的地质结构、金星的表面特性、物理学特性意义重大。

迄今为止，装载过合成孔径雷达的深空探测器主要有美国的"麦哲伦"号金星探测器和印度"月球飞船 1 号"。随着合成孔径雷达技术的快速发展，它将逐渐演变成为深空探测领域的一颗璀璨明珠。图 1 为"麦哲伦"号金星探测器。

因此，针对大气环境限制传统光学遥感的瓶颈和行星表面的探测需求，开展具有行星表层三维探测

图 1　"麦哲伦"号金星探测器

能力的行星探测合成孔径雷达系统总体技术研究是十分必要的。下面将结合深空探测平台对载荷的体积、质量、功耗的限制，开展深空天体探测 SAR 系统设计技术的研究，并给出一个设计实例。

# 3　深空天体探测 SAR 系统设计

本系统主要面向深空探测，以星体表面探测为主导方向，结合 SAR 在立体测绘方面的优势及其微波成像能力，以一定的分辨率尺度，利用重复航过干涉方法对行星表面地形进行三维测量。同时，由于深空探测对数据率等方面的限制，系统带宽不宜太宽，分辨率不能太高，系统要求能实现中尺度分辨率、大范围成像。另外，作为近几年星载 SAR 发展前沿和热点之一的小卫星 SAR 技术，重点是解决小 SAR 的特殊技术，如降低系统功耗，减轻系统质量，降低数据率，减少天线质量[2]等方面深空探测对系统的质量、体积、功耗有严格的要求，SAR 载荷必须进行创新，实现轻量化、小型化的设计。

以类似于美国的金星表面探测器为例，本文讨论的轻小型深空天体 SAR 探测器拟达到的性能指标要求如下：

1）轨道高度设计：250 km；

2）成像分辨率：＜100 m；

3）观测带宽：9 km；

4）全球地形图精度：＜100 m；

5）载荷质量：≤30 kg；

6）载荷功耗：≤200 W。

以上述参数作为设计边界条件，开展轻小型深空天体探测 SAR 系统系统设计。

## 3.1　系统组成与工作原理设计

深空天体探测轻小型 SAR 系统主要由以下几个部分组成：天线系统、发射机、射频单机、控制与数据形成单机、电源。图 2 为系统组成框图。

在天线辐射效率、天线有效尺寸、结构安装空间和天线展开方式等方面，平面阵列天线相对于抛物面天线具有明显的优势，系统拟采用平面阵列天线。

为了提高发射机的集成度，可采用中功率微波功率模块（MPM），由于其末级行波管输出功率适中，工作电压不高，相比于传统的 TWT 发射机工作电压可以降低一半，约为 4 000～6 000 V，减小了功率处理和高压绝缘设计的工程实现难度，提高发射机可靠性，同时回避了采用基于 T/R 组件的分布式相控阵

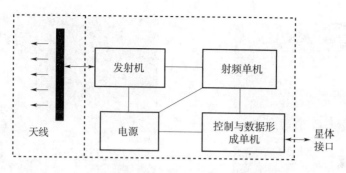

图 2　系统组成框图

收发技术而带来的设备量和复杂度显著增加的不足之处。

射频单机包括频率源、数字波形产生和接收通道三个部分，它产生 SAR 载荷的线性调频发射激励信号，再将发射激励信号经上变频、滤波，送入发射机进行放大，产生大功率射频信号，送至天线，辐射到空间。

射频单机的接收通道将来自天线的 SAR 回波信号经滤波、放大、下变频、中频滤波放大、正交解调后形成基带信号送至控制与数据形成单机。

控制与数据形成单机将 SAR 回波基带信号经 A/D 变换，量化成数字信号并经数据压缩，再与来自卫星的星历表数据组成 SAR 原始数据，进行存储或通过卫星下传到地面。

控制与数据形成单机的控制电路部分用于监视、控制 SAR 载荷所有分机的工作，同时提供所有单机的定时、控制信号，产生 SAR 工作模式的各种波束形成与指向控制信号，将监控信号传送到卫星平台测控系统。

## 3.2　波段选择

对深空天体探测来说，SAR 工作波段选择需要多方面考虑。从卫星的运载能力来看，能提供给 SAR 载荷的质量、功耗有限，目前设计方案所采用的 X 或 Ku 波段可有效减轻载荷的质量。通过金星大气环境对不同波段 SAR 信号的穿透性分析，对金星大气与云层对雷达信号的衰减可通过必要的能量加以补偿，即采用高波段进行金星探测理论上是可行的。然而，由于金星大气层中浓硫酸雾影响 Ku 波段探测性能，而 X 波段 SAR 图像也能较好的显示地物目标表面的纹理、轮廓特征，对行星地表形貌具备更好的表现力，且硬件技术更为成熟，因此，初步选择 X 波段进行系统设计。

## 3.3　基线长度考虑

由干涉测量原理可知，两个相互接近但又不重合的信号源是产生干涉的基础，两个信号源之间的距离即基线决定干涉的特性，基线在干涉 SAR 系统的设计和性能分析中起着重要作用。

基线对于干涉 SAR 如同平台运动对于 SAR，是既对立又统一的一对矛盾，基线产生了干涉现象，同时又使得干涉 SAR 信号的相关性降低。从干涉相位的角度考虑，增加基线长度一方面可以增加干涉 SAR 系统的相位灵敏度，另一方面使几何相关下降，增加了干涉相位误差，因此基线长度必然存在最优值。

由干涉 SAR 测量的原理可知，干涉 SAR 对应的极限长度为

$$B_{\perp c} = \frac{2W\lambda r \tan(\theta - \tau_y)}{c} \tag{1}$$

式中　$W$ ——系统带宽；

$\lambda$ ——波长；

$r$ ——测绘带中心处的斜距；

$\theta$ ——测绘带中心处的入射角；

$\tau_y$ ——测绘带中心处的地形坡度。

根据假设的卫星高度为 250 km，SAR 工作于 X 波段，分辨率设计为 100 m，可以得到由几何去相关所约束的极限有效基线长度不大于 1.5 km，另外结合金星自转速度和卫星轨道特点，最优的基线长度可选择轨道间隔，约为 300 m。

## 3.4 天线尺寸设计

天线尺寸的设计是星载 SAR 系统的难点之一，它受分辨率、观测带、灵敏度、模糊度、卫星平台体积、质量、功耗等资源的限制。

星载 SAR 系统的方位和距离模糊度是关系图像质量的一项重要指标，由模糊度限制条件下最小天线口径面积公式 $A_{\min} = \dfrac{kV_{st}\lambda R}{c}\tan\theta$，可以得到不同 $k$ 系数条件下的最小不模糊天线面积[3]。在金星的轨道条件下，为了降低系统复杂度，选择单一的固定入射角 30° 进行设计。图 3 给出了 X 波段下，在轨道高度 250 km，系数 $k=4$、5、6、8 时天线最小面积随入射角变化曲线。

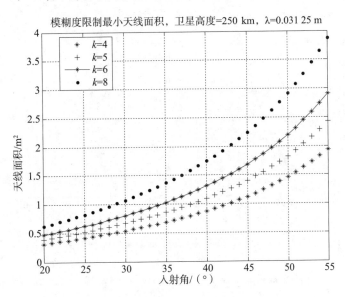

图 3　模糊度限制天线口径面积

SAR 图像信噪比指标与系统灵敏度有关，SAR 系统灵敏度通常以等效噪声后向散射系数（$NE\sigma_0$）表示，SAR 图像信噪比要求越高，$NE\sigma_0$ 要求越低

$$NE\sigma_0 = \frac{8\pi\lambda R^3 F_n kTV_{st}L_s}{P_{av}\eta^2 A^2 \delta_{rg}} \tag{2}$$

式中　$R$——雷达斜距；

　　　$F_n$——系统噪声系数；

　　　$k$——波尔兹曼常数；

　　　$T$——等效噪声温度；

　　　$V_{st}$——卫星与目标间相对速度；

　　　$L_s$——系统损耗；

　　　$P_{av}$——系统平均发射功率；

　　　$\lambda$——雷达工作波长；

　　　$\delta_{rg}$——地面距离分辨率；

　　　$\eta$——天线效率；

　　　$A$——天线口径面积[4]。

因此，天线口径尺寸选择必须同时满足以下两个条件。

1）模糊度限制条件下最小天线口径面积公式

$$A_{\min} = \frac{kV_{st}\lambda R}{c}\tan\theta$$

2）满足 $NE\sigma_0$ 要求天线口径面积

$$A = \sqrt{\frac{8\pi\lambda R^3 F_n k T V_{st} L_s}{NE\sigma_0 \cdot P_{av}\eta^2\delta_{rg}}}$$

图4至图6给出了X波段、Ku波段和L波段的天线尺寸设计仿真曲线。根据仿真计算结果，L波段天线受模糊度限制需要的天线面积太大，卫星平台不能承载，因而不再考虑L波段。初步考虑以下两种X波段和Ku波段的天线方案，而Ku波段因为波长更短，可以采用更小的天线尺寸。

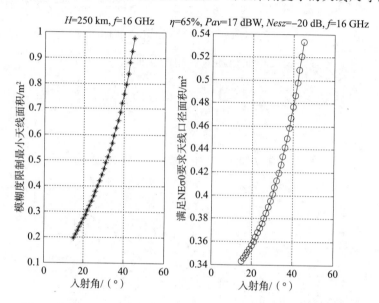

图4　高度＝250 km，分辨率＝100 m时天线面积限制（Ku波段）

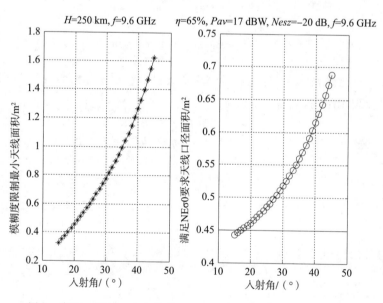

图5　高度＝250 km，分辨率＝100 m时天线面积限制（X波段）

X波段：1.2 m（方位向）×0.8 m（距离向）＝0.96 m²

Ku波段：1.2 m（方位向）×0.5 m（距离向）＝0.6 m²

由于采用平板天线的面积相对抛物面天线更小，辐射效率更高，有利于减重和降低电源功耗，根据所设计的X波段天线面积，若天线采用碳纤维复合材料的质量约为8 kg；发射机采用MPM模块发射方案，质量约10 kg；综合处理机进行集成设计，质量约12 kg，总质量可控制在30 kg。而Ku波段SAR系

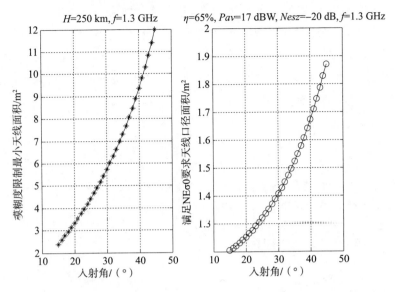

图 6　高度＝250 km，分辨率＝100 m 时天线面积限制（L 波段）

统的总质量约 25 kg，但是根据目前星载 X 波段器件水平的成熟性优于 Ku 波段的现状，并结合酸云对微波衰减特性存在的不确定，因而选择 X 波段的工程可实现性更优。

深空天体探测 SAR 系统其他性能参数的仿真设计结果如表 1 所示，仿真计算过程不再详述。

**表 1　性能汇总表**

| 指标 | Ku 波段 | X 波段 |
| --- | --- | --- |
| 高度/km | 250 | 250 |
| 入射角/（°） | 30 | 30 |
| 天线尺寸/（a×e） | 1.2 m×0.5 m | 1.2 m×0.8 m |
| 极化方式 | 单极化 | 单极化 |
| 距离分辨率/m | 150 | 150 |
| 信号带宽/MHz | 3 | 3 |
| 成像带宽度/km | 9 | 9 |
| 占空比/% | 15 | 15 |
| 脉冲宽度/μs | 8，9 | 8，9 |
| PRF 范围/Hz | 17 990～16 160 | 17 990，16 160 |
| 数据率/Mbps | 36 | 36 |
| SAR 噪声系数/dB | 4 | 4 |
| SAR 系统损耗/dB | 3.5 | 3.5 |
| 等效噪声温度/K | 757（即 484 ℃） | 757（即 484 ℃） |
| 酸云带来的系统损耗/dB | 3 | 1 |
| 系统灵敏度 NESZ/dB | 优于－20 dB | 优于－19 dB |
| 距离模糊度 RASR/dB | 优于－20 dB | 优于－19 dB |
| 方位模糊度 AASR/dB | 优于－20 dB | 优于－20 dB |
| SAR 系统总功耗/W | ＜200 | ＜200 |
| SAR 系统总质量/kg | 25 | 30 |

# 4　结束语

本文结合深空天体探测的科学研究背景，讨论了一种可满足深空天体探测表面地形测绘需要的轻小型星载 SAR 系统设计方案和指标体系，设计出的 X 波段轻小型深空天体探测 SAR 系统性能较美国的"麦哲伦"探测器装载的 S 波段 SAR 系统具有更小的质量及更高的分辨率。下一步更深入的工程化研制，还需要深入开展 X 波段 SAR 在金星云层及大气中的传输特性的分析，突破重复航过 SAR 干涉技术，研发表面成像、数字高程模型生成算法与软件，才能完成绘制金星全球地形图的关键技术攻关，实现空间物质结构和生命迹象环境探测的目标。

## 参 考 文 献

[1] 欧阳自远. 深空探测的进展与我国深空探测的发展战略 [J]. 中国航天，2002 (12)：28－32.
[2] 杨耀增. 合成孔径雷达（SAR）的现状与未来 [J]. 无线电工程，2001 (S1)：10－11.
[3] 刘永坦. 雷达成像技术 [B]. 哈尔滨工业大学出版社，1999.
[4] 袁孝康. 星载合成孔径雷达导论 [B]. 国防工业出版社，2003.

# Design of Mini‐SAR System for Deep Space Exploration

SHENG Lei　　LIU Xiaoping　　XI Longmei

No. 38 Research Institute，China Electronic Technology Group Corporation，Hefei　230031

**Abstract**　The deep space exploration is an important research about human exploration of the universe. As history，Magellan probe completes observation on the surface of Venus by synthetic aperture radar（SAR）. Based on the characteristic of deep space exploration and the technological development of current spaceborne SAR，a spaceborne mini‐SAR system is designed. Then an example of simulation design proves the technical feasibility.

**Key words**　Deep space exploration；Magellan；Mini‐SAR；System design

## 作 者 简 介

盛磊，男，研究员，中国电子科技集团公司第三十八研究所，研究方向为雷达总体设计，电子邮箱：shenglei02@139.com。

# 天基多天线 GMSK 接收机技术

宋海伟　杨树树　田达

中国航天科工集团 8511 研究所，南京　210007

**摘　要**　针对多个 GMSK 信号时域混叠情况，提出了一种天基多天线 GMSK 接收机总体实现方案，详述了高性能多通道接收机技术、多信号盲源分离技术以及轻型化、低功耗设计技术。该方案目前已在工程中得到应用，效果良好。

**关键词**　GMSK；天基设备；中频数字化

## 1　引言

GMSK 是一种恒包络连续相位调制方式，同时具备高频谱利用率和功率效率，且抗干扰性能显著优于 PSK 类数字调制，目前已广泛应用于卫星通信系统。德国早在 1998 年发射了一颗低成本全球卫星通信试验卫星 TUBSAT - N，采用 GMSK 调制实现了 9.6kbit/s 速率的信息传输[1]。美国 2010 年发射了高轨军事通信卫星先进极高频（AEHF）卫星[2]，上行链路采用 GMSK 调制方式，带宽与符号周期乘积（BT）为 1/6。

天基 GMSK 接收机技术作为其中一项关键技术，引起广泛关注和研究。天基 GMSK 接收机最主要的功能是完成 GMSK 信号解调，GMSK 信号最佳解调方式是采用 Viterbi 算法的最大似然序列检测算法[3]，但是需要精确恢复载波相位，且算法复杂度高，不适合卫星信道条件和处理能力。差分解调算法简单，且无须恢复载波相位，故适合星上处理，但是解调性能明显差于相干解调方式[4]。文献［5］提出了一种适用于卫星移动通信系统中 GMSK 接收方案，采用基于 Laurent 分解的准相干序列解调方式，并对星地大多普勒频移和时延进行快速估计，该方案在同频干扰较小时解调性能好，但算法复杂，且未考虑多 GMSK 信号接收的问题。当接收到多个时域混叠的 GMSK 信号，常规的基于单天线的 GMSK 接收机采用信号重构对消等方法，但难以处理 2 个以上的混叠信号。本文采用一种轻量型、高性能的多天线天基 GMSK 接收机，利用多信号盲源分离技术，实现多于 2 个混叠 GMSK 信号的分离解调处理，并针对空间应用特点进行低功耗、轻型化的多通道接收机设计。

## 2　系统组成

天基 GMSK 接收机主要由天线、射频前端、数字中频处理模块以及电源调节模块组成，如图 1 所示。天线系统包含 4 副圆极化天线，射频前端包含 4 个接收通路，每个通路采用二次变频的超外差结构完成放大滤波和下变频功能。数字中频处理模块工作在两种模式：采集模式和实时解调模式，采集模式对 A/D 采样 4 通道数据进行预处理，然后存入存储器对应的镜像区；实时解调模式对预处理的数据进行抗干扰解调实时处理。数字中频处理模块包含 CAN 总线和 LVDS 接口单元，通过 CAN 总线完成与星载计算机指令交互，将解调的数据或存储的数据通过 LVDS 接口输出至数传单机。为了实现抗辐射加固，数字中频处理采用 A/B 冷备份的方式。电源调节模块完成平台母线电压调节分配。

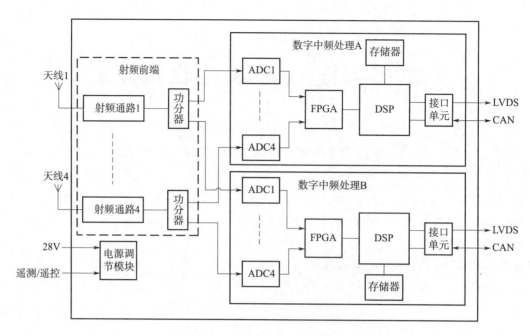

图 1　卫星 GMSK 接收机总体结构图

# 3　关键技术及技术途径

## 3.1　高性能多通道接收机技术

综合考虑天基接收机性能要求和工程易实现等各方面因素，采用基于软件无线电架构的多通道接收机设计，射频前端由线性放大链组成，抑制镜像频率，减少损耗和非线性产物，数字中频处理采用低速率带通采样可大大降低系统功耗。

射频前端采用超外差结构，具有优良的带外信号抑制能力和高灵敏度，但是超外差结构的射频前端较为复杂，需要大量的外部元件，本系统采用集成超外差接收机芯片实现下变频功能，不仅保留了超外差结构高性能优点，而且提高了系统集成度。

GMSK 解调算法经过多年研究，目前已有较多 GMSK 基带处理芯片。采用 GMSK 解调芯片固然可以提高集成度，实现小型化设计，但是现有 GMSK 处理芯片均采用简化的非相干解调算法，如 1-bit 或 2-bit 差分解调算法，文献[6]指出在误码率同为 $10^{-3}$ 的条件下，基于 Viterbi 的非相干解调算法比 2-bit 差分解调可获得 7dB 的增益，并具有较好的抗噪声和抗多径性能。本系统采用 FPGA＋DSP 的数字中频方案可以实现高性能的解调算法，且可以根据需求重构算法。

## 3.2　多信号盲分离技术

卫星天线的波束覆盖范围较大，多个地面终端发送的 GMSK 信号可能同时到达接收机，造成了严重的同频干扰，常规的基于单天线的解调算法很难处理这种情况。多天线阵列接收充分利用了信号的空域信息和多维观测处理的独特优势，基于多天线的分离方法具有更强的多信号能力。一旦将发生时域的多个信号加以分离，采用常规的单信号 1-bit/2-bit 差分解调技术即可获得满意的解调性能，大大降低了后续处理的难度。

基于多天线/阵列处理的盲源分离方法不需要知道信号的到达方向信息，也不需要准确的阵列模型，只需要信号满足彼此独立、非高斯即可。与其他阵列处理方法相比，这种盲处理方法并不严格要求阵列通道的一致性，大大降低了工程实现难度，且性能不严格依赖于空域分辨率，对阵列构形、孔径没有特殊要求，因而特别适于小卫星应用。

在 Matlab 环境下，对 GMSK 混叠信号盲分离进行仿真。仿真中假定天线阵为 4 元阵，阵列流形（混合矩阵）未知，满足列满秩特性，各阵元噪声为独立分布的加性高斯白噪声。定义碰撞信号的信干比 SIR 为最强信号与次强信号的功率比，信噪比 $E_b/N_0$ 为最强信号与阵元噪声功率之比。

图 2 为 SIR＝6 dB，$E_b/N_0＝12$ dB 时的 3 个 GMSK 重叠信号分离的结果，图 2（a）为 4 元阵接收的碰撞信号，图 2（b）为分离的时域波形，从图中可以看出，3 个重叠信号得到较好的分离。

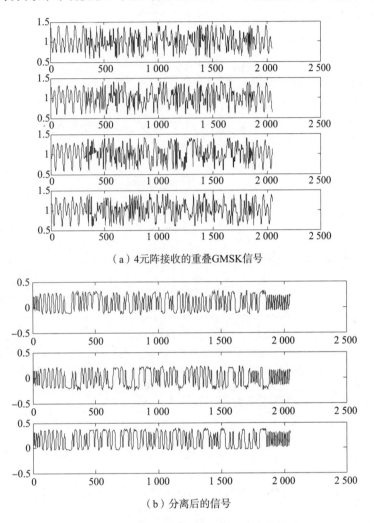

（a）4元阵接收的重叠GMSK信号

（b）分离后的信号

图 2 三个时域重叠 GMSK 信号分离结果

## 3.3 轻型化、低功耗设计技术

（1）软件无线电体制架构简化硬件需求

本系统采用软件无线电设计思路，降低了系统对质量、体积的要求，构成了有效载荷轻型化、低功耗的基础。

（2）超大规模可编程芯片减少硬件开销

近年来，FPGA、DSP 为代表的嵌入式处理芯片等大规模可编程逻辑芯片，无论从芯片的生产工艺、运算速度、集成规模来看，还是从芯片的价格、开发的方便程度、供货周期来看，都取得了迅猛的发展，在各个领域得到了广泛的使用。在数字通信中，采用可编程芯片的组合，构成通用化强、集成度高的处理平台已经被证明是一种科学、有效的平台构成方法。

（3）基带射频一体化设计降低结构开销

在传统的设计方法中，基带与射频相互隔离，只保留必要的中频或零频接口。这种结构的优点是能够最大限度地减少相互干扰和有利于系统的设计调试，缺点是体积大、功耗高、连接线缆和接插件导致信号损耗。在本系统中，由于小型化、低功耗的要求，采用基带射频一体化的设计方法。在结构上采用基带射频两部分集成在一起，这样做可以有效地减少接口数量，缩减模块体积。

（4）优化功率控制降低系统统计功耗

在满足系统功能的前提下，必须尽量降低功耗。为了有效降低系统功耗，采取以下三方面的措施：1）选用低功耗工作器件；2）降低系统工作频率；3）减少工作环节。

# 4　结束语

GMSK 调制技术具有相位平滑、频谱特性好、带外辐射少等特点，已在众多卫星通信系统得到应用。本文提出一种天基多天线 GMSK 接收机总体方案，能够实现多个混叠 GMSK 分离解调。试验结果表明，该方案具有架构先进、可靠性高和体积小等优点，对于从事 GMSK 调制卫星通信研究的人员具有重要的参考意义。该接收机采用的软件无线电的架构，可根据不同的任务需要增加或裁剪软件的功能，具有广泛的适应性。

**参 考 文 献**

[1] SCHULTE R. TUBSAT – N, an ultra low cost global communication nanosatellite system [J]. Air & Space Europe. 2000，2（5）：80 – 83.

[2] MILLER J，EINHORN A. Spectrum Management Issues Related to the AEHF System [Z]. 2007.

[3] AL – DHAHIR N，SAULNIER G. A high – performance reduced – complexity GMSK demodulator [J]. IEEE Transactions on Communications. 1998，46（11）：1409 – 1412.

[4] 陈旗，杨允军，宋士琼. GMSK 信号的非相干解调技术研究 [J]. 航天电子对抗，2007，23（01）：58 – 61.

[5] 赵坤，潘克刚，王永刚，等. 卫星移动通信系统中高性能低复杂度 GMSK 接收方案设计与实现 [C]. 第八届卫星通信学术年会，2012：174 – 180.

[6] 曾佐祺，李赞. 基于 Viterbi 算法的 GMSK 信号解调性能分析与仿真 [J]. 重庆邮电大学学报（自然科学版），2008，20（2）：132 – 138.

# Technology of Space – based Multi – Antenna GMSK Receiver

SONG Haiwei　YANG Shushu　TIAN da

No. 8511 Research Institute of CASIC，Nanjing 210007

**Abstract**　Aimed at multiple GMSK signals overlapping in time domain，a scheme for space – based multi – antenna GMSK receiver is proposed，and technology of multi – channel receiver，blind source separation，and light and low power design are described. The scheme has been successfully applied in engineering，and the result is satisfying.

**Key words**　GMSK；Space-borne receiver；IF digitization

**作 者 简 介**

宋海伟，男，1986 年生，主要从事卫星通信、星载多波束天线技术研究，电子邮箱：hw8511@126.com。

# 基于 FPGA 的空间指令安全性设计与实现

同志宏　宿美佳　刘曦

西安微电子技术研究所，西安　710100

**摘　要**　本文介绍了一种空间指令安全性设计的思想，并提出了基于 FPGA 的设计实现方法。该设计结合空间指令安全管理技术，打破了传统的卫星指令输出方法，提出了以协议编码的方式实现星上指令的标准化设计，在丰富指令类型的同时提高了指令的安全性。重点针对空间应用环境提出了自动检错、纠错的三模冗余技术，有效减小空间粒子对指令安全性的影响。

**关键词**　指令安全；三模冗余

## 1　引言

卫星星上指令多用于控制星上电子设备加、断电和主备切换，对指令的信号形式和安全性管理有严格的要求，稍有不慎就可能导致卫星任务失败。本文介绍一种新的星上指令安全设计技术，即能够满足星上高密度、灵活的指令输出要求；又能够实现星上指令的安全管理，达到在出错情况下宁肯不发，也不乱发的目的。

传统的星上指令输出电路主要由指令译码电路、锁存电路和输出驱动电路组成，即 CPU 通过地址线、数据线对相应指令寄存器对应的变量进行置位操作。传统的设计中存在诸多不足，在硬件资源方面，输出一条指令使用了大量的锁存器、译码器和门电路，占用印制板版面，制约了卫星小型化的发展；在安全性方面，时序上的偏差可能使锁存器锁入错误的数据，最终导致指令的误发，存在诸多隐患。

结合空间应用环境的特点，在对传统卫星指令信号形式进行整合的基础上，提出了通过协议编码实现标准化的指令设计，同时对于指令的安全性采用了三模冗余设计，有效提高了指令的安全性。

## 2　TMR 技术

卫星应用与地面应用环境相比，最特殊的要求就是空间辐射环境，空间辐射对星载电子设备的破坏作用主要表现为单粒子翻转（Single Event Upset，SEU）效应。

随着半导体工业突飞猛进的发展，芯片的集成度越来越高，其操作电压不断降低，这都导致集成电路在辐射条件下的可靠性下降，特别是以 SEU 为代表的软故障的影响不断加大，所以在使用 FPGA 实现系统的时候，必须采取容错措施。

三模冗余（Triple Modular Redundancy，TMR）技术具有简单性和高可靠性的特点，已成为一种广泛应用于空间环境的容错技术。TMR 的基本概念是用三个相同的模块分别实现相同的功能，最后在输出时通过一个多数表决器对数据进行选择以实现容错的目的。TMR 的使用是建立在某一个时刻错误只出现在一个模块里的基础上，而实际上，在不同的模块里同时出错的概率是比较低的，而且实现过程直接、简单，所以 TMR 是现在比较有效且在工程上被大量使用的一种容错方法。TMR 的使用使系统在 SEU 影响下的可靠性得到大幅提高。

本文中 TMR 的设计采用了一种具有自恢复能力的三模冗余寄存器单元，原理图如图 1 所示。

寄存器 q1，q2，q3 经过表决后输出 D0，D0 再反馈回三个寄存器的输入端。当三个寄存器中的一个被单粒子打翻后，由于后面的表决电路，输出 D0 是不会发生变化的。由于 D0 被反馈到寄存器的输入端，

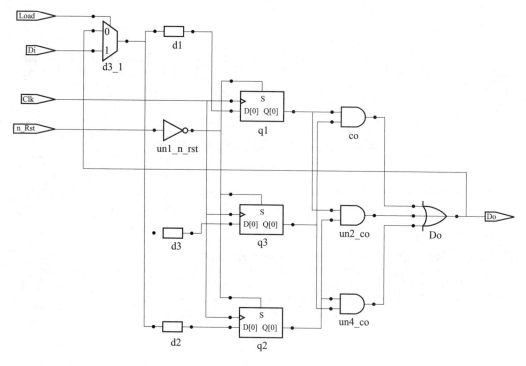

图 1　TMR 原理图

当下一个时钟上升沿的时候，被打翻的寄存器就自动恢复正确，解除单粒子翻转带来的风险。该设计实现了系统的自动检错纠错功能。

# 3　系统实现

## 3.1　系统组成

　　星上指令输出单元主要由四个独立的功能模块构成，如图 2 所示，除了指令输出的驱动电路与电平转换电路以外，所有的逻辑和时序都要在 FPGA 中实现。

图 2　指令输出单元组成框图

　　本设计中选用 Flash 型的 FPGA——APA600。Flash 型 FPGA 既有着与 SRAM 型 FPGA 一样的优点，可在线编程，又有着与反熔丝 FPGA 一样的优点，功耗低，设计简单，不需要配置加载过程。因此，FPGA 的安全设计方面重点放在 FIFO 和内部寄存器的 SEU 防护设计上。

　　FPGA 设计的原理框图如图 3 所示，主要由 FIFO、校验译码电路模块、指令输出电路模块、10ms 定时电路模块和指令计数器模块构成。

　　需要发出指令时，CPU 将指令编码写入到 FPGA 内部的 FIFO，该 FIFO 是 512×16bit 的，可以存储 512 条指令。一旦 FIFO 不空，校验译码电路就开始工作，将指令编码依次从 FIFO 中读出并进行校验。如果当前指令经循环见余码（CRC）校验是正确的，再对该指令进行译码，将指令类型码与指令值域锁存到相应通道的指令寄存器中。同时指令计数器加 1，表示成功发送 1 条指令，指令计数器是 16 位宽度的，可计 65 536 次指令成功发送记录。指令计数器为指令输出提供了一种参考，通过该计数器的值获知指令是否正确发送出去。如果当前指令经 CRC 校验是错误的，则放弃该指令输出。所有的指令输出电路共享一个 10 ms 定时电路，每个通道的指令输出电路每隔 10 ms 扫描一次该通道的指令寄存器，根据指令

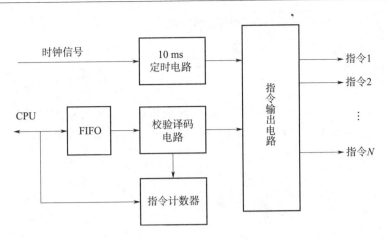

图 3　FPGA 设计原理框图

寄存器的内容输出相应的电平指令或者脉冲指令。

　　分析 FPGA 中的所有寄存器被单粒子打翻后所造成的影响，选择关键的部位进行 TMR 加固设计。

　　由于 FPGA 内部使用了 FIFO 模块，而 FIFO 内的数据比较容易被单粒子打翻，如果指令通道域的数据被打翻，就会造成指令的误发。所以在指令编码时使用 CRC 对指令数据进行校验，如果校验正确则发出指令，如果校验不正确则放弃该指令，满足宁可不发也不错发的要求。

　　在校验译码电路模块中，指令编码是同时加载到译码寄存器和校验寄存器中的，为了避免在校验的过程中译码寄存器被单粒子打翻造成错误的指令输出，所以对译码寄存器进行了 TMR 加固设计。

　　在指令输出模块中，指令输入寄存器和最后一级的指令输出寄存器均采用了 TMR 设计。指令输入寄存器决定着相应通道的指令类型和输出电平，如果被打翻将造成该通道错误的指令输出，同样，最后一级指令输出寄存器一旦被打翻就可能造成指令提前结束或者指令电平翻转，因此这两个寄存器必须进行 TMR 加固设计。

　　此外，在发出指令的同时，指令计数器自动计数。可以通过监测指令计数器的值判断指令是否正确发送出去，也可以通过指令执行机构的遥测状态判断指令是否正确执行。该设计在另一方面提供了监测指令是否正确发出的窗口。

## 3.2　指令编码设计

　　结合目前星上指令形式，总结出一种标准化编码协议，可通过灵活配置指令编码输出预定指令。指令的输出类型包括脉冲型和电平型两种，脉冲型指令可根据编码输出指定宽度的脉宽指令，电平型指令根据指令状态码输出有效的高电平或低电平，并维持到命令要求更改时。指令格式如图 4 所示，指令编码应包含指令通道域、指令值、校验码等信息。

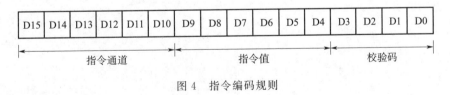

图 4　指令编码规则

　　D15 - D10：指令通道编号，"000001"表示通道 1，"000010"表示通道 2，依次类推，共可发出 64 条指令；

　　D9 - D4：指令值，以时基寄存器 10 ms 为例，"000000"表示低电平，"000001"表示 10 ms 脉冲，依次类推，"111111"表示高电平；

　　D3 - D0：按照 CRC - 4 标准生成的 CRC 编码，存储 D15 - D4 的 CRC 编码，用于校验。

　　根据上述编码协议，指令单元可输出 64 路可软件编程的指令，大大缩减了指令系统开发和集成的周期，降低了系统的复杂度，提高了系统设计的快速响应能力。

# 4　结束语

本文主要介绍了一种空间环境应用背景下的指令安全性设计思想，并实现了基于 FPGA 的指令输出单元的设计方案。该设计能增强卫星在轨自主运行与管理的容错能力，对探索卫星指令安全模式提供了有价值的参考。

## 参 考 文 献

［1］ 刘丽娜. 三模冗余技术在 FPGA 领域的应用. 微处理机.
［2］ 张超. 基于 FPGA 的三模冗余容错技术研究. 现代电子技术.

# Research of TMR – Based Instruction Security Techniques Based on FPGA

TONG Zhihong　SU Meijia　LIU Xi

Xi'an Microelectronics Technology Institute，Xi'an　710100

**Abstract**　The space system is radiated by high – octane particle，maybe influence on sequence circuit，product pivotal data error，even total system. This paper introduces a space command security design，which based on the design of the FPGA. The instruction design combined with space security management technology，breaking the traditional satellite command output method. Effectively reduce the influence of space particles on safety instructions.

**Key words**　Instruction Security；Triple Modular Redundancy

## 作 者 简 介

同志宏，男，研究员，西安微电子技术研究所，研究方向为星载计算机技术，电子邮箱：tongzh 1502@sina.com。

# 对地聚束成像 SAR 卫星空间几何覆盖区域研究

汪礼成[1,2]　秦捷[1,2]　贾艳胜[1,2]　徐樱[1,2]　谢任远[1,2]

1. 上海航天控制技术研究所，上海　201109
2. 上海市空间智能控制技术重点实验室，上海　201109

**摘　要**　根据聚束成像空间几何约束，对 SAR 卫星进入聚束模式后的视场覆盖范围进行研究，分析了通用的圆轨道模型和球地球模型下的场景误差，得出地面覆盖区，并考虑地表地形的差异，根据最小观测角分析了在轨道约束及姿态斜飞状态下 SAR 卫星对地聚束成像的三维可见覆盖区，最后研究了左右侧视斜飞状态下的地面覆盖带轨迹。

**关键词**　对地聚束；空间几何；轨道模型；目标点；覆盖角

## 1　引言

传统的卫星平台主要要求卫星的本体坐标系与轨道坐标系重合，使卫星的坐标轴一直指向地心，有效载荷在此平台上实现条带成像观测。随着空间技术发展，低轨道航天器在执行任务时，需要通过卫星平台的轨道协调、姿态机动和跟踪控制，使有效载荷（如星载相机或 SAR 天线）在一段时间内连续指向地面某一固定目标或跟踪空间固定目标实现聚束成像。这样可以克服条带模式中分辨率受到天线方位尺寸限制的缺点，提高了 SAR 卫星的图像分辨率[1-2]。

在对地聚束成像工作方式下，SAR 卫星雷达波束指向相对卫星本体不变，随着卫星的飞行，波束指向与卫星飞行轨迹之间成一定角度，通过对卫星姿态的调整以保证雷达波束始终照射地面同一任务目标区域。由于 SAR 卫星滚动向保持一定角度斜飞，且随着轨道位置变换，任务目标的覆盖区域与卫星的轨道位置和波束的指向角有关，需要针对任务目标分布进行规划，使得 SAR 天线波束能够实时跟踪地面目标。

对地聚束模式下 SAR 卫星的空间几何是将条带模式 SAR 卫星的空间几何与聚束模式的空间几何进行综合。我们在进行聚束模式 SAR 卫星地面目标任务规划时需要考虑卫星轨道与地球的几何关系，还要考虑地球自转带来的影响，以及波束指向角的影响。

## 2　对地聚束 SAR 卫星的简化空间几何模型

（1）局部球地球模型假设

由于聚束模式下 SAR 卫星的小区域高分辨率特性，成像区域直径一般仅为几千米，与整个地球表面相比，只是一块很小的区域。局部球模型的定义就是将这一小块区域当作球面来考虑，而该球的半径是相同纬度下的地球半径。下面将对局部球地球假设合理性进行验证。图 1 为卫星轨道参数示意图。

通用地球模型下，纬度为 $a$ 的点的地球半径为（不考虑地表高度）

$$R_e^2 = \frac{a^2 b^2}{a^2 \sin^2 \alpha + b^2 \cos^2 \alpha} \tag{1}$$

其中，半短轴 $b$ 为

$$b = a(1-f) \tag{2}$$

具体参数见表 1。

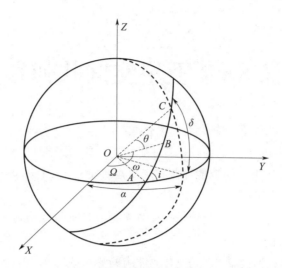

图 1　卫星轨道参数示意图

**表 1　地球椭球的几何和物理参数**

| 椭球名称 | 半长轴 $a$ /m | 扁率 $f$ | 引力常数 GM/（m³/s²） | 地球自转速度 $\omega$ /（rad/s） | 二阶带谐系数 $J_2$ |
|---|---|---|---|---|---|
| 1975 年大地坐标系 | 6 378 140 | 1：298.257 | 398 600.5×10⁹ | 7−292 115×10⁻⁵ | 10 826.3×10⁻⁷ |

在成像场景范围内，用场景中心点的地球半径近似整个场景的地球半径，误差为

$$\Delta R_e = R_{er} - R_{e0} \tag{3}$$

其中 $R_{e0}$ 为场景中心点对应的地球半径，当场景中心目标纬度确定后，$R_{e0}$ 为常数，$R_{er}$ 为通用地球模型下，场景中任意一点的地球半径。

已知场景中心纬度为 $\alpha_0$，则该点地球半径为

$$R_{e0}^2 = \frac{a^2 b^2}{a^2 \sin^2 \alpha_0 + b^2 \cos^2 \alpha_0} \tag{4}$$

场景半径为 $r$，则对应的场景边缘点的地球半径为

$$R_{er}^2 = \frac{a^2 b^2}{a^2 \sin^2 (\alpha_0 + r/R_{e0}) + b^2 \cos^2 (\alpha_0 + r/R_{e0})} \tag{5}$$

图 2 给出了场景中心位于不同纬度，不同场景半径对应的地球半径误差曲线。图 2（a）为地球半径误差随场景中心点纬度变化曲线，为了进行比较，每条曲线对应不同的场景半径。图 2（b）对应的横坐标为场景半径，三条曲线分别对应场景中心位于不同纬度时的地球半径误差变化规律，说明随着场景半径的增加，误差也越来越大。可以看出，在成像场景范围内，用场景中心点的地球半径近似整个场景的地球半径，最大误差在南北纬 45° 附近，相对误差为 $1.0 \times 10^{-4}$ ‰ 量级。这么小的误差不会对系统参数设计产生影响，可以忽略不计。

因此，聚束模式下 SAR 卫星控制系统设计中，可以采用局部球地球模型进行设计。

（2）局部圆轨道模型假设

由于星载聚束 SAR 的合成孔径长度一般为几十千米，与轨道半径相比，只是一段很短的曲线。局部圆轨道的定义就是将这一小段曲线当作圆弧来考虑，而该圆的半径是合成孔径中心点对应的轨道半径。下面将对局部圆轨道假设合理性进行验证。

卫星绕地球旋转轨道是椭圆轨道，轨道方程为

$$\frac{x^2}{a^2} + \frac{y^2}{b^2} = 1 \tag{6}$$

其中，$a$，$b$ 分别对应椭圆的长半轴和短半轴，如图 3 所示。

图 3 中，合成孔径中心位于 $S$ 点，对应的极径为 $r_s$，极角为 $\theta_s$，合成孔径长度为 $L_a$，以地心为圆心，以 $r_s$ 为半径的虚线圆被称为局部圆，局部圆与椭圆轨道在合成孔径内的半径误差为 $\Delta r$。

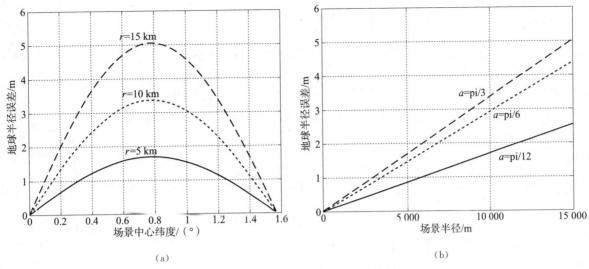

图 2 局部球模型地球半径误差曲线图

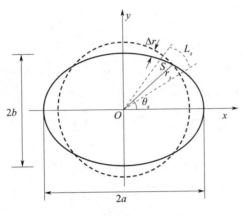

图 3 局部圆轨道模型

在合成孔径范围内，用合成孔径中心点的轨道半径近似整个合成孔径的轨道半径，误差为

$$\Delta r = R(\theta) - R_s \tag{7}$$

其中 $R_s$ 为合成孔径中心点对应的轨道半径，当合成孔径中心点确定后，$R_s$ 为常数，$R(\theta)$ 为椭圆轨道下合成孔径中任意一点的轨道半径。

已知合成孔径中心点对应的极角为 $\theta_s$，则该点轨道半径为

$$R_s^2 = \frac{a^2 b^2}{a^2 \sin^2 \theta_s + b^2 \cos^2 \theta_s} \tag{8}$$

合成孔径长度为 $L_a$，则对应的合成孔径端点的轨道半径为

$$R^2 (L_a/2R_s) = \frac{a^2 b^2}{a^2 \sin^2 (\theta_s \pm L_a/2R_s) + b^2 \cos^2 (\theta_s \pm L_a/2R_s)} \tag{9}$$

取卫星轨道参数如下进行分析：

轨道类型：近圆形太阳同步轨道；

轨道高度：515 km；

轨道半长轴：$a = 6\ 886$ km；

轨道倾角：$i = 97°$；

轨道偏心率：$e = 0.001\ 1$；

近地点幅角：$\omega = 90°$；

轨道周期：94 min；

格林威治恒星时角：$G_0 = 1.728$。

依据以上轨道参数，图 4 给出了合成孔径中心位于不同位置，不同合成孔径长度对应的轨道半径误差曲线。图 4（a）为轨道半径误差随合成孔径中心点极角变化曲线，为了进行比较，每条曲线对应不同的合成孔径长度。图 4（b）对应的横坐标为合成孔径位置，三条曲线分别对应合成孔径中心位于不同极角时的轨道半径误差变化规律，说明随着场景半径的增加，误差也越来越大。

可以看出，在整个合成孔径范围内，用孔径中心点的轨道半径近似整个合成孔径的轨道半径，最大误差在极角 45° 附近，相对误差为 $1.0 \times 10^{-6}$ 量级。这么小的误差不会对系统参数设计产生影响，可以忽略不计。

对地聚束 SAR 卫星系统设计中，可以采用局部圆轨道模型进行任务目标规划和平台期望跟踪姿态的求取。

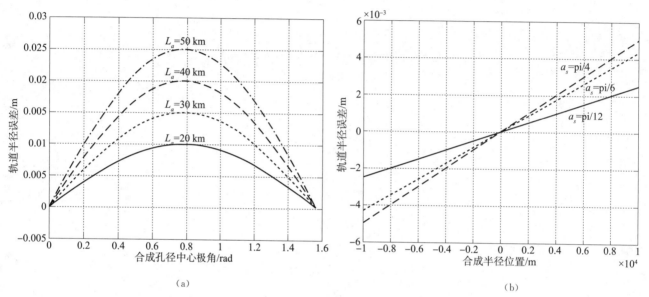

（a）                                            （b）

图 4　局部圆轨道模型轨道半径误差曲线

# 3　覆盖区

在前面分析的局部球模型和局部圆轨道模型下，如图 4 所示，设卫星 S 某时刻的瞬时高度为 $h$，相应的星下点为 $G$，做卫星与地球的切线，称为卫星的几何地平，其包围的地面区域称为覆盖区，是卫星在该时刻可能地面区域总和，覆盖区以外的地面区域称为覆盖盲区。设 $P$ 为几何地平上的一点，称为水平点，则 $\angle SO_E P = d$ 称为卫星对地面的覆盖角

$$d = \arccos\left(\frac{R_e}{R_e + h}\right) \tag{10}$$

另外，$\angle \alpha = \angle PSG$ 为卫星对地面的中心角，$P$ 至 $G$ 的弧线距离的二倍称为覆盖带宽 $S_w$，覆盖区的面积为 $A$，它们均可以用 $d$ 表示。有

$$\alpha = 90° - d \tag{11}$$

$$S_w = 2R_e \cdot d \tag{12}$$

$$A = 2\pi R_e^2 (1 - \cos d) = 4\pi R_e^2 \sin^2 \frac{d}{2} \tag{13}$$

根据第二节所取轨道参数，$R_e + h = 6\ 887.904$ km，$h = 516.874$ km（取地球平均半径 $R_e$ 为 6 371.03 km）

则有覆盖角 $d$ 的范围为 $d = \arccos\left(\dfrac{R_e}{R_e + h}\right) = 22.338°$，$\alpha = 67.662°$。

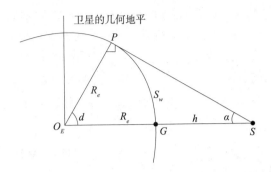

图 5　卫星对地面的覆盖

由于正常在轨运行时，SAR 卫星沿滚动方向倾斜 $\alpha$ 角，处于斜飞状态，这里取 $\alpha = 55°$ 进行分析，在 $\triangle PSO_E$ 中由正弦定理有

$$\frac{R_e}{\sin\alpha} = \frac{R_e + h}{\sin(180° - d - \alpha)}$$

解得 55°斜飞状态下的角距 $d = 7.326\ 5°$。

# 4　最小观测角

在最大覆盖区范围的内边缘地区，由于地面物遮挡等影响，利用卫星观测、通信或摄影的效果不好。在应用上通常要确定一有效的覆盖区，即规定视线 $SP$ 与水平面的夹角不能小于某一值 $\sigma$，称为最小观测角，对应的覆盖角记为 $d_\sigma$。在 $\triangle PSO_E$ 中由正弦定律得

$$R_e \cos\sigma = (R_e + h)\cos(d_\sigma + \sigma)$$

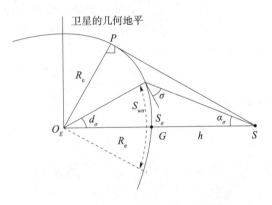

图 6　最小观测角约束下的地面覆盖

则覆盖 $d$ 相应地减小为

$$d_\sigma = \arccos\left(\frac{R_e \cos\sigma}{R_e + h}\right) - \sigma \tag{14}$$

将 $d_\sigma$ 取代式中的 $d$，可得在最小观测角约束下的地面的中心角 $\alpha_\sigma$，覆盖带宽 $S_{w\sigma}$，覆盖区的面积 $A_\sigma$。

一般取 $\sigma = 5°$，对于处于斜飞状态的聚束模式 SAR 卫星，当考虑最小观测角时，根据第二节所取轨道参数有 $d_\sigma = 17.863°$，$\alpha_\sigma = 67.137°$，$S_{w\sigma} = 3\ 972.569\ \text{km}$，$A_\sigma$ 则占全球的 2.42%。

当 $\alpha = 55°$ 时，可知 $\sigma = 27.673\ 5°$，在短时间内是可以满足对地面目标的聚束成像观测要求。

# 5　SAR 卫星对地聚束成像可见覆盖区

在聚束模式下，由于地球的遮挡，地面目标点相对卫星的可见区域有一定的范围限制，可见范围受

到卫星高度角（又可称为仰角）的限制，地面目标点与卫星之间的视线方向在当地的仰角应大于 5°，地面目标点覆盖区是以地面目标点 $Q$ 为中心的可观区，星下点在此圈内时地面目标点相对卫星都为可观。参见图 7，该区是以 $Q$ 点为中心，满足仰角 $E$ 为给定值，星下点 $G$ 相对点 $Q$ 的分布圈。

从地面目标点观测卫星的高度角是在含地面目标点 $Q$，地心 $O$ 和卫星 $S$ 的平面内，卫星视线方向与地面目标点 $Q$ 水平面之间的夹角 $E$，见图 7。在平面 $OQS$ 内，斜距 $\rho$ 和仰角 $E$ 为

$$\begin{cases} \rho = [R_e^2 + r^2 - 2rR_e\cos\Psi]^{\frac{1}{2}} \\ E = \arccos[r\sin\Psi / (R_e^2 + r^2 - 2rR_e\cos\Psi)^{\frac{1}{2}}] \end{cases} \tag{15}$$

式中　$R_e$——地球半径；

　　　$r$——卫星轨道半长轴。

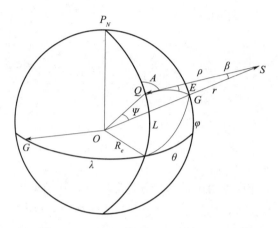

图 7　SAR 卫星聚束模式可见区分析图

式中 $\Psi$ 角为卫星星下点 $G$ 与地面目标点 $Q$ 之间的地心夹角。由图 7 的球面三角形 $P_NQG$，有

$$\cos\Psi = \cos L\cos\varphi\cos\theta + \sin L\sin\varphi \tag{16}$$

式中　$L$——地面目标点的地心纬度；

　　　$\theta$——地面目标点相对卫星星下点子午线的经度。

从地面目标点观测卫星的方位角是在当地水平面内，卫星方向相对北向的夹角 $A$。由图 7 的球面三角形 $P_NQG$，有方位角公式

$$A = \arcsin[\sin\theta\cos\varphi / \sin\Psi] \tag{17}$$

对于给定仰角值，覆盖圈上的星下点相对 $Q$ 点的经纬度关系可由图 7 球面三角形 $P_NQG$ 得出

$$\theta = \arccos[(\cos\Psi - \sin\varphi\sin L)/\cos\varphi\cos L] \tag{18}$$

式中 $\Psi$ 角是卫星可见覆盖圈的角半径，它的二倍是卫星的最大可观弧段，直接决定于卫星高度和仰角。从图 7 可得三角关系式

$$\Psi = \frac{\pi}{2} - E - \arcsin[R_e\cos E/r] = \arccos[R_e\cos E/r] - E \tag{19}$$

从式（18）给定的观测点的地心纬度 $L$，可得出覆盖圈上各点 $G$ 的纬度 $\varphi$ 和相应的相对于 $Q$ 点子午线的经度 $\theta$。

从卫星上观察地面目标点的几何是卫星天底角 $\beta$，定义为卫星相对地面目标点 $Q$ 与星下点 $G$ 之间的角距。由图 7 中的三角形 $OQS$ 可得，卫星天底角 $\beta$ 与卫星仰角 $E$ 的关系式

$$r\sin\beta = R_e\cos E \tag{20}$$

# 6　SAR 卫星斜飞状态下地面覆盖带轨迹

对圆轨道而言，SAR 卫星正常在轨飞行在滚动方向有一定的偏斜角度，即处于斜飞状态，由于卫星

具有左右侧视±55°的状态，则各时刻的覆盖角近似为常数 7.326 5°（见第 2 节计算），在星下点轨迹两侧角距为 $d$ 的范围内形成一地面覆盖带，如图 8 所示[6]，根据球面三角形可以确定覆盖带外沿的轨迹方程。

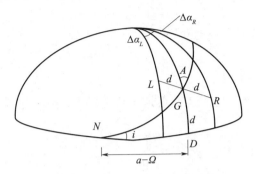

图 8  卫星运动时对地面的覆盖

轨道升交点为 $N$，某时刻卫星的星下点 $G$ 的赤经和赤纬分别为 $\alpha$ 和 $\delta$，方位角为 $A$，赤经圈和赤道的交点为 $D$，过 $G$ 做垂直于星下点的大圆弧，在大圆弧上与 $G$ 的角距为 $d$ 的点分别记为 $R$（$\alpha_R, \delta_R$）和 $L$（$\alpha_L, \delta_L$）。随着卫星运动，$R$ 和 $L$ 形成的轨迹即为覆盖带外延轨迹，顺卫星运动方向看，$R$ 和 $L$ 形成的轨迹分别称为右侧和左侧外延轨迹。在球面三角形 $GPR$ 中，设

$$\Delta\alpha_R = \alpha_R - \alpha$$

根据边的余弦公式和相邻四元数公式可得

$$\sin\delta_R = \sin\delta\cos d - \cos\delta\sin d\sin A$$

$$\cot\Delta\alpha_R = \cot d\frac{\cos\delta}{\cos A} + \sin\delta\tan A \tag{21}$$

另外在直角球面三角形 $NGD$ 中，有

$$\sin\delta = \sin i\sin u$$

$$\cos\delta = \frac{\cos i}{\sin A}$$

$$\cos A = \tan\delta\cot u$$

$$\tan A = \frac{\tan(\alpha - \Omega)}{\sin\delta}$$

又由 $\cos\delta\cos(\alpha - \Omega) = \cos u$ 得到

$$\tan(\alpha - \Omega) = \cos i\tan u$$

记

$$a_1 = \sin i\cos d,\ b_1 = \cos i$$

$$a_2 = \cos i\sin d,\ b_2 = \tan d\sin i$$

得到右侧视状态外沿轨迹方程

$$\begin{cases} \sin\delta_R = a_1\sin u - a_2 \\ \tan(\alpha_R - \Omega) = b_1\tan u + b_2\sec u \end{cases} \tag{22}$$

或消去 $u$ 得右侧侧视轨迹经纬度满足的方程

$$\tan(\alpha_R - \Omega) = \frac{b_1\sin\delta_R + \sin d}{\sqrt{a_1^2 - (\sin\delta_R + a_2)^2}} \tag{23}$$

同理可得左侧视状态下外沿轨迹方程

$$\begin{cases} \sin\delta_L = a_1\sin u + a_2 \\ \tan(\alpha_L - \Omega) = b_1\tan u - b_2\sec u \end{cases} \tag{24}$$

或消去 $u$ 得左侧轨迹经纬度满足的方程为

$$\tan(\alpha_L - \Omega) = \frac{b_1\sin\delta_L - \sin d}{\sqrt{a_1^2 - (\sin\delta_R - a_2)^2}} \tag{25}$$

考虑地球旋转后，星下点轨迹每圈西移 $\Delta\lambda_{\omega_e}$，卫星的地理经度 $\lambda$ 等于卫星赤经与格林威治的恒星时角之差，即

$$\lambda = \alpha - [G_0 + \omega_e(t - t_0)] \tag{26}$$

式中　$G_0$——起始时刻格林威治的恒星时角；

　　　$\omega_e$——地球自旋转速；

　　　$\omega_e = 7.292\,115\,8 \times 10^{-5}$ rad/s。

卫星的地理纬度 $\varphi$ 与卫星赤纬（也即卫星的地心纬度）的关系，见图 9。

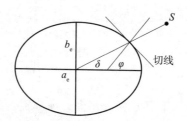

图 9　地理纬度和地心纬度

地球的椭球模型是，地球沿子午线的截面是个椭圆，其半长轴 $a_e$ 为赤道半径，其半短轴 $b_e$ 为地球的极半径。椭球的扁率 $f$ 和偏心率 $e$ 定义为

$$f = \frac{a_e - b_e}{a_e}, \quad e^2 = \frac{a_e^2 - b_e^2}{a_e^2}$$

有基本常数

$a_e = 6\,378.145$ km，$b_e = a_e(1 - f) = 6\,356.76$ km，$f = 1/298.257$，$e = 0.081\,82$

地心纬度 $\delta$ 和地理纬度 $\varphi$ 的转换式为

$$\tan\delta = (1 - f)^2 \tan\varphi \tag{27}$$

根据 SAR 卫星的轨道参数可得其一轨状态下外沿轨迹覆盖图和星下点轨迹图如图 10 所示。

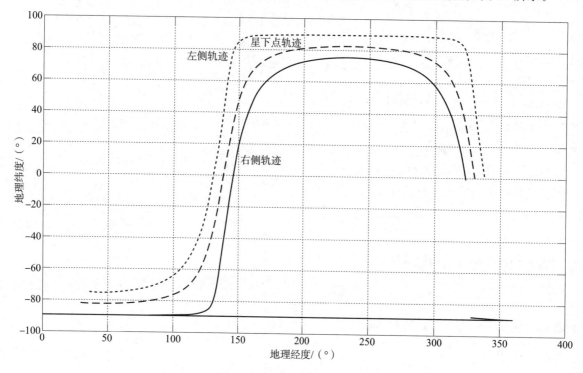

图 10　覆盖带外沿轨迹图

根据图 10 可以知道，在不同的轨道位置，对地聚束成像的地面任务目标覆盖带受到区域限制，最大可观弧段受到限制，即可观测时间受到约束。

# 7  结束语

针对对地聚束成像地面目标的任务规划，分析了地球模型和轨道模型误差影响，提出聚束模式合成孔径雷达卫星简化的空向几何模型，对进入聚束模式卫星相对地面目标的视场范围进行研究，得出卫星在对地聚束成像过程中轨道位置、姿态状态和地面覆盖区域的关系，并得出 SAR 卫星左右斜飞状态下的地面覆盖带轨迹。

## 参 考 文 献

[1] 王开志. 斜视条件下高分辨率合成孔径雷达卫星成像技术 [D]. 上海交通大学，2006.
[2] 高祥武. 星载聚束模式合成孔径雷达卫星的成像算法研究 [D]. 中国科学院电子所，2004.
[3] 章仁为. 卫星轨道姿态动力学与控制 [J]. 北京航空航天大学出版社，2006.
[4] 魏钟铨. 合成孔径雷达卫星 [J]. 北京：科学出版社，2001.
[5] 屠善澄. 卫星姿态动力学与控制 [J]. 北京：宇航出版社，2001.
[6] 刘林. 人造地球卫星运动理论 [J]. 北京：科学出版社，1974.

# The Research on the Overlay Geometric Space of SAR Satellite on the Plotlight Mode

WANG Licheng[1,2]    QIN Jie[1,2]    JIA Yansheng[1,2]    XIE Renyuan[1,2]    XU Ying[1,2]

1. Shanghai Institute of Spaceflight Control Technology，Shanghai   201109

2. Key Laboratory of Spacecraft Intelligent Control Technology，Shanghai   201109

**Abstract**   Based on the geometric space restrict of the plotlight mode，research the overlay geometric space of the beam of SAR. Analyse the applicable of the local orb earth model and the local circularity orbit model，as wel as the radius error brings by the two factor. Find out the obvious area on the ground. Consider the change of landform，find out the overlay under the restrict of minimize observability angle，According to the orbit position and side–glance of the SAR satellite. At last research the ground track of the different side–glance angle.

**Key words**   Spotlight mode；Geometric space；Orbit model；the Groud target；Overlay angel

## 作 者 简 介

汪礼成，男，工程师，上海航天控制技术研究所，研究方向为卫星姿态与轨道控制，电子邮箱：wlc0403@163.com。

# 卫星编队星间通信与相对导航技术研究

王春锋　李勇　周庆瑞

中国空间技术研究院，北京　100094

**摘　要**　卫星编队在对地观测、深空探测等领域有不可替代的作用。卫星编队相对导航技术是实现卫星编队飞行关键技术之一。传统的基于载波相位差分 GNSS 方法由于依赖导航星座，只能应用在近地卫星编队，有其局限性。本文探讨和分析了 2 种自主相对导航方法，一种是基于射频的 TDMA 方案，每个卫星节点配置一个 3 天线座系统，即 2 个接收天线，1 个收发天线，采用双频 S 波段 L1 和 L2，使用 TDMA 通信方式，同时提供一个独立的低速星间链路；另一种是基于半双工的 CDMA 通信与相对导航一体化方法，系统采用 S 波段，实现相对导航和通信数据在一个数据帧中传输。最后对 2 种方法进行性能和应用分析。

**关键词**　卫星编队；相对导航；GNSS

## 1　引言

对地观测系统已经从单一平台发展成为多星组网的卫星编队系统。卫星编队在对地观测、深空探测等领域有不可替代的作用。卫星编队由于卫星的加入和离开、编队重构等，卫星相对位置变化比较大，尤其在编队形成和重构时变化相对频繁，卫星编队拓扑架构控制需要考虑卫星空间相对运动，多普勒效应，围绕地球的卫星编队还要考虑卫星受轨道约束等，所以卫星编队在控制、导航、数据处理方面更为复杂[1-3]。

卫星编队相对导航技术是实现卫星编队飞行关键技术之一。传统的基于载波相位差分 GNSS 方法由于依赖导航星座有其应用的局限性，所以研究分析卫星编队自主相对导航方法有着重要的意义。本文第 2 节分析了卫星精确编队任务过程的分解，以及卫星编队对相对导航的测量条件要求，第 3 节探讨了基于射频的 TDMA 相对导航方法，第 4 节探讨了半双工的 CDMA 通信导航一体化方法，第 5 节对 2 种方法进行性能和应用分析。

## 2　卫星精确编队任务过程分解和相对导航测量要求

航天器精确编队任务过程可以分为 3 个阶段：编队初始部署阶段，主要任务是航天器的邻居发现，进行航天器之间通信连接建立；编队捕获阶段，即编队任务发现，航天器向目标编队飞行方式运动，主要实现航天器避免碰撞等任务实现，这个阶段是粗测量相对导航过程；编队维护阶段，即在航天器飞行过程中保持精确编队队形，这个过程是精确测量相对导航过程。图 1 是航天器编队任务过程图示。在初始部署阶段，航天器之间可能被分开相隔很远的距离，一些航天器可能超出其他的通信范围。在编队捕获阶段，航天器向目标编队方式进一步运动，最终发现其他航天器。在编队维持阶段，所有的航天器是精确编队的连接方式，通过精确测量维持编队运行。

通过引入一个连通指示表（Connectivity Index Table，CIT）来表示航天器节点之间的连通性变化，连通指示表在编队飞行任务的全过程中维护。图 2～图 4 是图 1 中航天器编队三个阶段连通指示表 CIT 的状态。其中"↔"表示直接连通，"□"表示无意义，"×"表示不连通。"↲"表示非直接连通（通过路由节点）。

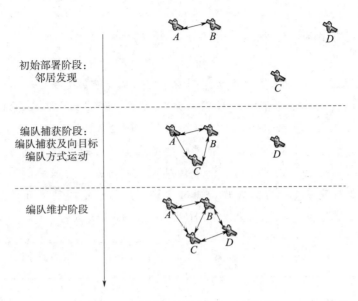

图 1　航天器精确编队任务过程演化

| $A$ | $B$ | $C$ | $D$ | |
|---|---|---|---|---|
| □ | ↔ | × | × | $A$ |
| ↔ | □ | × | × | $B$ |
| × | × | □ | × | $C$ |
| × | × | × | □ | $D$ |

图 2　初始部署节点 CIT 表

| $A$ | $B$ | $C$ | $D$ | |
|---|---|---|---|---|
| □ | ↔ | ↔ | × | $A$ |
| ↔ | □ | ↔ | × | $B$ |
| ↔ | ↔ | □ | × | $C$ |
| × | × | × | □ | $D$ |

图 3　编队捕获阶段 CIT 表

| $A$ | $B$ | $C$ | $D$ | |
|---|---|---|---|---|
| □ | ↔ | ↔ | ↵ | $A$ |
| ↔ | □ | ↔ | ↔ | $B$ |
| ↔ | ↔ | □ | ↔ | $C$ |
| ↵ | ↔ | ↔ | □ | $D$ |

图 4　编队维护阶段 CIT 表

# 3　基于射频的 TDMA 相对导航方法

基于射频的 TDMA 相对导航测量方法采用一个 3 天线座系统，其中 1 个天线是收发双功能天线，称主端，另 2 个天线是只有接收功能的天线，称从端，系统采用 TDMA 调试方式，配置 3 天线座的每个终端发送和接收 C/A 码导航信号，导航信号调制到 2 个 S 频道的载波 L1 和 L2 上。系统如图 5 所示。系统提供星间链路最高速率 12 kbit/s。

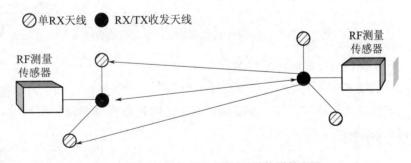

图 5　基于射频的 TDMA 相对导航测量配置

系统可以提供相对位置、速度以及视角（Line of Sight，LOS）。每个卫星与其他卫星能够进行距离和视角测量。首先用 C/A 码测距进行粗测量，其次用载波相位进行精测量。双频允许系统实现宽巷载波模糊度解算，同时 2 - way 测量用于解决平台的相对时钟漂移。视角测量通过载波相位差分在 3 天线座的主端和从端之间进行。系统通过星间链路每秒提供三种数据：星间距离，视角（包括方位角和仰角）以及卫星时钟的时间偏差。

## 4 基于CDMA的通信与相对导航一体化方法

基于CDMA的通信与相对导航一体化方法能把通信数据和导航数据统一到一个数据包进行传输，系统采用半双工CDMA方式。使用S波段2.2 GHz，频率间隔（IF）9.5 MHz，采样速率38.19 MHz。系统功能框图如图6所示。在信号模拟器中，生成伪随机码，码片速率10.23 Mbit/s，码长度1023。系统采用了软件无线电方法，信号的产生和处理是通过一个可编程的微处理器来完成。收发器包括发射器和接收器的前端部分、信号模拟器和处理部分。前端包括信号放大器，带通滤波器，下转换，采样，量化和处理。信号模拟器和处理是基于软件来实现，通过信号生成模块生成载波和伪随机码调制的信号，捕获，跟踪和解码模块用于数据恢复，码字和载波相位提取以及伪距解算。

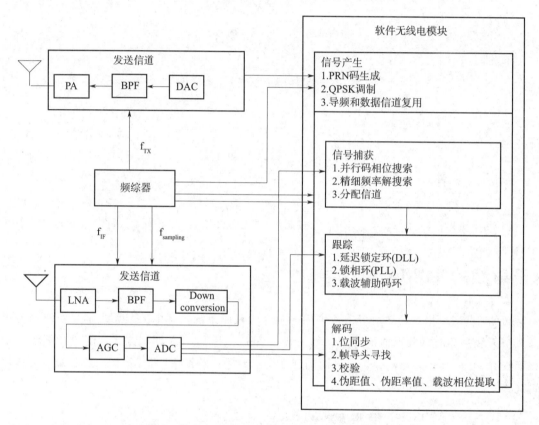

图6 半双工CDMA通信和测量一体化系统架构

信号捕获过程是一个在两维搜索空间上对多普勒频移和码相位估计值的全局搜索过程。码和频率一维搜索使用快速傅立叶变换（FFT）实现。在捕获后，切换到延迟锁定环（DLL）和锁相环（PLL），它可产生码和载波相位连续变化的精细估计，跟踪由于卫星之间动态轨道运动产生的变化。通信比特可从跟踪环提取，之后完成伪距解算。

## 5 性能和应用分析

（1）基于射频的TDMA相对导航方法分析

基于射频的TDMA相对导航方法不需要卫星星座，可以实现卫星编队的自主相对导航，可以应用在近地卫星编队和深空卫星编队。首先用C/A进行伪距粗测量，再用载波相位进行视角和距离的精测量。使用载波相位需要进行模糊度解算。周模糊解算先在初始化指定一个值，通过逐步滤波提高达到希望的精度。由于多径效应影响存在误差，影响与方向相关。通过L1载波测量高精度先消除视角模糊度，再获得距离的高精度估计。通过滤波在时间上的宽巷数据，可以消除距离测量的模糊度。可以采用卡尔曼滤波和加权最小二乘法方法用于相对状态估计。系统提供星间距离精度为 1 cm，方位角和仰角精度小于 1°。

（2）半双工 CDMA 通信与导航一体化方法分析

半双工 CDMA 通信与导航一体化方法把导航与通信数据集成在一个数据帧中，不需要卫星星座和星间链路提供支持，可以实现卫星编队的自主相对导航，可以应用在近地卫星编队和深空卫星编队。文献 [4] 进行了性能分析，系统通信范围可达 30 km，实现全向覆盖，分粗模式和精细模式：粗模式即伪距测量，精度为 1 m，应用在编队部署、编队捕获阶段；精细模式即联合伪距和载波相位测量，精度为 1 cm，应用在编队维持过程。

# 6  结束语

本文分析了卫星编队的任务分解过程以及对相对导航的要求，探讨了基于射频的 TDMA 方法和基于半双工的 CDMA 方法，这两种方法都可实现卫星编队的自主相对导航，不依赖卫星导航星座，此外基于半双工的 CDMA 方法把导航和通信数据集成在一个数据包中，不再需要独立的星间链路传输导航测量数据，在功耗、质量等方面更有优势。

参 考 文 献

[1] V. KAOUKA，A. G. SPARKS，B. JAMES，Q. YAN. Spacecraft Formation Flying：Dynamics and Control，in Proc. of the ACC，June 1999.

[2] NIMA MOSHTAGH，RAMAN MEHRA，MEHRAN MESBAHI. Topology Control of Dynamic Networks in the Presence of Local and Global Constraints，IEEE International Conference on Robotics and Automation Anchorage Convention District，May 3 – 8，2010，Anchorage，Alaska，USA，2010.

[3] KYLE T. ALFRIEND，SRINIVAS R. VADALI，DINI GURFIL. JONATHAN P. HOW，LOUIS S. BREGER. Spacecraft Formation Flying Dynamics Control and Navigation ，2010.

[4] RUI SUN，JIAN GUO，EBERHARD GILL，DAAN MAESSEN. Characterizing Network Architecture for Inter – satellite Communication and Relative Navigation in Precise Formation Flying，The Third International Conference on Advances in Satellite and Space Communications，2011.

## Research on Communication and Relative Navigation of Satellite Formation

WANG Chunfeng　LI Yong　ZHOU Qingrui

China Academy of Space Technology，Beijing　100094

**Abstract**　In the field of earth observation and deep space exploration，the role of satellite formation system is irreplaceable. Satellite formation relative navigation technology is one of the key technologies for satellite formation flying. Traditional GNSS carrier phase difference method is dependent on navigation constellation and can only apply for near-earth satellite formation fly. This paper discusses and analyzes two kind methods of autonomous relative navigation . One is based on RF TDMA scheme，each satellite node have tri-antenna system，one is a transmit and receive antenna，two is receive antennas，dual band L1 and L2 is used，and an independent low speed inter-satellite link is provided simutaneously；the other is based on half duplex CDMA communication which can be used for relative navigation and communication simutaneously，the system uses S band to transmit communication data and navigation data in a one a frame. Finally，the performance and application of the two methods are analyzed.

**Key words**　Satellite formation；Relative navigation；GNSS

## 作者简介

王春锋，男，高工，钱学森空间技术实验室，从事卫星网络技术研究，电子邮箱：jessen_wang@163.com。

# 一种可用于微小卫星的双轴微型模拟式太阳敏感器

王春宇　梁鹤　吕政欣　孙建波　洪帅　孙艳　种会萱

北京控制工程研究所，北京　100190

**摘　要**　随着微小卫星的发展，传统的基于 A/B 电池的模拟式太阳敏感器在体积、质量、精度、视场等方面受到挑战。本文提出了一种基于四象限硅光电池的双轴微型模拟式太阳敏感器，通过测量硅光电池各象限输出的光电流，可实现太阳矢量两轴方向角的同时测量。该敏感器视场可达 $\pm45°\times\pm45°$ 或更大，本体尺寸为 $34.5\ mm\times34.5\ mm\times13.5\ mm$，质量约为 $30\ g$，可实现双轴全视场 $\pm0.35°$ 的测量精度，并具有模块化、标准化、长寿命的设计特点。该款敏感器可对现有模拟式太阳敏感器实现替代，并具有更为广阔的应用前景。

**关键词**　双轴微型模拟式太阳敏感器；四象限硅光电池；大视场；高精度；模块化

## 1　引言

微小卫星具有质量轻、体积小、研制周期短、机动性强、发射灵活、可编队组网等特点[1]，在军民两用高新技术中具有独特的应用价值，近年来得到了迅速发展。同常规卫星相同，姿轨控系统是微小卫星平台各功能实现的重要保障。而由于太阳位置适中，太阳敏感器易于实现小型化和低功耗[2]，可高可靠地对太阳矢量相对于航天的入射角进行高精度检测，适用于微小卫星的帆板定向、卫星定姿等多种任务，成为微小卫星姿轨控系统应用最多的姿态敏感器之一[1]。

根据测量原理不同，太阳敏感器可分为数字式和模拟式两种，其中数字式太阳敏感器基于小孔成像原理，利用面阵或线阵 CCD[3] 或者 CMOS[4-5] 等成像器件，在两个方向上对掩膜图案（如 N 形缝或阵列孔）在器件上的像偏移进行检测，以实现两轴太阳矢量角的测量。虽然数字式太阳敏感器可达到 $0.01°$ 的检测精度，但所用成像器件较贵，且图像处理算法耗时较长，同时对体积、质量和功耗等要求较高。而基于光电池光伏特性的模拟式太阳敏感器在小体积、低功耗、低成本、高更新率等方面具有很大优势，在各类航天器中仍得到了广泛应用。

基于四象限电池[6]的模拟式太阳敏感器可实现两轴太阳矢量角的同时测量，并可显著提高敏感器的性能参数，国内外很多研究机构均进行了研制。浙江大学研制的双轴模拟太阳敏感器[7]采用机械加工式遮光罩，引入误差的环节较多，敏感器仅达到 $\pm1°$ 的测量精度；清华大学将信号处理环节的非线性转换到掩膜图案的非线性，研制了双轴模拟太阳敏感器[2]，可在双轴 $\pm62°$ 视场范围内实现 $\pm0.2°$ 的测量精度，但体积偏大；荷兰的 TNO – TPD 公司的产品[8]在双轴 $\pm64°$ 视场范围内的测量精度为 $\pm0.3°$，但质量和功耗过大。此外，还有研究机构基于 MEMS 技术实现了多视场集成式[6]、自供电式[9]双轴太阳敏感器，进一步拓宽了模拟式太阳敏感器的型谱。本文针对微小卫星的特殊应用，开发了一种双轴微型模拟式太阳敏感器，在实现与国内外产品相当的测量精度基础上，进一步减小了产品体积和质量，并具有模块化、标准化和长寿命的设计特点。

## 2　双轴微型模拟式太阳敏感器工作原理

双轴微型模拟式太阳敏感器采用四象限硅光电池为敏感元件，可实现两轴太阳矢量角的同时测量。四象限硅光电池是在一片正方形硅光电池上光刻出四个独立的同尺寸同面积的光敏元素，编号分别为

S1～S4，在其正上方 h 处设置一带有正方形通光孔的掩膜板，透过通光孔的太阳光线在四象限硅光电池上投影，通过比较 S1～S4 输出的光电流的关系，即可计算得到太阳光线的两轴矢量角，如图 1 所示。

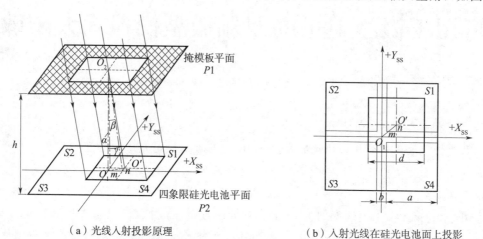

（a）光线入射投影原理　　　　　（b）入射光线在硅光电池面上投影

图 1　双轴微型模拟式太阳敏感器工作原理

以 $X_{ss}$ 轴、$Y_{ss}$ 轴分别为俯仰轴、偏航轴，$\alpha$、$\beta$ 分别为俯仰角、偏航角。$a$、$b$、$d$ 分别为硅光电池单个光敏元素的边长、硅光电池各光敏元素间隔、掩膜通光孔边长；硅电池各光敏元素输出光电流与感光面积成正比，$I_0$ 为其在该入射角下的响应率

$$I_0 = I_m \cdot \cos\gamma$$

式中　$I_m$——硅电池在光线垂直入射时的响应率（A/m²）；

$\gamma$——光线相对于硅电池表面的入射角

$$\tan\alpha = \frac{n}{h} , \tan\beta = \frac{m}{h} \tag{1}$$

式中　$m$、$n$、$h$——太阳光线在硅光电池上投影的中心点在 $X_{ss}$、$Y_{ss}$ 轴方向偏离硅光电池中心点的距离，掩膜板平面与硅光电池平面间的距离。

由几何关系可知，硅电池各光敏元素输出光电流分别为

$$I_1 = I_0(\frac{d}{2}+m-\frac{b}{2})(\frac{d}{2}+n-\frac{b}{2}), \quad I_2 = I_0(\frac{d}{2}-m-\frac{b}{2})(\frac{d}{2}+n-\frac{b}{2})$$

$$I_3 = I_0(\frac{d}{2}-m-\frac{b}{2})(\frac{d}{2}-n-\frac{b}{2}), \quad I_4 = I_0(\frac{d}{2}+m-\frac{b}{2})(\frac{d}{2}-n-\frac{b}{2}) \tag{2}$$

可得

$$m = \frac{I_1 + I_4 - I_2 - I_3}{I_1 + I_2 + I_3 + I_4} \cdot \frac{d-b}{2}, \quad n = \frac{I_1 + I_2 - I_3 - I_4}{I_1 + I_2 + I_3 + I_4} \cdot \frac{d-b}{2} \tag{3}$$

可知，通过检测硅电池各光敏元素输出电流，由式（3）分别计算出 $m$、$n$，由式（1）计算出俯仰角 $\alpha$ 和偏航角 $\beta$。

由图 1 及双轴微型模拟式太阳敏感器工作原理，可得到各参数关系

$$d \leqslant a + b , \tan\gamma \leqslant \frac{d}{2h} \tag{4}$$

式中　$\gamma$——半视场角。

通过改变 $h$，可方便地对敏感器视场继续调节。然而，视场的确定需综合考虑硅光电池的响应率及信号处理电路的分辨率，一般可实现双轴±65°。

# 3　双轴微型模拟式太阳敏感器结构组成

为便于装配调试、故障定位及维修，双轴微型模拟式太阳敏感器采用模块化设计，将各部组件按照

功能分为光电组件和主体结构。

（1）光电组件

光电组件由四象限硅光电池、掩膜玻璃、陶瓷基座及相关支撑结构组成，是双轴微型模拟式太阳敏感器的核心组件，直接决定着敏感器的性能指标和物理参数。太阳光线透过掩膜玻璃通光孔入射到硅光电池光敏面上，硅光电池各象限输出不同光电流，并通过出线口引出至信号处理单元，进而解算出太阳矢量的两轴方向角。光电组件的装配和调试可单独进行，完成后再与主体结构相连。

（2）主体结构

主体结构主要由外壳、后盖、基准镜、引线及接插件组成，可为光电组件提供安装基准，并在光线入射面限定敏感器视场，在底面输出光电组件信号。主体结构充分考虑了轻量化、小型化及抗辐照设计，并简化了装调环节，可提供多种机械、电气接口方式，可满足微小卫星的应用需求。

装配完成的双轴微型模拟式太阳敏感器如图2所示，本体尺寸为 34.5 mm×34.5 mm×13.5 mm，总重约为 30 g（不含线缆及接插件）。信号输出采用甩线方式，并在线缆末端加焊电连接器，极大提高了敏感器应用的自由度。

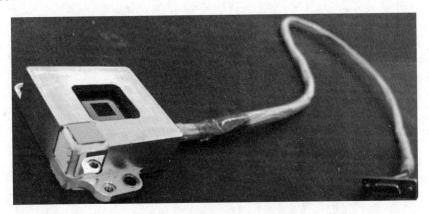

图 2　双轴微型模拟式太阳敏感器

# 4　双轴微型模拟式太阳敏感器标定试验

从第 1 节分析可知，为提高双轴微型模拟式太阳敏感器的检测精度，需保证掩膜板平面与硅光电池平行、掩膜板通光孔中心与硅电池中心沿硅电池法线方向对准、掩膜板通光孔坐标轴与硅电池坐标轴平行。但加工、装配等环节的偏差会对双轴微型模拟式太阳敏感器检测精度造成不同程度的影响。为获得敏感器的真实测量特性，需对敏感器进行标定试验，并通过试验，对敏感器的固定误差进行补偿，以提高敏感器的测量精度。

双轴微型模拟式太阳敏感器标定系统如图3所示，由太阳模拟器、两轴转台、信号处理单元等组成。测量时，用太阳模拟器模拟太阳光照（光强设定为 0.1 太阳常数）；待测太阳敏感器采用基准镜或机械靠面等方式，通过工装安装在两轴转台上，而两轴转台以 2° 为步长，在双轴 −45°～+45° 视场范围内，改变待测敏感器相对于太阳矢量的两轴方向角；信号处理单元对待测敏感器光电组件各象限输出进行采集，并按照式（1）和式（3）计算得到两轴太阳矢量角。而敏感器的标定过程即是找到两轴转台输出的、计算得到的太阳矢量角间的函数关系（一般采用多项式拟合方式）。

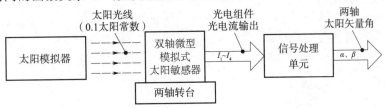

图 3　双轴微型模拟式太阳敏感器标定系统

通过分析可知，敏感器两轴太阳矢量角测量误差存在耦合。为简便起见，采用式（5）所示拟合公式。其中，$\alpha_{fit}(i, j)$、$t\alpha_{fit}(i, j)$、$\beta_{fit}(i, j)$、$t\beta_{fit}(i, j)$ 分别为拟合后的 $\alpha$ 角度值、拟合前的 $\alpha$ 角度正切值、拟合后的 $\beta$ 角度值、拟合前的 $\beta$ 角度正切值，$I_1 \sim I_4$ 为各检测象限输出电流值，其余为拟合参数。各角采用三阶多项式拟合，而多项式的奇次、偶次系数则分别采用耦合角的二阶、一阶多项式拟合得到。而拟合得到的误差曲面如图 4 所示，其中 $\alpha deg\_err$、$\beta deg\_err$ 分别为太阳两轴矢量方位角 $\alpha$、$\beta$ 的检测偏差，$\alpha deg\_err = -0.30° \sim 0.31°$，$\beta deg\_err = -0.31° \sim 0.30°$，可知，敏感器两轴均可在 $\pm 45°$ 的视场范围内实现 $\pm 0.35°$ 的测量精度。

$$t\alpha_{\mathrm{bef}} = \frac{I_1 + I_4 - I_2 - I_3}{I_1 + I_2 + I_3 + I_4} \times 1.145\,102 - 4.135\,098 \times 10^{-3}$$

$$t\beta_{\mathrm{bef}} = \frac{I_1 + I_2 - I_3 - I_4}{I_1 + I_2 + I_3 + I_4} \times 1.145\,537 + 5.656\,208 \times 10^{-3}$$

$$
\begin{aligned}
\alpha_{\mathrm{fit}} = \arctan\{ & t\alpha_{\mathrm{bef}} - [2.294\,725 \times 10^{-2} \times t\beta_{\mathrm{bef}}^2 - 4.344\,457 \times 10^{-4} \times t\beta_{\mathrm{bef}} - 5.983\,538 \times 10^{-2}] \times t\alpha_{\mathrm{bef}}^3 - \\
& [-6.911\,363 \times 10^{-3} \times t\beta_{\mathrm{bef}} - 6.625\,632 \times 10^{-3}] \times t\alpha_{\mathrm{bef}}^2 - \\
& [-3.558\,003 \times 10^{-2} \times t\beta_{\mathrm{bef}}^2 + 7.075\,967 \times 10^{-4} \times t\beta_{\mathrm{bef}} + 4.095\,862 \times 10^{-2}] \times t\alpha_{\mathrm{bef}} - \\
& (2.122\,639 \times 10^{-2} \times t\beta_{\mathrm{bef}} + 1.918\,414 \times 10^{-3})\}
\end{aligned}
$$

$$
\begin{aligned}
\beta_{\mathrm{fit}} = \arctan\{ & t\beta_{\mathrm{bef}} - [2.594\,934 \times 10^{-2} \times t\alpha_{\mathrm{bef}}^2 - 1.155\,459 \times 10^{-3} \times t\alpha_{\mathrm{bef}} - 5.846\,338 \times 10^{-2}] \times t\beta_{\mathrm{bef}}^3 - \\
& [-7.079\,997 \times 10^{-3} \times t\alpha_{\mathrm{bef}} + 7.525\,441 \times 10^{-3}] \times t\beta_{\mathrm{bef}}^2 - \\
& [-3.888\,830 \times 10^{-2} \times t\alpha_{\mathrm{bef}}^2 - 9.222\,075 \times 10^{-3} \times t\alpha_{\mathrm{bef}} + 4.093\,036 \times 10^{-2}] \times t\beta_{\mathrm{bef}} - \\
& (-2.202\,407 \times 10^{-3} \times t\alpha_{\mathrm{bef}} - 2.178\,949 \times 10^{-3})\}
\end{aligned}
$$

$$(5)$$

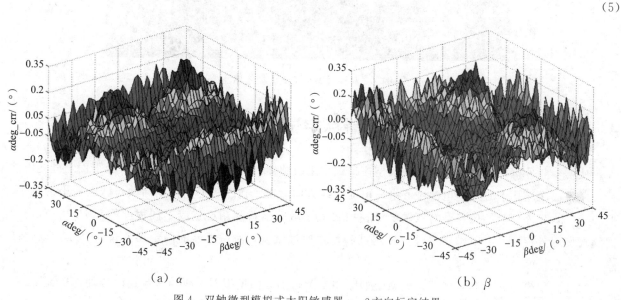

（a）$\alpha$         （b）$\beta$

图 4　双轴微型模拟式太阳敏感器 $\alpha$、$\beta$ 方向标定结果

# 5　结束语

本文设计的基于四象限硅光电池的双轴微型模拟式太阳敏感器可实现太阳矢量两轴方位角的同时测量，并具有体积小（34.5 mm×34.5 mm×13.5 mm）、质量轻（约为 30 g）、视场大（$\pm 45° \times \pm 45°$ 或更大）、精度高（$\pm 0.35°$）的特点，且在设计时，考虑了模块化、标准化和长寿命等要素，能够充分满足未来微小卫星的实际应用要求。

## 参 考 文 献

[1] 蒙涛，金仲和. 皮纳卫星姿态控制技术进展 [C]. 2011 年小卫星技术交流会，北京，2011.

[2] FEIFAN CHeN, JING FENG. Analogue sun sensor based on the optical nonlinear compensation measuring principle [J]. Measurement science and technology，2007，18：2111 – 2115.

[3] ALEXANDER S. ZABIYAKIN, VYACHESLAV O. PRASOLOV, ALEXANDER I. BAKLANOV, et al. Sun sensor for orientation and navigation systems of the spacecraft [C]. SPIE, Photonics for transportation, 3901_018：106 – 111.

[4] 江洁，温志明，张广军，樊巧云. 一种高性能太阳敏感器复合光学系统设计 [J]. 光学学报，2008，28 (2)：344 – 348.

[5] 丁天怀，毕研刚，王鹏. 基于 CMOS APS 的微型数字式太阳敏感器 [J]. 清华大学学报（自然科学版），2008，48 (2)：203 – 206.

[6] DELGADO F. J., QUERO J. M., GARCIA J., et al. SENSOSOL：MultiFOV 4 – quadrant high precision sun sensor for satellite attitude control [C]. 2013：123 – 126.

[7] 王俊，王昊，应鹏，等. 四象限差动式模拟太阳敏感器设计 [J]. 传感技术学报，2012，25 (12)：1659 – 1663.

[8] K. BOOM, J. LEIJTENS. Mini and micro sensor systems：where small does not mean immature [C]. AIAA/AAS astrodynamics specialist conference and exhibit, 2008, Honolulu, Hawaii.

[9] H. WU, A. EMADI, G. DE GRAAF, et al. Self – powered sun sensor microsystems [J]. Procedia Chemistry, 2009，1：1363 – 1366.

# A Micro Dual – axial Analog Sun Sensor for Microsatellite

WANG Chunyu    LIANG He    LV Zhengxin    SUN Jianbo

HONG Shuai    SUN Yan    CHONG Huixuan

Beijing Institute of Control Engineering, Beijing    100190

**Abstract**    With the development of microsatellite, it becomes a challenge to normal analog sun sensor based on A/B silicon cell in volume, weight, precision, view of field. Then in this thesis, a micro dual – axial analog sun sensor based on 4 – quadrant silicon cell is proposed. The current of each quadrant is collected and then the sun incident angle about two axes can be got through calculation. The field of view is $\pm 45° \times \pm 45°$ or larger and the dimension is $34.5 \times 34.5 \times 13.5$ mm$^3$ with the weight of about 30 g. The precision of $\pm 0.35°$ in the whole field of view can be realized about two axes. Besides, modularization, standardization, long – life are also considered during sensor design. So in general, normal analog sun sensor can be replaced totally by proposed sensor and besides, the latter is more widely applicable.

**Key words**    Micro dual – axial analog sun sensor；4 – quadrant Silicon cell；Large field of view；High precision；Modulation

## 作 者 简 介

王春宇，男，工程师，北京控制工程研究所，主要从事光学敏感器研发，电子邮箱：wcy_zju@163.com。

# 大幅宽离轴相机偏流角计算方法研究

王靖　陆春玲　邸国栋

航天东方红卫星有限公司，北京　100094

**摘　要**　本文提出了一种基于成像点位置确定的大视场离轴相机全视场偏流角计算方法。针对相机偏离星下点成像的特点建立了模型，并推导了偏离星下点成像时偏流角的计算公式。以一颗运行在 645 km 轨道高度的太阳同步轨道、具有 800 km 视场和 5° 离轴角的遥感卫星为例，对卫星运行中成像点偏流角、偏流角残差进行了计算。证实了该计算方法的正确性。

**关键字**　偏流角；大视场离轴相机

## 1　引言

在遥感卫星绕地球运转时，地球的自转会使相机相对被摄景物的移动方向与相机运动的投影线速度方向不一致，两个方向的夹角称为偏流角。随着遥感卫星成像质量要求的提高，偏流角修正误差所造成的成像系统调制传递函数的衰退，已经成为影响成像质量的关键因素之一[1]。

中高分辨率大视场角相机是一种为了提高大范围数据获取能力而部分忽略分辨能力的设计。大幅宽使它具有快速覆盖、重访能力的同时也带来了别的问题，偏流角修正便是其中之一。该相机幅宽较大，同时又有离轴角的影响，成像点与星下点之间有较大的位置偏差，必须参考成像点的位置进行偏流角修正。

针对以上问题本文首先建立了大视场相机偏离星下点的成像模型，然后通过该模型推导出了偏离星下点成像的偏流角计算公式，而后通过仿真计算验证了该方法的正确性。该计算方法可推广到卫星姿态机动造成成像点偏离星下点时的偏流角计算。

## 2　大视场离轴相机偏流角计算

### 2.1　计算方法概述

成像过程中偏流角影响如图 1，对于星下点偏流角的计算文献 [1-4] 中有较为详细的过程。

一般卫星利用星下点偏流角进行修正，而文中大幅宽、大离轴角卫星只能采用通过像元指向计算出摄影点位置的方法，从摄影点位置计算出该点的偏流角。由于从像元指向出发，所以该方法同时考虑了大视场和离轴角的双重影响，主要计算过程如下：

1）确定摄影点相对于星下点的位置关系，（经纬度关系）；

2）利用摄影点位置确定沿轨方向的速度和受地球自转影响造成的牵连速度；

3）仿真计算摄影点偏流角。

偏流角计算流程如图 2 所示。

### 2.2　摄影点位置计算模型

根据大视场离轴相机的成像原理，可以建立摄影点位置计算模型如图 3，文中以卫星飞行方向为 $X$ 向，像面所在方向为 $Y$ 向建立坐标系如图 3 所示。现已知成像点 $A$ 在此坐标系下的坐标为 $(x, y)$，要找

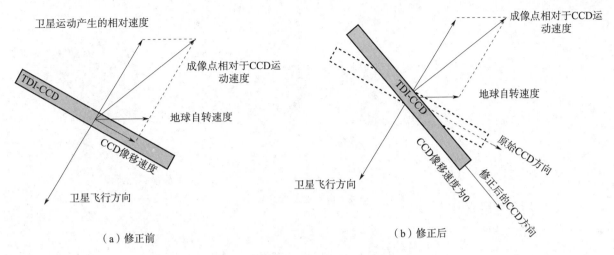

（a）修正前       （b）修正后

图 1 成像过程中偏流角影响及其修正

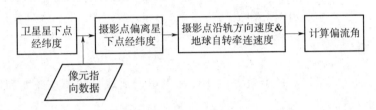

图 2 偏流角计算流程

出摄影点与星下点之间的关系，就要通过成像点 A 在该坐标系下的位置计算出两点之间的经纬度差别，即（$x,y$）和（$d_x,d_y$）之间的关系，这一步骤的实质是成像点 A 坐标在两个坐标系间转换的过程。

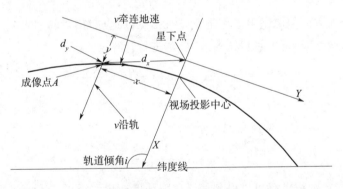

图 3 摄影点计算模型

图 4 为摄影点位置的具体计算方法，按照图中虚线添加辅助线，并将 $d_x$ 分解为两段虚线 $a$、$b$ 之和，同时将 $d_y$ 分解为两段虚线 $c$、$d$ 之差。由几何关系可得

$$\begin{cases} a = x\sin\theta \\ b = y\cos\theta \end{cases} \qquad \begin{cases} c = x\cos\theta \\ d = y\sin\theta \end{cases} \tag{1}$$

通过上述分析可以得出（$d_x,d_y$）的表达式：

$$\begin{cases} d_x = x\sin\theta + y\cos\theta \\ d_y = y\sin\theta - x\cos\theta \end{cases} \tag{2}$$

上式中 $\theta = 180° - i$ 是轨道倾角的补角，由于 $i = 97.9° > 90°$ 有三角关系式

$$\begin{cases} \cos\theta = \cos(180 - i) = -\cos i \\ \sin\theta = \sin i \end{cases} \tag{3}$$

联合式（1）和式（2）并化简可得

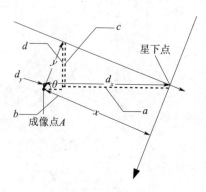

图 4   摄影点位置计算

$$\begin{cases} d_x = x\sin i - y\cos i \\ d_y = y\sin i - x\cos i \end{cases} \tag{4}$$

式（3）为摄影点 $A$ 与星下点间距离的计算式。对于右半幅宽采用同样的方式进行处理也能够得到式（3），证明能够采用该式进行全视场的偏流角计算。

### 2.3   偏流角计算分析

这一部分主要进行的是，摄影点的沿轨方向速度和摄影点地球自转牵连速度和偏流角计算公式的推导过程，以及偏流角的计算结果和分析。

1）由于摄影点在经度方向偏离了卫星星下点，因此会造成卫星摄影点沿轨方向速度发生改变，可以按照如式（5）进行计算

$$V_s = \omega \times R_e \times \cos(d_x/R_e \times \frac{180°}{\pi}) \tag{5}$$

2）由于摄影点在经度方向偏离了卫星星下点，摄影点的地球自转线速度也会不同于星下点的地球自转线速度，摄影点地球自转牵连速度可以按照式（6）进行计算

$$V_e = R \times \omega_e \times \cos(\delta + \frac{d_y}{R} \times \frac{180°}{\pi}) \tag{6}$$

3）分别利用式（5）和式式（6）求出：摄影点沿轨飞行速度、摄影点地球自转造牵连速度，结合图 1 中几何关系就可列出式（6）进行偏流角的求解[2-4]

$$\beta = \arctan(\frac{V_e \times \sin i}{V_s - V_e \times \cos i}) \tag{7}$$

将式（5）～（7）进行编程求解可以得到偏流角随纬度变化的结果，下面进行仿真计算。

# 3   仿真分析

## 3.1   仿真参数设置

仿真采用的是太阳同步轨道，各种计算参数为

地球半径：$R_e = 6\,371$ km ；

地球自转速度：$\omega_e = 7.292\,12E-05$ rad/s ；

轨道高度：$H = 645$ km ；

轨道周期：$T = 5\,848.561\,1$ s ；

轨道角速度：$\omega_s = 0.001\,1$ rad/s ；

轨道倾角：$i = 97.91°$。

像元指向数据如表 1 所示。

**表 1　像元物面指向**

| 编号 | 物面 $X$ 坐标/km | 物面 $Y$ 坐标/km | 编号 | 物面 $X$ 坐标/km | 物面 $Y$ 坐标/km |
|---|---|---|---|---|---|
| 0 | 0.000 | −158.192 | 12000 | 190.018 | −163.089 |
| 1000 | 15.351 | −158.225 | 13000 | 207.000 | −163.976 |
| 2000 | 30.722 | −158.324 | 14000 | 224.276 | −164.947 |
| 3000 | 46.133 | −158.488 | 15000 | 241.875 | −166.005 |
| 4000 | 61.602 | −158.719 | 16000 | 259.830 | −167.155 |
| 5000 | 77.150 | −159.017 | 17000 | 278.174 | −168.398 |
| 6000 | 92.799 | −159.383 | 18000 | 296.945 | −169.742 |
| 7000 | 108.568 | −159.819 | 19000 | 316.182 | −171.189 |
| 8000 | 124.480 | −160.325 | 20000 | 335.027 | −172.746 |
| 9000 | 140.557 | −160.903 | 21000 | 356.227 | −174.419 |
| 10000 | 156.823 | −161.555 | 22000 | 376.706 | −176.176 |
| 11000 | 173.301 | −162.283 | 23000 | 398.693 | −178.138 |

## 3.2　仅考虑离轴角时的偏流角大小

在上述仿真条件下，分别计算星下点、摄影点中心偏流角随纬度的变化，得到计算结果如图 5 所示：

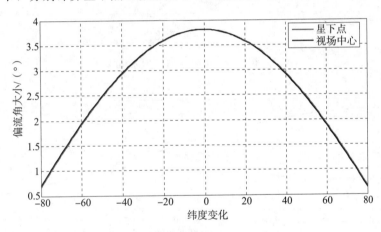

图 5　离轴角对偏流角大小的影响

星下点与摄影点中心之间存在离轴角的影响，因此这两点间的偏流角会有所差别，可以通过采用成像点中心处进行偏流角修正的方式消除此差别。

## 3.3　视场边缘偏流角

以上分析中仅考虑了相机的离轴角，并未考虑大视场带来的影响。下面依旧采用上述的仿真参数，完成了全视场偏流角的计算，得到计算结果如图 6 所示。

从图 6 中可以看出，左侧视场边缘、右侧视场边缘和视场中心三者的偏流角之间均存在差别，而星上只能按照一处的偏流角进行修正，这就无法兼顾到全视场的偏流角，必然会产生相应的偏流角修正残差。

## 3.4　偏流角修正残差

如果按照成像点中心进行偏流角修正，可以得到偏流角修正残差如图 7 所示。

由图 7 可以看出，左半幅宽的偏流角较大，最大处达到了 0.05°，这时考虑采用左半幅宽某点进行偏流角修正，得出修正结果如图 8 所示。

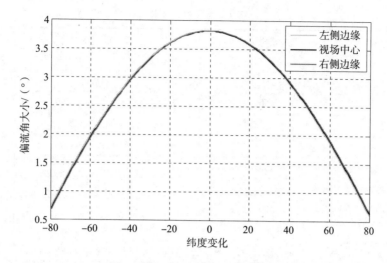

图 6　视场角对偏流角大小的影响

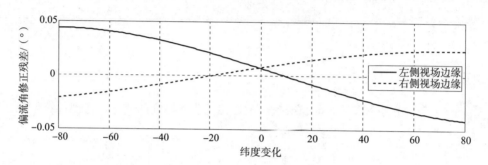

图 7　按视场中心修正时的偏流角残差

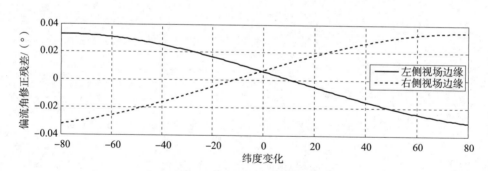

图 8　按左侧视场进行修正时的偏流角残差

采用左半幅宽上的点进行修正时，减小了全视场偏流角修正残差的绝对值，使得误差分布更加均匀，全视场偏流角修正残差能保证在 0.04° 之内。

# 4　结束语

本文针对相机大视场、大离轴角的特点，对大视场、大离轴角下的偏流角计算进行了建模，推导出了偏离星下点处偏流角的计算公式，并进行了偏流角计算的仿真分析。得出以下主要结论：

1）本方法在物面进行正个偏流角的计算过程，物理意义明确，同时该方法能够适用于其他偏离星下点成像卫星偏流角的计算；

2）离轴角，大视场角都会造成成像点偏流角的变化，必须利用成像点处偏流角进行修正；

3）由于离轴角和大视场角的共同作用，偏流角修正残差并不对称，因此不能使用中心视点处的偏流角进行修正，需要采用左半幅宽一点处的偏流角进行修正，修正后全视场偏流角修正残差＜0.04°。

## 参 考 文 献

[1] 朱兴鸿，邸国栋，陆春玲. 一种遥感卫星偏流角修正的仿真分析方法 [J]. 航天器工程，2013，22 (1)：39－43.

[2] 王志刚，袁建平，陈士橹. 高分辨率卫星遥感图像的偏流角及其补偿研究 [J]. 宇航学报，2002，23 (5)：39－43.

[3] 袁孝康. 星载 TDI－CCD 推扫相机的偏流角计算与补偿 [J]. 上海航天，2006，(6)：10－13.

[4] 景泉. 敏捷卫星偏流角计算模型研究 [J]. 航天器工程，2012，(21)：16－20.

# Research on Drift Angle Adjustment for Wide – Swath off – axis TMA Camera

WANG Jing    LU Chunling

DFH Satellite Co. Ltd，Beijing    100094

**Abstract**    A method based on photography position is proposed to calculate the full－view drift angle of the wide－swath with off－axis TMA camera. A model is constituted aims at the photography position is deflection of nadir ，and a formula of calculate drift angle is deduced when photography position is deflection of nadir. And a 645km sun－synchronous remote sensing satellite with view of 800km and off－axis angle of 5 degree is taken as an example for calculate drift angle of photography poition and compensation residue of drift angle. In the end，the method is turn out to be right.

**Key words**    Drift angel；Wide－swath with off－axis TMA camera

## 作 者 简 介

王靖，男，硕士，航天东方红卫星有限公司，从事卫星遥感技术研究工作，电子邮箱：wangjingrei123@163.com。

# 双光梳飞行时间绝对距离测量

尉昊赟　张弘元　吴学健　李岩

清华大学精密仪器系精密测试技术及仪器国家重点实验室，北京　100084

**摘　要**　高精度绝对距离测量对于卫星编队飞行中实现星间精密定位具有重要应用价值。本文基于新型光学频率梳光源，提出采用两台重复频率有微小差异的光频梳结合第二类相位匹配，实现高精度的飞行时间绝对距离测量。光频梳拥有精确的重复频率，利用重频差所引起的游标效应，时间飞行法的分辨率由传统的皮秒量级提升至飞秒量级。第二类相位匹配用来标识脉冲在时间轴上的准确位置同时简化脉冲的包络拟合。与双频激光干涉仪的对比试验表明，本文提出的双光梳系统的最大残差为 85.94 nm，0.5 s 阿伦方差为 58.19 nm。结合整周期量程拓展，可拓展到 100 km 量级的星间绝对距离测量。

**关键词**　绝对距离测量；飞行时间法；光频梳；卫星编队飞行

## 1　引言

绝对距离测量在很多领域都扮演着重要的角色，例如大尺寸机械装置制造[1]、卫星编队飞行[2]中都需要绝对距离测量技术来实现定位和对准。从测量原理上考虑，绝对距离测量可以分为两大类[3]，一类是合成波长法，另一类是飞行时间法。合成波长法利用不同波长的单频激光对同一目标进行测量，对不同波长的长度测量结果进行组合建立合成波长链，从而实现绝对距离测量[4]。但是合成波长法测量系统复杂，需要待测长度的粗测结果来建立有效的合成波长链，因此不适用于大尺寸绝对距离测量场合。相比而言，飞行时间法[5]适用于此类场合，但是受限于电子器件皮秒的时间分辨能力，传统飞行时间法的测量精度最多只能达到毫米水平。随着光频梳的发展[6]，人们研究出一系列基于光频梳的高精度飞行时间长度测量方法。这些测量方法按照原理可以分为三类。第一类是单光梳时域法[3,7-8]。这种方法首先利用光频梳的时域脉冲特性，基于传统的飞行时间法得到待测距离的粗测结果，然后利用光频梳的干涉特性通过对互相关信号的分析来进一步提高精度。第二类是平衡互相关法[9]，这种方法利用参考臂和测量臂脉冲在倍频晶体中的强度互相关信号，通过非相干的方法将参考臂和测量臂的臂长差与脉冲的重复频率锁定，实现高精度的绝对距离测量。实际测量中，受重复频率调节范围的限制，这两种方法只能工作在某些特定距离上。为实现连续范围的绝对距离测量，Coddington 等人提出使用双光梳的测量方法[10]，即第三类方法。利用两台光频梳重复频率上的差异引起的游标效应[10]，双光梳法可以实现全量程的高精度快速测量。据报道通过结合飞行时间方法和相位解调，可以在 60 ms 范围内实现 5 nm 的测量精度。且非模糊区间可以超过 30 km，相对不确定可实现 2E-13 量级，在未来卫星编队飞行、重力场测量、空间长基线相干测量等领域具有明显应用优势。在未来重力场测量计划中，也将基于光学频率梳的绝对距离测量技术作为其中一种激光计量的方案[11]。

本文提出一种基于非线性异步光学采样（Nonlinear Asynchronous Optical Sampling，Nonlinear ASOPS）的非相干双光梳绝对距离测量方法，在全量程快速测量的基础上简化曲线拟合方法，同时激光器不需要锁定偏置频率，测量系统更为简洁。测量系统分为两部分：双光梳时域光学扫描和第二类相位匹配倍频（type II Second Harmonic Generation，type II SHG）。利用两台光频梳在重复频率上的差异实现时域光学扫描，测量系统可以实现连续范围绝对距离测量。同时，type II SHG 被用来探测时域光学扫描产生的互相关信号。由于 type II SHG 得到的是干涉信号的包络，因此可以简化曲线拟合提高测量速度。而且 type II SHG 是非相干过程，因此可以简化光频梳结构，让偏置频率自由运转。通过与双频激光干涉仪进行比对可以证明，本文提出的双光梳绝度距离测量系统可以实现残差不大于 100 nm 的绝对距离测量。

## 2 测量原理

如图 1 所示，测量系统可以分为两部分：用来保证脉冲重合的时域光学扫描和互相关探测的 SHG。首先介绍时域光学扫描的原理。重复频率为 $f_r + \Delta f_r$ 的光频梳作为探测光。探测光脉冲经分光后分别入射到参考镜和靶镜上。由此，参考镜和靶镜之间的光程差就通过脉冲间的时间间隔 $\tau_d$ 记录下来。由于直接使用电子探测器不能响应光脉冲在时域上的实际位置，为准确确定脉冲的时间间隔，我们使用另一台重复频率为 $f_r$ 的光频梳作为采样光。探测光和采样光脉冲进入 SHG 单元进行互相关测量。以探测光脉冲作为参考，则采样光脉冲在时域内以步长为

$$\Delta T_r = \frac{1}{f_r} - \frac{1}{f_r + \Delta f_r} = \frac{\Delta f_r}{f_r(f_r + \Delta f_r)} \tag{1}$$

扫描过探测光脉冲，实现时域光学扫描。

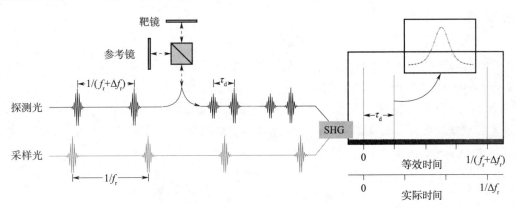

图 1　Nonlinear ASOPS 绝对距离测量原理

图中 $\tau_d$ 是脉冲到达靶镜和参考镜的时间间隔。重复频率相差为 $\Delta f_r$ 的探测光和采样光入射到 SHG 单元进行互相关倍频峰值检测。Type II SHG 要求入射的基频偏振光正交，倍频光强 $I_{2\omega}$ 可以表示为[18]

$$I_{2\omega}(\tau) \propto \int I_{\omega,\mathrm{SL}}(t) I_{\omega,\mathrm{LO}}(t + \tau) \mathrm{d}t \tag{2}$$

式中　$I_{\omega,\mathrm{SL}}$——探测光脉冲强度；

　　　$I_{\omega,\mathrm{LO}}$——采样光脉冲强度；

　　　$\tau$——参与倍频的两个基频光脉冲之间的时间间隔。

由公式（2）可知，$I_{2\omega}$ 表征参与倍频的两个基频光脉冲的在时域上的重合程度。当两脉冲完全重合时，倍频光 $I_{2\omega}$ 最强。

时域光学扫描保证脉冲重合并引入间隔 $\tau$，并通过 SHG 产生对应的倍频光 $I_{2\omega}$。结合时域光学扫描和 SHG，采样光可以通过强度互相关的方式将探测光描画出来。由于倍频光脉冲的重复频率为 $\Delta f_r$，因此使用电子探测器可以准确反映倍频光在时间轴上的位置，解决探测器不能直接测量飞秒脉冲的问题。通过判别倍频脉冲峰值的位置 $t_{\mathrm{ref}}$ 和 $t_{\mathrm{tar}}$，探测光的脉冲间隔 $\tau_d$ 可以根据式（3）得到

$$\tau_d = |t_{\mathrm{ref}} - t_{\mathrm{tar}}| \cdot \frac{\Delta f_r}{f_r + \Delta f_r} \tag{3}$$

由图 1 可知，绝对距离 $L$ 可以通过

$$L = \frac{c}{2n_g} \cdot \tau_d \tag{4}$$

计算得到。

式中 $c$——真空中光速；

$n_g$——空气的群折射率；

$\tau_d$——式（3）中的时间间隔。

但是，考虑到脉冲的重复频率，系统的量程（Non-Ambiguity Range，NAR）被限制在 $\Lambda_{NAR}=c/[2(f_r+\Delta f_r)]$。为了拓展量程，可以将探测光的重复频率由 $f_r+\Delta f_r$ 改为 $f_r+\Delta f_r'$，相对应的，系统量程也由 $\Lambda_{NAR}=c/[2(f_r+\Delta f_r)]$ 变为 $\Lambda'_{NAR}=c/[2(f_r+\Delta f_r')]$。利用 $\Lambda_{NAR}$ 和 $\Lambda'_{NAR}$，绝对距离 $L_{abs}$ 可以通过

$$L_{abs}=m\cdot\Lambda_{NAR}+L \tag{5}$$

$$L'_{abs}=m\cdot\Lambda'_{NAR}+L' \tag{6}$$

两个方程联立得到。

式中 $m$、$m'$——正整数；

$L$、$L'$——与重复频率对应的固有量程内的测量结果。

通过改变重复频率得到式（5）和式（6），再通过方程联立实现量程的拓展。

# 3　试验装置

试验装置如图 2 所示，探测光和参考光为两台掺铒光纤光频梳（M-comb，Menlo）。光频梳光谱中心波长为 1 560 nm，谱宽 30 nm。激光腔内使用 PZT 和步进电机，使得重复频率可以在范围为 $250\pm2.3$ MHz 内实现锁定。利用掺铒光纤放大器，两台光频梳的功率被放大到 200 mW，脉冲宽度被压缩至大约 70 fs。探测光的重复频率为 250.002 MHz，采样光的重复频率为 250 MHz，两台光频梳的重复频率锁定至铷原子钟（8040C，Symmetricom）。同时，两台光频梳的偏置频率处于自由运转状态。

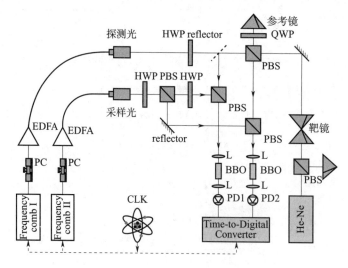

图 2　Nonlinear ASOPS 试验装置

图 2 中 EDFA 为掺铒光纤放大器，HWP 为二分之一波片，QWP 为四分之一波片，PBS 为偏振分光棱镜，L 为透镜，PD 为探测器，CLK 为铷原子钟，Time-to-Digital Converter 为飞行时间测量仪。

探测光脉冲经偏振分光棱镜（Polarization Beam Splitter，PBS）进入迈克尔逊干涉仪的参考臂和测量臂。参考臂角锥固定，入射脉冲经四分之一波片旋转偏振态后与采样光合光，进入 BBO 晶体进行倍频互相关探测。测量臂角锥安装在 200 mm 线性导轨（M-521.DD PI）上，探测光脉冲经测量臂角锥反射后经虚线表示的反射镜转向后与采样光脉冲合光，进入另一块 BBO 晶体进行互相关采样。反射镜之所以用虚线表示，是因为经角锥反射的出射光与入射光处在不同高度上，反射镜与出射光在同一高度上，因此在高度上低于迈克尔逊干涉仪中的其他光学元件。探测光与采样光在 BBO 中合光倍频后，利用飞行时间

测量仪（U1051A，Agilent）测量倍频光脉冲时间间隔 $|t_{ref} - t_{tar}|$，进而得到待测距离。考虑到 PBS 的消光比有限，因此将参考臂与测量臂的探测光在空间上分离，分别进行倍频探测，减小偏振串扰带来的影响。在测量臂角锥背后背对背放置另一个角锥，用于干涉仪长度测量，从而衡量测量系统的测量精度。

# 4　初步试验结果

使用 Nonlinear ASOPS 和双频激光干涉仪对空气中的同一目标进行测量，通过比对测量结果，验证 Nonlinear ASOPS 的测量精度。靶镜放置于 219.5 mm 处以减小空气扰动带来的光程变化。首先对该位置进行多次测量，评估 Allan 方差水平。测量结果如图 3 所示，由于两台光频梳的重复频率的差值为 2 kHz，因此单次测量的标准差水平为 0.5 ms 的标准差 8.57 $\mu m$。随着平均次数的增加，测量结果的稳定性不断提升，系统的 50 ms 标准差为 356.2 nm，0.5 s 的标准差为 58.2 nm。

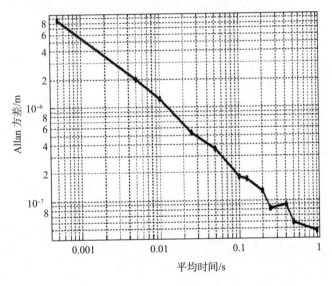

图 3　219.5 mm 处不同平均时间下 Allan 方差水平

位移台以 1 $\mu m$ 为步长移动 10 $\mu m$，比对双频激光干涉仪和 Nonlinear ASOPS 的 $10^3$ 次测量平均值的残差和标准差。测量结果如图 4 所示，比对结果显示，残差分布在 $-60.35 \sim 85.94$ nm，标准差分布在 $58.2 \sim 116.9$ nm。可以看出，Nonlinear ASOPS 可以有效将飞行时间法的分辨率提升至亚微米量级。

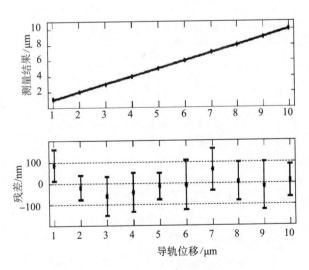

图 4　219.5 mm 处 10$\mu m$ 位移测量比对结果

由于所使用的光频梳的重复频率为 250 MHz，考虑迈克尔逊干涉仪对光程的折叠，系统的固有量程为 600 mm。将靶镜放置于 515.8 mm 处，位移台以 10 mm 为步长移动 200 mm，实际待测范围为515.8～715.8 mm。根据式（5）和式（6），探测光的两次重复频率分别为 250.002 MHz 和 249.998 MHz。测量结果如图 5 所示，从图中可以看出，测量结果显示为一条连续直线，中间不存在断点。由此可知，通过改变重复频率，可以拓展系统量程。与干涉仪比对结果显示，残差分布范围 −114.1～131.5 nm，标准差范围为 77.0～179.4 nm，与图 5 结果相比略有增大。由此可见该方法可以实现有效量程扩展。

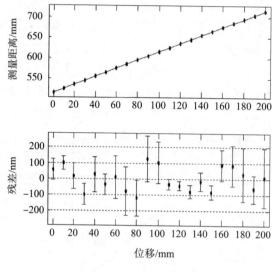

图 5　量程拓展试验结果

# 5　结束语

我们提出一种基于非线性异步光学采样的非相干双光梳绝对距离测量方法。两台光频梳重复频率上的差异保证探测光脉冲和采样光脉冲在时域上能够重合，实现时域光学扫描。同时，type II SHG 被用来标明探测光脉冲在时域上的准确位置。通过探测倍频光脉冲的时间间隔，我们可以根据飞行时间法计算得到待测距离，测量分辨率可以达到亚微米量级。同时，通过调节重复频率，系统的量程也可被有效拓展，有望拓展到 100 km 量级的星间绝对距离测量。

## 参 考 文 献

[1]　W. Estler，K. Edmundson，G. Peggs，and D. Parker，Large‐scale metrology‐an update，CIRP Annals‐Manufacturing Technology 51，587－609（2002）．

[2]　R. Kristiansen，and P. J. Nicklasson，Spacecraft formation flying：A review and new results on state feedback control，Acta Astronaut. 65 1537－1552.

[3]　J. Ye，Absolute measurement of a long，arbitrary distance to less than an optical fringe，Opt. Lett. 29 1153－1155.

[4]　X. Wu，H. Wei，H. Zhang，L. Ren，Y. Li，and J. Zhang，Absolute distance measurement using frequencysweeping heterodyne interferometer calibrated by an optical frequency comb，Appl. Opt. 52（10），2042－2048（2013）．

[5]　J. O. Dickey，P. L. Bender，J. E. Faller，X. X. Newhall，R. L. Ricklefs，J. G. Ries，P. J. Shelus，C. Veillet，A. L. Whipple，J. R. Wiant，J. G. Williams，and C. F. Yoder，Science 265，482（1994）．

[6]　J. L. Hall，Nobel Lecture：Defining and measuring optical frequencies，Rev. Mod. Phys. 78 1279－1295.

[7]　D. Wei，S. Takahashi，K. Takamasu，and H. Matsumoto，Experimental observation of pulse trains' destructive interference with a femtosecond optical frequency‐comb‐based interferometer，Opt. Lett. 34（18），2775－2777（2009）．

[8]　P. Balling，P. Křen，P. Mašika，and S. A. van den Berg，Femtosecond frequency comb based distance measurement in air，Opt. Express 17（11），9300－9313（2009）．

[9]　J. Lee，Y.‐J. Kim，K. Lee，S. Lee，and S.‐W. Kim，Time‐of‐flight measurement with femtosecond light pulses，Nat. Photonics 4，716－720（2010）．

［10］ I. Coddington，W. Swann，L. Nenadovic，and N. Newbury，Rapid and precise absolute distance measurements at long range，Nat. Photonics 3，351－356（2009）．

［11］ F. Flechtner et al.（eds.），Observation of the System Earth from Space－CHAMP，GRACE，GOCE and Future Missions，Advanced Technologies in Earth Sciences，DOI：10. 1007/978－3－642－32135－1＿21，© Springer－Verlag Berlin Heidelberg 2014.

# Time－of－flight Absolute Distance Measurement with Dual Combs

WEI Haoyun　ZHANG Hongyuan　WU Xuejian　LI Yan

State Key Lab of Precision Measurement Technology & Instruments，Department of
Precision Instruments，Tsinghua University，Beijing 100084

**Abstract**　High precision ranging has important applications in future tight formation－flying satellite missions. We report an absolute distance measurement scheme based on time－scaled time－of－flight method using two optical frequency combs with different repetition rates and type II second harmonic generation. Time－of－flight resolution is enhanced from picoseconds to femtoseconds，according to the Vernier effect derived from the difference in repetition rates. Meanwhile，type II second harmonic generation is used to determine time intervals among pulses and facilitate curve fitting. The performance of the proposed method is compared with a heterodyne interferometer. Results show that the system achieves a maximum residual of 85. 94 nm and an Allan deviation of 58. 19 nm in a 0. 5 s acquisition time. Combined with the non－ambiguity range extension，the proposed scheme can be further developed to match the inter－satellite distance measurement requirements.

**Key words**　Absolute distance measurement；Time－of－flight method；Optical frequency comb；Formation－flying

## 作 者 简 介

尉昊赟，男，副研究员，清华大学，研究方向为光学工程（干涉测距与红外光谱探测），电子邮箱：luckiwei@mail. tsinghua. edu. cn。

# 基于高可靠 SoC 的立方体卫星星载双余度计算机设计

魏然　郑琦　陶礼炫　张维　徐骏　曹鲁英

上海宇航系统工程研究所，上海　201109

**摘　要**　立方体卫星电子系统的可靠性正得到进一步关注，本文提出了一种适用于立方体卫星星载计算机单元（OBC）的容错设计方案，其基于 MicroSemi 公司的新一代高可靠 SoC 芯片 Smart Fusion 2 进行 OBC 单元设计，采用两片 Smart Fusion 2 芯片实现 CPU 冷备，利用片内 FPGA 对扩展 SRAM 进行了 EDAC 设计，利用限流配电开关进行了抗闩锁设计，最后进行了容错策略验证，达到了立方体卫星 OBC 单元高功能密度和高可靠性的设计要求。

**关键词**　立方体星；SoC；冗余

## 1　引言

为了让大学有更多的机会参与空间科学实践，美国加州理工大学和斯坦福大学在 1999 年提出了立方体纳卫星规范，即尺寸 10 cm×10 cm×11 cm、质量约 1.33 kg 的为 1U 立方体纳卫星，尺寸 10 cm×10 cm×22 cm、质量约 2.66 kg 的为 2U 立方体纳卫星，尺寸 10 cm×10 cm×34 cm、质量约 4 kg 的 3U 立方体纳卫星。通过标准的发射机构（如图 1 所示），可以将最大为 3U 的标准结构立方体纳卫星送入近地轨道。立方体纳卫星的主要特点和优势在于，其标准的发射接口、低廉的制造和发射成本（3U 立方体纳卫星 3 年内的设计、建造、发射和管理费用少于 100 万美元），能满足大学、研究机构和商业公司培养航天人才、低成本开展空间科学研究和探索新技术、新器件航天应用的需求[1]。

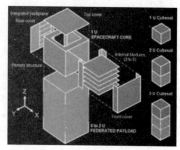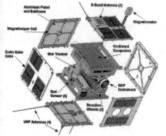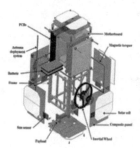

图 1　国外各类立方体星

随着任务复杂度的提升，CubeSat 系统的容错能力也得到重视。尽管各类容错技术在大中型空间飞行器上的应用已经较为成熟，但由于体积、功耗、成本等限制，在 CubeSat 系统中的设计应用尚为有限，有明确文献记载的有：AAUSAT-3 为避免单点故障采用分散式的设计理念，使每个功能子系统均配备独立处理器，能够独立实现功能，但明显增加了功耗[5]；CanX-1 在外部扩展随机存储器上设置了误差检测和校正（EDAC）单元。

星载计算机（OBC）单元承担着 CubeSat 系统大部分信息处理和控制功能，是系统的核心单元，也是整星容错设计的关键。本文针对其采取以下容错措施。

1）系统级冗余设计：系统总线、GNC 核心部件冗余备份；

2）采用高可靠性的 SoC 代替普通商业货架（COTS）处理器实现整星绝大部分信息处理功能；

3）核心处理器采用双机冷备冗余设计；

4) 外部扩展存储器采用硬件 EDAC 设计;

5) 采用带过流保护的配电开关进行抗闩锁设计。

# 2 CubeSat 综合电子系统组成和架构

立方体卫星在体积、质量、功耗、成本等资源受限的情况下,要满足数据管理、姿态轨道计算控制、电源控制、测控、星间通信等高功能密度的要求,须采取一体化的综合电子设计[6],其架构如图 2 所示。

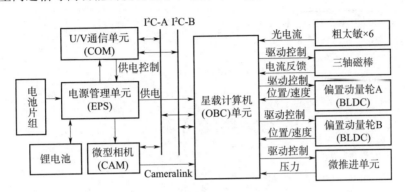

图 2　CubeSat 综合电子系统架构

如图 2 中所示,综合电子系统包括星载计算机单元(OBC)、U/V 通信单元(COM)、电源管理单元(EPS)、粗太敏组、三轴磁棒、冷热两组 Y 轴偏置动量轮、微推进单元和微型相机载荷。OBC、COM、EPS 和 CAM 均通过 $I^2C$ - A 系统总线进行系统级通信,$I^2C$ - B 作为系统备份总线。

COM 为发送系统遥测状态和接受地面遥控指令,并控制 EPS 执行加断电指令。OBC 板采集粗太敏组输出的光电流信号,用于太阳位置的粗捕获。三轴磁棒和两套 Y 轴偏置动量轮、微推进单元等执行设备均直接由 OBC 驱动控制,实现 CubeSat 的姿轨控。Y 轴偏置动量轮为姿控关键部件,需长期在轨运行,其基于工业级直流无刷(BLDC)电机,需做冷备冗余,其驱动逻辑和调速控制均在 OBC 中实现。微推进单元主要用于 CubeSat 进行变轨控制,也与三轴磁棒构成姿控冗余备份。

微型相机用于空间图像拍摄,其基于工业级 CMOS 成像芯片,可由 OBC 直接通过 $I^2C$ 总线控制。图像信息则通过 Cameralink 总线直接传输到 OBC 中进行图像处理。相机 CMOS 成像芯片一般仅具备单路 $I^2C$ 总线接口。

# 3 CubeSat 的 OBC 单元组成和架构

OBC 单元承担了整星绝大部分信息处理和控制功能,是整星的核心部件,其组成架构如图 3 所示。

如图 3 所示,OBC 单元包含冗余 SoC 部分、Flash、双冗余 GPS 模块、3 轴磁强计、9 轴 IMU 单元和多通道 AD 等,并通过 PC104 总线与整星其他模块交互 IO 信号。可以看出,大部分板上外设均通过 SPI 总线与冗余 SoC 进行交互。

图 2 中,Flash 用于存储 CubeSat 运行状态数据和摄像头采集图像数据。GPS 可给出 CubeSat 所处绝对位置信息,用以测定轨道。3 轴磁强计给出 3 轴磁场强度信息,和轨道信息配合用以测定姿态。9 轴 IMU 可给出实时 3 轴磁场强度、3 轴角速度和 3 轴加速度信息,用于和 3 轴磁强计形成备份,CubeSat 消旋以及运动状态监测。多路 AD 用于测量太敏、磁棒电流、温度传感器和微推进单元气压等信号。为避免各外设模块与 SoC 交互相互干扰,尽量采用 SoC 不同 SPI 接口与外设互联。

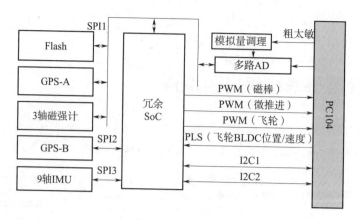

图 3　OBC 单元组成架构

# 4　基于 Smart Fusion 2 的冗余容错方案

## 4.1　Smart Fusion 2 功能特性

本文采用 MicroSemi 公司的新一代 Smart Fusion 2 系列 SoC 作为 OBC 单元的核心处理器，其主要功能特性包括：

1）内含一颗主频可达 166 MHz 的 32 位 ARM Cortex - M3 硬核，配备浮点计算单元（FPU）；

2）集成 SPI、I²C、USART、CAN 等通信接口；

3）集成 64 kB SRAM，256 kB Flash ROM；

4）片内 CACHE、通信 FIFO、RAM 均具备硬件 EDAC 能力；

5）内含高可靠的 Flash 型 FPGA，单粒子免疫[7]；

6）FPGA 部分含有多路硬件乘法器；

7）超低功耗。

当空间高能粒子轰击航天器电子系统的集成电路芯片时，可能会引起器件电性能状态的改变，造成逻辑器件或电路的逻辑错误，在空间辐射高能粒子较多时，存储单元中存储的数据易发生翻转，导致单粒子翻转故障（SEU）。分析 Smart Fusion 2 的主要功能特性可知，其具备的硬件 EDAC 能力确为针对高安全性、高可靠性要求的空间应用系统所设计。并且，Smart Fusion 2 片内 Cortex - M3 能够实现姿轨控所需要的高精度浮点运算，丰富的通信接口能够兼容多种外设，配备的 FPGA 能够快速实现各类通信接口扩展、脉冲捕捉、PWM 发生和高速逻辑运算和信息处理等功能。因此，Smart Fusion 2 非常适合作为 CubeSat 等微纳卫星的高性能和高复杂度的信息处理核心，以替代普通 COTS 处理器，提高整星的容错性和可靠性。这种集中化的设计理念，符合微纳卫星电子系统的发展趋势。

## 4.2　冷备容余实现方案

容错是容忍故障的简称，是指部件或子系统的故障不引起整个系统的失效。冷备是典型的用于非高实时系统的冗余容错方案，符合 CubeSat 级别的微纳卫星系统的任务需求[8]。

OBC 单元 SoC 冷备方案如图 4 所示，单片 SoC 与外部设备间由开关组隔开，由 EPS 控制 SoC 和开关组的配电。正常状态下，主 SoC 及开关组 A 上电，冷备 SoC 及开关组 B 断开。此时，主 SoC 通过开关组 A 与外设正常交互。当判断主 SoC 出现故障时则反之。

以上功能要求开关组具备冷态高阻能力，即断电状态下不会极少吸收或拉升电流，本文中选用工业级 SN74CB3Q16211DL 总线开关实现。两颗 SoC 各配备独立的一组总线开关，能够降低由于单个总线开关失效导致 OBC 工作错误的风险。根据 SN74CB3Q16211DL 总线开关的规格说明，每一个元件可以被看

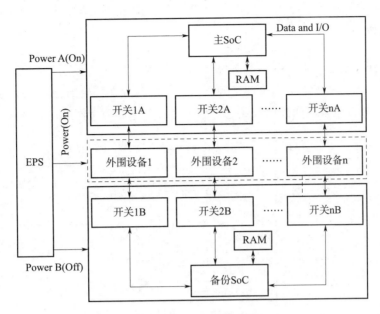

图 4　总线开关逻辑控制图

成是由数量相对较少的场效应晶体管（FET）组成的阵列（量级少于 100），是一种低密度元件。其在辐照环境下抗单粒子翻转的概率比高密度元件低得多，使得整体可靠性得到提高[9]。

# 5　外部扩展 SRAM 的 EDAC 设计

Smart Fusion 2 片内配备了 64KB 具备 EDAC 能力的 SRAM，不能满足 CubeSat 在轨任务需求，需在片外扩展 SRAM。通过 Smart Fusion 2 集成的片内 FPGA 可实现外部 SRAM 的 EDAC 功能，其包括读写两个工作周期。

写周期：在 SoC 向 RAM 写入数据时，EDAC 根据算法对写入寄存器的数据位 D31～D0 进行编码产生校验 Cr，然后数据位和产生的校验位一起写入存储器。写周期功能框图如图 5（a）所示。

读周期：在 SoC 从 RAM 读出数据时，由 EDAC 从存储器中读出数据位和校验位，利用从 RAM 中读出的数据位生成新的校验 $Cr''$，该单元与写周期时校验位产生单元一样。如果码字无误，新校验位与原校验位一致，即 $Cr' = Cr''$。如果从寄存器读出的码字有误，则产生的新校验位与读出校验不同，$Cr' \neq Cr''$。新校验码与写周期产生的校验码进行异或运算生成伴随式 Si，然后根据伴随式的不同组合状态判断数据是否出错，数据送入锁存器保证在 SoC 读取 RAM 时不发生抖动保持稳定。如果发现 1 位错，输出单位错标志，并送入纠错单元自动对错位取反纠正错误，然后把校正后的数据位输出；如果发现 2 位错，产生中断标志送至 SoC；如果没有错误，数据直接从锁存器输出。读周期功能框图如图 5（b）所示。

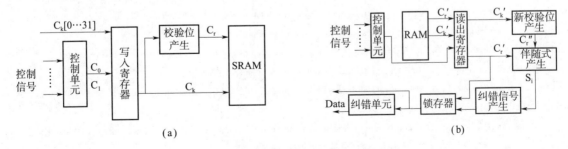

图 5　EDAC 写读周期功能框图

# 6　抗闩锁设计

单粒子闩锁是空间电子系统失效的一种典型模式。常规的抗闩锁手段是在供电端传输限流电阻抑制以闩锁电流。但该方法无法从根本上解决闩锁问题，还给电路带来其他问题[10]。本文采取的是在 OBC 供电输入端引入 Ti 公司带过流限制的配电开关芯片的方案，其电路原理图如图 6 所示。

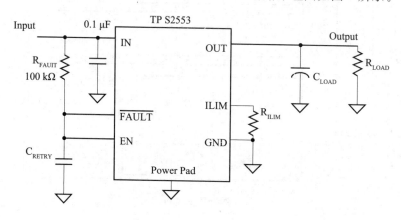

图 6　抗闩锁电路原理图

图 6 中，当闩锁将要发生，供电电流上升至超过设置阈值时，FAULT 引脚信号输出为 0，此时输出使能 EN 引脚被拉为 0，输出禁止，闩锁即被制止。当电流降到 0 后，FAULT 引脚信号恢复为 1，EN 信号被拉为 1，输出使能，OBC 又恢复供电。

# 7　结束语

CubeSat 由于采用了标准化的设计、测试、发射规范，在世界范围内得到了迅速发展。由于空间任务的复杂度提升，对 CubeSat 系统容错能力的要求也不断提高。本文在有限资源的约束下，针对 CubeSat 的 OBC 单元采用了系统级冗余、引入高可靠的 Smart Fusion 2 系列 SoC 代替 COTS 处理器、双 SoC 冷备、片外 RAM 的 EDAC 设计和限流配电抗闩锁设计等综合容错设计方案，有效的提高了容错性能。各项测试结果表明，OBC 容错设计达到了目标。因此，本文提出的综合容错设计方法对于微纳型空间飞行器的电子系统设计具备一定的工程实用价值。

**参 考 文 献**

[1]　林来兴. 现代小卫星一个新的创举—立方体纳卫星 [J]. 国际太空，2012 (5)：39 - 44.

[2]　CubeSat Design Specification Rev. 12. The CubeSat Program，Cal Poly SLO. California，2009.

[3]　Woellert，K.，Ehrenfreund，P.，Ricco，A. J.，and Hertzfeld，H. Cubesats：Cost - effective science and technology platforms for e-merging and developing nations. Adv. Space Res.，2011，47，663 - 684.

[4]　Cutler，J.，Bennett，M.，Klesh，A.，Bahcivan，H.，and Doe，R. The radio aurora explorer - a bistatic radar mission to measure space weather phenomenon. In Proc. 24th Annu. Small Satellite Conf. Logan，Utah，2010.

[5]　Nielsen，J. D. and Larsen，J. A. A decentralized design philosophy for satellites. In 2011 5th Int. Conf. Recent Advances in Space Technologies (RAST). Istanbul，2011，543 - 546.

[6]　Speer D，Jackson G，Raphael D. Flight Computer Design for the Space Technology 5 (ST - 5) Missions [R]，2002 IEEE.

[7]　袁由光，陈以农. 容错与避错技术及其应用 [M]. 科学出版社，1992.

[8]　杨孟飞，华更新，冯彦君，龚健. 航天器控制计算机容错技术 [M]. 国防工业出版社，2014.

[9]　梅启智，廖君生. 系统可靠性工程基础 [M]. 科学出版社，1998.

[10]　曹宏斌. CMOSIC 抗闩锁、抗静电的测试及防护措施的研究 [J]. 半导体情报，1999，36 (5).

# Design and Implementation of Highly Reliable Dual – Redundancy ARM OBC System for CubeSats

WEI Ran　Zheng Qi　TAO Lixxuan　ZHANG Wei　XU Jun　CAO Luying

Aerospace System Engineering Shanghai，Shanghai 201109

**Abstract**　Redundancy technology is very important to improve the reliability of system. A kind of new method of dual – redundancy OBC system for cubesat was presented in detail. First，the system architecture and the basic principle working were introduced in brief. Second，how to write multiple – task arithmetic in the embedded real – time operating system of Free RTOS was introduced. This dual – redundancy system can improve safety reliability and task reliability effectively，and by using this method，the designed system becomes good real – time and practicable.

**Key words**　CubeSat；SoC；Redundancy

## 作 者 简 介

魏然，男，生于 1978 年，上海宇航系统工程研究所高工、博士，主要研究方向为航天器综合电子，电子邮箱：ranwei_hit@163.com。

# 基于微纳卫星群网系统的低热层空间环境探测技术体系研究

肖玉华　李丹明　龚成师　冯凯

兰州空间技术物理研究所，兰州 730000

**摘　要**　本文概况分析了基于微纳卫星的低热层空间环境探测的发展现状与需求，提出了低热层空间环境探测技术体系构成，从低热层空间环境状态及其变化探测、低热层空间环境效应影响监测两个方面给出了探测仪器配置情况。

**关键词**　微纳卫星；群网系统；低热层环境探测；技术体系

## 1　引言

低热层是指距离地球表面高度为 80～320km 的大气层，是目前人类了解、开发最少的大气区域。低热层的气温、气压、风场、大气成分等环境与特性与航空空间和航天空间都有所不同。在这个区域内存在复杂的大气过程，包括以臭氧变化为中心的辐射—动力—光化学过程、行星波、重力波和湍流等传播和生消的动力过程、电荷离化过程以及相变微物理过程等。同时，低热层对来自上下的外强迫扰动，如地球表层和低层大气、人类活动、太阳活动与高层大气变化等，都极为敏感，有待于深入研究。低热层大气风场的复杂变化、温度、密度、气压状态及动力学扰动、原子氧、空间粒子等多方面都直接影响着人类的航天活动。此外，低热层空间是各种航天器的通过区，大气特性对航天器的安全与准确入轨具有重要影响，对其特性和内在机制的研究一直是各国科学家关注的领域。

加强对低热层大气的探测，获取目标大气的温度、风速、离子密度等随时空变化的参数，对找出高、低层大气的耦合机制与全球大气变化内在原因，分析气候变化特点，建立低热层大气模型，提高低轨应用卫星和载人航天器的寿命、载人飞船的安全返回系数，提升导航与通信系统的可靠性等方面具有重要意义[1]。目前，现有的大气探测手段都难以对低热层进行全面探测[2]，如探空气球最高飞行高度为 42 km，地面激光雷达有效探测范围为 105 km，地球观测卫星工作在较高的轨道（600～800 km），因此都不适用于低热层的探测。探空火箭虽能探索整个低热层，但其在低热层的停留时间只有几分钟，且每次只能在一个纵向上进行探测。况且每年全球探空火箭发射次数屈指可数，因此，在低热层探测方面同样效果不佳[3]。

近年来，随着低成本、研制周期短的微纳卫星及编队组网技术的不断发展，尤其是立方星等将具有显著的"好、快、省"特点的标准化平台，同时在环境探测领域，探测仪器的微型化程度逐渐提高，使得利用微纳卫星这种小成本载体，通过组网可在不明显增加卫星工程成本的条件下，大幅提升科学观测的空间分辨率和时间分辨率，形成大范围、长时间、多点原位探测的低热层空间环境监测网。因此，采用微纳卫星群网系统对低热层空间环境进行探测是当前最为有效可行的技术手段。

## 2　微纳卫星空间环境探测发展现状与趋势

NASA 从 20 世纪 60 年代，就已开展天基空间环境的探测研究与应用，到 70 年代，美欧等国已通过近百颗航天器积累了大量的空间环境探测数据，并由此建立了各种空间环境模型，目前已经具备了成熟的空间环境探测技术及科学研究体系，其中包括地球大气环境探测、近地空间环境探测、近地小行星观测等研究体系。然而，由于低热层大气温度、风场、离子密度等多方面因素都会直接影响着人类的航天活动，特别是对于卫星导航和通信系统的影响，使得人类对低热层的探测和研究越来越重视。

随着微电子、微光机电和集成电路技术进一步发展，卫星小型化趋势不断加速，微纳卫星性能快速提升，将会产生更多科学探测任务的微纳卫星。尤其是50kg以下的微纳卫星发展高度活跃，成为航天技术创新和航天应用变革的重要突破点。2014年，全球共成功发射该类卫星130颗。其中，立方体卫星因其标准化、模块化、低成本优势而广受高校与初创航天公司青睐，发射数量快速攀升，2014年全球共成功发射立方体卫星103颗，主要用于大气研究、地振探测、对地观测和通信等[4]。

目前，国外采用微纳卫星系统对低热层空间环境探测的主要有美国和欧洲。NASA从2010年开始，先后发射了无线电极光探险者卫星RAX-1和RAX-2，用于研究低热层等离子体的不稳定性。在2011年10月又发射了两颗动态电离层立方体试验卫星（DICE），用于同步测量等离子体密度和电场，观测地球周期性发生的电离层风暴。ESA通过联合国际上多个研究机构共同提出了QB50工程项目，于2011年获得欧盟第七框架协议支持。该项目在2015年利用1枚火箭将来自全世界数十个国家的50颗立方星发射到320km高度的低热层空间，通过立方星上安装的专用传感器组件组网对大气的中性粒子、带电离子的组成与分布、阻力参数、大气温度与磁场等关键参量进行多点原位测量，最终建立全面的低热层大气模型。此外，QB50还将搭载一些"特殊"的立方星，开展卫星编队飞行、太阳帆推进、太空垃圾清除、航天器再入返回、立方星弹射技术验证等。

我国从20世纪70年代发射实践一号开始天基空间环境探测以来，先后发射了实践系列、大气一号、资源二号、遥感一号、双星计划、风云三号等卫星对空间真空环境、大气环境、微重力环境、电磁场环境、等离子体环境、带电粒子辐射环境进行了探测，具备了一定的探测能力，开发了数十种空间环境及效应探测仪器，为我国天基空间环境探测技术体系的建设奠定了基础。然而，当前我国现有的空间环境的探测技术主要以大卫星为载体，基于微纳卫星的空间环境探测尚处于起步阶段。在低热层探测方面，国内部分高校，如哈尔滨工业大学、西北工业大学、国防科技大学、南京理工大学、北京航空航天大学、浙江大学和上海科技大学等，通过QB50国际合作开展了相应的关键技术研究和立方星的研制。

综合国内外空间环境探测现状，其发展趋势可归纳为以下几点：

1) 空间环境研究的热点集中在地球附近的空间环境上，尤其是与卫星通信和导航密切相关的近地空间环境。由于低热层所处的轨道高度恰好涵盖了弹道导弹飞行的临近空间（100~150 km）和与卫星通信、导航、定位密切相关的强电离层（100~300 km），随着卫星技术的广泛应用，对低热层的研究就显得十分迫切和必要。

2) 空间环境探测的载体以微纳卫星为主，发展趋势以卫星组网探测为主。随着微纳卫星技术的迅猛发展，在很多领域微纳卫星群网系统逐渐有替代传统大卫星的趋势。尤其是在近地空间环境探测方面，微纳卫星群网系统由于具有廉价、适用于低轨、可组网和原位探测等优势，逐渐成为低热层探测的主力军，其组网探测的优势使得对空间环境数据的获取可以同步且大范围进行，这将大大增强所获得科学数据的完整性和精确度，有利于建立高精度的低热层空间环境模型。

3) 空间环境探测技术的发展趋势是小型化的多功能载荷替代传统的大型探测器。同时微纳卫星的小体积势必限制了传统大型环境探测设备的使用，这要求所探测载荷向集成化、小型化、多功能化和高精度发展。

4) 重视在轨原位探测。由于低热层所处高度的特殊性，传统的探测手段，例如：地面激光雷达、较高轨道的卫星观测、探空气球等均不能实现对低热层的原位测量，因此采用微纳卫星在轨测量并再入大气对低热层进行实时原位测量是获取低热层科学数据的最好选择。此外，原位测量可以获得其他探测方式无法获取的关键数据，其数据精度也要远远高于遥测手段获得的数据精度，为建立高精度低热层模型提供基础。

对于低热层空间环境的探测，目前国内外虽然处于探索研究阶段，但美国等国家对其给予了大量的投入和关注，尤其是随着微纳卫星技术的发展进步，可以预见未来会有更多关于低热层方面的研究，不久的将来这些研究基础和相关应用势必会在保障卫星通信和导航系统的安全稳定运行中发挥着越来越重要作用。

# 3 微纳卫星低热层空间环境探测体系需求

空间环境探测技术体系需要在空间环境的状态及其变化，以及对人类活动的影响等方面建立体系。其中微纳卫星低热层空间环境探测的主要内容包括：低热层空间环境状态及其变化探测、低热层空间环境效应影响监测两个方面。

（1）低热层空间环境状态及其变化探测

低热层空间环境从探测对象划分，主要包括：带电粒子、等离子体、中性粒子和电磁场。适宜以在轨原位探测为主，遥感探测为辅。带电粒子主要探测磁层和辐射带的捕获粒子，也探测来自太阳和宇宙的粒子。种类包括电子、质子和重离子成分，能量从 1 eV～1 GeV，要求多方向探测。等离子体探测主要包括电子和离子的密度和温度等。中性粒子主要进行中高层大气的中性粒子密度、成分和风场的探测。电磁场的探测以磁场、电场探测为主，电磁波探测为辅。遥感和路径探测主要是对大气特性、电离层进行探测。包括大气温度、密度、成分、风场、电子密度总量和电子密度剖面等。

（2）低热层空间环境效应影响监测

目前我国主要关注的是影响低轨航天器安全可靠的环境效应、影响通信导航定位等的电离层效应等。以航天器安全可靠为核心的低热层空间环境效应主要包括辐射剂量效应、航天器气体污染效应、空间碎片的碰撞效应和侵蚀效应等。以影响通信导航定位等的电离层效应，包括电离层的闪烁、法拉第旋转、信号相位和幅度漂移、信号失锁。以保障服务为目的的天基空间环境探测，不同于以科学研究为目的的空间物理探测，最主要的区别是空间环境探测需要连续性和长期稳定性。

# 4 微纳卫星低热层空间环境探测体系构成

根据低热层空间环境探测需求，结合我国现有的空间环境探测技术基础和发展能力，以及我国未来的可能的航天任务，综合考虑我国天基空间环境探测技术体系的建立。低热层空间环境状态及其变化探测：低热层空间是航天器的运行空间和星地通信的路径空间，需要开展高时空分辨的原位和遥感探测，实时掌握低热层空间环境状况。

对于微纳卫星对低热层空间环境探测主要集中在带电粒子、中性大气粒子、等离子体、场和波动等。对遥感和路径探测主要探测对象为中高层大气和高电离层，包括大气的密度、温度、风场，电离层电子密度总量、电子密度剖面等。

带电粒子探测包括：全向高能质子探测器、全向高能电子探测器、中能离子探测器、中能电子探测器、低能离子探测器、低能电子探测器等。这些探测器要求实现从 10 eV～300 MeV 的全能谱探测。要求对带电粒子的投掷角分布进行探测。

场和波动探测主要有磁强计、电场仪和磁场波动探测仪，伸杆以去除航天器本底影响是这类探测仪的共同特点。

电离层原位探测主要有朗缪尔探针、阻滞势分析仪、离子漂移计、离子捕获计等仪器。完成电子、离子的密度和温度，以及电场和离子速度的测量。三频信标机完成 TEC 和电离层闪烁等电离层路径信息的探测，而 GNSS 掩星接收机，将获得电离层剖面和底层大气信息。

低热层大气探测主要有大气密度探测器、大气成分探测器。对中高层大气的密度、温度和风场，采用多普勒干涉技术的大气干涉成像仪。

图 1、图 2 分别为低热层空间环境状态及其变化的探测体系构成，其包括低热层空间环境原位探测体系和遥感及路径探测体系。

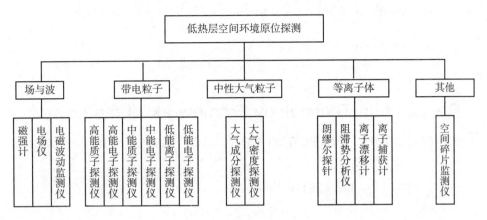

图 1　低热层空间环境原位探测体系

低热层空间环境效应探测：主要是辐射剂量、原子氧和气体污染、单粒子效应、空间碎片和微流星等。探测器可采用辐射剂量仪、污染气体分析仪、微质量计、单粒子效应试验仪、微小空间碎片探测器等。电离层的效应可用三频信标机、GPS 接收机等实现。

随着航天器的发展越来越多，空间环境效应探测仪也远不止上述仪器种类。各航天器根据自身的特点有针对性地布局仪器。作为低热层空间环境探测技术体系，收集各种天基探测和试验结果，逐步积累。图 3 为低热层空间环境效应监测体系的构成。

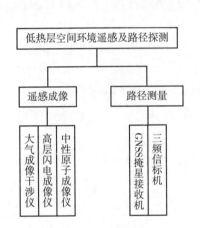

图 2　低热层空间环境遥感及路径探测体系

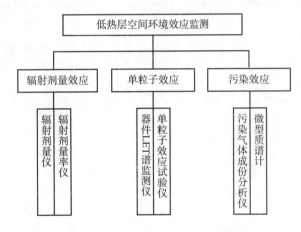

图 3　低热层空间环境效应监测体系

# 5　结束语

开展基于微纳卫星群网系统的低热层空间环境探测技术体系研究，对我国的经济、社会和科技发展均具有重要意义。近年来，我国无论在探测技术积累，还是航天工程计划和国家经济实力等方面，均具备了建设的基本条件。因此，我国应抓住时机，及时协调合作，及早规划布局，促进我国对低热层空间环境进行全面有效的探测，将使人类对低热层大气有更深刻的了解，其对低热层大气数据的丰富和大气模式的完善必将为今后的探索打下坚实的基础。

**参 考 文 献**

[1]　姜国英，徐寄遥，史东波，等. 子午工程首枚气象火箭大气探测结果分析 [J]. 科学通报，2011，56 (19)：1568 - 1574.

[2]　RIKI MUNAKATA. CubeSat Design Specification Rev. 12. San Luis Obispo，CA，USA：California Polytechnic State University，2009.

[3]　MUYLAERT J，REINHARD R，ASMA C. QB50，an International Network 50 Double CubeSats for Multi - Point，In - Situ，Long -

Duration Measurements in the Lower Thermosphere and for Re – Entry Research. 61st International Astronautical Congress，Czech Republic，2010.

［4］ 张召才，朱鲁青. 2014 年国外小卫星回顾 ［J］. 国际太空，2015，343（2）：63 – 70.

# Research in Technology Framework of the Lower Thermosphere Detection on Nano – satellites Network

XIAO Yuhua  Li Danming  Gong Chengshi  Feng Kai

Lanzhou Institute of space technology and physics，Lanzhou 730000

**Abstract**  The paper analyzed the development status and requirement of the lower thermosphere detection based on the nano – satellites network，and put forward the technology framework of the lower thermosphere detection. Meanwhile，considering that the state，variety and environment effects from the lower thermosphere，the scheme of detection instrument is presented on the lower thermosphere detection.

**Key words**  Nano – satellites；Network；Lower thermosphere detection；Technology framework

## 作 者 简 介

肖玉华，男，高级工程师，兰州空间技术物理研究所，从事专业为真空电子学与系统综合论证，电子邮箱：yhxiao2004@sina.com。

# 小型化高重频大气气溶胶探测星载激光雷达

徐赤东　徐青山　纪玉峰　江海河　王英俭

中国科学院合肥物质科学研究院，合肥 230031

**摘　要**　星载激光雷达是大区域范围探测大气气溶胶和云的一项有效技术途径，在对成功运行的 CALIPSO 等星载激光雷达技术分析的基础上，结合目前国内外的技术现状和发展趋势，提出小型化高重频星载激光雷达技术思路，从总体结构、数据处理和标校的角度阐述了小型化高重频低能量星载技术方案、该技术路线中重点解决的问题。最后针对小型化高重频星载激光雷达的标校和应用，提出组网的运行和构建天地一体化探测模式的想法。

**关键词**　大气探测；星载激光雷达；高重频小型化

## 1　引言

星载大气探测激光雷达是获得全球范围里大气气溶胶和云的三维空间分布信息的最有效手段之一，是一种主动遥感的技术手段。用于探测大气气溶胶和云，具有高垂直空间分辨率、高测量精度的优势，能在全球范围内（包括海洋和陆地上空）快速、连续、实时和长期地进行大气气溶胶光学性质和形态特征的探测；能给出卷云的形态（冰晶云和水云）、云顶高度、云厚和云层次的信息。

大气气溶胶探测激光雷达探测资料对于气象和气候、环境科学、地球科学的研究都具有十分重要的作用。大气气溶胶粒子通过对太阳辐射和地球红外辐射的吸收与散射作用（直接辐射效应）以及作为凝结核参与云的形成（间接辐射效应）而成为引起气候变化的重要的辐射强迫因子，从而影响了全球气候的改变[1]。大气气溶胶及其时空分布状况不仅对全球气候产生影响，也直接对人们身体健康造成影响，如目前国内广泛引起重视的灰霾分布及其传输迁移，其实质就是气溶胶的空间分布和演变。对气溶胶的主被动监测手段很多，但还局限于以地面参数测量仪器为主；对气溶胶垂直分布状况进行长期观测的仪器缺乏，而地面激光雷达观测目前仍以科研院所短期试验为主，并且其布局远不能满足我国广大区域不同特征气溶胶垂直分布观测的需求。因此，实时观测近地面到一定高度上气溶胶的分布状况以及输送过程成为我国大气环境和气候变化研究的迫切的需求。另外，气溶胶空间分布直接影响着可见光波段对地观测遥感图像质量，需要对其进行大气订正[2]。因此，发展以全球大气探测为目的的星载激光雷达是激光雷达技术的发展趋势，同时也提出小型化、低成本等要求。

## 2　大气探测星载激光雷达进展

作为主动遥感的重要手段，星载激光雷达在卫星地球大气遥感中将会发挥越来越重要的作用，然而，纵观全球星载激光雷达的研发过程，其发展仍然非常缓慢。虽然美国、欧盟、日本等早在 20 世纪 90 年代就启动研制工作，但截至目前为止，仅有 NASA 分别于 2003 年和 2006 年成功发射运行了地球高程测量系统（Geoscience Laser Altimeter System，GLAS）、云和气溶胶激光雷达与红外探测卫星观测系统[3]（Cloud-Aerosol Lidar with Orthogonal Polarization，CALIOP）两套气溶胶探测激光雷达系统（见图 1），以及 2015 年年初安装至国际空间站上的云和气溶胶传输系统（the Cloud-Aerosol Transport System，CATS）激光雷达系统（见图 2）。

GLAS 和 CALIOP 星载大气探测激光雷达采用了一些共同的技术，首先是采用空间级大功率高光束

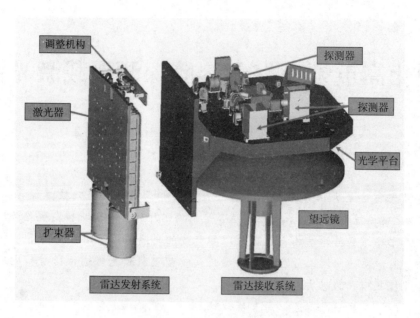

图 1　CALIOP 结构图

图 2　CATS 结构图

质量二极管泵浦的 Nd：YAG 激光器，输出 1 064 nm 和 532 nm 两个波长，它们的单脉冲激光能量在 100 mJ 左右，脉冲重复频率几十赫兹。另外，GLAS 和 CALIOP 均采用了直径为 1 m 的轻质型大口径接收光学望远镜，虽然做了轻量化处理，但在体积和质量上仍然很大。大能量的全固态半导体激光器技术难度很高，虽然已有成功案例，但无论国内还是国外，就目前来看其高成本和高风险是值得重视的问题。这些条件决定了这种技术途径的激光雷达系统只能是独立的一颗卫星，最多可以在卫星平台许可的情况下搭载一些小体积，低功耗，低质量的仪器。因此，在有限的资源条件下，由于成本高和搭载运行难度大，组网运行的可能性较低，限制了全球大气气溶胶和云的精细探测，也限制了如痕量气体、风场等其他类型的大气探测激光雷达的发展。

　　而 NASA 于 2015 年 1 月 12 日发射升空的 CATS，安装于 405 km 轨道高度的国际空间站上开展对地观测，其采用重复频率为 5 kHz，单脉冲能量为 1 mJ 的激光器，望远镜口径为 60 cm，其目的不仅用于气溶胶的探测，还希望通过多种工作模式为今后的空间激光雷达的发展提供技术范本。这一系统的主要技术路线是基于高重复频率激光和单光子探测方式实现了小口径的小型化激光雷达系统。如表 1 所示为 GLAS、CALIOP 和 CATS 三种系统主要参数的对比。

表 1    三种激光雷达主要参数对比表

| | GLAS | CALIOP | CATS |
|---|---|---|---|
| 波长/nm | 532/1 064 | 532/1 064 | 355/532/1 064 |
| 能量/mJ | 30/74 | 110/110 | 1/1/1 |
| 重复频率/Hz | 40 | 20 | 5 000 |
| 口径/m | 1 | 1 | 0.6 |
| 水平分辨/km | — | 40 | 1 |

表 1 中明显看出三种系统在激光能量、激光重复频率和望远镜口径方面的差异，而 CATS 在采用高重复频率后，其水平分辨率也得到大幅提高。因此，采取高重频技术路径实现的系统其优势不仅是将系统的体积缩小，质量减轻，同时可以提高性能。另外，NASA 计划 2016 年发射的 ICESat‐2 采用约 1 mJ 高重复频率的激光，而计划于 2028 年发射的地形测量表面地形激光雷达（LIdar Surface Topography，LIST）系统准备采用 10 kHz，50 μJ 能量的激光光源。尽管有些计划是基于高程测量，但其总体设计思路已经都从大功率低重复频率激光和大口径的探测系统转向高重频小口径的探测体制。高重复频率低能量激光为激光雷达探测大气提供了一项技术实现的基础。该技术地面非常成熟，不仅可降低高能量激光带来的技术风险。同时，信号接收采集技术的发展，使得成本低，体积小，质量轻的激光雷达载荷具有很强的可行性。

# 3    工作原理与思想

小型化的设计原理仍然是基于激光雷达方程。激光在大气介质中传输时，光被大气分子、气溶胶粒子散射或吸收。激光雷达接收的信号依赖于大气中粒子的后向散射和消光因子；依赖于探测过程和雷达自身的系统参数。由此，雷达系统对信号的响应可以由雷达方程给出。激光雷达的弹性散射包括 Mie 散射和 Rayleigh 散射，因此，在距离激光发射点 $z$ 处的后向散射的实时接收功率可以表达为

$$P(z) = \frac{CP_0[\beta_m(z) + \beta_a(z)]\exp\{-2\int_0^z[\alpha_m(z') + \alpha_a(z')]dz'\}}{z^2} \tag{1}$$

式中    $P(z)$——距离 $z$ 处的大气后向散射信号，W；

$C$——激光雷达仪器常数，$W \cdot km^3 \cdot sr$，它与激光的发射能量、接收系统的光学效率、望远镜有效接收面积和探测器量子效率等有关；

$\alpha(z)$、$\beta(z)$——分别为距离 $z$ 处大气的消光系数（$km^{-1}$）和后向散射系数（$km^{-1} \cdot sr^{-1}$），下标 $m$ 和 $a$ 分别代表空气分子和气溶胶粒子[4]。

表达式中已明确体现出能量、口径对探测效率的影响，虽然发射能量越大，系统的接收会越强，但在实际工程实现时是各参数的优化配合，一般认为，满足系统探测信噪比时，信号就足够使用，不一定要求能量、口径都增大才能满足使用要求。激光雷达系统在接收大气回波时，信号不仅仅是激光的回波，还包括了大气背景辐射和探测器自身的噪声信号。而系统信噪比与激光脉冲的频率成正比关系，由此，为提高信噪比，在一定条件下可以采用增加激光频率的措施。即在雷达工程实现时，可以采取高重复频率、相对较低的单脉冲能量和小口径望远镜，通过采取一系列提高探测效率的措施，使得满足测量要求的小型化星载激光雷达得以实现。实际上，目前已被广泛使用的地基大气探测微脉冲激光雷达[5‐6]系统就是采取该技术途径。

# 4 方案设计

## 4.1 总体结构

小型化大气探测星载激光雷达系统与传统大体积雷达系统的主要差异在于技术实现的思路方式不同，小型化是发掘出现有器件的潜力和更加优化的设计，在不同量级的大气回波信号条件下实现对其探测。

小型化大气探测星载激光雷达系统主要由光学发射接收，电控和平台接口三大部分组成。光学发射接收部分主要包括激光发射单元（含激光器，扩束单元）、接收光学单元（含望远镜和后继光学元件）、信号探测；电控部分包括雷达主控单元，动作执行单元和采集单元，需要控制激光器、探测器和采集单元的时序、动作等，同时负责数据的存储、通信等，在地面测试时还需要起到模拟测试的作用；卫星接口主要是雷达与卫星平台的光机电热等接口和通信。

系统设计思路是采用高重复频率低能量的激光，采取单光子计数等技术实现小型化的载荷系统，分析了当前的技术现状，硬件系统重点需要对以下问题开展研究。

1) 小型化星载激光雷达数值模拟计算与系统信噪比、探测误差分析，星载激光雷达各单元部件技术指标分析等；目前这一工作基本完成，但仍然需要开展试验验证工作，以优化最终系统的参数设计。

2) 长寿命、高光束质量二极管泵浦脉冲激光光源，要求脉冲重复频率达到上千赫兹，单脉冲能量需要达到毫焦级，解决稳定、散热等难题。这一技术目前已有相关研究和工程基础[7]，其难度主要还是将现有技术升级为航天级。相对于低重频、大功率的激光器在技术实现上风险要小，成本也会低。

3) 高灵敏度、高量子效率的信号探测技术。主要是提高弱信号探测能力，降低背景干扰的方法和技术。包括高灵敏度单元器件的选择、优化光路设计、杂光和背景光抑制等。

4) 高精度星上自校准方式的激光收发光路对准技术。首先激光器的光束指向性是出光参数中的一个重要指标，随着温度变化存在微弧度量级的变化量；其次，系统的应力或系统受冲击等原因使发射光束与接收望远镜发生不完全同轴的偏差，轻者接收效率降低，严重地可造成无法获得有效数据。

## 4.2 数据处理

星载激光雷达采集的探测数据为原始数据，并不能直接交给用户使用，需要对原始探测数据进行处理分析，发布数据产品。数据处理中的算法体现了对大气气溶胶和云等信息的多个科学问题的理解、阈值选择科学性和反演程序编制技巧，这也是是星载激光雷达探测中的重要组成部分。数据处理包括了数据的预处理、云与气溶胶的识别、边界层的判定等。在处理过程中需要重点考虑以下方面内容：

1) 由于星载激光雷达的信号很弱，激光雷达探测到的后向散射信号与激光传输的距离平方成反比，假定卫星平台轨道高为 500 km，地面激光雷达的探测距离一般约为 20 km，在其他参数相当的情况下，星载激光雷达的信号要比地基激光雷达信号小 2 个数量级。并且，地基激光雷达可以通过大量数据的平均来提高信噪比，星载激光雷达由于被测大气在不断地变化，故平均的次数要受到一定的限制。

2) 星载激光雷达的数据很复杂，如卫星在极地轨道上运行，运行一周约 1 个多小时，就经历了一个白天和一个黑夜，显然白天和黑夜的数据信噪比是区别很大的；另一方面卫星运行一周经过地球上不同地区，所探测气溶胶的类型也有很大的不同，其对应的激光雷达的计算参数变化也很大。

3) 星载激光雷达的数据量很大，每一个光脉冲要采集几千个数据点，每秒钟千赫兹脉冲，激光器连续不停地工作，其数据量可想而知是很大的。

4) 激光雷达采集数据的起始海拔高度应是相等的，由于卫星在椭圆轨道上到地面的高度是随地点变化的，而地面上不同点的海拔高度也是不同的，故激光雷达在不同位置上采集数据的时序是不同的。

## 4.3 标校

星载激光雷达进行的是全球范围内的空间对地的大气气溶胶和云的探测，在探测数据的处理方法上带来了一些新的问题。同时，在完成星载激光雷达原理样机系统装调以后，应开展其探测性能的验证试验。从系统应用角度出发，必须对雷达的米散射信号通道开展标定工作。这一标定过程在存在地面类似系统时，可用地面的实测值来标定，而对于全球范围来说，需要采取更多的通道标定方法。

如果雷达系统采用波长为 532 nm，可使用分子信号标定，常采用 30~35 km 的大气分子后向散射信号。在这段高度期间内全球大气颗粒物的含量很少（火山喷发等特殊事件除外），大气后向散射光主要为大气分子的贡献，利用全球探测和模式资料，研究获取全球范围内 30~35 km 大气分子数密度及其变化情况，结合激光雷达硬件技术参数，确定标定精度并进行误差分析。而对于 1 064 nm 红外波段，由于大气分子的后向散射截面很小，无法进行分子信号标定。可采取云反射和水色反演技术进行标定。研究不同类型云（冰晶云，混合相云和水云）后向散射光的波长依赖性，给出波长米散射信号的定量描述关系，利用标定好的 532 nm 波长信号，结合激光雷达硬件技术参数，对分别对 1 064 nm 波长的信号进行标定，研究标定精度并进行误差分析。对于无云天气，可以利用占地球表面积 70% 的海洋水色信息，找出海洋表面不同波长水体反射信号波长依赖性的定量描述关系，利用标定好的 532 nm 波长信号，结合激光雷达硬件技术参数，对 1 064 nm 波长的信号进行标定。系统标定工作是非常复杂而又重要的过程，无论是有地面同时测量数据还是没有地面系统而使用参数传递的方法，方法的适用范围和精度控制是标校工作中需要严格控制的。

# 5　结束语

星载激光雷达在全球范围内，实现快速、连续、实时和长期地大气颗粒物和云的探测，获取高时空分辨率、高测量精度的实时观测数据，尤其是实现大气气溶胶廓线分布的探测是激光雷达这一主动探测方式的优点所在，在大气科学和大气校正等领域将发挥极其重要的作用，由于技术和单元器件的限制，其发展较为缓慢。

小型化、多测量参数是今后发展的方向。小型化和轻量化使得系统可以应用于小卫星平台，使得大量组网使用运行成为可能，而小型化采用的高重复频率与组网配合将能获取更精细的探测效果，在水平分辨和时间分辨上将会得到大幅提高。另外，从数据处理和标校的角度，建立标准的地面标校站点，实现天地一体化气溶胶主动探测是最为有效的方法，载荷系统可以采用最成熟的波长开展空对地探测，而地面系统则按照需要在星下点位置配备较齐全的参数探测，为星上大气探测通道提供校正、比对的参数。

## 参 考 文 献

[1]　毛节泰，张军华，王美华. 中国大气气溶胶研究综述 [J]. 气象学报，2002，60 (5)：625－634.

[2]　叶松，方勇华，孙晓兵，等. 基于偏振信息的遥感图像大气散射校正 [J]. 光学学报，2007，27 (6)：999－1003.

[3]　http://www.nasa.gov/mission_pages/calipso/main/index.html.

[4]　Fernald F G. Analysis of atmospheric lidar observations: some comments [J]. Appl Optics, 1984, 23: 652－653.

[5]　徐赤东，纪玉峰. MPL—A1/T 型微脉冲激光雷达的研制与应用 [J]. 大气与环境光学学报，2008，35：337－343.

[6]　SPINHIME J D. Micro pulse lidar [J]. IEEE Trans: Geosci Remote Sensing, 1993, 31 (1): 48－55.

[7]　蔡旭武，袁自钧，江海河，等. 2 kHz 毫焦耳级 532 nm 激光雷达紧凑型激光光源的研制 [J]. 中国激光，2005，41 (6)：1－5.

# Miniaturized High Repetition Frequency Spaceborne Lidar for Aerosol Detection

XU Chidong   XU Qingshan   JI Yufeng   JANG Haihe   WANG Yingjian

Hefei Institutes of Physical Science，Chinese Academy Sciences，Hefei City Anhui Province   230031

**Abstract**   Spaceborne lidar is an effective way to detect the atmospheric aerosol and cloud on the whole world. Based on the successful technology of the CALIPSO, analyzed present technical status and developing trend，the miniaturized high repetition frequency spaceborne lidar is proposed. From the overall structure，data processing and calibration point of view，this paper expounds the lidar technical scheme，the key to solve the problem. Finally，spaceborne lidar net and data processing of integrated ground‐air‐space are suggested.

**Key words**   Atmospheric sounding；Spaceborne lidar；Miniaturized high repetition frequency

## 作 者 简 介

徐赤东，男，副研，从事大气激光探测技术研究与应用，电子邮箱：xcd@aiofm. ac. cn。

# 基于 MATLAB 语言的小卫星空间环境分析

徐森　马俊　刘佳

航天东方红卫星有限公司，北京　100094

**摘　要**　空间环境分析是小卫星工程总体设计工作之一，同时也是小卫星在轨空间环境适应性保证的基础。由于空间环境的复杂性、多样性以及各环境之间的相对独立性，描述小卫星空间环境一般需要多个独立的理论与模型，这使得分析过程零散而缺乏精度与效率。为了解决小卫星空间环境分析问题，在 MATLAB 语言基础上开发了 SEA 工具集（Space Environment Analysis Toolkit），用于系统解决小卫星工程设计中所涉及到的空间环境问题。将 SEA 用于 GEACE 卫星设计，系统、高效地解决了大气环境、地磁环境、俘获带粒子辐射环境等问题，同时利用 SEA 轨道寿命模块精确预测了 GRACE 从发射到现在的轨道衰减情况，最大误差不超过 9%，计算了 GRACE 在地球俘获带 5 年的粒子电离辐射剂量，与 SPENVIS 计算结果比较，在典型的卫星屏蔽厚度下，相对误差小于 7.6%。

**关键词**　空间环境；系统分析；MATLAB 语言；工具集

## 1　引言

空间环境与航天器相互作用的机理互不相同，因此在任务设计中，通常需要对各种空间环境项进行较为独立的分析，最后再进行综合的影响评估。在此方式下进行的空间环境分析工作目标过于分散，不利于高效地输出任务设计所需的各种环境参数。为了使空间环境分析工作能系统的开展，ASTRIUM 开发了商业软件 Systema 工具集[1]用于飞行器任务设计中对各空间环境效应参数的计算，同时 ESA 也开发了网页版的空间环境信息系统 SPENVIS[2]（Space Environment Information System）用于支持空间项目的数据需求。美国空间任务的空间环境分析工作则是在各种空间环境模型与数据库的支撑下完成，且形成了一系列专业的分析软件，包括辐射环境分析软件 spaceradiation，辐射屏蔽计算工具 shieldose，等离子带电分析工具 NASCAP 等。

本文将主要介绍小卫星工程设计中常见的空间环境分析系统化集成工作，包括轨道分析、中性大气环境分析、磁场分析、地球辐射带粒子环境分析等内容。系统分析所采用的基本方法是对各种空间环境模型进行适应性改造，结合小卫星工程设计对空间环境各参数的基本需求（包括轨道、寿命、可靠性、任务模式等），利用 MATLAB 编程语言开发，形成适用于小卫星工程总体任务设计的空间环境分析系统工具集 SEA（Space Environment Analysis toolkit）。利用 SEA 工具集对 GRACE 卫星轨道大气环境、轨道寿命、地磁场、俘获带粒子环境以及电离辐射剂量进行仿真计算，所得数值与 GRACE 卫星轨道实测数据、SPENVIS 分析结果相比对，比较结果显示 SEA 可以系统、高效、准确地完成小卫星空间环境分析工作。

## 2　分析理论与模型

### 2.1　轨道理论基本公式

考虑一般情况下的受摄二体问题，在摄动力作用下小卫星的实际轨道并不是标准 Kepler 轨道。因此典型的 Kepler 轨道六要素，即轨道半长轴 $a$、轨道偏心率 $e$、升交点赤经 $\Omega$、轨道倾角 $i$、近地点幅角 $\omega$ 以及纪元时刻平近点角 $M(t_0)$，实际上并不存在。为了研究方便，引入密切轨道和密切要素概念[3]。小卫星实际轨迹的某一点 $C$，位置矢量为 $\boldsymbol{r}$，速度矢量为 $\boldsymbol{V}$，此刻它们能唯一决定一条 Kepler 轨道以及相应的轨道要素：$a$，$e$，$\Omega$，$\cdots$这条轨道称为在点 $C$ 的密切轨道，相应的轨道要素称为密切轨道要素。然而在地球中心引力 $\boldsymbol{g}_c$ 和摄动力 $\boldsymbol{f}$ 作用下，在实际轨道的不同点，密切轨道与密切轨道要素是不同的，轨道要素随时间变化：$a(t)$，$e(t)$，$\Omega(t)\cdots$绕地运行的小卫星轨道摄动主要来自地球扁率以及大气阻力。

（1）地球扁率摄动

考虑参考椭球模型，地球的引力势为

$$U(r,\phi) = \frac{\mu}{r}\left[1 - J_2\left(\frac{R_e}{r}\right)^2 \frac{1}{2}(3\sin^2\phi - 1)\right] \tag{1}$$

式中　$\mu$——地球引力常数；

　　　$r$——小卫星地心距离；

　　　$\phi$——地心纬度；

　　　$J_2 = 0.001\ 082\ 63$——二阶带谐系数；

　　　$R_e$——地球赤道半径。

根据文献［3］，在 $J_2$ 项摄动影响下，轨道要素变化 $\Delta a$，$\Delta e$，$\Delta i$ 在小卫星运行一圈内的变化累积效果约为 0，同时升交点赤经 $\Omega$、近地点幅角 $\omega$ 与平近点角 $M$ 平均变化率为

$$\left(\frac{\mathrm{d}\Omega}{\mathrm{d}t}\right)_{\mathrm{mean}} = -1.5J_2\sqrt{\mu}R_e^2\frac{\cos i}{a^{7/2}(1-e^2)^2} \tag{2}$$

$$\left(\frac{\mathrm{d}\omega}{\mathrm{d}t}\right)_{\mathrm{mean}} = 0.75J_2\sqrt{\mu}R_e^2\frac{5\cos^2 i - 1}{a^{7/2}(1-e^2)^2} \tag{3}$$

$$\left(\frac{\mathrm{d}M}{\mathrm{d}t}\right)_{\mathrm{mean}} = \sqrt{\frac{\mu}{a^3}} + 0.75J_2\sqrt{\mu}R_e^2\frac{3\cos^2 i - 1}{a^{7/2}(1-e^2)^{3/2}} \tag{4}$$

式中，轨道参数 $a$，$e$，$\Omega$，$\omega$，$i$，$M$ 如前所述。

（2）地球大气阻力摄动

如果忽略大气随地球的旋转（即上层大气风），大气阻力表达式是

$$D = \frac{1}{2}\rho V^2 S C_D \tag{5}$$

式中　$\rho$——大气密度；

　　　$S$——参考迎风面积；

　　　$C_D$——大气阻力系数，可以表示为

$$C_D = 2\left[1 + \frac{2}{3}\sqrt{1 + \alpha\left(\frac{T_w}{T_a} - 1\right)}\cos\theta_i\right] \tag{6}$$

式中　$\alpha$——热适应系数；

　　　$T_w$——小卫星迎风面温度；

　　　$T_a$——轨道大气温度；

　　　$\theta_i$——大气相对迎风面的入射角。

定义弹道系数

$$\sigma = \frac{C_D S}{2m} \tag{7}$$

$m$——小卫星质量。

圆轨道情况下，轨道半径衰减为

$$\frac{\mathrm{d}r}{\mathrm{d}t} = -2\sqrt{\mu}\sigma\rho\sqrt{r} \tag{8}$$

椭圆轨道情况下，采用文献［3］中计算方法，轨道半长轴 $a$，轨道偏心率 $e$ 的平均变化率为

$$\frac{\mathrm{d}a}{\mathrm{d}t} = -\frac{\sigma}{\pi\mu}\frac{1}{\sqrt{1-e^2}}\int_0^{2\pi} r^2 V^3 \rho\,\mathrm{d}\theta \tag{9}$$

$$\frac{\mathrm{d}e}{\mathrm{d}t} = -\frac{\sigma}{\pi a^2}\frac{1}{\sqrt{1-e^2}}\int_0^{2\pi} r^2 V(e+\cos\theta)\rho\,\mathrm{d}\theta \tag{10}$$

## 2.2 高层大气模型

一般地，用于描述高层大气环境的模型中，大气密度与成分通常是小卫星轨道高度、纬度、经度、年、月和时间等因素的函数。在众多大气模型中，常用的有 Jacchia 参考大气模型[4]，MSIS 模型[5]和 JB 模型[6]等。MET 模型（Marshall Engineering Thermosphere Model）[7]是从 Jacchia 模型演化而来，常用于飞行器在轨工作工程计算，本文大气环境分析计算将在 MET 模型基础上开展。

MET 模型计算输入包括轨道高度、纬度、经度、年、月、日期、小时、分钟、太阳 10.7 cm 射电流量、162 天太阳 10.7 cm 射电流量平均值和地磁活动指数等，模型输出结果包括大气主要成分数密度、平均分子量、大气密度、大气压力和温度等。用于小卫星轨道环境大气分析时，太阳 10.7 cm 射电流量、地磁活动指数一般采用预测数值，本文研究所采用的数值来自 MSFC 中心的预测[8]。高层大气模型与轨道设计结合可以对典型的小卫星轨道大气环境（密度、原子氧、温度等）进行较精确的评估与预测。

## 2.3 轨道衰减

导致低轨小卫星轨道衰减的主要摄动力源于高层大气阻力。因此，讨论轨道衰减问题需要将二体摄动理论与地球高层大气模型相结合。将小卫星轨道进行时间离散，时间分辨率大小可以根据实际轨道高度设定，考虑地心赤道坐惯性标系（GEIF）、地心赤道旋转坐标系（GERF）以及轨道坐标系（OF）的转换，在时间离散点采用 MET 模型进行轨道大气密度模拟计算，得到大气阻力摄动结果，总摄动结果需要叠加地球 $J_2$ 项摄动对轨道的影响。小卫星轨道衰减模拟计算流程如图 1 所示。

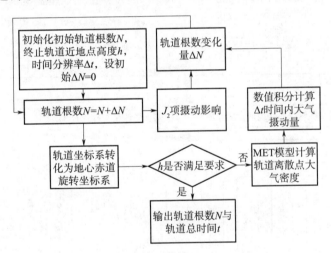

图 1　小卫星轨道衰减模拟流程计算流程图

## 2.4 地球磁场模型

在小卫星应用中，地球磁场可以用来确定航天器指向，进行姿态控制和产生姿态控制力矩。此外，地球磁场也是产生地球辐射带的重要因素，它的存在使在轨小卫星遭受太阳粒子辐射、宇宙粒子辐射的程度降到最低。地磁场的标量势场可以表示为内源场和外源场叠加的球谐系数形式

$$V(r,\alpha,\beta) = R\sum_{n=1}^{\infty}\sum_{m=0}^{n}\left(\frac{R}{r}\right)^{n+1}[g_n^m(t)\cos m\beta + h_n^m(t)\sin m\beta]P_n^m(\cos\alpha) +$$

$$R\sum_{n=1}^{\infty}\sum_{m=0}^{n}\left(\frac{R}{r}\right)^{n+1}[\bar{g}_n^m(t)\cos m\beta + \bar{h}_n^m(t)\sin m\beta]P_n^m(\cos\alpha) \tag{11}$$

式中　$r$，$\alpha$，$\beta$——地心赤道旋转坐标系中的半径、经度和余纬；

$R$ ——地球参考半径；

$g_n^m(t)$，$h_n^m(t)$ ——内源场与时间相关的系数；

$\bar{g}_n^m(t)$，$\bar{h}_n^m(t)$ ——外源场与时间相关的系数；

$P_n^m(\cos\alpha)$ ——斯密特准归一化形式的 $n$ 阶 $m$ 次关联勒让德函数；

标量场 $V(r,\alpha,\beta)$ 的梯度即为地球磁场的磁通量密度 $B$。

在中、低纬度轨道时，地磁场中内源场占有绝对的优势，因此可以仅仅考虑内源场的影响，但高纬度轨道受太阳风及地球磁层电流体系等外源场影响较大，磁场精确分析较困难。国际地磁参考模型（IGRF）[9]，提供了内源场的高阶球谐系数随时间的变化数值，可以满足小卫星轨道磁场环境的工程分析。

## 2.5 地球俘获辐射带模型

用于小卫星工程设计的典型俘获辐射带模型是 NASA 空间科学中心[10]给出的质子 AP 模型以及电子 AE 模型。经过多个版本的更新发展，俘获辐射带模型已经发展到成熟的 AP-8、AE-8 版本，而更高的版本也在研发之中。AP-8、AE-8 模型分别给出了俘获的全向质子通量以及全向电子通量，且通量都是地磁场磁通量密度 $B$ 以及磁壳数 $L$ 的函数。在已知小卫星轨道参数的情况下，磁通量密度 $B$ 可以通过 IGRF 模型分析得到，而 $B$ 与 $L$ 之间具有如下关系式

$$B = \frac{B_0}{(r/R)^3}\left(4 - \frac{3r}{LR}\right)^{1/2} \tag{12}$$

式中　$B_0$ ——赤道地磁场磁通量密度大小。

通过关系式，在已知 $B$ 的情况下，可以求取磁壳数 $L$，进而求得小卫星轨道俘获质子、俘获电子的通量。在 AP-8 模型中，质子的能量范围为 $0.1\sim400$ MeV，$L$ 磁壳值范围为 $1.15\sim6.5$，AE-8 模型中，电子能量范围为 $0.4\sim7$ MeV，$L$ 磁壳值范围为 $1.14\sim12$。AP-8，AE-8 模型可以细分为 AP-8MAX，AP-8MIN 以及 AE-8MAX，AE-8MIN，分别适用于太阳活动高年和太阳活动低年。

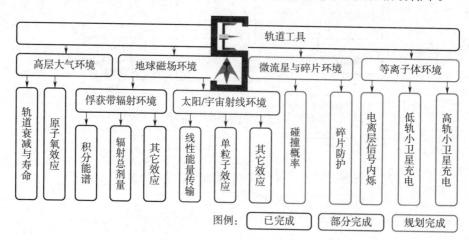

图 2　SEA 设计规划框图

# 3　小卫星空间环境系统分析工具集 SEA

SEA 旨在系统求解小卫星任务、总体设计中空间环境的影响大小，可以提供小卫星常见空间环境设计参数。作为工程系统分析工具集，SEA 以轨道设计为主线串接各种空间环境项，并在各环境项及相应的环境效应仿真中贯穿轨道设计的应用。各空间环境项也不是孤立存在，它们通过轨道相互之间传递耦合影响，从而使仿真结果更具有可靠性。

高层大气环境与轨道寿命设计存在因果关系，同时高层大气中原子氧腐蚀效应也是低轨小卫星表面

材料设计必须要考虑的因素。低轨小卫星设计中通常需要知道在无轨道维持的情况下，轨道寿命时间，在 SEA 中可以通过对未来大气环境变化的分析，结合轨道理论，估算出轨道随时间的衰减率，估算精度与大气环境的预测精度有关。同理，对于具备轨道维持能力的低轨小卫星而言，轨道寿命分析就是轨道维持燃料需求量分析，对正确预估未来大气环境变化对卫星燃料携带量的计算具有重要工程意义。此外，原子氧腐蚀效应的工程算法同样依赖于高层大气中原子氧数密度的准确预估。

地球磁场环境与地球粒子俘获带的形成密切相关，正是由于带电粒子的回旋运动、受力漂移运动、镜像反射振荡以及绕地磁轴的纵向漂移使地球周围形成了内、外两条粒子俘获带。在 SEA 中，地球俘获辐射带环境仿真中需要包括地球磁场的计算过程，高能粒子（太阳/宇宙射线）环境仿真也需要计算地磁截止刚度。地球俘获带粒子积分/微分能谱是小卫星工程计算电离辐射总剂量的重要输入，SEA 通过基于 SHIELDOSE 的改进算法可以对电离辐射总剂量进行仿真计算。

等离子体环境、微流星与空间碎片环境对特定功能的小卫星有重要的影响，例如前者会干扰空间电场、磁场测量的科学仪器正常工作，后者对大面积太阳帆的小卫星有致命的影响。在 SEA 规划中，等离子环境、微流星与空间碎片环境的仿真模块也会在未来几年时间完成，相应的效应工程分析能力届时也将建立。

# 4 算例——GRACE 卫星空间环境分析

2002 年 3 月 17 日发射的 GRACE 卫星主要用于地球重力场的反演测量，卫星初始轨道参数为：高度 500 km，轨道倾角 $89.012\,9°$，偏心率 0，升交点赤经 $354.432\,9°$。下文将以上述参数为输入利用开发的 SEA 工具集对 GRACE 卫星轨道空间环境及效应进行分析。

## 4.1 大气环境

GRACE 卫星初始轨道高度为 500 km，在假定轨道高度不衰减的情况下，设计寿命 5 年中该轨道高度的大气密度与原子氧数密度变化如图 3 所示。从仿真结果看，GRACE 轨道大气密度数值在 2002 年 3 月至 2007 年 3 月时间段中，整体随太阳活动的减弱而减小，数值波动范围为 $3.08 \times 10^{-14} \sim 3.24 \times 10^{-12} \; kg/m^3$，跨越两个数量级。原子氧通量数密度与大气密度呈现相同的变化趋势，总通量为 $3.73 \times 10^{25} \; 1/m^2$。

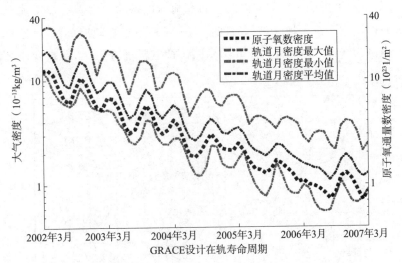

图 3　GRACE 轨道大气密度与原子氧环境

## 4.2 轨道衰减与寿命

GRACE 卫星几何横截面积为 $1.05 \; m^2$，质量为 487 kg，仿真中假设卫星在轨俯仰角与偏航角为 0，则卫星迎风面积 $S$ 即为几何横截面积，设迎风面平均温度 $T_w$ 为 300 K。由文献 [11]，取热适应系数 $\alpha$ 为常数 0.93，轨道离散时间步长为 3 600 s。高层大气对迎风面的入射角度 $\theta_i$ 为 0，轨道大气温度 $T_a$ 由 4.1 节计算得出，根据表达式可以计算各轨道离散点的大气阻力系数。图 4 展示了 SEA 轨道衰减模块仿真得到的轨道衰减与实际轨道衰减、发射前轨道衰减预测的对比，可见仿真结果与实际轨道高度变化误差不超过 9%，而 GRACE 发射之前预测的轨道高度变化与实际变化差别较大。按照 SEA 仿真结果推论，GRACE 在轨寿命在 5 400 天左右，任务可以持续到 2016 年。

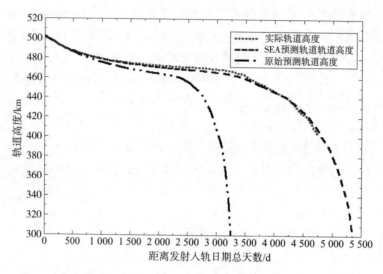

图 4 GRACE 轨道衰减仿真结果与实际轨道衰减比较

## 4.3 轨道磁环境

在 GRACE 卫星 500km 轨道高度范围内，地球内源场占据绝对优势，因此在进行地球磁场环境分析时可以直接利用 IGRF 模型进行模拟。轨道磁场环境参数用于后续粒子辐射环境的分析计算，同时对于进行磁场测量的科学仪器、卫星磁力矩器的正常运行都有重要意义。模拟 2002 年 3 月，GRACE 卫星轨道 500 km 高度的全球磁场总强度，仿真角分辨率为 1°。如果考虑地球主磁场误差、长期变化误差、地壳异常场误差以及观测数据误差等影响，IGRF 采用 10 阶球谐系数得到的地磁场误差在地磁场平静期为 200～300 nT[12]，其中主要误差来源于地壳异常场误差，而在地球磁暴时，误差可以增加至 1 000 nT，主要来自于地球磁层电流体系的影响。由于地球磁暴时间占 GRACE 卫星在轨时间极少比例，可以认为 SEA 计算的地磁场大小误差范围为 200～300 nT。图 5 为 GRACE 卫星轨道 500 km 高度地磁场总强度（2002 年 3 月单位：nT）

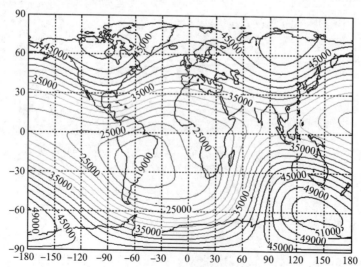

图 5 GRACE 卫星轨道 500 km 高度地磁场总强度（2002 年 3 月单位：nT）

## 4.4 轨道俘获粒子通量与电离辐射总剂量

俘获带粒子主要是高能质子和电子，地球内俘获带的下边缘平均高度在 600 km 左右，而 GRACE 初始轨道为 500 km，因此其轨道将部分处于内辐射带环境中。几乎所有的高能质子处于南大西洋异常区，而高能电子在中高纬度地区也有可观的通量密度。利用 SEA 辐射带环境分析工具对 GRACE 在 0.5 天内轨道辐射环境进行仿真分析，得到能量大于 10 MeV 质子以及能量大于 1 MeV 电子的通量分布（见图 6）。

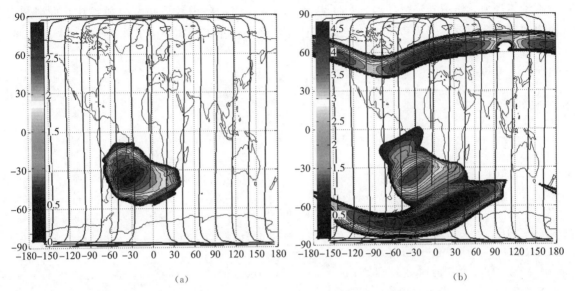

图 6　（a）质子对数（log10）积分通量（＞10 MeV，单位：$1/cm^2/s$）
（b）电子对数（log10）积分通量（＞1.0 MeV，单位：$1/cm^2/s$）

在已知各能级俘获带质子、电子通量情况下，利用 GRACE 轨道演化特性，积分获取寿命期内质子、电子总通量，进而为计算俘获带粒子电离辐射剂量效应提供参数输入。SEA 电离辐射剂量分析方法采用改进的 shieldose 实心球屏蔽模型，仿真分析了俘获带电子以及俘获带质子对 GRACE 卫星的电离辐射剂量，并将结果与 SPENVIS 分析结果比较，如图 7 所示，结果显示在等效铝屏蔽厚度为 1～6 mm 区间，5 年时间中辐射带粒子电离辐射总剂量分析相对误差小于 7.6%，差别主要源于 SEA 与 SPENVIS 对捕获带质子通量预测结果的差异。

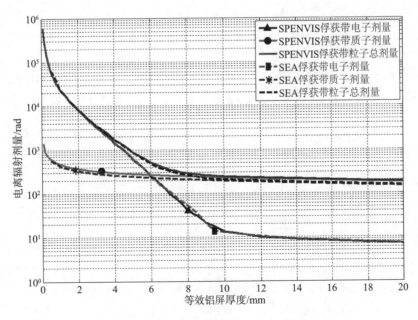

图 7　GRACE 卫星俘获带电离辐射总剂量

# 5    结束语

采用基于 MATLAB 语言开发的 SEA 工具集对 GRACE 卫星工程设计关注的部分空间环境进行仿真。仿真工作整体遵循从轨道设计到环境分析的流程，结果表明 SEA 各模块能够协同运行，系统、高效地解决小卫星总体设计对轨道空间环境参数的需求。在后续规划中，SEA 将逐步完善空间环境分析功能，建立包括等离子体环境、轨道外热流环境、空间电场环境等在内的各种环境仿真分析模块，同时将在各环境仿真模块中整合环境效应分析功能，进一步提升 SEA 在小卫星工程实现中的作用。

## 参 考 文 献

[1]    http：//www. systema. astrium. eads. net/.

[2]    Gareth Lawrence，Simon Reid，Space Environment Information System：Applicability for mission design and operations ［R］，AIAA，2010 - 2187.

[3]    肖业伦，航空航天器运动的建模——飞行动力学的理论基础［M］. 北京：北京航空航天大学出版社，2006，3.

[4]    Jacchia L. G.，ThermosphericTemperature，Density，and Composition：New Models ［J］. Smithsonian Astrophysical Observatory，1977，No. 375.

[5]    Picone J. M.，Hedin A. E. etc.，NRLMSISE - 00 Empirical Model of the Atmosphere：Statistical Comparisons and Scientific Issues ［J］. Journal of Geophysical Research，2002，Vol . 107.

[6]    Bowman，B. R.，etc.，The JB2006 Empirical Thermaospheric DensityModel ［J］. Journal of Atmospheric and Solar - Terrestrial Physics，2008，Vol. 70.

[7]    Smith R. E.，the Marshall EngineeringThermosphere（MET）Model ［R］. Marshall Space Flight Center，1998. 5.

[8]    Ronnie J. Suggs，Future Solar Activity Estimate for Use in Prediction of Space Environment Effects on Spacecraft Orbital Lifetime and Performance ［R］. NASA Marshall Space Flight Center，2015. 1.

[9]    International Association of Geomagnetism and Aeronomy. International Geomagnetic Reference Field. http：//www. ngdc. noaa. gov/IAGA/vmod/igrf. html.

[10]    AE/AP - 8 radbelt model. Goddard Space Flight Center，Space Physics Data Facility，Greenbelt，MD. http：//modelweb. gsfc. nasa. gov/models _ home. html.

[11]    Craig A. M. etc.，Thermosphere Density Variability，Drag Coefficients，and Precision Satellite Orbits ［R］. University of Kansas，Aerospace Engineering，2013. 7.

[12]    刘元元，王仕成，等，最新国际地磁参考模型 IGRF11 研究 ［J］. 地振学报，2013，35（1）.

# Space Environment Analysis for Small Satellite Based on MATLAB Language

XU Sen    MA Jun    LIU Jia

DFH Satellite Go. LTD.，Beijing 100094

**Abstract**    Space environment analysis is part of work for small satellite engineering and products assurance. Due to the complexity，variety and relative independence of environment，many independent theories and models are developed to solve the problem. However，those theories and models are scattered and short of efficiency，so we develop a toolkit named SEA（Space Environment Analysis）to optimize the space environment design of small satellite based on MATLAB language. SEA toolkit can be used in atmospheric analysis，magnetic analysis，radiation belt analysis and so on. The orbit life prediction module of

SEA estimates the altitude decay of GRACE，and the maximum difference from the fact is 9%. We also calculate the ion dose of GRACE during 5 years orbit，and compare data with SPENVIS. The results difference is not bigger than 7.6% according to typical small satellite shielding.

**Key words**　Space environment；System analysis；MATLAB language；Toolkit

## 作 者 简 介

徐森，男，工程师，航天东方红卫星有限公司，研究方向为总体空间环境专业，电子邮箱：xusen85@163.com。

# SpaceWire – D 及其实时性验证

杨衡平[1]　于国霞[2]　Steve Parkes[3]

1. 北京英力恒达科技发展有限公司，北京　100193

2. STAR – Dundee 公司，英国邓迪市　DD1 4EE

3. 邓迪大学航天中心，英国邓迪市　DD1 4HN

**摘　要**　Spacewire – D 是使用 SpaceWire 网络的时间触发性协议。该协议基于 ESA 的 SpaceWire 以及 RMAP 标准，使得现有的星载高速数据通信的 SpaceWire 网络可用于时间关键性的星载控制（如姿轨控）和异步有效载荷数据处理等实时性苛刻的领域。预计 SpaceWire – D 将于今年底完成起草工作。目前国际航天已有 SpaceWire – D 实际应用的项目，比如 NASA 的 SOLAR PROBE PLUS 卫星，日本的 ASNARO1 和 ASNARO2、HAYABUSA2 等。本项目基于 AT6981 搭建试验平台对 SpaceWire – D 的实时性进行了验证，结果表明，SpaceWire – D 能满足 1ms 的实时性要求。

**关键词**　SpaceWire；RMAP；SpaceWire – D；星载网络通信；实时性

## 1　SpaceWire – D 协议基础

SpaceWire – D 是把现有的 SpaceWire 星载高速数据通信网络扩展到确定性应用，该标准由邓迪大学航天中心为 ESA 设计。

SpaceWire – D 的物理层是现在正在使用中的 SpaceWire 星载高速通信网络，网络核心的路由器是标准的 SpaceWire 路由器，而 SpaceWire – D 目标方设备也是标准的 RMAP 目标方设备，不需修改即可使用，保证了技术的延续性。基本通信机制使用 SpaceWire 远程存储访问协议（Remote Memory Access Protocol，RMAP）。

为实现确定性，SpaceWire – D 使用时间分片复用技术和把网络时间分成一系列时间片（Time – Slot），要求 SpaceWire RMAP 业务在指定的时间片内必须完成。这个约束避免了下一个时间片的业务集可能给该业务集带来的冲突。图 1 是 SpaceWire – D 的协议栈。

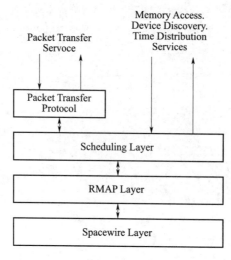

图 1　SpaceWire – D 协议栈

## 1.1 SpaceWire

SpaceWire 已由 ESA 的 ECSS - E - ST - 50 - 12C 标准定义，专门面向航天领域的高可靠的星载设备间数据交互通信；此标准是由英国邓迪大学（University of Dundee）撰写。目前全球有一百多个航天项目已经或者即将使用此协议。国内的风云四号和中法天文卫星及其他一些项目都使用了 SpaceWire。

SpaceWire 用于互联飞行器或者卫星上的与数据传输相关的各分系统/单机，比如仪器设备（有效载荷）、处理器、大容量存储器、遥测和遥控（遥科学），以及数据下载通信单元等。SpaceWire 是标准接口，用于简化星载系统集成和测试、鼓励星载设备的重复利用以及降低开发周期和成本。

SpaceWire 主要特点是高速（2~400 Mbits/s 可配置）、高可靠、全双工、数据或者其他信息在网络上打包传输。通过虫洞路由组成复杂但拓扑结构非常灵活的网络。SpaceWire 还有些特殊的功能，比如在整个网络上广播时间码，这点对 SpaceWire - D 来说特别重要。

SpaceWire 的另一个非常重要的优点是其低复杂度，在 ASIC 或者 FPGA 上实现非常容易，并且使用很少的门数。比如已经由 Star - Dundee 公司商业化的路由 IP 核（已使用到 ATMEL 抗辐射 AT7910），带有 4 个 SpaceWire 端口和 1 个外部端口的典型路由设计仅使用 Xilinx Spartan - 3E1600 约 20％的资源。更小的资源消耗意味着更低的功耗、给设计师更大的使用空间。

## 1.2 SpaceWire RMAP

SpaceWire - D 使用 SpaceWire RMAP 实现命令和响应。RAMP 协议是远程存储访问协议（Remote Memory Access Protocol）的简称，是 SpaceWire 的上层协议。RMAP 已在 ESA 的 ECSS - E - ST - 50 - 52C 标准中定义；同样的，此标准是由英国邓迪大学撰写。RMAP 协议可对 SpaceWire 网络上的节点的内存映射的寄存器或者存储器进行远程读/写/读改写操作。

RMAP 包括 RMAP 发起方（Initiator）和 RMAP 目标方（Target）。一个 SpaceWire 节点有可能是 RAMP 发起方（比如某一个仪器设备，发起传送并写数据到存储器），有可能是 RMAP 目标方（比如大容量存储器，仅仅对 RMAP 命令做相应的响应——读/写），有可能既是发起方又是目标方（比如某一处理器，既有可能发起读写存储器或者从仪器设备读取数据，也有可能被动受理某一仪器设备发起的写数据操作）。

# 2 SpaceWire - D

SpacWire - D 是非对称协议，一个或多个发起方发送或接收来自于一个或多个目标方设备的信息。发起方的典型设备是有效载荷控制处理器，目标方的典型设备是仪器、传感器或作动器等。

## 2.1 工作原理

（1）时间片

SpaceWire - D 使用对网络资源的时间分片复用来提供确定性数据传送。时间被划分为重复的时间片序列。SpaceWire - D 的时间片如图 2 所示。

当一个时间码通过网络广播到达发起方，时间片开始。当下一个时间码到达则时间片结束。标准定义了循环使用的 64 个时间片，数值从 0 到 63。时间片长度值典型是 1~20 ms。为在时间码丢失时提供冗余，可使用一个本地时间计数器同步广播的时间码。

（2）业务及业务集

SpaceWire - D 使用 SpaceWire RMAP 业务发送和接收信息。发起方通过执行 RMAP 业务来发送 RMAP 命令到目标方和接收从该目标方给出的回复。RMAP 业务实现对远程目标节点的寄存器或存储器进行读、写、读改写操作。

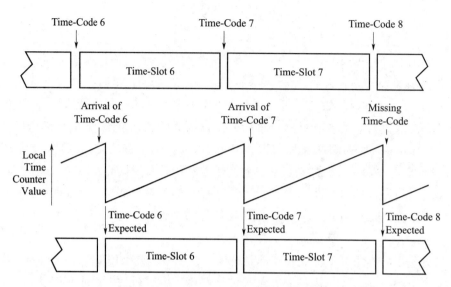

图 2　SpaceWire 时间片（右图是使用本地时间同步时间片）

在一个给定的时间片内需要执行的所有的业务称为一个业务集。假如一个定义好的业务集在指定的时间片内执行，这将实现完全确定性的数据传送。当业务集传递给 SpaceWire – D 去执行时，会首先检查以确保在指定的时间片内完全执行。

（3）多时间片

假如 SpaceWire 网络运行速率是 200 Mbit/s，SpaceWire – D 时间片长度是 10 ms，那么发送的最大的数据长度是 200 K 字节。假如一个摄像头作为 SpaceWire – D 网络的目标方，有 1 M 字节的图像，那么要求一个更大的时间片。也可不增加时间片的长度，因为 SpaceWire – D 能串联多个相邻的时间片为一个多时间片。

（4）调度

SpaceWire 网络不可预测的原因是因为虫洞路由可能会堵塞数据包。因为当输出端口被占用时，输出端口上别的数据包在输出端口被释放前一直被阻塞。

为保证 SpaceWire – D 网络通信的确定性，必须消除阻塞的可能性。需要确保在每一个时间片内，被发起方的虚拟总线使用的链路组和同时使用该链路组的其他的发起方的虚拟总线能区分开来。调度就是在有多个发起方节点时协调 SpaceWire 网络资源的使用。表 1 是调度表示例。

**表 1　调度表示例**

| Time – Slot | Bus |
| --- | --- |
| 0 | Static 0 |
| 1 | Dynamic 1 |
| 2 | Static 2 |
| 3 | Async 3 |
| 4 | Static 4 |
| 5 | Async 5 |
| 6 | Async 5 |
| 7 | Dynamic 7 |
| 8 | Empty |
| 9 | Dynamic 1 |
| 10 | Dynamic 7 |
| … | … |

续表

| Time - Slot | Bus |
| --- | --- |
| 61 | Static 61 |
| 62 | Dynamic 7 |
| 63 | Static 63 |

## 2.2 SpaceWire - D 服务

SpaceWire - D 提供各种服务来打开、装载、执行和关闭 4 种不同虚拟总线类型：静态总线、动态总线、异步总线和包总线：

（1）静态总线

每个静态总线被分配一个单一时间片或单一多时间片。一旦打开，用户程序将随之装载一组 RMAP 业务到静态总线。装载操作期间，在业务集被静态总线接受前检查业务集的最坏执行时间（Worst - Case Execution Time，WCET）。假如业务集的 WCET 超过分配的时间片或多时间片的时间长度，会与下一个时间片的业务集冲突，则该业务集不会装载，同时一个错误响应将上报给用户程序。

也可以把业务集装载为循环运行，这样总线的时间片每次出现时能循环运行，直到总线重新下载或关闭，或者业务集作为单一时间片集在单次执行后卸载。这可大幅减少处理时间。

（2）动态总线

动态总线能被分配多个时间片或多时间片。类似于静态总线，在装载操作期间，在业务集被动态总线接受前检查业务集的最坏执行时间（WCET）。假如一个业务集被接受和装载到动态总线，将会在分配给该总线的下一个可用时间片或多时间片执行。这将导致比静态总线差些的可预测性，因为业务集将会在多个时间片中的某一个片执行。

（3）异步总线

像动态总线一样，异步总线能分配多个时间片或多时间片。

然而，不像静态总线或动态总线那样能下载多个业务集，异步总线是基于单个业务。当用户程序在装载一个异步总线时，将发出一个带业务优先级的单一业务的数据结构。异步总线维持业务的优先队列，在每一个分配给总线的可用时间片或多时间片内，最高优先级的业务的子集会从队列中移出并执行。每当用户程序装载了一个新的业务时，异步总线会更新将会在下一个可用时间片或多时间片执行的业务子集。

（4）包总线

包总线是一个在发起方和目标方间的全双工通道。发起方节点通过 RMAP 读和写操作分别控制到目标方的读或写数据包。

一个发起方节点能打开多个到目标方节点的通道和一个目标节点能打开多个到发起方节点的通道。当在发起方和目标方的通道打开后，包总线执行这两个节点间的业务。

当包总线的时间片或多时间片开始，所有通道的状态都会检查以确保被包总线使用前一个通道空闲可用。这将允许多个发起方打开一个到同一个目标方的通道，并保留该通道以便排他性使用。包总线能用多个时间片或多时间片对要发送或接收的大数据包进行分割。

# 3 SpaceWire - D 实际应用

目前 SpaceWire 在航天的典型应用是 SpaceWire 实现高速数据通信，姿轨控等实时性要求高的部分采用 1553B 或 CAN 总线，卫星结构和使用复杂。因此引入 SpaceWire - D 将在整星上保证一个通信网络。目前基于 JAXA 的下一代卫星平台上研发的 ASNARO 项目（地球观测，500 kg，分辨率 0.5 m，2014 年发射）已经实现了整星的 SpaceWire 化。通信网络原理框图如图 3 所示。

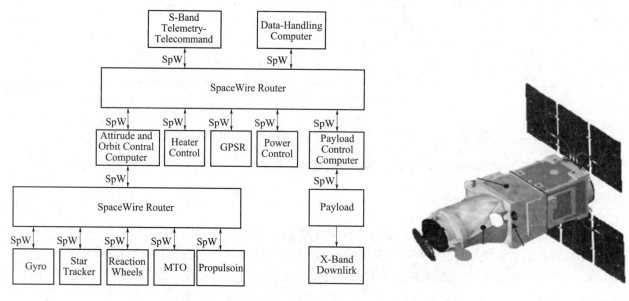

图 3　ASNARO1 卫星

# 4　SpaceWire - D 研究

本项目基于 STAR - Dundee 研发的 LEON2 处理器（AT6981）板卡搭建的 SpaceWire 网络对 SpaceWire - D 进行研究，并得到 ESA 的资助。

## 4.1　AT6981 板卡

Atmel AT6981 Castor 器件是基于 LEON2 - FT 的 SoC，处理器时钟高达 200 MHz，带有多个整合的外部接口，比如 8 个 SpaceWire 端口，并且带有 3 个内部 SpaceWire 引擎。SpaceWire 引擎和 SpaceWire 端口都连接到一个内部的 SpaceWire 路由。每个 SpaceWire 引擎都包含 3 个 DMA 通道、一个 RMAP 发起方和一个目标方。本阶段对 SpaceWire - D 的研究仅使用引擎中的 RMAP 功能。RMAP 命令的执行都被转移到 SpaceWire 引擎，减少了对 LEON2 - FT 处理器的需求。

## 4.2　RTMES 支持

本次项目研究使用的是实时操作系统 RTMES 4.10.2。RTMES 是一个实时多任务操作系统。这次我们使用基于先发制人调度器的默认优先级，可切换到一个更高优先级的任务。

基于 RTEMS 的网络软件负责给用户程序提供 SpaceWire - D API，管理虚拟总线、管理时间线间的转换和调度 RMAP 命令。

（1）SpaceWire - D API

SpaceWire - D API 给用户程序提供公共接口，允许程序初始化其他 SpaceWire - D 模块、打开虚拟总线、装载虚拟总线、关闭虚拟总线。初始化时，API 为其他模块创建任务也为自己创建一个任务，使用 RTMES 消息队列管理器以监听来自用户程序的请求。这些请求然后被虚拟总线管理器执行。

（2）虚拟总线管理器

打开、装载、关闭虚拟总线等相关的功能由虚拟总线管理器控制，同时包括描述虚拟总线的参数和其业务的数据结构。

（3）时间管理器

时间管理器基于有效时间码的到达来负责时间片之间的转换。在本试验中，我们仅使用时间码来标记时间片的开始和结束。

（4）业务调度器

当 SpaceWire-D API 初始化其他模块时，为业务调度器创建一个任务。该任务开始并接着锁定，一直等到收到一个从时间管理器发出的事件。当事件收到后任务苏醒，假如有一个虚拟总线分配给时间片，则执行这个虚拟总线。比如有一个静态总线分配给该时间片，假如总线已装载的话，总线的业务集将被执行。

## 4.3 试验安排

我们使用了两种不同的网络架构。下面分别进行描述。

（1）单发起方架构

在图 4（a）所示的单个发起方架构使用一个单一的 AT6981 板卡作为 RMAP 发起方和目标方。AT6981 连接到装载和调试程序的开发主机。板卡的路由自循环，中间串接一台 STAR-Dundee 的 SpaceWire 链路分析仪（SpaceWire Link Analyser Mk2）查看流经链路的业务和时间码。一个 STAR-Dundee 的 SpaceWire 模块（SpaceWire-USB Brick Mk2）连接到 AT6981 作为时间码管理节点。Link Analyser Mk2 和 Brick Mk2 连接到第二台主机。Brick Mk2 的时间码产生是通过 STAR-Dundee 的 STAR-System 软件控制。在这个架构，所有 SpaceWire 链路运行在 100 Mbit/s。

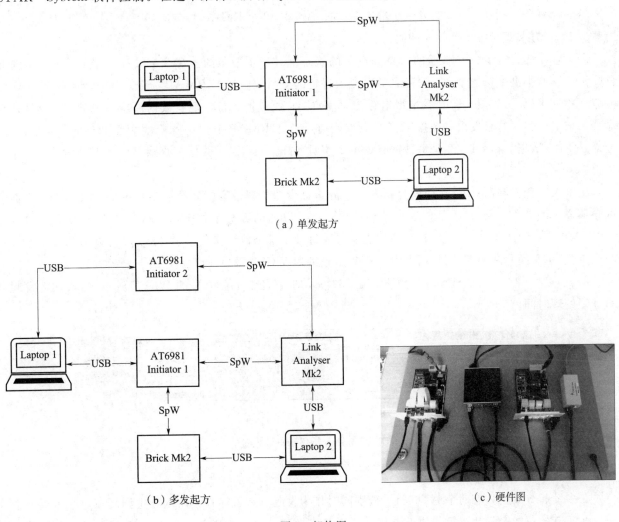

（a）单发起方

（b）多发起方

（c）硬件图

图 4　架构图

（2）多发起方架构

图 4（b）所示是多个发起方架构。在这个架构，第一个 AT6981 板卡的 SpaceWire 链路速度是

100 Mbit/s，第二个板卡的链路速度是 50 Mbit/s。图 4（c）所示是多发起方架构的硬件图。从左至右，硬件分别是：第一块 AT6981 板卡、STAR - Dundee SpaceWire Link Analyser Mk2；第二块 AT6981 板卡；第三块 STAR - Dundee SpaceWire - USB Brick Mk2。

## 4.4 试验结果

（1）RMAP 驱动器

从完成一些初始测试和测量驱动器的性能之后，允许业务调度器直接调用驱动器功能，而不是通过 ioctl 系统调用接口，在接到时间码和第一个 RMAP 业务离开路由的运算时间从 $741\mu s$ 降到 $389\mu s$。进一步的优化是当时间码到达时简化事件处理。从时间管理器的回调功能直接发送事件，处理时间进一步从 $389\mu s$ 降到 $201\mu s$。

把收到时间码到第一个 RMAP 业务离开路由器的时间从 $741\mu s$ 降到 $201\mu s$，使得 SpaceWire - D 网络能够运行于 1 ms 长度的最小时间片。随着 AT6981 量产版本 200 MHz 替代原理机的 33 MHz，以及其他的软件优化，发起方的处理时间将进一步得到减少。

（2）单个发起方试验

在单个起始端架构，AT6981 板卡作为 RMAP 发起方和 RMAP 目标方。测试建立，SpaceWire - D API 初始化，RMAP 目标节点初始化，测试静态总线打开和业务集装载。

第一个试验包括在 slot 0 打开一个静态总线并把包含 32 个 RMAP 带响应的写命令（数据 1KB）的该总线装载。Brick 每 10 ms 产生时间码。

图 5（a）显示了第一个试验的链路分析仪的状态统计显示的截图。在这个统计截图中，显示的是每秒收到的不同类型字符的个数。第一列数字是流过链路分析仪端口的 RMAP 命令，第二列数字是 RMAP 响应。我们可以通过分析 EOP 数量得出有 32 个 RMAP 业务被执行，观察数据包显示情况可以确认这些命令都成功执行。每秒发出的数据字符的个数能通过计算 RMAP 命令和响应的大小来验证。对于命令，结果是 1046 数据字符乘以 32 是每秒钟有 33472 数据字符。响应是 9 数据字符乘以 32，是每秒 288 个数据字符。

接下来，我们在所有 64 个时间片打开一个静态总线和装载带有同样的业务集的该总线，就如前面的试验那样。图 5（b）显示的是该运行结果。再一次，发送的数据字符个数能验证，1046 数据字符乘以 3 200 结果是每秒钟 3 347 200 字符。类似的响应的每秒字符个数计算是 9 字符乘以 3 200 为 28 800。在这两个试验-单时间片和 64 时间片调度中，整个业务集的 WCET 是 4 182 $\mu s$。加上发起方的最差处理时间 201 $\mu s$ 就是 4 383 $\mu s$。每个业务的 WCET 是 332 $\mu s$，也就是整个业务集的 WCET 除以 32 再加上发起方的最差处理时间。

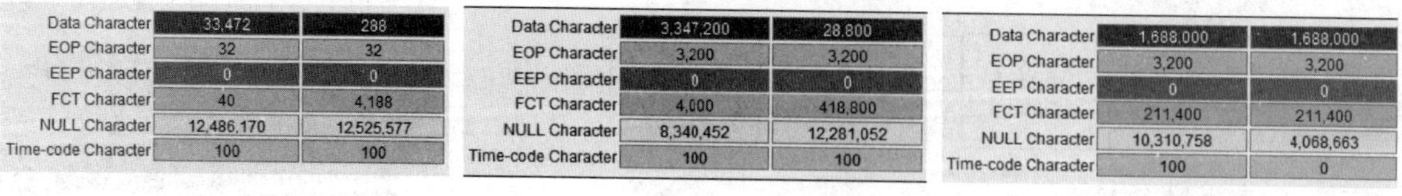

| | (a) | | | (b) | | | (c) | |
|---|---|---|---|---|---|---|---|---|
| Data Character | 33,472 | 288 | Data Character | 3,347,200 | 28,800 | Data Character | 1,688,000 | 1,688,000 |
| EOP Character | 32 | 32 | EOP Character | 3,200 | 3,200 | EOP Character | 3,200 | 3,200 |
| EEP Character | 0 | 0 | EEP Character | 0 | 0 | EEP Character | 0 | 0 |
| FCT Character | 40 | 4,188 | FCT Character | 4,000 | 418,800 | FCT Character | 211,400 | 211,400 |
| NULL Character | 12,486,170 | 12,525,577 | NULL Character | 8,340,452 | 12,281,052 | NULL Character | 10,310,758 | 4,068,663 |
| Time-code Character | 100 | 100 | Time-code Character | 100 | 100 | Time-code Character | 100 | 0 |

图 5  链路分析仪端口数据量图

（3）多发起方试验

在多发起方架构，有两个 AT6981，分别同时作为发起方和目标方。在试验中调度在这两个板卡中分开。在所有的偶数时间片，第一块板卡打开一个静态总线，在奇数时间片第二块板卡打开一个静态时间片。如单个发起方试验那样，每个静态总线装载同样的业务集-32 个 RMAP 带响应的写业务，数据是 1 kB。

图 5（c）所示是链路分析仪对多起始端架构试验的状态统计。RMAP 命令和 RMAP 响应通过两条链

路双向传输。为验证链路分析仪每边每秒发送的数据字符个数，我们加上两边的数据字符。每个起始端每秒钟有 1 600 个业务被执行，结果是 1 600 乘以 1 046 数据字符，RMAP 命令是 1 673 600 数据字符每秒。对 RMAP 响应，是 9 数据字符乘以 1 600 是每秒钟 14 400 数据字符。计算这两个的和是 1 688 000。因此可以得出结论：SpaceWire – D 完全满足实时性和确定性的数据传输要求。

### 参 考 文 献

[1] Steve Parkes，Albert Ferrer，David Gibson，SpaceWire – D Standard Draft D Issue 0.15，2014，7.

[2] ESA Standard，ECSS – E – ST – 50 – 12C SpaceWire – Links，nodes，routers and networks，July 2008，7.

[3] ESA Standard，ECSS – E – ST – 50 – 52C SpaceWire – Remote memory access protocol，February 2010，2.

[4] Steve Parkes，SpaceWire – D Deterministic Data Delivery over SpaceWire，International SpaceWire Conference，2014，6.

[5] JAXA，ASNARO – 1 Satellite Overview，http：//www. spaceflight101. com/asnaro – 1. html.

# SpaceWire – D and its Real – Time Performance Verfication

YANG Hengping[1]　YU Guoxia[2]　Steve Parkes[3]

1. Beijing InteLeader Limited，Beijing　100193

2. STAR – Dundee Ltd. ，Dundee，Scotland，UK，DD1 4EE

3. University of Dundee，Dundee，Scotland，UK，DD1 4HN

**Abstract**　SpaceWire – D is a time – triggered protocol using current SpaceWire network. This protocol is based on the SpaceWire standard and the RMAP standard that ESA has supported from the beginning. It enables the current SpaceWire network developed for high – speed data communication to be used for the fields that have strict requirements on real – time performance，including time critical avionics control applications like AOCS and asynchronous payload data handling. SpaceWire – D is in draft version，but with an official standard to be released around the end of 2015. Until now，there have been several Space missions that have applied the SpaceWire – D technology，for example SPP from NASA，ASNARO1，ASNARO2 and HAYABUSA2 from JAXA，and etc. This project has built a test platform based on AT6981 to verify the real – time performance of SpaceWire – D. The test results show that SpaceWire – D can meet the 1ms requirement on real – time performance.

**Key words**　SpaceWire；RMAP；SpaceWire – D ；On – Board Network；Real – time

### 作 者 简 介

杨衡平，男，工程师，北京英力恒达科技发展有限公司，数据通信专业，电子邮箱：hengping _ yang@163. com。

# 卫星平台主动隔振作动器设计研究

袁渊　张伟　廖鹤　赵洪波

上海卫星工程研究所，上海　200240

**摘　要**　本文首先阐述微振动对卫星载荷光轴指向以及稳定性的制约，从传统隔振的缺陷引出利用新型音圈电机作为作动器实现主动隔振的优势，其次介绍了音圈电机的优点和构型，通过分析音圈电机在国内外的发展趋势，说明了音圈电机的市场价值，并且着重剖析了音圈电机的磁场特性、带宽特性以及输出力精度，得出音圈电机具有广阔的应用前景，在航天领域的微振动抑制探索中具有很高的研究价值。

**关键词**　微振动；主动隔振；音圈电机；磁场特性

## 1　引言

近年来，随着科学技术的发展，各类空间应用对卫星载荷指向精度、姿态稳定度的指标要求越来越高，对载荷微振动环境提出的要求也越来越高。数据表明，光学敏感载荷需要将传递至载荷频率范围在 $1 \sim 200$ Hz 的微振动降低致 $0.1 \sim 1$ mg 以下；空间站科学试验对要求频率在 $0.01 \sim 300$ Hz 范围内的微振动，振动量级达到 $1$ μg 以内。传统的隔振措施已不能满足需求。

所以，亟需提出一种隔振频带更宽，隔振效率更高的隔振方法。音圈电机是一种新型的直线运动电机，具有体积小、质量轻、非接触、比推力高、力输出精度高、高带宽等特点，本文首先介绍传统主动隔振的思想，其次从音圈电机的原理出发，介绍了音圈电机的优点和构型，分析音圈电机在国内外的发展趋势，最后重点对音圈电机的磁场特性、力输出精度进行仿真分析。可以看出利用音圈电机作为作动器进行主动隔振，不仅可以保证振动隔离效果，还具有响应快，精度高等优点。

## 2　传统主动隔振

主动隔振是利用智能作动器进行隔振，主要针对中低频微振动进行抑制[1]。目前用于载荷振动隔离的隔振系统主要以多杆并联为典型特征，如以正交六杆组成的 Stewart 平台。具有隔振、缓冲、操纵于一体的 VISS 隔振系统，这种平台除了能够对微振动进行隔离和缓和冲击以外，由于其行程大，所以能够在一定范围内对载荷平台的姿态进行调整[2]。NASA 研制的 MVIS-Ⅱ主动隔振系统已应用于 TacSat-2 光学卫星。AFRL、Honeywell 公司开发的 MVIS，隔振频带可到 $5 \sim 200$ Hz。图 1 为基于 Stewart 平台的主动隔振系统。

除上述大型隔振平台系统外，还有一些小型隔振系统。这种隔振平台是为了满足多杆并联平台小型化而产生，一般由 $2 \sim 3$ 个垂直正交的隔振器组成一个隔振器组件，再由三个以上组件对某个载荷进行隔振。这种小型隔振系统与超静平台的功能是一样的，不同的地方在于小型隔振系统由于 $2 \sim 3$ 个垂直正交的隔振单机所组成，可以实现较小的体积和质量，并且小型隔振系统组件的布局较为灵活，对安装空间的要求相对较低。

主动隔振系统具有众多优点，可以克服被动隔振时低频放大与高频抑制的矛盾；可以根据环境变化可以随时改变控制算法；同时相对被动隔振，主动隔振理论上有更好的性能。但是主动隔振具有水床效应，即高频位移被抑制的同时，低频位移被放大，通过反馈控制进行主动隔振具有水床效应。此外，主

图 1　基于 Stewart 平台的主动隔振系统

动隔振还有隔振带宽小，需要额外提供能源及测量信息；控制系统可能不稳定，需要控制器、作动器等；控制结构复杂，主动隔振失效会使系统失去隔振性能等缺点。

　　为了尽可能改善主动隔振的隔振效果，可以考虑使用新型作动器。作动器是主动隔振的关键部件，是主动控制系统设计的重要环节。其作用是按确定的控制率对控制对象施加控制力，传统作动器有液压作动器、气动作动器、电磁作动器等。本文采用音圈电机作为主动隔振作动器。

## 3　音圈电机的原理和发展趋势

　　随着对高速、高精度定位系统性能要求的提高和音圈电机技术的迅速发展，音圈电机不仅被广泛应用在磁盘、激光唱片定位等精密定位系统中，在许多不同形式的高加速、高频激励设备上也得到广泛的应用。如：光学系统中透镜的定位；机械工具的多坐标定位平台；医学装置中精密电子管、真空管控制；在柔性机器人中，为使末端执行其快速、精确定位[3]。针对主动隔振隔振带宽小的缺陷，利用音圈电机高带宽特性可以解决该问题。

　　音圈电机属于非接触直线电机，由定子和动子两部分构成，其中定子部分含磁钢和磁轭，动子部分含线圈和骨架，定子和动子之间没有物理接触，由磁钢产生的磁场经过极靴匀磁，从而在动子的行程内产生尽可能均匀的磁场，当线圈通电后，线圈在均匀磁场中受到轴向的电磁力，从而使线圈运动，音圈电机输出力主要取决于电流，与定子、动子的相对位置基本无关。音圈单机原理结构如图 2 所示。

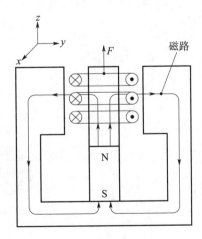

图 2　音圈电机构型

该执行器的驱动力为电磁力，表达式为 $F = BIL$，$B$ 是动子所在处的平均气隙磁通密度，$L$ 是电机动子线圈的总长度，这两个量是表征音圈电机的重要内部参数，只取决于音圈电机的尺寸和材料，因此乘积 $BL$ 是一个特征参数，称为力常数。

在真实运行时，音圈电机始终处于暂态过程，因此可以用下述方程描述其机电耦合模型。

电压平衡方程

$$u = L\frac{\mathrm{d}i}{\mathrm{d}t} + Ri + BLv \tag{1}$$

动力平衡方程

$$F = ma \, , \, BLi = m\frac{\mathrm{d}v}{\mathrm{d}t} \tag{2}$$

式中　$L$、$R$——音圈电机中线圈的电感和电阻；

$u$——驱动电压；

$m$——音圈电机动子质量；

$v$——音圈电机动子运动速度。

目前，在欧美及日本等发达国家，音圈直线电机的生产应用已经比较成熟，如 SMAC、BEI、Akribis 等电机公司已经形成了规格、型号齐全的产品系列。以美国 BEI 公司为代表，其音圈电机的铲平有几十种，行程范围 0.5～50 mm，输出力范围达 0.34～300 N。图 3 为 BEI 公司的音圈电机。

图 3　BEI 公司的音圈电机

国内对音圈电机的研究处于初级阶段，主要集中在高校内，中科院长春光机所研制的高精度定位平台，$X$ 方向定位精度可达 $0.5\mu m$。针对这一状况可以看出，利用音圈电机作为主动隔振的作动器，首先要对音圈电机的特性加以详细的分析，这就是本文的主要工作。

## 4　音圈电机特性分析及仿真

内部磁场的均匀性是衡量音圈电机优劣的一项重要指标[4]，经过理论分析可知，机构横向间隙对磁感应强度均匀度影响较大；仿真考察时选择磁钢长度选择为 15 mm，材料选择钕铁硼，横向间隙选择为 2 mm 时，利用 Ansoft 软件进行磁场仿真。首先建立有限元模型，并划分网格。图 4 为有限元建模，图 5 为划分网格。

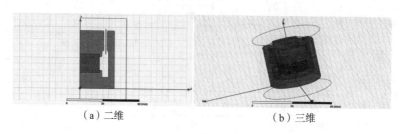

（a）二维　　　　　　　　　（b）三维

图 4　有限元建模

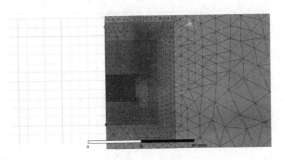

图 5　划分网格

仿真磁场强度矢量及磁通密度云图如图 6 所示。

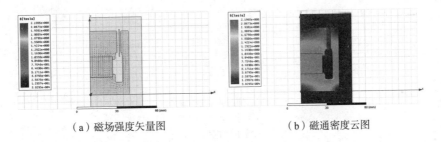

（a）磁场强度矢量图　　　　　　　　（b）磁通密度云图

图 6　磁场仿真

经数据处理，可得气隙内匀强磁场偏差曲线见图 7。

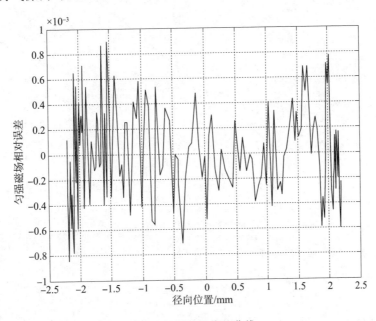

图 7　匀强磁场偏差曲线

因此可以看出音圈电机磁钢与磁轭的间隙内具有很好的磁场均匀度。图 8 为时间常数曲线。

可见音圈电机输出力的时间常数可达到 200 Hz，响应快，可满足控制宽带需求。另外非接触音圈电机输出力的误差主要由线圈长度误差、电流误差和磁场误差引起，其中线圈长度误差为静态恒定误差，可以利用控制系统进行克服。电流相对误差为 $10^{-3}$ 量级，在磁场均匀性保证的前提下，具有很高的力输出精度。图 9 为输出力与电流的关系。

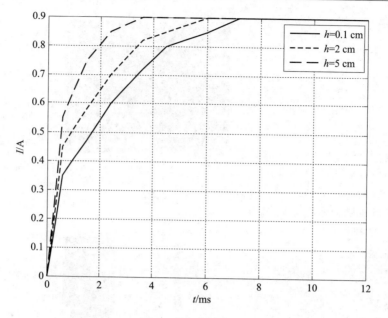

图 8　时间常数曲线

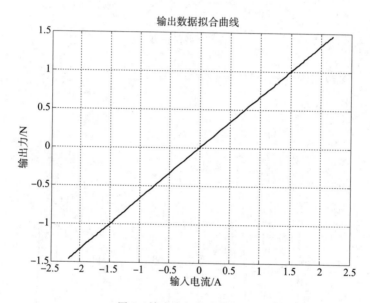

图 9　输出力与电流的关系

# 5　结束语

本文首先介绍了传统主动隔振的发展现状以及技术缺陷，然后从作动器音圈电机的原理出发，对音圈电机的磁场特性和带宽特性进行了仿真分析，可以看出音圈电机在保证定位精度的前提下不仅结构简单、体积小、质量轻，还具有带宽大、响应快等优点，因此利用音圈电机作为作动器具有可行性，对未来卫星平台微振动抑制具有很大的应用价值。

**参 考 文 献**

[1]　刘暾，常亚武，杨大明. 柔性空间飞行器的振动抑制控制 [J]. 航天控制，1992，2：199 - 208.

[2]　段学超，仇原鹰. 柔性支撑 Stewart 平台自适应交互 PID 隔振控制 [J]. 控制理论与应用，2009，26（6）：607 - 612.

[3]　JOHN MCBEAN，CYNTHIA BREAZEAL. Voice coil actuators for human - robot Interaction. 2004 IEEE/RSJ International Conference，2004，28（1）：821 - 858.

[4] MD FORHAD KHANDAKER，HENRY HONG，LUIS RODRIGUES. Modeling and controller design for a voice coil actuated engine valve. Proceedings of the 2005 IEEE Conference on Control Applications，Toronto，Canada，August 28 - 31，2005：1234 - 1239.

# Design and Research About Active Vibration Isolation Actuator on Satellite Platform

YUAN Yuan    ZHANG Wei    LIAO He    ZHAO Hongbo

Shanghai Institute of satellite Engineering，Shanghai 200240

**Abstract**    In this dissertation，first illustrates the limit of micro vibration to satellite payload light axis point，use the weakness of traditional vibration isolation to show the strength of new voice coil motor as an actuator to realize active vibration. It then explains the strength and structure of voice coil motor，using the development trend of voice coil motor here and abroad to show the market value of voice coil motor. The paper especially says the characteristics of magnetic field，bandwidth and output force accuracy. It concluded that voice coil motor has wide application vision，and it has very big research value in the plunge of inhibiting micro vibration control of aerospace domain.

**Key words**    Micro - vibration；Active vibration isolation；Voice coil motor；Characteristic of magnetic field

## 作 者 简 介

袁渊，男，硕士研究生，上海卫星工程研究所，主要研究卫星姿态动力学与控制，电子邮箱：yuanyuan_xysx@163. com。

# 基于数字微镜器件的定标光源系统及特性分析

翟文超　郑小兵

中国科学院安徽光学精密机械研究所，合肥　230031

**摘　要**　光学遥感器的高精度定标需求不断地对定标光源提出新要求。定标光源能够溯源于高精度的光辐射基准（低温绝对辐射计），能够近似于遥感器的工作场景，能够对遥感器进行系统级定标有利于提高遥感器的定标精度，也是未来实验室定标光源技术的发展方向。本文介绍了一种基于空间光调制器的新型定标光源，对其工作原理、功能属性进行了详细说明。该光源具有窄带、宽波段两种工作模式，能够实现光源量值溯源于低温绝对辐射计、目标光谱的模拟，在遥感器的高精度定标方面具有重要意义。该光源系统将扩展成具有场景光谱信息和空间分布信息的场景模拟光源，实现与遥感器定标场景的匹配，在高光谱成像光谱仪的系统级定标中具有巨大的应用潜力。

**关键词**　数字微镜器件；光谱模拟；定标光源；场景模拟

## 1　引言

光学遥感器在正式运行之前，必须通过光辐射定标确定其光辐射信息输入与其信号输出之间的定量关系。就光辐射定标技术而言，目前已经形成了以熔点/凝固点标准黑体和低温绝对辐射计为绝对溯源基准的两种辐射基准传递链路，可满足不同精度水平、不同应用背景的遥感器定标需求。尤其是低温绝对辐射计，现在仍是业界公认的精度最高的光辐射（功率）基准[1-2]。

将光辐射基准传递至光学遥感器的过程中，定标光源发挥着量值传递的中介作用。作为辐射基准的传递载体，定标光源自身的辐射度量需要向初级标准溯源，其量值精度水平直接影响待定标遥感器的定标精度。一般来说，宽波段定标光源主要溯源于熔点/凝固点标准黑体，窄带定标光源更适宜溯源于低温绝对辐射计。通常，溯源于低温绝对辐射计的窄带定标光源辐射量值不确定度比溯源于标准黑体的宽波段光源低 2 个量级以上[3]。

卤钨灯积分球光源是目前应用最为广泛的定标光源，其主要优点是方法成熟、方便快捷，不足之处在于这种宽波段的光源辐射量值由溯源于标准黑体的"标准灯-参考板系统"传递获得，辐射度量精度有限，一般为 3%～5%。此外，卤钨灯光源的光谱分布近似于温度约 2 800 K 的黑体，峰值波长位于 900 nm 附近，光谱分布特征单一。遥感仪观测的地物光谱信息为地物目标反射的太阳辐射，太阳的光谱分布近似于温度约 5 800 K 的黑体，峰值波长位于 500 nm 附近，由于遥感器带外抑制能力有限，定标光源和地物目标光谱特征的差异会引入难以评估的测量误差[4]。

目前，光学遥感技术已经进入以高光谱成像光谱仪为代表的高光谱遥感阶段。高光谱遥感器的光谱通道更多（$\lambda/\delta\lambda \approx 100$）[5]，分辨率更高，能够近连续地采集地物光谱信息。为保证/提高该类遥感器定标精度，其定标光源需要满足以下要求。

（1）定标光源的辐射量值能够精确度量

这在气候变化研究中尤为突出，例如，美国提出的"气候绝对辐亮度与折射观测平台（CLARREO）"计划中，要求在可见近红外波段的（硅）传感器定标不确定度优于 0.2%（$k=1$）。这就要求定标光源能够溯源于低温绝对辐射计这一现阶段精度最高的光辐射基准[1]。

（2）定标光源的光谱分布能够匹配各种地物目标光谱

定标光源与场景地物目标的光谱分布差异是引起遥感器测量误差的重要来源，为尽可能减少这种差异性，光谱可编程定标光源技术得到了国内外各计量部门的青睐，已经成为未来宽波段定标光源的重要发展方向。

（3）定标光源能够实现遥感器的系统级定标

系统级定标能够有效避免遥感器各部分分立定标导致的定标环节多，不确定度贡献因素多的弊端，可有效保证遥感器定标精度。为实现系统级定标，定标光源需要满足遥感器的全视场覆盖要求、满光瞳照明要求以及场景辐亮度匹配要求。

# 2　基于数字微镜器件的高光谱遥感器定标光源

## 2.1　光源系统的工作原理

本文介绍一种新型的遥感器定标光源，该光源系统由宽波段光源、色散光路、空间光调制器（数字微镜器件）和积分球构成。光源的光路见图1[6]，光源系统覆盖的光谱范围为400～1 000 nm，光学系统采用了透射式方案。为降低色差对光源系统的光谱分辨率、光学效率的影响，图1中的准直镜头和成像镜头均进行了复消色差设计[7]。为避免光栅导致的二级光谱，保证光学系统的光学效率，色散元件使用了棱镜。

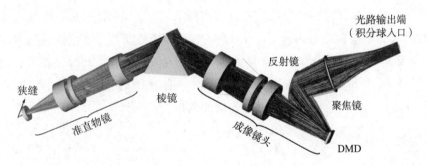

图1　基于空间光调制器的新型定标光源光路图

该光源系统的核心器件为空间光调制器，所采用的空间光调制器为德州仪器（TI）公司的0.7数字微镜器件（DMD）[图2（a）]，由1 024×768个微镜元构成，每个微镜元相当于一个14 $\mu$m×14 $\mu$m的铝反射镜，在其驱动电路的控制下，微镜元可绕其对角线翻转±12°[图2（b）[2]]，通过控制DMD像元翻转将光路引导至后续接收光路（"开"）或引导至光吸收装置中消除（"关"），在本光源系统中，DMD本质上是一个面阵可编程的光开关。

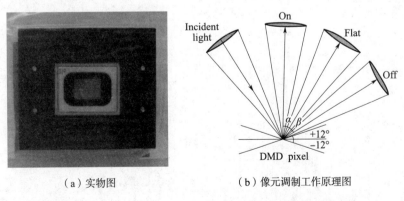

（a）实物图　　　　　　（b）像元调制工作原理图

图2　数字微镜器件（DMD）实物图及像元调制工作原理图

图3所示为在实验台上实现的基于DMD的定标光源样机照片，其中，光源使用的是超连续激光器（450～2 400 nm），狭缝宽度为200 $\mu$m，固定于准直镜头镜筒上。DMD的有效镜元面位于色散光路的焦

面上，DMD 的列对应各个光谱组分，控制 DMD 列像元的开、关，可实现光谱的筛选；DMD 的行数对应了各光谱组分的强度，控制 DMD 某列打开的行数，就可控制该列对应波长的输出光谱强度。

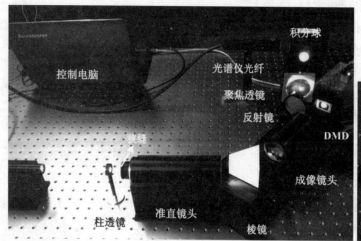
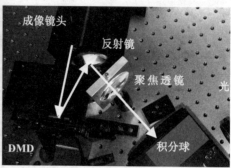

（a）实物照片 　　　　　　　　　　　　　　　　（b）局部细节

图 3　基于 DMD 的定标光源样机实物照片及局部细节

该光源系统具有两种工作模式：窄带模式和宽波段模式。控制 DMD 筛选某个波长输出，则光源工作在窄带模式，此时，光源系统相当于单色仪，打开的 DMD 某个或某几个连续像元列对应单色仪中的出射狭缝。控制 DMD 输出多个波长或全部波长，则光源工作在宽波段模式，此时光源系统为宽波段的积分球光源。在宽波段的工作模式下，借助于光谱模拟算法[8-9]，控制 DMD 按照一定的强度分布输出指定的一系列窄带光谱，则该光源系统可实现宽波段目标光谱的模拟。

## 2.2　光源系统的输出测量

光源系统样机搭建完成后，利用经过光谱、辐射定标的 SVC 地物光谱仪，对光源系统进行了光辐射特性测量，SVC 采用可调谐激光器进行了光谱定标，采用标准灯-参考板系统进行了辐射定标。

光源出射端使用内径为 Φ30 mm 的积分球，在窄带输出模式下，DMD 每次打开 16 列，测量到的输出见图 4。

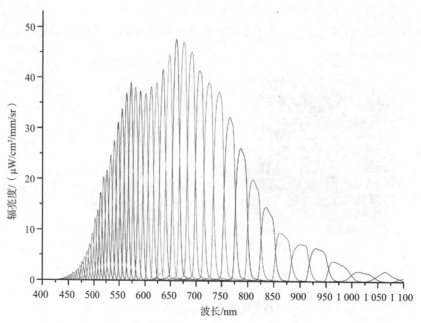

图 4　光源系统输出的窄带光谱（DMD 打开 16 列）

打开所有 DMD 像元，光源的输出如图 5 所示。

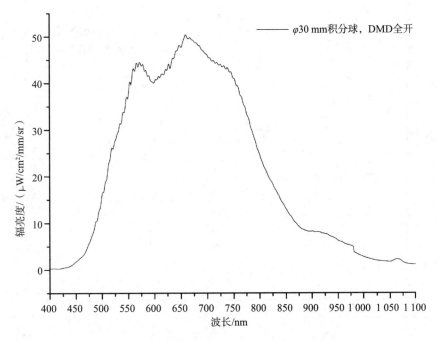

图 5　光源系统输出的宽波段光谱（DMD 全开）

在窄带输出模式下，DMD 的像元按照 16 列为一组依次打开，最终遍历了 DMD 的所有列。在理想情况下，图 4 所有窄带光谱的累加应当与图 5 所示输出相同，实际情况见图 6，可见两种模式下的光辐射基本符合，图中出现的差异主要原因是所采用积分球入射口径偏小且存在较厚壁厚，导致 DMD 调制后的光束聚焦入积分球的过程中出现细微的偏差引起的。实际上，使用内径为 Φ70 mm，入光口径为 Φ20 mm 的积分球时，窄带光谱累加和宽带输出情况是完全一致的，如图 7 所示。

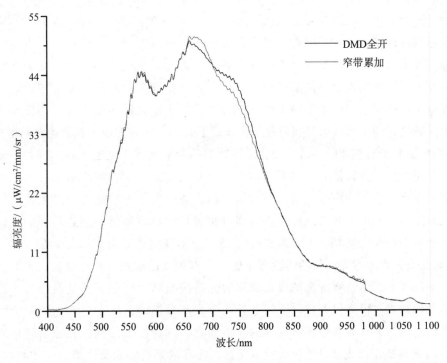

图 6　光源系统窄带光谱累加与宽波段输出比较（内径 Φ30 mm、入射口径 Φ10 mm 积分球）

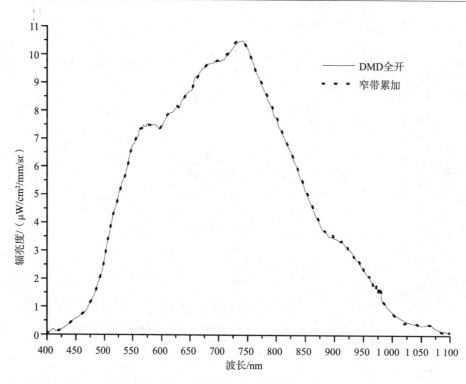

图7　光源系统窄带光谱累加与宽波段输出比较（内径 Φ70 mm，入射口径 Φ20 mm 积分球）

# 3　光源系统的特性分析及应用展望

基于数字微镜器件的光源系统具有窄带与宽波段两种工作模式，这种独特特性具有非常重要的潜在应用价值。

1）该光源系统的辐射量值适宜于溯源于低温绝对辐射计。在多数情况下，人们仍然倾向于采用宽波段定标光源对遥感器进行定标，一方面在于宽波段定标光源更具方便快捷性；另一方面，宽波段的定标光源，尤其是经过场景目标光谱匹配（模拟）的宽波段定标光源更接近遥感器实际的工作状态。如前文所述，宽波段的光源不易使用溯源于低温绝对辐射计，基于标准探测器的标准传递方式进行高精度辐射定标，根据光源双工作模式且两种工作模式相互吻合的特点，该光源在宽波段工作模式下的辐射量值完全可以由窄带模式确定，即该光源系统在两种工作模式下，都可实现溯源于低温绝对辐射计。

2）该光源系统适宜于遥感器的杂散光评估。遥感器的杂散光评估是遥感器定标的重要内容，目前已经有多种杂散光校正算法，但都是通过窄带光谱的光谱扫描实现，例如采用激光、单色仪进行通道扫描等[10-11]。本光源系统能够工作在窄带光谱和宽波段光谱模式，窄带光谱能够通过光谱模拟算法模拟出特定光谱分布特征的宽波段光谱，利用这种特点，即可实现针对特定遥感器通道特性的带内、带外光谱输出（例如，按照通道中心和带宽要求生成馅波），实现遥感器特定通道的杂散光校正。

3）光源系统在高光谱成像光谱仪的实验室定标中具有重要的应用价值。目前，针对高光谱遥感器的定标检测，一种新的技术思路是将所模拟地物目标的光谱按照其空间分布信息投影到待定标的高光谱成像光谱仪中。其工作方式与投影仪类似，不同之处在于光源采用的是基于空间光调制器的光谱分布可编程光源，所投影出来的信息具有典型地物目标的光谱信息。这种新型的定标光源系统称为高光谱图像投影仪[12-13]，是直接面向高光谱成像光谱仪实验室定标、检测的系统级定标光源，与传统的定标光源相比，定标光源系统实现了与观测地物的场景匹配。

# 4 结束语

基于空间光调制器的光源系统是面向遥感器高精度定标的新型光源技术，该光源窄带与宽带两种工作方式，能够实现辐射量值的高精度定标；其地物目标光谱模拟功能能够减少定标光源与目标光谱差异性引入的定标误差，在遥感器高精度定标方面具有重要应用价值。遥感器理想的定标结果是其定标状态与工作状态完全匹配，场景匹配将成为未来定标光源的重要发展方向，该光源系统未来将扩展为具有场景光谱信息和空间分布信息的场景模拟光源，在高光谱成像光谱仪的实验室系统级、快速、高频次定标、检测中具有重要意义。

## 参 考 文 献

[1] 郑小兵，吴浩宇，张俊平，等 . 高精度光辐射定标和标准传递方法 [J] . 科学通报，2000，45（12）：1341－1344.

[2] 杨照金，范纪红，王雷 . 现代光学计量与测试 [M] . 北京：北京航空航天大学出版社，2010.

[3] STEVEN W. BROWN，ROBERT D. Saunders and Zhigang Li，et al. An Absolute Detector－based Spectral Radiance Source [C] . Proceedings of SPIE，2010，7807：78070A－1～78070A－9.

[4] 陈风，郑小兵 . 光谱非匹配对光学遥感器定标精度的影响 [J] . 光学精密工程，2008，16（3）：415－419.

[5] 梅遂生 . 光电子技术 [M] . 第二版，北京：国防工业出版社，2008.

[6] 翟文超，陆俊桦，郑小兵 . 场景光谱模拟定标光源的设计技术 [J] . 大气与环境光学学报，2014，9（1）：22－28.

[7] 翟文超，徐骏，郑小兵，等 . 应用于超光谱定标的光谱可调光源光学设计 [J] . 红外与激光工程，2014，43（3）：950－955.

[8] 陈风，袁银麟，郑小兵，吴浩宇 . LED 的光谱分布可调光源的设计 [J] . 光学精密工程，2008，16（11）：2060－2064.

[9] 胡友丽，袁银麟，吴浩宇，等 . 光谱可调积分球光源的光谱匹配算法研究 [J] . 应用光学，2014，35（3）：472－478.

[10] SABER G. R. SALIM，NIGEL P. Fox and William S. Hartree et al. Stray light correction for diode－array－based spectrometers using a monochromator [J] . Applied Optics，2011，50（26）：5130－5138.

[11] YUQIN ZONG，STEVEN W. BROWN，B. CAROL JOHNSON et al. Simple spectral stray light correction method for array spectrora-diometers [J] . Applied Optics，. 2006，45（6）：1111－1119.

[12] J. P. RICE，S. W. BROWN，J. E. NERIA. Development of hyperspectral image projectors [C] . Proceedings of SPIE，2006，6297：629701－1～629701－15.

[13] ANNA LINNENBERGER，HUGH MASTERSON，JOSEPH P. Rice，et al. Liquid Crystal Based Hyperspectral Image Projector [J]，Proceedings of SPIE，2010，7695：76951Z－1～76951Z－11.

# The Design and Charaterization Analysis of a Calibration Source Based on Digital Micromirror Device

ZHAI Wenchao　ZHENG Xiaobing

Key Laborotary of Optical Calibration and Characterization，Anhui Institute of Optics and Fine Mechanics，Chinese Academy of Sciences. No. 350，Shushanhu Road，Hefei，Anhui，230031

**Abstract**　The more and more stringent calibration requirements of the remote sensors demand the more sophisticated calibration sources. The calibration source technology is developing toward a versatile direction，where the radiometric values of the source can be traced to the highly accurate radiometric refer-ence，the radiometric characterizations of the source are closer to the actual scene viewed by the remote sensors under calibration and the source can realize the calibration for the sensors in system level. A novel calibration source based on Digital Micromirror Device (DMD) was introduced in this paper，together with the detailed descriptions of its operation principle and functions. The source has two different operation modes，say，the narrow – band mode and broadband mode. For the narrow – band mode，the source's radiometric values can be traced to absolute cryogenic radiometer（ACR），the most accurate optical power reference at present；For the broadband mode，the source can mimic the spectra of the target in the scene viewed by the sensors. With the two special operation modes，the source is very promising for the highly accurate calibration of the sensors. The source can evolve to a scene modulation source with spectral information and its distribution information in the scene，therefore，scene match between the calibration source and the scene viewed by the sensors will be realized，which possesses very important potential for the system – level calibration of the hyperspectral imagers.

**Key words**　Digital micromirror device；Spectral simulation；Calibration source；Scene simulation

## 作 者 简 介

翟文超，男，博士，助理研究员，现工作于中国科学院安徽光学精密机械研究所光学遥感中心，主要从事光学辐射定标技术，定标/检测光源技术，光学系统设计等方面的研究，电子邮箱：wczhai@aiofm. ac. cn。

# 小卫星星务分系统半物理仿真平台研究

占丰

山东航天电子技术研究所，烟台　264670

**摘　要**　为了满足小卫星星务分系统自主管理、容错控制、软件动态加载等新技术的验证需求，提出了一种小卫星星务分系统半物理仿真平台设计方案，该平台可为小卫星星务分系统电子设备提供设备级和系统级的软硬件验证环境。其中，星务计算机模拟器可运行真实星上软件，提出了通过仿真管理机更新星务计算机软件的方法，从而摆脱对星务计算机处理器专用仿真器的限制；提出了一种可靠的星务主机 CAN 总线轮询算法，建立了简化的热控模型和能源管理模型，支持开环和闭环控温模式仿真。

**关键词**　星务管理计算机；半物理仿真；星务分系统

## 1　引言

小卫星星务分系统是小卫星几大核心分系统之一，主要负责星时管理、总线管理、遥测数据的采集和组帧、遥控数据的解析、遥控指令的分发和驱动输出、能源安全模式管理、热控计算与驱动输出等功能。

小卫星星务分系统半物理仿真验证平台的研制主要是为卫星总体单位提供验证新型自主管理技术、控制算法、故障检测和诊断技术、智能数据处理技术等新技术的开发验证平台。采用数学建模和物理模型相结合的方法，提供逼真的星务分系统软硬件验证环境。

## 2　星务分系统半物理仿真平台总体架构

星务分系统半物理仿真平台由星务计算机模拟器、下位机仿真设备、下位机接口仿真设备、仿真管理计算机和控制台组成，如图 1 所示。

星务计算机模拟器主要用来仿真星载计算机的功能，接口能够覆盖目前小卫星星载计算机常用的接口，如 CAN 总线、遥测遥控接口、秒脉冲、星箭分离接口等；下位机仿真设备主要负责下位机功能的仿真，主要包括 CAN 总线协议应答、遥测的收集、OC 指令和温控指令的驱动输出等；下位机接口仿真设备为下位机仿真设备提供真实的外部接口环境，如模拟量输入、下位机仿真设备输出指令的检测等；仿真管理机运行能源模型和热控计算模型，能源管理模型根据当前的轨道信息和负载情况，完成充放电过程管理，实时仿真计算母线电压和蓄电池电量等参数，热控计算模型主要仿真计算整星的热平衡；控制台提供人机交互接口，负责遥测数据的解析，遥控指令和遥控数据的发送等。系统采用 CAN 总线和 Ethernet 进行互联，CAN 总线主要负责提供遥控和遥测数据通道，Ethernet 负责仿真过程中的辅助数据的传输。

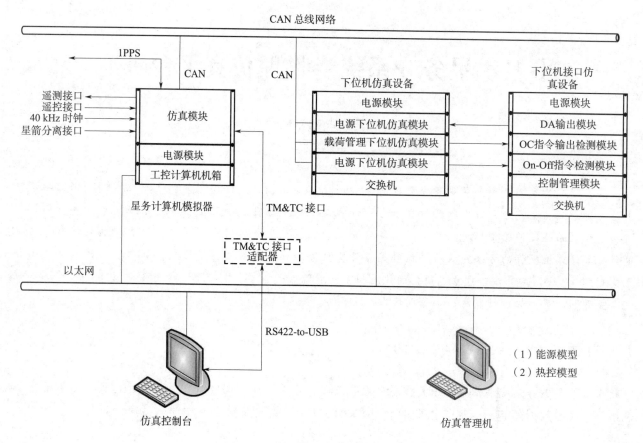

图 1　星务分系统半物理仿真平台架构

# 3　星务分系统半物理仿真平台设计

## 3.1　星务计算机模拟器设计

星务计算机模拟器硬件由一块计算机仿真卡和一台 cPCI 工控机组成。如图 2 所示，计算机仿真卡由 SPARC V7 CPU、SRAM（8MBytes）、Flash 存储器（4MBytes）、FPGA、CAN 总线、RS422 接口等模块组成。CPU 采用抗辐射的 32 位 ERC32 芯片，该芯片与 SPARC V7 指令兼容，专门为在轨的嵌入式实时计算机而设计，由整数单元（IU），浮点数单元（FPU）和存储器控制单元（MEC）组成。提供所有必要的容错支持功能，如存储器控制及保护，EDAC 校验，等待周期产生，定时器，中断处理，看门狗，串行通信口等。CPU 内部的各种校验、保护功能提高了系统可靠性。FPGA 选用 Xilinx 的 Virtex Ⅱ 系列的 100 万门 FPGA，封装为 BGA，管脚数目 456，工业级。由 PCI 局部总线接口模块、中断控制模块、遥测接口、遥控接口、看门狗模块、EEPROM 控制模块、时钟管理模块及 CTU 仿真卡控制模块和 CTU 接口模块组成。

工控计算机为 CPU 仿真卡提供所需电源：+12 V、−12 V、+5 V；通过 CPCI 接口与 CTU 仿真卡通信，通过配置 CPU 仿真卡中 FPGA 的程序，使 CPU 仿真卡适应某一具体型号星载软件的运行状态；回读 FPGA 的状态数据，判断 CPU 仿真卡的工作状态；更换 CPU 仿真卡程序存储器数据，实现星载软件的更新，摆脱了 CPU 程序下载对仿真器的依赖。

软件设计包括星务主机模拟器应用软件和工控计算机上位机软件。星务主机模拟器应用软件在星务计算机仿真模块上运行，能够运行真实的星务计算机应用软件，实现对某一具体型号卫星星务管理功能和性能的仿真。工控计算机软件设计包括星务计算机模拟器驱动软件和应用软件。

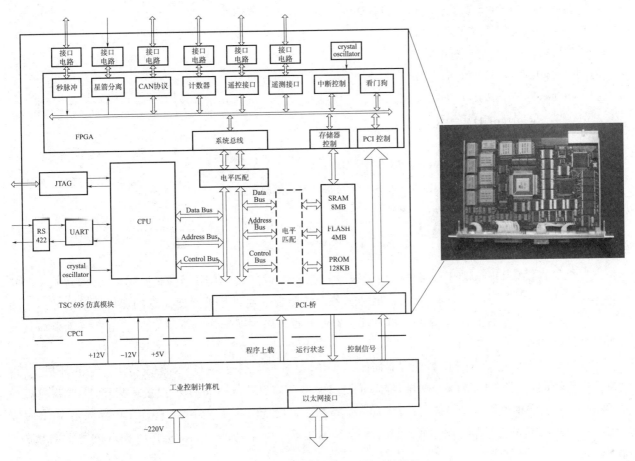

图 2　星务主机模拟器原理框图及样机

星务主机模拟器应用软件基于 VxWorks 多任务环境设计，采用基于优先级的抢占式多任务调度方式。其中很重要的一个任务就是 CAN 总线的周期性轮询、应答操作，需要遵循特定的协议，CAN 总线轮询健壮性设计是需要精心设计的内容。星务主机是星上 CAN 总线的主节点，其他下位机为从节点，协议约定采用分时轮询式通信，任何一次通信都由主节点发起，从节点不主动发送数据。星务计算机软件在设计时所定，如果测试时发现某下位机异常未及时返回应答数据，轮询顺序会发生紊乱。为了保证 CAN 总线轮询的健壮性，提出一种可靠的星务主机 CAN 总线轮询算法如下。

星务计算机仿真模块作为工控机板卡嵌入在工控机内，与工控机通过 PCI 接口驱动程序进行通信。PCI 板卡驱动程序使用 Jungo 公司的 WinDriver6.02 版本开发，包括驱动配置信息文件（*.inf）和驱动内核文件 windrvr6.sys。VS2008 环境下直接在源文件顶部包含头文件，并将相应的 .c 文件引入工程后即可调用相应的函数实现硬件操作。工控机应用程序实现对星务计算机仿真模块的工作参数初始化配置及程序的更新等。

1）CanReceiveISR（）▷*CAN Bus data receive interrupt service function*

2）if Polling［CurrentID］＝false ▷*if the data is from the current polling node*

3）SJA1 000. ReleaseBuffer（）and return;

4）read SJA1 000 and copy data to received buffer;

5）SJA1000. ReleaseBuffer（）;

6）if the current frame is an ending frame

7）Timer. UnEnable（）; ▷*timer stop*;

8）Polling［CurrenID］＝false; Polled［CurrentID］＝true; ▷*updata polling identifier*

9）Polling［NextID］＝true; ▷*Enable next Polling Node*

10）PollingCanNode（NextID）; ▷*Polling next Node*

11）Timer. SetTimeoutThreshold（）；▷*Set Timeout threshold*

12）Timer. Start（）；▷*Start timer*

CAN 总线轮询定时器超时中断函数：

1）TimerOutISR（）▷*CAN Bus Polling Timeout Interrrupt service function*

2）Polling［CurrentID］= false；▷*Updata polling and Polled identifier*

3）Polled［CurrentID］= true；

4）Polled［NextID］= true；▷*Enable Next Polling Node*

5）PollingCanNode（NextID）；▷*Polling Next Node*

6）Timer. SetTimeoutThreshold；▷*Set Timeout threshold*

7）Timer. Start（）；▷*start timer*

### 3.2 下位机仿真设备设计

下位机仿真设备采用 CPCI 标准 6U 机箱设计，机箱背板使用 ADLINK 标准 CPCI2.16 背板 CBP - 6214（6U4 槽），提供机箱内部以太网交换能力。各个功能板卡通过背板实现信息的连通。采购的周立功公司的千兆以太网交换模块，实现了 8 路百兆、2 路千兆的以太网交换。机箱左侧采用机箱风扇加强散热，提高设备的连续工作能力。

下位机仿真模块基于 ARM7 微处理器研制，ARM 处理器自带 2 路 CAN 总线接口，另外外扩 16 路模拟量采集功能，8 路 OC 型指令输出功能，4 路温控指令输出功能。16 路模拟量采集选用 16 路模拟开关 HI - 546，内部模拟量接口保护电路。8 路 OC 型指令输出选用达林顿管。温控输出电路采用 VMOS 管驱动，在回路正端串接了保险丝，而且设计了温控输出状态回采功能。下位机仿真模块方案框图如图 3 所示。

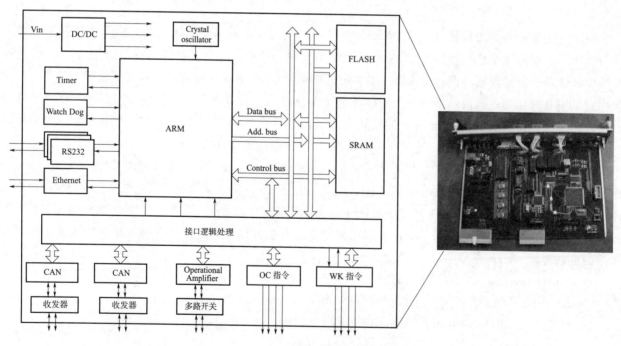

图3　下位机仿真模块方案框图及样机

各下位机仿真模块的硬件设计完全一致，通过配置不同的软件实现对不同下位机功能和性能的仿真。下位机仿真模块软件基于 Keil C 开发环境开发，采用基于前后台的单线程设计方法。

### 3.3 下位机接口仿真设备设计

下位机接口仿真设备提供各下位机仿真模块（热控下位机、载荷管理下位机、电源下位机等）外部接口仿真环境，提供温度量/模拟量/开关量激励输入信号、OC 指令接收和检测、温控指令接收和检测等通道，和仿真管理机一起实现温控和热平衡的仿真。下位机接口仿真设备采用 CPCI 标准 6U 机箱设计，机箱背板使用 ADLINK 标准 CPCI2.16 背板 CBP－6214（6U 4 槽），提供机箱内部以太网交换能力。下位机接口仿真设备主要包括控制模块、热控下位机仿真模块、电源下位机仿真模块、载荷管理下位机仿真模块、电源模块和交换机等组成。如图 4 所示。

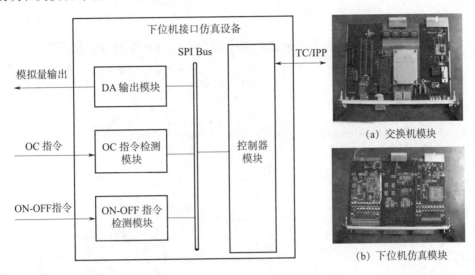

(a) 交换机模块

(b) 下位机仿真模块

图 4　下位机接口仿真设备框图及样机

## 3.4　仿真管理机及控制台上位机软件设计

仿真管理机上位机软件包括热控管理软件和能源管理软件。上位机软件开发采用 VS2010 开发环境，开发语言为 C＋＋或 C♯。其中热控管理软件功能如下：

1）结合加热器开启状态及设备开关机状态，每秒钟计算一次设备当前温度值；

2）若加热器处于闭环控制，则根据当前温度值控制加热器的开启与否；

3）仿真周期内每个加热回路的开启时间，以及开启时间占仿真周期的比例。

温度计算公式

$$T_{当前} = T_{当前} + (a \times 加热器升温率 + b \times 大功率发热器件开机升温率 + c \times 降温率) \times \Delta t \qquad (1)$$

式中　$a$，$b$，$c$ 取 0 或 1，$\Delta t$ 取 1 s。

若设备升温至最高点或降温至最低点，则温度保持在该最高或最低点不再变动，除非设备的加热器状态或开关机状态发生变化。

能源模型通过以太网接收当前的轨道信息和负载情况，实时仿真太阳电池真输出和蓄电池充放电特性的仿真，实时计算输出母线电压和蓄电池电量等参数。图 5 为仿真管理机上位机软件。

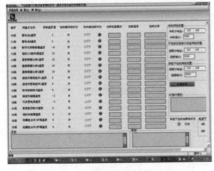

（a）能源管理软件

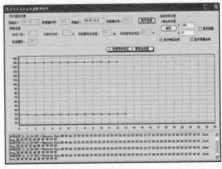

（b）能源管理软件

图 5　仿真管理机上位机软件

控制台软件提供星务分系统半物理仿真平台的人机接口，接收、存储并解析星务主机模拟器、电源下位机、热控下位机、载荷下位机等的遥测参数，监视遥测参数的正确性并报警，发送上行遥控指令和遥控注数。该软件在 VS2010 开发环境下采用 C♯ 开发，通过串口接收和发送数据，各下位机采用分页的方式显示各自遥测数据，遥控指令列表通过读取 .xml 配置文件生成，可灵活更新指令列表。遥控指令类别包括间接指令、程控指令或虚拟间接指令等指令形式，自动生成指令序列，避免人为输入错误。图 6 为人机交互接口。

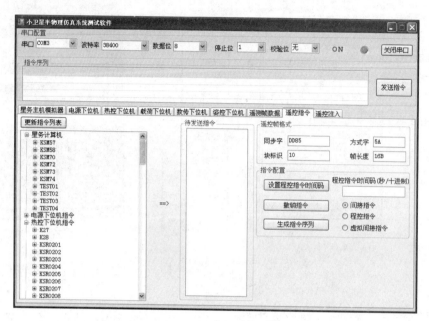

图 6　人机交互接口

# 4　结束语

为了验证自主管理技术、新型控制算法、故障检测和诊断技术、智能数据处理技术等新技术，提出了一种小卫星星务分系统半物理仿真平台架构，在小卫星星务分系统半物理仿真平台研制中，提出了一种具有较好健壮性的 CAN 总线轮询管理算法。在系统集成测试过程中发现的问题也给了很大的启示，在软硬件设计过程中需要保证时序的确定性和正确性。小卫星星务分系统半物理仿真平台的研制为验证新型控制算法、自主管理技术、故障检测和诊断技术、智能数据处理技术等新技术的提供了验证平台，为星务分系统的单机测试验证提供了软硬件环境。

**参 考 文 献**

［1］　王立胜，魏然. 空间站信息系统仿真验证平台 ［J］. 上海航天，2014，31（1）：63 - 68.

［2］　程龙，蔡远文，刘党辉. 基于 CAN 总线的星上交互式仿真框架 ［J］. 兵工自动化，2011，30（3）：14 - 17.

［3］　小卫星半物理仿真系统 CAN 总线通信协议. 内部资料，2013.

［4］　TSC695F 32 位 SPARC 航天专用处理器用户手册. 内部资料，2003.

# Research on the Hardware – in – LoopSimulation Platform of OBDH Subsystem for Small Satellite

ZHAN Feng

Shandong Aerospace Electro – Technology Institute，Yan tai　264670

**Abstract**　In order to meet the verification requirement of new technologies for small satellites such as autonomy，fault tolerant control，dynamic loading of software，A semi – physical simulation platform of OBDH subsystem for small satellites is put forward，the platform provides software and hardware verification environment equipment for OBDH subsystem and its equipments for small satellites. Among them，on – board computer simulator can run real on – board software，in order to get rid of the limitation of TSC695 programmer a program updating method is proposed for on – board computer simulator by simulation management PC. A reliable on – board CAN bus polling algorithm is presented，the thermal control model and energy management model is established，which supports the open – loop and closed – loop temperature control.

**Key words**　On – board Computer；Hardware – in – Loop；OBDH

## 作 者 简 介

占丰，男，高工，在山东航天电子技术研究所从事星载电子技术研究，电子邮箱：zf_hydro@163. com。

# 带几何模型约束的星载视频稳像研究<sup>①</sup>

张过<sup>1</sup>　李贝贝<sup>1</sup>　蒋永华<sup>1</sup>　王霞<sup>2</sup>

1. 武汉大学测绘遥感信息工程国家重点实验室，武汉　430079
2. 国家测绘地理信息局卫星测绘应用中心，北京　101300

**摘　要**　卫星视频每帧影像外方位元素误差存在差别，且相邻帧之间的同名点在影像上位置不同。几何畸变的存在，导致卫星视频相邻帧之间没有像素一一对应，本文从卫星视频的几何模型出发，提出了带几何模型约束的卫星视频稳像算法。本文基于仿真获取卫星视频影像，验证卫星视频稳像技术可行性和精度。

**关键词**　高分辨率视频卫星；几何模型；帧间运动估计；视频稳像

## 1　引言

21 世纪初，第一颗高分辨率光学卫星 Ikonos 发射，开启了高分辨率商业卫星发展新篇章；2013 年，美国 Skybox Imaging 公司发射了首颗 Skysat 系列视频小卫星。视频卫星对地观测记录了目标运动信息，开创了动态遥感的新纪元（Kiran，M，Michael，S and D，S B，2014）。

针对类似 Skysat 的面阵"凝视"视频，由于卫星视频每帧外方位元素误差存在一定差别，导致卫星视频相邻帧之间像素无法做到一一对应。视频稳像目的就是消除视频各帧影像之间的相对形变，建立同名像元之间正确的映射关系；经典电子稳像过程采用了运动估计、运动补偿的策略[1]；但是经典稳像过程仅考虑相邻帧之间简单的仿射变换模型，没有考虑像素对应过程中临近帧之间几何畸变的差异；因此除保证卫星视频各帧像素一一对应之外，星载视频稳像需要重建每帧的严密成像几何模型，以利于视频产品的动目标检测和追踪等应用。

## 2　卫星视频帧间运动估计模型

### 2.1　单帧卫星视频严密几何模型和 RPC 模型

依据共线方程和卫星方提供的姿态轨道拍摄时间等参数，可构建单帧卫星视频的严密几何模型如公式（1）所示

$$
\begin{bmatrix} X \\ Y \\ Z \end{bmatrix}_{\text{wgs84}} = \begin{bmatrix} X_S \\ Y_S \\ Z_S \end{bmatrix}_{\text{wgs84}} + m R_{\text{body2wgs84}} R_{\text{camera2body}} \begin{bmatrix} x - \Delta x \\ y - \Delta y \\ -f \end{bmatrix} \tag{1}
$$

式中　$m$——系数；

　　　$X$，$Y$，$Z$——分别对应地面的地理坐标；

　　　$R_{\text{camera2body}}$——相机安装矩阵；

　　　$R_{\text{body2wgs84}}$——本体坐标系与 WGS84 坐标系的转换矩阵，由姿态测量设备获取；

---

①　测绘地理信息公益性行业科研专项（201412007，201512022）。

$\begin{bmatrix} X_S \\ Y_S \\ Z_S \end{bmatrix}_{wgs84}$ ——视频帧成像时卫星质心在 WGS84 坐标系下的位置矢量，由测轨设备测量获取；

$\begin{bmatrix} x - \Delta x \\ y - \Delta y \\ -f \end{bmatrix}$ ——真实像点坐标；

$\Delta x$、$\Delta y$ ——代表内方位元素畸变情况；

$f$ ——焦距。

由于严密几何模型改正的复杂性和稳定性不高，在 IKONOS 上天后，卫星影像的处理基本采用 RPC 模型[5]，如式（2）所示

$$X = \frac{\mathrm{Num}_S(P,L,H)}{\mathrm{Den}_S(P,L,H)}$$
$$Y = \frac{\mathrm{Num}_L(P,L,H)}{\mathrm{Den}_L(P,L,H)} \tag{2}$$

$X$、$Y$ 分别对应影像的行列号，$\mathrm{Num}_S(P,L,H)$、$\mathrm{Den}_S(P,L,H)$、$\mathrm{Num}_L(P,L,H)$、$\mathrm{Den}_L(P,L,H)$ 分别代表利用地面经纬度高程建立的多项式。式（2）可以建立了地面点的经纬度和高程与影像行列号之间的对应关系，通过数学模型的形式达到精确拟合严密几何模型的目的。由于 RPC 模型性能优良，通用性强，在高分辨率卫星中被广泛应用。

## 2.2 基于主帧的卫星视频运动估计模型

### 2.2.1 单帧定向模型

由于 RPC 求解一般采用与地形无关方式[3]，RPC 参数都有系统误差，针对单帧影像或者立体影像，一般采用像方改正模型补偿此类误差，补偿模型如式（3）所示[4]

$$x = \frac{\mathrm{Num}_S(P,L,H)}{\mathrm{Num}_S(P,L,H)} + a_0 + a_1 \cdot \mathrm{sample} + a_2 \cdot \mathrm{line}$$
$$y = \frac{\mathrm{Num}_L(P,L,H)}{\mathrm{Num}_L(P,L,H)} + b_0 + b_1 \cdot \mathrm{sample} + b_2 \cdot \mathrm{line} \tag{3}$$

其中，轨道误差可分解成沿轨误差、垂轨误差、径向误差（$\Delta X, \Delta Y, \Delta Z$），当仅沿轨向轨道位置存在 $\Delta X$，其引起的误差为沿着轨道的平移量，当仅垂轨向存在轨道误差 $\Delta Y$，其引起的误差为垂直轨道向平移，$\Delta Z$ 引起的为垂轨向平移量和比例项，且比例与探元视场角成正比关系；姿态误差可以分为滚动角误差（$\Delta\omega$）、俯仰角误差（$\Delta\varphi$）及偏航角误差（$\Delta\kappa$），$\Delta\omega$ 引起垂直轨道向平移误差，$\Delta\varphi$ 引起沿着轨道向平移误差，$\Delta\kappa$ 引起面阵的旋转误差。因此 $a_0$、$b_0$ 用以轨道姿态误差（$\Delta X$、$\Delta Y$、$\Delta Z$、$\Delta\omega$ 和 $\Delta\varphi$）引起的平移量误差，$a_1$、$b_1$、$a_2$、$b_2$ 用来消除轨道姿态误差（$\Delta Z$ 和 $\Delta\kappa$）引起的旋转量和缩放量。

### 2.2.2 基于主帧的帧间运动估计模型

为了实现凝视视频稳像，可通过相邻帧之间的采用式（3）直接完成帧间运动估计，然后基于运动估计后的结果进行临近帧采用完成相邻视频的配准。如果这样做，针对多帧视频就存在多次采样，精度和效率都不可靠。为了解决该问题，提出基于主帧的帧间运动估计算法。

主帧一般选择视频时间段内中间帧，其余所有帧都和主帧影像进行运动估计，然后每帧都采样到主帧，实际该过程同时完成了相邻帧之间的配准，实现卫星视频稳像。为了获得采样后的其他帧的有理函数模型参数，主帧 RPC 模型参数不用补偿，仅仅补偿其他辅帧的 RPC 模型参数，根据之前帧间运动估计计算的仿射变换系数，重算采样后各帧的 RPC 模型参数。因此基于主帧的帧间运动估计的模型如式（4）所示

$$x_n = \frac{Num_S\ (P,\ L,\ H)}{Num_S\ (P,\ L,\ H)_n}$$

$$y_n = \frac{Num_L\ (P,\ L,\ H)}{Num_L\ (P,\ L,\ H)_n}$$

$$x_{n+1} = \frac{Num_S\ (P,\ L,\ H)}{Num_S\ (P,\ L,\ H)_{n+1}} + a_{0n+1} + a_{1n+1} \cdot sample_{n+1} + a_{2n+1} \cdot line_{n+1}$$ (4)

$$y_{n+1} = \frac{Num_L\ (P,\ L,\ H)}{Num_L\ (P,\ L,\ H)_{n+1}} + b_{0n+1} + b_{1n+1} \cdot sample_{n+1} + b_{2n+1} \cdot line_{n+1}$$

其中 $n$ 表示主帧，$n+1$ 表示其他帧，该过程实际就是将主帧的姿态误差引起的平移误差、比例误差和旋转误差，直接叠加到其他帧的 $a_0$、$b_0$、$a_1$、$b_1$、$a_2$、$b_2$ 中。

在该模型求解中，部分临近帧之间的夹角非常小，直接求解地面点坐标，然后进行定向，该模型可能不收敛，可首先进行主帧和其他帧配准同名点，然后基于主帧的 RPC 模型投影到 SRTM – DEM 高程面求解地面点坐标，然后利用其他帧配准点作为像点坐标，求解其他帧的像面改正参数，完成其余帧定向，并利用求解的像面仿射变换系数补偿其他帧的 RPC 模型参数，得到各帧新的 RPC 参数。

# 3　基于主帧的视频采样

利用帧间运动估计后的其他帧的 RPC 模型参数和主帧的 RPC 模型参数，可实现卫星视频其他帧和主帧的像点的点点对应，简化主帧和其他帧正反算公式如下，可表达两个影像像面和物方的对应坐标系关系

$$(x,\ y) \xrightarrow{\text{主帧 RPC 正算}} (X,\ Y,\ Z) \xrightarrow{\text{辅帧 RPC 反算}} (x_1,\ y_1)$$ (5)

利用主帧的 RPC 模型对像点坐标 $(x,\ y)$ 正算到相应的高程面，可以得到对应的物方坐标 $(X,\ Y,\ Z)$；利用基于辅帧的补偿后的 RPC 模型参数对物方坐标进行模型反算可以得到辅帧上像点坐标 $(x_1,\ y_1)$，然后采用一定的重采样算法，获得 $(x_1,\ y_1)$ 处在其他各帧的亮度值，完成视频帧采样。

# 4　卫星视频稳像流程

为了实现类 Skysat "凝视" 视频稳像，总结主要流程如下：

1）选取连续视频影像若干帧，选择中间帧为主帧，把其他帧和主帧进行 SIFT 同名点匹配，要求同名点分布均匀，同名点匹配过程中严格控制配准误差；

2）利用匹配获取的同名点计算其他帧与主帧之间的像方仿射变换系数，补偿计算各辅帧的新的 RPC 模型参数；

3）逐帧影像进行重采，利用步骤 2）求解的辅帧的 RPC 模型参数，将其他所有辅帧向主帧进行影像重采样。

# 5　试验和分析

## 5.1　试验数据

未经稳像的类 Skysat "凝视" 视频到 2015 年 10 月吉林一号视频星上天后才能获得，因此本试验所用视频采用仿真手段获得。

采用吉林一号视频星的指标，采用登封地区的 1：5 000 的 DEM 和 DOM，仿真获得 8s 的视频，帧频 25 帧每秒，共 200 帧视频影像。本试验姿态数据每秒输出 10 个，轨道数据每秒 1 个。在卫星方提供的姿态轨道数据基础上加入了随机轨道误差±5m 左右，随机姿态误差为±5 角秒。

## 5.2 原始视频几何模型试验

采用与地形无关的方式求解每帧视频的 RPC 参数，得到了 RPC 拟合精度。取第 70 帧、第 100 帧和第 130 帧的拟合精度如表 1 所示。沿轨向和垂轨向拟合精度均控制在 5E - 6 之内，满足 5‰ 像素的 RPC 拟合精度要求。

**表 1　原始视频 RPC 替代精度（单位：像素）**

| 帧数 | 沿轨向 | | | 垂轨向 | | |
|---|---|---|---|---|---|---|
| | 最大值 | 最小值 | 中误差 | 最大值 | 最小值 | 中误差 |
| 70 | 0.000 007 076 8 | 0.000 000 881 4 | 0.000 002 744 0 | 0.000 003 723 6 | 0.000 000 022 6 | 0.000 001 229 4 |
| 90 | 0.000 006 974 9 | 0.000 000 878 0 | 0.000 002 709 7 | 0.000 003 641 5 | 0.000 000 023 5 | 0.000 001 203 8 |
| 130 | 0.000 006 757 7 | 0.000 000 840 9 | 0.000 002 614 5 | 0.000 003 493 7 | 0.000 000 026 4 | 0.000 001 152 5 |

## 5.3 帧间运动估计试验

利用 SIFT 算子获取某辅帧和主帧之间的配准点，求解辅帧的像方仿射变换参数，计算运动估计残差，选取任意相邻帧之间的定向残差，如表 2 所示。

**表 2　帧间运动估计精度评价表（单位：像素）**

| 帧对 | 沿轨向 | | | 垂轨向 | | |
|---|---|---|---|---|---|---|
| | 最大值 | 最小值 | 中误差 | 最大值 | 最小值 | 中误差 |
| 99—100 | 0.671 297 | 0 | 0.138 547 | 0.656 555 | 0.000 001 | 0.136 552 |
| 100—101 | 0.710 788 | 0 | 0.135 972 | 0.624 698 | 0.000 001 | 0.133 845 |

SIFT 配准的精度估计在 0.1 像素左右，帧间运动估计中误差精度都在 0.15 个像素之内，验证了本文提出的基准主帧运动估计模型的正确性。

为了验证定向精度的可靠性，对比了补偿后有理函数模型的拟合精度，如表 3 所示。

**表 3　运动估计补偿后 RPC 拟合精度（单位：像素）**

| 帧对 | 沿轨向 | | | 垂轨向 | | |
|---|---|---|---|---|---|---|
| | 最大值 | 最小值 | 中误差 | 最大值 | 最小值 | 中误差 |
| 70 | 0.000 004 | 0 | 0.000 002 | 0.000 026 | 0 | 0.000 009 |
| 90 | 0.000 004 | 0 | 0.000 001 | 0.000 024 | 0 | 0.000 008 |
| 130 | 0.000 004 | 0 | 0.000 001 | 0.000 025 | 0 | 0.000 009 |

## 5.4 稳像后卫星视频配准精度试验

为了验证卫星视频稳像精度，采取了基于 ENVI 开发的 Corr - Cosi 插件[2]对稳像后相邻视频影像进行相关匹配运算。配准的窗大小为 32 个像元，步长为 32 个像元，最大迭代两次。表 4 为任意抽取的 3 个相邻帧对之间配准精度的统计结果。

**表 4　视频稳像后配准精度（单位：像素）**

| 帧对 | 沿轨向 | | | | 垂轨向 | | | |
|---|---|---|---|---|---|---|---|---|
| | 最大值 | 最小值 | 均值 | 中误差 | 最大值 | 最小值 | 均值 | 中误差 |
| 19—20 | 0.126 79 | − 0.261 48 | − 0.027 12 | 0.057 70 | 0.159 15 | − 0.331 09 | 0.020 01 | 0.063 90 |
| 100—101 | 0.319 61 | − 0.312 57 | 0.008 87 | 0.102 24 | 0.272 16 | − 0.367 36 | − 0.004 71 | 0.105 01 |
| 121—122 | 0.202 09 | − 0.297 27 | 0.028 20 | 0.207 76 | 0.585 76 | − 0.314 65 | − 0.025 80 | 0.113 66 |

从表 4 卫星视频稳像后的精度可以看出，图像配准精度优于 0.25 像素，满足视频稳像的目的。

# 6 结束语

针对"凝视"模式卫星视频，本文分析了影响帧间卫星视频不能像素——对应的原因，提出了"凝视"模式视频成像，提出了带几何模型约束的卫星视频稳像算法，通过仿真数据验证了稳像算法的可靠性，得到如下结论：

1）基于主帧的帧间运动估计模型严密，可以满足视频稳像要求。

2）稳像后无阻部分视频配准精度优于 0.25 像素，满足流畅视频要求。

## 参 考 文 献

[1] 吉淑娇，朱明，胡汉平. 基于特征点匹配的电子稳像技术 [J]. 中国光学，2013（06）：841－849.

[2] Leprince S，Barbot S，Ayoub F，et al. Automatic and Precise Orthorectification，Coregistration，and Subpixel Correlation of Satellite Images，Application to Ground Deformation Measurements [J]. IEEE Transactions on Geoscience and Remote Sensing，2007，45（6）：1529－1558.

[3] 张过，李德仁. 卫星遥感影像 RPC 参数求解算法研究 [J]. 中国图象图形学报，2007（12）：2080－2088.

[4] 蒋永华，张过，唐新明，等. 资源三号测绘卫星多光谱影像高精度谱段配准 [J]. 测绘学报，2013（06）：884－890.

[5] Fraser CS，Baltsavias E，Gruen A. Processing of Ikonos imagery for submetre 3D positioning and building extraction [J]. ISPRS Journal of Photogrammetry and Remote Sensing，2002，56（3）：177－194.

# Video Stablization Research with Geometry Constraints

ZHANG Guo[1] LI Beibei[1] JIANG Yonghua[1] WANG Xia[2]

1. Wuhan University，129 Luoyu Road，Wuhan 430079

2. Satellite Surveying and Mapping Application Center，Beijing 101300

**Abstract** There is a difference of exterior orientation elements error in each frame of satellite video，and the corresponding points have different locations in adjacent frames. With the presence of geometric distortion，the corresponding pixel of adjacent satellite video frames hardly correspond to each other. From satellite video geometrical model，this article proposed satellite video stabilization algorithms with geometry constraints. Based on the simulated satellite video，we verify the feasibility and accuracy of proposed satellite video stabilization method.

**Key words** High resolution video satellite；Geometry model；Adjacent motion estimate；Video stablization

## 作 者 简 介

张过，男，教授，武汉大学，研究方向为航天摄影测量，电子邮箱：guozhang@whu. edu. cn。

# 小卫星太阳翼结构声振响应分析研究

张红亮　秦江　王海明

航天东方红卫星有限公司，北京　　100094

**摘　要**　针对高频段小卫星夹层板结构声振问题和结构模态参数不确定性，论文从统计模态和能量平衡的角度出发，利用统计能量分析参数建立结构声振问题的功率流模型，进一步分析结构振动响应。通过复合材料面板太阳翼结构的统计能量分析，快速得到了复合板结构的声振响应并与试验结果相吻合，验证了该声振响应分析方法应用于小卫星工程的可行性和正确性，并可作为小卫星工程研制中太阳翼结构动力学分析的有益补充。

**关键词**　小卫星；太阳翼；统计能量分析；声振

## 1　引言

噪声与振动是卫星力学环境的重要组成部分，也是卫星及其部组件抗力学环境设计中应考虑的关键因素之一。卫星主动飞行过程中，运载火箭产生的喷气噪声和气动噪声作用于卫星结构表面，产生比较恶劣的结构声振环境，特别是对高结构系数（结构面积与质量之比）的结构可产生高达 $50g$ 的均方响应加速度[1]。由于结构声振具备宽频域、随机性等特点，其理论预示方法一直备受国内外研究者的关注[2-6]。

太阳翼结构由于表面积大、面密度小，通常是小卫星结构中对噪声激励最为敏感的部件之一。太阳翼研制过程中，通常采用力学环境试验手段考核结构强度、验证结构设计方案正确性。但在理论计算方面仍限制于利用有限元理论完成结构动力学响应分析。由于中高频区域，太阳翼结构模态比较密集，模态参数表现出很大随机性，同时为正确描述高频模态振型，有限元需要划分网格非常密集，造成计算量指数增长。在太阳翼声振问题分析时，有限元法面临较大的困难。

针对该问题，论文基于统计能量分析原理，建立某小卫星复合材料面板太阳翼结构的统计能量分析模型。根据太阳翼夹层板结构特点，推导其 SEA 参数，并计算结构板的声振响应。最后，将分析结果与试验结果对比，验证该声振响应分析方法应用于小卫星工程的可行性和正确性。

## 2　统计能量分析理论

统计能量分析主要采用统计的手段，分析耦合子系统时域、频域和空间上的平均响应，在关心分析频率带宽内，统计能量分析以理想子系统（梁、板、壳、声场等）为建模基础，通过计算各子系统的 SEA 参数——模态密度、内损耗因子和耦合损耗因子，建立描述子系统能量损耗和传递的功率流平衡方程。各子系统平均能量可由方程解得到，进一步可以计算得到其他动力学变量，如位移、速度、压力的均方根值。统计能量分析具有独特的建模方法，虽然看起来比较"粗糙"，但每个子系统的特性都是统计意义上的特性，因而其统计精度是完全符合工程要求的。

统计能量分析工程应用建模是基于以下基本假设：保守弱耦合激励不相关，给定子系统给定频带内所有共振模态之间的能量等分，满足互易性定理[7]。根据以上假设将复杂的动力学系统划分为 $N$ 个子系统，建成图 1 所示的统计能量分析模型。

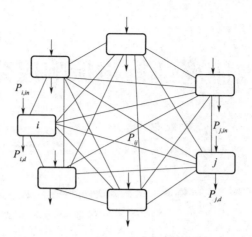

图 1　统计能量分析模型

每个子系统 $i$ 的内部损耗功率 $P_{id}$ 为

$$P_{id} = \omega \eta_i E_i \qquad (1)$$

其中内部损耗因子 $\eta_i$ 由阻尼损耗因子、结构声辐射损耗因子和边界连接损耗因子三种因素之和构成。

子系统 $i$ 到子系统 $j$ 的纯功率流（双向）为

$$P_{ij} = P'_{ij} - P'_{ji} = \omega \eta_{ij} E_i - \omega \eta_{ji} E_j \qquad (2)$$

当振动为稳态振动时，功率流平衡方程为

$$P_{i,in} = \omega \eta_i E_i + \sum_{\substack{j=1 \\ j \neq i}}^{N} (\omega \eta_{ij} E_i - \omega \eta_{ji} E_j)$$

$$= \omega \sum_{k=1}^{N} \eta_{ik} E_i - \omega \sum_{\substack{j=1 \\ j \neq i}}^{N} \eta_{ji} E_j \qquad (3)$$

代入 $n_i \eta_{ij} = n_j \eta_{ji}$ 关系式，可得到如下统计能量分析系统方程

$$\omega [L] \begin{bmatrix} E_1/n_1 \\ E_2/n_2 \\ \vdots \\ E_N/n_N \end{bmatrix} = \begin{bmatrix} P_1 \\ P_2 \\ \vdots \\ P_N \end{bmatrix} \qquad (4)$$

$$[L] = \begin{bmatrix} (\eta_1 + \sum_{j \neq 1}^{K} \eta_{1j}) n_1 & (-\eta_{12} n_1) & \cdots & (-\eta_{1N} n_1) \\ (-\eta_{21} n_2) & (\eta_2 + \sum_{j \neq 2}^{N} \eta_{2j}) n_2 & \cdots & (-\eta_{2N} n_2) \\ \vdots & \vdots & \cdots & \vdots \\ (-\eta_{N1} n_N) & \cdots & \cdots & (\eta_N + \sum_{j \neq N}^{N} \eta_{N1}) n_N \end{bmatrix}$$

式中　$\omega$——频带的几何中心频率；

$\eta_{ij}$——子系统 $i$ 到子系统 $j$ 的耦合损耗因子；

$E_i$，$E_j$——子系统 $i$ 和 $j$ 的振动能量；

$n_i$——子系统 $i$ 的模态密度。

# 3　太阳翼结构统计能量分析建模

某小卫星太阳翼基板的设计选用传统的"碳纤维网格面板＋铝蜂窝芯式刚性基板"设计，基板结构

尺寸为 2 000 mm×1 200 mm×25.4 mm。统计能量分析建模时，将太阳翼划分为一个子系统，该子系统在混响室与声场耦合作用，并以结构振动的形式表现出来。太阳翼子系统有效质量主要由基板和电池板及电路组成，支撑杆及其附属件等质量忽略。利用 VA one 软件所建立的太阳翼声振耦合分析模型如 2 所示。

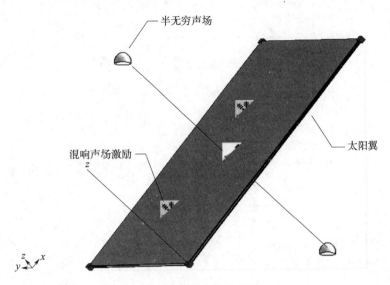

图 2　太阳翼 SEA 建模

SEA 模型中，利用混响声场激励来表征声对结构的作用，半无穷声场用来表征结构对声场的作用，太阳翼子系统采用蜂窝夹层板建模，蒙皮为正交各向异性板，力学参数分别取碳纤维复合铺层正交两个方向数值。在上述 SEA 模型基础上，进一步确定 SEA 参数如下。

（1）太阳翼结构模态密度

考虑到太阳翼是蜂窝夹层结构且面板为碳纤维复合材料，目前主流 SEA 软件尚不支持该结构板的建模。本文在计算太阳翼模态密度时采用公式（5）[8-9]，该公式适用于复合材料面板的蜂窝夹层板结构，同时考虑了复合板横向剪切变形的影响。太阳翼模态密度计算结果如图 3 所示（图中 VA one 软件计算时将夹层板蒙皮近似等效为各向同性板）

$$n(f) = \frac{2ab\rho f}{N} \int_0^{\pi/2} \left\{ \frac{f_2}{f_1} + \frac{1}{f_1} \left[ \rho^2 \omega^4 f_2^2 + \frac{4\rho\omega^2 N^2 f_1}{\sqrt{D_{11}D_{22}}} \right]^{-1/2} \times \left[ \rho\omega^2 f_2^2 + \frac{2N^2 f_1}{\sqrt{D_{11}D_{22}}} \right] \right\} d\theta \tag{5}$$

式中　$f_1(\theta) = 1 - \frac{1}{2} \left( 1 - \frac{D_{12} + 2D_{66}}{\sqrt{D_{11}D_{22}}} \right) \sin^2(2\theta)$ ；

$f_2(\theta) = (D_{11}/D_{22})^{1/4} \cos^2(\theta) + (D_{22}/D_{11})^{1/4} \sin^2(\theta)$ ；

$N = G_c t_c \left[ 1 + (t_f/t_c) \right]^2$ ；

$D_{11}$、$D_{22}$、$D_{12}$、$D_{66}$、$N$ ——复合板的弯曲刚度系数和剪切刚度系数；

$G_c$ ——蜂窝芯的剪切模量；

$t_c$、$t_f$ ——蜂窝芯子和表板的厚度；

$a$、$b$、$\rho$ ——复合板的长宽和面密度；

$f$ ——分析频率。

可以看出，式（5）与 VA one 软件计算结果在中频段有较大的差异。文献［10］基于输入点导纳法利用试验数据得到了铝蜂窝夹层板模态密度，结果与式（5）比较一致。

（2）太阳翼结构声辐射系数

声辐射系数是描述结构与声振耦合作用非常关键的参数，研究表明蜂窝夹层板的临界频率对其声辐射系数有很大的影响。对于铝蜂窝夹层板结构，可利用式（6）计算临界频率

$$f_c^2 = 4\pi^2 (C_a^4 \rho_s / D) / \{ 1 - (C_a^2 \rho_s / N) \} \tag{6}$$

式中　$D$ ——复合板的弯曲刚度；

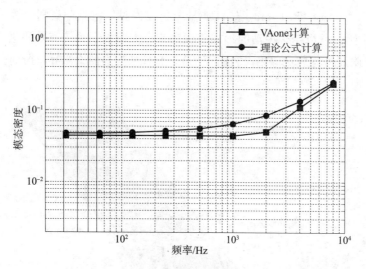

图 3　太阳翼的模态密度

$N$——复合板的剪切刚度。

由式（6）计算某小卫星太阳翼的临界频率为 $f_c = 837$ Hz，进一步得到太阳翼声辐射辐射系数如图 4 所示。

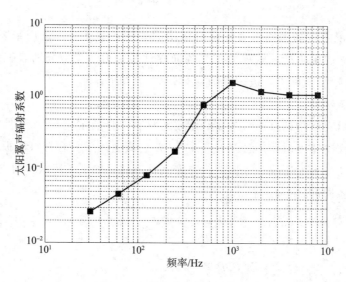

图 4　太阳翼基板的声辐射系数

（3）内损耗因子

SEA 中的内损耗因子等于结构的临界模态阻尼比两倍，它对随机响应的影响是比较显著的。长期以来关于阻尼的研究很少，目前大多数情况下依靠经验或试验结果。文献［11］利用基于频域小波变换的方法来识别铝蜂窝板结构阻尼，其在低频段识别的结果为 0.02～0.04。文献［12］利用功率输入法辨识铝蒙皮蜂窝夹层板结构内损耗因子全频段平均值为 0.027。通常考虑声场对结构的影响时，子系统内损耗因子仍需加上结构声辐射损耗因子，这样总的损耗要比结构阻尼大很多。

（4）混响声场对太阳翼的输入功率

混响场产生的随机压力谱是以面载荷的形式作用在太阳翼表面的，此时可以把它看作是声场对板的激励，混响场对板的输入功率可表示为

$$P_{in} = \frac{C_a^2 n(f)}{4\pi\rho_s f^2}\sigma(f)\phi(f)\Delta f \tag{7}$$

式中　$\phi(f)$——混响室压力谱；

　　　$n(f)$——太阳翼的模态密度。

太阳翼噪声试验量级如表 1 所示，按照表 1 中声压谱，根据式（7）计算输入功率如图 6 所示。

**表 1　噪声试验量级**

| 倍频程带宽中心频率/Hz | 声压级值/dB（0 dB 对应 $2\times10^{-5}$ Pa） |
| --- | --- |
| 31.5 | 122 |
| 63 | 135 |
| 125 | 139.5 |
| 250 | 139 |
| 500 | 137.5 |
| 1 000 | 131 |
| 2 000 | 126 |
| 4 000 | 122 |
| 8 000 | 118 |
| 总声压级 | 144 |

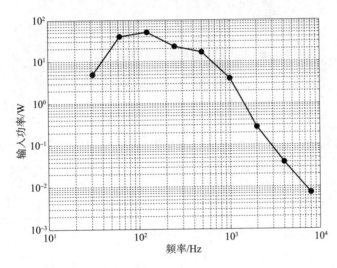

图 6　噪声试验时的输入功率

（5）太阳翼的加速度响应

将太阳翼当作一个子系统进行求解，输入到板内的功率等于其消耗的功率，则太阳翼的功率平衡方程为

$$P = 2\pi f \eta E \tag{8}$$

式中　$\eta$——子系统总的内损耗因子；

　　　$E$——子系统的振动能量。

太阳翼的加速度均方根响应为

$$\langle a^2 \rangle = \frac{4\pi^2 f^2 E}{M} \tag{9}$$

式中　$M$——太阳翼子系统的有效质量。

若分别考虑声场和太阳翼子系统，则在求解太阳翼响应时需建立声场模型并考虑结构的声辐射效应，式（8）变为

$$P = 2\pi f \eta_s E + P_{sa} \tag{10}$$

式中　$P_{sa}$——结构到声场的传递功率，与结构声辐射系数和振动能量密切相关。

# 4  太阳翼结构声振响应分析

## 4.1  太阳翼噪声试验

太阳翼噪声试验在混响室完成，现场照片如图 7 所示。

图 7  太阳翼噪声试验现场照片

噪声试验时，太阳翼基板共布置 10 个三向加速度传感器（A1～A10），测点分布如图 8 所示。与分析结果比较时，选取所有测点的响应数据进行平均，得到整个太阳翼的平均加速度响应。

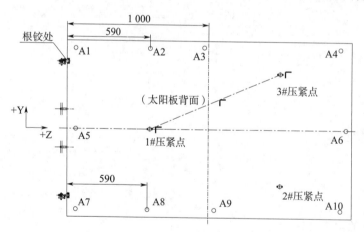

图 8  加速度测点位置

## 4.2  分析与试验结果对比

根据图 2 中的 SEA 模型，只保留太阳翼子系统和混响声场激励，忽略结构对半无穷声场的作用。此时，结构的声辐射效应体现在式（8）的总内损耗因子中。分别取总内损耗因子为 0.03、0.05、0.08、0.1 和 0.2，根据式（9）计算得到噪声激励下太阳翼基板在 31.5～8 000 Hz 频率范围内的振动响应，如图 9 所示。

图 9 中给出了噪声试验时所有 10 各测点的测试数据，用灰色细线表示，粗线表示分析结果数据。可以看出，内损耗因子对太阳翼噪声响应预示结果的影响是比较大的，其中，总内损耗因子取 0.08 情况的

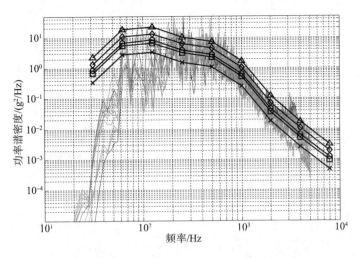

图 9　太阳翼声振响应计算结果与试验结果对比

试验结果 ——；计算结果 $\eta=0.03$ △——；$\eta=0.05$ ◇——；$\eta=0.08$ ○——；$\eta=0.1$ □——；$\eta=0.2$ ✕——

分析结果与试验结果平均值一致性较好，如所图 10 所示。

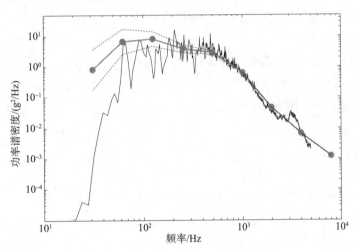

图 10　太阳翼声振响应计算与试验结果对比（使用总内损耗因子 0.08）

试验结果平均值——；计算结果（$\eta=0.08$）●——；VA one 软件估计方差……

由图 9 和图 10 可以得出如下分析：

1）子系统内损耗因子的取值对声振耦合分析结果影响较大，选择合适的内损耗因子值非常重要，根据对比分析建议太阳翼的总内损耗因子取 0.08；

2）基于 SEA 理论的太阳翼噪声响应预示结果与试验结果的平均值比较一致，而且随着频率增加两者吻合性越好（其中＞200 Hz 的高频范围，其预示结果完全可以满足工程需求）；

3）低频范围内 SEA 预示结果与实际测量结果存在明显差异，主要是因为在低频区太阳翼模态不够密集，不能有效满足 SEA 理论统计假设，造成预示结果存在较大方差。

## 4.3　太阳翼结构声辐射效应分析

根据图 2 中的 SEA 模型，保留太阳翼子系统、半无穷声场和混响声场激励。此时，结构对声场的作用需通过图 4 中的声辐射系数描述；声场对结构的作用通过式（10）描述。结构内损耗因子根据经验在低频区取 0.03（＜1 500 Hz），高频区取 0.05（＞1 500 Hz），分析结果如图 11 所示。

由图 11 可以看出，统计能量分析预示响应与试验结果平均值较为一致，而且随着频率增加两者吻合度明显增加，说明了统计能量分析方法在太阳翼结构高频声振响应分析的有效性。

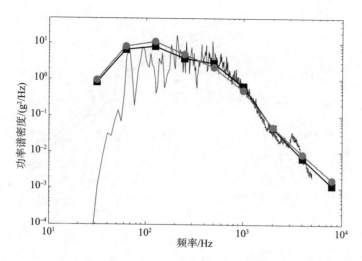

图 11　太阳翼噪声响应计算与试验结果对比（使用声辐射损耗因子）

试验结果平均值——；计算结果：使用声辐射损耗因子——●——；使用总内损耗因子——■——

　　图 11 中同时给出了图 10 的计算结果，可以看出，两种建模方法的计算结果均与试验结果一致，可以说明如果不关心声场的响应量，在太阳翼的声振响应分析时可以不创建声场子系统，并以总内损耗因子参数来表征结构对声场的作用。

　　通过比较两种建模的损耗因子参数可以看出，在高频区（>300 Hz），中心频率 500 Hz 和 1 000 Hz 两个倍频程带宽的内损耗因子参数变化较大，由 0.08 直接减少至 0.03，说明该频段结构的声辐射损耗占主导。根据图 4 也可以看出，太阳翼结构声辐射系数在临界频率 837 Hz 附近达到峰值。

# 5　结束语

　　根据太阳翼声振响应分析的建模过程和结果讨论，总结如下。

　　1）利用统计能量分析方法可以有效预示太阳翼的高频声振响应，预示结果与试验测试结果取得较好的一致性。其高频范围的选取需根据分析带宽太阳翼子系统模态密集程度为依据，一般子系统模态数应满足 $N \geqslant 5$。

　　2）统计能量分析过程中，选取合适的 SEA 参数非常重要，对于太阳翼声振响应分析主要是模态密度、声辐射系数和损耗因子等参数。本文的分析中，不创建声场模型时取总内损耗因子 0.08 和创建声场模型时取结构内损耗因子低频 0.03，高频 0.05 均得到了与试验一致的结果。

　　3）低频范围内 SEA 预示结果与实际测量结果存在明显差异，主要是因为在低频区太阳翼模态不够密集，不能有效满足 SEA 理论统计假设，造成预示结果存在较大方差。

　　4）本文声振响应分析时，仅考虑了太阳翼的弯曲振动模态，对于面内剪切和拉伸模态可进一步采用有限元建模，建立 Hybrid FE/SEA 模型计算。在建立 SEA 子系统时，确定有效质量时也仅考虑了基板和板上均布电路以及固接刚性附件的质量，对于伸杆、支撑梁等部件等忽略。实际上，与基板连接柔性部件既不能完全忽略其质量，也不能刚性处理。因此，可以在这方面通过建立 SEA 和有限元混合模型进一步提高分析结果的准确性。

**参 考 文 献**

［1］　姚德源，王其政. 统计能量分原理及其应用［M］. 北京理工大学出版社，1995.

［2］　VLAHOPOULOS N, SCHILLER N，LEE S. Energy Finite Element Analysis Developments for Vibration Analysis of Composite Air-
　　craft Structures［J］. SAE International Journal of Aerospace. 2011，4（2）：593－601.

[3] VERGOTE K，VAN GENECHTEN B，VANDEPITTE D，et al. On the analysis of vibro – acoustic systems in the mid – frequency range using a hybrid deterministic – statistical approach [J] . Computers and Structures. 2011，89（11 – 12）：868 – 877.

[4] 马兴瑞，于登云，韩增尧等 . 星箭力学环境分析与试验技术研究进展 [J]. 宇航学报，2006，3（27）：323 – 331.

[5] 邹元杰，韩增尧，张瑾 . 航天器全频域力学环境预示技术研究进展 [J]. 力学进展，2012，4（42）：445 – 454.

[6] 韩增尧，曲广吉 . 航天器宽带随机振动响应分析 [J]. 中国空间科学技术，2002（1）：24 – 30.

[7] LYON R H，DEJONG R G. Theory and application of statistical energy analysis [M]. Second edition. Butterworth – Heinemann，1995.

[8] RENJI K. Experimental Modal Density of Honeycomb Sandwich Panels at High Frequencies [J] . Journal of Sound and Vibration. 2000，237（1）：67 – 79.

[9] RENJI K. AND NAIR P. S. Modal Density of Composite Honeycomb Sandwich Panels [J]. Journal of Sound and Vibration. 1996，195（5）：687 – 699.

[10] 赵家宣，孔宪仁，王舒楠，等 . 铝蜂窝夹层板模态密度参数实验辨识 [J] . 哈尔滨工业大学学报 . 2007，39（5）：807 – 810.

[11] 何蕊 . 基于频域小波变换的阻尼识别方法研究 [D]. 哈尔滨工业大学硕士学位论文 . 2004.

[12] RENJI K，SHANKAR N S. Loss Factors of Composite Honeycomb Sandwich Panels [J]. Journal of Sound and Vibration. 2002，250（4）：745 – 761.

# Structural Vibro – Acoustic Analysis of Small Satellite Solar Array

ZHANG Hongliang    QIN Jiang    WANG Haiming

DFH Satellite CO.，LTD.，Beijing    100094

**Abstract**    Aiming at the vibro – acoustic problem and the modal parameter uncertainty of the small satellite sandwich panel in high frequency range，the power flow model characterizing the structure vibro – acoustic problem is constructed using the statistical energy analysis parameters in the paper from the point of view of statistic modes and energy equilibrium，which is further utilized to obtain the structure response. The statistical energy analysis（SEA）method is applied to the solar array sandwich panel with composite face sheets. The vibro – acoustic response is obtained fast，and the result agrees well with the test data，which indicates that the vibro – acoustic analysis method can be applied to the small satellite engineering. The vibro – acoustic analysis method can also provide a good complementarity for dynamics analysis in small satellite solar array structure development.

**Key words**    Small satellite；Solar array；Statistical energy analysis；Vibro – acoustic

## 作 者 简 介

张红亮，男，工程师，航天东方红卫星有限公司，研究方向为卫星系统级动力学分析与试验，电子邮箱：zhleml@163. com。

# 卫星遥感图像压缩中的防误码扩散技术研究

张玉山

上海卫星工程研究所，上海　200240

**摘　要**　本文针对红外遥感图像压缩中固有的误码扩散现象，分析了星上图像压缩时采取的防误码扩散抑制技术，通过在星上压缩过程中采取压缩分块以及检纠错编码措施可有效抑制地面解压缩时星地传输误码在地面解压缩时引起的误码扩散效应。

**关键词**　卫星遥感；图像压缩；误码扩散

## 1　引言

遥感图像在经星上压缩后进行信道编码、调制，再通过星地数传链路下传，地面进行解调、译码、解压缩处理，星地链路压缩通道信息流程如图 1 所示。

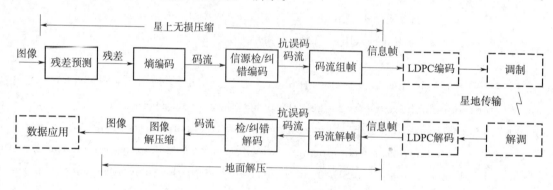

图 1　星地链路压缩通道信息流程

星地数传链路中存在链路损耗、干扰，因此在地面站解调、信道译码后得到的压缩数据中可能会存在一定数量的误码。基于预测的压缩编码存在固有的误码扩散效应，因此，存在误码的压缩数据在解压缩后可能会引起严重的误码扩散现象，甚至可能影响到地面接收到数据的应用。

## 2　误码扩散影响

受信道误码影响，地面解调译码后会在码流中产生随机比特错误。对每行 8 000 元 10 bit 量化的星上遥感数据，在压缩比为 3、信道误码率为 ε 的条件下，误码扩散计算如结果如图 2 所示。

在信道误码率为 1E-7 的条件下，经星地数传链路传输后，解压缩后误码扩散可达 0.042 7，预测压缩的误码扩散误码效应示意图 3 如所示，显然地面后续处理难以忍受如此严重的误码扩散。

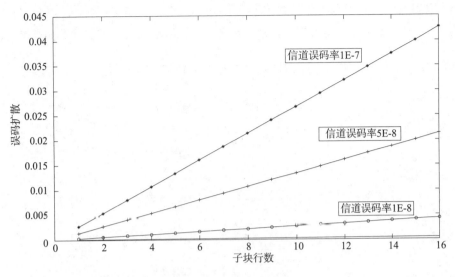

图 2　不同信道时的误码扩散

图 3　预测压缩的误码扩散误码效应

# 3　误码扩散抑制措施

为抑制误码扩散，在传统预测编码的残差预测、熵编码的基础上，采用数据分块压缩和信源检纠错编码措施防止误码扩散，提高抗信道误码能力。算法整体上可分为信源压缩编码和信源检纠错编码两大环节，其中信源压缩编码包括残差预测与熵编码两个部分，通过信源压缩编码可去除图像数据空间冗余，信源检纠错编码对压缩后码流进行二次编码，使其具备检纠错能力。具备防误码扩散功能的压缩算法流程图如图 4 所示。

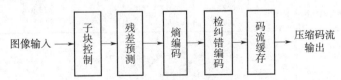

图 4　具备防误码扩散功能的压缩算法流程图

对图像进行分块处理，可将误码扩散限制在一个子块内，同样对每行 8 000 元 10 bit 量化的星上遥感数据，在压缩比为 3、信道误码率为 ε 的条件下，采用不同子块控制后，误码扩散计算如结果如图 5 所示。

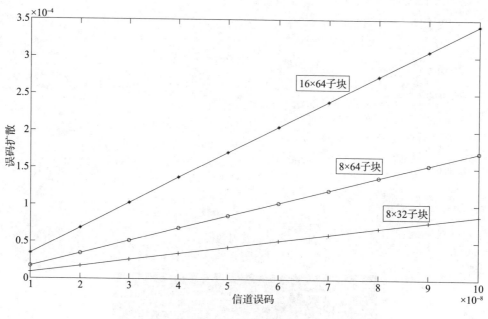

图 5　不同分块时的误码扩散

采用 8×32 子块、在信道误码率为 1E - 7 的条件下，经星地数传链路传输后，解压缩后误码扩散为 8.5E - 005，与不分子块相比可将误码降低 3 个数量级。

信源检纠错采用 RS 编码，具备很强的检错和纠错能力。RS 编码如图 6 所示，把待编码的二进制转化为十进制系数，将信息多项式在伽罗华域中进行运算，最终得到的余子式的系数就是校验信息。

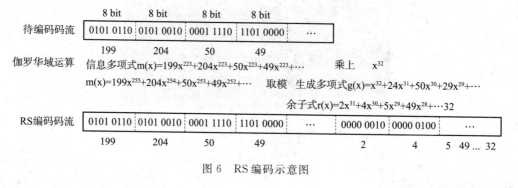

图 6　RS 编码示意图

本文所介绍的压缩纠错编码采用 RS（255，223）的编码形式，即对 223 个字节进行 RS 校验，生成 32 字节的校验位，RS 校验编码如图 7 所示。

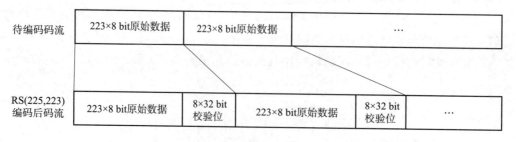

图 7　RS 校验编码示意图

RS（255，223）编码可在 255 个字节中最多纠错 16 个字节（单字节中 1 比特错即算 1 字节）。

# 4 误码扩散抑制性能测试

## 4.1 误码抑制地面测试

对图像压缩通路误码扩散性能测试原理如图 8 所示。

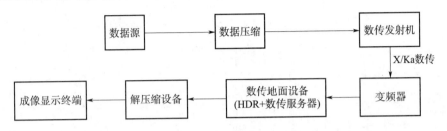

图 8 图像压缩通路测试原理图

数据源可采用相机直接输出的数据，也可以采用载荷数据加载器输出的模拟相机图像数据。星上压缩接收到输入数据后，实时完成无损压缩处理，压缩后码流通过数传通道下传。

数传通道数据经下变频后，输入至数传地面测试设备，数传地面测试设备完成对输入数据的解调、译码等处理后输出至数传服务器，数传服务器根据对输入数据进行解数传帧的格式，然后按不同虚拟信道实时发送至解压缩设备，解压缩设备对输入的数据进行解压缩处理，并将解压缩后数据送成像显示终端显示。

由表 1 数据可知，在信道误码率 $1.66 \times 10^{-7}$ 条件下，纠错码采用 RS 模块时，解压缩后误码率分别为 $5.19 \times 10^{-8}$、$6.38 \times 10^{-8}$，误码扩散抑制措施有效。

表 1 误码扩散测试结果

| 序号 | 信道误码率 | 解压缩后平均误码率 | 备注 |
|---|---|---|---|
| 1 | $3.92 \times 10^{-8}$ | $3.83 \times 10^{-9}$ | 波段 1 |
| 2 |  | $7.80 \times 10^{-11}$ | 波段 2 |
| 3 | $1.66 \times 10^{-7}$ | $5.19 \times 10^{-8}$ | 波段 1 |
| 4 |  | $6.38 \times 10^{-8}$ | 波段 2 |

## 4.2 误码抑制数据分析

解压缩数据中出现误码的数据示意如图 9 所示。

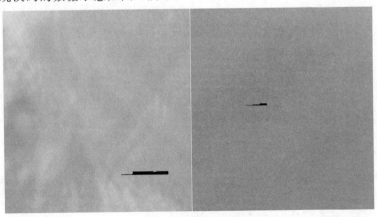

图 9 解压缩数据中出现的误码

以 255 字节 RS 块为单位对该帧数据进行误码分布特性分析，如图 10 所示。

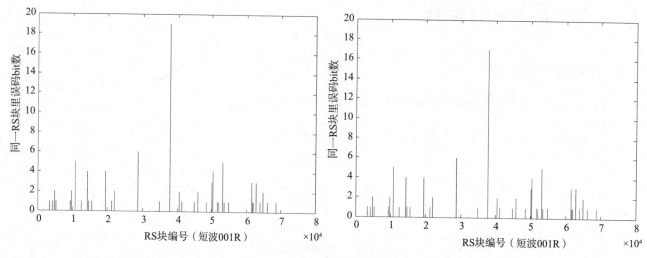

图 10 误码在码流数据中的分布

对存在误码的 RS 块中的误码统计如图 11 所示。

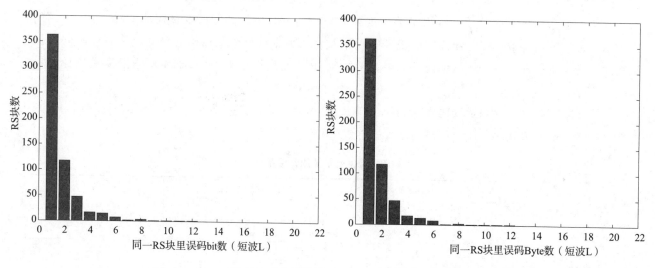

图 11 存在误码的 RS 块中误 bit 分布

分析表明，一个 255 字节的 RS 块中误码数目一般不超过 1 字节，并且误码在码流数据中呈离散分布，即存在误码的 1 字节内误码数目一般为 1 比特，RS（255，223）编码可在 255 个字节中纠错 16 个字节，因此采用 RS（255，223）检纠错算法可有效抑制该分布类型的误码。

# 5 结束语

本文针对卫星遥感图像压缩及压缩数据星地链路传输的特点，分析了压缩分块以及检纠错编码对误码扩散的抑制作用，仿真分析及测试结果表明，采用分块控制和检纠错编码策略可有效抑制星地传输误码在地面解压缩时引起的误码扩散，图像分块越小误码扩散抑制能力越好，图像分块越大误码扩散抑制能力越差。

**参 考 文 献**

[1] AARON KIELY，ROBERTO MANDUCHI，MATTHEM KLIMESH. Maximizing Science Return：Data Compression and Onboard Science Processing. Interplanetary Network Directorate，June 2000，Issue 12，12－13.

[2]  DAVID S. TAUBMAN，MICHAEL W. MARCELLIN. JPEG2000 图像压缩基础、标准和实践 [M]. 电子工业出版社，2004.

[3]  CCSDS. Lossless Data Compression green book. Recommendation for space data system standards，CCSDS 121. 0 – G – 2，December，2006，16 – 24.

[4]  冯希. 几种图像无损压缩与编码方法的研究 [D]. 中国科学院西安光学精密机械研究所，2008.

# The Study of Error – Bit Propagation Suppression of Remote Sensing Satellite Image Compression

ZHANG  Yushan

the SISE，Shanghai   200240

**Abstract**   The method of error suppression using in Remote Sensing of satellite Image compression is studied in this paper，and according to the method of the small piece Image compression and the RS error correcting code，the image decompression on the ground is content，and the error – bit propagation produced during the transmission is content restrained.

**Key words**   Remote Sensing of satellite；Image compression；Error – bit propagation

## 作 者 简 介

张玉山，男，工程师，上海卫星工程研究所，从事卫星载荷数据预处理专业及数传专业工作。

# 微纳卫星综合电子系统中央控制模块设计

张云龙　秦新禹

西安微电子技术研究所，西安　710100

**摘　要**　本文结合微纳卫星对星载电子系统小型化、轻量化的需求，结合我所"十一五"SiP 技术成果，通过系统指标分析，提出了微纳卫星综合电子系统中央控制模块的工程实现方案。

**关键词**　微纳卫星；综合电子；中央控制模块

## 1　引言

2009 年美国提出了研制即插即用、成本低廉的卫星星载计算机，可以满足在几天之内完成卫星的快速组装和按需发射。同时，一箭多星技术在 2013 年也得到了长足的发展，美国轨道科学公司的"弥诺陶洛斯"火箭将 29 颗卫星送入轨道，随后，俄罗斯用第聂伯运载火箭发射了 32 颗卫星。所以，实现卫星星载计算机的高功能密度集成化和快速制造，是未来星载计算机的重要发展方向。国内各大卫星总体单位也已经积极开展卫星电子学系统的一体化设计技术研究，提出了卫星综合电子系统的概念，并在工程上取得了一定的成就，其中由上海微小卫星工程中心为总体、771 所承担研制任务的 TG-2 伴随卫星综合电子系统，采用一体化控制策略实现卫星的能源、热控、姿态、轨道、测控、有效载荷等卫星所有功能的综合管理，尤其在系统集成和小型化设计方面迈出了一大步。TG-2 伴随卫星综合电子系统的系统结构框图如图 1 所示。

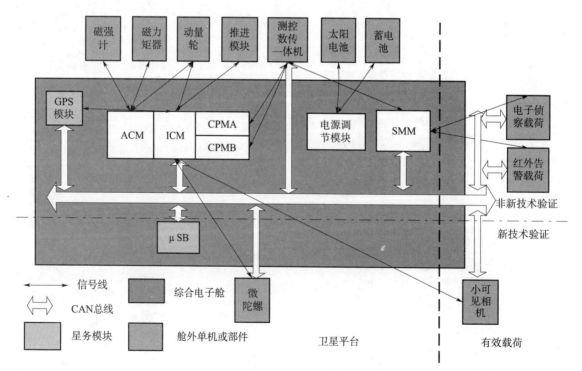

图 1　TG-2 伴随卫星综合电子系统结构框图

771 所多年来一直致力于一次集成、混合集成和嵌入式计算机三大技术的研究，尤其是通过"十一五"、"十二五"的大量工作，形成了一批自主可控的宇航用元器件和电路模块，例如 SiP 计算机模块、指令模块、模拟量采集模块、通用处理器模块、总线通信及时间同步模块、数据存储与复接模块等。在上述工作基础上，进一步与上海微小卫星工程中心合作，基于 TG‑2 伴随卫星综合电子系统的总体构架，进一步提升系统的功能密度，提出了微纳卫星综合电子的研制任务，771 所主要负责整个系统的核心部件——中央控制模块的研制。

# 2　系统分析与设计

## 2.1　功能需求分析

微纳卫星综合电子的功能与伴星综合电子相同，不严格划分姿轨控子系统、热控子系统、能源子系统、甚至是有效载荷的界限，实现卫星内部信息共享和综合利用、功能集成、资源重组优化的信息处理和传输系统。除了完成传统的遥控、遥测、星上自主控制、校时等任务外，综合电子系统还为平台和有效载荷提供全面、综合的服务与管理。集中控制完成各种飞行任务，管理卫星上各功能模块的运行，监测整星状态，控制整星的工作模式。

## 2.2　性能需求分析

1）CPU 种类：处理能力不小于 80386EX；

2）程序存储器：PROM 64 kbytes（辐射加固工艺器件），EDAC SRAM 1 MBytes；

3）固态存储器：FLASH/EEPROM 2MBytes；

4）数据存储器：EDAC SRAM 1 MBytes；

5）公共数据存储器：EEPROM 8 kBytes；

6）程序运行用的基本内存具有 EDAC 检纠错功能；

7）硬件故障检测措施，硬件自主切换，地面可控制进入冷备份运行模式；

8）星上时间时钟稳定度：自守时应满足 $5 \times 10^{-6}/s$；

9）0.5 s 时钟源的触发时钟；

10）实时时钟：内部硬件产生相对时钟，绝对记录时间大于 50 年，最小记时单位 $\mu s$；

11）64 路指令输出；

12）64 路模拟量采集；

13）16 路微电流量采集；

14）6 路自锁阀/电磁阀控制；

15）工作模式：双机冷备份，自主切换或遥控直接指令切换。

## 2.3　模块能力分析

### 2.3.1　LSCCU01 模块资源分析

LSCCU01 模块是小卫星综合电子系统研制的一款抗辐照通用计算机 SIP 模块产品。通过微系统组装技术，该模块封装了 CPU、存储器、各类总线控制器及各种总线驱动器。该产品是模块化的计算机产品，具有体积小、质量轻的特点，可对传统计算机进行整板替换。其性能参数见表 1。

表 1　LSCCU01 性能参数

| 内核 | LCSOC3233 |
|---|---|
| 程序存储器 | 4 MB Flash;<br>可外扩 128 kB PROM; |

**续表**

| 内核 | LCSOC3233 |
|------|-----------|
| 数据存储器 | 2 MB SRAM；<br>4 MB Flash；<br>可外扩 6 MB SRAM |
| 1553B 总线 | 1 路，MIL－STD－1553B 协议，速率 1 Mbit/s |
| CAN 总线 | 2 路，支持 CAN2.0A 和 CAN2.0B 协议 |
| RS422 总线 | 2 路，各带 128 B 发送 FIFO 和 128B 接收 FIFO |
| TM 接口 | 2 路，各带 1 kB 发送 FIFO |
| TC 接口 | 2 路，各带 1 kB 接收 FIFO |
| 外部中断 | 6 路 |
| IO 端口 | 12 路 |
| 抗辐射性能指标 | TID 阈值：50 krad（Si）；<br>SEL 阈值：$\geqslant$50 MeV·cm$^2$/mg |
| 供电电压 | 5 V，3.3 V，1.8 V |
| 外形尺寸 | 64 mm×64 mm×13 mm |

处理器包含 28 位地址信号和 32 位数据信号，在使用时可根据需要对 SRAM 区和 PROM 区设置为 8 位或 32 位工作模式，设计中 SRAM 和 PROM 的使用方式均设置为 32 位模式；FLASH 器件设计在 PROM 空间进行读、写访问；对存储器及 I/O 的访问控制，均有相应的片选及读写控制信号 RAMCS0 *、ROMCS0 *、IOCS * 及 RAMOEO *、OE *、WRITE *；通过 IO 片选信号 IOCS * 与 OE *、WRITE * 组合成 IORD *、IOWR * 信号，产生对 I/O 的读、写访问控制信号。

通过上述分析，LSCCU01 模块的资源可以覆盖系统对处理器性能、存储器空间、CAN 总线接口以及遥控遥测接口等功能及性能指标的要求。

### 2.3.2 LMSIU64 指令模块资源分析

综合电子的指令输出模块分为 2 类，一类是用于控制继电器、电磁阀、自锁阀等设备的脉冲指令，另一类是用于控制加热丝的电平指令。

LMSIU64 包含处理器接口、指令缓存及译码电路、指令模式设定电路及串行冗余指令驱动电路。处理器接口包括数据线、地址线、子地址、片选、读、写等信号。子地址用于模块选择。在片选信号有效的情况下，高位地址线与子地址相同时才使能本模块的访问。子地址起到地址译码的作用，减少片外门电路使用，有利于缩小功能板面积。

LMSIU64 内的指令输出模块共有 2 个 8 位寄存器，所有寄存器均为低 8 位数据宽度有效。所有直接指令均为两个字节的编码，指令输出寄存器 1 和指令输出寄存器 2 用于存放指令编码的低、高字节；只需要向指令输出寄存器 1 和寄存器 2 填入相应的指令编码，即可启动相应通道的指令输出。所有指令都有三种控制状态，即高电平、低电平、负脉冲，且通过改变指令编码，可使输出的负脉冲宽度在 10~620 ms 范围内以 10 ms 为间隔可调。正常使用的负脉冲宽度为 160 ms。LMSIU64 设置有指令 FIFO。在发送指令过程中可以接收新的指令，新的指令被缓存在指令 FIFO 中。当上一条指令发送完成后从指令 FIFO 中获取下一条指令进行发送。软件不需再判断当前指令是否发送完成从而加快软件处理速度。鉴于指令的重要性，做到出错情况下宁肯不控，也不乱控的目的。LMSIU64 支持对指令编码，指令中增加 CRC 校验位。在器件内对指令进行译码和校验，校验正确的情况下指令才能发送。同时将最新发送通道号、发送次数进行记录，用于检测指令发送是否正确。

LMSIU64 内部使用 771 所生产的器件 KG25A。1 片 KG25A 包括 4 路独立的达林顿管，使用 2 个达林顿管串联驱动 1 路负载。

通过上述分析，LMSIU64 指令模块可以满足系统对指令控制继电器的脉冲指令和控制加热丝的电平指令的控制需求，且具有丰富的可靠性设计措施，但是针对控制电磁阀、自锁阀的脉冲指令，需要增加FPGA 和接口电路 KG36 实现。

### 2.3.3 LMAD64 模块资源分析

模拟量采集共分 3 个部分：模拟电压量采集、温度量采集及粗太敏微电流量采集。

模拟电压量输入到 LMAD64，在 LMAD64 中经过电子开关和跟随器后进入 AD 转换器。

温度量输入共 15 路，接口采用 10 kΩ 的上拉电阻输入到 LMAD64，使用参考源 AD584 为其提供 5V 的参考输入，以保证温度测量的精度，在 LMAD64 中经过电子开关和跟随器后进入 AD 转换器。

模拟电压量和温度量均为 LMAD64 智能自动采集方式，即通过设定起始通道、终止通道和平滑次数并启动 AD 采集，CPU 通过查询状态读取 AD 数据。

粗太敏微电流量输入共 16 路，经过电子开关、跟随器和放大电路后接入 LMAD64，在 LMAD64 内算做一路模拟量经过电子开关和跟随器后进入 AD 转换器。粗太敏敏感器输出的 $0\sim19$ mA 的电流量经过 $10$ Ω 精密电阻转换成 $0\sim190$ mV 的电压量，放大电路由 OP27 和若干精度为 1% 的表贴电阻构成，放大倍数为 26 倍。将电压信号放大为 $0\sim4.94$ V，然后送至 AD 转换器采集。电子开关微电流量采集时，将 LMAD64 的起始通道和终止通道均选为该通道，同时通过外部电子开关选通一路微电流量，启动 LMAD64 的 AD 采集，CPU 通过查询状态读取 AD 数据。每采集一路微电流量，需要重复上述过程。

LMAD64 实现了 64 路 AD 采集功能，内部集成了高速 AD 转换器、多路选择器、运算放大器、时序控制电路、处理器接口等电路。提供较为全面的自检方法，能够表征器件正常与否，实现自我状态检查、异常报警功能。在多个型号成功使用的模拟量采集功能基础上，增加采集控制芯片，通过 MCM 微组装技术实现小型化、智能化模拟量采集功能。处理器接口包括数据线、地址线、子地址、片选、读、写等信号。数据总线兼容 8 位/16 位宽度。子地址用于模块选择。在片选信号有效的情况下，高位地址线与子地址相同时才使能本模块的访问。子地址起到地址译码的作用，减少片外门电路使用，有利于缩小功能板面积。采用高速高分辨率的 A/D 器件，分辨率为 16 位，转换速率 200 kbit/s。采样范围最大 $-10$ V $\sim+$ $10$ V，放大增益可调。操作时先设置 LMAD64 内部寄存器后，选择起始通道并启动 A/D 转换。A/D 转换完成后，缓存转换结果并按顺序自动启动下一个通道的选择、采集和缓存。处理器只需在空闲或者需要时从缓存进行读取。LMAD64 即支持单次采集也支持多次采集滤波功能，通过多次采集去除最大值和最小值后取均值的方法进行采集滤波。LMAD64 实现 64 路模拟通道自主采集，减少软件操作，加快采集速度，64 路模拟通道采集时间 $\leqslant1.6$ ms（单次采集的情况下）。

OP27 是精密运算放大器，其输入零漂在常温下的典型值 $10\mu$A，最大值为 $25\mu$A。在 $-55\sim+$ $125$℃ 的全温范围内，零漂的典型值为 $30\mu$A，最大值为 $60\mu$A。从以上参数可以看出，常温下 OP27 是满足零漂小于 $50\mu$A 的设计要求。

通过上述分析，LMAD64 模块可以覆盖系统对所有电压量采集的应用需求，并且在模块中增加了自动通道管理与数据缓存的设计，节约了系统软件的时间资源，但是对系统提出的微电流量的采集功能，需要增加 FPGA 和电子开关接口实现。

## 2.4 设计实现

中央控制模块是整个综合电子系统的最核心部件，为了提高可靠性，采用了双机冷备份的冗余设计。从单机资源需求和模块资源分析情况，整个系统用 LSCCU01 模块、LMSIU64 指令模块、LMAD64 模块为主实现，针对模块没有覆盖到的资源，增加一个 FPGA，主要实现星上实时时钟及各种校时功能、粗太敏微电流量采集功能、一线网管理功能、、自锁阀和电磁阀指令输出功能和、磁力矩器驱动管理功能等，另外针对系统安全性与工作可靠性设计方面，增加了电源管理、故障监测和恢复、测试接口等功能。中央控制模块的技术构成框图如图 2 所示。

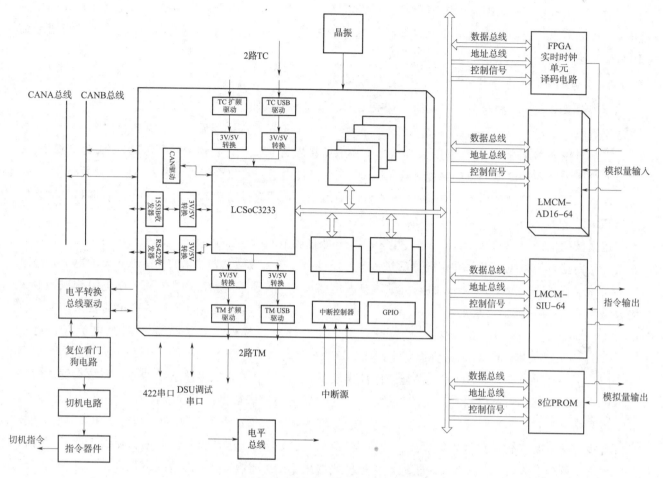

图2　中央控制模块的技术构成框图

按照上述功能配置，实现的产品物理形态（PCB或者产品照片）如图3所示。

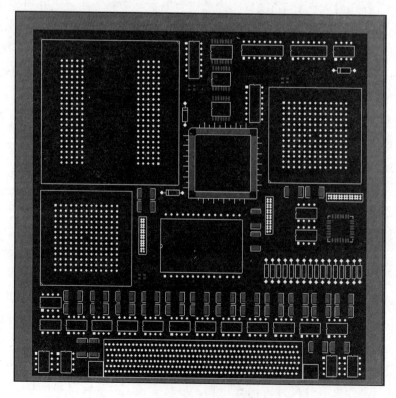

图3　物理形态示意图

# 3　结束语

由于本项目研制的中央控制单元是微纳卫星综合电子的核心，几乎集成了整星的全部控制功能，目前产品已经完成了系统联试，即将形成卫星总体的新一代平台化技术基础。本项目系统化地集成了 771 所的现有 SiP 模块并进行了实质性的推广应用，对 771 所在电子系统小型化设计和国产化自主可控方面均具有非常重要的意义。

本项目选用的模块是我所在以往型号研制经验的基础上，结合当时的资源需求规划出的典型功能模块，所以还不能完全覆盖系统的功能需求，所以在项目设计中增加了 FPGA 器件和一部分外设功能，其实这些功能都比较容易地可以增加到相应的模块中，将更有利于系统进一步小型化。根据我个人的看法，本项目具有较好的应用前景和推广价值，所以有必要优化现有混合模块的功能设计，提出改进版的 SiP 模块。

**参 考 文 献**

[1]　刘丽娜. 三模冗余技术在 FPGA 领域的应用 [J]. 微处理机.

[2]　梅启智，廖君生. 系统可靠性工程基础 [M]. 北京：科学出版社，1998.

[3]　王峰，陈建，等. 快速响应卫星发展趋势及现状 [C]. 第一届高分辨率对地观测学术论文集，2012.

## Design of the NANO – Satelite Central Control Module inIntergrated Electronic Srstem

ZHANG Yunlong　QIN Xinyu

Xi'an Microelectronics Technology Institute，Xi'an　710100

**Abstract**　Considering the need for less weight and less space for On – board Computers used in NANO – Satelite，depending on SIP technological achievements，through the analysis of the system parameters，the article expounds the scheme for the central control module in the integrated electronic system.

**Key words**　NANO – Satelite；Central control module；Integrated electronic system

**作 者 简 介**

张云龙，男，工程师，西安微电子技术研究所，从事嵌入式计算机硬件设计工作。

# 第二部分 运行及应用

# 民用重力梯度测量卫星测绘应用价值分析

常晓涛　朱广彬　周晓青　付兴科

国家测绘地理信息局卫星测绘应用中心，北京　100830

**摘　要**　重力梯度测量卫星是国家民用空间基础设施的重要组成部分。本文从测绘应用价值的角度，对卫星重力梯度测量技术在地球重力场和大地水准面确定、国家高程基准和重力基准的数字化与现代化、卫星精密定轨、重力导航等方面的作用开展分析和讨论。民用重力梯度测量卫星的发展和实施将有效提升测绘基准的服务保障能力和应用水平。

**关键词**　重力梯度测量卫星；高程基准；测绘应用；地球重力场；大地水准面

## 1　引言

随着我国经济建设发展和全球化战略的实施，高精度测绘、地振中长期预测、矿藏资源勘探等诸多领域对高精度高分辨率地球重力场信息的获取提出了迫切需求。卫星重力梯度测量技术是目前最有价值和应用前景的高效重力探测技术，民用重力梯度测量卫星是国家民用空间基础设施的重要组成部分，是实现全天时、全方位卫星测绘能力的重要内容，是构建星地空一体化高精度测绘服务体系的重要组成内容。

地球重力场静态和时变信息是重要的测绘地理信息。民用重力梯度测量卫星测绘应用不同于其他行业领域，具有基础性、高精度、静态测定和动态维持等主要特征。测绘应用目的主要为其他行业应用提供高精度的重力基准、高程基准以及基础的重力场模型和衍生产品，主要应用面集中于地球重力场确定、国家空间基准建设、卫星精密定轨以及全球参考框架建设与维护等高精度测绘应用需求，对国家高程基准、重力基准的数字化与现代化具有重要意义。本文将从地球重力场频谱结构分析、高程基准的现状分析、重力导航发展等多个方面论述分析民用重力梯度测量卫星测绘应用价值。

## 2　民用重力梯度测量卫星测绘应用

### 2.1　地球重力场确定与全球大地水准面精化

1996 年，美国相关机构联合研制发布了 EGM96 模型[1]，在随后的十年间，EGM96 模型成为地学相关学科研究的重要基础性模型。它采用了地面重力数据、卫星测高数据、卫星激光测距数据、DORIS 数据、多普勒跟踪数据等联合解算得到。随着重力探测技术的不断发展，2008 年，美国国家地理空间情报局 NGA 采用了包括极地重力数据在内的地面重力数据、卫星测高数据以及 GRACE 数据等多源数据，研制发布了 EGM2008[2]，精度较 EGM96 得到了量级上的提高，空间分辨率达到 5′左右，较 EGM96 在空间分辨率上提升了 6 倍。

随着卫星跟踪卫星以及卫星重力梯度测量技术的发展和实施[3]，地球重力场的探测精度得到进一步提升。下面选取 CHAMP 卫星重力位模型 EIGEN－CHAMP－5S，GRACE 卫星重力位模型 GGM05S，GOCE 卫星重力位模型 GO_CONS_GCF_2_TIM_R5 以及联合求解模型 GIF48（GRACE 数据以及卫星测高、地面重力数据）、GOCO03S（GOCE 数据、GRACE 数据、CHAMP 数据以及 SLR 观测数据）、EIGEN－6C3stat（GRACE 数据、LAGEOS 卫星数据、GOCE 数据以及 DTU12 海洋大地水准面数据和 EGM2008 陆地大地水准面高格网数据）等国际代表性重力位模型[4-6]，进行频谱结构分析。

图 1 给出了 EIGEN - CHAMP - 5S、GGM05S、GO_CONS_GCF_2_TIM_R5、GIF48、GO-CO03S、EIGEN - 6C3stat、EGM96 和 EGM2008 模型误差阶方差的比较图。

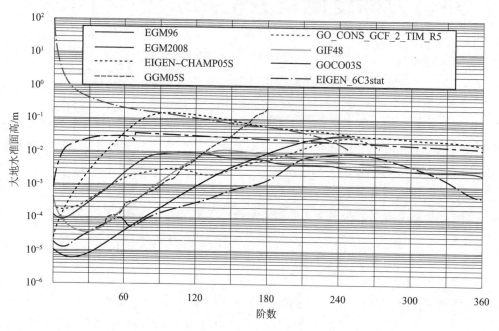

图 1　大地水准面阶方差和误差阶方差分析

从图 1 可以看出，卫星重力梯度模型 GO_CONS_GCF_2_TIM_R5 在 45 阶以上、180 阶以下的模型误差要优于 EGM2008，在 110 阶以下的中长波重力场精度要差于 GGM05S，体现出卫星重力梯度测量技术对于恢复地球重力场中短波信息的能力较强，波长介于 200～350 km 之间。而这一谱段范围是制约大地测量界实现 100 km 分辨率 1 cm 大地水准面的科学与应用瓶颈的重要区间。

EGM96 模型的精度要差于其他模型，分析其中原因，虽然 EGM96 的地面重力数据包含了全频谱信息，但当时全球地面重力数据的分布不均匀，且采样不足，对长波和中长波重力场的恢复影响较大，无法全面体现并恢复全球重力场的长波和中长波精细结构。EIGEN - 6C3stat 由于采用了更为丰富的 GOCE 数据和 GRACE 数据，其在 200 阶以下的精度甚至要优于目前公认精度最高的 EGM2008。可见卫星重力梯度测量和卫星跟踪卫星技术对于重力场模型确定的重要性和价值所在。

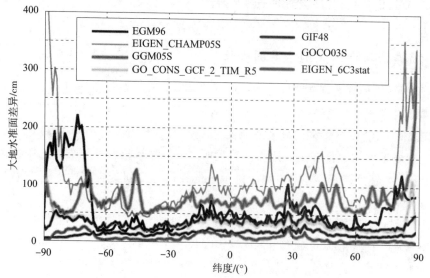

图 2　各模型与 EGM2008 的大地水准面差异随纬度变化图

图 2 的大地水准面差异分布曲线可以发现，CHAMP、GRACE 和 GOCE 卫星重力模型由于卫星轨道设计原因，在两极存在观测空白区，由此带来相应的模型在两极精度要稍差。由于南半球海洋面积较大，EGM96 在南纬 60°以上区域的重力场信息获取主要依赖于卫星测高技术，因此其精度较之其他模型都要差。各模型的大地水准面总体精度从高到低依次为：EIGEN－6C3stat、GIF48、GOCO03S、GO＿CONS＿GCF＿2＿TIM＿R5、EGM96、GGM05S 和 EIGEN－CHAMP－5S，从中可以体现出卫星重力梯度测量技术对于地球重力场模型的贡献程度和重要性。卫星重力测量，特别是卫星重力梯度测量已经成为获取地球重力场精细结构的必不可少的重要手段，特别对于高纬度地区和重力空白区的数据获取具有重要意义。

## 2.2 国家重力基准现代化与高程基准的数字化

重力和高程基准是四大测绘基准（重力、高程、大地、深度）的重要组成部分。重力基准的维护和更新需要长期、持续和业务化的静态和动态重力场观测数据。传统重力测量手段以地面和航空重力测量为主，劳动强度大，效率低，受自然条件局限性大，导致我国青藏高原、新疆北部等地区至今存在大量的重力空白区，已远远无法满足经济社会发展，特别是西部地区经济发展对国家重力基准维护和更新的需求。卫星重力梯度测量对于构建高精度高分辨率地球重力场模型实现重力基准精度提升和快速更新具有重要作用，是解决这一难题的唯一手段。

随着空间技术的发展，卫星测绘技术和测绘装备水平得以不断进步和提升。利用卫星定位技术已可以实现高精度的地面点位几何三维测量，利用光学遥感技术则可获取大覆盖、三维立体式的高精度地理信息。全球或区域测绘地理信息数据的获取效率得以极大提升和革命性的进步。但卫星导航定位、光学遥感卫星等卫星测绘技术仅能获取地球系统的几何高程信息，与人类生产、生活密切相关的海拔高程信息获取至今仍要采用 150 多年前发明的水准测量。这种方法劳动强度大、工作周期长、工程成本高。高程测量问题已成为当今大地测量现代化发展的一道难关。突破这一难关的大方向是建立精密的大地水准面模型，精确确定大地水准面到参考椭球面的高度，从而把几何椭球高转换为海拔高，实现真正意义上的三维定位[7]。

基于卫星重力梯度测量建立高精度高分辨率大地水准面，即可利用卫星定位技术和光学遥感技术替代传统高强度、高成本的水准测量，实现数字高程基准替代传统高程基准。数字高程基准（数字化大地水准面）的建立将大幅提升高程基准维持与高程数据获取的效率，降低劳动和经济成本，给高程基准维护和高程测量带来革命性的变化。目前，欧、美均已全面实现了国家及区域性高精度数字高程基准的建立工作[8]。我国最新的重力似大地水准面 CNGG2011 的平均精度达到±0.126 m[9]，GNSS 连续运行参考站网也已覆盖全国，但全国大地水准面存在西部地区与东部地区精度差异较大，西藏地区精度只能达到±0.22 m[9]，高程基准的数字化应用程度滞后的状况，严重制约了国家高程测绘信息获取效率，加大了测绘保障成本。民用重力梯度测量卫星的实施将有效推动高精度高分辨率大地水准面的精细测定，从而加快实现高程基准的数字化和现代化。

## 2.3 全球参考框架建设与维护

全球不同国家或地区至今采用各自独立由不同基准定义的高程系统，这些系统的高程起算面一般是由验潮站确定的平均海水面，导致了不同国家高程系统的多样性和多值性。例如分别以印度洋海域与中国黄海平均海面作高程基准面测定的珠峰高程，其差异可达 1～2 m 的量级。高精度海洋重力数据的缺乏，加之观测技术与理论方法的不同，同一国家或区域的陆地大地水准面和海洋大地水准面亦存在差异。这都严重制约了全球及区域经济一体化的发展实施。

为推动全球及区域经济一体化，中国提出了丝绸之路经济带和 21 世纪海上丝绸之路（"一带一路"）、中印缅孟经济走廊、中巴经济走廊等发展战略规划。这些规划的实施迫切需要全球及区域统一的高程基准。资源合作开发、灾害防治以及相关地学研究也都需要一个统一的高程系统。全球统一的高程系统已经成为全球及区域经济一体化的基础支撑条件，也是各项工程建设的基本保障。确定各种高程系统相互转换关系，实现全球/区域高程基准的统一以及高程基准建立与维持模式的革新已刻不容缓。

民用重力梯度测量卫星任务的实施及后续重力卫星计划的发展，将有助于实现海洋、全球静态以及时变重力场的高精度、无缝测量，从而为建立统一的全球高程基准以及区域性陆海统一高程基准，实现远距离高程控制、陆地、海洋、岛屿高程的高精度拼接奠定基础，满足国家全球化战略对全球参考框架建设与维护的迫切需求。

## 2.4 卫星精密定轨

卫星、航天飞机和行星星际宇宙探测器的发射、跟踪、测控以至返回地面都需要有一个精密的全球重力场模型作保障，特别是在低轨航天器的精密定轨中作用更为重要。影响低轨航天器的摄动力主要是地球的非球形摄动，该项影响在整个摄动力源中最大（这里不考虑卫星调轨和调姿中发动机工作的影响），一般是比其他摄动力大2~3个量级。因此，高精度地球重力场模型是进行低轨航天器精密定轨的重要前提。

卫星运动的过程中主要受到地球对它的引力，因此利用轨道可反演重力场模型，反过来地球重力场又支配着卫星的飞行，两者相互依赖，是一个不断迭代精化的过程，因此，高精度重力模型有助于改善卫星轨道确定的精度。对于低轨道卫星，高精度高分辨率的重力场模型有可能把由静态重力场和其他扰动源所产生的扰动相分离，从而研究和精化各种扰动源模型，后者不仅包括如大气阻力和太阳辐射等非守恒力，而且包括了固体潮和海潮等产生的扰动。各种扰动源模型的净化又可进一步为卫星精密定轨服务。

## 2.5 重力导航

导航定位技术是基于位置服务和应用的重要组成内容，渗透于各种民用领域，并显示出越来越重要的作用。重力导航具有主动性、无源性、全天候、全地域特征，无长期积累误差，具有较强抗干扰能力。地球重力场是地球固有的物理特性，与地球系统的质量分布和变化相关，不受人为干扰对其造成的巨大变化，不存在干扰源。重力场信息在全球范围内的精度具有一致性和均匀性，因此不存在定位误差积累的现象。重力导航属于自主导航，不接受外界信息或辐射源影响，隐蔽性好，并且成本低、精度适中。

随着卫星重力梯度测量等新一代地球重力场探测技术的发展，地球重力场的探测精度和分辨率将得到极大提升。重力导航将成为高干扰、无典型地貌特征环境下的重要导航方式，弥补传统导航定位方式的不足，完成全天时、全天候、全地域的导航任务，拓展基于位置服务的应用范围，推动导航定位和位置服务产业的进一步发展。

# 3 结束语

研究表明，以GOCE任务为代表的卫星重力梯度测量技术对于地球重力场频谱的贡献集中在200~350 km之间中短波部分，在重力场中高频方面的优势较之GRACE和CHAMP任务有了较大提升。结合我国民用重力梯度测量卫星的发展目标，在优化卫星轨道高度、星间距离、载荷精度等设计参数的前提下，将有望进一步提升全球和区域重力场的探测精度与分辨率。

确定100 km分辨率1 cm大地水准面是大地测量学在21世纪初的主要科学目标之一，也是制约大地测量学、海洋学、固体地球物理等学科诸多应用的瓶颈。地面重力测量虽然具有全频谱信息，但需要均匀分布和高采样率的数据。卫星重力梯度测量技术为获取高精度高分辨率的地球重力场信息提供了前所未有的途径，有效提升了高纬度地区和其他重力空白区的探测能力，特别对于弥补我国青藏高原、新疆南部等地区的重力空白，推动国家重力基准的现代化和高程基准的数字化具有重要价值。

重力梯度测量卫星具有全球、高效、低成本、高精度、高分辨率技术特点，近十年的观测数据所恢复的重力场模型已经大大高于采用传统几十年重力观测资料恢复的重力场模型。卫星重力梯度测量作为重力观测的重要组成部分是传统重力测量手段不可替代或难以替代的。同时考虑测绘地理信息的安全性、可靠性，民用重力梯度测量任务的发展对于构建全球地理空间基准框架，进而推动导航定位、卫星精密定轨等方向的研究和应用发展具有极大作用。

## 参 考 文 献

[1] Lemoine F. G., Kenyon S. C., Factor J. K., et al. The Development of the Joint NASA GSFC and the National Imagery and Mapping Agency (NIMA) Geopotential Model EGM96 [C]. NASA TP-1998-206861, National Aeronautics and Space Administration, Maryland, 1998.

[2] Pavlis N. K., Holmes S. A., Kenyon S. C., et al. An Earth Gravitational Model to Degree 2100: EGM2008 [C] The General Assembly of the European Geosciences Union, Vienna, Austria, 2008.

[3] ESA. Gravity Field and Steady-State Ocean Circulation Mission [R]. Report for Mission Selection of the Four Candidate Earth Explorer Missions, ESA Publications Division, 1999.

[4] Mayer-Guerr T., Ilk K.-H., Eicker A., Feuchtinger M. ITG-CHAMP01: A CHAMP Gravity Field Model from Short Kinematic Arcs Over a One-Year Observation Period [J]. Journal of Geodesy, 2005, 78 (7-8), 462-480.

[5] Frank Flechtner, Christoph Dahle, Karl Hans Neumayer, et al. The Release 04 CHAMP and GRACE EIGEN Gravity Field Models [C]. System Earth via Geodetic-Geophysical Space Techniques, Advanced Technologies in Earth Sciences, Springer, 2010, 41-58. ISBN: 978-3-642-10227-1.

[6] Pail R., Bruinsma S., Migliaccio F., et al.. First GOCE Gravity Field Models Derived by Three Different Approaches [J]. Jounal of Geodesy, 2011, 85: 819-843.

[7] 李建成. 我国现代高程测定关键技术若干问题的研究及进展 [J]. 武汉大学学报（信息科学版），2007，(11)：980-987.

[8] 李建成，陈俊勇，宁津生，晁定波. 地球重力场逼近理论与中国2000似大地水准面的确定 [M]. 武汉：武汉大学出版社，2003.

[9] 李建成. 最新中国陆地数字高程基准模型：重力似大地水准面CNGG2011 [J]. 测绘学报，2012，41 (5)：651-669.

# Application Analysis of Civil Gravity Gradiometry Satellite in Surveying and Mapping

CHANG Xiaotao　ZHU Guangbin　ZHOU Xiaoqing　FU Xingke

Satellite Surveying and Mapping Application Center，NASG　100830

**Abstract**　Gravity gradiometry satellite mission is an important part of the national civil space infrastructure. The effects of satellite gravity gradiometry technology on the determination of the Earth's gravity field and geoid, the digitization and modernization of national height datum and gravity datum, the precise orbit determination of satellite as well as the gravity navigation are analyzed and discussed in the field of surveying and mapping application. The development and implementation of civil gravity gradiometry satellite mission will effectively improve the basic capability and application level of the surveying datum.

**Key words**　Gravity gradiometry satellite；Height datum；Surveying and mapping application；the Earth's gravity field；Geoid surface

## 作 者 简 介

常晓涛，男，国家测绘地理信息局卫星测绘应用中心研究员，主要从事卫星大地测量方向的研究工作，电子邮箱：cxt@sasmac.cn。

# 小卫星在轨时间稳定性评价方法研究及应用

陈曦 李文东 姜东升

北京空间飞行器总体设计部，北京 100094

**摘 要** 卫星时间是由星载晶体振荡器输出的高稳频率作为计时基准累加形成的，其稳定性及准确性是直接影响卫星正常运行和有效载荷正常应用的技术指标。本文针对卫星时间稳定性评价方法，首先介绍了利用比时法测量星载晶体振荡器频率特性的原理；随后介绍了以地面测控站铯原子钟作为参考频率源，利用比时法评价卫星时间稳定性的方法；重点分析了以星载高稳钟源作为参考频率源，基于遥测数据评价卫星时间稳定性的方法，并结合实际应用情况总结了该方法的优势。

**关键词** 卫星时间；频率特性；稳定性；晶体振荡器

## 1 引言

卫星时间一般指星务管理分系统或数据管理分系统提供的时间，是卫星遥测数据采集、下传以及程控指令执行的基准，尤其对于近地轨道卫星，星上时间的准确性及稳定性是直接影响卫星正常运行和有效载荷正常应用的技术指标。

卫星时间是由星载晶体振荡器输出的高稳频率作为计时基准，以某特定时间作为计时零点累加形成的，因此星载晶体振荡器的频率特性，包括其准确度及稳定度，即为星上时间的准确性及稳定性。

晶体振荡器的频率特性虽然在地面试验测试中已完成，但由于星载晶体振荡器工作在太空环境中，工作环境十分恶劣，真空、微重力、温度变化、电磁场变化、自然辐射影响等诸多因素的共同作用会使星载晶体振荡器的频率产生漂移，从而导致卫星时间的不稳定，因此需要对星载晶体振荡器在轨运行频率特性进行长期跟踪监测来考核星载晶体振荡器的在轨真实性能，当发现星载晶体振荡器频率特性在轨发生漂移，导致卫星时间的稳定性不满足使用要求时，则通过星上的备份手段设置维护措施，及时进行调整，这对保障卫星在轨正常运行和有效载荷正常应用具有重要意义。

## 2 频率特性定义及测量方法

### 2.1 频率准确度及稳定度定义

星载晶体振荡器的频率准确度及稳定度直接决定卫星时间的稳定性，在现行标准中，对频率准确度及稳定度有明确定义。频率准确度为频率源的频率标称值与其频率实际值的偏差[1]，公式如下

$$A = \frac{f - f_0}{f_0} \tag{1}$$

式中 $A$ ——频率准确度；

　　$F$ ——被测频标的实际频率；

　　$f_0$ ——其标称频率。

频率稳定度为频率源输出频率的随机起伏程度。时域表征量为在某一时间间隔（采样周期）内平均频率的双取样方差（阿伦方差）平方根值，公式如下

$$\sigma(\tau) = \frac{1}{f_0}\sqrt{\frac{\sum_{i=1}^{m}(f_{i+1}-f_i)^2}{2m}} = \sqrt{\frac{\sum_{i=1}^{m}(A_{i+1}-A_i)^2}{2m}} \tag{2}$$

式中 $\tau$——采样周期；

$\quad\quad m$——连续测量次数；

$\quad\quad f_0$ 为标称频率；

$\quad\quad f_i$、$f_{i+1}$——第 $i$、$i+1$ 次测量的实际频率；

$\quad\quad A_i$、$A_{i+1}$——第 $i$、$i+1$ 次测量的 $\tau$ 时间内的频率准确度。

## 2.2 比时法测量频率特性原理

精确测量星载晶体振荡器的频率准确度及稳定度是准确评价卫星时间稳定性的前提，在测量时需要选用适当的测量方法。对于频率的准确度和稳定度的测量，主要有以下 5 种方法：直接测频法、变频测频法、频差倍增测频法、比相法和比时法。由于卫星空间有限不能携带与卫星工作无关的频率特性测量设备，同时星上遥测资源有限，不能设置与卫星工况无关的遥测参数，因此地面可供观测的能够直接反映星载晶体振荡器频率特性的信息，仅有以星载晶体振荡器输出高稳频率作为计时基准的星上时间。所以选用比时法作为星载晶体振荡器频率准确性及稳定性测量的方法，该方法是通过测量被测时钟与参考时钟时间差的变化量计算被测时钟钟源的频率准确度和稳定度[2]。

将被测晶体振荡器的输出频率信号 $f$ 和参考标准频率 $f_0$ 分别加到分频钟 1、分频钟 2，获得各自的相对时间。在某一时刻通过适当方法获得两者间的时差 $\Delta T_i$，相隔一段时间 $\tau$ 后再测量一次它们之间的时差 $\Delta T_{i+\tau}$，计算出相邻两次时差的变化量 $\Delta i = \Delta T_{i+\tau} - \Delta T_i$，则频率准确度为

$$A = \frac{\Delta i}{\tau} = \frac{\Delta T_{i+\tau} - \Delta T_i}{\tau} \tag{3}$$

式中 $A$——频率准确度；

$\quad\quad \Delta T$——某时刻标准频率与被测频率的时差；

$\quad\quad \tau$——采样周期。

频率稳定度由式（2）计算得到。

# 3 在轨卫星时间稳定性评价方法

评价在轨卫星时间稳定性，是建立在测量星载晶体振荡器频率准确度及稳定度的基础上，选用不同的参考频率源测量星载晶体振荡器频率准确度及稳定度，其测量手段及数据处理方法有很大不同，因此根据参考频率源的不同，在轨卫星时间稳定性评价方法可分为：地面钟源比时法、星载高稳钟源比时法。

## 3.1 地面钟源比时法

目前使用较普遍的在轨卫星时间稳定性评价方法为地面钟源比时法，该方法在测量星载晶体振荡器频率准确度及稳定度时，选用地面测控站铯原子钟作为参考频率源，根据测量方法不同，可以细分为地面钟源单向比时法和地面钟源双向比时法。其评价在轨卫星时间稳定性的原理是利用卫星测控的上下行信道，在地面测控站定时控制下，传送星载晶体振荡器的时间信号，以实现星地时间差的比对，从而获得星载晶体振荡器的频率准确度和稳定度[12]。

地面钟源比时法所使用的参考频率源为地面测控站铯原子钟，这带来了以下 3 个问题：

1）在轨卫星数量增加，地面测控资源紧张的背景下，评价在轨卫星时间稳定性需要占用有限的地面资源；

2）评价在轨卫星时间稳定性需要接收地面测控站的操控与支持，一定程度上降低了卫星在轨运行的

自主性和可靠性；

3）对于近地轨道卫星，同一地面测控站每日对指定卫星仅能跟踪 2～4 个圈次，每个跟踪圈次的可测控弧段仅 10 余分钟，因此在评价时，很难保证在任意时段长时间等间隔取样测量星载晶体振荡器的频率准确度和稳定度，也就很难得到卫星在轨任意时间段或任意时间跨度的稳定性。

## 3.2 星载高稳钟源比时法

目前我国在轨卫星普遍装配有 GPS 接收机或铷钟，这些设备具有高精度的测频能力，可以为卫星载荷设备及其余分系统设备提供高精度的定时、时间同步服务，并且星载 GPS 接收机及星载铷钟的时间精度均优于星载晶体振荡器至少 1 个量级，因此在星载 GPS 接收机和星载铷钟工作正常的情况下，可以将星载 GPS 接收机或星载铷钟作为参考频率源，利用比时法测量星载晶体振荡器的频率准确度及稳定度，评价卫星时间的稳定性。

### 3.2.1 星载高稳钟源比时法原理

以星载铷钟作为参考频率源为例，星载铷钟能够为卫星有效载荷等设备提供高精度的计时基准，累计获取载荷高精度时间 $T_R$。卫星设置有时间管理单元，等时间间隔 $\tau$ 同时向星载铷钟的计时钟及星载晶体振荡器的计时钟发送取时控制指令，计时钟收到取时控制指令后读取该时刻各自钟面时间码 $T_{Ri}$（$i=1$，2，…）及 $T_{Si}$（$i=1$，2，…），并回传至时间管理单元，卫星将每组两个时间码打入同一遥测帧中下传，从而可通过遥测数据直接获得同一时刻相对应的星载晶体振荡器时间码和星载铷钟参考时间码。系统设备框图见图 1。

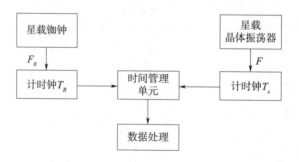

图 1　星载高稳钟源比时法原理框图

### 3.2.2 星载高稳钟源比时法数据处理方法

卫星实际在轨运行时，星载晶体振荡器频率受空间多种因素影响会发生在轨漂移，导致卫星星时与标准时间会发生偏差，累计一段时间后偏差过大会影响卫星在轨正常运行与有效载荷的正常应用，因此卫星在轨长期管理时要求卫星时间与标准时间（地面时间）偏差不能超过一定阈值，该阈值一般为 [−10 ms，10 ms]。为保障该要求，卫星会选用适当的时间管理方案进行卫星星时管理，主要有以下 2 种方式：均匀校时结合集中校时法，引入 GPS 时法。针对以上两种不同时间管理方法，在得到星载晶体振荡器时间码和星载铷钟参考时间码后，计算星载晶体振荡器频率准确性及稳定性时，数据处理方法有所不同。

（1）均匀校时结合集中校时法数据处理方案

使用均匀校时结合集中校时法进行时间管理时，卫星接收到地面发送的均匀校时周期后，以此为周期，每过一个周期，将星上时间累加一个固定时间量（一般为 ±1 ms）；卫星接收到地面发送的集中校时量后，将星上时间直接加上集中校时量。

在此种管理方式时，每一个取样周期 $\tau$ 内的集中校时量为 $T_{JYk}$（$k=1$，2，…），均匀校时量为 $T_{JZk}$（$k=1$，2，…），则星载晶体振荡器与星载铷钟之间的时差为

$$\Delta T_i = \left[ T_{Si} - \sum_{k=1}^{k=i} (T_{JZk} + T_{JYk}) \right] - T_{Ri} \tag{4}$$

式中每一个取样周期 $\tau$ 内的集中校时量为 $T_{JYk}$、均匀校时量为 $T_{JZk}$ 可由上注集中校时量及均匀校时周期推算得到，星载铷钟时间 $T_{Ri}$、星载晶体振荡器时间 $T_{Si}$ 可以通过遥测数据直接获得，由此可计算出星载晶体振荡器与星载铷钟之间相邻两次时差的变化量 $\Delta i = \Delta T_{i+1} - \Delta T_i$；取样的时间间隔 $\tau$ 即为遥测采集周期，是已知量。则星载晶体振荡器的频率准确度和频率稳定度可由公式（3）和公式（2）计算获得。

（2）引入 GPS 时间法数据处理方案

使用引入 GPS 时间法进行时间管理时，卫星每隔一个固定周期（一般为 8 s），将星载晶体振荡器提供的卫星时间与星载 GPS 接收机提供的 GPS 时间进行一次比对，两者之差的绝对值在 [125 $\mu$s，20 ms] 之间时，若卫星时间比 GPS 时间快，则卫星时间直接减少一个固定值（一般为 25 $\mu$s）；若卫星时间比 GPS 时间慢，则卫星时间直接增加一个固定值（一般为 25 $\mu$s）。

在此种管理方式时，每一个取样周期 $\tau$ 内卫星时间与 GPS 时间比较后调整的时间量为 $T_{GPSk}$（$k=1$，2，…），则星载晶体振荡器与星载铷钟之间的时差为

$$\Delta T_i = \left( T_{Si} - \sum_{k=1}^{k=i} T_{GPSi} \right) - T_{Ri} \tag{5}$$

式中每一个取样周期 $\tau$ 内卫星时间与 GPS 时间比较后调整的时间量 $T_{GPSk}$ 可由调整次数推算得到，星载铷钟时间 $T_{Ri}$、星载晶体振荡器时间 $T_{Si}$ 可以通过遥测数据直接获得，由此可计算出星载晶体振荡器与星载铷钟之间相邻两次时差的变化量 $\Delta i = \Delta T_{i+1} - \Delta T_i$；取样的时间间隔 $\tau$ 即为遥测采集周期，是已知量。则星载晶体振荡器的频率准确度和频率稳定度可由式（3）和式（2）计算获得。

### 3.2.3　星载高稳钟源比时法优势

星载高稳钟源比时法进行在轨卫星星时稳定性评价，具有原理简单、算法简便、运算量小、评价精度高、应用性强的优势。该方法以星载高稳钟源作为参考频率源，不需要额外占用地面测控资源及星上测控信道资源，减少了地面测控站操控带来的风险性，提高了卫星在轨运行的自主性和可靠性；同时该方法利用卫星遥测数据进行卫星星时的稳定性的评价，有效解决了以地面测控站铯原子钟作为参考频率源，较难实现对任意时段卫星时间长期稳定性进行评价的问题。

## 4　实际应用情况

目前已将星载高稳钟源比时法应用在小卫星在轨运行管理工作之中，并取得了很好的效果，下文以 2 颗小卫星在轨应用情况为例进行说明。

### 4.1　应用实例 1

某卫星 2012 年底发射，根据入轨初期的遥测数据，利用星载高稳钟源比时法，以星载 GPS 接收机作为参考频率源，对卫星星务时间在轨准确性及稳定性进行评估。图 2 为卫星星务时间与 GPS 时间之间的差值，即 $\Delta T_i$，根据公式（3）和公式（2）计算可得到，星务时间在轨的准确度为 1.442 1E-4，稳定度为 2.12E-5。

星务时间在轨的准确度为 1.442 1E-4，即每秒钟时间误差约为 0.144 ms，虽然满足每秒钟时间误差不超过 5 ms 的技术要求，但是卫星设计的星务时间管理方案中，有两种利用星上高稳钟源进行星务时间自主管理的方案：引入 GPS 时间、引入时间管理单元时间，其最小的引用周期为 8 s，每个引用周期的校时量为 1 ms，即最大的校时量为每秒纠正 0.125 ms 的时间误差，这就表示单独利用上述两种方案不能满足卫星在轨管理的要求。同时星务时间在轨的稳定度为 2.12E-5，不满足时间稳定度优于 1E-9 的指标要求。

根据事后分析及地面测试验证确认：作为星务时间钟源的晶体振荡器，其所选用的电容器件，在研制工程中未严格筛选，与标称值误差较大，最终导致卫星在轨星务时间准确度偏差较大，稳定度不满足技术要求。在后续卫星研制中，对选用的电容器件加严指标要求，加强质量把控，后续卫星在轨星务时

间稳定度均优于1E－5，稳定度满足指标要求。

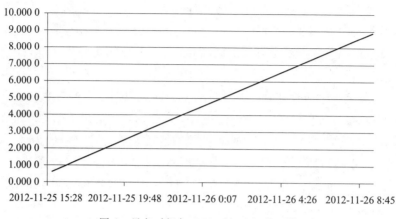

图2　星务时间与GPS时间之间的差值

## 4.2　应用实例2

某卫星2010年底发射，根据入轨初期的遥测数据，利用星载高稳钟源比时法，以星载GPS接收机作为参考频率源，对卫星星务时间在轨准确性及稳定性进行评估。星务时间在轨的准确度为5.66E－8，稳定度为5.44E－13。根据时间准确度，卫星长期在轨时间管理方案选用均匀校时结合集中校时的方式，均匀校时周期17 658 s。卫星在轨2年后，根据近半年的遥测数据，对星务时间准确性及稳定性再次进行评价，图3为卫星星务时间与GPS时间之间的差值，即$TS_i-TR_i$，将其与均匀校时量、集中校时量带入公式（5），可以得到两钟源的时差$\Delta T_i$，根据公式（3）和公式（2）计算可得到，卫星在轨运行2年后星务时间在轨的准确度为7.69E－8，稳定度为5.44E－13。

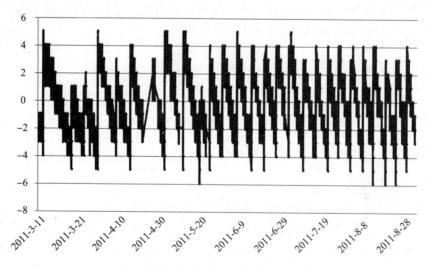

图3　星务时间与GPS时间之间的差值

说明卫星经过两年的在轨运行，作为钟源的晶体振荡器输出频率相较入轨初期发生漂移，按照原有的均匀校时周期进行时间管理，会因时间误差累积较快，导致地面集中校时次数明显增多，2012年1月至9月期间，平均每月进行4次以上集中校时。根据最新评估的星务时间准确性，将均匀校时周期调整为12 998 s，经过调整，2012年10月至12月，平均每两个月进行1次集中校时，这不仅有效提高了卫星自主进行时间管理的效率，节约了人力，而且大大降低了因地面人工操作可能引发的风险，保障卫星在轨更为安全可靠的运行。

# 5 结束语

本文研究了评价在轨卫星时间稳定性的方法，重点介绍了星载高稳钟源比时法，其具有原理简单、算法简便、运算量小、评价精度高的优势，有效提高了卫星在轨运行的自主性和可靠性，并且在轨应用取得了良好效果。随着我国科学技术的发展，近年卫星在轨实际寿命不断增长，尤其近地轨道卫星，目前在轨运行的近地轨道卫星已有近四成超过设计寿命，对于这些超寿命卫星更加需要严密监测其星载晶体振荡器的频率特性，分析卫星时间在轨的稳定性，当不满足工作要求时，尽早调整维护措施或启用备份手段，以保障卫星正常运行和有效载荷正常应用。除此之外，收集整理测量数据及评价结果，对未来航天器产品可靠性研究及长寿命卫星研制都具有重要的意义。

参 考 文 献

[1] GJB/J 2762 - 96 频率长期特性测量方法 [S].

[2] 中国空间技术研究院. Q/QJA 91—2012 星载铷原子频率标准（铷钟）规范 [S]. 北京：中国航天科技集团公司，2012.

[3] 曾祥君，尹项根，林干，等. 晶振信号同步 GPS 信号产生高精度时钟的方法及实现 [J]. 电力系统自动化，2003，27 (8)：49 -53.

[4] 何磊明，冯克朋. 铷原子频率标准的计算机仿真与实验研究 [J]. 宇航计测技术，2006，26 (1)：42 -47.

[5] 李泽文，曾祥君，黄志伟，等. 基于高精度晶振的 GPS 秒时钟误差在线修正方法 [J]. 电力系统自动化，2006，30 (13)：55 -57.

[6] 帅平，曲广吉. 导航星座自主导航的时间同步技术 [J]. 宇航学报，2005，26 (6)：768 -772.

[7] 杨天社，李祖怀. 在轨卫星与地面时钟精确同步方法研究 [J]. 系统工程与电子技术，2002，24 (5)：102 -105.

[8] 党晓圆. 卫星授时校频系统研究 [D]. 湖南：湖南大学，2009.

[9] 尹东山，高玉平，陈鼎，等. 基于脉冲星的星载钟时间修正算法研究 [J]. 时间频率学报，2009，32 (1)：43 -49.

[10] 陈仕进. 时间同步方法研究 [J]. 无线电工程，2004，34 (1)：34 -36.

[11] 顾亚楠，陈忠贵，帅平. 基于 Hadamard 方差的导航星座自主时间同步算法研究 [J]. 中国空间科学技术，2010，2 (1)：1 -9.

[12] 吴乐群，姜东升，王颖，等. 星载铷钟频率特性测量技术研究 [C]. 中国宇航学会飞行器总体专业委员会 2006 年学术研讨会. 湖南：中国宇航学会：328 -333.

# Research and Application on Evaluation Method for Time Stability of On - Orbit Satellite

CHEN Xi    LI Wendong    JIANG Dongsheng

Beijing Institute of Spacecraft System Engineering，Beijing    100094

**Abstract**  Satellite time is formed by the frequency of the crystal oscillator output as the benchmark accumulation. The stability and accuracy of satellite time is technical indicators that direct impact normal operation of satellites and satellites payload normal application. This paper based on the evaluation method of satellite time stability，firstly，introduces the principle of measurement the frequency characteristics of crystal oscillator by the method of comparison time difference. Secondly，It introduces the evaluation method of satellite time stability by the method of comparison time difference that makes use of the cesium atomic clock in the observation as a reference frequency source. Finally，It mainly analyzes the evaluation method of satellite time stability based on satellite remote sensing data that makes use of the high stability clock in the satellite as a reference frequency source.

**Key words**  Satellite time；Frequency characteristics；Stability；Crystal oscillator

## 作 者 简 介

陈曦，男，工程师，就职于北京空间飞行器总体设计部，研究方向为航天器在轨管理，电子邮箱：285973147@qq.com。

# 环境与灾害监测预报星座在轨延寿运行分析及对策

杜斌　闫钢　孙雅琳　侍蕾　赵辉

航天器在轨故障诊断与维修重点实验室，西安　710043

**摘　要**　环境与灾害监测预报星座对全球生态环境实时监测、灾害灾情快速评估以及灾后重建工作的及时开展提供了重要科学依据，该星座发射至今已圆满完成了任务使命，并带故障超期服役 3 年多时间。本文基于该星座在轨运行中关键部件发生故障这一现象，详细分析了故障部件对卫星在轨管理带来的影响，并制定了行之有效的应对措施，同时结合日常管理工作经验，对星座构型保持和其他关键部件工作性能进行深入研究，为后续在轨超期服役航天器延寿运行提供了有效的管理措施和参考依据。

**关键词**　星座；延寿；在轨运行；关键技术

## 1　引言

截止 2015 年 4 月，环境与灾害监测预报小卫星星座已超期服役 43 个月。该星座是我国首个针对灾害与环境的全天候、全天时卫星观测系统，主要任务是对生态破坏、环境污染和灾害等进行大范围、全天候、全天时动态监测，及时反映生态环境和灾害发生、发展的过程，对生态环境和灾害发展变化趋势进行预测，对灾情和环境质量进行快速评估，提升灾害和环境信息的观测、采集、传送和处理能力，以及紧急救援、灾后救助、恢复重建和环境保护等方面提供了大量有效数据。截止目前，该星座成功应对了青海玉树地振、舟曲特大山洪泥石流等国内重大自然灾害 200 余场，并先后完成了澳大利亚火灾、日本地振等 20 余场国外重特大自然灾害监测任务，最大限度发挥了卫星应用效益。鉴于该星座已经在环境、减灾等领域发挥了重要作用，且目前在轨服役的 C 星因载荷故障降级使用，加之此型号后续暂无接替星，因此卫星用户急需该星座继续提供稳定可靠服务，故很有必要对其在轨延寿运行关键技术进行深入分析，进一步提高在轨卫星精细化管理水平。

## 2　环境与灾害监测预报小卫星星座在轨运行基本情况

环境与灾害监测预报小卫星星座由 A、B 两颗卫星组成，均采用太阳同步轨道，相位呈 $180°±11.8°$ 分布，过境时间间隔为 50 min 左右，双星有相位和降交点地方时保持要求。由于在轨超期服役时间较长，星上部分元器件逐渐老化失效，对卫星在轨运行的安全性和日常维护工作带来了不小的影响。表 1 对该星座常驻故障部件进行了统计，不难看出，两颗卫星的应答机故障成为了该星座在轨延寿运行的关键因素。

**表 1　星座常驻故障部件统计表**

| 部件名称 | 分系统 | 故障描述 |
| --- | --- | --- |
| 应答机 B | 测控 | B 机 AGC 电平一直失锁，在跟踪仰角较高时能够锁定 2 min 左右 |
| 星务中心计算机 | 星务 | 频繁自主切机 |
| 贮箱 1 温度 TK7 测量点开路 | 热控 | 经常间断性由正常值跳变为 FCH |
| 应答机 A | 测控 | A 机 AGC 和控压保持不变，LOCKA 一直失锁 |
| 应答机 B | 测控 | B 机 AGC 偏低，LOCKB 锁定不稳定，在高仰角、增大上行功率时能锁定 |

# 3 环境与灾害监测预报小卫星星座关键部件在轨运行工作情况分析

## 3.1 控制活动部件性能分析

根据长期管理经验来看，卫星姿态和能源出现异常是较难解决的问题。该星座控制分系统的关键部件包括陀螺和偏置动量轮，另外作为重要转动部件的太阳电池帆板驱动机构 BAPTA（Bearing And Power Transfer Assembly）也必须重点关注，它们的失效对卫星姿态的控制和整星安全都会带来严重的后果。由于此星座陀螺只在轨道控制时才工作使用，因此不作分析。

### 3.1.1 偏置动量轮在轨工作情况

该星座所使用的偏置动量轮设计工作三年的可靠度指标为 0.97，其寿命主要取决于在标称转速长期运转时的轴承润滑性。图 1、图 2 分别为 A、B 星动量轮在轨运行期间的轴温、电机电流和动量轮 1 脉冲数（动量轮 2 关闭）关键遥测参数变化情况，由图可知，这些遥测参数变化比较稳定，没有出现较大波动。

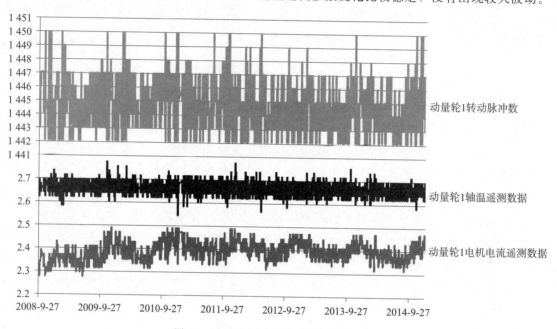

图 1　A 星偏制动量轮关键遥测变化情况

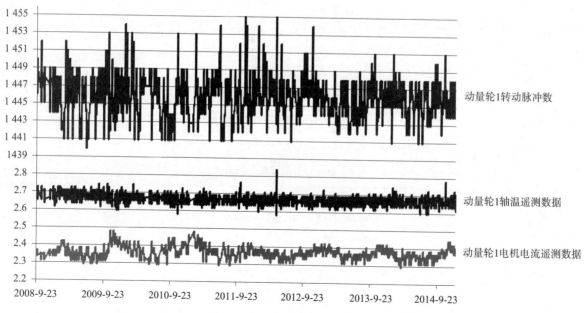

图 2　B 星偏制动量轮关键遥测变化情况

### 3.1.2 太阳电池帆板驱动机构在轨工作情况

环境与灾害监测预报小卫星星座运行于太阳同步轨道，太阳电池帆板驱动机构6年来累计转动约35 100次。图1、图2分别为A、B星太阳电池帆板驱动机构6年来在轨运行期间的壳温、轴温、电机电流等关键遥测参数变化情况，由图3和图4可知，这些遥测参数变化均在正常范围内。

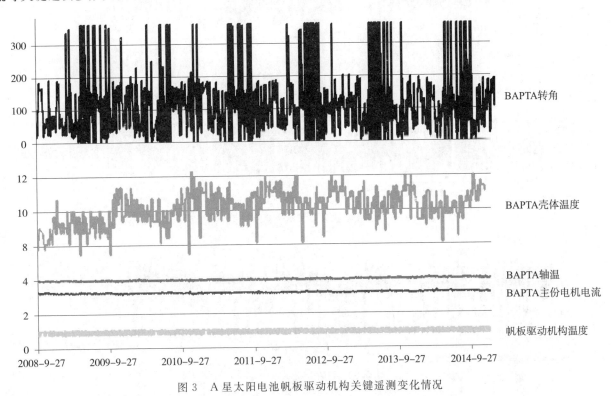

图3　A星太阳电池帆板驱动机构关键遥测变化情况

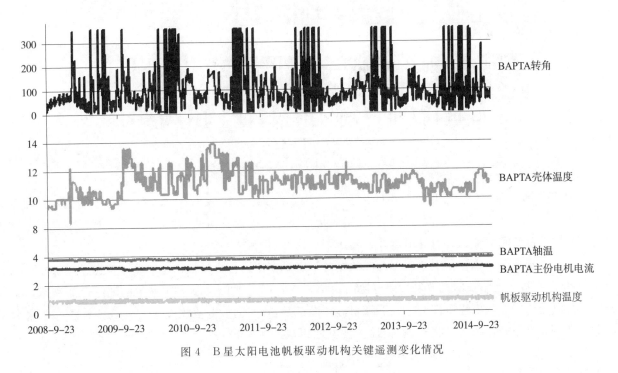

图4　B星太阳电池帆板驱动机构关键遥测变化情况

## 3.2　电源供电性能分析

由于卫星太阳电池阵长期暴露在空间辐射条件下，随着光照期和阴影期的长期交变，我们推测其发电效率可能会有一定衰退。另外，随着降交点地方时的漂移，Beta角（太阳光入射角）逐渐增大，导致太阳电池阵发电效率进一步降低。图 5、图 6 分别所示为 A、B 星电源分系统关键遥测变化情况。

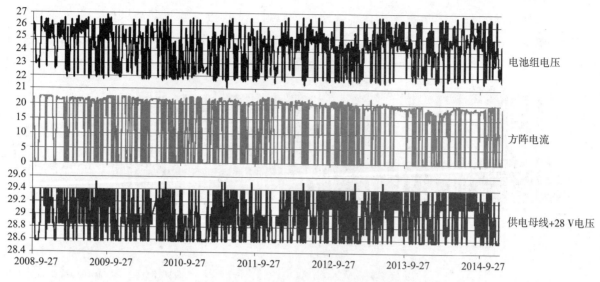

图 5　A 星电源分系统关键遥测变化情况

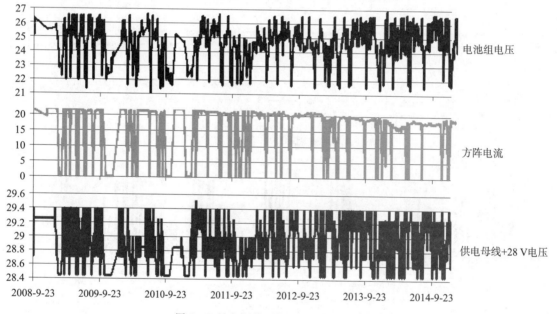

图 6　B 星电源分系统关键遥测变化情况

2014 年 1 月，星座降交点地方时由标称值 10∶30 漂移到 9∶20 左右，随着 Bata 角的增大，方阵电流逐渐下降，预计在 2014 年年底两星能源将无法满足当圈能量平衡。因此，2014 年 3 月对星座实施了倾角控制，从控后趋势可以看出，方阵电流降速趋缓，后期逐步抬升。

另外，该星座采用镉镍蓄电池组作为能源储备，卫星在轨运行 6 年多来电源蓄电池组已累计充放电超过 35 100 次。蓄电池组长期充放电会使电池内阻增大，并产生记忆效应，导致蓄电池组性能衰退，主要表现在蓄电池组的充放电终压都会呈现下降趋势。图 5 显示 A 星蓄电池组电压的充放电终压 6 年来分别稳定在 26.95 V 和 21.42 V，图 6 显示 B 星蓄电池组电压的充放电终压 6 年来分别稳定在 26.69 V 和 21.27 V，表明其性能良好，没有明显衰退迹象。

两星在轨期间蓄电池组充放电电流和蓄电池组工作温度变化情况如图 7～图 10 所示，由图可知，两星蓄电池组在轨工作状态平稳，无大电流充放电的情况，热控系统工作良好，蓄电池组处于最佳工作温度范围内。

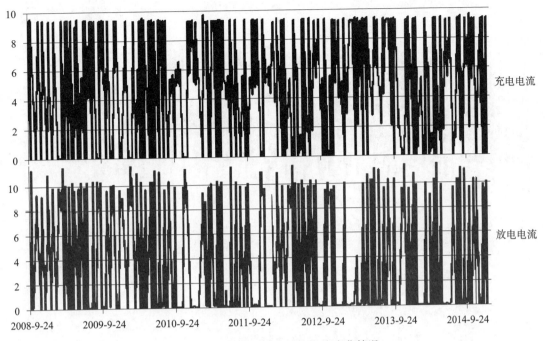

图 7  A 星蓄电池组充放电电流变化情况

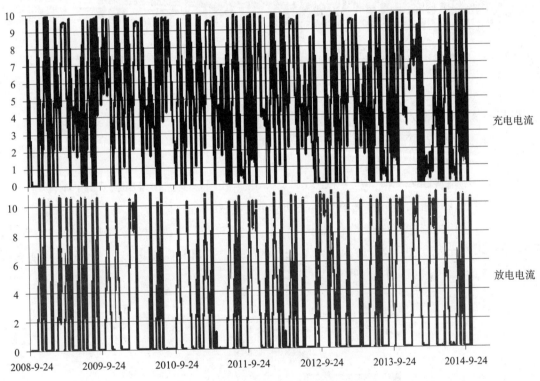

图 8  B 星蓄电池组充放电电流变化情况

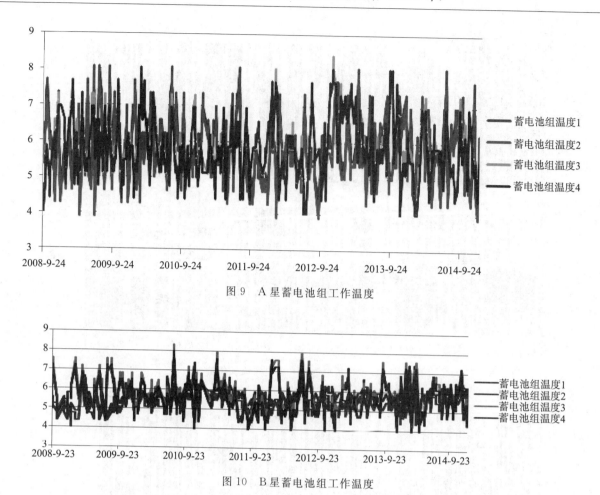

图 9　A 星蓄电池组工作温度

图 10　B 星蓄电池组工作温度

## 3.3　应答机在轨工作情况

### 3.3.1　A 星应答机在轨工作情况

2009 年 8 月 15 日 A 星入境时，应答机 B 的 AGC 电平在跟踪全过程维持在正常门限以下，且一直为失锁状态。从后续对应答机数据分析来看，应答机 B 的接收机内部自激造成噪声电平升高，致使接收机 AGC 电平抬高后，引起增益控制功能降低而不易锁定。图 11、图 12 所示分别为同圈次测控下应答机 A、B 关键遥测量变化情况，通过后续分析验证，卫星在测控弧段过顶时应答机 B 的 AGC 电平能够达到正常范围并锁定 1～2 min。

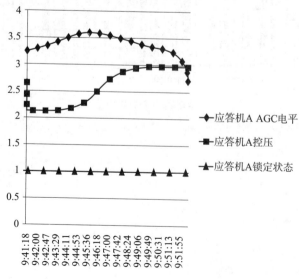

图 11　A 星应答机 A 单圈关键遥测量

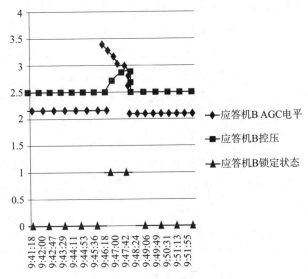

图 12　A 星应答机 B 单圈关键遥测量

综上所述，A 星在应答机 A 接收机元器件工作正常情况下，可维持当前状况继续使用而不影响日常工作开展。

### 3.3.2　B 星应答机在轨工作情况

B 星卫星应答机 A 接收机在 2011 年 9 月 25 日因 AGC 电平异常失效而成为常驻故障部件，此后设置应答机 B 机为主份继续工作。2014 年 4 月 18 日，由于应答机 B 接收机的 AGC 电平偏低、载波锁定不稳定，导致跟踪测距捕获失败。通过后续对遥测数据和下行频谱分析，确定应答机 B 灵敏度、接收通道增益下降，下行频谱中出现杂散谱线，且杂散谱线不固定，会随时间出现漂移。当杂散离中心频率较近时对应答机的灵敏度影响较大，同样状态下的 AGC 电压较小，当杂散谱线离中心频率较远时对应答机的灵敏度影响较小，同样状态下的 AGC 电压较大。

通过后续测站跟踪可行性验证发现，在星上使用应答机 B 工作（应答机 A 无法正常工作）的情况下，部分地面站在对其跟踪设备进行固定设置后，应答机 B 锁定上行遥控信号、能够进行遥控数据指令发送的概率较大。

综上所述，B 星出现双应答机故障对于在轨日常工作的开展和异常处置工作的顺利实施将会有不同程度的影响。

首先，在测控圈次选择方面，根据目前卫星应答机故障后的在轨测试情况，在地面发射功率较大情况下，当卫星测控仰角较高时，应答机可以锁定上行遥控信号，并能够进行遥控数据的接收和发送。根据这种情况，需要每周至少安排 2～3 个高仰角、大功率测控圈次，用于后续卫星在轨业务数据上注及日常维护需要。对于其他非数据注入圈次，只需对卫星遥测参数进行监视即可。

其次，在卫星精轨与业务数据注入方面，由于目前星地测距功能异常，无法正常通过测距信号进行轨道测量，因此在进行轨道确定时，将主要采用 GPS 观测数据，同时通过计算得到卫星精轨数据并上注，且在注入前需对精轨数据进行正确性比对，以确保轨道数据上注的正确性。考虑到测站跟踪的约束条件，需尽量减少上行注入的次数，根据与用户协商的情况，调整业务数据注入时间。另外，由于目前上行信道处于故障状态，上行信号信噪比较低，因此在进行数据上注时，需对星务中心计算机上行遥控数据块计数进行严格比判。

再次，在时差校正方面，应答机 B 接收机发生故障前，采用星上均匀校时与地面集中校时的方式进行，以达到要求。由于上行信道的原因无法频繁通过地面校时的方式控制时差，自 2014 年 5 月 4 日开始，通过星上引入 GPS 自主校时的方式控制时差来满足指标要求。如果 GPS 接收机在轨发生复位、非定位等异常，需要地面以最短时间对 GPS 状态进行恢复。

最后，在碰撞规避及异常处置方面，随着世界上在轨卫星数量的不断增加和空间碎片的日益增多，卫星在轨发生碰撞的风险越来越高，这样卫星在轨运行的安全性受到极大考验，一旦需要碰撞规避就必须对卫星进行轨道机动。由于 B 星应答机使用条件的制约，卫星在特定条件下才能进行指令及数据注入，而轨道机动需要对卫星进行一系列连续不间断操作，对时效性要求很高，以星上当前的技术状态来看必定无法完成轨道机动。因此，B 星未来一旦发生碰撞，规避将是较难解决的问题。此外，鉴于应答机故障，该星发生异常时的处置也较为困难，表 2 所示为双应答机故障后环境一号 B 星异常统计。2014 年 11 月 2 日，因电源下位机中的动态存储器（SRAM）发生单粒子效应，造成电源下位机死机。此异常处置过程虽简单，但处置不及时会导致电源下位机关闭安时计充电控制，造成即使卫星在光照区，星上蓄电池也会发生充电不充分的结果。该异常发生后，为最大限度保证测控需求，中心紧急调配测站共计 5 个圈次的应急测控，才将卫星恢复正常状态。

**表 2　B 星异常统计（应答机 B 发生故障后）**

| 序号 | 日期 | 现象 | 原因 |
|---|---|---|---|
| 1 | 2014－5－21 | GPS 保护性复位 | 01H 码，秒间隔超差 50$\mu$s |
| 2 | 2014－5－30 | 轨道板输出固定帧 | 打包函数调用的 Perturbation_Atmosphere_To_Affix3D 等坐标转换函数的返回值被单粒子打翻成"无效"状态 |
| 3 | 2014－10－10 | 输出 EEH 码 | 遥控下位机锁定 |
| 4 | 2014－11－2 | 输出 EEH 码 | 电源下位机锁定 |

以上分析可见，B 星出现双应答机故障后，不仅增加了日常管理的难度，而且对整星在轨运行的安全性无疑有着严重的影响。

# 4　星座轨道调整

太阳同步轨道卫星因其降交点地方时保持不变，可以满足卫星热控系统、电源系统和对地观测的需要。但实际上，由于受地球引力、大气阻力、太阳引力摄动等一些因素的影响，降交点地方时会产生漂移。对于太阳同步轨道，太阳引力引起的摄动将对轨道倾角产生长期的影响，即

$$\dot{i} = \frac{3}{16}\frac{n_s^2}{n}\sin i\,(1+\cos i_s)^2\sin(2\Omega - 2\beta) \tag{1}$$

式中　$n_s$——平太阳运动角速率；

$n = \sqrt{\mu}a^{2/3}$——卫星的平均运动角速率；

$i_s = 23.44°$——黄赤交角。

在摄动因素的影响下，$\Omega - \beta$ 虽不再保持常量，但其变化很小，所以倾角的变化率 $\dot{i}$ 近似为常数。由式（1）可见，卫星长期在轨运行过程中，倾角会发生缓慢的长期变化。将卫星标称轨道半长轴和倾角代入式（1）得

$$\dot{i} = 2.126\,9 \times 10^{-6}\sin(2\Omega - 2\beta) \tag{2}$$

式中　$\dot{i}$ 的单位为 rad/day。

由于倾角 $i$ 长期变化，使得实际倾角与标称倾角产生了偏差 $\Delta i$，进而卫星降交点地方时会产生缓慢漂移。

该星座运行在太阳同步轨道上，由于整个寿命期内卫星的降交点地方时漂移量不能满足任务需求，星上电源、姿控、热控等分系统的关键部件使用效能也会随之受到影响。图 13 所示为 A 星 Beta 角随时间变化趋势（B 星同 A 星），由上述对太阳电池阵发电效率分析可知，Beta 角的增大会使电池阵转换效率的降低，直接影响到卫星能源供给。

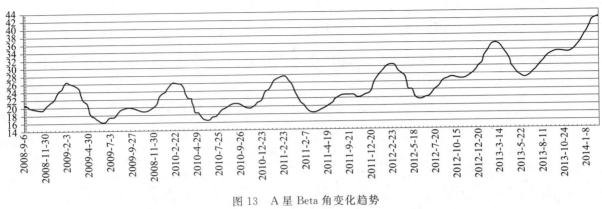

图 13  A 星 Beta 角变化趋势

另外，该星座正常工作在无陀螺模式，依靠红外地平仪和数字太阳敏感器来测量卫星姿态，而红外地平仪分别安装在卫星 ＋$X$、－$X$ 方向，随着 Beta 角逐步增大，太阳矢量与星体 $Y$ 轴的夹角越来越小，＋$X$ 轴红外地平仪见太阳的时间也越来越长，这样当农历每月中旬，－$X$ 轴地平仪红外同时受到月亮干扰时，必然出现双红外无效时间超出阈值，导致卫星进入安全模式。

综上所述，为保证星座后续在轨工作具备良好条件，在充分考虑控制策略最优的前提下，中心于 2014 年 3 月对该星座进行了轨道倾角调整。图 14 所示为两星轨道控制后预计 3 年内的地方时漂移情况。

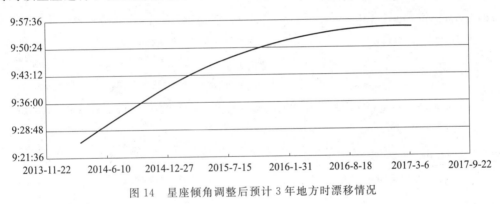

图 14  星座倾角调整后预计 3 年地方时漂移情况

# 5  结束语

本文针对环境与灾害监测预报小卫星星座在轨运行中出现应答机故障这一问题，详细分析了该故障部件对卫星在轨管理带来的影响，通过后期验证制定了行之有效的在轨管理措施，确保了卫星带故障运行的可靠性，同时结合日常管理工作经验，对星座构型保持和星上电源供电、控制活动部件性能等关键参数进行深入研究，为后续在轨超期服役航天器延寿运行提供了有效的管理措施和借鉴方法。

**参 考 文 献**

[1] 沈中，白照广.环境减灾-1A、1B 卫星在轨性能评估 [J].航天器工程，2009，18 (6)：17－22.

[2] 杨思全，李素梅，何海霞.环境减灾 A、B 星应用能力分析 [J].中国航天，2010 (4)：3－7.

[3] 朱军，陈卫容.环境减灾-1A、1B 卫星光学载荷在轨运行情况分析 [J].航天器工程，2014，23 (1)：17－24.

[4] 章仁为.卫星轨道姿态动力学与控制 [M].北京：北京航空航天大学出版社，1999.

[5] 杨嘉墀.航天器轨道动力学与控制 [M].北京：宇航出版社，2002.

[6] 刘林.航天器轨道理论 [M].北京：国防工业出版社，2000.

[7] 丁溯泉，张波，刘世勇.STK 在航天任务仿真分析中的应用 [M].北京：国防工业出版社，2011.

# Analysis and Countermeasure of On - Orbit Life - Time Extension for Enviroment and Disaster Monitor Constellation Motion in Orbit

DU Bin　YAN Gang　SUN Yalin　SHI Lei　ZHAO Hui

Key Laboratory for Fault Diagnosis and Maintenance of Spacecraft in Orbit，Xi'an　710043

**Abstract**　Enviroment and Disaster Monitor Constellation，which provides scientific basis for real - time monitoring of ecosystem，rapid assessment of disaster and post - earthquake reconstructions，has completed its mission since its launching，and has been in extended service，with fault，for more than three years. Herein，based on the fault existed in key components in Enviroment and Disaster Monitor Constellation on orbit，the influence of defaulted components to satellite on orbit is analyzed in detail. And effective measures are given in this paper. Meanwhile，constellation configuration maintenance and funtion of other key components are studied deeply，combined with the experience of daily management，to provide effective management measures and references for the follow - up spacecraft in extended service to be in motion with life - time extension.

**Key words**　Constellation；Life-time extension；On orbit；Key technology

## 作者简介

杜斌，男，工程师，航天器在轨故障诊断与维修重点实验室，研究方向为卫星测控与管理，电子邮箱：militarydu@163.com。

72.9% and 72.6% respectively; followed by separate extraction of MUX and PAN, which was 71.2% and 71.1% respectively. By taking OLI extraction result as benchmark, the relative accuracies of other 4 types of extraction methods, such as PAN+MUX, WFV, PAN, and MUX were evaluated, and they were 98.2%, 97.0%, 95.8%, and 95.0% respectively. It can be seen that, affected by ground object spectrum, the accuracy of the automatic winter wheat area extraction by using mono—temporal image is usually between 70% and 75%. In order to further improve identification accuracy, it is necessary to employ visual correction or to increase the time phases of remote sensing images. In addition, compared with the data of similar satellites both at home and abroad, the accuracy of acquisition of winter wheat by using BERS 04 satellite PAN and MUX is almost same. Therefore, it has potential to be applied in agriculture remote sensing monitoring operation in China.

**Key words** CBERS 04; Decision making tree; Winter wheat area; Remote sensing monitoring

## 作 者 简 介

王利民，男，副教授，中国农业科学院农业资源与农业区划研究所，研究方向为农业遥感应用，电子邮箱：wanglimin01@caas.cn。

# 基于 Duane 模型的某卫星平台可靠性增长研究

王世清　王靖　白照广

航天东方红卫星有限公司，北京　100094

**摘要**　本文通过研究发现了"单星不可修，但平台可修"① 的现象，进一步分析得出，卫星平台不同于一般产品，平台系统级的可靠性评估不是一个普通产品的评估问题，而是一个可靠性增长问题。进而基于可靠性增长试验模型 Duane 模型，利用某平台多颗在轨卫星的故障信息，评估出该平台可靠性增长情况以及目前的可靠性水平，取得了良好效果，验证了卫星平台的可靠性评估问题是一个可靠性增长问题。

**关键词**　Duane 模型；卫星平台；可靠性增长

## 1　引言

由于研制成本高昂，卫星在地面一般不开展整星的可靠性鉴定或可靠性增长试验；在不考虑软件在轨维护更新的情况下，一般卫星在发射入轨后是不可维修的，入轨以后也无法实施可靠性增长；地面试验和在轨运行均不能得出单颗卫星的可靠性水平。而实际上每颗卫星都在研制过程中对平台进行了技术升级和可靠性改进，但其可靠性水平和增长情况却无从得知。本文通过研究发现了"单星不可修，但平台可修"的现象，进一步分析得出，卫星平台不同于一般产品，平台系统级的可靠性评估不是一个普通的评估问题，而是一个可靠性增长问题。进而基于可靠性增长试验模型 Duane 模型，利用某卫星平台多颗在轨卫星的故障信息，评估出某卫星平台可靠性增长情况以及平台目前可靠性水平，取得了良好效果，验证了卫星平台的可靠性评估问题是一个可靠性增长问题。

## 2　平台系统级可靠性评估

### 2.1　平台系统级可靠性评估问题

目前在国内，对卫星产品的可靠性评估研究多在单机设备一级开展，如对卫星推力器的可靠性评估[3]、对动量轮的可靠性评估[4]和对光纤陀螺的可靠性评估[5]等。平台系统级的可靠性评估尚没有有效开展起来。

卫星平台与一般产品不同：一般产品在设计定型后，技术状态相对固定，可以投产一定数量的样本开展可靠性鉴定试验，或者投入一定量产品进行实际试用，利用试验或试用信息来评估产品的可靠性；而采用同一平台的卫星，每颗都在以往型号基础上进行质量归零、举一反三和技术改进。对于一般产品，可靠性评估的样本量与被评估对象技术状态之间的冲突不明显，但对于卫星平台，技术状态会随着评估样本量的增加而发生较大变化。

卫星平台在已发射卫星质量问题归零和在研卫星研制改进的螺旋前进过程中，不断被改进，卫星平台的技术状态持续变化，实质上处在一种无计划的可靠性增长过程中，如图 1 所示。所以对于卫星平台系统级的可靠性评估，无论是经典的可靠性评估方法还是贝叶斯方法，都不太合适，因为这些方法假定的评估对象——"技术状态相对恒定的系统平台"是不存在的。因此，对于平台系统级的可靠性评估，应该使用可靠性增长模型。卫星平台系统级的可靠性评估问题实质上是一个可靠性增长问题。

---

①　不考虑星上软件的在轨维护和更新。

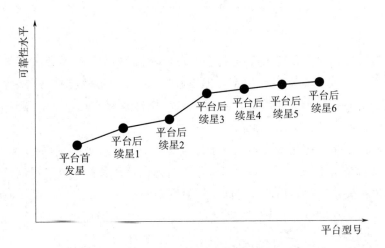

图 1　平台可靠性在后续星研制过程中的变化情况

## 2.2　某卫星平台

某卫星平台是由航天东方红公司自主研制，2004 年之后已累积发射入轨卫星 20 颗，是目前我国发射型号最多的卫星平台。截至 2014 年 5 月 23 日，该平台卫星累积运行 75.42 星年。该卫星平台经过不断的改进和完善，目前技术成熟度和在轨可靠性都非常高。

该卫星平台的卫星及在轨故障问题如表 1 所示。

表 1　某平台在轨故障统计（截至 2014 - 05 - 23）

| 序号 | 卫星 | 关联故障数① | 已运行时间 | 超期服役时间 |
| --- | --- | --- | --- | --- |
| 1 | 卫星 1 | 6 | 9 年 8 个月 | 7 年 8 个月 |
| 2 | 卫星 2 | 0 | 7 年 7 个月 | 5 年 7 个月 |
| 3 | 卫星 3 | 0 | 7 年 1 个月 | 4 年 1 个月 |
| 4 | 卫星 4 | 0 | 5 年 8 个月 | 2 年 8 个月 |
| 5 | 卫星 5 | 0 | 5 年 8 个月 | 2 年 8 个月 |
| 6 | 卫星 6 | 0 | 5 年 7 个月 | 3 年 7 个月 |
| 7 | 卫星 7 | 1 | 4 年 6 个月 | 1 年 6 个月 |
| 8 | 卫星 8 | 0 | 4 年 2 个月 | 1 年 2 个月 |
| 9 | 卫星 9 | 0 | 4 年 2 个月 | 1 年 2 个月 |
| 10 | 卫星 10 | 1 | 4 年 2 个月 | 1 年 2 个月 |
| 11 | 卫星 11 | 0 | 3 年 7 个月 | 1 年 7 个月 |
| 12 | 卫星 12 | 2 | 2 年 10 个月 | 未超期 |
| 13 | 卫星 13 | 1 | 2 年 9 个月 | 未超期 |
| 14 | 卫星 14 | 0 | 1 年 6 个月 | 未超期 |
| 15 | 卫星 15 | 0 | 1 年 6 个月 | 未超期 |
| 16 | 卫星 16 | 0 | 1 年 6 个月 | 未超期 |
| 17 | 卫星 17 | 0 | 10 个月 | 未超期 |
| 18 | 卫星 18 | 0 | 8 个月 | 未超期 |
| 19 | 卫星 19 | 0 | 8 个月 | 未超期 |
| 20 | 卫星 20 | 0 | 8 个月 | 未超期 |
| 合计 | 20 | 11 | 75.42 星 * 年 | — |

---

①　关联故障：已经证实是未按规定的条件使用而引起的故障，或已经证实仅属某项将不采用的设计所引起的故障统称为非关联故障，否则就是关联故障。

## 2.3 Duane 模型

Duane 模型最初是飞机发动机和液压机械装置等复杂可维修产品可靠性改进过程的经验总结。模型未涉及随机现象，所以 Duane 模型是确定性模型，即工程模型，而不是数理统计模型。Duane 模型的前提是：产品在可靠性增长过程中逐步纠正故障，因而产品可靠性是逐步提高的，不许可有多个故障集中改进而使产品可靠性由突破性突然地大幅度提高[1]。

虽然每颗发射入轨的卫星都无法对其进行维修，但对平台来说，后发射的卫星是在已在轨型号的基础上改进的，相当于平台是可修的。所以，对于卫星平台可靠性增长的研究仍然可以借鉴 Duane 模型。

Duane 模型基于累积失效率和累积试验时间，在对数坐标下是一条直线。以该模型，推导出累积平均故障间隔时间 $\mathrm{MTBF}_{\sum}(t)$ 和瞬时平均故障间隔时间 $\mathrm{MTBF}(t)$，计算公式如下[2]

$$\mathrm{MTBF}_{\sum}(t) = \theta_c(t) = \frac{1}{a}t^m \tag{1}$$

$$\mathrm{MTBF}(t) = \frac{1}{a(1-m)}t^m \tag{2}$$

式中 $\mathrm{MTBF}(t)$——瞬时平均故障间隔时间；

$\mathrm{MTBF}_{\sum}(t)$——累积平均故障间隔时间；

$t$——时间，$a$ 和 $m$ 为常数。

公式（1）双边取对数，得

$$\ln[\mathrm{MTBF}_{\sum}(t)] = -\ln(a) + m\ln(t) \tag{3}$$

# 3 某卫星平台的可靠性增长分析

## 3.1 平台数据拟合

通过对表 1 中采用该平台的卫星在轨数据进行整理，剔除影响甚微的轻度故障，不考虑可恢复的软故障，得出该平台的在轨运行统计数据，如表 2 所示，进一步整理得到表 3。

表 2　某卫星平台在轨运行统计数据

| 序号 | 卫星 | 关联故障数/次 | 运行时间/h |
|------|------|--------------|------------|
| 1 | 卫星 1 | 6 | 85 032 |
| 2 | 卫星 2 | 0 | 66 432 |
| 3 | 卫星 3 | 0 | 62 376 |
| 4 | 卫星 4 | 0 | 50 040 |
| 5 | 卫星 5 | 0 | 50 040 |
| 6 | 卫星 6 | 0 | 48 864 |
| 7 | 卫星 7 | 1 | 39 672 |
| 8 | 卫星 8 | 0 | 36 960 |
| 9 | 卫星 9 | 0 | 36 960 |
| 10 | 卫星 10 | 1 | 36 960 |
| 11 | 卫星 11 | 0 | 31 800 |
| 12 | 卫星 12 | 2 | 25 248 |
| 13 | 卫星 13 | 1 | 24 696 |
| 14 | 卫星 14 | 0 | 13 056 |
| 15 | 卫星 15 | 0 | 13 056 |

续表

| 序号 | 卫星 | 关联故障数/次 | 运行时间/h |
|---|---|---|---|
| 16 | 卫星 16 | 0 | 13 056 |
| 17 | 卫星 17 | 0 | 7 488 |
| 18 | 卫星 18 | 0 | 6 312 |
| 19 | 卫星 19 | 0 | 6 312 |
| 20 | 卫星 20 | 0 | 6 312 |
| 合计 | 20 | 11 | 660 672 |

表 3　某平台累积 $\text{MTBF}_{\Sigma}$ 的整理数据

| 卫星 | 累积运行时间 $t/h$ | 累积关联故障数/次 | 累积 $\text{MTBF}_{\Sigma}$ | $\ln(\text{MTBF}_{\Sigma})$ | $\ln(t)$ |
|---|---|---|---|---|---|
| 卫星 1 | 85 032 | 6 | 14 172 | 9.559 0 | 11.350 7 |
| 卫星 2 | 151 464 | 6 | 25 244 | 10.136 3 | 11.928 1 |
| 卫星 3 | 213 840 | 6 | 35 640 | 10.481 2 | 12.272 9 |
| 卫星 4 | 263 880 | 6 | 43 980 | 10.691 4 | 12.483 2 |
| 卫星 5 | 313 920 | 6 | 52 320 | 10.865 1 | 12.656 8 |
| 卫星 6 | 362 784 | 6 | 60 464 | 11.009 8 | 12.801 5 |
| 卫星 7 | 402 456 | 7 | 57 493.714 2 | 10.959 4 | 12.905 3 |
| 卫星 8 | 439 416 | 7 | 62 773.714 2 | 11.047 2 | 12.993 2 |
| 卫星 9 | 476 376 | 7 | 68 053.714 2 | 11.128 0 | 13.073 9 |
| 卫星 10 | 513 336 | 8 | 64 167 | 11.069 2 | 13.148 6 |
| 卫星 11 | 545 136 | 8 | 68 142 | 11.129 3 | 13.208 7 |
| 卫星 12 | 570 384 | 10 | 57 038.4 | 10.951 4 | 13.254 0 |
| 卫星 13 | 595 080 | 11 | 54 098.181 8 | 10.898 5 | 13.296 4 |
| 卫星 14 | 608 136 | 11 | 55 285.090 9 | 10.920 2 | 13.318 1 |
| 卫星 15 | 621 192 | 11 | 56 472 | 10.941 5 | 13.339 4 |
| 卫星 16 | 634 248 | 11 | 57 658.909 0 | 10.962 3 | 13.360 2 |
| 卫星 17 | 641 736 | 11 | 58 339.636 3 | 10.974 0 | 13.371 9 |
| 卫星 18 | 648 048 | 11 | 58 913.454 5 | 10.983 8 | 13.381 7 |
| 卫星 19 | 654 360 | 11 | 59 487.272 7 | 10.993 5 | 13.391 4 |
| 卫星 20 | 660 672 | 11 | 60 061.090 9 | 11.003 1 | 13.401 0 |

使用最小二乘法对表 3 中的数据进行拟合，得到图 2，可以看出该平台可靠性增长趋势明显。

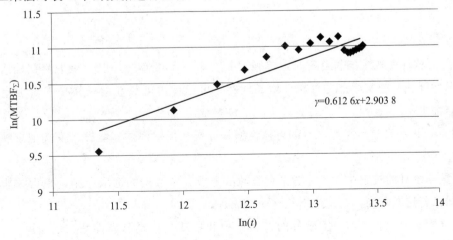

$y=0.612\ 6x+2.903\ 8$

图 2　某卫星平台的 $\ln(t)$ 与 $\ln(\text{MTBF})$ 之间的关系图

对拟合进行相关性分析

$$\rho = \frac{\sum_{i=1}^{n} ln(\theta_{c1}) ln(t_1) - \left[\sum_{i=1}^{n} ln(t_1)\right]\left[\sum_{i=1}^{n} ln(\theta_{c1})\right]/n}{\sqrt{\sum_{i=1}^{n}(ln(t_1))^2 - (\sum_{i=1}^{n} ln(t_1))^2/n}\sqrt{\sum_{i=1}^{n}(ln(\theta_{c1}))^2 - \left[\sum_{i=1}^{n}(ln(\theta_{c1})\right]^2/n}} \tag{4}$$

式中，$\rho$ 为相关系数。

对该方程进行多点最小二乘法拟合时，$m$ 和 $a$ 分别为：

$$m = \frac{n\sum_{i=1}^{n} ln(\theta_c(t_1)) ln - \left[\sum_{i=1}^{n} ln(\theta_c(t_1))\right] \cdot \left[\sum_{i=1}^{n} ln(t_1)\right]}{n\sum_{i=1}^{n}(ln(t_1))^2 - \left[\sum_{i=1}^{n} ln(t_1)\right]^2} \tag{5}$$

$$a = exp\left[\frac{1}{n}(m\sum_{i=1}^{n} ln(t_1) - \sum_{i}^{n} = 1 ln(\theta_c(t_1)))\right] \tag{6}$$

通过计算，得到相关系数为 $\rho = 0.904\,0$，可见拟合曲线与在轨飞行数据有较高的相关性。$m = 061\,26$，$a = 0.054\,8$ 于是得到 $MTBF_{\Sigma}$ 和 $MTBF$ 的表达式分别为

$$MTBF_{\Sigma}(t) = \theta_c(t) = \frac{1}{a}t^m = \frac{t^{0.612\,6}}{0.005\,2} \tag{7}$$

$$MTBF(t) = \frac{1}{(1-m)}t^m = \frac{t^{0.612\,6}}{0.021\,2} \tag{8}$$

## 3.2 结果分析

利用式（8）对某卫星平台的可靠性增长水平进行分析，如表 4 所示。

表 4  某卫星平台分析结果

| 相关系数 $\rho$ | $MTBF_{\Sigma}$ | $BTBF$ | 截至 2014-5-23，平台瞬时 MTBF | 指数分布假设下，截至 2014-5-23，平台的在轨可靠度（3年末） | 指数分布假设下，截至 2014-5-23，平台的在轨可靠度（5年末） |
|---|---|---|---|---|---|
| 0.904 0 | $\dfrac{t^{0.612\,6}}{0.054\,8}$ | $\dfrac{t^{0.612\,6}}{0.021\,2}$ | 173 126.2 h | 0.859 1 | 0.776 4 |

一般取 $m = 0.3 \sim 0.7$。当 $m = 0.1$ 时，说明在增长过程中基本没有采取改进措施；当 $m = 0.6 \sim 0.7$ 时，说明在增长过程中采取了强有力的故障分析和改进措施，取得了较大的增长效果[2]。也说明了国内航天采用的故障归零和举一反三方法是非常有效的可靠性增长方法。

采用 Duane 模型的初步分析表明，该卫星平台的可靠性增长率为 0.6126。从统计数据可以看出，随着研制工作的开展，该平台的可靠性得到了较大提高，因此可以认为该卫星平台是一个经过多次改进的非常成熟的卫星平台。

# 4  结论

1）不考虑星上软件在轨维护和更新时，单颗卫星在轨是不可修的，但卫星平台在地面可修，卫星平台系统级的可靠性评估问题实质上是可靠性增长问题。可以使用可靠性增长模型来对卫星平台的可靠性增长情况和可靠性水平进行分析。

2）使用 Duane 模型来进行卫星平台的可靠性增长分析和指标评估，能够较真实地反映卫星平台的实际可靠性水平。

3）在进行数据统计的过程中，应注意平台在轨故障或异常数据的选取原则，因为并非所有的数据都能作为分析依据；若选取不当，会造成增长规律的失真。

4）本文的分析研究没有考虑星上软件的在轨维护和更新对整星可靠性增长的贡献。如何改进模型，将软件可靠性因素纳入卫星平台的可靠性增长分析中是一个亟需解决的问题。

## 参 考 文 献

[1] 何国伟，戴慈庄，等．可靠性试验技术 [M]．北京：国防工业大学出版社，1995，12：155-161.

[2] 王桂华，张连祥．采用 Duane 模型评估航空发动机平均故障间隔时间 [J]．航空发动机，2006，32（1）：29-30.

[3] 王凭慧，范本尧，傅惠民．卫星推力器可靠性评估和寿命预测 [J]．航空动力学报，2004，19（6）：745-748.

[4] 武炳洁．卫星动量轮退化过程建模与分析技术 [D]．长沙：国防科技大学，2009.

[5] 晁代宏，马静，陈淑英，张春熹．基于性能退化的卫星用光纤陀螺可靠性评估 [J]．红外与激光工程，2011，40（9）：1763-1767.

# Research on the Reliability Growth of a Satellite Platform Based on Duane Model

WANG Shiqing　　WANG jing　　BAI zhaoguang

DFH Satellite Co. Ltd，Beijing　　100094

**Abstract**　　A phenomenon is found in this paper that the platform could be maintained on ground while satellites couldn't be maintained in orbit. So the reliability assessment to platform which is actually a reliability growth analysis is different from the reliability assessment to a general product. The reliability growth of a satellite platform is analyzed based on Duane Model and the fault information of satellites in orbit. The result is very approximate to project reality，and the result also verifies the standpoint that the reliability assessment to satellite platform is actually a reliability growth analysis.

**Key words**　　Duane Model；Satellite platform；Reliability growth

## 作 者 简 介

王世清，男，可靠性安全性工程师，航天东方红卫星有限公司，从事卫星总体的可靠性安全性设计分析技术研究工作，电子邮箱：22834403@qq.com。

# 基于几何构像仿真分析地形视差对波段配准的影响

肖倩[1]　汪红强[1]　马灵霞[1]　周宇[2]　王剑[1]　陈元伟[1]

1. 航天恒星科技有限公司，　北京　100086
2. 航天东方红卫星有限公司，北京　100094

**摘　要**　波段配准精度是评价多光谱影像质量的重要指标，决定了后续应用效果。多光谱相机各波段间视轴夹角对波段配准精度的影响不容忽略，因此，在卫星成像系统设计之初，就有必要通过仿真的方法研究各波段间视轴夹角对后续地面数据处理波段间配准精度的影响。通过模拟载荷当前设计参数下的仿真图像，分析仿真图像变形特点，选择合适的地面数据处理算法，保证地面处理配准精度满足应用需求。本文详细介绍了基于几何成像仿真系统及仿真分析的原理，利用某卫星的初步设计参数，仿真分析在波段间视轴夹角参数不同的情况下波段间配准精度，并着重分析地形起伏对波段配准精度的影响，从而为该星的地面数据处理系统研制提供了真实可靠的数据源，并为高精度波段配准算法研制搭建了一体化验证平台。

**关键词**　几何成像仿真；地形视差；波段配准

## 1　引言

波段配准精度是评价多光谱影像质量的重要指标，决定了后续应用效果。通常相机制造方依据卫星应用对波段间配准的需求，精确设计 CCD 阵列的严密几何关系，以保证配准精度。但由于各谱段视轴在俯仰和滚动方向存在一定的夹角，在成像过程中，不同谱段对同一地物成像时存在一定的高程差，使得各谱段上产生不同方向、不同大小的像差，从而降低谱段配准精度。

目前，针对多光谱相机中各个谱段间的配准技术已经比较成熟，对于资源三号卫星中多光谱相机各个谱段的配准，蒋永华、张过等人[1-2]采用了虚拟 CCD 重成像技术，通过将多个谱段重成像到同一虚拟 CCD，实现了谱段间配准。文中分析了高程差在垂轨和沿轨方向引起的像差，像差大小与不同谱段视轴光线的物方投影点高程差，以及不同谱段同名光线在垂轨或沿轨方向的夹角相关。Landsat - 8 OLI 传感器多光谱包括 9 个谱段，其中全色谱段和卷云谱段间存在夹角 0.552 5°，因此，由于地形起伏引起的像差大小不可忽略。在 Landsat - 8 影像系统几何校正过程中，为了保证谱段间配准精度，引入了数字高程模型（Digital Elevation Model，DEM），消除了地形影响后再进行谱段配准[3]。可见，多光谱相机中各个谱段间的夹角对波段配准的影响不可忽略，必要时需改变后续地面数据处理流程或方法来保证配准精度需求。当卫星成像系统谱段间的夹角超过一定阈值，会直接导致后续地面数据处理精度无法满足应用需求，因此，在卫星成像系统设计之初，就有必要通过仿真的方法对成像系统谱段间的夹角设计进行一定的约束，从应用的角度出发，计算星上相机各谱段间夹角的阈值。

本文以某卫星成像系统设计为例，通过几何成像仿真模拟当前载荷设计参数下的仿真图像，分析给出波段间不同视轴夹角情况下后续地面数据处理波段间的配准精度，并着重分析地形起伏对波段配准精度的影响。文中详细介绍了几何成像仿真系统及仿真分析的原理，并为该星的地面数据处理系统研制提供了真实可靠地模拟数据，以及高精度波段配准算法研制一体化验证平台。

## 2 仿真分析原理及方法

### 2.1 地形视差产生的原因

卫星载荷的不同波段沿轨一次排列,成像时刻的视线矢量方向角不同。因此,一次成像过程中各波段高于地面的同一地物成像时,会存在由于时间延迟造成的图像视差,如图 1 所示。在某一时刻,波段 $M$ 首先对地物点 $O$ 成像,卫星沿轨飞行若干秒后,波段 $N$ 对同一地物成像,由于地物点 $O$ 存在一定的高程值,造成波段 $M$ 和波段 $N$ 在未进行高程校正的情况会存在一定的波段配准误差。

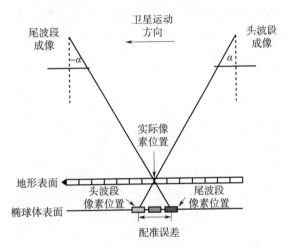

图 1 地形视差产生原因示意图

### 2.2 几何成像仿真分析原理及方法

几何成像仿真考虑卫星在轨过程中造成图像畸变的各种因素,按照严格物理模型,建立地物点和像点的一一对应关系。根据载荷设计参数,模拟得到卫星载荷的内参数和外参数。根据卫星平台设计参数,模拟仿真卫星真实在轨情况,得到真实的卫星轨道、姿态和行时数据,从而仿真得到成像时刻真实卫星影像。

本文基于几何成像仿真分析视差对波段配准精度的影响,基本原理如图 2 所示。

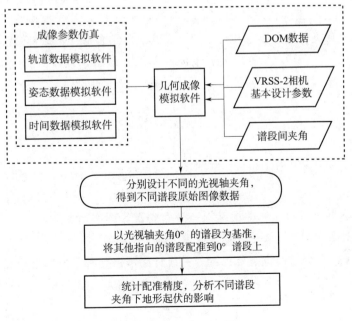

图 2 仿真分析原理图

本文旨在分析波段间不同视轴夹角情况下后续地面数据处理波段间的配准精度，主要分析地形起伏对谱段间配准的影响，暂且不考虑由于安装误差和相机镜头畸变引起的谱段间配准误差。

本文应用的谱段间配准算法已在多颗卫星数据处理系统中得到了验证，在控制点数量充足、分布均匀的情况下，谱段间配准精度优于 0.3 个像元。因此，为了保证控制点数量充足、分布均匀，本文利用网格中心点的方法选取控制点，联合相关系数法和互信息法进行匹配，并剔除粗差后获得充足的控制点对。在选择多项式模型时，本文选取仿射变换模型，即仅取多项式模型中的一次项进行变换处理，这样既能保证平原地区的变形得到纠正，又能保留地形起伏对图像的变形影响。

本文主要借助项目组已有的几何成像仿真软件，利用高精度 DOM 图像作为仿真数据源，以某卫星基本设计参数为输入，通过设计不同光视轴夹角，模拟多光谱相机的各个波段，分别得到不同波段原始图像仿真数据。进而以其中一幅图像为基准图像，将其他谱段图像通过配准模型配准到基准图像上，最后统计各波段间配准精度，分析地形起伏对波段间配准精度的影响。

# 3 试验验证及分析

本文主要针对某卫星成像系统在设计阶段指标参数的确定，根据卫星、载荷的初步设计参数，定量模拟红外相机谱段间设计不同夹角时谱段间的配准精度，从而独立的分析验证载荷设计指标是否合理，给出指标合理化建议。

该星红外相机系统包含短波红外三个谱段和长波红外两个谱段，短波红外谱段焦距 537 mm，像元尺寸 25 $\mu m \times 25$ $\mu m$，每片 1 024 个探元，共 3 片；长波红外谱段焦距 432 mm，像元尺寸 40 $\mu m \times 40$ $\mu m$，每片 512 个探元，共 1 片。

## 3.1 试验数据

为了研究各波段间的配准精度以及地形起伏因素的影响，本文选择 2012 年 10 月 30 日北京地区西北方位 VRSS - 1 号宽幅相机影像，影像分辨率 16 m，幅宽 371 km，目标区域的高程差为 1 546 m，同时包含平原地区和山地地区，高程数据选择全球 90 m 分辨率的 DEM 数据。

## 3.2 基于几何成像仿真分析不同视差对配准精度的影响

首先，根据某星平台载荷设计参数，模拟仿真得到载荷各个探元的指向角以及载荷的安装角。根据轨道动力学和姿态动力学模型模拟仿真轨道、姿态数据，根据积分时间模型计算每行图像的成像时间，从而得到卫星成像时刻的真实轨道、姿态和行时数据。其次，结合 DOM 源图像数据和相关配置参数，分别模拟视轴指向角为 0°、0.5°、1°、3°和 5°共五个波段图像。最后，以视轴指向角为 0°的图像为基准图像，将其他波段配准到基准图像上，并对配准后的图像进行配准精度统计，分析地形起伏对各波段间配准精度的影响。

仿真时间段为 2012 10 30 03：10：06.659 753 至 2012 10 30 03：10：19.317 283，共计 12.657 53 秒，成像 3 000 行数据。

图 3 为仿真原始 DOM 影像，图 4 为 5 个波段的仿真图像截图。图 5 为光视轴夹角为 1.0°时垂轨和沿轨方向的配准误差。

图 6 表示光视轴夹角为 0.5°和 3.0°时配准误差分布情况。图中箭头表示配准误差的大小和方向，为了提高图像显示效果，对图像配准误差大小做了适量拉伸。

将配准后的影像与基准图像进行同名点匹配，并统计配准误差和配准精度，见表 1。

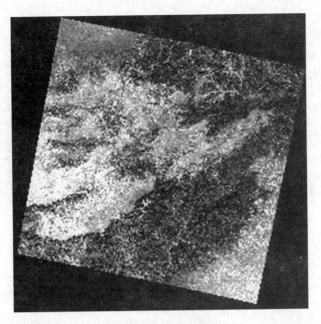

图 3 原始 DOM 源图像

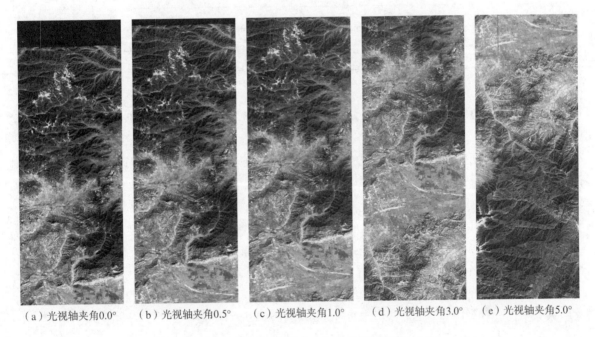

（a）光视轴夹角0.0° （b）光视轴夹角0.5° （c）光视轴夹角1.0° （d）光视轴夹角3.0° （e）光视轴夹角5.0°

图 4 不同光视轴夹角下的仿真结果图像

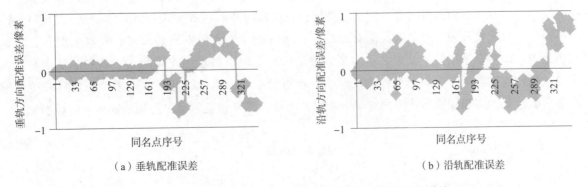

（a）垂轨配准误差 （b）沿轨配准误差

图 5 光视轴夹角为 1.0°时垂轨方向和沿轨方向的配准误差

（a）光视轴夹角0.5°　　　　　　　　　　　（b）光视轴夹角3.0°

图6　不同光视轴夹角时配准误差分布

表1　不同光视轴夹角下的仿真图像配准中误差综合统计表（单位：像素）

| | 沿轨方向 | | | 垂轨方向 | | | 配准精度 |
|---|---|---|---|---|---|---|---|
| | 最大值 | 最小值 | 中误差 | 最大值 | 最小值 | 中误差 | |
| 光视轴夹角 0.5° | 0.25 | −0.4 | 0.074 4 | 0.3 | −0.1 | 0.055 2 | 0.092 6 |
| 光视轴夹角 1.0° | 0.9 | −0.7 | 0.151 7 | 0.6 | −0.7 | 0.093 4 | 0.178 2 |
| 光视轴夹角 3.0° | 1.2 | −1 | 0.441 2 | 0.65 | −0.15 | 0.119 3 | 0.457 1 |
| 光视轴夹角 5.0° | 2.85 | −4.05 | 1.847 9 | 0.5 | −0.6 | 0.232 3 | 1.851 9 |

由图5、图6和表1分析可知：

1）随着光视轴夹角增大，沿轨和垂轨方向的配准误差逐渐增大，垂轨方向变化幅度较小，沿轨方向变化明显。

2）由图6和图7分析，可以发现随着光视轴夹角增大，地形视差效应更明显；地形起伏较大的地区，地形视差也较大，配准精度较差；在沿轨方向，地形升高时，配准误差为偏沿轨正向，地形降低时，配准误差为偏沿轨反向。

3）根据表1中的配准统计结果可知，光视轴夹角小于1°时，波段间配准精度可达到0.3个像元；光视轴夹角超过1°达到3°后，受地形起伏影响配准误差增大，配准误差超过0.3个像元；光视轴夹角为5°时，配准精度已超过1个像元。

# 4　结束语

本次试验仅选取短波红外的参数作为载荷参数，通过设定不同的光视轴夹角模拟不同波段成像，并利用仿射变换方法对仿真图像进行校正配准，最后进行精度分析。试验发现：针对不同载荷的设计特点，需采用不同的波段配准处理流程，波段间夹角较小，地形起伏不大的平原地区可在相对辐射校正后进行波段配准处理，能够在系统几何校正之前实现多波段配准。但当波段间夹角较大，地形起伏明显时，则适宜采用正射校正消除地形影响后进行波段配准。对于大面积的水体、沙漠等地表纹理信息较少的情况下，宜采用临近景的多项式系数作为配准模型参数，因此，需要相机方提供稳定的相机内方位参数。

**参 考 文 献**

［1］　蒋永华，张过. 资源三号测绘卫星多光谱影像高精度谱段配准［J］. 测绘学报，2013，42（6）：884－890.

［2］　Zhang Guo，Liu Bin，Jiang Wanshou. Research on an Algorithm of Inner FOV Stitching of Spaceborne Optical Sensor based on the Virtual CCD Line［J］. Journal of Image and Graphics，2012，17（6）：696－701.

[3] R. V. R. John R. Schott. A Synthetic Sensor/image Simulation Tool to Support The Landsat Data Continuity Mission. ASPRS 2010 Annual Conference. San Diego，California. 2010.

# Effects Analysis of Topographic Axis Angle on the Bands Registration Accuracy Based on Geometry Imaging Simulation

XIAO Qian[1]   WANG Hongqiang[1]   MA Lingxia[1]   ZHOU Yu[2]   WANG Jian[1]   CHEN Yuanwei[1]

1. Space Star Technology co. ，Ltd，Beijing 100086

2. DFH Satellite co. ，Ltd，Beijing 100094

**Abstract**   Band registration accuracy is an important indicator of multi‑spectral image quality evaluation. It determines the effect of subsequent application. It cannot be ignored that the angle between the bands in multispectral camera influenced on the band registration accuracy. Therefore，in the beginning of the satellite imaging system design，it is necessary for using the simulation approach to research the axis angle on the bands registration accuracy in ground data processing. By using the design parameters of satellite to simulate image，it can analyze the characteristics of the simulation image distortion and select suitable algorithms of ground data processing system ensuring the bands registration accuracy can meet the application requirements. This paper introduces full image chains simulation system and the principle of simulation analysis. It uses the preliminary design parameters of some satellite to simulate and analyze the band registration accuracy under different axis angles between the bands. And the analyses focus on the impact of the topography of the band registration accuracy. So it can supply authentic data sets for ground data processing system and build an integration verifying platform for developing high‑precision band‑to‑band registration algorithm research.

**Key words**   Geometry imaging simulation；Topographic axis angle；Band‑to‑band registration

### 作 者 简 介

肖倩，女，工程师，航天恒星科技有限公司，研究方向为遥感数据仿真与处理技术，电子邮箱：xiaoqian＿ceode@163.com。

# 面向高分卫星的高性能地面数据处理系统设计

喻文勇[1]　张妍[2]　李晓进[1]　吴郡[1]　张帅[1]

1. 中国资源卫星应用中心，北京　100094

2. 中国空间技术研究院总体部，北京　100094

**摘　要**　民用高分专项旨在大幅度提高我国自主对地高分辨率观测信息获取能力，对促进经济和社会发展，增强综合国力具有重大战略意义。高分地面处理系统承担卫星的运行管理和定标任务，负责卫星数据的处理、存档和分发服务。本文分析了高分卫星的数据特点和用户需求，提出了处理、存储和分发架构的优化设计，有效提升了地面系统的性能，满足了高分卫星地面系统的任务要求，取得了较好的应用效果。

**关键词**　高分专项；地面系统；并行计算；HDFS 存储；INFINIBAND

## 1　概述

卫星地面系统是卫星工程的六大组成部分之一，主要负责卫星的运行管理和定标服务，卫星数据的处理、存档和分发服务等。随着我国卫星能力的高速发展，尤其是近期高分专项卫星的发射，原有的地面系统在数据处理和存储管理架构、图像处理与转发机制和并行数据分发机制方面均无法满足卫星数据的处理要求。为此，地面系统在以往的基础上，针对新一代高分卫星数据的特点，结合多主用户机制的特殊需求，从大规模并行处理、海量多层级高性能存储和高速交换与并行分发等三个方面进行优化设计，使得地面数据处理并行度、存档管理吞吐率和分发时效等能力大大提高，满足了各行业用户的需要。

针对原有的地面系统在数据处理、存储管理和分发方面难以满足要求的问题，本文创新地提出了面向高分卫星的高性能地面数据处理系统设计，很好地解决了该问题，本文主要解决的问题及创新点如下：

1）针对高分卫星数据量大、地面处理的时效性要求高的问题，创新性的提出了大规模多层次并行处理架构设计，主要包括多节点集群并行、单景 GPU 并行和 FPGA/DSP 硬件加速等模式。

2）针对高分卫星数据量大、访问速度和存储容量之间矛盾的问题，创新性地提出了多层级海量遥感数据存档管理架构设计，主要包括基于遥感数据生命周期的存储系统架构设计、基于 Hadoop 的长条带在线归档设计和基于磁带索引的近线存储设计。

3）针对高分卫星数据量大、码速率高、多主用户的问题，创新性地提出了高速传输交换与并行分发架构设计，主要包括实时处理与转发技术、基于三网的高速交换技术和高效并行分发技术。

## 2　高分卫星的数据特点与处理难点

高分卫星具有分辨率高、相对国外卫星幅宽大等特点，其下传数据量大，传输码速率高；同时由于高分专项为国家各行业共享服务，整个地面系统具有以下特点。

### 2.1　数据量大

高分二号卫星是我国民用进入到"亚米级"卫星第一颗，星下点分辨率达到 0.8 m，单景幅宽达到 45 km，无论是单轨的 0 级条带数据文件，还是单景产品文件，数据量均远大于以往卫星数据产品，甚至超过国外同类卫星数据产品。与国外商业化遥感卫星机动多目标局部采集模式不同，高分专项国内用户多，采集区域面积大，要求常常采用长条带式拍摄，以便更及时高效地获取全国范围数据。在此模式下，单个条带原始数据文件可达到 40 GB，解压之后的单个 0 级条带数据文件可达到 240 GB，超过以往卫星数倍甚至数十倍；而单幅 1 级数据产品的像素数达到 29 800×29 800，约 1.8 GB，若需双相机拼接产品，则约 7.2 GB，也超过以往卫星数倍到数十倍。因此，在地面处理的时效性要求高的情况下，如何快速地处理和存储管理卫星数据是高分地面处理系统的难题之一，迫切需要采用新的存档管理和处理架构。

## 2.2 码速率高

高分一号卫星采用双通道×450 Mbps 下传速率，单相机采用三片拼接，像元数为 18 000，解压之后的码速率为 1.017 Gbps，而高分二号卫星单相机采用了五片拼接，像元数达到 30 720，解压之后的码速率达到 2.1 Gbps，超出了普通服务器的网络吞吐能力，当双相机数据同时解压缩时，相当于四台载荷（左右两台相机，每台相机的全色和多光谱两个载荷）同时读写，总的网络吞吐速率要求达到 6 Gbps，远超过以往的卫星载荷处理的速率需求。因此，在地面处理的时效性要求高的情况下，如何快速地处理与转发卫星图像处理是高分地面处理系统数据处理的难题之一，需要采用新的卫星图像处理与转发机制。

## 2.3 多主用户机制

以往陆地观测卫星在面向各行业互联网模式提供下载的同时，选取一到两个行业作为主用户提供专线推送，作为应用效果体现的主要代表，如 HJ‐1A/B/C 针对减灾、环保行业，ZY‐3 针对测绘行业等。民用高分专项为了更广泛的为各行业服务，每颗星都选取了 3～4 个行业以上作为主用户，第一批项目 3 颗星就需向 11 个用户并行专线推送。因此，如何快速甚至近实时地向所有用户并行传送超 10 TB 的数据，是高分地面处理系统并行数据分发的难题之一，需要采取新的分发架构。

# 3 高分卫星地面处理系统的基础平台架构设计

高分卫星地面处理系统主要由数据处理、数据库管理、数据分发和数据模拟四个分系统组成，其软硬件基础平台的架构设计主要围绕着数据的大规模并行处理、海量存档管理和高速传输与分发等三个方面展开。

## 3.1 大规模多层次并行处理架构设计

由于高分二号卫星的单轨 0 级文件达到数百 GB，单景图像数据文件达到几个 GB，远超过以往卫星的数据处理需求，且地面处理的时效性要求高，因此要求数据处理的算法和软硬件架构的设计都需要考虑大规模并行处理。

常规的高性能计算可划分为"数据密集型"和"计算密集型"两类，而卫星遥感数据预处理过程中既包括"数据密集型"，也包括"计算密集型"。其中对于图像产品的逐点重采样属于典型的"数据密集型"，对于姿轨数据的拟合、滤波、图像匹配和方程解算属于"计算密集型"。因此，对于地面处理过程中不同处理步骤采取了不同层次的并行处理，主要包括多节点集群并行、单景 GPU 并行和 FPGA/DSP 硬件加速等三种模式。

1）多节点集群并行。集群是由一组相互独立的计算机节点组成的集合体，各节点通过网络设备实现互联，通过统一的计算资源调度系统，共同完成统一的计算任务。集群具备非常好的可扩展性，其性能能够通过增加计算节点和扩充计算节点的 CPU、内存和硬盘配置而得到较大幅度的提升。在本系统中，对于一轨内部的多景数据之间采用多节点并行，对于单景的多波段之间采用单节点内 OpenMP 方式并行加速可达到最优效果[1]。按照通用的全球参考网格（WRS）划分，高分卫星每次成像的一轨数据通常可分景为数十景到数百景数据，每景数据约 2～3 GB，根据仿真计算、程序分析和试验验证，本系统产品生产集群采用了 48 个刀片节点，每个刀片节点采用双路 8 核 CPU、64GB 内存和 1TB 的 SSD 硬盘，最优化满足了常规模式下的数据并行生产。图 1 为单轨数据分景后在集群上并行的示意图。

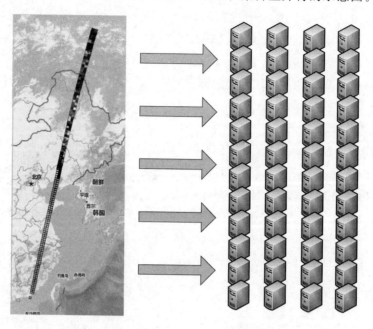

图 1　单轨数据分景后在集群上并行的示意图

2）单景 GPU 并行。CPU 的整数计算、分支、逻辑判断和浮点运算分别由不同的运算单元执行，面对不同类型的计算任务会有不同的性能表现，在逻辑控制较多的处理中具有很好的优势。而 GPU 是由同一个运算单元执行整数和浮点计算，整型计算能力与浮点能力相似，更适合逻辑控制少、计算密集、并行度大的计算。对于遥感图像数据处理中相关性很小，并行颗粒度很大（如像素级的重采样，并行颗粒度达到百万以上级别）的部分环节，GPU（即图形处理单元）在处理能力和存储器带宽上相对于 CPU 都具有明显优势[2]，在成本和功耗上的开销也相对较小，总体性价比优势突出。本系统中，针对重采样、波段配准和图像匹配等环节，采用 HP 的 SL250 服务器平台（配置 NVIDIA 公司最新的 Fermi 架构 TeslaM2070 GPU 卡结合 INTEL XEON E5 - 2670 CPU）做了并行加速，并在图像数据的加载、下卸等环节作了专门的优化，单景的重采样模块加速比达 40 倍左右[3]。图 2 为基于 GPU 并行几何重采样处理流程图。

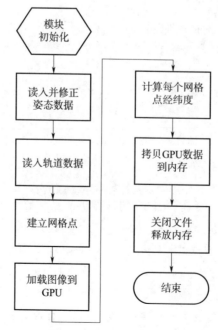

图 2　基于 GPU 并行几何重采样处理流程图

3）基于 FPGA 和 DSP 的并行。为了满足用户对大幅宽的需求，高分一号和高分二号卫星都携带了多台相机并行排列以增加组合幅宽。为方便用户使用，提高高分遥感数据使用效率，地面系统研究并开发了基于 1 级影像＋RPC 的双相机拼接数据产品。由于高分卫星分辨率高、探元数量多，对计算能力的需求极高，依靠标准的服务器计算资源，单景双相机数据产品拼接处理在单 CPU 下将达数小时，无法达到地面系统的批量处理的要求。为此，地面系统分析了算法可并行度，研究了基于 FPGA 和 DSP 的并行加速方案，可将高分二号单景处理时间缩短到 8 min 以内，很好地解决了系统的效率问题，具有很高的工程实用价值。图 3 为基于 FPGA 和 DSP 的并行加速处理方案。

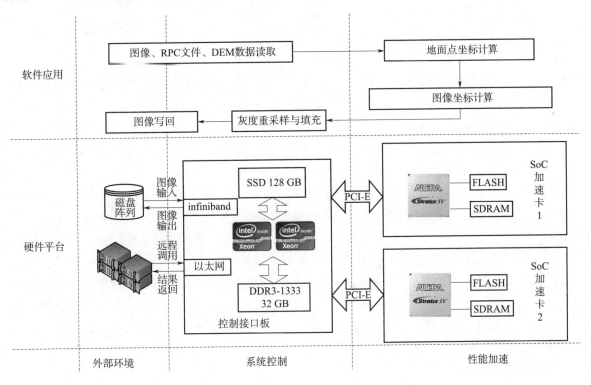

图 3　基于 FPGA 和 DSP 的并行加速处理方案

## 3.2　多层级海量遥感数据存档管理架构设计

高分卫星日均归档数据量达到 10 TB 以上，卫星寿命期间将产生数十 PB 的数据需要永久归档和备份管理，远超过国内外同类遥感卫星数据中心[4-5]。针对如此大规模的数据，如何更加高效可靠地存储和管理海量遥感数据，已经成为空间信息科学领域研究和业务应用机构重点关心的问题之一[6]。为了解决数据高速访问、长期存储和低成本之间的矛盾，针对高分数据特点及其归档管理需求，提出了以下基于遥感数据生命周期的存储系统架构设计、基于 Hadoop 的长条带在线归档设计和基于磁带索引的近线存储设计方案。

（1）基于遥感数据生命周期的存储系统架构设计

数据生命周期是数据从创建、使用、备份、再利用到销毁的循环过程。针对卫星遥感数据，地面处理系统依据卫星的重访周期和回归周期制定初步的数据生命周期，并结合用户对数据的使用需求形成动态调整的卫星遥感数据生命周期存储系统。

在本系统中，高分一号卫星和高分二号卫星的重访周期都是 4 天，回归周期分别为 41 天和 69 天，结合以往对用户访问周期的统计，可初步将高分卫星数据存储划分为在线、近线和离线三级。在线存储区采用访问速度较快的磁盘阵列，数据保存周期初步定为 3 个月，主要存储用户访问频度较高和图像质量较好的数据产品；近线存储区采用速度较低的自动化磁带库，数据保存周期定为 5～8 年的卫星设计寿命期，主要存储并不经常用到或者访问量并不大的较热数据。离线存储区采用人工磁带架，数据超出卫星设计寿命期之外，可以满足大容量数据长期存储的需求，可对数据永久保存。图 4 为三级存储架构。

在线区（hadoop集群）　　　近线区（磁带库）　　　离线区（磁带架和磁带）

图 4　三级存储架构

（2）基于 Hadoop 的长条带在线归档设计

传统系统中，在线存储区通常采用磁盘阵列，读写总带宽受限于盘阵的控制器数量，只能达到 4～5 GB/s，无法满足大规模集群的快速访问需求。在本系统中，由于高分卫星数据量比以往增大数倍，访问的计算机节点数达到 200 台，对于存储系统的读写瓶颈异常严重。为此，本系统采用基于 Hadoop 的 HDFS 文件系统构成的集群存储系统替代了传统的集中式盘阵存储，将数据并行分块存储在整个存储集群中，可以满足数据处理时快速读写的需求。

HDFS 文件系统采用 master/slave 架构，通常一个 HDFS 集群由一个 NameNode 和若干个 DataNode 组成[7]。NameNode 管理着文件系统的 Namespace。它维护着文件系统树以及文件树中所有的文件和文件夹的元数据。DataNode 是文件系统的工作节点，按块（block）存储数据文件，根据客户端或者是 Namenode 的调度存储和检索数据，并且定期向 namenode 发送他们所存储的块（block）的列表，每个块在不同的 DataNode 保存若干个副本。客户端通过与 NameNode 和 DataNode 的交互来访问这个文件系统。不同节点间的通信采用 PRC（Remote Procedure Call）协议。在本系统中针对卫星数据特点和处理流程，对存储结构块进行了优化，将聚合带宽提高了 3 倍，并通过了 2 400 小时无故障试运行，很好地平衡了数据访问速度和安全性[8]。

（3）基于磁带索引的近线存储设计

随着遥感影像数据量呈几何级数的增长，对于长期归档存储的数据，如何快速、准确地提供目标区域的遥感数据成为应用的核心[9]。近线存储区采用自动化磁带库，可以满足较长期的数据归档管理。但磁带通常是作为数据备份和恢复用，属于线性存储设备，即一般情况下需要将整盘磁带读取出来，才能恢复出所需要的数据。其工作模式为：一方面，在线归档区数据会定期迁移至近线存储区，近线存储区存储容量接近极限时，将会卸载部分磁带并安装新磁带，旧磁带移至离线存储区；另一方面，当用户请求数据时，软件将首先检索在线归档区，若存在，则直接读取，若不存在，则定位近线存储区，抓取相关磁带，恢复整盘磁带数据至盘阵形成一个文件，从中切出所需数据。

由于整盘磁带的线性读取时间过长，当需要对磁带中的单景数据恢复时，就出现了效率较低的问题，例如，针对高分卫星数据，采用 3TB 的 LTO5 磁带，单盘磁带数据加载和读写时间是一定的，无论读取任何一景，都需要 5 min。为此，在本系统设计中，采用基于索引信息的磁带读取技术，若近线存储区存在数据，则直接通过索引定位至相关磁带位置，对磁带中存储的 0 级长条带数据进行在线切景，最终将切景完成后的数据回迁至在线归档区，若近线存储区没有数据，则需要在离线存储区找到相关磁带，并装载至近线存储区后，重新执行在线切景、数据回迁等相关动作。采用此种方式大大提高了系统单景产品数据的随机恢复效率。

## 3.3　高速传输交换与并行分发架构设计

鉴于高分卫星数据量大、用户时效要求高等特点，采用了以下三种技术实现，满足内部数据高速处理和用户快速获取数据的需求：

（1）实时处理与转发技术

传统的卫星图像处理过程中，卫星图像数据由地面站接收完毕后，通过光纤以 FTP 的方式被上传到资源卫星应用中心 FTP 服务器。中心等待数据传送完毕后，启动帧同步、解压缩等图像处理流程，生成图像产品。随着高分辨率卫星数据越来越大，而用户对于时效性要求越来越高，两者之间矛盾越来越突出。针对高分二号卫星，图像数据在上传到 FTP 服务器的过程大约需要二十分钟到半小时，整个传输过程中，帧同步、解压缩等图像处理流程只能等待，浪费了大量的处理时间，而用户要求整个处理过程小于 2 小时，传统的分步处理方式已无法满足需求。

针对所存在的问题，本系统中对传统的分步式卫星图像处理过程进行了创新式改造，通过高速动态同步锁缓冲队列的技术，实现了边传输边解压缩处理的功能，既有效地节省了传输图像的空闲时间，又保证了系统的可靠性，高速实时传输转发队列设计如图 5 所示。

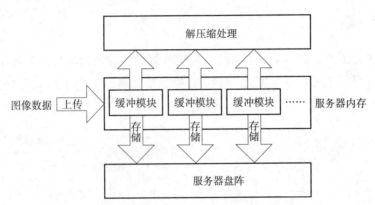

图 5　高速实时传输转发队列设计

（2）基于三网的高速交换技术

地面处理系统中存在的数据类型多，差别大，既有单个文件可达上百 GB 的 0 级条带图像文件，又有 1 MB 左右的抽样浏览图像数据文件，还有几 KB 的元数据描述文件和运行任务单记录文件。针对这些特点，系统综合考虑设备的结点类型、存储设备、互连网络、数据接入等多方面因素，进行了均衡与优化，主要采用以下三种网络结构，满足不同层次的数据交换。

1）40 Gbps 的 IB 交换。在数据录入和产品生产过程中，各计算节点间需要进行大量的内部通信和图像数据交换，对网络 I/O 的吞吐量要求最高。利用目前商用最高速率的 40 Gbps 4 倍速双通道 Infiniband 网络，提高了每个结点的网络吞吐能力，突破了万兆网络性能限制。此外，相比 TCP/IP 协议，提供更加高速的 SDP，SRP，RDMA，RDS，IPoIB 等协议，可方便在原有基础上快速开发成适用于不同数据交换场景的功能模块。

2）万兆以太网和 8 GB SAN 存储网络。对于每天生成的需要进行三级存储的 0 级数据和产品数据文件，其数据量达到 10 TB 以上，在快速归档到盘阵和磁带库的过程中，要求保持持续稳定的高速读写。为此，采用了目前成熟可靠的，适用于存储、归档和备份的存储区域网（SAN）架构盘阵，同时兼顾未来发展和性价比，配置部分万兆以太网的存储集群作为数据的高速缓存。

3）千兆以太网。除以上的高速数据交换之外，在一个大规模集群中，还要进行计算节点间和存储设备间的管理信息的交互和通信，还要考虑到大量桌面终端对数据访问的性价比。为此，配置了包括核心和接入两个层次的千兆以太网络，满足设备管理和桌面接入的需求。

通过以上多种层次的网络设计，实现计算网、存储网和通信网的三网整合，既高效地满足了数据交换和内部通信的需要，又最大程度地提高了网络的效费比。

（3）高效并行分发技术

与以往卫星的单一主用户机制不同，民用高分专项中，每颗高分卫星都对应 3、4 家主用户，整个高分第一批（含高分一、二、三号卫星）对应了 11 家主用户单位，为此，地面系统需要将处理完的卫星数据复制多份，并行发送多家单位。针对卫星数据文件大、景数多、用户多等特点，地面系统采用了基于动态任务队列的并行映像复制技术，建立并维护了一个统一的传输任务队列，同时在队列中加入了多用户并发互锁机制，保证卫星数据产品的多份同步复制。

# 4 高分卫星地面处理系统的运行成效

高分一号卫星和高分二号卫星分别于2013年4月26日和2014年8月19日成功发射，地面数据处理系统至今已经过了两年的在轨测试和运行，尤其是高分二号卫星的在轨测试证明，采用以上多项技术措施之后，地面处理系统在处理、存档和分发方面的各项核心性能指标较以往均有大幅提高，可以满足高分卫星在轨运行的要求。

## 4.1 处理能力

地面处理的处理能力主要包括两个核心指标：单轨数据处理时效和单日数据处理量。通过图6可以看出，高分系统的单轨数据处理时效可缩短至35 min，单日原始数据处理量可达1 800 GB，两项指标都远高于资源三号、资源一号02C和HJ-1A/B/C系统。

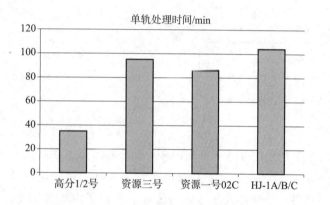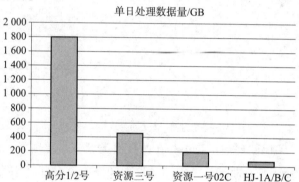

图6　高分系统处理能力图

## 4.2 存储能力

地面处理系统的存储能力主要包括两个核心指标：在线容量和日均归档量。通过图7可以看出，高分系统在线容量达到2 000 TB，日均归档数据量（含0级条带数据和1级产品数据）达7.2 TB，该两项指标也都远高于资源三号、资源一号02C和HJ-1A/B/C系统。

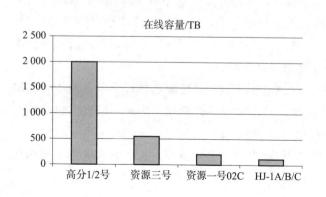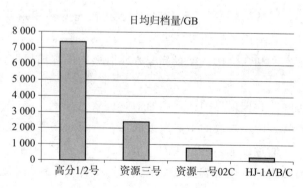

图7　高分系统存储能力图

## 4.3 分发能力

地面处理系统的分发能力主要包括两个核心指标：并行推送份数和日均推送数据量。通过图8可以看出，高分系统每颗星均需推送5家单位，日均推送数据量达6.1TB，该两项指标也都远高于资源三号、资源一号02C和HJ-1A/B/C系统。

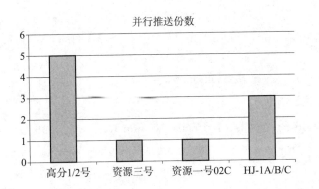
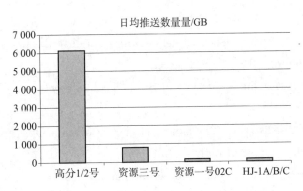

图8 高分系统分发能力图

# 5 结束语

综上所述，本文针对高分卫星数据量大、码速率高、主用户多、数据获取时效要求高等特点，结合当前计算机和网络技术的发展趋势，提出了基于大规模多层次并行处理架构设计、多层级海量遥感数据存档管理架构设计和高速传输交换与并行分发架构设计，实现了数据的并行快速处理、海量存储归档和高效实时分发，使得地面系统的各项指标与传统地面系统相比，均有大幅度提升，满足了卫星工程和用户对于地面系统的要求。

### 参 考 文 献

[1] 邹贤才，李建成，汪海洪，等．OpenMP 并行计算在卫星重力数据处理中的应用 [J]．测绘学报，2010，39（6）．

[2] 方留杨，王密，李德仁．CPU 和 GPU 协同处理的光学卫星遥感影像正射校正方法 [J]．测绘学报，2013，42（5）．

[3] 喻文勇，李祖华，邱虎，王治中．基于 GPU 的卫星遥感影像预处理研究 [J]．高性能计算技术，2010（207）．

[4] 吕雪峰，程承旗，龚健雅，关丽．海量遥感数据存储管理技术综述 [J]．中国科学，2011，41（12）．

[5] FY 2013 AgencyFinancial Report NASA.

[6] 赖积保，罗晓丽，余涛，贾培艳．一种支持云计算的遥感影像数据组织模型研究 [J]．计算机科学，2013，40（7）．

[7] F. Chang, J. Dean S. Ghemawat, WC. Hsieh, DA. Wallach, M. Burrows, T. Chandra, A. Fikes, RE. Gruber. Bigtable：A distributed storage system for structured data OSDI, 2006：205－218.

[8] Shafer, Rixner. The Hadoop Distributed Filesystem：Balancing portability and performance, 2010 IEEE International Symposium on Performance Analysis of Systems & Software (ISPASS) 122－133. 2010.

[9] 刘伟，刘露，陈莘，钟志农．海量遥感影像数据存储技术研究 [J]．计算机工程，2009，35（5）．

# Design a High Performance Data Processing System Focused on High Resolution Remote Sensing Satellite

YU Wenyong[1]　ZHANG Yan[2]　LI Xiaojin[1]　WU Jun[1]　ZHANG Shuai[1]

1. China Centre for Resources Satellite Data & Application, No. 5 Fengxian East Street Haidian Dist, Beijing　100094

2. China Academy of Space Technology, No. 104 Youyi Street Haidian Dist, Beijing　100094

**Abstract**　The aim of High – resolution Observation Project is to effectively improve our independent obtainment of high – resolution image significantly, which has great strategic significance for economic and social development and comprehensive national strength. The data processing system of the high – resolution satellites undertaken the missions on the operation, management and calibration of the satellites and was responsible for processing, archiving and distributing the satellite data. The paper first analyzed the data characteristics and the user needs of the high – resolution satellites, then proposed the optimized design on the data processing, storage and distribution infrastructure, which enhanced the performance of the ground system effectively, met the requirements of high satellites ground system, and achieved a better application effect.

**Key words**　High – resolution Observation Project; Ground System; Parallel Computing; HDFS Storage; INFINIBAND

## 作者简介

喻文勇，男，硕士，高级工程师，资源卫星应用中心，从事地面处理系统架构设计及地面处理系统研制工作，电子邮箱：ywy@cresda. com。

# 商业现货锂离子电池在小卫星中的应用

张文佳　张晓峰

北京空间飞行器总体设计部，北京 100094

**摘　要**　商业现货（Commercial Off‐The‐Shelf，COTS）的锂离子电池是最早应用于空间的锂离子电池，该电池组采用了技术和工艺成熟的 SONY18650HC 单体组装设计而成。从 2000 年至今，已经经历了多年的飞行和地面试验，超过 100 颗航天器采用了 COTS 锂离子电池，COTS 锂离了电池成为了一种广泛应用的空间储能设备。本文调研了国外商业现货锂离子电池组的发展历程和使用现状，特别是在小卫星中的应用情况。COTS 电池单体是 COTS 器件在空间应用的成功范例，本文通过对 COTS 电池应用的研究，建议在小卫星和微小卫星领域开展对这种技术路线的学习和时间，进而在空间电池领域开拓一种新的产品研制方式。

**关键词**　COTS 电池；锂离子电池；小卫星；空间应用

## 1　引言

从 1995 年开始，锂离子蓄电池在技术工艺上的日臻完善引起了空间领域的注意，以 ESA 为主的欧洲空间电池供应商开始航天飞行器用锂离子蓄电池的研制，并于 2000 年 11 月，由英国首先在 STRV‐1d 卫星上采用锂离子蓄电池作为贮能电源。经过 20 年的研究和测试，锂离子电池已成为继镉镍蓄电池、氢镍蓄电池之后的第三代空间电池。锂离子蓄电池组的空间应用已经有着 14 年约 200 颗卫星的飞行经验，广泛应用于各种地球轨道以及深空探测的飞行任务中[1-3]。

在锂离子蓄电池组应用的初期，采用了技术工艺成熟的 COTS（Commercial Off‐The‐Shelf）电池作为蓄电池组的基本单体元件，主要用于短期任务。然而，随着对 COTS 电池性能的地面测试和在轨经验的增加，发现 COTS 电池也可以应用于更长寿命和更高可靠性的空间任务[4]。目前大部分空间应用的 COTS 单体锂离子蓄电池组选用的是 SONY18650HC，该单体的基本参数见表 1。由这种单体组成的蓄电池组形成的"小单体电池组"（small cell battery），成为空间蓄电池组的一种独特而广泛应用的技术路线，截至 2013 年，已经有超过 100 颗航天器采用了这种 COTS 单体的锂离子电池组[5-6]，其中 LEO 轨道航天器中绝大部分采用了这种电池组。

表 1　SONY18650HC 单体电池参数

| 参数名称 | 参数内容 |
| --- | --- |
| 外形 | 圆柱形 |
| 尺寸 | $\Phi 18 \times 65$ mm |
| 容量 | 1.5 Ah |
| 电压 | 2.5~4.2 V |
| 容量密度 | 130 Wh/kg |
| 体系 | 正极钴酸锂/负极硬碳 |
| 成组方式 | 先串后并 |

# 2 COTS 锂离子单体电池组的发展历程

在锂离子电池组应用于空间领域的十多年来，小单体锂离子电池组经历了多个里程碑事件，如图 1。截至 2013 年，使用 COTS 单体锂离子电池组的航天器已有超过 100 颗成功发射。

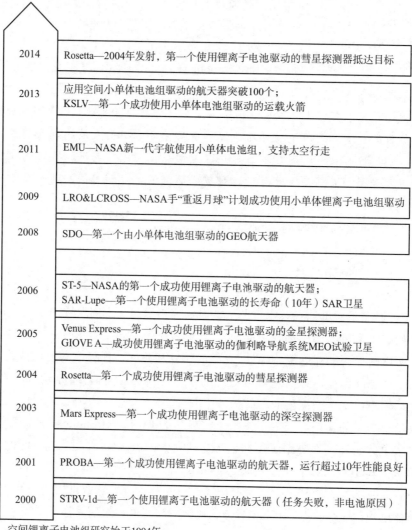

2014 Rosetta—2004年发射，第一个使用锂离子电池驱动的彗星探测器抵达目标

2013 应用空间小单体电池组驱动的航天器突破100个；
KSLV—第一个成功使用小单体电池组驱动的运载火箭

2011 EMU—NASA新一代宇航使用小单体电池组，支持太空行走

2009 LRO&LCROSS—NASA手"重返月球"计划成功使用小单体锂离子电池组驱动

2008 SDO—第一个由小单体电池组驱动的GEO航天器

2006 ST-5—NASA的第一个成功使用锂离子电池驱动的航天器；
SAR-Lupe—第一个使用锂离子电池驱动的长寿命（10年）SAR卫星

2005 Venus Express—第一个成功使用锂离子电池驱动的金星探测器；
GIOVE A—成功使用锂离子电池驱动的伽利略导航系统MEO试验卫星

2004 Rosetta—第一个成功使用锂离子电池驱动的彗星探测器

2003 Mars Express—第一个成功使用锂离子电池驱动的深空探测器

2001 PROBA—第一个成功使用锂离子电池驱动的航天器，运行超过10年性能良好

2000 STRV-1d—第一个使用锂离子电池驱动的航天器（任务失败，非电池原因）

空间锂离子电池组研究始于1994年

图 1 COTS 单体锂离子电池组空间应用的里程碑

1990 年代初期，SONY 公司成功将锂离子蓄电池实现工业化生产，成熟稳定的产品迅速在民用领域广泛应用。为了将最先进的工业产品带入航天领域，ESA 与英国的 ABSL 公司率先开展了与 SONY 公司的合作，经过研制和大量地面测试，第一个将锂离子电池送入了太空。由于初期对锂离子电池性能的不确定，锂离子蓄电池组在空间的应用多为短期或电池循环次数少的任务，如 0.5 年寿命的 STRV－1d 和 PROBA、1.5 年寿命的 Mars Express。ESA 在 2002 年初完成了对 SONY18650HC 单体约 1 500 W 小时的寿命测试。充足的数据支持建立了对电池性能和寿命的预测模型和软件工具。在深入研究和考核和过程中，COTS 电池被认为可以在 LEO 任务中有更多的应用，如设计寿命为 10 年的 SAR－Lupe 星座系列，以及设计寿命为 12 年的哨兵－1 和哨兵－3。至此，ESA 开始了大规模使用 COTS 单体锂电池组，后续 ESA 的所有任务都使用了锂离子蓄电池组，并且 LEO 和深空绝大部分任务的储能装置首选都是基于 COTS 单体的锂离子电池组。

NASA 对锂离子电池的使用始于 2006 年的一个名叫 ST－5 的技术验证卫星，这个仅为 3 个月的短期

任务中使用的就是基于 COTS 单体的电池组，并开启了 NASA 使用锂离子电池之路。紧随其后的 THE-MIS、SDO 和 LRO 等一系列任务均选择了小单体锂离子电池组。其中 SDO 更是突破性地将小单体锂离子电池组的使用扩展到了设计寿命为 10 年的 GEO 任务，电池组规模扩展到了 150 Ah（SDO），并且为了减小电池组的占用面积，专门设计为 3 层式结构。NASA 还开启了一项长寿命锂离子蓄电池组（LLB）的专项，用于置换太空行走使用的航天服和辅助移动设备中的银锌电池，专项中使用的也是基于 COTS 单体的锂离子电池组。

除此之外，印度、韩国、南非、阿根廷、巴西和沙特都有项目使用基于 COTS 单体的锂离子电池组。

# 3  COTS 锂离子单体电池组在小卫星领域的空间应用[7]

## 3.1  GIOVE‑A 卫星的电池组设计[8]

GIOVE‑A 使用的是萨瑞公司的 GEMINI（Geostationary Minisatellite）平台，是"伽利略在轨验证元素"试验卫星中的第一颗卫星，运行在 MEO 轨道，设计使用寿命为 27 个月，实际运行已经远远超过了设计寿命。GIOVE‑A 的锂离子蓄电池组采用了 4 组蓄电池提供 60 Ah 的供电能力，每组蓄电池采用 1.5 Ah 的单体 9 串 10 并构成，4 组蓄电池并联形成整星的储能单元。为了验证电池组的性能，还特别研制了 6 串 12 并的试验件进行测试，在平均放电深度 12.4%、最大放电深度 30% 的试验条件下，进行了 84 000 次循环的 LEO 寿命试验，不采用均衡措施的条件下大多数电池单体性能均保持了平衡，仅有三只单体放电终压相对发生了 100～150 mV 的衰降，未发生单体短路、开路故障。

## 3.2  CryoSat‑1&2 卫星

Flexbus 平台是德国研制的空间科学系列卫星平台，典型卫星包括 GRACE（Gravity Recovery And Climate Experiment）、CryoSat‑1&2 等。以 CryoSat‑2 为例，运行在倾角 92° 的低地球极轨（非太阳同步轨道）上，设计寿命为 3 年，但根据实际运行情况可额外运行 2 年。CryoSat‑2 采用了一组 78 Ah 的锂离子蓄电池组，由 1.5 Ah 单体 8 串 52 并构成。CryoSat‑1 电池组的设计与 CryoSat‑2 类似，但电池组容量略小，为 66 Ah（8 串 44 并）。

由于轨道和光照条件，地影期的长度不定，最长地影为 50 min，也有数周完全没有地影。电池阵的电流直接供给母线和蓄电池组，因此太阳阵多余的电流可以全部供给蓄电池组，直到电池达到 EOC，PCDU 将限制 EOC 到 33.6 V（8 V×4.2 V）进行恒流充电。在正常任务期间，蓄电池将提供至少 12 000 周次至少 330 Wh/轨和 6 500 周次 165 Wh/轨，在安全模式还需要再额外提供 150 Wh，也就是在最坏情况需要电池提供 480 Wh。

表 2  CryoSat‑2 的蓄电池组性能

| 序号 | 项目 | 参数 |
|------|------|------|
| 1 | 放电电流 | 正常≤20 A，峰值≤40 A |
| 2 | 充电电流 | ≤30 A |
| 3 | 单体类型 | 1.5 Ah（BOL）锂离子电池 |
| 4 | 单体数量 | 8 串 52 并 |
| 5 | 单体匹配 | 在典型的任务工况循环下，容量±3% 以内 |
| 6 | 直流内阻 | ≤75 mΩ，50%～100%SOC 和 0～20℃ 范围内 |
| 7 | 容错性 | 无整组失效模式。在任何故障下蓄电池组都能够提供需求的性能 |
| 8 | 故障电压范围 | 在一个单体短路或者任何其他单体失效下，蓄电池组都能够提供 22～34 V 的电压（包括充电和放电） |

### 3.3 Pleiades 卫星

Pleiades 卫星是 SPOT 系列卫星的后续计划，使用 Astrium 公司的 Astro - 1000 平台，运行在 LEO 太阳同步轨道，设计寿命为 5 年。配置了 150 Ah 的锂离子蓄电池组，电池组被划分为 2 个模块，每个模块由 1.5 Ah 单体 8 串 52 并组成。Astrium 在锂离子蓄电池的使用中非常谨慎，为每个单体都设置了三重保护装置：1）正温度系数的聚合物开关，当温度上升时电阻也相应升高；2）单体在高内压的情况下会自动切断的过压保护；3）在单体温度超过 120℃时会打开安全气孔。在蓄电池组的层面还设置了双重隔离，使得单体故障都只会导致电池串的开路，并且整组电池可以容许 3 串电池故障导致的容量损失，以此来保障供电的安全。

### 3.4 TerraSAR - X 和 SAR - Lupe 系列卫星

TerraSAR - X（陆地合成孔径雷达-X）是一颗用于科学研究和商业运行的高分辨率 SAR 卫星，由德国的三家单位合作研制，运行在 LEO 太阳同步轨道，设计寿命为 5 年。配置 108 Ah 锂离子蓄电池组，由 1.5 Ah 单体 12 串 72 并组成。

SAR - Lupe（合成孔径雷达-放大镜）也是德国研制的雷达成像侦察卫星星座，运行在不同轨道面上，平均轨道高度为 500 km。SAR - Lupe 卫星由德国 OHB 系统公司负责设计、建造、发射、操作和运营管理任务，卫星的设计寿命为 10 年。星上配置了两台 66 Ah 电池组。

### 3.5 DEMETER 和 PARASOL 卫星

DEMETER 和 PARASOL 都是由法国 CNES 研制，采用法国的 MYRIADE 微小卫星平台，用于空间科学研究的卫星。Myriade 平台配置 15 Ah 的蓄电池组，由 1.5 Ah 单体 8 串 10 并构成，重约 4 kg。

DEMETER 于 2004 年 6 月发射成功，2011 年 3 月完成全部寿命任务后进行了完全放电的钝化处理。DEMETER 的蓄电池组在 6 年 8 个月的在轨运行中经历了 35 000 周次 LEO 循环，放电深度约为 6%。PARASOL 于 2004 年 11 月发射成功，目前电池仍在正常运行中。这种电池组设计已经成为 ABSL 公司最广泛使用的空间电池组设计，超过 20 颗在轨卫星采用了这种产品，预计还有 20 颗左右在研卫星计划使用。图 2 为 COTS 单体电池组。

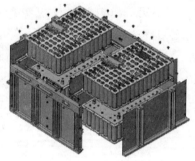

（a）GIOVE - A 电池组　　　　　　（b）Pleiades 电池组　　　　　　（c）MYRIADE 电池组

图 2　COTS 单体电池组

## 4　COTS 锂离子单体电池组的技术特点

这种基于 COTS 单体的电池组的技术路线，与传统的空间电池组相比，有着很多不同，在应用方面几个主要区别如下：

1）使用先串后并的电池阵列结构；

2）电池组不使用均衡电路或装置；

3）电池组不使用 Bypass 装置。

以上可以看出，成组的小单体电池组的控制系统要比大单体电池组简单。由于单个电池容量小，出现一节单体失效的情况对电池组的影响也更小，整组电池的可靠性更高。

除此之外，使用 COTS 电池对整星研制也能带来更多其他好处：

1）构型机动性强，可以根据航天器的空间尺寸以及电磁需求，在不改变电池组串并联设计的条件下灵活设计电池组的尺寸；

2）生产周期短，使用标准的 COTS 器件组装，可以满足大量和急切的任务需求；

3）测试成本低，由于单体成本低廉，可以进行大量单体和蓄电池组的地面性能测试和针对任务的寿命测试；

4）容量扩展性强，可以通过大量的并联实现从小到大的各种容量需求，兼容从设备级到整星级多个层面、不同量级的能源驱动需求；

5）商业成熟的新型电池技术可以快速得到航天应用。

# 5　结束语

国内已经应用和正在研制的使用锂离子蓄电池组的航天器，均采用的是空间专用电池组的技术路线，因此对基于 COTS 单体的电池组的应用、验证和关键环节的研究并不多。而小卫星快速、经济、灵活等固有特点，都提出了对 COTS 器件有着更迫切的需求，相关的工程设计人员可以充分借鉴国外在 COTS 单体空间应用方面的经验，对国产先进 COTS 电池的空间适用性进行研究，进一步开拓 COTS 电池的空间应用，最终摸索出一条先进商业技术快速实现空间应用的有效途径。

## 参 考 文 献

[1] TAMI MAX. ABSL' COTS Li – ion Cell Suite Development [C]，NASA battery Workshop，2007.

[2] JOE TROUTMAN. ABSL Performance Comparison of SONY 18650 HC Cell and SONY 18650 HC Mandrel Cell [C]，NASA battery Workshop，2011.

[3] R SPURRETT，N SIMMONS. Lithium – Ion Batteries Based On Commercial Cells：Past，Present And Future [C]，the 8th European Space Power Conference，N Simons，C Pearson，G Dudley，2008.

[4] G. DUDLEY，R. BUCKLE，B. HENDEL，T. Ageing Of Sony 18650hc Cells In Leo Life Tests [C]，the 8th European Space Power Conference，2008.

[5] DIDEM Z. GENC，CARL THWAITE. PROBA – 1 And Mars Express：An ABSL Lithium – Ion Legacy [C]，the 9th European Space Power Conference，2011.

[6] DAVID CURZON，CARL THWAITE，RACHEL BUCKLE. Lithium – Ion Battery Performance On Board Geostationary And Lunar Orbiter NASA Missions － SDO And LRO [C]，the 9th European Space Power Conference，2011.

[7] 徐云飞，等，国外先进小卫星平台构型及结构形式研究，2012.

[8] 崔波，等 . Galileo 导航卫星电源技术概述 [J] . 航天器工程，2010，19（6）：115 – 120.

# Application of COTS Lithium – ion Cellin Small Satellite

ZHANG Wenjia   ZHANG Xiaofeng

Beijing Institued of Spacecraft System Engineering，Beijing 100094

**Abstract**   "COTS cell battery" is the earliest Lithium – ion battery used in spacecraft. which is designed and composed of advanced technique SONY 18650 HC cell. From the first launched in 2000，the COTS cells have experienced tens of years of on board and ground test，served more than 100 successful spacecraft，and become a widely used technology approach for space battery. This paper investigated the space application of COTS cell battery including its development and missions completed，especially in small and very small satellite. The COTS cell battery plays an important part in the space application of COTS products. Therefore，this paper suggested studying this kind of technology approach，learning the successful experience，and then developing a new idea and approach of space battery.

**Key words**   COTS cell；COTS Lithium – ion battery；Small satellite；Space application

## 作 者 简 介

张文佳，女，工程师，北京空间飞行器总体设计部，研究方向为空间电池和电源专业，电子邮箱：13811623285@139. com。

# 三种空间用蓄电池在轨特点浅析

左子瑾　陈曦　陈莲芬

中国空间技术研究院，北京　100094

**摘　要**　镉镍、氢镍、锂离子三种蓄电池是目前航天器上通常使用的蓄电池组，它是保障航天器在阴影区正常工作的唯一能源，对其在轨管理至关重要。蓄电池在轨管理一般包括充电管理、放电管理、温度管理等，本文结合管理实践，对其在轨特点及管理进行分析。

**关键词**　蓄电池；特点分析；在轨管理

## 1　引言

蓄电池又称可充式电池或二次电池，早在 20 世纪 50 年代已经被应用在空间领域，经过半个多世纪的发展，镉镍、氢镍、锂离子三种蓄电池的空间应用渐次成熟，并广泛应用在各类航天器上。随着人们对地球资源和环境的不断开发利用及对外太空的不断探索，对航天器赋予的使命也随之增加，航天任务的多样性要求蓄电池循环寿命长、可靠性高，正是由于镉镍、氢镍、锂离子三种蓄电池具有这样的特性，通常被作为航天器轨道阴影区供电的储能装置，当其所在轨道不同，阴影时间、光照时间各异，在轨服役时间不同时，对它们的管理也各具特色；虽然系统设计时充分考虑了其工作期间在各种模式下的负荷能力、寿命初期和末期负载所需功率、充放电控制策略及阳照区的维护等全寿命的智能管理，但对它们的在轨使用、监测及必要时的人工干预管理仍是至关重要的；特别是性能衰降的蓄电池的使用及不可预知情况的发生等，更需要在轨精心维护，这也是蓄电池长寿命的重要保障因素。

本文结合在轨实践，论述镉镍、氢镍、锂离子三种蓄电池在典型轨道的特点及其在轨管理。

## 2　蓄电池在轨特点分析

在轨蓄电池组是由若干蓄电池单体串联、并联或串并联组成，其额定容量一般由电池的转换效率、放电深度、环境温度、阴影区所需最大输出功率、蓄电池组串并联节数等因素决定。蓄电池组性能和寿命与充电制度及充电终止控制方法、放电深度、充放电循环次数有关。电池组每年的充放电循环次数在轨道确定后可以基本确定，而放电深度与阴影时间长短及载荷使用有关，充电制度和充电终止方法的选择与设计及实际使用情况有关。反映蓄电池组在轨性能的几个主要参数为：蓄电池组电压、单体电压、温度、压力、充放电电压、充放电电流、放电深度、充放比和循环次数等。

### 2.1　全密封镉镍蓄电池在轨特点

全密封镉镍蓄电池是太阳同步轨道航天器电源系统中应用最多的，由于太阳同步轨道航天器的降交点地方时不同，轨道阴影出现的时间、长短各异，其中，晨昏轨道上的航天器，全年的四分之三时间运行在全日照区，没有阴影，蓄电池组的涓流设计基本可调，并可根据情况进行通断，以防止过充。太阳同步轨道航天器轨道周期短，一般在 100 min 左右，最长阴影时间占轨道周期的 1/3，出影后的充电时间大多在 60 min 左右，充放比一般设为 1.0~1.02，当荷电状态达到所需安时数时，或大电流充到设定的某个电压值时，电源控制器充电控制转小电流充电，直至进入下一个阴影。充电制度的选择要满足能量平衡，多采用电子电量计和 VT 控制进行冗余备份，或只采用 VT 控制；电池温度一般控制在 0~20℃之间。合理的充电制度和良好的温度可以延长蓄电池的寿命。

图1和图2为某太阳同步轨道航天器镉镍蓄电池组特性曲线，其蓄电池组额定容量30 Ah，由18节单体串联组成，充电终止由安时计和VT曲线冗余备份控制，充放比1.02。卫星在轨运行8年，蓄电池组充放电循环4万多次。

1）图1为蓄电池组电压、放电电流、负载电流曲线。从图中数据的疏密分布程度可见，在负载没有明显调整的前提下，直至2009年，蓄电池组放电终压已现衰降趋势，2010年2月放电终压过低触发星上电源安全模式，3月改变充电制度，调高VT曲线并将安时计转阶段门限调低，延长小电流充电时间，维护蓄电池组性能，放电终压有所提升。

2）由于卫星轨道降交点地方时向前漂移，方阵电流变小，影响了整星供电，2014年3月调整轨道倾角，轨道周期内阴影时间缩短，蓄电池组放电深度也随之减小，约13.5%～16%，2007—2013年放电深度为16.5%～19.5%，图2为温度和当前电量曲线。整个过程蓄电池组加热器闭环控温良好，温度控制在3～10℃附近。

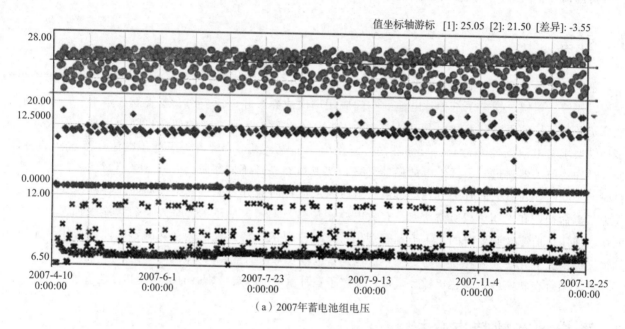

（a）2007年蓄电池组电压

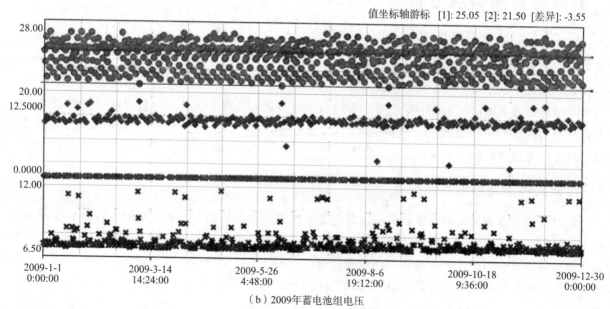

（b）2009年蓄电池组电压

图1　镉镍蓄电池组放电终压衰降比对

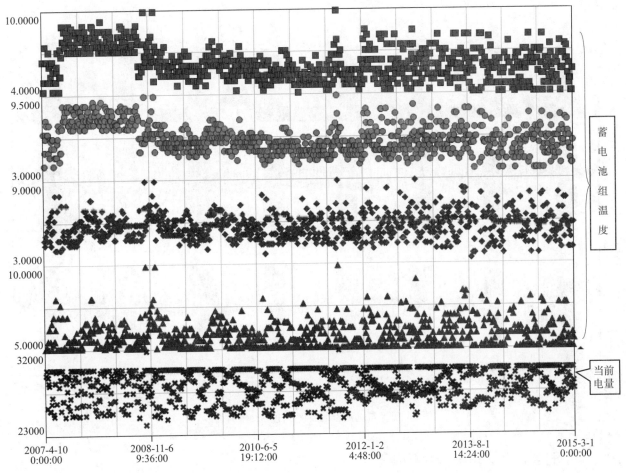

图2　镉镍蓄电池组温度及当前电量

## 2.2　全密封氢镍蓄电池在轨特点

氢镍蓄电池组普遍应用在各类轨道的航天器上，在轨使用的氢镍蓄电池大多为 IPV（独立容器）高压氢镍蓄电池。氢镍蓄电池负极活性物质是氢气，放电时氢气被氧化成水，充电时水被电解生成氢气；氢气压力反应了电池内部的荷电状态，通常利用这个特点对蓄电池组进行涓流补充充电控制；氢镍蓄电池组的大电流充电控制多采用电子电量计和 VT 控制进行冗余备份，没有数管分系统的卫星则只采用 VT 控制。电池温度一般控制在 −5～15℃ 之间。

图3为某 GEO 轨道卫星北蓄电池组在 2011 年至 2014 年的温度、电压、压力曲线。蓄电池组额定容量 60 Ah，由 27 节单体串联组成，轨道周期 24 h，地影出现在春、秋分前后，共计约 92 天，其中最长地影 72 min，大部分时间处于全日照。2011 年至 2014 年卫星经历了 8 个地影期，氢镍蓄电池组只经历了 300 多次的充放电循环，并且该星负载较为稳定，蓄电池放电深度基本一致，因此图中的电池放电终压未看出明显的衰降趋势。

由图3可见，全日照期压力阈值与地影季不同，这是因为氢镍蓄电池组在全日照的荷电状态保持在额定容量的 80% 左右，有利于电池的寿命；地影期内蓄电池组充电终止由 V−T 曲线控，充电率在额定容量的 C/8～C/10；涓流充电用压力保护阈值上限进行控制，防止过充。图中出影后的充电压力值显示逐年走高，为延长蓄电池组的使用寿命，改变充电策略，调整了 V−T 曲线。夏至前后的全日照期，电池温度逐年走高是因为受晒面的 OSR 片退化所致，其温度在工作的耐受范围，目前不影响其寿命。

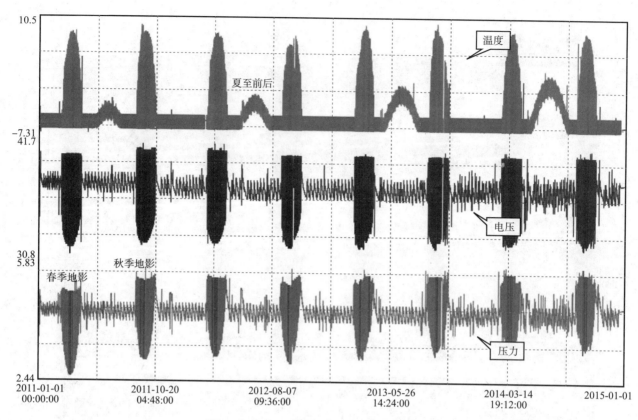

图 3　氢镍蓄电池组的温度、电压、压力曲线

## 2.3　全密封锂离子蓄电池组在轨特点

锂离子蓄电池被称为第三代储能电源，其质量比能量、体积比能量、工作电压和循环寿命等均优于镉镍和氢镍蓄电池，正逐步应用在各类轨道的不同航天器上。锂离子蓄电池在充放电过程中，$Li^+$ 在正负极材料间往返地嵌入或脱嵌，这与镉镍蓄电池和氢镍蓄电池形成机理不同，且不耐过充电和过放电：过充会使电池发热，严重时引起壳体开裂爆炸；过放会使电池性能下降，甚至失效。因此锂离子蓄电池在轨使用，要严格防止过充和过放。

锂离子蓄电池组中各单体充电接受能力和自放电率存在差异，在充电过程中不能同时充满，为了避免已经充满的单体过充，一般采用先恒流后恒压的充电方式，并设有均衡保护电路，当两个单体电压差达到设定的值时，均衡电路启控。当电池组中任一单体达到充电允许最大电压值即充电截止电压时，则转恒压充电；放电时，任一单体电压达到允许的最低值时，停止放电，避免过放电。锂离子蓄电池电压表征电池的荷电容量，类似一个电容器，满荷电容量时，继续充电会使电压升高并发热，影响电池的安全，且自放电率小，因此，涓流对锂离子蓄电池不适用。搁置状态下，锂离子蓄电池组荷电状态保持在 $70\%\sim80\%$ 之间，有利于电池的寿命，且当蓄电池组中任一单体电压降到设定的最低电压值时，自主或地面发令进行补充充电，任一单体充电到设定的最高电压值时，停止充电，这类似于氢镍蓄电池组使用压力值来判断控制电池的荷电量。锂离子蓄电池在轨温度管理也至关重要，一般将温度控制在 $0\sim25℃$ 之间。

图 4 为随机截取太阳同步轨道某卫星锂离子蓄电池组的 24 小时 14 个轨道周期的充电电流、整组电压、温度、当前电量曲线。该星锂离子蓄电池组为 4 并 7 串，额定容量 80 Ah，每个轨道周期都有阴影，恒流充电截止由安时计或硬件电路电压阈值实现控制。图 5 为当日某次充放电循环的参数曲线，可以看出 7 个单体充放电终压均衡，单体间电压差未见离散，目前无需均衡电路接入。为了更好地维护蓄电池的性能，在轨期间，在不改变恒流充电截止电压的情况下，将恒流段的充电率由 0.3 C 调整到 0.23 C。该星在轨一年多，锂离子蓄电池组温度 15～19℃，放电深度约 7%～10%。

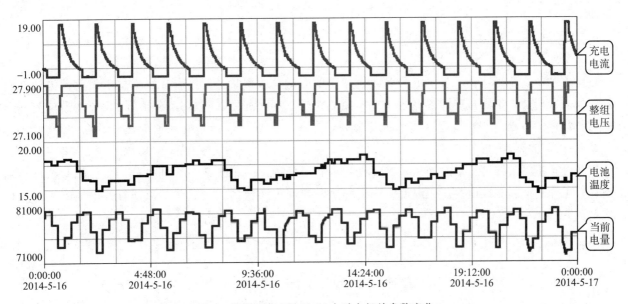

图 4  锂离子蓄电池组 24 小时内相关参数变化

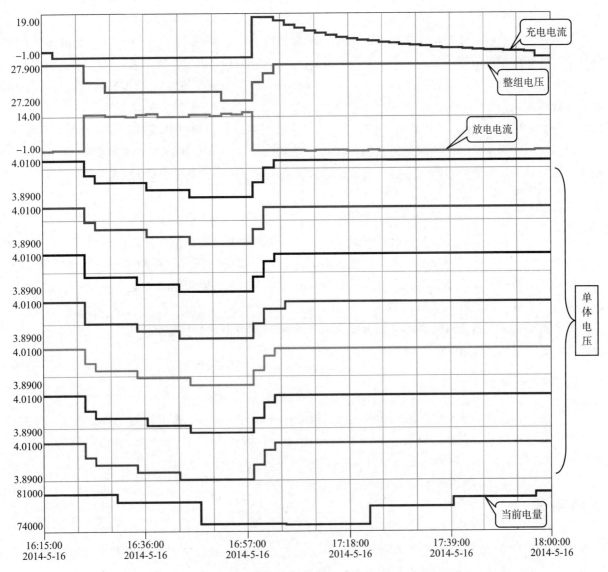

图 5  一次充放电循环的锂离子蓄电池组参数变化情况

# 3　蓄电池在轨管理

对蓄电池的在轨管理，不仅要依据设计指标和地面试验数据，更要结合在轨运行卫星的蓄电池在轨特点。如前文所述，不同类型的蓄电池具有不同的在轨表现，利用其在轨运行相关数据，在设计指标和地面试验数据的基础上，对蓄电池进行加严监视，若在轨数据与设计指标和地面试验数据相差较大时，应反馈设计部门进行分析。

在准确预报航天器进出影时间后，需要确定地影时间内的长期负载、短期负载，然后跟踪统计蓄电池组在轨工作时间、充放电终压、温度、压力和放电深度等参数的变化趋势，以便对蓄电池组进行相应的维护。

## 3.1　充电管理

充电管理一般包括充电控制方式管理、充电电流控制管理。

1）星上充电控制方式有温度补偿限压（V－T）控制、电子电量计（充放比）控制、温度补偿压力（P－T）控制、压力终止控制、电压控制。一般采用两种或多种控制方式进行冗余备份。通常在充电控制后采用涓流充电，但锂离子蓄电池采用恒流补充充电。

当蓄电池出现性能衰降时，可根据实际情况，改变充电制度，或调整 V/T 曲线，或更改压力阈值，或更改安时计转阶段门限值等。

上述充电控制方式，在工程实际应用中，多采取组合冗余的方式。除星上自主充电管理外，还具备地面遥控管理方式。

2）充电电流控制管理。充电电流倍率的选择与航天器轨道、蓄电池性能及在轨衰降有关，需针对不同轨道周期、不同荷电状态、不同飞行阶段、不同工况，酌情进行调整。对于大多数低轨卫星来说，充放电循环次数较多，蓄电池在轨衰降较为明显，应密切关注并及时调整充电电流大小。

## 3.2　放电管理

为防止阴影区蓄电池组深度放电而影响航天器安全，电源管理软件一般设置蓄电池组电压报警门限，自主监测蓄电池组放电终压，配合航天器实现电源安全管理，报警门限设置可根据在轨具体情况进行调整。地面监测预警门限设置镉镍蓄电池单体一般不低于 1.15 V，氢镍蓄电池单体电压一般不小于 1.00 V，锂离子蓄电池单体电压一般不小于 3.80 V。

地面监测要在星上报警门限值的基础上加严，作为预警。当出现预警提示，则需要根据具体情况进行分析，必要时适当减轻负载。

## 3.3　温度管理

蓄电池温度管理要结合蓄电池的特性和在轨性能变化进行调节，保证蓄电池处于自身最佳工作温度。根据地面试验及在轨验证和经验积累，一般地，镉镍蓄电池组温度控制在 0～20 ℃之间，氢镍蓄电池组温度控制在 −5～15 ℃之间，锂离子蓄电池组温度控制在 0～25 ℃之间。

# 4　结束语

本文分析了三种空间用蓄电池的在轨性能，并提出蓄电池的在轨管理要求。在调整蓄电池组充放电控制参数时，要以能量平衡和电源安全为前提，确保航天器在轨运行安全。

## 参 考 文 献

［1］ 马世俊．卫星电源技术［M］．北京：中国宇航出版社，2001．

［2］ 李国欣．航天器电源系统技术概论（下）［M］．北京：中国宇航出版社，2008．

［3］ 赵春阳，王涛．空间用锂离子蓄电池充电管理技术［J］．电源技术，2008，32（10）：74－78．

［4］ 李立超，周亦龙，明文成，等．空间氢镍蓄电池充电控制方法研究［J］．电源技术，2009，33（9）：757－760．

［5］ 赵海峰，马卉，杨亮，等．航天用氢镍蓄电池P－T曲线充电控制方法研究［J］．电源技术，2010，34（9）．

［6］ 鄢婉娟，彭健，乔学荣．星载蓄电池组软件V/T充电控制技术研究［J］．航天器工程，2011，20（6）：74－78．

［7］ 孙德全，黄才勇．空间锂离子蓄电池的特点及管理模式［J］．电源技术，2011，20（6）：74－78．

# Survey on the In – orbit Characteristics and Management For three kinds of Battery Used in Space

ZUO Zijin    CHEN Xi    CHEN Lianfen

Beijing Institute of Spacecraft System Engineering，Beijing 100094

**Abstract**    Nickel – cadmium battery，Nickel – hydrogen battery and Lithium – ion battery are the commonly used in spacecraft at present，which is the only energy for ensuring the spacecraft working regularly in shadow. The management for battery is very important. The in – orbit management for battery includes charging management，discharging management，temperature management，and so on. Coupling on the management practice，the In – orbit Characteristics and management review are given.

**Key words**    Battery；Characteristics analysis；Management in – orbit

## 作 者 简 介

左子瑾，女，工程师，五院航天器运行管理中心，从事航天器在轨管理工作，电子邮箱：1135175629@qq. com。

# 第三部分　发展探讨

# 小卫星发展策略分析

白照广

航天东方红卫星有限公司，北京　100094

**摘　要**　20世纪90年代，为顺应我国日益增长的空间任务需求，中国利用现有科研技术手段开始自主研发小卫星技术。在研发的过程中，通过以多用途为目标，按照柔性设计、性能滚动提升、低配置/高可靠、产品化等思路建立了 CAST968、CAST2000、CAST100 卫星平台等。截至今口，已发射50余颗小卫星，在科学与技术试验、遥感等领域得到了广泛应用，成为中国空间技术应用的重要推动力量。

**关键词**　卫星平台；CAST968；CAST2000；CAST100；柔性设计

## 1　引言

20世纪90年代，国际小卫星技术发展方兴未艾，以美国为代表的"快、好、省"小卫星发展技术倡议成为众多国家追随的对象。在此大潮推动下，中国空间技术研究院在"八五"期间适时安排了小卫星公用平台的技术研究课题。研发中提出了充分利用现代微电子技术、计算机技术以及软件技术的思路及整星集成化星务管理的理念，通过在各分系统控制设备中推行嵌入式管理执行单元（MEU），实现中心计算机与各分系统的信息连接，达到卫星功能集成与分散控制的有机结合，从而实现全星资源与信息统一管理。

1996年8月，实践五号卫星开始立项研制，研制中应用了公用平台预研成果，由此建立了 CAST968 小卫星公用平台系列，1999年卫星发射；在此平台技术基础上，又细化、分离出了高姿态控制精度的 CAST2000 平台，首颗星试验二号卫星于2004年发射；2009年微小卫星平台 CAST100 首颗星希望一号发射。截至2014年底，中国空间技术研究院已经发射了51颗微小卫星，仍有45颗卫星在轨稳定飞行，累计飞行寿命超过150年，在轨小卫星数量已经达到中国卫星数量的近三分之一。

伴随着小卫星的发展，中国海洋水色遥感卫星、环境与灾害监测小卫星星座、实践卫星系列、测绘卫星等一大批卫星系列得以发展，拓展了中国航天技术的应用领域，促进了卫星应用行业水平的提升，使小卫星在国民经济建设和国防建设中发展了重大作用。

## 2　小卫星发展启示

### 2.1　以多用途为目标，构建卫星平台

小卫星平台开发伊始就明确提出是多任务平台，具备适应不同卫星任务的能力，包括适应遥感、通信、科学与技术试验卫星等任务的能力，适应中低轨道飞行能力。

实践五号卫星设计中，任务要求只需要进行对地三轴稳定和慢旋。但设计时完全立足公用平台思路，以胜任不同任务需求开展了设计，如采用平台和载荷设备分舱设计、具备扩展能力的星上网设计和多姿态控制模式设计等，并为验证平台能力，在轨实施了对地三轴稳定、对日稳定及对日慢旋等多种任务模式，为应对后续不同任务奠定技术基础。

## 2.2 采用柔性设计，适应多任务需要

柔性设计是将不确定的要求进行处理，转化成效能优化的、确定性设计策略，或者是用确定性设计应对不同需求的设计策略，强调的是灵活性和适应性。采用状态固定的设计应对不同任务必然要求卫星平台设计包络要大，且一步就能做好适应各类任务是不现实的。即使能实现大包络设计，针对具体任务必然存在一定的过设计，造成浪费。既要量体裁衣、又要充分利用已有素材的设计是卫星柔性设计的本质。需要把握的是对不确定的要求的趋势预测和设计的可裁剪和可扩展性。卫星柔性化设计就是对标准化单机产品系列进行组合的一系列方案，并进行必要的、最低限度的、可实现的针对性设计改进，实现满足个性化需求的整星产品。

小卫星柔性设计具体体现在：

1）构型采用分舱策略分别布放平台设备和载荷设备，两舱结构实现一般卫星任务，在两舱基础上增加推进舱的三舱结构可实现大变轨能力，适应大变轨卫星任务［图为实践五号卫星舱段（前载荷舱，后服务舱）］。

图1　实践五号卫星舱段（前载荷舱，后服务舱）

2）不同设备和控制策略组合可实现多种姿态控制模式。实践五号卫星实现了对日自旋、对日三轴稳定、对地三轴稳定和重力梯度加偏置动量轮稳定多种姿态控制模式；海洋一号卫星实现了中等姿态控制精度的对地三轴稳定控制，实现了从初始轨道到达任务轨道的变轨能力；探测一号、二号卫星采用自旋稳定姿态控制方式；试验卫星二号实现了高姿态控制精度的对地三轴稳定控制；希望一号卫星实现了无控状态的自由飞行模式。正是通过飞轮、磁力矩器、推力器等的不同组合，通过在姿轨控计算机中设定不同的控制策略，实现了卫星的不同姿态控制模式。

3）采用计算机网络技术，开发了下位机模块，并可灵活上网。海洋一号等卫星在实践五号卫星计算机网络上，增加了GPS接收机、数传下位机等，拓展了卫星对新任务的适应能力，也为用户的潜在需求和在轨二次开发准备了资源。

4）多种太阳翼构型、驱动形式，适应不同任务需求。实践五号采用了展开固定式太阳翼设计，探测一号、探测二号卫星实施了体装式太阳翼电池阵技术，海洋一号等卫星实现了单轴驱动太阳电池阵技术，遥感九号配置了双轴驱动太阳翼，开发了 1 m×0.6 m、1.1 m×0.85 m、1.4 m×2 m 基板尺寸的电池阵系列产品和多种驱动方式，覆盖了各类卫星需求。

5）实践五号卫星使用了冷气系统进行轨道和姿态控制，海洋一号卫星等采用肼系统进行轨控和姿控。

6）卫星蓄电池系列包括17 AH、30 AH、45 AH、55 AH、65 AH的镉镍蓄电池组等可适应不同功

能要求的任务，开发和使用大容量的 80 AH、100 AH 的锂离子蓄电池，将会具有更好的储能密度，大大丰富卫星平台的适应能力。

7）采用分散供电体制，由负载端实施所需电源变换，使得平台可广泛适应不同类型的载荷，满足不同任务需求。

8）具备 660、937、1194 型星箭对接尺寸应用事例，可适应不同规模、不同运载的接口设计。

9）设计了通用性单机环境试验规范，覆盖国内主要运载动力学环境水平。

## 2.3  性能滚动提升

小卫星技术能力的实现本着成熟先用、新技术试验的原则进行不断的滚动式发展，平台能力得到不断的提升。

通过"八五"小卫星共用平台成果在实践五号上的应用，开发了 CAST968 平台。基于技术成熟度和投入限制，此时的卫星平台还很初步，是基本型。通过海洋一号 A 星的研制，卫星系统设计更加完善，可靠性得到提高，使得 CAST968 平台更加实用。利用 CAST968 平台技术，吸收"九五"小卫星预研成果，研制了试验二号卫星，实现了高精度姿态控制，建立了 CAST2000 平台。此后随着应用需求的不断增加，一系列技术得以开发和应用，小卫星平台能力得到不断的提升。

在实践五号卫星研制初期，CAST968 平台立足于 500 kg 的规模进行开发，后行根据任务需求，通过研发新的、高承载能力的关键接头，将板式结构为特点的平台承载能力提升到了 1 100 kg。

通过试验二号卫星的研制与飞行，实现了 0.1° 指向精度的高精度，CAN 总线、分包遥测等技术的应用提高星上总线通信能力，不但奠定了 CAST2000 平台的技术基础，而且在 CAST968 平台中得到推广使用。

功率从 300 W 提升到 GF-1 的 1 400 W 左右，由镉镍电池发展到锂电池组，硅太阳片发展到三结砷化镓电池片等，新一代高比能量的蓄电池组、高发电效率的电池片技术得到不断应用。电源系统能力得到不断提升。

从体装式、固定式太阳翼技术发展到了单轴驱动式、双轴驱动式技术，伴随平台功能的丰富，也体现了技术能力的滚动提升。

从单星到双星星座、三星星座组网技术的应用，使得小卫星应用能力得到更充分的体现。

## 2.4  大力推行集成设计

实现卫星小的重要手段是集成设计。

电源分系统设计中，将主备充放电、分流调节器与电源控制器集成到一个设备中。

将传统卫星温控仪与遥测单元、程控单元集成，开发了热控下位机，具备实现平台温度遥测及温度控制功能，同时具备辅助中心计算机进行卫星程控功能。

将各类姿态测量敏感器电路及姿态机动部件驱动电路集成到一个接口控制箱中，再将姿控计算机与接口箱集成到一个物理设备——姿轨控中央控制单元中。

在海洋一号、环境一号卫星 X 波段数传分系统设计中，将以往型号的数据处理器、配电器、编码器、控制器、图像存储器等集成到一个设备中，大大缩减了设备数量，减轻了分系统质量。

采用分系统设备负责自身附近结构或环境温度数据采集，减少了其他设备采集带来的长电缆问题，体现了整星功能的统一设计与实现。

通过集成设计，使得整星设备数量大大减少，实践五号卫星平台设备数量只有 48 台，海洋一号卫星平台加上数传设备数量仅有 67 台，远远低于传统卫星动辄上百台的配置要求，因此集成设计是小卫星能够实现"小"的主要途径。

## 2.5  低配置高可靠设计策略

摆脱传统卫星使用两组蓄电池组对平台和载荷设备分别供电的设计，采用单组蓄电池组进行全星设备供电，不但简化了设计，而且减小了卫星质量。为了实现高可靠，采用计算机控制实现蓄电池充放电控制，严格控制充电与放电量，既要有足够的放电深度保证整星运行，又要确保蓄电池组既不过充、也不欠充，安全可靠。严格控制蓄电池工作温度，确保在 5～10℃。严格控制星上负载功能脉动特性，特别关注设备加电浪涌、卫星进出地影供电母线波动等控制，实现电源供给高品质；此外电源控制器、热控下位机、集成化数据处理器等的实现，均为低配置高可靠提供坚实的基础。

利用磁控技术辅助进行姿态控制，减少其他硬件资源。在实践五号卫星设计时，开展了磁控技术应用，此后磁控开始辅助星上飞轮进行姿态辅助控制、动量轮卸载等，降低了轮控要求和喷气卸载等资源消耗，为此需要严格控制和测量整星剩磁，必要时进行磁补偿。目前磁控技术成为小卫星姿态控制的重要控制策略。

采用分散供电体制，将集中供电的电源变换器分散到各个功能设备中，减少了星上设备配置，同时有利于标准化星上设备供电接口，有利于卫星功能扩展。

采用斜装推力器安装策略，实现对喷气控制的最少冗余。在海洋一号、环境一号等卫星设计中，采用 8 个推力器的控制方案，利用 6 个推力器实现三个姿态方向的正负机动控制，2 个推力器斜装产生不同方向的姿态控制力矩。

充分应用软件技术进行设计冗余。如将姿轨控关键数据实时存储于星务中心计算机中，当姿轨计算机复位后，即可重新从星务计算机中获取复位前姿控信息，保证卫星姿态的稳定性。采用软件技术进行设备状态监测，在受单粒子影响异常带来死机时，可通过发送切机或重新加断电等措施，恢复设备功能。采用软时钟实现高精度时间控制。通过采用集中校时、均匀校时等策略，在不增加硬件资源情况下，实现中高时间精度控制。

通过可靠性增长提高单机可靠性或置信度。通过通用化小卫星单机产品在不同型号中的飞行应用，不断发现设计与工艺缺陷，并通过举一反三方式使产品可靠性得到很好的提高，在实现可靠性增长的同时，确保了卫星可靠性。

采用既作为主承力结构，又作为设备安装板，同时具备导热性能的多功能结构板的设计减少专用承力筒结构，减小了卫星结构质量。

## 2.6 不断提升可靠性、安全性设计水平

随着卫星研制数量的增加，单机产品及整星可靠性得到持续的增长。单星设计寿命已经从实践五号的 3 个月，提升到海洋一号的 2 年，又继续提升到环境减灾一号卫星的 3 年，目前正在开发国内首颗低轨 5 年设计寿命的高分一号卫星。实际在轨卫星最长寿命（实践六号 B）已经接近 11 年。

从整星能源、姿态、任务能力等安全性核心要素出发，设计了姿态、电源、BAPTA 及星务中心计算机等主要异常事件时星上自主安全对策，防止整星陷于更加严重的故障中，并导致完全失效。在整星安全对策基础上，对短期负载和短寿命部件也都进行工作时间安全控制，防止其对整星供电带来过大负荷或过早消耗设备寿命的现象，从而有效保障了整星的长期运行能力。

从环境减灾一号 A/B 卫星开始，开发了具有容错功能和可注入的相对时间程控指令技术等，不但可快速剔除过期指令组，而且方便用户使用，减少地面测控上注数据量，大大降低了卫星操作风险。

## 2.7 开发了一系列小卫星专用产品

为了实现小卫星轻量化，产品设计时追求小型化、标准化，开发了一系列适应小卫星特点的产品。

1) 开发了集成星务管理的星务中心计算机，统一整星遥测、遥控、数据管理，并具备对整星其他下位机健康状态监测与对策能力；

2) 基于"三化"设计思路开发了模块化遥控单元，实现整星直接遥控指令产生，具备对 S 波段应答机遥测参数采集功能，具有灵活、通用的特点，不但成为小卫星的标准化产品，也成为其他卫星型号的选择；

3）开发了进行温度数据采集和控制、并同时具备整星指令管理能力的热控下位机，辅助星务中心计算机进行整星热控和其他功能控制；

4）开发了具备标准接口的模块化载荷舱下位机，具备适应不同载荷配置管理，而且还与星务中心计算机有很好的技术接口；

5）开发了适应于小卫星特点的小型化 S 波段测控应答机，具备遥测、遥控、测距、相干与非相干等功能，质量仅为传统的三分之二；

6）开发了姿轨控中央控制单元，具备对姿态敏感器数据处理、姿态控制策略解算与对策等能力，同时具备对轨控推力器进行指令形成的能力，并具备故障情况下的冗余切换策略及安全性控制功能；

7）开发了融充电、放电、分流与供电控制功能为一体的电源控制器，不但具备常规的 VT 曲线控制功能，同时具备计算机控制的安时计充放电控制功能，可更精细地控制蓄电池充放电，有利于保证卫星长寿命运行；

8）开发了具备下位机功能的配电器，不但具备配电与火工品控制功能，而且具备遥测参数采集和工作状态监控等智能控制功能；

9）开发了带式压紧、绳式联动、单火工品解锁的太阳翼压紧、解锁与释放机构及太阳翼产品，具备质量轻、可靠度高等特点，非常适合小卫星应用。太阳翼基板尺寸根据电池片尺寸及装星受力状态进行了系统优化，保证了最高的布片效率。

10）开发了 500～800 W 传输功率的太阳翼驱动机构，专用于小卫星平台；

11）提出并建立了 660 型星箭对接环标准，适应小卫星发射，丰富了星箭接口设计类型。

## 2.8 统一设计，产品化思路

产品化是小卫星保证产品技术状态的重要思路，也是平台快速研制和在轨运行可靠的重要保证。通过统一设计，实现了不同型号间相同功能设备状态的统一；通过统一单机状态和环境试验条件，实现了平台主要单机 30 件产品的定型；通过统一调度、统一合同，实现了星上产品的组批投产；通过建立小卫星专用标准，统一了不同型号研制策略；通过统一总结、互相交流，实现了设计师队伍能力的同步提升。

# 3 未来展望

展望未来需求，小卫星的发展还应关注以下几个方面。

1）发展以姿态快速机动和稳定等为核心的敏捷卫星技术，进一步提升高分辨率成像的成像效能，促进高分辨率数据的深化应用。

2）发展以静磁、静电等为核心技术的电磁监测卫星技术，扩展小卫星在地磁环境监测的能力。

3）发展以无拖曳、高精度质心控制等为核心的重力场测量卫星技术，丰富地球科学测绘方法及为相关行业深化应用提供数据支持。

4）发展以快速发射、低成本等为核心的应急灾害响应卫星技术，扩展卫星对应急事件的应急通信、遥感等快速响应。

5）发展以高成像质量、低成本的商业遥感卫星技术，推进遥感事业产业化。

6）发展星座技术，将小卫星星座不断应用于遥感、通信、科学与技术试验等领域。

另外国内小卫星研制方兴未艾，有效协同发展，真正实现高效的产学研一体化，共同促进我国航天技术发展，共同面对国际市场竞争也是应该关注的。

# 4 结束语

小卫星实践证明，创新是小卫星发展不竭的动力，"快、好、省"的小卫星建设不但顺应时代发展潮流，而且符合中国国情。

众人拾材火燃高，小卫星发展需要各行各业的关注和投入，不同部门自身独有的特点很容易引入新的卫星设计理念，大范围的小卫星研制活动有利于降低大众对航天的认知门槛，有利于航天产品的深化应用，反过来进一步促进航天技术的健康发展。

## 参 考 文 献

[1] 张永维. 中国科学探测与技术试验卫星. 中国航天，2001（7）.

[2] 李孝同. "实践五号"卫星星务管理系统. 中国空间科学技术，2000，20（5），30－35.

[3] 李孝同. 小卫星星务管理技术. 中国空间科学技术，2001，21（1），29－36.

[4] BAI ZHAOGUANG, ZHANG YONGWEI. The technical characteristics of the SJ－5 satellite, THE PROCEEDINGS of THE 6TH APC－MCSTA.

[5] WANG LILI, BAI ZHAOGUANG. HY－1 satellite system design. THE PROCEEDINGS of THE 6TH APC－MCSTA（September 18－21，2001）.

[6] 马兴瑞，张永维，白照广. 中国海洋一号卫星技术方案. 航天器工程，2003，12.

[7] 张永维. 双星中的首颗卫星-探测-1升空. 国际太空，2004（1）.

[8] 李孝同. 小卫星星务系统的遥测技术研究. 航天器工程，2008（2）.

[9] 白照广，沈中，王肇宇. 环境减灾-1A、1B卫星技术. 航天器工程，2009（6）.

[10] BAI ZHAOGUANG. HJ－1A and HJ－1B small satellite constellation for environment and disaster monitoring, AEROSPACE CHINA summer 2009，10（2）.

[11] BAI ZHAOGUANG. HY－1B Ocean Satellite. AEROSPACE CHINA，2007，4.

[12] 白照广，李一凡，杨文涛. 中国海洋卫星技术成就与展望. 航天器工程，2008，17（4）.

[13] 白照广，沈中，王肇宇. 环境减灾-1A、1B卫星技术. 航天器工程，2009，6.

[14] 张润宁，姜秀鹏. 环境一号C卫星系统总体设计及其在轨验证. 雷达学报，2014（3）.

[15] 白照广，陆春玲，李长俊，等. 高分一号卫星方案与技术特点. 航天器工程，2014，23（增刊）.

# Small Satellite Development Strategy Analysis

BAI Zhaoguang

DFH Satellite Co. LTD. ，Beijing　100094

**Abstract**　In order to meet the growing space task demand of our country，China use of existing technology to independent research development the small satellite technology in the last century 90's. In the process of research and development，by multi－purpose as the goal，according to the thinking of flexible design，performance rolling upgrade and product etc，we created the CAST968，CAST2000 and CAST100 satellite platform，etc. Up to now，more than 50 satellites have been launched，using for space examination，remote sensing，etc. Small satellite is becoming an important driving force of china space technique.

**Key words**　Satellite platform；CAST968；CAST2000；CAST100；Alterable design

## 作 者 简 介

白照广，航天东方红卫星有限公司民用遥感项目办经理，参加过多颗卫星研制，是 CAST968 平台的主要开发人员之一，电子邮箱：13910027870@139.com。

# 快速响应小卫星星载电子产品研制思路探讨

姜连祥　占丰　辛明瑞

山东航天电子技术研究所，烟台　264003

**摘　要**　快速响应小卫星以快速研制、快速发射、快速应用为手段，以较低成本实现对突发事件迅速反应，执行战术任务，满足侦察、通信等需求。面向快速响应小卫星的成本低、响应快、应用灵活的特点，星载电子产品的研制思路是实现"省"、"好"、"快"地构建快响卫星的关键问题之一。本文从快响卫星的需求出发，分析总结了面向快响卫星星载电子产品"省"、"好"、"快"的内涵和技术途径；提出了星载电子产品以标准化模块作为元产品，采用标准化、模块化和组合化的研制思路；梳理了快响卫星电子产品研制开放式体系结构、低成本设计、即插即用、内嵌自测试等关键技术，并提出了解决思路。

**关键词**　电子产品体系；省、好、快；快响卫星

## 1　引言

快速响应小卫星（简称快响卫星）主要围绕战术应用，在较短时间内完成卫星任务分析、系统设计、系统总装、集成测试、发射入轨和在轨测试并投入使用，为战区指挥官提供及时情报服务，达到快速满足作战部队的应用需求的能力。快响卫星的特点集中体现为"省"、"好"、"快"。快响卫星星载电子产品作为整星管理、控制和测量的重要组成部分，需要具备以下特点：

1）快速组建系统的能力；

2）支持系统快速测试的能力；

3）支持不同有效载荷快速接入的能力；

4）支持在轨自主任务管理的能力；

5）在轨及时生成情报；

6）支持战区直接获取情报的能力。

快响卫星星载电子产品要形成以上能力，星载电子产品的研制需要突破传统宇航电子产品的研制思路，尽量采用成熟的工业领域技术，借鉴工业化批产的思路，探索研制快响卫星电子产品的新途径，支持快响卫星低成本、快速集成应用、快速响应的能力[1]。

快响卫星"省"、"好"、"快"的特征对星载电子产品也提出了"省"、"好"、"快"的要求，由于星载电子产品在整星组成中起着管控和数据处理的核心作用，其顶层规划和技术指标影响着整星"省"、"好"、"快"的实现，有着更具体的技术内涵和途径。

## 2　"省"、"好"、"快"的内涵和技术途径

快响卫星星载电子产品的"省"就是成本低，同类产品的研制成本降低为现有产品成本的 $1/3 \sim 1/10$。"省"的技术途径总结如下：

1）采用开放式的系统架构，制定并发布共性产品的技术指标和接口规范，引入竞争机制；

2）采用标准化、系列化和模块化设计，通过软硬件模块/单机产品定型，通过标准化模块产品的组合满足不同卫星需求，避免重复研发，降低研制成本；

3）电子产品研制流程优化，通过批产、并行测试、自动化测试、例试试验等降低研制成本；

4）通过 COTS 部组件和低等级元器件选用和质量保证办法降低元器件成本；

5）通过系统容错设计、软件容错等技术手段降低硬件冗余备份设计。

快响卫星电子产品的"好"就是具备在轨信息处理和分发能力，支持多星组网、协同工作，支持战术信息订阅，满足特定战术需求，"好"的技术途径如下：

1）具备在轨数据处理设备，支持载荷数据在轨实时处理，及时生成情报信息；

2）支持信息订阅，具备战术信息及时传递链路，保证战术信息的时效性；

3）可动态组网重构，具有一定的抗毁性；

4）具备在轨任务协同能力、可联合执行战术任务。

快响卫星电子产品的"快"主要是指产品研制周期短，支持快速集成和快速测试。"快"的技术途径如下：

1）采用标准化、系列化和模块化设计，80％的产品通过货架式产品的选用和20％的特殊需求产品通过开发实现；

2）优化研制流程，通过批生产、并行测试、自动化测试、例试试验等手段缩短研制时间；

3）选用 COTS 部组件和低等级元器件，可有效缩短采购周期；

4）支持内嵌自测试（BIT），缩短产品功能测试时间，有效提升整星集成测试和在轨测试效率。

# 3 电子产品体系规划

## 3.1 划分原则

快响卫星电子产品的研制为了借鉴工业化的生产思路实现批产，电子产品的规划应该面向系列卫星而不是一颗卫星，同时产品的规划应该具有一定的前瞻性，便于产品的升级换代。为了满足多颗卫星的需求，要求在开放式的系统架构下，电子产品尽量统筹优化设计，采用标准化和模块化设计，通过标准化模块产品的灵活组合设计满足不同卫星多样化的需求。

将快响卫星电子产品按照功能进行模块划分，在统筹考虑产品工程实现性的前提下尽可能细化电子产品模块的划分粒度，以形成最基本的通用化和标准化的单元产品。模块划分的基本原则如下：

1）模块内部高内聚，模块间松耦合；

2）模块功能划分粒度均匀合理，易于工程实现；

3）便于功能扩展和技术升级换代；

4）有利于专业场所的分工与合作。

## 3.2 单元（单机）划分

按照模块化产品功能的通用程度，可划分为：基本单元、可选单元、扩展单元，其中基本单元和可选单元属于通用的共性产品，扩展单元属于个性定制产品，不属于共性产品。三者的基本定义如下：

基本单元：快响卫星电子产品的基本组成部分，实现电子系统基本功能，是快响卫星电子产品的不可缺少的产品组成；

可选单元：在基本功能的基础上，提供可选功能的单元，两颗或两颗以上卫星可选用的产品；

扩展单元：提供快响卫星个性化功能的产品单元，各卫星需求都不相同，无法形成通用的产品，不属于共性产品。

根据以上划分原则，星载电子产品单元划分如表1所示。

表 1  星载电子产品单元划分

| 序号 | 功能分类 | 单元名称 | 单元分类 |
|---|---|---|---|
| 1 | 综合信息管理类 | 计算单元 | 基本单元 |
| 2 | | 测控单元 | 基本单元 |
| 3 | | GNSS 接收单元 | 基本单元 |
| 4 | | 智能接口单元 | 基本单元 |
| 5 | | 二次电源 | 基本单元 |
| 6 | | 星间链路单元 | 基本单元 |
| 7 | | 中继测控单元 | 可选单元 |
| 8 | | BD 短报文接收单元 | 可选单元 |
| 9 | 能源管理类 | 电源管理单元 | 基本单元 |
| 10 | | 一次配电单元 | 基本单元 |
| 11 | | PCU 单元 | 可选单元 |
| 12 | | 分流充电单元 | 可选单元 |
| 13 | | 放电调节单元 | 可选单元 |
| 15 | | 火工品管理单元 | 可选单元 |
| 16 | 数据处理与传输类 | 图像处理单元 | 基本单元 |
| 17 | | 存储单元 | 基本单元 |
| 18 | | 路由器及 AOS | 基本单元 |
| 19 | | 数传发射单元 | 基本单元 |
| 20 | | 数传控制单元 | 可选单元 |
| 21 | | 数据压缩单元 | 可选单元 |

## 3.3  单元（单机）产品准入产品体系原则的思考

快响卫星电子产品借鉴工业化批产思路，因此基于快响卫星电子产品中的共性产品形成产品体系。单元（单机）产品体系关系到快响卫星的性能和宇航电子厂商的利益，如何保证快响卫星电子产品体系组成的合理性和先进性，如何确定某个产品单元是否应该纳入产品体系需要制定明确的准入原则。

首先，快响卫星电子产品体系是指共性产品，即基本单元和可选单元，具备批产可能的电子产品；其次，产品体系是一个开放性的体系，根据快响卫星任务的需求和电子技术的进步，产品体系需进行动态的更新；最后，判定一个产品是否可以纳入产品体系主要衡量产品的通用程度，可按照基本单元和可选单元的基本定义来判断。

# 4  关键技术

## 4.1  开放式体系架构

开放式的体系架构是快响卫星对电子产品的需求所决定的[2]。卫星载荷不同，对平台电子系统需求也不同，因此需要开放式的系统架构支持系统的功能扩展和裁剪。基于高低速串行总线的系统架构具有接口简单，便于接入的特点，符合开放式的体系架构要求。单元产品都连接在控制总线上，遥控指令和遥测信息通过控制总线传递。非智能设备如推进器、敏感器等通过智能接口单元转换为标准的总线接口。有高速数据传输需求的模块如载荷、固存、路由器与 AOS 数据处理器、载荷数据处理模块通过高速总线互联。供电体制采用分级集中配电模式，由电源控制与管理单元采用集中配电方式给出一次电源，单机部各模块由二次电源模块集中提供二次电源。开放式系统架构如图 1 所示。

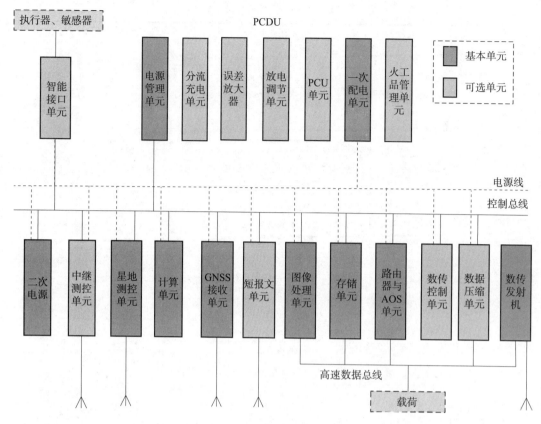

图 1　开放式系统架构设计

## 4.2　标准化、系列化和模块化设计

标准化、系列化和模块化设计是快响卫星电子产品实现"省"和"快"的关键技术[3]。标准化是指各单元间软硬件接口和通信协议的标准化设计，同一个单元产品为了满足不同的快响型号需求，研制多种规格产品（系列化），模块化设计是统筹考虑快响对电子产品的需求规划产品单元，明确产品单元的功能、性能和接口，标准化模块作为组合形成产品的元单位。

## 4.3　研制流程优化

根据快响卫星"省"、"好"、"快"的建造思想，快响卫星电子产品的研制流程与原有宇航电子产品定制式的生产流程不同，通过研制流程的优化和创新实现"省"和"快"。原有小卫星电子产品研制一般分为电性、鉴定和正样三个阶段，快响卫星电子产品研制分为验证阶段和批产阶段。验证阶段主要实现产品功能、性能和接口的验证，实现产品定型，批产阶段主要是定型产品的批量化生产、测试和存储。

## 4.4　快速测试技术

电子产品设计应该考虑如何辅助完成单机级测试、如何支持完成系统快速集成测试和如何支持完成在轨快速测试。单机级测试、系统集成测试和在轨测试需要在测试流程、测试项目和测试方法上进行优化，传统的测试方法无法满足快响需求。在电子产品级实现快速测试的技术手段主要包括：

1）内置自测试，在设计阶段考虑产品的可测试设计；内置自测试包括上电自测试、指令激活自测试等。内置自测试不仅可以完成模块级产品的测试，还可以通过模块产品的配合完成系统级自测试，这将提高系统集成阶段的集成测试和在轨测试效率。

2）针对星载电子产品批量生产的特点，采用并行测试和自动化测试手段提高测试效率，降低测试成本。

## 4.5  COTS 部组件和元器件技术

应用 COTS 部组件和低等级元器件可明显降低卫星电子产品的研制成本。COTS 元器件用于宇航电子已经被证明可以应用，但是必须加以控制的选用以保证可靠性。目前国内尚无相关的标准指导 COTS 元器件的选用和在轨应用质量保证。与传统长寿命、高可靠的大卫星电子设备元器件质量保证技术途径不同，快响卫星 COTS 元器件的质量保证要求必须考虑经济可承受性因素，其质量保证方法有别于其他型号质保方法。

选用元器件质量等级为工业级及工业级以上等级，根据应用等级进行差异性的质保。根据元器件应用等级确定微纳卫星元器件质量等级基线，质量等级基线及以上元器件直接选用，进行到货检验、外观检查等基本质保措施；质量等级基线以下元器件实施差异化质量保证措施。基于元器件采购渠道、飞行经历（有、无）、器件重要性（接口器件、数据处理器件、其他器件）、冗余设计（单点、冗余）、器件本身质量等级等方面按照一定权重综合确定元器件质量保证类别，实施差异化质量保证方法，质保内容包括升级试验、寿命考核、结构分析、抗辐射评估、DPA 等。

## 5  结束语

为了落实"省"、"好"、"快"地研制快响卫星，其星载电子产品的研制从元器件选用、设计思路、研制流程等与以前的宇航电子产品研制有着很大的区别，需要改变传统宇航电子产品定制的研制模式，以标准化模块产品作为元产品，采用标准化、系列化和模块化的设计方法，实现批量化研制，从而提高研制效率，降低研制成本。本文就快响卫星星载电子产品的研制思路及关键技术提出了总体的思路，希望与国内同行交流探讨，为我国快响卫星电子产品的研制提供参考。

**参 考 文 献**

[1]  王峰，陈健，李化义，等．快速响应卫星发展现状及趋势 [C]．第一届高分辨率对地观测学术论文集，2012．

[2]  PETER M. WEGNER，REX R. KIZIAH. Pulling the Pieces Together at AFRL - Space Vehicles Directorate [C]．the Proceedings of the 4th Responsive Space Conference，2006．

[3]  DAVID VOSS，JOSEPH COOMBS，THEODORE FRITZ. A novel spacecraft standard for a modular nanosatellite bus in an operationally responsive space environment [C]．the Proceedings of the 7th Responsive Space Conference，2009．

# The Development Path Discuss for Avionics of Responsive Tactical Small Satellites

JIANG Lianxiang    ZHAN Feng    XIN Mingrui

Shandong Aerospace Electro - Technology Institute，Yantai    264003

**Abstract**    Responsive tactical small satellites are characterized by rapid development，rapid lunch and rapid application，which take tactical task of surveillance and communication with low cost. The development solution of avionics is the key problem to build tactical small satellite in much cheaper，batter and quicker way. The meaning and technical way for much cheaper，batter and quicker avionics is summarized；according to the requirement and characteristics of responsively satellites，the avionics architecture is presented and the constitution of common avionics products are given；the key technologies of responsive satellite avionics are listed and the resolutions to the key technologies are also discussed.

**Key words**　Avionics product architecture；Cheaper & Batter & Quicker；Responsive satellite

## 作 者 简 介

姜连祥，男，高工，在山东航天电子技术研究所从事飞行器综合电子与健康管理技术研究，电子邮箱：lianxiang _ jhust@163. com。

# 小型合成孔径雷达卫星发展概述

姜秀鹏 常新亚 姚芳 李黎

航天东方红卫星有限公司，北京 100094

**摘 要** 合成孔径雷达（SAR）具有全天候、全天时的工作特点，可获得被观测区域的高分辨率微波遥感图像。目前，星载合成孔径雷达主要有两种体制，一种为有源相控阵体制，一种为集中馈电式反射面体制。该文分析总结了现有星载合成孔径雷达的技术特点，提出了未来的合成孔径雷达小卫星的技术发展趋势。

**关键词** 小卫星；合成孔径雷达（SAR）；发展趋势

## 1 引言

合成孔径雷达（SAR）是一种现代高分辨率微波成像雷达，具有全天候、全天时、远距离成像的特点，甚至能穿透一定深度的地表或植被，获取被植被覆盖的地面信息，或者地表下一定深度目标的信息；还可以通过多频段、多极化、多视角获取多方位的目标信息，从而大大提高雷达的信息获取能力，在国民经济和国防建设中发挥着重要作用。

随着星载 SAR 技术的发展，分辨率等指标逐渐提高，系统功能逐渐增强，但卫星质量也在增加，其研制和发射成本也随之增加。为了解决这一问题，SAR 卫星的小型化成为研究热点。

与大型卫星相比，小卫星具有快速反应能力强、可靠性高、建设周期短、投资风险小等优点。从已有的小卫星 SAR 所发挥作用来看，效费比明显提高，研制费用大幅降低，在军事和经济上的应用越来越重要。本文分析总结了现有星载合成孔径雷达的技术特点，提出了未来的合成孔径雷达小卫星的技术发展趋势。

## 2 国内外 SAR 卫星的发展现状

1978 年，全球第一颗合成孔径雷达（SAR）卫星——美国的海洋卫星（SEASAT）发射升空，为空间微波遥感掀开了崭新的一页。随着加拿大雷达卫星-1（Radarsat-1）等商用卫星的成功，各行各业对星载 SAR 图像的需求越来越旺盛，世界上的主要航天大国都在大规模地研制自己的 SAR 卫星。世界各国发射的 SAR 卫星详见表 1。

表 1 世界各国发射的 SAR 卫星汇总

| 卫星 | 国家 | 发射时间 | 波段 | 分辨率/m | 幅宽/km | 天线类型 | 极化方式 | 卫星质量/kg |
|------|------|---------|------|----------|---------|----------|----------|-------------|
| SEASAT | 美国 | 1978 | L | 距离向：25<br>方位向：25 | 100 | 微带天线 | HH | 2 290 |
| SIR-A | 美国 | 1981 | L | 距离向：40<br>方位向：40 | 50 | corporate feed | HH | — |
| SIR-B | 美国 | 1984 | L | 距离向：17~58<br>方位向：25 | 10~60 | corporate feed | HH | — |

**续表**

| 卫星 | 国家 | 发射时间 | 波段 | 分辨率/m | 幅宽/km | 天线类型 | 极化方式 | 卫星质量/kg |
|---|---|---|---|---|---|---|---|---|
| Lacrosse | 美国 | 1988—2005 | L/X | 标准模式：1.0<br>宽扫模式：3.0<br>精扫模式：0.3 | — | 大型抛物面天线 | dual | 14 500 |
| ERS－1/2 | 欧空局 | 1991—1995 | C | 距离向：26.3<br>方位向：30 | 100 | — | VV | 2 400 |
| ALMAZ－1 | 苏联 | 1991 | S | 10～15 | 30～45 | 抛物面天线 | HH | 3 420 |
| JERS－1 | 日本 | 1992 | L | 距离向：18<br>方位向：18 | 75 | 微带阵列 | HH | 1 400 |
| SIR－C/X－SAR | 美国 | 1994 | L/C/X | 距离向：13～25<br>方位向：30 | 15～90 | 微带/裂缝波导 | quad | 12 707 |
| RadarSat－1 | 加拿大 | 1995 | C | 10～100 | 50～500 | 缝隙波导 | HH | 3 000 |
| ENVISAT | 欧空局 | 2002 | C | 10～150 | 405 | 相控阵天线 | dual | 8 211 |
| ALOS | 日本 | 2006 | L | 7 | 30～350 | 相控阵天线 | quad | 3 850 |
| SAR－Lupe（5） | 德国 | 2006—2008 | X | 0.5 | 5.5～8 | 抛物面天线 | quad | 770 |
| RardaSat－2 | 加拿大 | 2007 | C | 3 | 20～500 | 相控阵天线 | quad | 2 200 |
| Cosmo－SkyMed（4） | 意大利 | 2007—2010 | X | 1 | 10～200 | 相控阵天线 | quad | 1 700 |
| TerraSAR－X | 德国 | 2007 | X | 1 | 100 | 相控阵天线 | quad | 1 230 |
| TecSAR | 以色列 | 2008 | X | 1 | 100 | 抛物面天线 | quad | 300 |
| SAOCOM | 阿根廷 | 2008 | L | 7 | 50～400 | 微带天线 | quad | 1 600 |
| TanDEM－X | 德国 | 2010 | X | 1 | 100 | 相控阵天线 | quad | 1 230 |
| KompSat－5 | 韩国 | 2010 | X | 1～20 | 5～100 | 相控阵天线 | VV | 1 400 |
| RISAT－1 | 印度 | 2012 | C | 2 | 30～240 | 印刷阵列天线 | quad | 1 858 |
| HJ－1－C | 中国 | 2012 | S | 5 | 35～105 | 抛物面天线 | VV | 850 |
| Ofeq－10 | 以色列 | 2014 | X | 1 | 100 | 抛物面天线 | quad | 400 |

从表1可以看出，国外大部分SAR卫星都采用相控阵天线，以获得较大的观测空域，工作模式从单一条带模式扩展到扫描、聚束、滑动聚束、马赛克模式等，图像的分辨率也自2006年以来有了显著的提高，达到米级，极化方式也从早期的单极化发展到目前的多极化，早期卫星的质量均在1 000 kg以上，低于1 000 kg的SAR卫星为是近期发展的以抛物面天线体制为代表的小卫星，主要包括德国的SAR－Lupe、以色列的TecSAR和Ofeq－10以及中国的HJ－1－C。

其中，德国的SAR－Lupe卫星由5颗X波段雷达成像卫星组成星座，5颗卫星分布在3个高度500 km的两极低地球轨道面上，其中2个轨道平面上有2颗卫星运行，另1个轨道平面上有1颗卫星。5颗卫星的布局将能够实现图像和命令交换，缩短反应时间，通过组网方式运行可有效地提高时间分辨率。在实现单星高分辨率观测的同时，还能够通过干涉SAR实现立体测绘，具有一定的动目标检测能力。

以色列首颗雷达成像侦察卫星TecSAR具有两大特点：一是质量轻，卫星发射质量只有300 kg，SAR载荷不到100 kg；二是平台的形状使其绕滚动轴转动的惯性矩小，因而能提供最大的指向敏捷性。同时，雷达波束具有电子切换方式。这样利用高敏捷性与天线波束电子控制相结合，使卫星能以多种观测模式实现高分辨率、大面积地域覆盖，在每圈轨道上获取更多的图像。

国外典型SAR卫星的构型图见图1[1]。

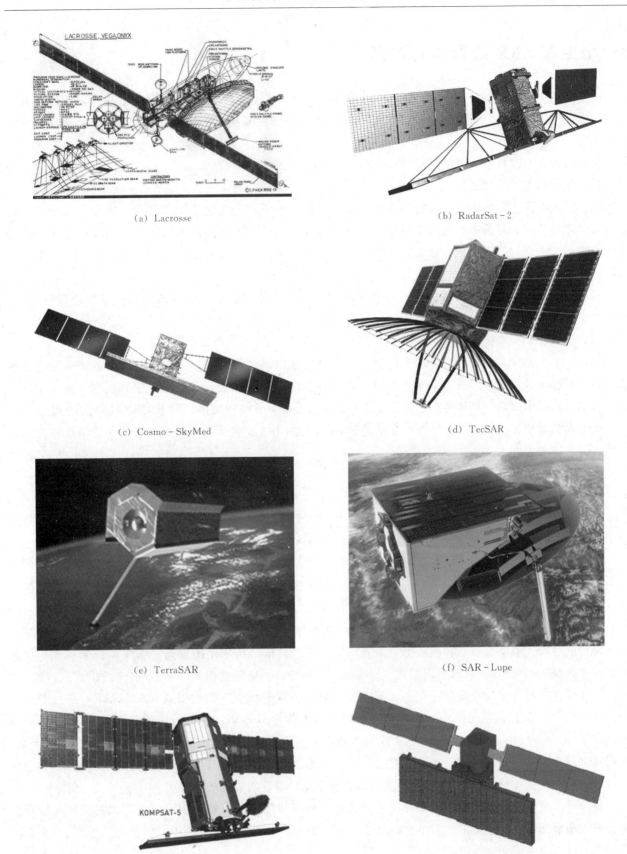

(a) Lacrosse

(b) RadarSat - 2

(c) Cosmo - SkyMed

(d) TecSAR

(e) TerraSAR

(f) SAR - Lupe

(g) KompSat - 5

(h) RISAT - 1

图 1  国外 SAR 卫星构型图

# 3　小卫星 SAR 载荷体制选择

由于小卫星具有质量轻、尺寸小、成本低等特点，卫星平台对 SAR 载荷质量、成本控制提出了较高要求，因此小卫星对 SAR 设计在满足性能指标要求的同时，主要从小型轻量化、模块化、降低复杂度等方面考虑。

在天线体制的选择上，卫星 SAR 可采用以下三种天线体制[2]：

（1）集中馈电的反射面体制

该体制最大优点是反射面天线的面密度较小、质量较轻，适用于在小卫星平台上安装。采用集中馈电方案，需要使用相对集中的固态发射模块或行波管放大器，微波链路的耐功率和抗微放电设计及可靠性要求较高。

（2）有源相控阵体制

相对反射面，有源相控阵的分析综合技术成熟，波束控制较灵活。但其最大缺点是系统设备量大，小卫星平台难以满足载荷的质量要求。

（3）平面板式天线体制

采用轻型平面阵列天线，同时基于高集成度的设计方法，将收发系统、中央电子设备集成为几个模块，有效减轻了载荷质量。通过分布式发射，确保每个单元功率较低，有效降低发射成本。该体制既具有有源相控阵技术成熟、可靠性高、辐射效率高的特点，还具有结构简单、易于实现轻量化的优势。

从上面的分析和比较可知，适合小卫星的 SAR 天线体制主要包括两种：集中馈电的反射面体制和平面板式天线体制。

# 4　未来 SAR 小卫星发展趋势

未来合成孔径雷达（SAR）小卫星的技术发展主要体现在以下几方面[3]。

（1）以高分辨率和宽测绘带为发展目标

SAR 卫星的对地观测主要体现在空间分辨率和对地观测宽度两个方面，空间分辨率越高，SAR 图像的可解释性越强，这在军事目标侦察和民用救灾方面尤为重要。因此，高分辨率一直是 SAR 卫星追求的目标。而宽测绘带包括有效观测带宽和一次成像的观测带宽。然而，传统的星载 SAR 系统都受制于最小天线面积的约束，空间分辨率和测绘带宽不能同时提升。目前，所采用的提高分辨率的成像模式主要包括聚束模式（Spotlight）、滑动聚束模式（Sliding Spotlight）、马赛克模式（Mosaic）、条带模式（Strip）等，这些模式均只能实现分辨率的提高，无法实现测绘带宽的增加；扫描模式（ScanSAR）通过距离向天线波束依次扫描合成宽测绘雷达图像，但会牺牲掉方位向分辨率；基于数字波束形成（Digital Beam Formation，DBF）技术的新型星载 SAR 成像体制，能够从真正意义上解决分辨率与测绘带之间的矛盾，实现高分辨率宽测绘带的成像。小卫星通过采用平面板式天线体制，使得 DBF 技术能够在小型 SAR 卫星上得以应用，从而使得在小型 SAR 卫星实现高分辨率宽测绘带的成像成为现实。

高分辨率宽测绘带成像技术的实现，对于满足大面积和宽覆盖的精确观测要求，尤其是在环境及灾害监测、地形测绘、国土测量、军事侦察及战场态势感知等领域都有重要意义。

（2）以多参数为重要特征

SAR 成像技术是利用地物的电磁散射波对目标进行成像的，利用不同频率、不同极化以及不同入射角的电磁波对地物进行观测，能够得到更加丰富的地物信息，随着星载 SAR 雷达技术的发展，从单一极化（HH 或 VV）、固定频率、固定视角的单一工作参数，到各国争相发展的多参数即多极化、多频段、多视角的高分辨率星载 SAR 系统。多频段指 SAR 的工作频段，通过利用目标在不同频率下散射特性不同，对目标进行分类和识别。多极化是指 SAR 系统的收发极化方式，主要有 HH、VV、HV 和 VH。多视角即天线波束指向可变，它与星载 SAR 系统的分辨率、成像模式、观测带宽有着密切的关系。

（3）以编队和星座运行为主要趋势

随着航天技术的发展，像 SAR 天线小型化技术，固态电子器件和电路集成化、小型化技术等的发展，大大减小了卫星的质量和体积，使卫星具有性能高、体积小、质量轻、成本低等特点，有利于研制小型 SAR 卫星。而 SAR 卫星小型化有利于采用一箭多星发射方式，大大降低了卫星的发射成本，有利于卫星在轨的快速部署。同时，SAR 卫星小型化改变了天基 SAR 的工作及使用模式，促使产生 SAR 卫星星座、卫星编队、卫星编队星座等天基 SAR 系统。而轨道及队形的设计正好可以满足合成孔径成像雷达实现干涉的基线条件，从而形成星载干涉合成孔径成像（NSAR）系统。同时，通过卫星编队或编队星座方式运行，可进一步实现动目标检测与成像，这有着重要的军事应用价值。

（4）SAR 图像星上处理技术得到全面发展和应用

随着未来小 SAR 卫星分辨率的提高和测绘带的进一步增加，卫星工作一次产生的数据量非常大，即使经过星上实时压缩，其数据率仍然可能达到上 G 量级，以目前常用的数传技术很难将如此大量的数据实时传输至地面站。而通过采用星上数据处理技术，在星上实时生成 SAR 图像，则可以有效地降低数传码速率，有利于成像数据的实时下传，对于军事应用意义重大。

（5）SAR 载荷将与光学载荷装于同一颗卫星上同时工作

与光学图像相比，SAR 图像的可读性、可懂性稍差。随着卫星构型布局的优化及平面板式天线的应用，未来将实现把 SAR 载荷与光学载荷安装于同一颗卫星上，同时工作可同时获得同一目标地区的多源图像，利于更好地进行图像的解读、分析。图 2 为 SAR 图像和光学图像对比

图 2　SAR 图像和光学图像对比

# 5　结束语

小卫星具有发射灵活、快速反应能力强、可靠性高、建设周期短、投资风险小等优点。随着卫星及 SAR 载荷的技术进步，发展小型化 SAR 卫星在提高单星分辨率和幅宽的同时，可满足卫星进行组网运行的需要。未来的小型化 SAR 卫星采用崭新的设计思想和大量的高新技术，急剧提高卫星功能密集度，使它既能以单颗卫星廉价快速完成各项航天任务，显著地提高效费比，又能以多颗卫星组成星座，完成大卫星难以胜任的空间任务。

**参 考 文 献**

［1］ 赵志伟，金丽花. 国外 SAR 卫星总体技术发展现状及启示 ［J］. 航天器工程，2010，19（4）：86 - 91.

［2］ 刘小平. 小卫星合成孔径雷达技术探究 ［J］. 电子测试，2014：3 - 5.

［3］ 刘菁. 合成孔径雷达的现状与发展趋势 ［J］. 探测与定位，2010，12（4）：41 - 46.

# An Overview of the Development of Small Satellite of Synthetic Aperture Radar

JIANG Xiupeng    CHANG Xinya    YAO Fang    LI Li

DFH SatelliteCo. Ltd. , Beijing    100094

**Abstract**    Synthetic aperture radar （SAR） has characteristics of all—weather and all—time working, which can obtain high resolution microwave remote sensing image of observation area. Currently, there are two kinds of spaceborne SAR system, one is active phased array system, another is concentrated feed reflector system. This paper analyzes and summarizes the technical characteristics of the existing SAR satellites, and puts forward the technology development trend of the future small SAR satellites.

**Key words**    Small satellite; Synthetic aperture radar SAR; Developing trend

**作 者 简 介**

姜秀鹏，男，高工，航天东方红卫星有限公司，研究方向为航天器总体设计，电子邮箱：jxp99@163. com。

# 狭缝式液态金属镓场发射推力器

康琦　高辉　贺建武

中国科学院力学研究所微重力重点实验室，北京 100190

**摘　要**　为满足百微牛级变推力控制要求，提出并研制了利用液态金属镓作为推进剂的狭缝式场发射电推力器试验样机（Gallium‑Field Emission Electric Propulsion，Ga‑FEEP）；考察了液态金属镓作为推进剂的可行性以及试验样机的工作性能，并基于电流模式测试了 Ga‑FEEP 变推力特征。

**关键词**　场发射电推力器；镓；微牛级；变推力

## 1　引言

在重力场测量及引力波探测计划中[1]，卫星无拖曳飞行控制及新型微星纳星等航天器对空间推进技术提出了更高的要求。这些航天器需要长期可靠的连续推进及精细的姿态调控，在众多微推力器中，场致发射电推力器由于推力连续可调、比冲大、效率高，被选为优先研究对象。与冷气推进相比，其比冲高两个量级，意味着航天器长期空间飞行携带推进剂可大大减少。通过阵列布局，推进系统可实现极大的推力动态范围并具有较高的可靠性。场致发射电推力器其工作原理如图 1 所示，主要由存储腔、发射极、加速极、中和器和高压电源等构成，使用液态金属（高纯铯、铟、镓或合金）作为推进剂，液态金属在毛细与场发射机制共同作用下，从存储腔自动流至发射尖端，在发射极与加速极之间的高压电场作用下，形成泰勒锥型微型结构，电场强度高达 $10^9 \sim 10^{10}$ V/m，在此强电场作用下金属原子被电离并加速飞出加速极，从而产生羽流推力[2-3]。

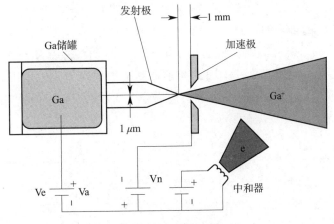

图 1　FEEP 推进原理

FEEP 推力器的特点是结构简单，推力易于调控。通过直接调节发射电流和加速电压即可实现推力调节目的，且调节范围宽。根据推进剂及喷口结构类型，FEEP 主要分为铯狭缝式（Cs‑FEEP）[4]和针尖式（In‑FEEP）[5]两种类型，狭缝式 FEEP 的优点在于：1）发射电流大，推力大；2）线性喷口，相比针尖耐烧蚀；3）毛细内流，流动易于控制。本研究选用液态镓为推进剂，研制了狭缝式结构 Ga‑FEEP 推力器，考察了其变推力特性。

## 2 Ga-FEEP 试验样机

狭缝式 Ga-FEEP 试验样机发射极所用材料为高温合金，其优点是各相分散均匀，硬度适中便于研磨抛光，耐高温寿命长。绝缘材料为聚四氟乙烯和氧化铝陶瓷。发射极表面经过精密研磨，平面度优于 0.3 $\mu$m，尖端曲率半径小于 8 $\mu$m，狭缝宽度 10 mm。Ga-FEEP 试验样机的外部尺寸为：56 mm×50 mm×42 mm ［图 2（a）］，发射极尖端与加速极间距为 1 mm，推力最大设计值为 150 $\mu$N，样机净重约 100 g。

(a) Ga-FEEP        (b) Alta FT-150

图 2　Ga-FEEP 和 Alta FT-150[6]

当前研究中，金属铯以其较大原子质量和最低的第一电离能成为推进剂首选，然而这种特性也突出了其潜在的风险，如铯蒸气压较高，容易出现热蒸发、场蒸发，导致质量效率降低，比冲下降，以及造成航天器污染，引起太阳帆板等敏感器件失效等问题。经过对比其他金属，本研究选择镓作为 FEEP 推进剂[7]。由于金属镓性质稳定，熔点较低，且具有过冷趋势，因此不需 Cs-FEEP 所需的复杂保护盖及其开启装置 ［图 2（b）］，极大地减少系统总重并提高了可靠性。试验中曾多次开启真空室，推力器长时间暴露于空气环境中，而随后试验中只要之前成功点火，重新抽真空后仍然可以快速点火，因此暴露于大气中产生的氧化污染对 Ga-FEEP 的正常工作影响较小，表明 Ga-FEEP 可靠性较高。

本场发射电推力器样机的推力调节及开关控制直接由高压电源实现。推力大小与所附加的高压电势差及离子束电流成对应关系，推力器随高压的调节而起停，推力矢量品质与高压电源的性能直接相关。高电压纹波是影响推力器噪音的因素之一，因此为了提高推力器品质，采用了超稳定高压模块，其性能如表 1 所示，并配置控制单元组成地面标准电源。使用分布式数据采集模块采集高压电源的电压电流模拟信号。

**表 1　高压电源模块参数**

| 特征 | 参数 |
|---|---|
| 单路电压 | 0 to ±15 kV |
| 纹波 | 70 mV |
| 单端电流 | 800 $\mu$A |
| 电流调整率 | ±0.001% of max for ±1 V input change |
| 负载调整率 | ±0.001% of max for 50% to 100% load change |

## 3 试验测试结果

场发射电推力器的运行轨道为空间高真空环境，并且由于高压电场的存在，地面试验在真空环境中开展。实际调试、测量在实验室搭建的真空罐中进行，真空度范围 $3.0×10^{-5}～10^{-2}$ Pa。场发射电推力器原理虽然简单，但是由于存在极端物理几何条件，实际工作中存在多种复杂过程，所以场发射电推力器的研制与测试是相互验证与优化的过程。随着 Ga-FEEP 研制工艺的不断提高，点火状态也逐渐从单点发射、两点发射，发展到了准线性发射。实验室 2011 年首次成功点火，2013 年实现多点准线性点火，2014 年点火趋于稳定。试验中，在 10 mm 的发射极有效喷口上产生一系列的场发射现象。图 3 为两个时期不同极间距离和尖端曲率半径的场发射效果，其中左图尖端曲率优于右图，因此可以获得更小亮度的场发射效果，并且发射阈值及加速电压也相对较低。

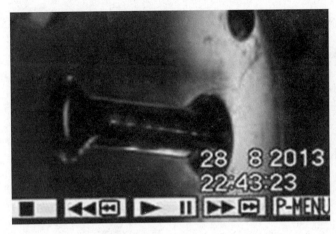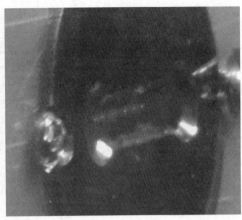

(a) 极间距 1.3 mm（2013 年）　　　　　　(b) 极间距 1.0mm（2014 年）

图 3　准线性点火效果

场发射电推力器利用高强电场电离液态金属并加速离子。根据电推进基本原理，单向、单电离、单束离子 FEEP 电推力器，理论推力 $T$ 以及理论比冲 $I_{sp}$ 可表示为[8]

$$T = \sqrt{\frac{2M}{e}} I_b \sqrt{V_b} \tag{1}$$

$$I_{sp} = \frac{1}{g} \sqrt{\frac{2eV_b}{M}} \tag{2}$$

式中　$M$——离子质量；

　　　$I_b$——离子束电流；

　　　$V_b$——加速电压。

可以看出推力与羽流束电流成线性关系，而与加速电压的平方根成线性关系，亦即推力变化对电流改变较灵敏。此外，加速电压越高比冲越大。

为了得到较好的推力调节效果，采用调节阳极高压电源电流的方式控制推力器推力，即电流模式控制。在变推力调节测试中，点火前首先为限压模式以获得点火电压，推力器稳定工作之后转为限流模式。在限流模式中，随着电流的减小，发射电压也逐步降低。在总发射电流降低到一定值时，有部分发射亮点熄灭的现象，若再次调高发射电流，熄灭点则恢复场发射，说明微观发射同样存在电流阈值。

测试中，加速极电压保持恒定，均值为 8.0 kV，发射极电压最大值为 12.0 kV，最小值为 7.5 kV，电压噪音为 0.2 kV，加速极电流均值为 30 $\mu$A，阳极电流最大值为 737 $\mu$A，最小值为 145 $\mu$A，如图 4 所示。电压电流噪音主要来源于不稳定电离过程。

加速电压在电流调节过程中，从 20.0 kV 降到了 15.5 kV。从图 4 可以看出，电流以 50 $\mu$A 台阶式降低时，加速电压并未表现出相应的台阶式变化，并且加速电压下降率远低于离子束电流下降率，电压平方根的变化率是电流变化率的 1/7。从而推力的变化主要通过电流的改变所反映。

根据公式（1）计算得到的 Ga-FEEP 的理论推力的变化如图 5 所示，最大推力为 126.5 $\mu$N，最小推力为 21.8 $\mu$N，推力噪音为 3 $\mu$N。试验中，若继续减小发射电流，则有可能由于电流阈值及噪音的影响将导致场发射终止；若继续增大发射电压，则会引起较多的有害放电，降低发射极寿命。

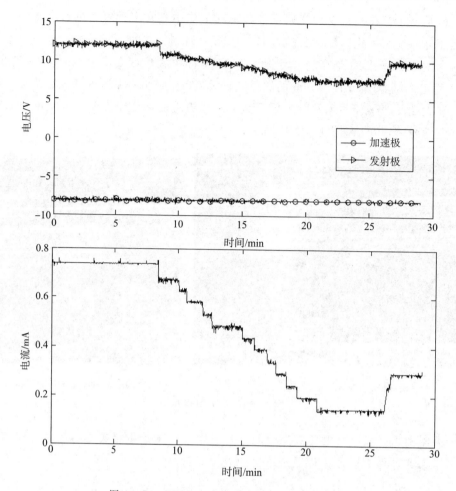

图4 Ga-FEEP电流模式中电压电流变化过程

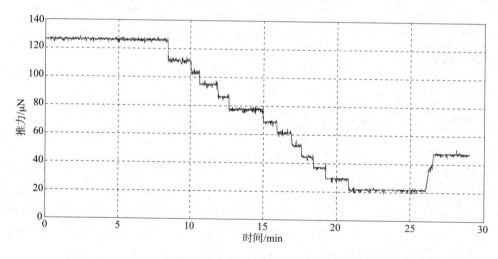

图5 Ga-FEEP变推力范围

图6是本次试验的推力-功率曲线，最大输入功率为14.5 W。由于电压随电流变化，因此功推比不是恒值，但变化较小。由于场发射电推进使用高电压直接电离加速工质产生推力，导致功率与推力之比极高，达到120 kW/N。

比冲是衡量推进效率的一个重要特征，为推力与推进剂消耗速率的比值。比冲越高，所需推进剂越少。本次Ga-FEEP试验中，最高理论比冲约为17 000 s。

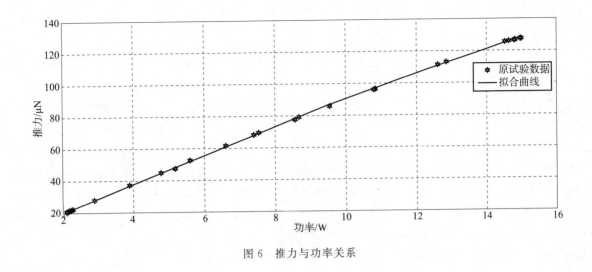

图 6　推力与功率关系

# 4　结论

本研究中，通过液态金属镓与其他液态金属物性的对比分析，提出并研制了以液态金属镓为推进剂的狭缝式场致发射电推力器。实现了推力器准线性点火，并基于电流控制模式测试了推力器的推进性能。狭缝式 Ga－FEEP 样机理论推力调节范围为 21.8～126.5 μN，推力噪音 3 μN；根据理论推力关系以及离子束电流与加速电压的非线性关联，推力的变化主要通过电流的改变所反映。目前，狭缝式 Ga－FEEP 仍然面临许多技术问题需要突破，例如理想与实际中的尖端形貌特征差距，更稳定的工作状态等。

# 致谢

本研究得到中国科学院知识创新工程重要方向项目"空间科学预先研究项目"（第一批）《空间先进重力测量》课题的支持。

## 参 考 文 献

[1]　ANTONUCCI F，ARMANO M，AUDLEY H，et al. LISA Pathfinder：mission and status［J］. Classical and Quantum Gravity，2011，28（2011）：094001.

[2]　PETAGNA C，VALENTIAN D，VON ROHDEN H，et al.，1988. FIELD EMISSION ELECTRIC PROPULSION（FEEP）［C］. IEPC－1988－127.

[3]　孙小兵，康小明，赵万生，等. 场发射推进器的研究现状及展望［J］. 机械，2006，33（8）：1－4.

[4]　ANDRENUCCI M，MARCUCCIO S，GENOVESE A. The use of FEEP systems for micronewton thrust level missions［C］. AIAA 1993－2390.

[5]　段君毅. 场致发射电推力器工作性能及其发射机理研究［D］. 上海交通大学，2011.

[6]　MARCUCCIO S，SERAFINI L，SAVIOZZI M，et al. Experimental investigation of the simultaneous firing of two FEEP thrusters［C］. AIAA－2003－4563.

[7]　高辉，段俐，胡良，康琦. 基于镓铯对比的场发射电推力器分析与研制［J］. 推进技术，2015，36（2）：314－320.

[8]　GOEBEL D M，KATZ I. Fundamentals of Electric Propulsion Ion and Hall Thrusters［M］. Jet Propulsion Laboratory California Institute of Technology，2008.

# Researches on Slit Ga – FEEP Thruster

KANG Qi    GAO Hui    HE Jianwu

Institute of Mechanics, Chinese Academy of Sciences, Key Laboratory of Microgravity, Beijing    100190

**Abstract**    In order to meet the requirements of the micro – newton level thrust control, liquid metal gallium is adopted as a propellant to develop a prototype of slit field emission electric thruster. Then, the feasibility of the liquid metal gallium as propellant is verified, and the working performance of Ga – FEEP is tested based on the current limited model.

**Key words**    FEEP; Ga; Micro – Newton; variable thrust

## 作 者 简 介

康琦，男，研究员，中国科学院力学研究所，研究方向为微重力科学，电子邮箱：kq@imech. ac. cn。

# 基于微小卫星的光学合成孔径成像系统研究

李春[1]　牟宗高[1,2]　周程灏[2]　王治乐[2]　张迎春[1,2]

1. 深圳航天东方红海特卫星有限公司，深圳　518064

2. 哈尔滨工业大学，哈尔滨　150001

**摘　要**　光学遥感技术正朝着高空间分辨率方向发展，然而更高的空间分辨率必然要求空间成像系统口径越来越大，因此回避大口径系统加工难度同时提高天基探测系统分辨率成为亟待解决的问题。本文将基于微小卫星结合光学合成孔径技术提供解决思路，首先介绍了光学合成孔径等效成像的基本原理并总结了光学合成孔径技术的发展趋势，然后针对微小卫星光学合成孔径成像的误差类型及来源进行了分析，提出了微小卫星实现光学合成孔径技术的四种基本方案。

**关键词**　微小卫星；光学合成孔径；光学遥感

## 1　引言

高空间分辨率光学遥感成像技术广泛地应用于军事侦察和资源勘查等领域，并且发挥着越来越重要的作用。然而传统单一孔径光学成像系统角分辨率受波长和系统孔径的限制，对于一定的工作波段，若要提高系统的角分辨率，只能增加系统孔径。但是，在实际应用中单一孔径系统口径的增大受到材料、工艺、装配、运载和成本等诸多因素的限制[1]。为了解决高分辨率成像需求与系统口径大小的矛盾，提出了光学合成孔径技术，它将多个较小口径的光学元件或光学系统进行精确的排列，使通过各子孔径的光束在焦平面上满足一定的相位条件，实现光场的相干叠加，从而达到与其通光口径之和相当的单一大口径系统的分辨率[2]。由于微小卫星具有功能密度高、研制周期短、发射方式灵活、机动性能强、技术更新快等特点[3]，通过多颗微小卫星编队组网或交会对接等方式能够实现与大卫星相当或其不能实现的功能[4]。采用微小卫星实现光学合成孔径对地观测系统可以有效地降低大口径光学系统的加工难度，提高天基成像系统的分辨率。

## 2　光学合成孔径成像原理及发展趋势

### 2.1　光学合成孔径成像等效原理

与传统光学成像相比光学合成孔径系统的光瞳不再是单个连通的，而是多个连通域的组合，因此其光强脉冲响应与单孔径系统的不同。根据傅里叶光学[5-7]可知，光学系统的脉冲响应就是光学系统光瞳函数的傅里叶变换。单一口径系统的光瞳函数为

$$P(r,\theta) = \mathrm{circle}(r)\begin{cases} 1 & r \leqslant D/2 \\ 0 & r > D/2 \end{cases} \tag{1}$$

其傅里叶变换即是单一孔径系统的脉冲响应。

光学合成孔径的光瞳函数为

$$P(r,\theta) = \mathrm{circle}\left(\frac{\sqrt{x^2+y^2}}{D/2}\right) \times \sum_{i=1}^{n}\delta(x-x_i, y-y_i) \tag{2}$$

其傅里叶变换即是光学合成孔径系统的光强脉冲响应。可以看出，通过调整光学合成孔径的光瞳排

列方式，可以改变入瞳面的传递函数的。因此，光学合成孔径系统和传统单一孔径系统在光瞳函数上的不同，使得光学合成孔径可以通过改变孔径结构，实现单个大孔径系统相似的成像质量。

## 2.2 光学合成孔径成像的发展趋势

目前地基合成孔径技术较为成熟，天基系统目前还处于试验阶段。合成孔径技术从技术手段分类，大体上可以分为三类镜面拼接（segmented mirror）、稀疏孔径（sparse aperture）和位相阵列系统（phased array）；从光路的结构形式又分为斐索型和迈克尔逊型。目前的研究往往是将各类结构单独研究，不利于光学合成孔径系统的仿真建模。但无论哪种结构，都可以看作是单一口径的光学系统的镜片进行逐步离散变化形成，反射式光学系统的镜面变化过程及代表实例如表 1 所示。

**表 1  光学合成孔径系统镜面变化及代表实例**

| 类型 | 传统型 | 迈克尔逊型 | | | | | 斐索型 |
|------|--------|------|------|------|------|------|--------|
| 镜面 | 单口径 | 镜面拼接 | | | 稀疏孔径 | | 位相阵列 |
| 主镜 | 整体镜面 | 离散拼接 | 离散拼接 | 离散分离 | 离散分离 | 离散分离镜面变形 | 离散分离镜面结构变形 |
| 次镜 | 整体镜面 | 整体镜面 | 离散拼接 | 离散拼接 | 离散分离 | 离散分离镜面变形 | 离散分离镜面结构变形 |
| 实例 | HST | JWST | LAMOST | Keck | GMT | DOT | VLT、ARGOS |

根据合成孔径成像技术的现状和发展需求，可以看出它具有下列发展趋势：

1）地基系统向更大口径镜面拼接系统和甚长基线位相阵列系统发展，为了提高系统的分辨率，必须研制更长基线和更大口径的组合望远系统。

2）天基系统向等效大口径、轻量化方向发展，为了在提高分辨率的同时，降低系统地发射成本，必须研制轻量化的有效载荷系统。

3）合成孔径成像技术的重点正在从地基系统向天基系统转移。

由于大气扰动对天文观测的影响以及对地观测发展的需要，今后天基合成孔径成像技术的发展将会得到进一步的重视。从目前的研究结果来看，合成孔径的三种主要技术方案各有优缺点，各个方案的应用目的也不甚相同，且技术难度较高，世界各国都在积极研究各种方案的可行性并且积极进行研制样机进行相关试验。由于微小卫星的迅速发展及性能的跃升，通过多颗微小卫星实现光学合成孔径成像的稀疏孔径方案越来受重视。

# 3  基于微小卫星光学合成孔径方案

## 3.1  光学合成孔径成像的误差类型

从镜面拼接，稀疏孔径再到位相阵列望远镜其实质就是主镜和次镜由空间连续变化为空间离散的过程。在变化的过程中为了空间架构设计和光学系统像差校正的方便，再对本来位于同一面型上的主次镜进行面型变化和主次镜之间结构的变化。由于光学系统成像要求采样得到的物点光源发出的球面波波面必须保证在同一个等相面上，也就是同相位条件（等光程条件），在实际光学系统，能引起波像差的因素可以分为四类：光学系统设计像差（系统波相差），镜面加工误差（如镜面粗糙度误差，折射率误差等）和装调误差（活塞误差，倾斜误差如图 1 所示）以及使用环境的影响（重力，温度和振动等）。

根据光学合成孔径系统结构变化可知，子孔径在离散后其子镜面可以作为一个形式上更大镜面的一部分，也可作为独立的镜面在面型和结构上与其他子镜互不相关。因此，合成孔径系统与传统的单口径系统相比，可以整体设计校正分析光学系统相差如单口经系统，也可以独立设计每一个子系统后，再分析整体的波相差影响。在分析装调引入的误差时，装调误差从单口径的装调误差变换为子孔径的子镜之间的位置匹配误差。

图 1　活塞误差与倾斜误差

## 3.2　光学合成孔径成像的误差来源

空间光学合成孔径成像系统易受空间环境和系统内部环境的影响而降低成像质量，影响系统成像质量的主要原因有：

1）卫星发射时的冲击、过载和振动导致的光学零件的形状和间隔发生变化；

2）成像系统热环境的变化导致的光学零件产生倾斜、平移、面形畸变等形变和位移；

3）系统从重力环境变为微重力环境产生影响；

4）卫星平台动量轮、推力器等系统产生的动力干扰源的影响。

这些因素都将导致进入系统的目标像点的波前产生变形，导致光学成像系统成像质量下降。因此，需要对光学合成孔径子系统之间产生的位相误差进行检测和补偿。

## 3.3　微小卫星实现光学合成孔径成像的基本方案

针对天基微小卫星使用背景，通过调研分析了目前国内外的机构方案，提出了四个基本方案，如表 2 所示，并对其可行性进行了分析。

表 2　空间合成孔径方案

| 方案 | 花瓣式 | 拼接 | 自由飞行 | | 交会对接 | |
|---|---|---|---|---|---|---|
| 卫星数目 | 1 颗 | 1 颗 | 4~6 颗 | | 4~6 颗 | |
| 镜面结构 | 稀疏式 | 拼接式 | 稀疏式 | 位相阵列 | 稀疏式 | 位相阵列 |
| 系统结构 | 共次镜 | 共次镜 | 共次镜 | 多望远镜 | 共次镜 | 多望远镜 |
| 成像方式 | 直接成像 | 直接成像 | 直接成像 | | 直接成像 | |

方案一：花瓣式展开结构

花瓣式方案采用稀疏结构，主镜采用三块子反射镜组合而成，次镜采用单块反射镜（见图 2）。花瓣式方法采用发射时折叠，在轨道展开，极大地减小了光学系统发射体积，有利于卫星发射。

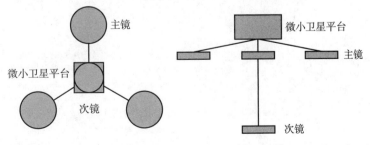

图 2　花瓣式展开结构

方案二：拼接式展开结构

拼接式方案主镜采用三块子反射镜组合而成，次镜采用单块反射镜（见图 3）。拼接式方案与花瓣式方案相同，采用发射时折叠，在轨展开，以减小光学系统发射体积，有利于卫星发射。所不同的是，拼接式结构的基线相比于花瓣式较短，因此分辨率相比花瓣式小。

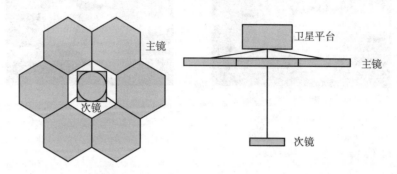

图 3　拼接式展开结构

方案三：微小卫星自由编队飞行方式

采用直接成像方式时，合成孔径系统的分辨率由子孔径直径和空间间距共同决定，因此在提高子孔径直径的同时提高空间间距，有利于提高系统分辨率。基于此原理提出了采用微小卫星编队飞行，控制子孔径之间的距离方法。并且基于微小卫星编队方案，方便替换失效子镜，以提高系统的可靠性。根据光学合成孔径的结构，微小卫星自由编队飞行方式有两种结构：共次镜结构（见图 4）和多望远镜结构（见图 5）。

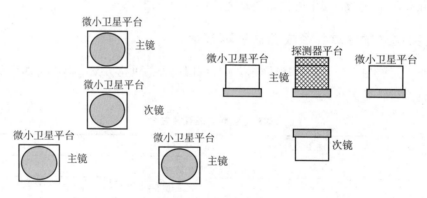

图 4　共次镜微小卫星自由编队飞行方式

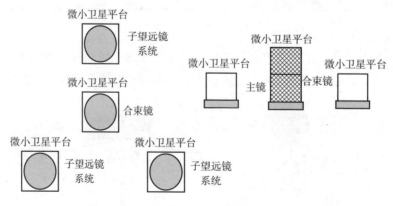

图 5　多望远镜微小卫星自由编队飞行方式

方案四：微小卫星交会对接方式

微小卫星交会对接方式与微小卫星自由编队飞行方式原理相同，但是由于微小卫星组网时卫星间的相对位置难以控制，难以保障光学系统要求的位置精度，因此提出采用空间交会对接的方式将微小卫星平台在空间组合以固定其相对位置。同样根据光学合成孔径的结构，微小卫星交会对接方式有两种结构：共次镜结构（见图 6）和多望远镜结构（见图 7）。

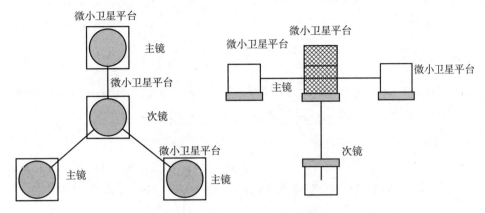

图 6　共次镜微小卫星交会对接方式

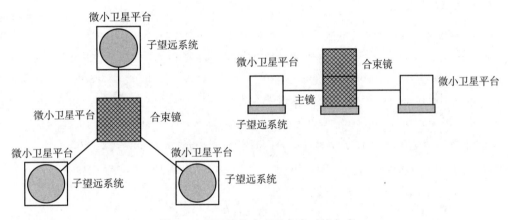

图 7　多望远镜微小卫星交会对接方式

# 4　结束语

目前常用的微小卫星星座间的相对位置和速度定位方法有 GPS 法和微波、激光定位技术。星间相对位置控制精度可达米量级，速度精度达分米每秒量级。对于自由飞行共次镜的光学合成孔径要求的纳米量级，暂时难以实现。对于自由飞行位相阵列形式，同样由于卫星位置的变化，因此也难以实现。而且多望眼镜形式与共次镜形式相比，不需要考虑各个子镜之间的相对位置。因此根据现有技术方案，基于微小卫星的空间交会对接位相阵列形式，是较为可行的一种技术方案。

为了能够实现光学合成孔径成像技术的在轨应用，在未来的研究中需要考虑光学系统在环境变化引起影响的补偿，深入分析卫星平台中动量轮、推力器等子系统产生的振动效应，解决微小卫星实现光学合成孔径技术的理论基础。

**参 考 文 献**

[1]　GERARD T. VAN BELLE, A. B. MEINEL, M. P. Meinel. The Scaling Relationship Between Cost and Aperture Size for Very Large Telescopes [J]. Proc. SPIE 5489, 2004.

[2]　MEINEL A. B. Aperture Synthesis Using Independent Telescope [J]. Applied Optics, 1970, 9 (11): 2501 – 2504.

[3]　余金培，杨根庆，梁旭文. 现代小卫星技术与应用 [M]. 上海：上海科学普及出版社，2004.

[4]　林来兴. 卫星编队飞行的应用研究 [J]. 卫星应用，2004，12 (2)：35 – 40.

［5］ JOSEPH W. GOODMAN. 傅里叶光学导论 ［M］. 北京：电子工业出版社，2006.

［6］ 胡家升. 光学工程导论 ［M］. 大连：大连理工大学. 2002.

［7］ FIETE ROBERT D. , TANTALO THEODORE A. Image Quality of Sparse – aperture Designs for Remote Sensing ［J］. Opt. Eng. , 2002，41 (8)：1957 – 1968.

# Research of Optical Synthetic Aperture Sensing System Based on Microsatellites

LI Chun [1]    MU Zonggao[1,2]    ZHOU Chenghao[2]    WANG Zhile[2]    ZHANG Yingchun[1,2]

1. Aerospace Dongfanghong Development Ltd，Shenzhen    518064

2. Harbin Institute of Technology，Harbin    150001

**Abstract**    Optical remote sensing technology is moving to the direction of high spatial resolution，however，higher spatial resolution requires the growing of imaging systems aperture，so avoiding the difficulty of processing large aperture systems while improving the resolution of a space – based detection system has become an important problem to be solved. This paper which provides some ways to solve this problem introduces the basic principles of optical synthetic aperture imaging and summarizes the development trend of optical synthetic aperture technology，then the sources and types of errors are analyzed for the micro – satellite synthetic aperture system. At last four basic programs are proposed.

**Key words**    Microsatellite；Optical synthetic aperture；Optical remote sensing

## 作 者 简 介

李春，男，高级工程师，深圳航天东方红海特卫星有限公司，研究方向为微小卫星设计，电子邮箱：lichun_515@163.com。

# 小型固体运载火箭的发展及其对小卫星的设计影响

刘佳佳　严宝峰　韩永亮

北京宇航系统工程研究所，北京　100076

**摘要**　近年来，小卫星市场的蓬勃发展以及军事航天领域对快速进入空间的迫切需求，使具有快速响应能力的小型固体运载火箭成为世界主要航天大国发展的重点之一。本文简要介绍了国外快速响应运载火箭的发展现状，总结了国外固体运载火箭的发展特点及趋势。重点分析了固体运载火箭的发展对小卫星设计带来的影响，如：适应水平运输对接环境、适应固体火箭发动机工作环境、智能化快速自主测试等，为适应固体运载火箭的小卫星设计提供有益的参考。

**关键词**　固体运载火箭；小卫星；设计影响

## 1　国外小型固体运载火箭发展现状

目前，以美国、俄罗斯为代表的世界航天强国已经拥有了多种具备应急快速发射能力的小型运载火箭，发射方式涵盖陆基简易塔架发射、机动公路发射、空中发射和潜艇发射等多种方式，可以在数小时至数天内快速将有效载荷送入空间。小型运载火箭中，由于固体运载火箭结构简单、射前无需加注推进剂、地面操作简单、射前生存能力强、机动性强、可靠性高、成本低，使得固体小型运载火箭在美国、俄罗斯都得到了军方的广泛关注和应用，特别是作为快速响应系统的重要力量。图1为美国金牛座、米诺陶及欧洲织女号固体运载火箭。

图1　美国金牛座、米诺陶及欧洲织女号固体运载火箭

美国在20世纪50年代末开始研制侦察兵系列固体小型运载火箭。20世纪90年代，美国一些私营公司相继推出了大篷车、雅典娜、飞马座、金牛座等固体小型运载火箭，竞争中小型有效载荷发射市场。美国在签订《削减战略武器条约》后，也利用退役的洲际弹道导弹技术和产品研制出米诺陶固体运载火箭，专门用于政府有效载荷的发射。进入21世纪，随着新军事变革的迅猛发展，美国空军开始实施作战快速响应空间（ORS）计划，发展快速响应、低成本的小型固体运载火箭成为该计划的重要组成部分。美空军专门订购了米诺陶固体运载火箭作为小型有效载荷的主力运载工具。

俄罗斯在20世纪90年代，将削减的白杨洲际弹道导弹改造为运载火箭，成功研制出起跑号固体小型运载火箭。该型火箭具有高可靠性、可机动性、整箭贮存、发射方式可选（公路机动冷发射或固定发射台冷发射）、经济性好等特点。

欧洲研制了织女号固体运载火箭，用作阿里安-5 和联盟号火箭的补充，用于发射小型有效载荷，降低发射成本。其一级大型固体火箭发动机改进后将作为阿里安-5 固体助推器，2012 年 2 月 13 日，火箭从法属圭亚那库鲁航天发射中心成功首飞，目前已成功执行了四次飞行任务。

日本自 1969 年起成功研制了 L 系列、M 系列、J1 等固体运载火箭，其中 L 系列火箭为日进入航天领域奠定了基础；M 系列固体运载火箭为日本积累了中远程弹道导弹技术；J1 火箭作为 M 系列和 H 系列火箭的补充，用于低成本发射小型工程试验和科学卫星。2013 年 9 月 14 日，日本新一代固体运载火箭 Epsilon 成功首飞。

印度自 1973 年开始在探空火箭的基础上研制了 SLV-3 和 ASLV 小型固体运载火箭。以色列研制了沙维特小型三级固体运载火箭。

# 2　小型固体运载火箭的发展特点及趋势

目前，国外在役的固体运载火箭主要有美国的金牛座、米诺陶、飞马座和俄罗斯的起跑号、欧洲的织女号和日本的 Epsilon，这些火箭型号多样，用途广泛。随着固体动力、电子、先进控制技术的发展，固体运载火箭技术性能将进一步提高，主要表现在以下三个方面。

## 2.1　运载能力逐步增大，可实现一箭多星，星座部署

美国早期研制的侦察兵系列运载火箭的运载能力仅为 68 kg/483 km（圆轨道）；随着大推力、长时间的固体动力技术日益成熟，20 世纪 90 年代，雅典娜、金牛座等运载火箭已具备一定规模的运载能力，其中标准型金牛座的极地轨道运载能力达 454 kg。进入 21 世纪，美国的主力固体运载火箭米诺陶-4 的运载能力已经达到了 1.107 t（太阳同步轨道），能满足各类中小型有效载荷的发射需求。欧洲织女号的运载能力已经达到 1.395 t（太阳同步轨道）。随着运载能力的提升，对于（微）小卫星的发射可实现一箭多星、星座部署，为星座组网等（微）小卫星的大规模应用奠定基础。

## 2.2　快速发射能力达到小时级，满足军事航天需求

美国初期研制的雅典娜火箭并不具备快速发射能力，而金牛座火箭则通过简化操作、优化流程，能够在 72 h 之内完成火箭的发射。俄罗斯的起跑号火箭继承了战略导弹武器的设计思路，采用发射车公路机动，可不依赖于固定的发射场设施即可实施发射。美国的飞马座则实现了火箭快速反应能力的跨越：能在 4 小时内完成发射。国外新研的固体运载火箭也着力提高其快速反应能力，以满足军事航天需求，如日本的 Epsilon 通过大幅简化发射操作，将操作时间降为 M-5 火箭的 1/4，可满足快速发射要求。

## 2.3　高可靠、低成本、军民两用

国外固体运载火箭多与导弹武器生产设施共用，具备高可靠性。借用成熟部件，规模化生产等降低了火箭生产成本，推进了小型固体运载火箭在以下领域的广泛应用。一是用于小型有效载荷的低成本、快速机动发射：如美国的飞马座共进行了 40 次发射，成功率 92.5%；俄罗斯的起跑号共进行了 7 次发射，6 次成功。二是用于发射政府特定有效载荷：如米诺陶-2 专门用作美国导弹防御局（MDA）进行导弹拦截试验的靶弹，米诺陶-3 则专门用于发射军用有效载荷，米诺陶-4 用于快速响应空间系统的小卫星及星座发射。三是作为其他验证性试验的运载平台：如飞马座空射运载火箭用于发射 X-43 高超声速验证飞行器，米诺陶-4 火箭用于发射高超声速飞行器 HTV-2，2015 年 2 月 11 日，欧洲织女号火箭成功发射了重复使用技术验证机——过渡性试验飞行器（IXV）。

# 3  小型固体运载火箭对小卫星的设计影响

## 3.1  卫星需适应水平运输、水平对接环境

目前,国内外绝大部分运载火箭与卫星的对接是在塔架和垂直状态下进行,卫星与火箭对接时有良好的对接环境,卫星的相关设计也并未考虑适应水平运输和水平对接。随着快速响应空间系统概念的提出和发展,以及应急用各类卫星快速发射的需求,小型固体运载火箭和卫星对接必须在水平状态下完成。因此,需要研究星箭快速对接所带来的一系列新方法,如:星箭的连接形式不再采用传统的包带连接方式,而是应用新的连接及解锁机构等;卫星在设计时需要考虑由垂直状态翻转为水平状态的影响并设计相关地面工装;小卫星需要要适应水平运输、水平对接所需要经历的各类环境(径向过载)等。图2为卫星的两种状态对比图。

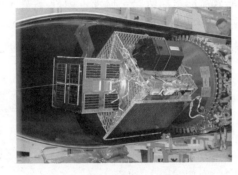

(a) 传统的卫星垂直对接状态  (b) 美国米诺陶火箭星箭水平对接

图 2  卫星的两种状态对比

## 3.2  卫星需适应固体火箭发动机工作环境

由于小型固体运载火箭采用固体火箭发动机作为主动力系统,与液体发动机相比,点火后无法按需关机,其推力大,火箭的推重比较液体运载火箭高,火箭加速性好,在大气层内飞行时飞行动压大,上述原因使得固体运载火箭在飞行过程中,星箭界面的振动、噪声、冲击等环境比液体运载火箭更为复杂,为此除火箭需要开展星箭界面的隔噪、减振设计外,卫星也要在设计时,充分考虑到固体火箭飞行过程中需经历的各种力学环境,有针对性的开展结构优化及空间布局设计。图3为两种典型的固体运载火箭卫星适配器。

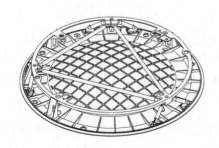

(a) 俄罗斯起跑号固体运载火箭卫星适配器  (b) 美国金牛座固体运载火箭星箭分离装置

图 3  两种典型的固体运载火箭卫星适配器

## 3.3  卫星应具备智能化快速自主测试能力

美国正在实施的 ORS 系统建设中,其中重要的一项目标是实现按需发射和各类快速响应军事小卫星。

要满足系统的快速响应需求，除固体运载火箭本身应具备应急快速发射能力外，也对卫星的快速自主测试甚至射前免测试提出了新的要求。如美国实施的战术星计划中，要求卫星系统能快速测试、快速发射，发射后的卫星可以快速到达任务轨道并迅速投入使用，而不需要像传统大型卫星一样开展长达几个月的健康状况检查，同时不需要大量航天器地面支撑系统进行校准和定姿、定轨才能投入运行。另一方面，星箭间无电气接口也能够在发射流程中进一步降低星箭联合操作项目，进而缩短测试发射周期，实现快速发射。

# 4    结束语

随着空间技术的进步，快速响应空间的利用价值被前所未有的体现、开发和利用，快速进入空间和应用空间成为发展的必然，是未来空间技术发展的方向。小型固体运载火箭是实现小卫星"快速发射、机动发射、低成本、高可靠"发射的一种有效途径，已成为国际航天领域发展的重点。本文通过对国外小型固体运载火箭的跟踪研究，梳理了国外小型固体运载火箭的发展现状，总结了国外固体运载火箭的发展特点及趋势；重点分析了固体运载火箭的发展和应用对小卫星适应水平运输对接环境、固体火箭发动机工作环境和智能化快速自主测试等的影响，为适应固体运载火箭的小卫星设计提供有益的参考。

## 参 考 文 献

[1]  Space Launch SystemStart – 1 User's Handbook Volume I：May 31，2002.

[2]  Minotaur User's Guide. March，2002.

[3]  Taurus® Launch SystemPayload User's Guide. September 1999 Release 3.0.

[4]  佟艳春，丁文华．杨玉堃．国外固体小型运载火箭主要技术方案及趋势分析 [J]．国外航天运输系统，2010 (01)：10 – 19.

[5]  李新洪，张育林．美军"作战响应空间"分析及启示 [J]．装备指挥技术学院学报，2007 (18)：33 – 36.

[6]  龙乐豪，富大欣，等．世界航天运载器大全（第 2 版）[M]．北京：中国宇航出版社，2007.

# The Effect to Small Satellite Design with Development of Small Solid Launch Vehicle

LIU Jiajia    YAN Baofeng    HAN Yongliang

Beijing Institute of Space System Engineering，Beijing    100076

**Abstract**  With the rapid development of the small satellites and urgent demand of military space，more and more countries have carried out the development of the small solid launch vehicle. This paper reviews the development course and characteristics of the solid launch vehicle，introduces the current technical state and analyzes the development trends of the solid launch vehicle，finally analyzes the effect to small satellite with development of solid launch vehicle. for instance，adapt horizontal convey、adapt the solid engine circumstance、intelligence test and measurement.

**Key words**  Small solid launch vehicle；Small Satellite；Design effect

## 作 者 简 介

刘佳佳，男，高级工程师，北京宇航系统工程研究所，运载火箭总体设计专业，电子邮箱：liujj@01. calt. casc。

# 浅谈小卫星设计思路发展及应用

牟淳煦

上海航天电子有限公司，上海 201821

**摘 要** 在航天装备日趋空间控制和力量运用、军事航天趋于高度融合相互支援的一体化变革的大趋势下，小卫星以其独特的性能和优势，愈发成为军事强国战略的发展重点。为适应新的变革需求，小卫星的设计思路随之转变。在传统技术思路中融入成本和风险理念，追求规模效应。与此同时，在设计中更加注重"应用与服务"。本文由小卫星基本概念及优劣势入手，分析小卫星设计思路的演变及发展，并举例目前小卫星系统中协同程度较高的"编队飞行"集成设计思路，旨在适应军事航天的发展趋势。

**关键词** 小卫星设计；自控；队形控制

## 1 引言

自 20 世纪 80 年代以来，卫星领域形成了两大发展趋势，一是向大型化方向发展，如 Milstar II 通信卫星、SX 侦察卫星；二是向小型化方向发展，如美国的铱卫星，总的目标都是追求规模效应。随着军事航天的发展，航天装备正在加速转型，即由原来的空间支援和力量支持，转为空间控制和力量运用，使空间从支援地球上陆、海、空作战的辅助战场，转变成为与陆、海、空高度融合相互支援的一体化主战场。为适应新的变革需求，小卫星系统以其独特性能和优势，愈发成为军事强国发展的战略重点。

## 2 小卫星概念、分类及特点

### 2.1 小卫星概念及分类

随着卫星技术与应用的不断发展，人们在要求降低卫星成本、减小风险的同时，迫切需要加快卫星开发研制周期。特别是单一任务的专用卫星以及卫星组网，更需要投资小、见效快的卫星技术，小卫星技术应运而生。对于小卫星，目前尚无统一的定义，各航天研究机构都列出了一些本质上无大差别的分类标准。小卫星一般是指质量低于 500 kg 的卫星，大致分为：纳米卫星（1～20 kg）；微型星（20～100 kg）；小卫星（100～250 kg）和小型卫星（250～500 kg）。

### 2.2 小卫星特点

小卫星经过 30 年来的快速发展，在技术上取得了巨大进步，在应用上正在向全方位扩展。与大卫星相比，小卫星具有先进、快速、低廉等特点。小卫星不只是简单的质量小，而是高度集成化技术、自动化技术应用的技术，特别是计算机的迅速发展，实现了星上控制与处理计算机小型化。小卫星可以快速实现从设计、制造、发射到在轨运行的全过程。

小卫星有如下优点：1）质量轻（1～500 kg）；2）体积小、成本低；3）研制周期短（1～2 年，甚至几个月）、技术更新快；4）性能好（功能密度高），能够及时应用新技术；5）快速灵活、机动性好；6）能提供更多进入空间的机会，特别有利于发展中国家；7）发射平台灵活；8）便于进行教育培训和空间演示试验。与此同时，小卫星也存在如下缺点：1）单颗小卫星有效载荷质量和功率有限；2）对单点故障敏感；3）短期运行寿命和高风险。

# 3 小卫星设计思路发展

## 3.1 小卫星设计方法转变

传统的设计方法是根据每项空间飞行任务，卫星各分系统逐个进行设计，然后进行叠加。也就是说，当空间飞行任务要求和约束条件确定后，每颗卫星的分系统：电源、姿态确定与控制、推进、结构、热控、通信、指令与数据处理（遥测与遥控）分别进行设计，然后经总体汇总叠加起来。这种设计方法的优点是卫星能够很好地满足所承担的任务要求，缺点是占用的时间、人力和财力较多，卫星成本很高，研制周期长。随着卫星技术与应用的不断发展，卫星设计思路逐渐演变，从 20 世纪 80 年代小卫星出现后，这种演变加速进行，可分为以下四个阶段。

（1）第一阶段：多任务公用平台设计方法

起初这种设计方法是基于设计一种公用平台来满足多项空间飞行任务的需要，也就是说设计一种标准平台（或称公用平台）来满足多种有效载荷，因为一颗卫星只有两部分组成：平台和有效载荷。但长期实践表明这种公用平台适应性有限，只能满足有限几种有效载荷，而且要求有效载荷之间特性非常接近。这也就是说，平台和有效载荷关系很密切，相互之间关联性很强。原本希望这种公用平台设计方法，可以带来省时、省钱的优势。但实际上这种优势较为有限，而且设计花费的时间和人力成本比较大。小卫星出现后，这种公用平台设计方法进行了改进，最典型的例子就是"全球星"通信卫星。

（2）第二阶段：低成本/高风险设计方法

这种方法完全是针对小卫星发展起来的，为了克服卫星传统设计存在的缺点，同时满足小卫星具有的固有特点，要求降低卫星研制费用，缩短研制周期，所以产生了成本设计方法。过去为了安全可靠，某些卫星研制中存在过度设计和反复大量的安全可靠性试验的问题，导致费用剧增，研制周期延长，甚至长达十几年。按照成本设计方法，核心是"以有效载荷为中心"，不存在各分系统明显界限的一体化设计，甚至提出了一些多功能结构设计思想，例如太阳电池翼既能用于产生电能又可提供作为天线。小卫星所采用的成本设计思想，产生了很好效果。这些效果导致了小卫星能够具有了成本低、体积小、质量轻、研制周期短和能满足任务要求的性能指标等一系列优点。

这种设计方法在将近 20 年小卫星发展中得到提高和完善，并且为采用新技术与开拓新空间应用领域发挥了巨大作用。

（3）第三阶段：标准化模块化设计方法

标准化模块化是在公用平台设计方法基础上经过修改和提高，并出现一些新设计概念，例如通用接口，模块化，标准化平台和部件。模块化平台也是由一些小模块部件组合起来的。标准化模块化卫星设计方法的应用取决于标准化模块化部件和分系统已经累计的种类和数量，种类和数量越多，卫星设计者应用程度自然也越高，除非是一项完全崭新空间飞行任务的卫星。标准化模块化卫星设计方法推广后，将来卫星设计者的主要任务是根据飞行任务的要求，采用各样模块化和通用部件进行组合。若还未能满足任务要求，再进行适当补充。随着技术发展，采用标准化模块化设计方法的程度和比例将不断提高。

（4）第四阶段：设计思路由单一"研制"向"研制及应用"转变

近 30 年来，小卫星在应用方面已经全方位展开，包括遥感、通信、技术试验、空间探测、科学研究等。由于单颗小卫星无法获得高程、地面低速运动目标状态观测等局限性，在 20 世纪 90 年代中后期，小卫星系统的概念升级为小卫星系统与服务的概念，这种概念不仅强调重视小卫星系统的研制，还要求大力开发小卫星在各个领域的服务及应用；强调既能充分发挥小卫星优势，同时又能克服小卫星存在的缺陷。同时，协同小卫星系统概念应运而生，其定义是由多颗小卫星按一定要求分布在 1 种或多种轨道上，共同协作完成某项空间飞行任务（例如：观测、通信、侦查、导航等），从而使空间飞行获得更大的应用价值。

## 3.1 小卫星编队飞行

协同小卫星系统应用种类分为星群、星座和编队飞行，其中各星协调程度最强的是编队飞行方式。卫星编队飞行的目的是将复杂的系统通过一定的空间分解，将其功能分散到多个相对简单的系统中，然后将多个相对简单的系统按一定的规律"虚拟"出一个庞大复杂、功能强大的系统，降低成本和风险。根据小卫星编队飞行的任务需求，设计合理的编队飞行自控系统结构和队形控制系统至关重要。

### 3.1.1 编队飞行自控系统设计

根据任务需求，自控系统首先要满足有效载荷工作的需求，其后还需要满足由此衍生出的编队自身的要求。因此，小卫星编队飞行需要进行两个层次的自控：编队系统的自控和单颗卫星的自控。卫星编队系统的自控主要完成星座级的状态感知、决策和执行功能。根据卫星编队飞行的任务特点，本文采用分布式自控系统结构进行设计。实际应用中，存在多种分布式自控系统结构，例如主从式控制结构、团队控制结构、对等控制结构等。这几种控制结构之间不存在绝对的优劣势之分，采用何种形式的控制结构受到多种条件的约束。这里基于功能设计的视角，从功能分配的角度进行设计，具体设计如图1所示。

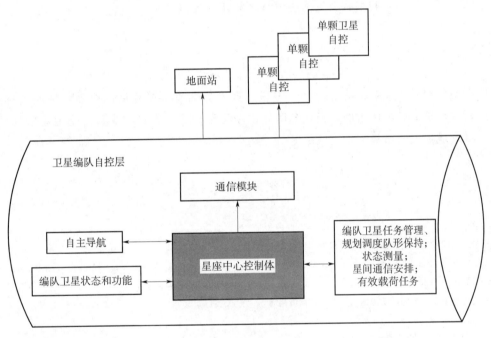

图1　卫星编队自控层

卫星编队自控层由中心控制体和多个功能模块组成。其中："星座中心控制体"负责将各个功能集成到一起，完成核心控制功能；"编队卫星状态和功能"模块的主要功能是收集和存储星座的状态和功能知识，采用功能模型进行描述；"编队卫星任务管理、规划调度队形保持"是卫星编队自控的决策核心，它根据编队飞行的任务，利用编队卫星的状态和功能进行规划和调度，产生合理的任务序列，分配给各个卫星。规划和调度模块采用基于模型的智能推理方式进行工作。单颗卫星的自控主要根据上层分配的任务，完成具体的载荷操作，状态测量，轨道维持和姿态调整等任务。

单颗卫星的自控系统采用基于中心控制体的多 Agent 协作方式，该结构既实现了基于结构、功能的系统分解，又实现了对系统的集中式控制。系统体系结构包括中心控制体和多个功能子 Agent。中心控制体又由三个 Agent 组成，主控 Agent（MCA）、调度 Agent（PSA）、故障修复重构 Agent（MRA）。功能子 Agent 是相对独立的功能模块，它可以和中心控制体进行通信，负责管理系统的局部资源（对应的子系统资源），和硬件直接进行交互。这一设计思路一方面增强了功能子 Agent 的智能性，另一方面，将中心控制体的功能交由多个 Agent 来实现，还增强了系统的鲁棒性，减轻了对单个 Agent 的压力。

### 3.1.2 编队飞行队形控制系统设计

小卫星编队飞行时，需要各个参与个体共同配合来完成飞行任务，这就需要一个系统级的编队队形控制，它可以简单的理解为根据飞行任务目标和在轨飞行可用资源制定在轨运行的子任务和指令序列，各个节点根据这些序列来完成飞行任务。因此，"编队卫星飞行队形控制系统"是卫星编队自控的决策核心。在这样的需求条件下，设计合理的编队飞行队形控制系统尤其重要。其采用基于模型的智能推理方式进行工作，它由任务管理、星座状态、星座功能模型、推理机等部分组成。其中，任务管理器负责管理编队卫星需要完成的任务，包括日常状态测量，根据状态测量结果产生队形保持任务，完成载荷操作任务，根据需要完成地面通信和星间通信等；星座状态模块负责描述编队卫星当前的状态，它一方面描述编队卫星当前的相对位置、相对姿态、轨道等信息，另一方面，它需要描述编队卫星的资源现状、功能现状等；编队卫星功能模型是进行调度的最主要知识基础，主要描述两个方面的内容，一是对一个给定的任务，用一个模型进行描述，二是描述编队卫星有哪些资源和资源的特性；推理机是队形控制系统的智能核心，主要任务是根据编队卫星功能模型和当前状态，分解飞行任务，根据资源状况进行调度，消除冲突，对飞行任务序列进行优化等；在推理过程中需要利用队形保持策略等专业知识，把这些知识看作一个独立的专家系统，它和编队卫星功能模型之间建立接口关系。

## 4 结束语

随着硬件小型化和云计算技术的普及，小卫星将在多方面有不同程度的突破，性能指标更加向传统大型卫星逼近，并且更适应星座组网，模块分解等创新运营模式。未来，受益于小卫星应用的推广普及，小卫星发射也将形成更大的市场需求。

### 参 考 文 献

［1］ 林来兴. 小卫星技术发展和应用前景［J］. 航天器工程，2006，16（6）.
［2］ 林来兴. 分布式空间系统和航天器编队飞行辨析［J］. 航天器工程，2008，17（4）.
［3］ SCHARF D P. Future technology directions – precision flying mission and technologies［R］. NASA JPL Tech Paper，2008.
［4］ LEITNER J. Spacecraft formation flying —view of mission and technology challenges［C］，2007.
［5］ 林来兴. 编队飞行卫星三位定位系统的动力学和控制策略［J］. 航天控制，2008，26（3）.

## Discuss Moonlet from the Angle of the Development in Design – track and Application Briefly

Mu Chunxu

Shanghai Aero – electronic Co.，Ltd，Shanghai 201821

**Abstract** In the current trend, spaceflight arms focus more and more on space control and force wield, military affairs highly inosculate integrative change, moonlet wherewith its unique capabilities and advantages, is becoming emphases on stratagem of great power. Along with the new demand, the design – track of moonlet are changing. Swing in with cost and risk, the design goes in for scope effect. At the same time, paying more attention to "application and serving". Started with concepts and superiority and inferiority, the text analyzes development in design – track and illustrates "formate", in order to adapt the tendency of spaceflight.

**Key words**　The design of moonlet；Self – control；Format order control

## 作 者 简 介

牟淳煦，女，工程师，上海航天电子有限公司，现从事型谱、技术经济管理工作，电子邮箱：mucx1981@126.com。

# 小卫星用 COTS 元器件选用策略研究

苏好[1]  陈志强[2]  张莹[1]  李楠[1]

1. 中国空间技术研究院宇航物资保障事业部，北京 100094

2. 航天东方红卫星有限公司，北京 100094

**摘　要**　随着小卫星研制呈现低成本、短周期、高性能等特点，COTS 元器件在小卫星项目中的应用需求呼之欲出，然而目前小卫星元器件选用要求都是基于航天高可靠的高等级元器件，现有的元器件选用要求没有针对 COTS 元器件特点，不利于小卫星低成本、短周期的需求。本文通过对 COTS 元器件应用风险分析和国外航天机构使用 COTS 元器件风险应对措施调研，提出了适用于小卫星的 COTS 元器件选用策略。

**关键词**　小卫星；COTS；元器件；选用策略

## 1　引言

COTS 元器件技术先进、性能高，相对于航天级元器件，COTS 元器件具有更快的发展速度，同时具有低成本、封装尺寸小、采购周期短、可获得性高和功能验证成熟等优点。COTS 元器件的基本性能，如集成度高、工作速度快、容量大、功耗低等优点，一般地讲，COTS 元器件性能优于航天级元器件 1~2 代。同时，随着小卫星研制呈现出低成本、短周期和高性能等特点，各国航天机构不断强调要通过采纳 COTS 元器件来减少整星费用，导致在军品规划中越来越多地以 COTS 元器件代替军用规范的气密封装的器件（HSM），此种需求在小卫星及微小卫星领域极为突出。

然而目前国内小卫星元器件选用控制方法都是基于高等级元器件，按照现有的方式不利于元器件低成本控制，也未针对 COTS 元器件特点，如选择范围广、更新换代快、批次稳定性未知、全程不可追溯和内涵不透明等。

因此，本文对 COTS 元器件航天应用风险分析和国外航天机构使用 COTS 元器件风险应对措施调研，提出适用于小卫星的 COTS 元器件选用策略。

## 2　COTS 元器件使用风险分析

COTS 元器件的设计制造是面向易于进行设备维修和替换并在良好、可控的环境下使用的民用领域电子设备，并非针对严酷工作环境的军用特别是航天、航空的高可靠性应用领域，COTS 元器件应用于空间飞行器时，不可避免地会遇到许多问题，存在诸多风险。

美国联邦航空管理局（FAA）于 2010 年修订发布了 COTS 元器件风险减缓指南《有效 COTS 采购与寿命周期保障实用办法》[1]，指出了在军事电子装备中使用 COTS 产品存在的主要风险，使用 COTS 元器件的主要风险因素详见表 1[2]。

表 1　使用 COTS 元器件的主要风险因素

| 风险等级 | 风险影响 |
| --- | --- |
| 风险 1 | 快速异步变化 |
| 风险 2 | 停产、断档的影响 |

续表

| 风险等级 | 风险影响 |
| --- | --- |
| 风险 3 | 制造商产品数据不公开 |
| 风险 4 | 高寿命周期成本 |
| 风险 5 | 多样的不兼容的结构 |
| 风险 6 | 不同的质量惯例 |
| 风险 7 | 现在没有改进的构造 |
| 风险 8 | 商业标准 |
| 风险 9 | 有期限的制造商支持件风险 |
| 风险 10 | 信息安全影响 |

（1）快速异步变化

可理解为 COTS 元器件的可变化性。COTS 元器件是以市场为导向的，并以取得最大商业利益为最终目标。这就导致同一种产品其形式的不断改变，比如：封装形式和工艺变化。但这种改变往往不反映在产品编号（P/N）上，用户很难知道为什么要做这种更改和这种变化是否影响使用要求。这也就是 COTS 元器件应用于航空航天领域的风险之一。

（2）停产、断档的影响

随着电子信息技术的飞速发展，国外电子元器件更新换代的周期越来越短，停产断档已成为世界各国军方、国防和民用工业界，以及有关服务领域关注的一个严重问题。元器件停产原因有很多，例如：制造商运营情况，厂家收购、合并和重组，生产线转移以及元器件生命周期、器件本身的缺陷等。国外制造商会以不同的形式发布元器件停产通告，告知已经停产和将要停产的元器件信息，部分给出了可替代和升级产品，但国内经常是从代理商处购买，代理商给出的型号可能不完整、书写不规范或有误，无法掌握选用的进口元器件的生命周期状态。

（3）有期限的制造商支持件风险

可理解为外国对中国出口管制，即禁运风险。外国为保护国家安全限制高新技术扩散，对部分高新技术产品实行了出口控制。例如：美国商务部产业安全局以《出口管理条例》（Export Administration Regulations，EAT）为核心，建立了一系列的出口管理制度，以防止产品出口至未经美国政府授权的目的地，从而导致国内使用单位无法购买某些高新器件。又如：《英国战略出口控制清单》（UK Strategic Export Control List），《新加坡战略物资控制清单》（Strategic Goods Control），《美国出口商品控制等级清单》（Commercial Control List，CCL）等，各国对高新产品都有相应的出口管理措施[3]。

小卫星在 COTS 元器件的应用上走在五院的最前列，应用品种多，数量多。通过对小卫星 COTS 元器件的长期应用，总结主要存在以下问题：

1）COTS 元器件的设计、材料、工艺并非针对航天应用，例如 COTS 元器件缺乏抗辐照加固设计，在航天应用中存在一定的风险；

2）COTS 元器件本身相关信息的可获得性差，加之无法对其生产、测试、包装、运输等过程进行控制，给航天应用带来了一定的不确定性；

3）COTS 元器件更新换代周期很短，为了满足市场需求和竞争的需要，寿命周期一般为 2~3 年，而卫星的研制周期相对较长，频繁更新换代不利于 COTS 元器件的持续可获得性；

4）COTS 元器件的质量一致性相对较差，例如相同批 COTS 元器件可能存在使用不同版本芯片、采用不同结构的封装框架等情况。

由上述分析可看出，小卫星在使用 COTS 元器件时，面临上述的风险。为了规避型号使用风险同时满足型号配套进度、低成本等要求，应在 COTS 元器件选用之初针对潜在的风险因素进行约束，并提出相应的风险应对措施，以期最大限度地降低 COTS 元器件使用风险。

# 3 COTS元器件使用风险应对措施

（1）NASA

NASA在COTS元器件选用前要求开展风险分析，并且根据风险分析结果要求采取不同的风险规避措施，详见表2。

表2　COTS元器件风险分析及规避措施

| | | 环境/寿命周期 | | |
|---|---|---|---|---|
| | | 低 | 中 | 高 |
| 关键程度 | 低 | 风险低 | 风险较低；应采取系统容错设计；推荐进行元器件级的升级筛选 | 风险中；应进行抗辐射加固；推荐进行元器件级筛选和系统容错设计 |
| | 中 | 风险较低；应采取系统容错设计；可进行元器件级升级筛选 | 风险中；推荐进行元器件级筛选和系统容错设计 | 风险较高；进行升级筛选和容错设计；Level1和level2应用考虑进行辐射加固 |
| | 高 | 风险中；推荐进行元器件级筛选和系统容错设计 | 风险较高；进行升级筛选和容错设计；Level1和level2应用考虑进行辐射加固 | 风险高；进行升级筛选和容错设计；Level1和level2应用应进行辐射加固 |

（2）ESA

德国航天局制定了相应的COTS器件标准，DLR-RF-PS-004规定了商用器件的风险分析。风险评估矩阵见图1。

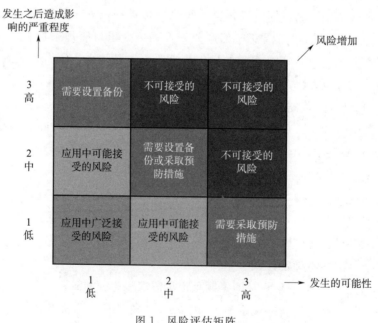

图1　风险评估矩阵

"事件发生的可能性"以及"发生之后造成的影响的严重程度"可以按照以下定义来进行评估。器件风险划分见表3。

表 3    COTS 器件风险划分

| | 事件发生的可能性 | 发生之后造成的影响的严重程度 |
|---|---|---|
| 低 | 项目周期内发生的可能性＜1% | 对整个设备的性能产生很小的影响 |
| 中 | 项目周期内发生的可能性介于 1%～10% | 整个设备的性能会产品明显的退化 |
| 高 | 项目周期内发生的可能性大于 10% | 对整个设备会产生特别重大或灾难性的影响 |

（3）五院小卫星和微小卫星

东方红海特公司和东方红公司针对低成本卫星，将元器件等级分组与型号任务的风险等级相联系，即"元器件应用等级"。通过"单机"和"元器件"两级关键性表征元器件的应用等级。元器件应用等级确定程序见图 2，元器件应用等级划分见表 4。

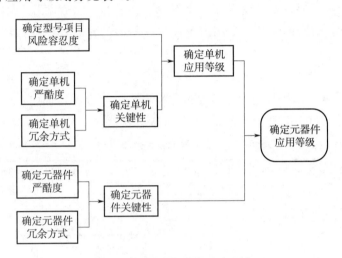

图 2    元器件应用等级确定程序

表 4  元器件应用等级划分表

| 元器件关键性 \ 单机应用等级 | 1 | 2 | 3 | 4 |
|---|---|---|---|---|
| 1 | I | II | III | IV |
| 2 | II | III | IV | IV |
| 3 | III | IV | IV | V |
| 4 | IV | IV | V | V |
| 5 | IV | V | V | V |

针对上述元器件应用等级，将开展具有差异化的元器件选用和质量保证措施。其中在应用等级为 2 级到 4 级时，允许选用工业级、商业级器件，同时为了保证可靠性，不同的应用等级下需要开展不同的质量保证工作。

# 4    COTS 元器件选用控制策略

结合 COTS 元器件使用风险和应对措施，梳理 COTS 元器件选用控制要素，提出 COTS 元器件在制造商维度和元器件维度两方面的选用控制要素和控制策略。

（1）控制要素

1）制造商背景。制造商背景主要指生产厂生产线情况、航天机构认证情况、生产制造水平、主要产品系列、国外高可靠领域使用情况和产品数据公开性等。相关背景情况可通过官方网站或代理商渠道获取。通过对生产厂背景的了解，对元器件的航天可用性进行初步判断。

2）历史供货情况。COTS元器件质量保证数据和单机使用失效情况可以作为有效的查阅工具，对制造商的历史供货情况进行统计，对质量保证数据进行分析，确定制造商对元器件质量状态控制情况。在质量保证过程中或单机使用时，多次出现元器件固有质量问题的元器件生产厂、元器件品种，需提高警惕，在选用及后续质量保证过程时严格控制。

3）持续供货能力。卫星元器件使用具有继承延用特点，尤其装备星和系列组网卫星等，对元器件有持续性需求，对生产厂持续供货能力要求高。持续供货能力体现为制造商具有的确定性。而制造商的不确定性包括以下因素：制造商本身生产系统的可靠性，如机器的故障、计划执行的偏差、劳务纠纷、罢工等；抵御不可抗拒的外界环境的能力，如自然灾害、金融危机等；对外购原材料（包括管壳、键合丝以及有机材料等）的依赖程度，依赖单一供应商和依赖替代供应商的响应能力和供给能力。COTS元器件制造商若为非通用供货商，需通过相关途径深入了解制造商背景、公司规模、生产规模、国外相关机构的供货情况等。同时，关注其官网网站，查阅历史停产、断档的元器件信息并核实原因，作为判断持续供货能力的因素之一。

（2）控制策略

1）制造商质量评定。以航天东方红公司研制的XX—号卫星为例，选用小卫星各型号以往通用制造商的比例为21.4%，选用的部分元器件见表5，个别元器件制造商产品未在五院型号使用过。

表5　XX-1型号元器件清单（部分）

| 序号 | 产品名称 | 型号规格 | 质量等级 | 生产厂家 | 生产厂家为五院型号配套情况 |
|---|---|---|---|---|---|
| 1 | 二极管 | BZT52C3V03-F | 工业级 | DIODE | 未使用 |
| 2 | 滤波器 | AFS434S3 | 商业级 | Abracon | 未使用 |
| 3 | 滤波器 | 854651 | 商业级 | Triquint | 未使用 |
| 4 | 保险丝 | 0805L075SL | 工业级 | Littelfuse | 未使用 |

由于COTS元器件制造商产品在小卫星各型号使用经历不同，可根据使用经历、历史供货情况和制造商背景等因素，并结合型号使用需求，对制造商进行质量评定，建立小卫星用COTS元器件供应商评价体系，包括评价项目、评价标准、等级划分依据等，为建立可选制造商清单提供数据支撑，确定供应商目录的准入机制。

2）建立COTS元器件供应商名录。借鉴国产元器件的管理模式，对进口元器件制造商进行质量评定，通过评定的供应商可纳入供应商名录。可充分参考经过AEC认证的汽车级元器件供应商，纳入航天器COTS元器件供应商，并在采购中要求其提供详细的元器件测试数据。同时明确目录内每个制造商的选用类别：优选、可选。

针对COTS元器件供应商，应充分考虑列入五院或集团公司合格供方名录的生产厂或供应商，并对其生产线进行完备的评价。

同时，由于各型号对COTS元器需求不断变化，为适应这种快速变化，COTS器件供应商名录需定期根据元器件发展趋势和型号的需求变化进行更新，形成系统性更新原则和动态的更新机制。

3）明确采购渠道。元器件假货识别一直是元器件质量保证中需重点关注的方面，采购渠道的控制有助于降低假货的风险。为避免COTS元器件采购渠道混乱，建议采购渠道限定为列入《小卫星用COTS元器件供应商名录》的生产厂或国内一级代理商，明确其生产范围或代理范围。

4）确立基于型号应用状态的COTS元器件风险评估方法。COTS元器件由于设计上未从航天应用角度考虑，在辐射环境、热环境等方面存在风险；同时COTS元器件过程控制不满足航天元器件可追溯性要求，可靠性数据未知等特点。COTS元器件在使用前应从元器件基础数据和航天应用适用性方面进行风险评估。风险评估要素应包括：元器件基础数据（生产厂状况、可靠性数据）和元器件航天应用适应性（热特性、机械特性、结构特性、抗辐照特性）。

风险评估时除分析元器件本身特性外，应用状态是风险评估又一重要输入条件。元器件特性与使用要求的匹配性，可通过型号风险容忍度来调节。不同风险容忍度的型号用元器件所采取的风险规避措施应有差异性区分。

参考航天东方红有限公司某型号元器件应用等级划分方法，卫星研制项目承受风险的大小用项目风险承受度表征；所处部位能够承受风险的大小用所在"单机"和"元器件"两级"关键性"表征。型号总体单位通过确定单机应用等级和元器件关键性，确定元器件应用等级，作为元器件风险评估和进行针对性质量保证的依据。

5）建立基于应用等级的 COTS 元器件保证要求。COTS 元器件保证要求作为元器件管理的顶层文件，可对元器件选用、质量保证和使用提出相应要求，规范元器件管理流程。选用 COTS 元器件应首先明确风险，并评估风险是否在可接受范围内。建立元器件应用等级的概念，应用等级与元器件的关键程度相关。根据元器件的应用等级和元器件本身的质量状态确定元器件的分级筛选和质量保证要求。

COTS 元器件的保证应包括元器件评估、验证两个方面。其中评估主要针对 COTS 元器件的航天适用性进行评估，主要包括力、热、辐射和结构方面；验证主要考虑对元器件的应用验证，同时针对 COTS 元器件可能存在假货的问题，对 COTS 元器件进行必要的芯片比对和验证工作。

6）构建 COTS 元器件保证体系。由于 COTS 元器件与军用电子元器件在设计、生产和考核等方面存在差异，并且 COTS 元器件没有统一规定保证质量的控制程序，无法保证同一制造商的不同生产批产品具有相同的质量，要保障 COTS 元器件的使用可靠性，同时兼顾低成本特性，需建立一整套适用的元器件质量评价体系，涉及元器件选用、保证和使用等方面。

针对目前卫星应用趋势，如生命周期短、风险容忍度高的商用和试验类卫星对 COTS 元器件的海量需求，建立一整套元器件保证体系，包括选用、保证和使用等方面，在满足低成本要求的同时，保证元器件的可靠性。

7）建立 COTS 元器件选用目录。充分继承已有的国产元器件基础数据和进口元器件的选用和采购信息。根据元器件的发展和采购供应情况，对元器件的型号规格、供货厂家等进行合并压缩，重点建立针对集成电路和分立器件的 COTS 元器件选用目录。目录应在充分分析 COTS 元器件使用风险、选用特点和以往质量保证数据的基础上，建立 COTS 元器件目录纳入原则和动态更新机制。

# 5　结束语

COTS 元器件已大量应用在小卫星、微小卫星项目，为满足小卫星和微小卫星对 COTS 元器件的使用需求，建立和完善 COTS 元器件选用控制方法和手段势在必行，通过给出制造商维度和元器件维度两方面控制策略措施与建议，为 COTS 元器件选用控制提供有价值的参考借鉴。

**参 考 文 献**

[1] FAA. FAA COTS Risk mitigation guide：pratical methods for effective COTS acquisition and life cycle support [R]. USA. 2010.
[2] 周军连，聂国健，莫郁薇. 装备用 COTS 元器件的风险及其管理模式探讨 [J]. 电子产品可靠性与环境试验，2012 (3)：242-246.
[3] 徐卫华，熊惠，郑立生. 进口电子元器件的风险分析与选用管理 [J]. 电子产品可靠性与环境试验，2014 (2)：55-59.

# Research on Components Selection Strategy for Small Satellites

SU Yu[1]    CHEN Zhiqiang[2]    ZHANG Yin[1]    LI Nan[1]

1. China Aerospace Components Engineering Center，Beijing    100094

2 . DFH Satellite CO.  LTD，Beijing    100094

**Abstract**    With the low cost，short period and high performance development of small satellites，Commercial Off The Shelf（COTS）components are more required.  However at present component selection of small satellites is based upon QML or ESA class，it doesn't benefit the requirement of low cost and short period.  The paper presents a suitable Components selection strategy for small satellites by analyzing COTS components application risk and studying COTS components use's risk response measures.

**Key words**    Small satellites；COTS；the Components；Selection strategy

**作 者 简 介**

苏好，女，工程师，五院宇航物资保障事业部，从事型号元器件产品保证研究，电子邮箱：yu＿su1@126.com。

# 生物黏附机理与仿生及其在卫星领域的潜在应用

田煜  陶大帅[1]  刘哲瑜[1]  陈罗婧[2]  杜杉杉[2]  范春石[3]

1. 清华大学摩擦学国家重点实验室，北京  100084；

2. 航天东方红卫星有限公司，北京  100094；

3. 航天五院钱学森实验室，北京  100094

**摘  要**  本文主要对不同的生物黏附机理与仿生及其在卫星领域的潜在应用进行了综述。生物体经过自然选择，适应不同生存环境，进化出了依靠表面间范德华力作用的可逆干黏附、依靠液固界面润湿和液体表面张力的可逆湿黏附，以及依靠分子功能基团的永久黏附几类方式，通过对这些黏附的机理的研究，人们已经发明了各种各样的仿生黏附表面。利用这些黏附机理，特别是可控的干黏附机理制造的仿生表面，可在卫星领域有一定潜在应用，比如对垃圾卫星的捕获、卫星及部件之间的可控黏脱附组装。

**关键词**  生物黏附；可控脱附；仿生表面；垃圾卫星捕获；结构黏附组装

## 1  生物黏附机理

经过长期的自然选择，动物和植物获得了优异的形态、高效的控制机制以及多功能表面，从而能在各种各样的表面攀爬和附着。比如壁虎能在竖直壁面和天花板上行走自如，树蛙可以在树干上自由攀爬，贝类可以牢固地黏附在水下的岩石上，常春藤和爬山虎能顽强地附着在竖直墙壁上生存等[1]。经过长期的观察和试验研究，研究人员根据黏附作用的产生原理将自然界的黏附现象分为三大类：可逆干黏附、可逆湿黏附以及永久黏附，如图1所示，其中前两种为动物采用的黏附机理，而第三种经常出现在植物或藻类的黏附中[1-2]。

（a）可逆干黏附        （b）可逆湿黏附        （c）永久黏附

图1  黏附机理示意图

### 1.1  可逆干黏附

生活中常见的利用干黏附的动物有昆虫、蜘蛛、壁虎等。正如上文所述，这些动物都是依靠末端刚毛实现黏附的，只不过由于种类的不同刚毛末端的形状以及尺寸发生了变化，体重越大的动物，其末端结构的尺寸往往越小，如图2所示[3]。

壁虎是自然界中利用干黏附的典型生物，因此也得到了研究人员的极大关注。借助扫描电镜（SEM）等仪器，研究人员发现了壁虎脚掌优异的多等级结构，如图3所示。

壁虎刚毛主要由角质蛋白（弹性模量～2 GPa）组成，但是由于多级结构使刚毛束的等效弹性模量约为100 kPa，使得壁虎刚毛可以满足达奎斯特的黏附判据，从而实现黏附作用。壁虎通过脚趾的宏观卷入、卷出动作来控制末端薄板结构与壁面之间剥离区域的大小，这样可改变摩擦力和黏附力三个数量级，从而实现强黏附和易脱附之间的灵活转换[4]。虽然有试验表明湿度会影响到壁虎黏附力的大小，但是范德华力才是壁虎黏附力的主要来源，湿度的增加会使刚毛末端结构变得柔软，对固体表面范德华力可能增强，从而增强黏附。

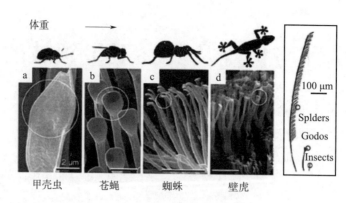

图 2　常见动物干黏附结构

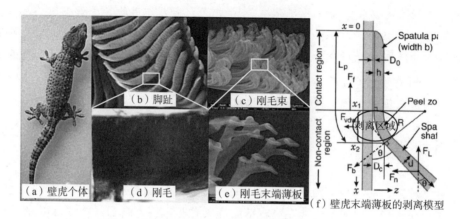

图 3　壁虎干黏附结构及其黏附机理

## 1.2　可逆湿黏附

　　表面粗糙度在黏附系统中起决定性作用，它的存在使得两个接触面之间的实际接触面积大大降低，这也是为什么我们日常生活中感受不到强黏附的原因。壁虎通过多等级结构保证了脚掌和壁面之间的紧密接触，从而获得了强黏附的作用。但是对于昆虫（苍蝇、蝗虫等）和树蛙来说，其脚底末端结构和干燥表面之间的间隙太大[5]，产生的黏附作用并不能保证其稳定的运动。然而，这些生物能分泌液体来润湿接触界面，并依靠毛细力的作用完成运动。通过自然选择的结果，依靠湿黏附作用的生物体分泌的液体既能润湿疏水表面又能润湿亲水表面，因此能在各种表面黏附[6-7]。

　　树蛙是湿黏附最成功的使用者，它在各种类型的粗糙表面均展现出卓越的攀爬能力[7]。通过观察发现，树蛙脚趾底部布满了六角形的上皮细胞（直径～10 μm），这些上皮细胞被凹槽（宽～1 μm，深～10 μm）隔开，在这些凹槽里面充满了腺体分泌的黏液（黏度约为水黏度 1.4 倍，表面张力与水相似）。通过自仿射，这些上皮细胞上也有相似的凹槽和凸起。在黏附时，凹槽内的黏液在毛细力的作用下进入脚趾和粗糙表面之间，液体在两表面之间距离开始大于凹槽宽度处停止流动，且脚趾凹槽之间相互连通，可以保证黏液的相互补充。在脱附时，两表面之间间距增加，黏液开始回流至凹槽中，对黏液的回收也保证了黏附可持续性。

　　相比于壁虎和树蛙等生物体，鲍鱼具有更加优异的黏附系统，它能够同时使用干黏附和湿黏附。鲍鱼的足部具有和壁虎刚毛类似的纤维结构，和壁面之间能产生范德华力。另外，其足底的腺体也可以分泌黏液，这种粘液对亲水表面具有良好的润湿性能，因此其黏附能力在亲水表面会有所提升。借助复合黏附作用，鲍鱼可以在极端环境下实现黏附作用[1]。

## 1.3 永久黏附

对于那些运动量较少的生物体来说，并不需要大费周章地使用刚毛或者分泌黏液实现可逆的黏/脱附过程，它们往往更倾向于使用"强力胶"将自己与待黏附面牢牢地结合到一起。

贻贝通过分泌黏性蛋白可以牢固地黏附到生物或是非生物的表面，且这种黏附在水环境中仍然有效，这对于上述两类黏附方式几乎是不可能的[1]。贻贝通过分泌的足丝（包括丝和足垫）与表面接触，这些分泌物中包含 5 种黏性蛋白，且黏性蛋白中均含有多巴，而多巴的氧化会促进足垫和表面之间形成化学键的作用，形成永久的黏附[8]。另外，研究人员通过分析发现，足丝的足垫部位主要由 Mefp - 3 和 Mefp - 5 这两种黏性蛋白组成，且这两种蛋白的氨基酸序列中多巴的含量较其他蛋白多（Mefp - 3、Mefp - 5 分别为 21% 和 25%），因此足垫部位能获得强的黏附[9]。

藻类与贻贝类似，也是通过分泌黏性蛋白与待黏附面形成化学键而实现黏附的，但是其蛋白质的成分不同[1]。这些依靠化学作用实现黏附生物体为药物输送、伤口处理等应用提供了新的思路。

# 2 仿生黏附表面研究进展

鉴于这些自然界中超常的黏着行为，人们就想要研究制造出基于这些原理的仿生应用。其中，最引人注目之一的是仿壁虎刚毛。由于壁虎刚毛黏着主要依靠范德华力，在真空环境下，其黏附作用依然不会有明显的减弱。所以对太空环境下的应用，仿壁虎刚毛的黏附有着简易、实用且清洁的优势，是应用的最佳选择。而仿壁虎刚毛应用中的核心则是制备仿生壁虎刚毛阵列表面。

在微结构形貌上，学者们提出采用蘑菇状的微柱可以达到更好的黏附效果[10]。试验表明，蘑菇状微柱的仿生表面在接触时行为类似于被动吸附装置，从而使得自身更能承受过载，从而更具稳定性[11]。

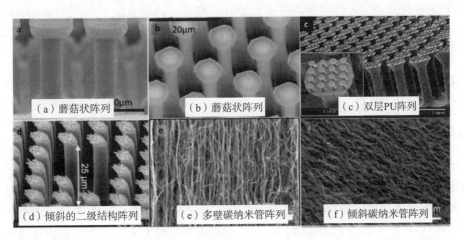

图 4　各种仿壁虎纤维阵列

在仿生表面制备的方法上大多采用模板浇铸法和气相生长法。模板浇铸法即是将高聚物分子浇铸到目标纳米结构的反模具中，从而凝固成想要的仿生黏附阵列。其模板可以通过光刻等微纳加工技术制得。一般而言，选用的浇铸材料有聚二甲基硅氧烷（PDMS）、聚氨酯（PU）等材料，其中 PDMS 和 PU 最为常用。利用模板法制得的黏附强度较为出众的有：2007 年 Kim 等人用 PU 制成的带有 $160~\mu m$ 背部基底的蘑菇状纤维阵列，黏附强度将近 270 kPa[12]［图 4（a）］；2009 年 Davies 等人用 PDMS 制得的蘑菇状纤维阵列表面，黏附强度高达 219 kPa[13]［图 4（b）］。根据接触细分理论[5]，人们设计了多级结构来模仿壁虎的刚度等级结构，降低整体的弹性模量，使其能更好地适应目标表面。Murphy[14] 等人设计制备了双层的 PU 阵列表面，经测试其黏着能可达 34 mJ/m² ［图 4（c）］。Jeonga 等人设计了倾斜的二级结构阵列，使其在形貌上实现各向异性，在强黏附方向可达 260 kPa 的黏附强度，而弱黏附方向的强度只有 22 kPa[15]［图 4（d）］。用化学气相沉积（CVD）的方法在样品表面生长碳纳米管，由碳纳米管生长出的仿生表面具有深宽比很高的特点（最高可上千），此外也更容易在受力之后倒伏，无法恢复。Qu 等人研制的多壁碳纳米管阵列其黏着和剪切强度分别能达到 10 N/cm² 和 100 N/cm²[16]［图 4（e）］。周铭等人研制的倾斜碳纳米管阵列其摩擦各向异性系数可达 1.4，且在 4 000 次往复试验过程中都保持稳定[17]［图 4（f）］。

　　基于性能较好的仿壁虎刚毛阵列表面，许多的仿生壁虎应用应运而生。Parness 等人利用两级的微楔形仿生表面为机器人脚掌，制作了 Stickybot 机器人[18]，可以攀爬粗糙的竖直表面。在玻璃、花岗岩以及木材表面上其黏附强度分别可以达到 2.3 kPa、1.3 kPa 以及 0.8 kPa。美国军方也在着力研究类似于电影《碟中谍 4》中攀爬迪拜塔的壁虎手套。周铭等人利用研制的蘑菇状阵列表面（在预载荷强度 0.5 kPa 时其黏附强度能达到 5 kPa）制作了可以无损夹持硅片的夹持器[19]。其对于 IC 制造中硅片的转移和操作有很大的意义。因其理论上在真空环境中的适应性，所以将其运用于航空航天的设备上也是一大重点。Parness 等还利用仿生壁虎表面研发了能在太阳能电池板上附着的小机器人和棘轮连杆抓取器，其最大黏附力分别至少能达到 80 N 和 60 N[20]。这类能在特殊材料上黏附的机器人证明了仿生壁虎刚毛表面运用于空间或太空飞船表面维修机器人的可行性。除了用仿壁虎表面来实现在空间环境中的黏附外，由于摩擦力和黏附力的耦合作用，也可以采用微钩爪来实现与粗糙星表材料的机械啮合，从而也能实现真空中的黏附。Parness 等人又根据蟑螂脚端的微型钩爪来制作了不受重力限制的爬行机器人。在拉力测试试验中，对于一些典型的星表材料，如气孔玄武岩，其法向拉力可达 189.5 N，侧向拉力可达 281.4 N[21]。这种爬行机器人可以用于外星行走探测，其较现在的星表探测车对环境和地形的适应能力更好。仿壁虎刚毛的应用研究对于太空航行中的人员安全（舱外黏附机器人可以代替人来从事危险的舱外活动）和设备保障都很有意义。

　　尽管生物黏附有如此广阔的应用前景，但是依旧还是存在着几个问题：1）许多仿生黏着的设备或者表面只是单纯地模仿了生物原型的某一方面或者某一类特点，而没有完整地复现生物原体全部的性能；2）关于仿生黏附的设计理论还有待完善，深层次的研究现在还比较欠缺；3）对于壁虎刚毛的仿生而言，还缺乏真实空间极端环境下的研究以及与机器人机械动作协同的统一化理论。

# 3　仿生黏附表面在卫星领域的潜在应用与挑战

## 3.1　仿生黏附表面在卫星领域的潜在应用

　　由于范德华力普遍存在于自然环境，因此基于范德华作用力的仿生黏附表面在理论上可以用在空间环境中，比如飞船、空间站、卫星等空间平台上。如图 5（a）所示为仿生表面在空间垃圾卫星捕获中应用的示意图，图中通过控制机构控制捕获装置末端仿生表面与垃圾卫星表面的相对运动（模拟壁虎脚趾的卷入、卷出动作），从而控制剥离区域的大小，改变范德华力的大小，最终控制仿生表面与目标表面的黏附与脱附。另外，可以将仿生黏附表面应用到飞行器与空间站的对接中，如图 5（b）所示。将楔形仿生表面与楔形对偶面分别安装到飞行器和空间站对接口平面，在对接过程中控制两楔形表面处于公度位置，从而使两表面之间形成强力的黏附。

## 3.2　仿生黏附表面在空间应用面临的挑战

　　目前仿生黏附表面主要在大气环境下进行试验和应用研究，在空间中的应用研究几乎没有，主要原因是空间环境中高真空、极端温度、强辐射、原子氧等因素对仿生表面的理化特性有影响。仿生表面的黏附主要是依靠范德华力的作用，而这种分子间作用力对距离极度敏感，空间超低温（超过−150℃）会增大仿生表面的弹性模量，降低表面之间的实际接触面积，这可能会使仿生表面失去黏附功能。而且，由于仿生表面与基底材料热膨胀系数的不同，高低温的表面可能会造成仿生表面的剥离。另外，空间辐射会对聚合物的分子链造成影响，加快仿生表面的老化，降低其黏附特性。为了解决这些问题，需要模

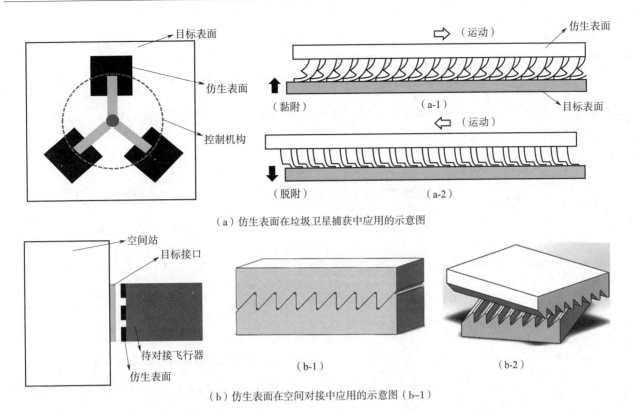

（a）仿生表面在垃圾卫星捕获中应用的示意图

（b）仿生表面在空间对接中应用的示意图（b-1）

图 5　仿生黏附表面在卫星技术领域的潜在应用

拟空间环境对仿生表面的黏附、摩擦特性进行表征，并根据试验结果对仿生表面纤维几何形状、制备工艺、材料进行优化。

## 参 考 文 献

[1]　Favi P M，Yi S，Lenaghan S C，et al. Inspiration from the Natural World：from Bio‐Adhesives to Bio‐Inspired Adhesives [J]．Journal of Adhesion Science and Technology，2014，28（3‐4）：290‐319.

[2]　Autumn K，Sitti M，Liang Y A，et al. Evidence for Van Der Waals Adhesion in Gecko Setae [J]．Proceedings of the National Academy of Sciences，2002，99（19）：12252‐12256.

[3]　Arzt E，Gorb S，Spolenak R. From Micro to Nano Contacts in Biological Attachment Devices [J]．Proceedings of the National Academy of Sciences，2003，100（19）：10603‐10606.

[4]　Tian Y，Pesika N，Zeng H，et al. Adhesion and Friction in Gecko toe Attachment and detachment [J]．Proceedings of the National Academy of Sciences，2006，103（51）：19320‐19325.

[5]　Persson B N J. Wet Adhesion with Application to Tree Frog Adhesive toe Pads and Tires [J]．Journal of Physics：Condensed Matter，2007，19（37）：376110.

[6]　Vötsch W，Nicholson G，Müller R，et al. Chemical composition of the attachment pad secretion of the locust Locusta migratoria [J]．Insect biochemistry and molecular biology，2002，32（12）：1605‐1613.

[7]　Federle W，Riehle M，Curtis A S G，et al. An integrative study of insect adhesion：mechanics and wet adhesion of pretarsal pads in ants [J]．Integrative and Comparative Biology，2002，42（6）：1100‐1106.

[8]　Lee H，Scherer N F，Messersmith P B. Single‐molecule mechanics of mussel adhesion [J]．Proceedings of the National Academy of Sciences，2006，103（35）：12999‐13003.

[9]　Papov V V，Diamond T V，Biemann K，et al. Hydroxyarginine‐Containing Polyphenolic Proteins in the Adhesive Plaquesof the Marine Mussel Mytilus Edulis [J]．Journal of Biological Chemistry，1995，270（34）：20183‐20192.

[10]　Gorb S，Varenberg M. Mushroom‐Shaped Geometry of Contact Elements in Biological Adhesive Systems [J]．J Adhes Sci Technol，2007，21（12‐13）：1175‐83.

[11]　Varenberg M，Gorb S. Close‐up of Mushroom‐Shaped Fibrillar Adhesive Microstructure：Contact Element Behaviour [J]．J Roy Soc

Interface, 2008, 5 (24): 785 - 9.

[12] Kim S, Sitti M, Hui C Y, et al. Effect of Backing Layer Thickness on Adhesion of Single – Level Elastomer Fiber Arrays [J] . Appl Phys Lett, 2007, 91 (16): 161905 - 3.

[13] Davis J, Hao S, Hawke T, et al. A Practical Approach to the Development of a Synthetic Gecko tape [J] . Int J Adhes Adhes, 2009, 29 (4): 380 - 90.

[14] Murphy M P, Kim S, Sitti M. Enhanced Adhesion by Gecko – Inspired Hierarchical Fibrillar Adhesives [J] . Acs Appl Mater Interfaces, 2009, 1 (4): 849 - 55.

[15] Jeong H E, Lee J K, Kim H N, et al. A Nontransferring Dry Adhesive with Hierarchical Polymer Nanohairs [J] . Proc Natl Acad Sci, 2009, 106 (14): 5639 - 44.

[16] Qu L, Dai L, Stong M, et al. Carbon Nanotube Arrays with Strong Shear Binding – on and Easy Normal Lifting – off [J] . Science, 2008, 322 (5899): 238 - 42.

[17] Zhou M, Liu K, Wan J, et al. Anisotropic Interfacial Friction of Inclined Multiwall Carbon Nanotube Array Surface [J] . Carbon, 2012, 50 (15): 5372 - 9.

[18] Asbeck A, Dastoor S, Parness A, et al. Climbing Rough Vertical Surfaces with Hierarchical Directional Adhesion; Proceedings of the 2009 IEEE International Conference on Robotics and Automation (ICRA), F May 12 - 17, 2009 [C].

[19] Zhou M, Tian Y, Sameoto D, et al. Controllable Interfacial Adhesion Applied to Transfer Light and Fragile Objects by Using Gecko Inspired Mushroom – Shaped Pillar Surface [J] . Acs Appl Mater Interfaces, 2013, 5 (20): 10137 - 44.

[20] Parness A, Heverly M, Hilgemann E, et al. On – off Adhesive Grippers for Earth – orbit [C] //AIAA SPACE. 2013.

[21] Parness A, Frost M, Wiltsie N, et al. Gravity Independent Climbing Robot: Technology Demonstration and Mission Scenario Development [J] //AIAA SPACE. 2013.

# Mechanisms of Bio – and Bio – Inspired Adhesion and the Potential Applications in Satellite Fields

TIAN Yu[1]    TAO Dashuai[1]    LIU Zheyu[1]    CHEN Luojing[2]    DU Shanshan[2]    FAN Chunshi[3]

1. State Key Laboratory of Tribology, Tsinghua University, Beijing    100084

2. China Spacesat Co. , Ltd. , Beijing    100094

3. Qian Xuesen Laboratory of Space Technology, China Academy of Space Technology, Beijing    100094

**Abstract**    This paper summarizes mechanisms of bio – and bio –inspired adhesion and the potential applications in satellite fields. After thousands of years of natural selection, creatures have developed several adhesive strategies to adapt themselves to their habitats, such as reversible dry adhesion based on van der Waals interaction, reversible wet adhesion based on capillary force of solid – liquid interface and surface tension of liquid, and permanent adhesion based on chemical interaction of functional groups. Studying and mimicking these behaviors in nature, human has successfully invented various of adhesives. Bio – inspired adhesives, especially these which are fabricated based on the reversible dry adhesion mechanism, could be used in satellite fields, for instance, capturing dead satellites, assembling parts of satellite to realize controllable disassembly and assembly.

**Key words**    Bio – adhesion; Controllable adhesion; Bio – inspired adhesives; Capturing dead satellites; Adhesive assembly

## 作 者 简 介

田煜，男，研究员，清华大学摩擦学国家重点实验室，研究方向为机械表面、界面行为与控制，电子邮箱：tianyu@mail.tsinghua.edu.cn。

# 小卫星智能自组织云计算体系研究

王磊　梁俊　刘淑芬

北京控制工程研究所，北京　100190

**摘　要**　现有的小卫星计算体系中运算单元冗余备份过多但系统动态效能不足，不能在轨灵活适应变化的用户需求，本文提出了一种小卫星智能自组织的云计算体系，通过高速对等网络将系统中的所有智能运算节点互联在一起，取消单节点的冗余备份，以系统整体能力为单个节点做备份，当出现需求变化或节点故障时动态迁移其程序和数据到其他节点，完成系统的聚合重构，以重新分配计算服务，从而实现计算体系的智能自组织。

**关键词**　小卫星；云计算；智能自组织；体系结构

## 1　卫星计算体系概述

航天器的主要功能，特别是由软件（包括 FPGA 等可编程逻辑器件上运行的配置项）实现的功能，其本质均最终归结为星载计算。星载计算体系是表述航天器上各个智能运算单元（计算节点）之间相互联系及其相互关系的体系结构，这一计算体系是完成航天器计算功能的物理载体，其主要技术指标表征了航天器的计算能力。传统的星载计算体系的主要特点包括：1）在航天器内部自我封闭并自我满足；2）各计算节点的功能分工是单一指定的；3）体系内信息交互的内容和流向是预先设定的；4）计算节点冗余备份较多。

目前国内外小卫星计算体系的缺点主要是在轨的自主性和适应性较差。现有自主性主要体现在当计算节点出现故障时的自主切换，依赖于冗余设计。而当任务变化时，如果不是预设的软件模式转换，则必须通过地面重新上传软件才能完成，而实际上大量的星载计算节点并不具备在轨更新的接口和能力。具有良好设计的计算体系不仅能够在轨自主解决故障恢复问题，还能很好地适应在轨任务需求的变化。这要求计算体系具备智能自组织能力。为此，现有的研究思路主要集中于在轨自主解决故障恢复问题，其中一类是研究在系统级、模块级和芯片级对计算节点、软件映像以及总线接口的冗余设计，包括冷备份、热备份、温备份以及交叉备份等手段；另外一类是对计算节点采用可进化硬件设计[1-2]（实际研究较多的主要是基于 FPGA），在出现故障时能够通过重构自恢复功能。这些研究在工程实践中能够提高系统可靠性，但还不能很好地解决任务需求变化的适应性问题。

星载计算体系的物理组成主要包括计算节点和互联通道，多个计算节点之间视其功能划分以及互联结构又可以分为综合电子计算体系结构和分层分布式计算体系结构。

综合电子计算体系结构一般是采用高性能的计算机作为实现主要功能的核心计算节点，集成并综合传统上数管计算机、控制计算机以至于载荷计算机的主要功能，并能承担热控、电源分系统的计算任务，而其余一些计算能力则分配给专用计算节点完成，例如电机控制器、高速数据采集器、敏感器线路等，同时以高性能计算机为核心用总线连接这些专用计算节点，形成星形网络。综合电子计算体系结构的优点是通过功能集成和硬件功能软件化，可以在整体上大量缩减电子线路以及电缆网所占的质量、体积和功耗，从而提高平台载荷比；但是其对综合计算机的性能要求过高，同时为了维持系统可靠性不得不增加较多的备份，软硬件的复杂度和耦合性过强，这些都导致了研制周期长，成本居高不下，系统通用性不好等缺点。国内外对综合电子计算体系结构的应用主要是小卫星、微小卫星以及深空探测器[3-4]，这是因为其对于压缩质量体积功耗的需求要高于对降低系统复杂度的需求。随着电子线路和计算机软硬件技术的成熟，国内外的一些大卫星平台为了追求更高的平台载荷比同样也应用综合电子计算体系结构[5]。

分层分布式计算体系结构是传统上各国采用较多的方式，适应于整星按照分系统的划分，数管、控制和载荷三个主要的计算机连接在一起，而每个计算机又有若干个下一级的计算节点，由此组成分层分布式的计算体系，多个计算节点之间用 RS422 或 CAN、1553B、I²C 等总线相联系，一般的是由负责遥控遥测的数管计算机为上层核心（有一些采用高速 LVDS 的连接一般是点对点传输）。分层分布式计算体系结构的优点是便于整星各分系统的分别制造、测试和集成，系统可靠性高，局部节点的故障不会导致整星完全失效。但是其缺点也是显而易见，占用了较多的整星资源，几乎每个计算节点都需要备份，更重要的是，每个计算节点的功能一旦确定后就是固定的，因此系统的适应性不高。

现有的计算体系，无论是综合电子还是分层分布式结构，在本质上是一致的，那就是用中低速总线连接在一起的多个功能固定的计算节点集合，拓扑结构是以主要计算机为核心构成的星型或多层星型结构。二者的区别主要是功能集成度的差异。这样的计算体系，必然是冗余备份多，资源占用大，系统自适应能力差。其症结主要在于计算节点不通用，相互之间没有高速对等网络连接。

## 2 卫星计算体系的发展需求

随着卫星技术特别是小卫星技术的发展以及用户需求的不断提高，无论是多用途单星还是星座，卫星综合信息处理的能力最为关键，这不仅包括载荷数据的在轨处理，还包括大量的卫星自身的信息（任务、指令、程序和数据）处理，以及星座各星间数据的信息综合。反映卫星综合信息处理能力的关键是其计算体系。从需求分析，主要包括以下几个方面。

1）自主管理与生存能力。目前卫星的管理依赖于地面测控系统，特别是核心的计算体系虽然具备较多的备份，但是在故障时需要地面指令进行干预，星上的自主管理不能保证无缝切换，而对每个计算节点都使用多机热备又不现实。由内外部原因造成的局部损伤或故障不能由星载完全自主处理，因此其生存能力受到了测控弧段的较大限制。如果能将多个计算节点完全互联起来，赋予其聚合重构能力，特别是计算服务可以随意流转，则可以以计算体系的整体能力为任意计算节点的失效提供冗余容错，使得星载计算体系实现硬件的完全自主，从而为姿轨控、数管、热控、能源管理、载荷等提供自主管理基础，可在无测控时大为提高卫星（星座）的生存能力。

2）分系统融合与自主任务规划。分系统融合可以实现多系统的集成，便于信息的综合利用和并行处理，以提高系统容错能力。目前卫星的体系结构是以分系统集成为基础，不同的分系统存在各自的智能运算单元（如数管计算机、姿轨控计算机、载荷计算机等），其功能性能自我封闭，人为割裂了卫星整体之间存在的耦合联系。这一体系简化了卫星的设计和制造，但带来卫星性能的降低和任务自主规划的困难。随着卫星设计需求的不断提高，这一局面逐渐在改变，例如综合电子就是试图集成多个分系统的电子线路而提出的一种技术路线。但是这一集成很难满足分系统融合的需要，例如载荷敏感器化、敏感器载荷化、姿态与能源、温度的统一优化控制、平台优化控制与载荷作业的协同操作等。提高卫星的自主任务规划能力意味着分系统的融合。单纯将电子线路集成不能解决融合问题，必须要将所有的计算节点（智能运算单元）用高速网络互联在一起，才能使得整星的所有测量信息、载荷信息、星间信息在这一计算体系内任意流转，构成信息系统与物理系统的深度融合，作为最优化计算、通信与控制的基础。

3）高速数据处理与功能性能的最大化。卫星需要进行大量且高速的数据处理，这包括卫星平台的内外部数据和载荷的大量数据，特别是最终提供给用户使用的情报信息，由于测控通路的限制，最好是由卫星进行自主情报综合后再发送到地面用户。因此对星载计算性能的需求呈指数增长，虽然不断提高CPU 的计算能力和存储容量以及提高 CPU 与外设之间的读写速度，可以在一定程度上提高计算能力，但是集成到单个计算机上承担越来越多的计算任务不仅造成单机的高复杂度，而且抗空间辐照的 CPU 不仅在速度上有上限而且获取途径亦不乐观，同时为了增加可靠性，又必然对此计算机进行较多备份并增加直接指令。目前，所有卫星上的计算节点所承担的计算任务都是预先设定的，大部分在轨时不可更改，核心计算机虽然可以重新上传程序，但需要大量的测控弧段，同时承担某种计算功能的节点如果损坏，意味着卫星该部分功能的丧失，严重的时候危及整星。如果能将卫星上所有的智能运算单元高速互联在一起，计算任务可以在多个计算节点间动态迁移，则可以最大化地利用整星的整体计算能力为综合信息处理的用户需求提供服务，实际上就是每个计算节点的计算能力的冗余部分提供给了系统，于是单个计算节点不需要设计成需要高性能 CPU 的高复杂度的系统。

4）低成本、通用性、可扩展、快速响应与技术经济效益。目前卫星从研制到发射均需经历较长的周期，且成本偏高，其主要的原因在于硬件产品通用性差，特别是计算体系的产品，各具特色，不能通用，且由于对单计算机高性能的追求，使得成本居高不下。硬件的不同也造成了相关软件配置项数量的增多，使得研制周期较长，不仅体现在设计阶段，而且还体现在制造、试验、测试、在轨交付等各个阶段，这是由系统开放性不强所致。除了继承型号因功能相同或相似可以较快的研制以外，一般新研卫星很难做到敏捷制造和快速响应，因此技术经济效益较为低卜。如果将卫星所有计算节点的硬件设计成通用的智能运算单元，并高速互联在一起，同时基础软件设计成一致的云网络操作软件，则软硬件均可大为提高通用性，批量化生产造成低成本，敏捷制造则有了通用产品的基础，技术经济效益非常可观。由高速互联在一起的多个通用智能运算单元组成的计算体系，通过结合基础软件实施云计算以连接需求与服务，不仅可以不必追求高性能计算机单机的设计，还可以取消传统设计中单计算机的冗余备份及其容错单元与相关直接指令，简化电子系统，节省质量、体积与功耗的占用，而且可扩展性强（只需加入网络），通用化的计算体系软硬件可以满足各类航天任务及平台发展需求。

# 3 云计算与计算体系的智能自组织

用于卫星综合信息处理的智能自组织计算体系的概念是将卫星（座）所拥有的全部智能运算单元建立高速网络互联，形成统一的计算资源池，在需求与资源之间建立智能自组织的联系，为所有的计算需求统一分配并提供计算服务，由此建立起一种新的星载计算体系。当体系结构中的计算节点增加或（部分）删除时，通过智能自组织的动态服务分配，完成计算任务在不同节点间的动态迁移，从而使得计算体系聚合重构，不影响对计算需求的服务满足；同样，当计算需求有增加或减少时，计算资源通过智能自组织的动态服务分配，仍能提供满足需求的计算服务。

星载智能自组织计算体系的内涵是：将需求和服务分开并建立二者之间的联系，以最大限度的利用整体计算能力，满足变化的任务需求；并通过计算体系的聚合重构为局部计算节点的故障提供无缝的容错能力。这一思想是将卫星的设计体制从"以卫星为中心"转变为"以应用为中心"，从而可以用具有自组织能力的通用计算体系结构适应各类航天器平台的应用。

云计算是将计算任务分布在大量计算机构成的资源池上，使各种应用系统能够根据需要获取计算、存储空间和各种软件服务。云计算是能够提供动态资源池、虚拟化、可扩展性和高可用性的下一代计算平台。可扩展性表达了云计算能够无缝地扩展到大规模的集群之上，甚至包含数千个节点同时处理。高可用性代表了云计算能够容忍节点的错误，甚至有很大一部分节点发生失效也不会影响程序的正确运行[6]。因此，云计算是实现星载计算体系智能自组织的最佳技术手段。

大卫星或者进行星际探索任务的航天器一般会包含很多设备，保证自身功能的完备，但很多设备可能只是根据任务的需要而在某段时间处于工作状态，因此其利用率比较低。对于小卫星而言，由于功耗及体积的限制，一般不可能携带很多或者大功率的设备（如大功率的通信电线），因而卫星处理能力或功能就会在一定程度上受限。针对在轨航天器的以上问题，国外已经开展了云计算的应用研究。例如，Jeremy Straub 等人[7]提出了一种基于云计算思想的在轨服务模型，以实现航天器间的资源共享，进而提高航天器的设备利用率，扩展小卫星的在轨功能。JPL 设计了 Polyphony[8]用以为太阳系深空探测的数据计算提供一个有弹性的、规模可伸缩的和模块化的框架。艾姆斯研究中心用 Nebula 来完成了飞行运载的气动计算[9]，来自飞行器表面各部分的数据运行于不同的计算节点，各节点将边界条件传给各自相邻的节点，通过自我配置的计算能力节约了组建的时间和经费。

从国外在网络化星载云计算体系的发展历程和现状来看，其主要解决的用户需求是星载大数据计算、星载数据自主融合、星载自主管理以及自主事件解决等基于星载的智能处理以及低成本快速制造等技术经济问题，其采取的解决思路是将数据和存储、存储资源和计算节点高速互联互通，采用网络化云计算模式解决可变的用户需求以及资源的重组。由此而产生的计算体系结构、网络化操作系统、高速对等网络、标准网络化计算节点等专业方向是构成网络化云计算体系的技术基础。星载计算的发展不仅仅是考虑强化或提高单个计算节点的能力，采用网络化方式联结多个计算节点形成计算体系是更为重要的发展方向。引入云计算建立智能自组织的计算体系，对星载产品的发展要求包括：

1）趋同的计算节点。计算节点包括三类，即通用智能运算节点（作为一般性网络节点存在，用以取代传统的各类计算机、各类单机的电子线路盒）、大容量存储器（用于存储所有软件目标码、数据与指令的调度表）和路由器（星内组网的重要节点）；

2）网络化基础操作软件。主要是指运行在通用智能运算节点上的基础软件，其主要特征除了支持本机的实时多任务操作以外，重点是支持网络通信，可以根据云计算的分配算法，实时动态加载新分配的任务，并将计算结果通过网络输出；

3）高速对等网络。使用高速对等网络进行星内和星间组网，并在多个智能运算单元（网络节点）之间引入云计算，以整体的处理能力为全系统提供服务，需要增加路由器和大容量存储器设备。

# 4  小卫星云计算体系

对于小卫星，设计其云计算体系不仅从单星的星内考虑，也可以在星座的多星之间进行，星间主要就是需要高速无线链路。因此，首先从星内组网的云计算体系出发，其主要包含标准节点和高速对等网络以及运行于各个标准节点的网络化实时操作系统。其中标准节点在网络中的软硬件模型如图 1 所示。每一个节点既是提出需求的用户，同时也是服务的提供者。以往卫星计算体系的主要特征是本地需求仅由本地服务，因此，为保证本地需求得到满足的可靠性，本地服务能力需要冗余备份。而基于云计算的服务计算体系，则是本地需求可以在提交网络后分散计算，因此，本地需求可以不需要冗余备份，而由系统整体为每个节点提供备份。

节点之间通过高速对等网络连接在一起，任意两个节点之间均可以完成通信。能够实现这一点的可选的高速对等网络包括 IEEE 1394 总线、光纤总线、Ethernet 以及 SpaceWire 总线。其中 SpaceWire 总线[10] 是 ESA 为航天应用而设计的一种高速全双工、可升级、低功耗、低成本的串行总线，在工程中应用最广泛[11]，本文以其为例。最大传输速率可达 2 400 Mbit/s，没有物理冗余设计，在应用时不需要特别专业的硬件。考虑标准计算节点是到分系统的主计算机这一级，可以是数管、控制、载荷计算机，或综合电子计算机，同时考虑多星之间的具备足够带宽的星间链路，则多星内部以及星间所建立的云计算体系结构如图 2 所示。

小卫星云计算体系的关键是作业调度与资源分配。以分布式评价体系为基础，以动态迁移算法综合调度计算资源和存储资源，最大化运用系统能力，在单个节点出现故障时，通过聚合重构将该节点的工作分配到其他节点完成，实现系统体系结构的自组织，可以减少单个节点的冗余备份和资源占用，提高控制系统整体可靠性。基于云计算的航天器控制系统的自组织计算体系允许系统的使用者关注于应用，而不关注计算是如何完成的。聚合重构就是利用可重复使用的软硬件资源，根据不同的应用需求，灵活地改变系统自身的体系结构以适应系统需要的一种设计方法。当动态迁移完成后，系统的每一项需求重新获得了服务，此时系统计算结构就完成了聚合重构。系统重构的能力取决于系统的计算需求和每个节点提供的服务能力裕量（节点除完成本地计算后剩余的计算能力）。动态迁移不仅提供了用于满足系统变化的计算需求而动态重构系统的能力，而且还可以动态实时地处理设备故障。

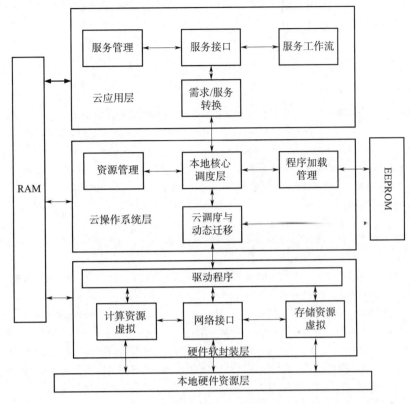

图 1　标准节点模型

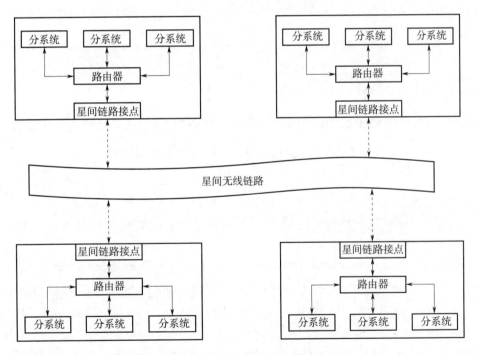

图 2　星间云计算体系物理结构

# 5　结束语

　　传统的星载计算体系结构的在轨适应性较差，本文提出了基于云计算的星载计算体系，将卫星的各个智能运算节点通过高速对等网络连接，可以轻易扩展到多星。通过动态迁移实现聚合重构能力，不仅可以在单个节点故障时自主重构系统，而且还可以在轨适应不断变化的用户计算需求，完成计算体系的智能自组织。这一计算体系可以应用在各类航天器平台，还可以通过星间链路和天地链路扩展成规模巨大的空间互联网络，实现更大范围的空间云服务。

## 参 考 文 献

[1] MORTEN HARTMANN，PER KRISTIAN LEHRE，PAULINE C. HADDOW. Evolved Digital Circuits and Genome Complexity [c]. Proceedings of the 2005 NASA/DoD Conference on Evolvable hardware. Washington DC，USA：2005：79 - 86.

[2] GREGORY V L，JASON D L. Evolutionary based techniques for fault tolerant field programmable gate arrays [A]. Proc. of 2nd IEEE International Conference Oil Space Mission Challenges for Information Technology [C]. Pasadena，California，USA：IEEE. 2006. 553 - 560.

[3] 陈建新，张志，王磊，等. 嫦娥三号巡视器综合电子系统设计与实现. 中国科学：技术科学，2014，3/8.

[4] ESA's first - ever lunar mission satellite orbits moon with automatically generated flight code. The MathWorks 508. 647. 7000. The user story.

[5] Jean - Marie Pasquet SPACEBUS 4000 avionics：Key features and first flight return [C]. The 24th AIAA International Communications Satellite Systems Conference，San DiegO，USA，11 - 14 Tune，2006.

[6] SUBHASH SAINI，STEVE HEISTAND，HAOQIANG JIN，JOHNNY CHANG，ROBERT HOOD，PIYUSH MEHROTRA，RUPAK BISWAS. An Application - Based Performance Evaluation of NASA's Nebula Cloud Computing Platform.

[7] JEREMY STRAUB，ATIF MOHAMMAD，et al. Above the cloud computing：applying cloud computing principles to create an orbital services model [C]. 6th Proc. On Sensors and Systems for Space Applications，Baltimore，USA：SPIE，2013，879 - 879.

[8] KHAWAJA S SHAMS，MARK W. POWELL，JEFFREY S. NORRIS，TOM CROCKETT，TOM SODERSTROM. Cloud Sourcing Cycles：How Cloud Computing is Revolutionizing NASA Mission Operations. SpaceOps 2010 Conference Delivering on the Dream Hosted by NASA Mars 25 - 30 April 2010，Huntsville，Alabama.

[9] SUBHASH S，STEVE H，JIN H Q，et al. An Applica - tion - Based Performance Evaluation of NASA's Nebula Cloud Computing Platform [C]. IEEE 14th InternationalConference on High Performance Computing and Communications，New York：IEEE，2012，336 - 343.

[10] PARKES S，CLEMENTS C，KEMPF G，FISCHER S，LEON A. Spacewire router [C]. International SpaceWire Seminar. Noordwijk，The Netherlands：ISWS，2003，125 - 132.

[11] SERGIO SAPONARA，LUCA FANUCCI. Radiation Tolerant SpaceWire Router for Satillite On - Board Network - ing [J]. IEEE Aerospace and electronics Systems，2007，22（05）：3 - 12.

# The Researchon Smartly Self - organizing Cloud Computing Architecture for Small Satellite

WANG Lei    LIANG Jun    LIU Shufen

Beijing Institute of Control Engineering，Beijing 100190

**Abstract**    A smartly self - organizing architecture for small satellites is proposed to solve the problem that the computing efficiency is insufficient for many redundant computing units. Based on cloud computing and high speed interconnected net，the redundant backup of the single node is cancelled in the proposed architecture. The computing capability of whole system is the staunch supporter for every single node. If one node shuts down or user's requirements change，its program code and data will be transferred to other working nodes dynamically to continue its functions. This self - organizing manner realizes the reconstruction of computing architecture for system.

**Key words**    Small satellite；Cloud - computing；Smartly Self - organization；Architecture

## 作 者 简 介

王磊，男，高工，北京控制工程研究所，研究方向为计算机科学，电子邮箱：wangl01@mails. tsinghua. edu. cn。

# 低成本卫星电源供配电系统

徐伟　贾晓冬　鄢婉娟

中国电子科技集团公司第十八研究所，天津　300381

**摘　要**　低成本电源供、配电系统是为了有效的解决低轨道卫星对电源质量与成本的需求，可以满足卫星大批量、快速发射的需求。低成本卫星不等于产品质量低，而是根据卫星的需求，合理采用成熟技术，以最优的系统配置完成卫星的供配电任务。同时设计上不能以不计成本的简单冗余备份作为设计标准，而是要求分析出电源系统的薄弱环节和失效机理，优化电源系统的可靠性设计达到高效和低成本的目的。

**关键词**　电源供配电系统；低成本；锂电池；太阳电池阵；仿真

## 1　低成本电源系统的拓扑结构和系统配置

对于低成本卫星电源系统应采用不调节母线，采用高比能锂电池组和高效的太阳电池阵，同时电源控制设备应包括火工品和配电单元，母线应分为 28V 平台、42V 平台、100V 平台，卫星负载使用的二次电源应能适应较大的一次电源输入范围。母线的电压对于主要取决负载的功率，根据 $P < U^2/0.5$ 的原则进行。这里拓扑结构可以采用不调节母线（S3R、S4R）外，还可以选择 MPPT 即最大功率跟踪点控制也是可以的，但一般母线电压是宽范围的，不采用统一母线，国外很多标准化的产品上已经采用了 S3R 型或 S4R 型不调节母线（图 1），由于采用地影直接供电和光照期联合供电模式，对负载的响应速度最快，同时由于取消了 BCR 和 BDR 两种较为复杂的功率，模块系统控制系统的重量和体积大幅度减轻，热功耗也最小，但母线电压范围较宽，需要二次电源适应较宽的输入电压范围。目前由于锂离子电池发展较快，同时配合高效太阳电池阵可以合理的配置锂电池的容量，使得其放电电压的范围并不会有较大范围的波动，一般以充电电流不大于 0.35c 和短时放电不超过 50% 为目标，长期放电深度控制在 25% 以内。当然这需要整星工作模式一起考虑解决，电源供、配系统的解决方案必须紧密的结合整星工作模式系统的考虑设计。

低成本卫星电源供配电系统的配置合理性，往往是影响电源系统价格的关键因素，卫星成本中太阳电池阵和电池组是成本的关键因素，而太阳阵面积和电池组容量的配置需要通过精确的仿真计算，来使卫星可以通过联合供电、多圈平衡达到最优设计。通常电池组在重量允许的情况下应尽量选择大容量的锂电池，以便适应多圈平衡和快速充电的要求，AIAA 标准规定多圈能量平衡是指 10 个轨道圈以上的平衡。同时火工品和配电一体化设计，可以有效的减小电源管理模块体积和重量，减少星上的电缆连接。

对于 MPPT，利用最大功率跟踪技术可以提高太阳阵的利用效率，但太阳电池阵经 MPPT 调节后，母线电压是变化的若直接接入电池，母线将被电池组嵌位，所以必须在 MPPT 后跟随 DC/DC，这样会造成电源控制系统复杂，DC/DC 的转换效率也会影响太阳阵的利用率。同时受 DC/DC 的限制，对瞬态大电流的能力不足，但短期大功率是低轨道卫星的特点。目前国际上很多公司均采用了不调节母线设计。

## Conditioning architecture

- **Regulated bus**
  - Voltage variation is limited to about +/- 1 V whatever the satellite modes
  - Need of dedicated electronics to manage the battery discharge
    - Substantial power dissipation inside the PCDU during eclipse phase
- **Unregulated bus**
  - Bus voltage is imposed by the battery voltage
    - Impact on all DC/DC converters efficiency
- **Semi-regulated bus**
  - Regulated bus in sunlight only
- **Choice is based on**
  - User's need (mission)
    - Scientific payloads may require regulated bus to fulfill their precisions
    - Thermal stability of some specific loads may requires regulated bus (thermal management is easier in that architecture)

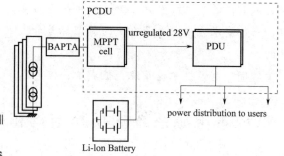

图 1　国内外电源系统产品框图

## 2　电源系统的设计理念

在低成本卫星电源系统中，太阳电池阵、锂离子电池组、电源供、配电单元的配置与传统的电源系统单机不同，低成本电源系统中单机考虑成本与功能的结合，在单机成本中，太阳阵的成本最为昂贵，所以太阳阵的面积和电池的选型直接关系到系统的成本，相反，电池组的容量应稍大一些，这样可以采用多圈能量平衡的方法来达到一个低成本的方案。

太阳电池阵的选型可以选用目前较为通用批产的 28％或 30％的太阳电池单体，同时太阳电池片尽量选用较大的尺寸，这样有利于产品提高效率，同时节约成本。目前十八所 30％的太阳单体电池已经通过定型鉴定，并大规模批量化生产，具体指标见示意图 2。

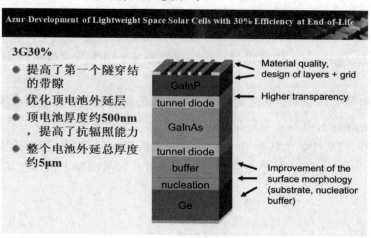

图 2　30％效率砷化镓太阳电池片

太阳电池阵设计上采用统一母线大并联结构有利于太阳能的统一利用，提高使用效率，太阳阵设计上应在确保整星的能量平衡的基础上进行设计，太阳帆板的面积直接决定了卫星能量是否平衡，低轨道情况较为复杂所以采用电源仿真软件可以解决以上问题，并预留一定的安全余量，图4为十八所通过电源仿真模型为特殊轨道卫星做的能量平衡模型。电源系统的仿真可以结合轨道和卫星工作模式得到适合的电源系统的设计参数。30％效率的提高有助于减小太阳翼面积和卫星的体积质量，随着成品率不断提高，单体成本会逐渐降低，所以低成本卫星综合考虑不应该选用效率低的太阳电池片。

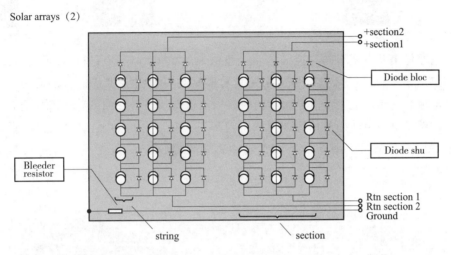

图 3  太阳电池阵示意图

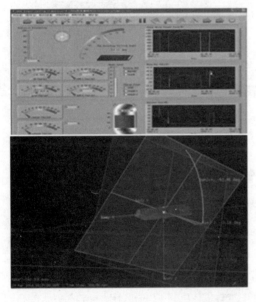
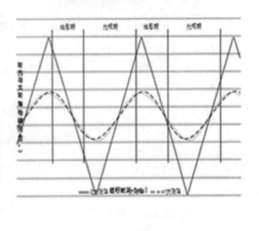

图 4  电源系统不同轨道及工作模式能量仿真图

采用新一代大容量锂电池组可以为低轨道卫星得到工作模式起到能量补充的作用，可以利用低轨道的特点，实现在短期载荷不工作时补充充电的作用，通过国内外的现状分析，可以看出全球均对卫星储能电池提出了能量密度提升、工作寿命延长的技术要求，高比能、长寿命电池的发展已是大势所趋，表1为目前锂的单体指标。

表 1  18 所 NCA 电池系列产品主要技术参数

| 规格 | ICR50/215 | ICR55/215 | ICR55/270 | ICR55/280 |
|---|---|---|---|---|
| 标称容量（Ah） | 20 | 25 | 40 | 45 |
| 质量（kg） | 0.72 | 0.8 | 1.14 | 1.20 |

**续表**

| 比能量（Wh/kg） | ≥125 | ≥130 | ≥140 | ≥145 |
|---|---|---|---|---|
| 电池样品 | | | | |

锂电池组可以通过串并得到不同需求的容量，但电池的单体均需采用通用标准化的产品，因为这些产品经过严格的鉴定和审查，产品无论是成本还是可靠性均可以得到保证。另外适用于微小卫星和皮、纳卫星的 18650 电池和软包电池也可以根据不同的需求进行选用，但它们的筛选和组合需要按标准进行，避免组合时出现问题，电池单体的前期筛选对于电池组至关重要，目前十八所已经建立起了单体电池的评价和筛选标准和组合体标准。图 5 为不同的功率锂电池空间产品包含了大容量长寿命的电池组件、18650 电池组件和软包锂电池组件。

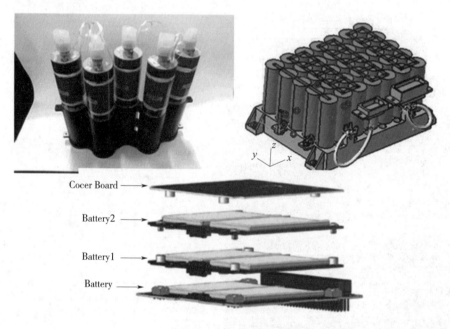

图 5　锂电池的空间组合产品

供配电一体化设计可以减少电源控制器和配电器之间的走线，同时减轻体积和质量，对于低轨道卫星，国外基本上是采用 PCDU 的模式，对于寿命在 1.5 年的卫星可以不采用均衡控制，对于寿命为 5 年的低轨道卫星可以不采用 BYPASS 设计。目前通过对在轨的使用锂电池卫星的数据分析可以看出，目前在轨 3 年左右的卫星均未开启使用均衡功率，电池单体一致性良好，未出现明显的电池电压分化，所以电池组的放电深度控制和温度控制及电池本身的筛选，对电池组的在轨使用起到至关重要的作用，同时若采用了均衡和 BYPASS 措施，则需要对上述电路的可靠性加强分析控制，避免控制电路的失效率大于电池组的失效率。目前商用的一些集成化的控制电路也可以经过力学、热真空后应用于皮、纳的卫星中，对于皮、纳卫星经过筛选的集成化的民用产品是理想的选择。

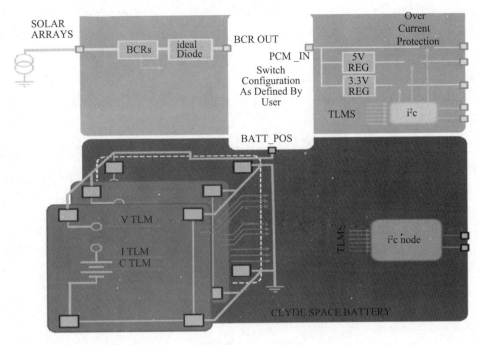

图 6　微小卫星使用的一些控制电路拓扑

# 3　可靠性设计理念

对于低成本卫星电源系统的可靠性设计，要从产品的特性分析触发，通过合理的冗余设计和分析计算进行，找到薄弱环节进行冗余加固，不能一味强调采用双冗余备份和高等级进口器件，这将使电源系统成本昂贵，同时体积、质量很大，不符合低成本的设计理念。目前国外通过仿真计算后，采用辐照剂量只有 20K/rad Si 的器件用于高轨卫星，经过多颗卫星在轨运行证明分析是正确的，而我国要求高轨一律采用 100K/rad Si 的器件，这将导致我国的产品成本会比国外产品贵很多。在 100V 母线上，国外的分流功率管只采用一个，而按照我国的理念会串联使用，表面上看可靠性增加，但通过分析会发现功率管的失效模式主要是热失效，采用两个功率器件串联将导致热功耗增加一倍以上，器件温升很多，同时驱动电路也复杂，可靠性反而大大降低。

低成本卫星设计是我们必须面对的，随着航天的大发展，市场一定会出现竞争的局面，市场化的运作将促进卫星的进步，同时也是整个产业健康发展。

**参 考 文 献**

[1]　小卫星资讯 [M]，航天东方红有限公司，2015，1.

[2]　无人航天器电源系统 [S]，美国航空航天研究院，2007.

# Low Cost Electrical Power Supply and Distribution Subsystem

XU Wei　JIA Xiaodong　YAN Wanjuan

Tianjin Institution of Power Sources，Tianjin 300381

**Abstract**　Low cost electrical power supply and distribution subsystem can be efficiently meet the quality and cost of satellite in low orbits in order to meet the requirements of large batch and fast launch. Low cost satellite is not the low quality，but it adopts the mature technology and the best subsystem configuration to power supply and distribution according to satellite' s requirements. It analysis the weakness and failure mechanism to optimize the subsystem' s reliability design for high efficiency and low cost replace with high cost simple redundancy design as design standard. This paper will present in the following three aspects.

**Key words**  Electrical Power Supply and Distribution Subsystem；Low Cost；Li－ion Battery；Solar Array；Simulation Technology

## 作 者 简 介

徐伟，男，中国电子科技集团公司第十八研究室，研究员，从事空间电源研制，电子邮箱：xuwei18s@sina.com。

# 用于无拖曳飞行航天器的 LIPS－100 离子推力器研制

杨福全 郑茂繁 杨威 王蒙 张天平

兰州空间技术物理研究所，兰州 730000

**摘 要** LIPS-100 推力器为 Kaufman 型离子推力器，束流口径 10 cm，推力能在 0.5～15.8 mN 范围内连续调节。该推力器应用电磁场使得推力器参数在较宽范围内进行有效和精确调节。与 0.5～15.8 mN 推力调节范围内相对应，LIPS-100 离子推力器的比冲范围为 500～3 100 s，功率范围为 50～440 W。该推力器应用于诸如重力梯度测量卫星等无拖曳飞行航天器的阻尼补偿任务。针对无拖曳控制应用的 LIPS-100 原理样机的研制已经完成，性能指标满足设计要求。LIPS-100 离子推力器的研制将进入工程样机（LIPS-100E）研制工作。本文介绍了 LIPS-100 离子推力器的设计、制造、试验等研制状态。

**关键词** 无拖曳飞行；航天器；LIPS-100；离子推力器；研制

## 1 引言

诸如重力梯度卫星等 LEO 轨道卫星的主要阻尼为大气，其他的阻尼还有地磁场引力、太阳光压等[1-2]。为了实现无阻尼飞行，一般都通过星载推进系统对阻尼进行精确补偿[3]。这就要求推进系统具有推力宽范围快速可调、长时间推力矢量稳定、低推力噪声以及高比冲和高效率。离子电推进系统能够提供高精度连续变化的推力以及拥有高比冲、长寿命、低推力噪声的优点[4]，使得其在航天器阻尼补偿应用方面有极具广阔前景。

根据重力梯度卫星应用背景需求，兰州空间技术物理研究所开展了 10 cm 离子推力器（LIPS-100）的研制。LIPS-100 专门针对推力宽范围调节任务设计[5]，它通过控制策略使得在不牺牲较大性能和效率的前提下进行推力的灵活调节[6]。LIPS-100 原理样机的研制已经完成，性能指标满足设计要求。LIPS-100 离子推力器的研制将进入工程样机的设计、制造和试验工作阶段。

## 2 离子电推进系统简介

对规划的重力梯度测量卫星任务分析认为，阻尼主要在航天器的飞行轴方向，这就要求推进系统具有在 1～15 mN 之间进行推力连续精确调节的功能。除了阻尼补偿任务，离子电推进系统还能在最大固定推力下进行卫星的轨道提升。这些要求只有离子电推进系统能够较好地胜任。

### 2.1 系统组成

根据任务要求设计的离子电推进系统组成如图 1 所示。系统由 1 台控制单元、2 台离子推力器、2 台电源处理单元、2 套氙气供给单元和 1 个氙气瓶组成。

系统进行阻尼补偿任务时，根据卫星指令，控制单元控制 PPU 向推力器供电，同时控制氙气供给单元向推力器输送工质。此外，控制单元随时根据上位机推力需求信号通过控制算法调节电参数和流率，从而调节推力器的输出推力大小。

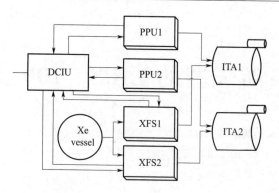

图 1　LIPS-100 离子电推进系统组成示意图

## 2.2　控制算法

高精度和快速响应的推力宽范围连续调节通过流率、励磁电流和阳极电流的调节实现。而输入参数的控制需要一个专门的控制算法实现。控制算法的目的就是基于要求的推力生成三个参数（流率、阳极电流、励磁电流）的调节信号，放电电流和励磁电流控制信号被传递给电源处理单元，从而控制输出给离子推力器的放电电流和励磁电流；主流率控制信号被发送到推进剂供给单元，从而控制输送到离子推力器的推进剂流率。主流率和放电电流用开环控制实现推力的粗调；励磁电流通过反馈的束电流遥测信号进行大闭环控制和电源处理单元内部小闭环控制相结合的方式实现推力的精调。控制算法框图见图 2。

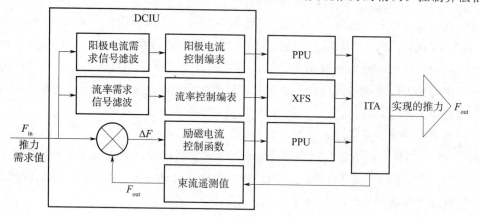

图 2　LIPS-100 离子电推进系统控制算法框图

# 3　研制进展

## 3.1　LIPS-100 离子推力器原理样机设计

LIPS-100 离子推力器是离子电推进系统的核心。它的口径为 10 cm，栅极组件采用凹面双栅结构，优点是工作稳定性好、束流发散角小，发散磁场采用能够调节的电磁场，由六根串联的螺线管电磁铁提供。这个特点大大提高了推力器在宽范围推力调节的灵活性。该推力器的放电阴极和中和器采用 3 mm 直径，发射体为 $LaB_6$。LIPS-100 离子推力器结构见图 3。

在额定推力 15.8 mN 工作点的束电压设计为 1 100 V、束电流为 300 mA，在此工况下的总功耗和比冲的设计期望值分别为 440 W 和 3 100 s，设计的推力调节范围期望值在 0.5～15.8 mN。

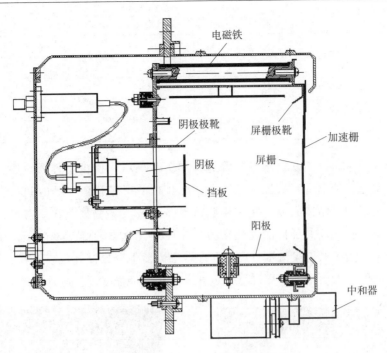

图 3　LIPS－100 离子推力器结构图

## 3.2　LIPS－100P 研制过程

2012 年，兰州空间技术物理研究所启动了 LIPS－100 原理样机研制。开展的主要工作为放电室磁场的设计、仿真与测量，图 4 为磁场仿真结果。空心阴极作为关键部件也开展了设计与测试，试验结果表明它的性能满足 LIPS－100 推力器要求，其性能参数见表 1。

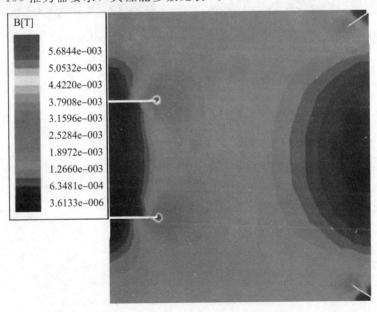

图 4　LIPS－100 额定工作点的磁场仿真结果图

表 1　3 mm 空心阴极性能

| 参数名称 | 结果 |
| --- | --- |
| 放电阴极流率 | 0.082 mg/s |
| 中和器流率 | 0.054 mg/s |
| 发射电流 | 3.0 A |

续表

| 参数名称 | 结果 |
| --- | --- |
| 主阴极触持电压 | 12 V |
| 主阴极触持电流 | 0.6 A |
| 中和器触持电压 | 20 V |
| 中和器触持电流 | 1.0 A |

　　2013 年，LIPS－100 原理样机所有部组件都进行加工和测试。栅极组件通过腐蚀成孔，并经过专用模具成型，最后在真空退火炉里进行高温定型。在装配过程中屏栅和加速栅的间距为 0.65 mm。气路电绝缘器设计成多层分网结构，制造完成后在专用测试设备上开展了测试。在所有部组件测试完成后，推力器的装配工作被实施，随后开展了性能优化试验。在性能优化试验结果基础上，研制了第二台推力器原理样机，如图 5 所示。为了改善束流平直度，在这台推力器上屏栅设计成变孔径，见图 6。阴极也进行了孔径的优化。优化后的第二台推力器原理样机也开展了相关性能试验。

图 5　LIPS－100 离子推力器照片

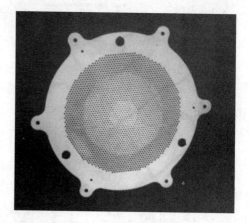

图 6　变孔径栅极照片

## 3.3　LIPS－100 原理样机性能

　　在第一台原理样机上开展了一系列性能试验，通过试验发现设计不足，从而进行了改进设计。试验获得的成果应用到了第二台离子推力器设计中。第二台推力器上开展的性能试验获得了一系列十分满意的结果，其中放电损耗与磁场的关系和放电损耗与推进剂利用率的关系见图 7 和图 8。

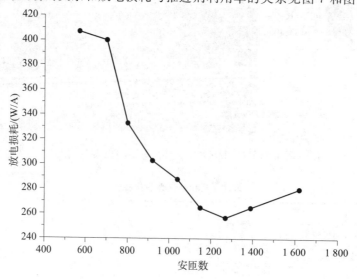

图 7　放电损耗与安匝数关系曲线

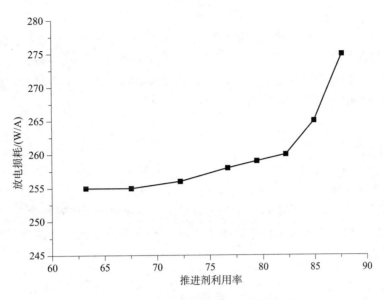

图 8　放电损耗与推进剂利用率关系曲线

LIPS-100 原理样机在 15.8 mN 额定工作点实现了设计性能指标，性能参数见表 2。随后，又开展了初步的推力宽范围调节试验，实现了推力在 2～15.8 mN 范围内的调节，获得的流率、阳极电流和励磁电流与束流的变化关系，部分结果见图 9。

表 2　LIPS-100 离子推力器性能指标

| 参数名称 | 设计值 | 试验结果 |
| --- | --- | --- |
| 推力/mN | 1～15 | 2～15.8 |
| 比冲/s | ～3 000 | ～3 204 |
| 总功率/W | ≤450 | ～435 |
| 放电损耗/（W/A） | ≤280 | ～260 |
| 推进剂利用率 $\eta_m$ | 5%～85% | ～81.5% |
| 电效率 $\eta_e$ | 75% | ～76% |
| 总效率 $\eta_T$ | 55% | ～57% |

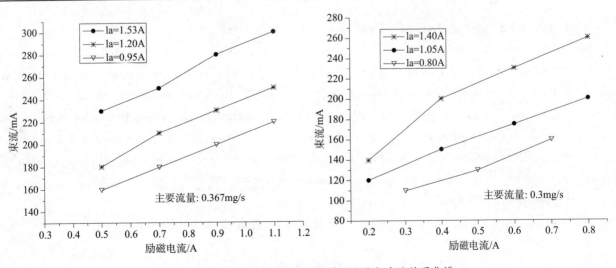

图 9　不同流率和阳极电流下的励磁电流与束流关系曲线

## 3.4 下一步工作

接下来将开展 LIPS－100 工程样机的研制。为了满足 20 000 小时寿命的要求，将开展Ｃ-Ｃ材料加速栅研究和挡板研究。控制算法是推力调节策略的核心，首先将建立基于试验数据的传递函数，然后根据传递函数建立控制算法。因此在工程样机研制阶段，将开展详细的推力调节试验，并获得推力与调节参数的变化规律，然后根据试验结果开展算法研究。

# 4 结束语

LIPS－100 原理样机在额定推力 15.8 mN 工作点的性能已经实现。关于设计、制造和试验的情况被介绍。试验结果证明了 LIPS－100 性能指标达到设计要求。在原理样机研制基础上，LIPS－100 研制计划将继续延续到工程样机阶段。将来的工作包括推力连续精确调节技术研究、推力器环境试验的开展以及电源和供气系统的研制等。

### 参 考 文 献

[1] 都亨，叶宗海．低轨道航天器空间环境手册［M］，北京：国防工业出版社，1996．

[2] 杨嘉墀．航天器轨道动力学与控制（上）［M］．北京：中国宇航出版社，1995．

[3] E. CANUTOP, MARTELLA, and G. SECHI, Attitude and drag control：An application to GOCE satellite, Space Science Reviews 00：1 - 11 2002.

[4] Dr C H Edwards and Mr N C Wallace., The T5 Ion Propulsion Assembly for Drag Compensation on GOCE，ESA SP－569，June 2004.

[5] D. H Mundy and D. G Fearn，Throttling the T5 ion engine over a wide thrust range，A9736381.

[6] M. H. Corbett and C. H. Edwards, Thrust Control Algorithms for the GOCE Ion Propulsion Assembly, IEPC－2007－210.

# Development of LIPS－100 Ion thruster for Drag－Free Flying Spacecraft

YANG Fuquan　ZHANG Maofang　YANG Wei　WANG Meng　ZHANG Tianping

Lanzhou Institute of Physics，Lanzhou　730000

**Abstract**　LIPS－100 thruster is a Kaufman－type ion thruster of 10 cm beam diameter，which can provide continuous variable thrust over a large range（0.5～15.8 mN），employing solenoid magnets which allow the operating parameters to be efficiently and accurately controlled over the required thrust range. Its specific impulse varies from 500s to 3100s，and power is from 50W to 440 W corresponding to the thrust of 0.5～15.8 mN. This Ion thruster is ideally suited for a drag free flying spacecraft which can be used in such as gravity field measurement mission. The design and test program of the prototype model LIPS－100P was completed successfully with all design goals been met. The program has been continuing with the design，manufacture，and test of the engineering model LIPS－100E. This paper describes the status of the developments of LIPS－100 Ion thruster.

**Key words**　Drag－free flying；Spacecraft；LIPS－100；Ion thruster；Development

### 作 者 简 介

杨福全，男，高级工程师，兰州空间技术物理研究所，研究方向为空间电推进技术，电子邮箱：yfq51007@sina. com。

# ZigBee 无线网络星载应用可行性研究

袁春柱　　刘思远

航天东方红卫星有限公司，北京　　100094

**摘　要**　针对当前卫星上存在电缆多、电气连接复杂等问题，文章提出用 ZigBee 无线网络代替传统星载总线的设计构想。结合空间应用的特点，本文对 ZigBee 星载应用的优势进行了分析，并提出了相应的可行性设计建议，包括 ZigBee 星载应用的系统组成、网络拓扑、帧结构以及网络节点的实现方案，研究结果可以为未来卫星和空间站电子系统的设计提供参考。

**关键词**　星载总线；无线网络；ZigBee

## 1　引言

针对当前卫星上存在电缆多、电气系统连接关系复杂、卫星总装繁琐等问题，现在各国航天界都在关注采用无线网络技术取代传统总线进行卫星电气系统互连的星上无线网络技术[1]。采用无线网络技术，不但使星上设备或部组件的通信不需要电缆，减轻了卫星质量，而且使星上各个设备可以实现灵活组网和信息的多路径传输，提高信息传输的可靠性。

目前，常用的无线网络有蓝牙（Blue Tooth）、红外线数据协会（Infrared Data Association，IrDA）、无线保真（Wireless Fidelity，Wi-Fi）以及 ZigBee 等。蓝牙技术仅支持 8 个网络节点通信，而在卫星系统中，网络节点有十几个甚至几十个，蓝牙在网络容量方面的局限性，限制了其在星载网络中的应用；IrDA 是一种利用红外进行点对点的通信技术，只能在 2 台设备之间连接，并且存在视距角度等问题，不适合多点组网；Wi-Fi 虽然可以支持 30 个网络节点，但是其功耗较大，协议复杂[2]，软硬件的开销较大，国内外航天工作者也在关注，但主要考虑将其应用到星间网络通信中。

ZigBee 是一种短距离无线通信技术，具有组网灵活、数据传输可靠、网络容量大（可以容纳 65535 个节点）、功耗低、应用方便等特点，可实现星上设备间灵活可靠的无线信息交互等特点[3-4]，该技术已经在物联网领域中广泛应用。本文首先介绍了 ZigBee 网络灵活性对星载应用的优势；其次，对将它引进星载应用的可行性进行了研究，提出了 ZigBee 星载应用的系统组成、网络拓扑等方面的可行性建议。

## 2　ZigBee 网络灵活性对星载应用的优势

ZigBee 网络传输速率为 250 kbit/s，传输距离通常为 $10 \sim 100$ m，另外，具有低延时、低功耗的特点，尤其是其协议完善、具有良好的组网能力，可以实现通信节点的灵活加入和退出，同时支持单播、多播、组播等通信形式，特别适合小卫星星上信息流广播轮询的通信模式。ZigBee 也支持路由自修复，可以实现信息的多路径传输，有利于提高航天器信息传输的可靠性。

ZigBee 网络有 3 种类型的设备：ZigBee 协调器、ZigBee 路由器和 ZigBee 终端设备[5-6]。其中除了协调器需要负责网络的初始化外，其他网络节点可以随时关机退出网络，也可以随时开机加入网络，相比传统的网络具有较强的灵活性[7]。

网络节点的加入、退出过程如图 1 所示。新节点加入网络首先进行网路发现，调用媒介访问控制层（Media Access Control，MAC）的主动扫描，发送 MAC 层信标请求命令，然后监听一段时间进行信标的收集，如果收到信标，新加入节点对信标进行解析。当确定加入网络时，则确定以路由器或终端设备的身份加入，以及确定通过哪个节点加入网络。选择好后，新节点向选择的父节点发送加入网络请求，父节点同意新节点加入并分配网络地址给新加入节点，完成网络新节点的加入。如果网络中的节点退出网络，同样需要向其父节点发送退出网络请求，当收到父节点退出网络应答后，便可以成功离开网络。但如果此节点有一个或多个子节点，在其离开网络之前，首先要解除所有子节点与本节点的关联。

依靠该协议支持，在卫星应用中，星上设备开机以后可以自主完成组网，实现与星上其他设备的互联。

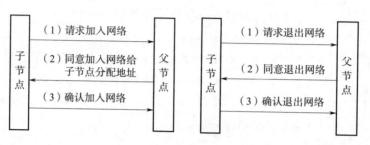

图 1　节点加入与退出网络

ZigBee 网络支持按需路由协议（Ah hoc on Demand Vector，AODV），即只有当源节点需要到目的节点的路由或者当某个节点希望加入一个多播组时才寻找路径，AODV 多跳和中间节点的转发特性可以在不降低网络覆盖范围的条件下减少每个终端的发射范围，降低了设备的功耗。

根据按需路由协议，在卫星应用中可以根据信息传递需要进行路径寻找，降低设备的发射功耗，并可以实现信息的多播传输，同时可以实现信息的多路径传输，提高星载网络的抗毁性能力。

通过以上分析，可以更清楚看出 ZigBee 网络由于它的灵活性在星载应用中具有突出的优势。

# 3　ZigBee 星载应用可行性设计

## 3.1　ZigBee 星载应用的配置方案

ZigBee 协调器在网络中作为整个网络的管理中心，它负责发起建立新的网络、设定网络参数、管理网络中的节点以及收集网络信息等。在卫星应用中，星务系统是星上信息资源的汇集中心，负责管理星上资源，和协调器的作用一致，所以在网络设计中，选择将星务系统作为网络协调器。

ZigBee 路由节点参与路由发现、消息转发、通过连接别的节点来扩展网络的覆盖范围等。在卫星应用中，考虑到舱段的物理屏蔽、信息的多路径传输等因素，网络节点均设计具有路由的功能，实现信息的转发。

ZigBee 终端节点作为信息终端，负责节点自身配置、加入或退出网络、设备信息的采集、设备信息的发送以及命令的接收和执行。在卫星应用中，除了星务系统之外的其他分系统下位机、科学任务载荷以及姿控敏感器和执行部件等都可以作为终端设备节点。

根据设备功能不同，ZigBee 网络中的设备分为全功能设备（Full Function Device，FFD）和简化功能设备（Reduced Function Device，RFD）[8]。在卫星应用中建议采用全功能设备，因为全功能设备可以工作在所有类型的网络拓扑中，可以实现与网络任何节点的通信，并可以作为网络协调器和路由器实现网络管理和信息传输，而简化功能设备只能与全功能设备通信，无法作为网络的协调器和路由器，只能作为网络的终端节点。

## 3.2　ZigBee 星载应用的拓扑选择

如图 2 所示，ZigBee 网络中定义了 3 种拓扑结构：星型结构（star structure）、树结构（cluster tree）和网状结构（mesh）。

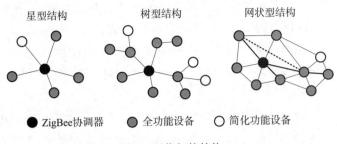

图 2　网络拓扑结构

考虑到航天器内部设备间信息的灵活交互、网络冗余、信息多路径传输、通信的高可靠等需求，采用网状型网络拓扑结构设计较适合。在网状型网络拓扑中，一个节点失效，网络会重新寻找并建立路由，被传送信息会自动绕过该故障节点，通过其他路径到达目的节点，可以有效提高信息传输的可靠性，保证网络的稳定性。

在卫星设计中，没有物理屏蔽的整星或舱段均可以看成一个理想的通信空间，在这种理想的通信空间中采用平面式网络拓扑，如图 3 所示。网络中所有节点可以相互通信，原则上不存在瓶颈，网络稳健性较好。

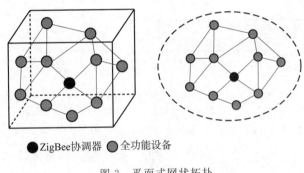

图 3　平面式网状拓扑

如果卫星设计采用有屏蔽的分舱式设计，存在阻碍信息通信的问题，可以采用多级网络拓扑结构。如图 4 所示，每个舱段可以看成一个簇，网关看成簇头，舱段内的其他节点为簇的成员，各个舱段中的簇头又形成了高一级的网络，实现舱段间数据转发。

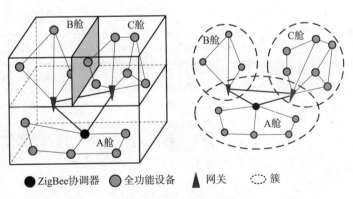

图 4　分级网络拓扑结构

## 3.3　ZigBee 星载应用的帧结构

在星上 ZigBee 网络中，物理层、链路层和网络层可以直接采用 ZigBee 的协议，应用层针对轮询、广播、校验等星上设备信息交互特点需要做适应性修改。应用层的帧结构如图 5 所示，其中帧控制域为 1 个字节（byte），其中比特位（bit）0 - 1 表示帧类型，0b00 表示数据帧，0b01 表示命令帧，0b10 表示应答帧，0b11 为预留；比特位 2－3 位表示数据发送方式，0b00 表示单播，0b01 表示间接寻址，0b10 表示广播，0b11 为组播；比特位 4 表示应答帧格式，置 1 表示目的端点号、簇标识、子集标识、源端点号等都不需要携带，是针对命令帧的应答，置 0 表示这些域都要携带，是针对数据帧的应答。比特位 5 表示是否使用安全机制。比特位 6 表示是否需要应答，置 1 表示需要，置 0 表示不需要。比特位 7 表示是否携带扩展帧头，用于分片机制[9]。

　　帧控制域后面依次是 1 字节的目的端点号、2 字节的组地址、2 字节的簇标识、2 字节的子集标识、1 字节的源端点，这些都是可选的。目的端点只在发送模式为单播或广播的时候携带，组地址只在组播的情况下携带，簇标识和子集标识只在数据帧或应答帧当中携带。另外在应答帧当中是否携带目的端点号和源端点号也依赖于帧控制域的应答帧格式位。序号计数是为了防止重复接收，每发送一帧这个域就会增加 1，载荷段字节数是可变的。

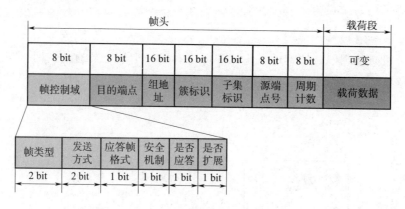

图 5　ZigBee 应用层帧结构

　　ZigBee 网络物理层最大净荷为 127 字节，MAC 层的开销为 11 字节，网络层最小开销为 8 字节，应用层开销为 10 字节。由于 ZigBee 载荷段长度是可变的，根据星上信息流特点可以将星上 ZigBee 载荷数据长度选择为 32 字节。

　　建议星载 ZigBee 应用层帧格式如图 6 所示，星上通信系统采用广播、组播和单播的形式，帧类型、发送方式、应答帧格式、安全机制都可以在帧控制域设置。在有效载荷域中，设置前 2 个字节为数据包类型，最后 1 字节为累加和，中间为要传输的有用数据信息。

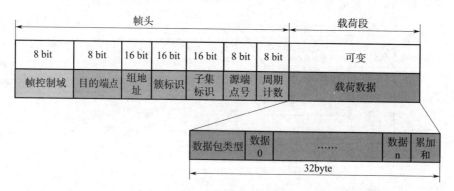

图 6　星载 ZigBee 帧格式

　　ZigBee 帧格式在通信应用上比现在用的控制局域网（Control Area Network，CAN）总线和 1553B 总线更加方便。ZigBee 不但定义了常用目的端点地址、源端点地址、周期计数等，还定义了帧类型、发送方式、是否需要应答、安全机制等参数，用户不需要定义应答命令、发送方式等。同时 ZigBee 可以传递更长的有效载荷数据，一方面可以大幅提高总线数据传输的利用率，另一方面也减少了传递数据的分帧/组帧过程。

## 3.4 ZigBee 星载节点的实现方案

ZigBee 网络节点的实现方案主要有两种形式，一种是采用集成微处理器和 ZigBee 协议处理通信控制器的系统芯片（System – on – a – Chip，SoC）或系统集成（System in Package，SiP）电路实现，另一种是采用微处理器和独立的 ZigBee 协议处理通信控制器实现[10-11]。目前常用的集成 ZigBee 协议处理模块的微处理器有 Freescale 公司的 MC13211、MC13212 及 MCl3213，TI 公司的 CC2430、CC2530、CC2531 等；独立的 ZigBee 协议处理通信控制器有 CC2420、CC2520 等；CC2420 通信控制器是一款技术成熟的产品，工作于 2.4 GHz 频段，可实现可靠有效的信息传输。为了适用于星上多种类型处理器的通信需求，设计中建议采用 CC2420 通信控制器来实现星上网络节点。

# 4 结束语

本文提出了采用 ZigBee 无线网络实现星上设备间信息交互，并在成熟物联网无线通信技术基础上，结合星上应用特点，对 ZigBee 网络进行了可行性设计和分析。研究结果表明，针对星载应用，ZigBee 不但网络拓扑灵活，而且网络自适应性好，在省去通信电缆的同时实现设备间信息的多路径冗余传输，提升了通信可靠性和灵活性，适合作为星载网络，实现信息的无线传输。根据空间环境的要求，后续还需要进一步开展针对该协议芯片的空间环境适应性研究。

**参 考 文 献**

[1] V. LAPPAS, G. PRASSINOS, A. BAKER, R. MAGNUSS. Wireless sensor motes for small satellite applications [J]. IEEE Antennas and Propagation Magazine, 2006, 48 (5).

[2] R. CHALLOO, A. OLADEINDE, N. YILMAZER, et al. An overview and assessment of wireless technologies and co – existence of zigbee, bluetooth and Wi – Fi devices [J]. Procedia Computer Science, 2012, 12：386 – 391.

[3] ZigBee Alliance. ZigBee Alliance [EB/OL]. [2013 – 5 – 10], ZigBee specification sheet, www. zigbee. org, 2013.

[4] LIU YANHUA, ZHANG JIXIANG. Smart home based on the ZigBee wireless [C] //Intelligent Networks and Intelligent Systems (ICINIS), 2012 Fifth International Conference. Tianjin, 2012：122 – 125.

[5] LIGUO QU, YOURUI HUANG, CHAOLI TANG, et al. Node design of Internet of things based on ZigBee multichannel [J]. Procedia Engineering, 2012, 29：1516 – 1520.

[6] KUANG – YOW LIAN, SUNG – JUNG HSIAO, WEN – TSAI SUNG. Intelligent multi – sensor control system based on innovative technology integration via ZigBee and Wi – Fi networks [J]. Journal of Network and Computer Applications, 2013, 36 (2)：756 – 767.

[7] FRANCESCA CUOMO, ANNA ABBAGNALE, EMANUELE CIPOLLONE. Cross – layer network formation for energy – efficient IEEE 802. 15. 4/ZigBee Wireless Sensor Networks [J], Ad Hoc Networks, 2013, 11 (2)：672 – 686.

[8] KUN – YUNG LU. A plug – and – play data gathering system using ZigBee – based sensor network sensor network [J]. Computers in Industry, 2011, 62 (7)：719 – 728.

[9] 钟永锋，刘永俊 . Zigbee 无线传感器网络 [M]. 北京：北京邮电大学出版社，2011.

[10] ZHONG YONGFENG, LIU YONGJUN. Zigbee wireless sensor networks [M]. Beijing：Publishing Company of Beijing University of Posts and Telecommunications，2011.

[11] DONG – HOON KIM , JUN – YEOB SONG , SEUNG – HO LEE, et al . Development and evaluation of Zigbee node module for USN [J]. International Journal of Precision Engineering and Manufacturing, 2009, 10 (5)：53 – 57.

# Feasibility Study of ZigBee Wireless Network for Satellite Application

YUAN Chunzhu    LIU Siyuan

DFH Satellite Co. Ltd. ，Beijing 100094

**Abstract**    Considering the current satellite cable and more complex issues such as electrical connections，this paper put forward the ideas of the design of ZigBee wireless network instead of the traditional satellite bus. In combination with the characteristics of satellite applications，this paper analyses advantage of ZigBee wireless network for Satellite Application，introduces some feasible suggestions of ZigBee system components，network topology，frame structure and implementation schemes for satellite applications of wireless networks，those can be the reference for future application of satellite and space station avionics.

**Key words**    on－board bus；Wireless network；ZigBee

## 作 者 简 介

袁春柱，男，硕士，工程师，从事航天器总体技术与综合电子技术研究工作，电子邮箱：dadezhizheng@163. com。

# 一种刚架和箱板组合式小卫星主结构设计

曾惠忠　王菡　杨强　陈丽娜　张玲

中国空间技术研究院总体部，北京　100094

**摘　要**　介绍了一种刚架和箱板组合式小卫星主结构，该卫星主结构能满足特殊设备的安装空间要求、减重要求以及结构稳定性和刚度要求，并通过某项新技术在卫星飞行过程中进行了验证。在此基础上，总结了该卫星主结构研制的经验和亮点，同时指出了不足之处和改进措施。

**关键词**　刚架；箱板；小卫星主结构

## 1　引言

随着技术的发展，越来越多的小卫星被用于新技术验证以及遥感、通信等领域。小卫星通常具有的低成本的特点，决定了小卫星大多数时候是作为搭载星发射。这就要求小卫星的构型布局满足特定的整流罩空间要求，并且具有足够刚度，保证不会和主星发生动力学耦合。

针对搭载小卫星的需求，本文设计了一种刚架和箱板组合式小卫星主结构，并成功应用于某新技术验证卫星。

## 2　背景介绍

常见的卫星主结构类型有：中心承力筒结构、杆系结构、箱板结构、壳体结构。中心承力筒结构和壳体结构有利于保证结构强度和刚度，但对设备安装适应性较差；杆系结构和箱板式结构对设备安装适应性较好，但杆系结构的开敞性和承受集中载荷的能力比箱板式结构好，箱板式结构的整体刚度和稳定性比杆系结构好。

将不同类型的主结构进行结合，能最大限度地发挥各类结构的优点。例如我国的风云3号卫星、法国的SPOT卫星等就是典型的杆系结构、中心承力筒结构和箱板结构的混合结构。目前国内小卫星主结构以箱板式为主，部分采用箱板式主结构的小卫星上也有杆系结构，但大多都属于天线等设备自身的结构或者附属支架，对应的杆系结构的主要功能是保持设备外形而不属于整星主结构。

本文介绍的小卫星属于搭载卫星，结合整星特点，梳理出卫星主结构的设计特点如下：

1）卫星属于搭载星，导致整星包络空间和质量约束限制较为苛刻，进而要求卫星主结构能适应搭载星的特殊构型、刚度和质量分配要求。

2）为了满足搭载星的特殊设备分布和视场需求，要求卫星主结构在有限的重量资源约束下提供足够的设备安装界面，例如对地面、背地面的天线安装要求，固定式太阳翼在星体$+Z$侧和$-Z$侧的安装需求等。

3）为满足主星研制进度，要求主结构按照一步正样状态设计，因此需要适当提高设计裕度，并需要考虑对质量、强度、刚度、结构验证的充分性、对总装接口更改的适应性等方面的技术风险进行控制。

由此看来，目前国内小卫星主结构的设计无法满足本文所述小卫星的需求，因此需要结合整星构型，对该卫星主结构方案进行选择。

# 3 整星主结构方案选择

## 3.1 整星构型选择

整星构型有两种设计方案：

1）卫星为近似长方体的多面体结构，根据适配器和运载包络作折角处理，－Y面采用体装式太阳电池阵，称为箱板式构型；箱板内部通过2块竖隔板将舱体在横向分为三个舱段。

2）卫星采用中心舱加两侧小舱的组合式构型，相当于保留箱板式构型的2块竖隔板之间的中心小舱，其余两个小舱采用刚架实现，设备主要集中在中心小舱，整星包络尺寸与第一种构型基本相同。

## 3.2 主结构方案选择

基于上述两种整星构型，卫星主结构相应地设计为箱板式主结构与刚架和箱板组合式主结构（简称组合式主结构），并建立有限元模型，进行模态分析和静力分析。结果表明两种方案得到的整星频率和结构强度都能满足要求。但箱板式主结构质量较组合式主结构重。

组合式主结构能将设备集中安装的中心舱进行加强、对两侧小舱进行弱化以减轻结构质量。两侧小舱由箱板结构弱化为刚架，能更好地满足布置在整星两侧设备的特殊视场要求以及太阳电池阵的散热性要求。

中心舱结构设计有两种方案，第一种是采用铝合金整体成形结构（机加或铸造成形），第二种是铝蜂窝夹层箱板结构。对比两种结构方案，铝蜂窝夹层板箱体结构在刚度、总装操作开敞性以及后续总装设备调整适应性方面都优于铝合金整体成形结构。

对于有特殊设备安装空间要求的小卫星，杆系结构是首选；作为主结构，将杆系结构设计为接头刚化的刚架有利于提高结构的刚度。结合中心舱箱板式结构，能进一步保证主结构整体稳定性和刚度。

综上所述，卫星主结构设计为两侧刚架和中心舱为蜂窝夹层结构箱板的组合式结构，以满足特殊设备安装空间要求、减重要求以及对整星结构稳定性、刚度要求较高的使用需求。

# 4 整星主结构设计

## 4.1 主结构组成以及传力路径分析

主结构包括中心舱、＋Z舱和－Z舱，如图1所示。中心舱为箱板式结构，包括－X底板、竖隔板、－Z侧板、＋Z侧板、－Y侧板、横隔板、＋Y侧板、＋X顶板、中心舱框架；－X底板四角提供星箭对接接头，＋X顶板提供展开式太阳电池阵接口。－Z舱为刚架结构，包括－Z舱刚架、－Z背地板、－Z热控板；固定式太阳电池阵和－Z热控板安装接口位于－Z舱刚架－Y面。＋Z舱为刚架结构，包括＋Z舱刚架、＋Z对地板、＋Z热控板；固定式太阳电池阵和＋Z热控板安装接口位于＋Z舱刚架－Y面。

发射过程中，＋Z舱和－Z舱载荷通过刚架传到中心舱的＋Z侧板和－Z侧板，然后传递到中心舱－X底板四角星箭对接接头；中心舱设备载荷通过四块外侧板传递到－X底板四角星箭对接接头；最终整星载荷都通过星箭对接接头传递到运载火箭。主结构传力路径如图2所示。

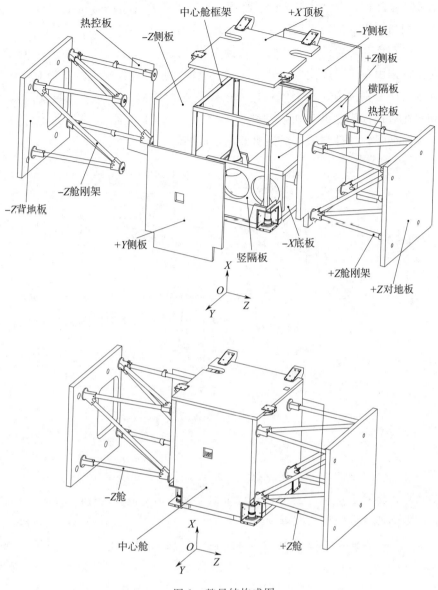

图 1　整星结构成图

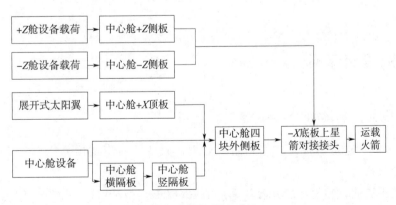

图 2　主结构传力路径

## 4.2　主结构详细设计

### 4.2.1　中心舱设计

　　中心舱蜂窝结构板包括—X 底板、竖隔板、—Z 侧板、+Z 侧板、—Y 侧板、横隔板、+Y 侧板和

＋X顶板，都设计为铝合金面板铝蜂窝芯子夹层结构。对应的蜂窝夹层结构板依据承载不同，选取不同的面板厚度和蜂窝芯子规格，以保证用尽可能小的重量代价满足结构设计任务。

中心舱结构设计有预埋和外置组合式主传力连接结构，组合式主传力结构位于星体底部四个角点处。如图 3 所示，主传力结构由星箭对接接头、外部角盒、纵向加强预埋件组成；星箭对接接头预埋在底板内部，两个纵向加强预埋件分别预埋在两个侧板内部，爆炸螺栓的捕获器安装在星箭对接接头上之后，用螺钉将外部角盒和星箭对接接头、纵向加强预埋件连接为一个整体，形成封闭的主传力结构。星箭对接接头、外部角盒、纵向加强预埋件都采用锻铝机械加工成型。

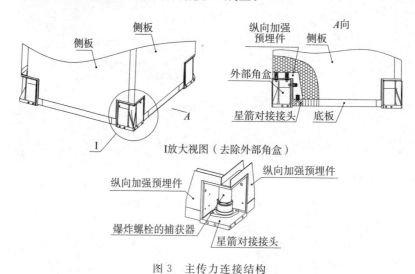

图 3　主传力连接结构

### 4.2.2　－Z 舱和＋Z 舱刚架设计

依据总体构型需求，将＋Z 舱和－Z 舱设计成近似立方体刚架形式（如图 1 所示），由于刚架内部空间基本布满设备，需要刚架具有较好的刚度，以保证发射状态下刚架动态包络不与设备干涉。为减轻质量，刚架杆件材料选用碳纤维增强环氧复合材料，由 24 层每层 0.1 mm 厚的无纬布铺成，外径为 Φ20 mm。刚架通过 4 个接头与＋Z 对地板／－Z 背地板连为一体，杆件与接头采用胶接连接。刚架的－Y 面通过连接卡子上的螺纹孔安装固定式太阳翼和热控板，连接卡子和刚架杆件采用胶接连接。接头和卡子都采用铝合金机加成形。为提高比刚度，将＋Z 对地板／－Z 背地板、热控板设计为铝蒙皮铝蜂窝芯子蜂窝夹层板。

## 5　整星主结构设计验证

### 5.1　结构力学有限元分析验证

采用 Msc/Patran 软件进行有限元建模和结果处理，并使用通用结构分析软件 Msc/Nastran 进行模态、静力和频率响应分析。

整星模态分析结果表明，整星横向一阶频率约为 72.6 Hz，整星扭转一阶频率约为 112.6 Hz，整星纵向一阶频率约为 174.8 Hz，满足刚度要求。

整星静力分析结果表明，结构最小安全裕度为 0.9＞0，满足强度要求。

正弦响应分析结果表明，结构最小安全裕度为 0.5，结构动强度满足要求。

### 5.2　试验验证

整星结构投产结构星，通过整星鉴定级振动力学试验和冲击试验，证明结构能够承受发射阶段的力学环境。针对搭载星星箭接口特点，进行了星箭机械接口对接试验，验证了底板上星箭机械接口尺寸精度满足使用要求。

# 6 研制经验与亮点

回顾该卫星主结构研制过程，总结出以下经验与亮点：

（1）整星主结构采取刚架和箱板组合式结构

1）箱板结构作为主要承载结构并作为大部分设备安装界面，同时提供与运载火箭机械连接接口，可提高结构整体）刚度和稳定性；

2）刚架可在有限的重量代价下提供较大的设备安装接口，并可满足有特殊空间视场要求的特殊设备安装需求，还能进一步加强箱板式结构整体刚度；

3）刚架和箱板组合式小卫星结构能满足运载对卫星的特殊空间包络限制，有利于整星构型的灵活设计，因此适用于搭载小卫星。

（2）中心舱为主承力和设备安装一体化结构

为满足有限的星体轮廓和内部设备安装空间需求，中心舱的星体内部无法设计主承力隔板，星箭对接结构无法设计对接环，将中心舱设计为由 6 块蜂窝夹层结构板搭接而成的立方体结构，立方体的外侧板直接作为主承力结构，设备直接安装在外侧板的两面，形成了主承力和设备安装一体化结构；同时在舱内设计两块蜂窝夹层板，提供设备安装界面。这种设计方案能减轻结构质量，减小星体轮廓，节约星体内部空间。

（3）中心舱设计有预埋和外置组合式主传力连接结构

1）主传力结构的长度较对接环长，因此载荷扩散的路径也更长，能降低结构板内的载荷集中，从而提高承载效率；

2）横截面为封闭的主传力连接结构，能有效提高星箭机械连接刚度，隔离爆炸栓工作时的冲击以及燃气污染，对星体及星上设备起保护作用；

3）通过预埋方式与蜂窝夹层结构板固化为一体，能充分利用蜂窝夹层结构阻尼特性，降低整星主频处响应。

# 7 不足与改进措施

按照 1.5 年完成方案到发射所有研制工作的进度要求，全新的结构按照一步正样进行设计，为了规避技术风险，结构采取了较大的设计裕度来提高可靠性进而保证任务的成功，导致结构质量占用整星质量比例达到 22%，这个比例偏高。如果研制进度适当减缓，则可以降低设计裕度，减轻结构质量。

# 8 结束语

综上所述，本文介绍了一种刚架和箱板组合式小卫星主结构的研制情况，总结了经验和不足。该主结构经过适应性修改，能应用于以下几种小卫星：有特殊设备空间视场要求的小卫星；运载对卫星空间包络限制严格的小卫星；构型布局设计多变的小卫星。

**参 考 文 献**

[1] 陈烈民. 航天器结构与机构 [M]. 中国科学技术出版社，2005.

[2] 袁家军. 卫星结构设计与分析 [M]. 中国宇航出版社，2004.

# The Design of a Small Satellite Primary Structure that is Composed of Rigid Frames and Panels

ZENG Huizhong   WANG Han   YANG qiang   CHEN Lina   ZHANG Ling

Institute of Spacecraft System Engineering，Beijing   100094

**Abstract**   This paper introduces the design of a small satellite primary structure which is composed of rigid frames and panels. The primary structure is satisfied with the requirements of installation space for some special equipments，weight reduction and stability and stiffness of the structure. It is successfully used in a new technology proving satellite. Then the experiences and advantage of the primary structure design as well as the disadvantage and improving suggestion were summarized.

**Key words**   Rigid frame；Panel；A small satellite primary structure

## 作 者 简 介

曾惠忠，男，工程师，中国空间技术研究院总体部，研究方向为航天器结构设计与分析，电子邮箱：zhz31151312@163.com。

# 微型 CPT 原子钟的设计与发展

翟浩　廉吉庆　陈大勇

兰州空间技术物理研究所，兰州　730000

**摘　要**　被动型 CPT 原子钟是目前主要的几种微型原子钟之一，同时也是一种可以芯片化设计的原子钟。文章简要介绍了被动型 CPT 原子钟的原理与国内外技术进展，从物理部分和电路部分设计出发，介绍了一种微型 CPT 铯原子钟的设计，对其芯片化设计进行了分析，并展望了该原子钟在空间技术上的应用。

**关键词**　CPT；微型原子钟；设计；空间应用

## 1　引言

原子钟是时间频率系统的核心部件，随着数字通信技术的发展，其工程化应用越来越广。在空间应用方面，高性能的星载原子钟是导航等卫星系统的重要部件，在卫星导航、通信、时间同步等方面起重要作用。随着空间电子技术的发展，小型化、低功耗、高精度等成为星载原子钟发展的必然趋势。基于相干布居囚禁（Coherent Population Trapping，CPT）现象的被动型原子钟由于物理部分没有微波腔的限制，可以进行微型化甚至芯片化设计，非常符合空间电子系统的发展需求，如以 CPT 原子钟为核心可以构成小卫星/微小卫星平台的时钟单元和有效载荷的时间频率源，提高小卫星/微小卫星的时间同步、时差/频差测量、测距、测速和通信等能力 。

## 2　被动型 CPT 原子钟的原理与发展

### 2.1　CPT 现象

相干布居囚禁现象是由原子态的相干叠加产生的效应，其原理可以用图 1 所示的原子 Λ 型三能级模型解释。当两种不同频率（$\omega_1$，$\omega_2$）的激光场与图示三能级原子体系作用时，如果这两束激光的频率差（$\omega_1$，$\omega_2$）严格等于原子两基态超精细能级裂距对应的频率，且满足双光子共振条件，则基态的两个子能级会被耦合到一个相干叠加态。此时，原子不再从激光场中吸收光子，因此不会跃迁到激发态，即原子被"布居囚禁"在两个基态能级，在原子的荧光光谱中可以观察到一条尖锐的共振暗线。由于原子对激光无吸收，用光电管探测出射激光会得到较强的透射光信号，这就是 CPT 现象的电磁感应透明（EIT）信号[1-2]。

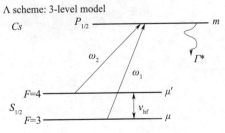

图 1　原子 Λ 型三能级模型

## 2.2 被动型 CPT 原子钟

与其他原子钟一样，被动型 CPT 原子钟的组成也可分为物理系统和电路系统两部分，如图 2 所示。物理系统包括激光器、衰减片、原子气室、C 场等部件。电路系统主要包括激光稳频环路和微波锁定环路，其中激光稳频环路为物理系统的激光器提供控制电流，调节激光器输出激光的波长，使物理系统产生 D1 线或 D2 线的吸收。微波锁频环路为激光器提供调制微波，使激光器输出正负一级边带的频率差严格等于原子基态超精细能级裂距对应的频率，从而将物理系统的透射光强锁定在 CPT 吸收峰。

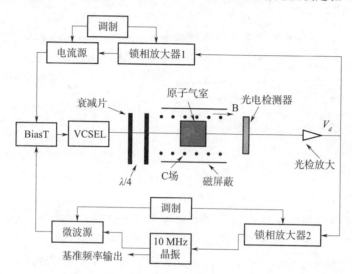

图 2　被动型 CPT 原子钟组成与原理图

## 2.3 被动型 CPT 原子钟的发展

1976 年意大利比萨大学的 G. Alzetta 在钠原子光抽运试验中首先发现了 CPT 现象，而 1982 年 Thomas 等人第一次提出将该现象应用到原子钟。目前，美国的国家标准与技术研究院（NIST）、Symmetricom 公司、Agilent 公司、Kernco 公司和 Sandia 公司等，德国的 ULM 大学、Bonn 大学，瑞士的洛桑理工大学等机构和公司都在开展被动型 CPT 原子钟的研发[3]。其中美国的 Symmetricom 公司于 2002 年开始商用微型 CPT 原子钟的研发，并于 2011 年发布了第一款商业化的 CPT 原子钟：SA. 45s[4]，如图 3 所示，其物理部分体积仅为 0.35 mL，总体积为 16 mL，100 s 稳定度达到 $5 \times 10^{-12} \tau^{-1/2}$。在国内，兰州空间技术物理研究所等多家单位也在开展 CPT 原子钟的研究，并取得了不错的进展。

图 3　Symmetricom 公司生产的芯片级原子钟 SA. 45 s

# 3 微型 CPT 铯原子钟的设计

## 3.1 工作原子类型选取

CPT 原子钟物理部分选用不同的工作原子，获得的 EIT 信号对比度、线宽等参数均不相同，能够达到的准确度理论值也不同。图 4 为 Vanier 等对 $^{87}$Rb 原子系统的对比度及线宽的测试曲线，其中吸收泡的温度为 75℃[5]。对比度随着激光强度增加先增大，达到最大值后，当激光强度继续增加时，对比度会降低，这与理论预计一致，并且对比度的取值范围在 1%～10% 之间。线宽测试曲线显示其随着激光强度增加而线性增大，这与理论预计一致。

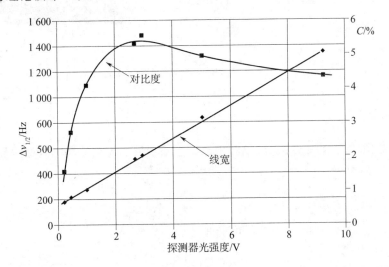

图 4　$^{87}$Rb 原子系统的对比度及线宽的测试曲线

由图 4 可知，在探测器光强为 1 V 时，对比度为 3.64%，线宽为 381 Hz，可获得的最佳品质因素为 0.95e$^{-4}$。

在此情况下，可以预计的稳定度极限值为[5]

$$\sigma(\tau) = 5.6 \times 10^{-14} \tau^{-1/2} \tag{1}$$

当工作原子选铯时，由于其超精细能级为 9.2 GHz，比 $^{87}$Rb 超精细能级 6.8 GHz 要大，则稳定度极限值应为

$$\sigma(\tau) = 4.1 \times 10^{-14} \tau^{-1/2} \tag{2}$$

显然，由于超精细能级裂距的不同，当选用碱金属铯作为物理部分工作原子时，CPT 原子钟理论上可以获得的稳定度极限值指标更高，因此我们设计的微型 CPT 原子钟选用的工作原子为铯。

## 3.2 物理部分设计

物理部分的激光器选用 VCSEL 激光器，这种激光器封装小、功耗低，同时具有光电转换效率高、阈值电流低、输出光束为圆型等特点，符合微型 CPT 原子钟的设计要求。由于加入微波调制后输出激光存在发散角，不宜直接使用，因此需要在其输出端加入准直透镜将发射光束准直为近似平行光，光斑控制在 1 mm 左右。激光器内部集成有控温模块，可通过调整控制电流对激光器的工作温度直接进行调节。为保证调制微波能够有效注入 VCSEL 激光器的控制端对输出激光进行调制，对激光器固定板进行阻抗匹配设计。

原子气室是物理部分的核心部件，我们利用微机电系统（MEMS）体硅工艺进行原子气室结构制备。原子气室采用玻璃－硅－玻璃的"三明治"结构，玻璃和硅之间采用阳极键合工艺进行密封。气室整体尺寸为 10 mm×10 mm×2 mm，腔室设计为单腔结构，孔径为 3 mm，深度为 1 mm，缓冲气体和碱金属

铯采用玻璃加工工艺由外部玻璃导管导入气室。原子气室制作与成品如图 5 所示，左图为缓冲气体和碱金属充制示意图，右图为制作好的原子气室。

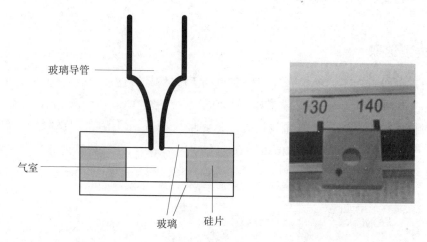

图 5  "三明治"结构的原子气室充制与成品示意图

## 3.3  电子学系统设计

电子学系统框图如图 6 所示，包括微波倍频电路、伺服电路、温度采集与控制电路等部分，其核心部件为高性能、低功耗的 MCU。

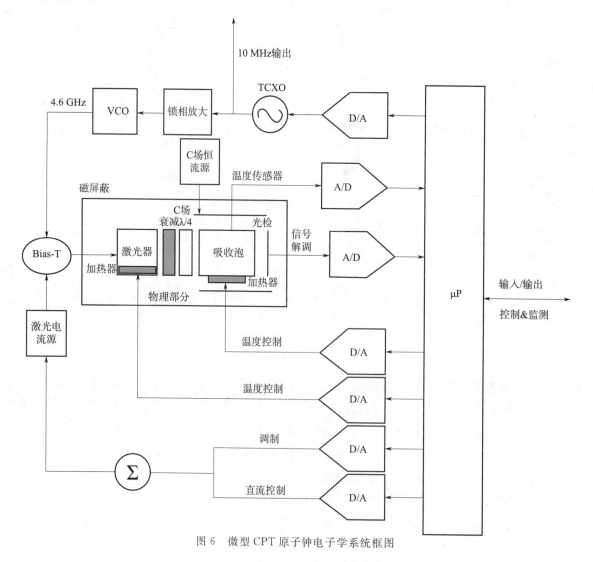

图 6  微型 CPT 原子钟电子学系统框图

微波倍频电路选用集成有 VCO 的基于 Σ-Δ 调制技术的可编程小数倍频锁相环实现，输入信号为温补晶振（TCXO）提供的 10 MHz 信号，输出信号为调制激光器所需的微波信号。倍频倍数包括整数部分和小数部分，通过 MCU 控制锁相环芯片内部的功能寄存器实现控制，可直接完成对微波信号尾数频率的精确调整，同时，通过 MCU 周期性切换小数倍频系数，实现对输出微波频率的 FSK 调制。

伺服电路由光电转换、信号解调和控制模块等组成，MCU 作为控制模块，通过外部的 AD 对解调后的光检信号进行检测，根据检测结果控制 VCSEL 激光器的控制直流和 TCXO 的压控信号，从而调节激光器输出波长和微波倍频电路的输出微波频率，实现激光稳频和微波锁定。

温度采集与控制电路也由 MCU 进行控制，温度传感器输出的信号被外部 AD 接收后送入 MCU 中，MCU 通过对温度传感器信号的检测控制相应的 DA 转换器对物理部分的温度进行实时调整。

## 3.4 整机设计

我们完成了微型 CPT 铯原子钟物理系统和电子学系统的设计制作，图 7 是该原理样机的结构设计示意图，电路板固定在机壳底部，物理部分固定在电路板上方一侧。整机通过低频电连接器进行供电，输出 10 MHz 信号通过高频连接器输出。

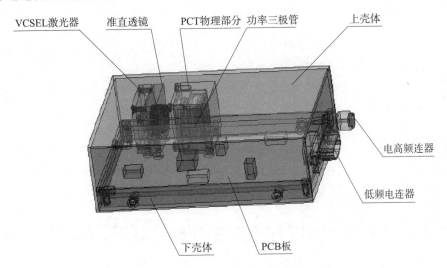

图 7　微型 CPT 原子钟结构设计图

图 8 是 CPT 原子钟原理样机测试得到的光检一次微分信号，经试验验证，本文设计的微型 CPT 原子钟原理样机已实现锁定，获得了初步的稳定度指标，为下一步进行芯片级 CPT 原子钟设计奠定了技术基础。

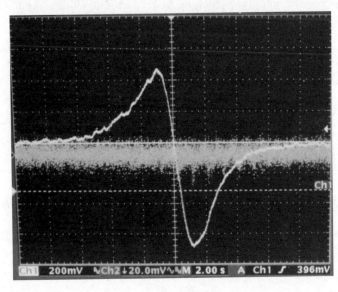

图 8　光检一次微分信号

# 4 总结与展望

微型 CPT 原子钟技术经过近些年的发展已渐成熟，随着微机电系统加工技术和集成电路的发展，光电集成技术、真空封装与键合技术、专用集成电路设计技术等应用到 CPT 原子钟，使其技术指标也在不断提升，尺寸、功耗在不断优化。文章设计的微型 CPT 原子钟结构采用光电集成和真空封装键合等技术可以将物理部分集成至体积仅为几立方厘米甚至 1 立方厘米以下，而专用集成电路技术的应用可以将电子学系统集成到微波芯片和伺服芯片两个芯片中，从而实现 CPT 原子钟的芯片化设计。

目前空间电子技术正在飞速发展，特别是小卫星、微小卫星和微纳卫星的应用与发展为 CPT 原子钟在空间应用提供了更广阔的空间，相信在不久的将来微型化甚至芯片化的 CPT 原子钟会在卫星导航、时间同步等领域发挥重要作用。

## 参 考 文 献

[1] ALZETTA G，GOZZINI A，MOI L，et al. Nonabsorbing atomic coherences by coherent two – photon transitions in a three – level optical pumping [J]. Nuovo Cimento B, 1976, 36: 1 – 5.

[2] ALZETTA G，GOZZINI A，MOI L，ORRIOLS G. An experimental method for the observation of the RF transitions and last beat resonances in oriented Na vapor [J]. Nuovo Cimento B36, 1976, 5 – 20.

[3] J. KITCHING, et al. Compact atomic clock based on coherent population trapping. Electronics Letters, 2001, 37 (24): 1449 – 1451.

[4] R. LUTWAK, et al. The Chip – Scale Atomic Clock – Prototype Evaluation. 39th Annual Precise Time and Time Interval (PTTI) Meeting, 2011: 269 – 290.

[5] J. VANIER，MARTIN W. LEVINE，DANIEL JANSSEN，MICHAEL J. Delaney，IEEE Transactions on Instrumentation and Measurement，822 (2003).

# Design and Development of Miniature CPT Atomic Clock

ZHAI Hao    LIAN Jiqing    CHEN Dayong

Lanzhou Institute of Physics，Lanzhou    730000

**Abstract**    Passive coherent population trapping (CPT) atomic clock is a major miniature atomic clock, and also can be designed as a chip – scale atomic clock. This paper presents the principle and the development of CPT atomic clocks and introduces the design of a miniature CPT cesium atomic clock including the physics package and the electrical system design. The technology and development prospect of the chip – scale atomic clock is also discussed.

**Key words**    CPT；Miniature Atomic Clock；Digital；Space Applications

## 作 者 简 介

翟浩，男，研究员，兰州空间技术物理研究所，主要从事原子频标与量子电子学领域，电子邮箱：zhaihao8848@sina. com。

# 小卫星在自主在轨服务任务中的应用及未来发展展望

张立华　　胡凌云

航天东方红卫星有限公司，北京　　100094

**摘　要**　本文在对近期国内外小卫星在自主在轨服务任务中的应用情况进行总结分析的基础上，分析了实现自主在轨服务仍要解决的关键问题，展望了小卫星在这一领域的未来发展趋势，提出了发展建议。

**关键词**　小卫星；自主在轨服务；关键技术；发展展望；发展建议

## 1　引言

航天器在轨服务（On－Orbit Servicing）是指在空间通过人、机器人或两者协同完成涉及延长各种航天器寿命、提升执行任务能力的一类空间操作[1]。服务型航天器的概念早在20世纪70年代就已提出，随着航天飞机、空间站的发展和应用，在轨服务也从概念转化为现实，特别是航天飞机成功地实现了对哈勃望远镜的在轨维修以及对多颗卫星的部署和故障卫星的回收，更让人们看到了在轨服务技术的重要价值。

自主在轨服务是指无人现场参与服务操作的一类在轨服务，无论是在军用、民用还是在商用领域，自主在轨服务技术均有迫切的需求和广阔的应用前景，代表了空间技术发展的重要方向，引起了各航天大国的高度重视，几个在轨技术演示验证项目相继实施，一些关键技术取得了突破，展现了良好的发展前景。

目前的自主在轨服务任务主要是进行技术演示验证，研制成本往往成为项目能够立项并顺利实施的关键。与大卫星相比，小卫星具有成本低、研制周期短、配置灵活等优势，因此近期开展的自主在轨服务任务都无一例外地采用了小卫星。小卫星在未来的实用性在轨服务任务中也具有较好的应用前景。

## 2　小卫星在自主在轨服务任务中的应用情况

目前，自主在轨服务与对抗系统还主要处在研发或技术试验阶段，以验证自主在轨服务的相关技术为主。美国、欧空局、日本和加拿大等国，在这方面开展了大量卓有成效的工作，并陆续开展了地面演示验证和在轨飞行试验。已经在轨开展的试验（本文只考虑实现了对接和操作的接触式服务项目）有三个：日本于1997年开展的ETS-Ⅶ自主交会与机器人操作技术演示验证试验，美国于2007年完成的"轨道快车"计划和中国于2013年7月实施的空间维护技术科学试验任务。另外，还有德国的DEOS项目、美国的"凤凰"计划等数个技术演示验证项目在研制之中，多个商业自主在轨服务系统也在酝酿之中。

在前面提到的自主在轨服务演示验证任务中，不管是服务星，还是目标星，大都采用了小卫星。近两年来，随着微纳卫星技术的蓬勃发展，采用微纳卫星平台来验证在轨服务技术也成为一个重要趋势，同时也使微纳卫星技术的应用达到了一个新的高度。CPOD立方体卫星抵近操作演示验证、在轨组装空间望远镜技术试验等任务相继提出并开始研制。

## 2.1 日本的"ETS-Ⅶ"任务[2]

日本宇宙事业开发集团（NASDA）为了获取空间机器人技术和交会对接技术制定了 ETS-Ⅶ计划，ETS-Ⅶ任务（见图 1）采用双星系统，目标星为 380 kg 的小卫星，ETS-Ⅶ从 1992 年 4 月开始研制，1997 年 11 月发射，在轨开展了机械臂操作和交会、对接的多次试验，获取大量的在轨试验数据和成果。ETS-Ⅶ是世界上首颗带有机械臂的卫星，其发射成功是在轨服务空间机器人研制中的一个重要的里程碑事件，极大推动了世界各航天国家对自主在轨服务技术的研究。

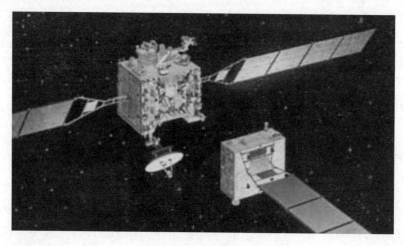

图 1 日本的 ETS-Ⅶ

## 2.2 美国的"轨道快车"计划[3]

轨道快车（Orbital Express）计划是美国国防高级研究计划局（DARPA）于 1999 年底提出的，验证服务航天器对目标航天器自主进行推进剂加注、模块更换等在轨服务技术的可行性。"轨道快车"由 AS-TRO 服务航天器（质量为 953 kg）和 NextSat 客户航天器（质量为 227 kg）组成（见图 2）。"轨道快车"于 2007 年 3 月发射，先后验证了证自主交会、逼近靠近操作、捕获与对接、燃料输送、模块更换等自主在轨服务系统的关键技术。"轨道快车"计划成功完成了美国的第一次自主在轨服务任务，很好地展现了在轨服务技术的应用潜力，具有里程碑意义。

图 2 美国的"轨道快车"任务

## 2.3 德国的 DEOS 计划[4]

DEOS 计划是德国宇航公司（DLR）进行自主在轨服务技术演示验证项目，该项目已提出多年，但进展缓慢，目前正由 OHB 空间公司开展研制工作，其主要目标是用一个服务飞行器捕获一个姿态失控的非合作客户飞行器，并对捕获的卫星沿预定的走廊实施离轨操作，验证自主交会、捕获和对接的相关技术（见图 3）。

图 3　德国的 DEOS 任务

与 ETS-Ⅶ和"轨道快车"项目类似，该演示验证项目也是由一颗服务星和一颗客户星组成，都是采用小卫星，两颗星发射时连接在一起，入轨后由机械臂释放客户星，然后开展自主交会、对接与操作的试验任务。

## 2.4 美国的"凤凰"计划[5]

"凤凰"（Phoenix）计划是由美国 DARPA 于 2011 底启动的一项新的空间技术研究项目，旨在寻求方法，对不再发生作用的卫星中仍可发挥功能的部件进行循环利用，并以低廉的成本将它们集成到新系统中（见图 4）。该项目若取得成功将会显著降低新型空间系统的开发成本，具有巨大的商业价值。"凤凰"计划主要是由三部分组成，包括空间机器人系统、小型模块化卫星功能部件（Satlets）及有效载荷在轨交付系统（PODs）。

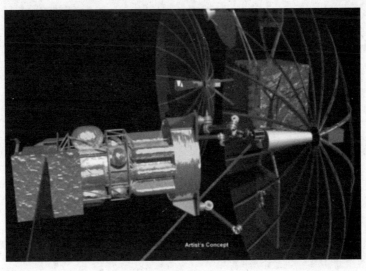

图 4　美国的"凤凰"计划

项目原计划 2015—2016 年在轨试验，由于技术上极具挑战性，项目前景还存在不确定性。

## 2.5 商业在轨服务系统[6]

由于自主在轨服务系统在延长航天器在轨寿命和故障航天器抢救方面蕴含着较大的经济效益，多个商用在轨服务系统一直在酝酿和寻求商业资助。已经提出的系统包括欧洲的轨道延寿飞行器（OLEV）项目（见图 5），加拿大 MDA 公司的太空服务站（SIS）项目，美国维维公司的任务扩展飞行器（MEV）项目等。

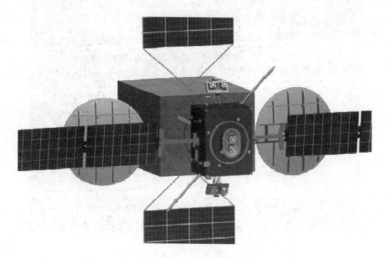

图 5　OLEV 与客户航天器对接状态示意图

## 2.6 美国的 CPOD 项目

立方体卫星抵近操作演示验证（CPOD）项目始于 2012 年，由 NASA 资助，Tyvak 公司研制，拟采用 2 颗 3U 型立方体卫星演示在轨抵近与交会对接操作技术，最终目标是开发基于立方体卫星的 Inspector 巡检飞行器，计划 2015 年发射（见图 6）。由于星上采用了全新的低功耗微型化部组件和软件系统，能够在轨演示 5 kg 级纳星的抵近交会与对接操作能力，一旦项目成功，意味着实现交会对接的航天器系统规模和成本均下降至不到目前的 1/10，因此该项目对后续 NASA 小微卫星技术发展具有重要影响。

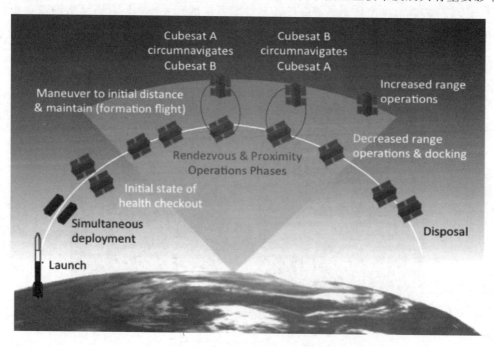

图 6　CPOD 立方体卫星交会对接任务场景

## 2.7 英美合作的 STRaND – 2 及 AAReST 项目[7-8]

AAReST 是英国 SSTL 和美国 CalTech 合作开展的在轨组装空间望远镜技术试验项目，而 STRaND – 2 则是该项目的先导试验，主要验证基于 XBox 游戏机的 Kinect 体感系统实现交会对接，以及基于丁烷冷气推进系统和电磁力对接接口的对接能力。图 7 为 AAReST 及其在轨离体再交会对接重构操作。

图 7　AAReST 及其在轨离体再交会对接重构操作

STRaND – 2 包括一对 3U 立方体卫星，一对 Kinect 镜头将被用于为卫星提供 3D 空间感知，提取出目标的三维信息，助其准确完成对接。一旦试验成功，有望像搭乐高积木一样，利用轨道积木模块，搭建出大型复杂的空间设施，甚至可以通过不同的组合方式来进行拼接出无穷无尽的组合，从而突破体积、成本、组装难度的限制，并大幅降低太空设施建设所需的高昂费用。

# 3　实现自主在轨服务仍要解决的关键问题

尽管国内外在自主在轨服务技术方面已经开展了大量的研究和在轨演示验证工作，但已完成的在轨任务都还未实现一个实用化的目标，而有人在轨服务则在哈勃望远镜维修维护和故障卫星抢救维修等方面充分展示了实用能力，自主在轨服务离实用化还存在一定的差距，在以下一些方面仍需进一步开展工作。

（1）航天器的可服务性设计

可服务性设计是制约在轨服务技术应用的瓶颈。由于目前研制的各类航天器没有采用可服务性设计，很多维修维护任务根本无法实施，有些即使有服务的可能，但技术难度很大，代价很大，因此，必须发展模块化可在轨重构的可服务航天器技术，以促进在轨服务技术的发展和应用。

（2）导航、制导与控制技术

不同于其他航天器，自主在轨服务系统的导航、制导与控制（GNC）比较复杂，涉及在轨服务的整个过程，包括对合作和非合作目标的交会、接近和停靠控制，对目标的连接、抓取控制，与目标结合后组合体的姿轨控等。目前针对合作目标的 GNC 技术相对成熟，能够适应非合作目标的小型化、高精度、宽视场、高可靠的相对测量敏感器的发展和组合体的接管控制是小卫星完成自主在轨服务任务的关键，也是下一步要发展的重点。

（3）空间机械臂技术

空间机械臂是完成在轨服务任务的关键，为满足在轨航天器的维修和维护、大型复杂空间系统的装配等需求，空间机械臂要向着高可靠、高智能、灵巧化、模块化、可重构的方向发展，能力上从单臂简单操作逐步发展到躲避协同精细复杂操作。仿人机械臂、柔性机械臂以及完成特定任务的灵巧末端执行机构的发展也很重要，需要研发满足任务要求的产品。

（4）智能自主管理技术

自主在轨服务任务的复杂性，对服务航天器的智能与自主能力提出了更高的要求，必须通过自主管理技术实时监控任务执行情况，及时处理任务实施过程中出现的异常情况并采取应急措施，特别是在轨服务任务涉及两个飞行器在近距离的操作，安全性风险很大，服务飞行器必须有完备的自主安全性设计措施，以确保任务实施过程中的安全。

（5）遥操作技术

要完成复杂的在轨服务任务，遥操作技术不可或缺。通过遥操作可以使人的智能充分介入到服务过程中，能够显著提高服务的效能，降低服务的难度和风险。大时延条件下具有强临场感的人机交互环境构建技术，基于增强现实的预测仿真技术等要进一步发展。

（6）地面仿真与试验验证技术

由于自主在轨服务系统不仅复杂，而且往往需要大量采用新技术，特别是采用小卫星实现时，新技术的比例更高，风险更大，需要在上天之前通过充分的地面试验对相关关键技术、系统方案进行验证，确保系统的功能和性能满足任务要求。如何采用经济有效的方法和手段实现充分的验证，仍需要开展深入的研究，发展相关的试验条件。

# 4　未来发展趋势

自主在轨服务代表了未来航天技术发展的一个重要方向，有着良好的发展和应用前景。从当前的技术发展情况上看，有如下的发展趋势。

（1）面向实用，实现复杂精细操作

在轨服务要走向实用，必须能够实现精细复杂的操作。为了解决这个问题，各国都在发展灵巧型机械臂及专用的末端执行工具，仿人灵巧手的研制也是一个重要方向，除了刚性机械臂，柔性机械臂和仿生机器人有一些无可比拟的优势，其发展也备受关注，将逐步走向应用。

（2）抓住重点，服务对象逐步转向高轨非合作目标

地球静止轨道是各种高价值民用和商用航天器的运行轨道，也是很多大型军用航天器的运行轨道，具有较高的服务和对抗价值，针对这一轨道的目标，目前的研究工作很多，像美国的"凤凰"计划，商业在轨服务系统的发展，针对的也都是这一轨道的目标。

（3）立足微纳，验证相关关键技术

最近一段时间，随着微纳卫星技术的快速发展和能力提升，以立方体卫星抵近操作演示验证（CPOD）项目和在轨组装空间望远镜技术试验（AAReST）项目为代表的自主在轨服务技术验证任务备受关注，微纳卫星为在轨服务技术验证提供了价格便宜、研制快速的平台，为自主在轨服务技术的发展注入了新的活力，在这一领域今后会有越来越多的采用微纳卫星平台的任务。

（4）商业牵引，推动在轨服务走向实用化

轨道延寿飞行器（OLEV）等商业在轨服务系统已酝酿多年，虽然近期仍热度不减，由于项目成本和潜在的不确定性，目前获得商业资助的难度仍比较大，但实现延寿等商业服务工作仍然值得期待，一旦获得成功，必将助推自主在轨服务技术的发展和应用迈上一个新的台阶。对于未来的商业应用，除了突破技术上的瓶颈，低成本也是一个重要的因素，如果服务飞行器的成本比被服务航天器的成本还要高，就失去了服务的意义，因此未来的商业服务系统也必须降低成本才会有市场，这也给了小卫星在这一领域有所作为的机会。

（5）寓军于民，发展控制空间新手段

自主在轨服务技术是一类典型的军民两用空间技术，像美国正在实施的"凤凰"计划和即将实施的"小行星重定向任务"，表面上看是在轨服务技术能力的验证，其背后隐藏的发展和展示控制空间能力的意图是显然的，借助于自主在轨服务技术的发展来提升控制空间能力，这也是美日大力发展在轨服务与

维修维护技术的重要原因。因此，以清除空间碎片、废星部件再利用等名义发展自主在轨服务技术，对控制空间能力的发展也很重要。

# 5 未来发展建议

在自主在轨服务与空间操控方面，我国也有迫切的应用需求，应大力发展相关技术。无论是技术演示验证还是实用型系统的发展，小卫星在自主在轨服务与空间操控任务中都能够发挥重要作用。针对小卫星在在轨服务领域的未来发展，有如下的建议。

（1）瞄准应用需求，谋划创新方案

目前，自主在轨服务与空间操控任务实现的难度很大，特别是采用小卫星来实现，面临的困难更多、风险更大，传统的思路和做法很难有出路，必须有创新的任务理念，独辟蹊径，才能有所作为。因此必须结合特定的在轨服务与对抗任务和小卫星的特点，提出创新的解决方案。

（2）大小同步发展，发挥各自优势

在自主在轨服务领域，未来的发展也一定是大小并存，各自有应用的领地。在大的方面，能够实现推进剂补加、模块更换服务的大型空间服务站设施发展，小的系统可以发挥集群的作用，以较小的代价实现故障检测、空间碎片清除等精细操作任务。

小卫星仍将是自主在轨服务技术验证的一个重要手段，特别是要借助于微纳卫星技术的快速发展，以减低的成本达到验证相关关键技术的目的。

（3）面向服务设计，提升服务效率

可服务性设计是能够有效实施在轨服务的关键，对于有服务价值的大型昂贵航天器应尽早引入可服务性的设计，使其具备模块化、可重构、有专业服务接口的可服务特征，以减少服务成本，提升服务的率，降低服务风险。

（4）在轨集成演示，奠定应用基础

自主在轨服务技术必须通过在轨的试验与验证，才能真正掌握相关技术，在关键技术取得突破的基础上，要适时安排集成飞行演示验证工作，实现相关技术的滚动发展，及时发现问题与不足，积累经验，为实现实用型自主在轨服务与维修维护任务奠定更加坚实的技术基础。

（5）利用多种途径，实现验证目的

随着我国载人空间站即将投入使用，为自主在轨服务技术验证提供了一个新的平台，特别是人机结合的在轨服务技术验证。可在载人空间站上验证的在轨服务技术主要包括航天器精密编队控制技术、遥操作技术、空间机器人/机械臂技术、推进剂在轨加注技术、3D打印与在轨制造技术和航天器在轨组装技术等。充分利用好空间站，验证更多的关键技术，会大大促进自主在轨服务技术的发展。

## 参 考 文 献

[1] 陈小前，袁建平，姚雯，赵勇．航天器在轨服务技术［M］．北京：中国宇航出版社，2009.

[2] M. ODA, Experience and lesions learned from NASDA's ETS – VII Robot Satellite, 51st International Astronautical Congress, Rio de Janeiro, Brazil, 2 – 6 Oct. 2000.

[3] MULDER, T. A., Orbital Express Autonomous Rendezvous and Capture flight operations, Part 1 of 2 and Part 2 of 2, AIAA/AAS Astrodynamics Specialist Conference and Exhibit, 18 – 21 August 2008, Honolulu, Hawaii.

[4] F. SELLMAIER, T. BOGE, J. GULLY, T. RUPP, F. HUBER, On – Orbit Servicing mission Challenges and solution for Sp acecraft operations, SpaceOps 2010 Conference, Huntsville, Alabama, USA, AIAA 2010 – 2159.

[5] Tactical Technolgogy Office (TTO), Broad Agency Announcement – Phoenix Technologies, DARPA – BAA – 12 – 02, 22 December, 2011.

[6] KAISER, C., SJÖBERG, F., DEL CURA, J. M., EILERTSEN, B., SMART – OLEV – An orbital life extension vehicle for servi-

cing commercial spacecrafts in GEO，Acta Astronautica，Vol. 63，2008，pp. 400 – 410.

[7] BRIDGES，C. P.，KENYON，S.，TAYLOR，B.，HORRI，N.，UNDERWOOD，C. I.，BARRERA – ARS，J.，PRYCE，L.，BIRD，R.，STRaND – 2：Visual Inspection，Proximity Operations & Nanosatellite Docking，Paper presented at the 2013 IEEE Aerospace conference，Big Sky，Montana，March 2013.

[8] CRAIG，C.，SERGIO，P.，Using Cubesat/Micro – Satellite technology to demonstrate the autonomous assembly of a reconfigurable space telescope（AAREST），IAC – 14. B. 4. 2. 4 65st International Astronautical Congress，Toranto，Canada，29 Sept. – 3 Oct. 2014.

# Application and Future Prospect of Small Satellites in Autonomous On – orbit Servicing Missions

ZHANG Lihua

DFH Satellite Co. Ltd.，P. O. Box 5616，Beijing 100094

**Abstract**  Based on the summarize and analysis of both domestic and abroard application status of small satellites in autonomous on – orbiting servicing missions，this paper discussed the remaining critical problems to be resolved for realizing autonomous on – orbiting servicing missions，gived future prospect of small satellites in this filed，and proposed the suggestions for future development.

**Key words**  Small satellite；Autonomous on – orbit servicing；Critical technologies；Future prospect；Devclopment suggestions

## 作 者 简 介

张立华，男，博士，研究员，现从事卫星总体设计工作，电子邮箱：zlh70717@sina.com。

# 基于动态重构计算环境的微小卫星架构设想

张迎春[1]　彭宇[2]　李春[1]　王少军[2]　黄维达[1]

1. 深圳航天东方红海特卫星有限公司，深圳　518064

2. 哈尔滨工业大学，哈尔滨　150001

**摘　要**　本文介绍了标准星载电子系统和可重构计算技术的发展趋势。针对航天任务对微小卫星的需求，以标准化接口和标准协议为基础，提出了微小卫星快速构建体系架构，同时，采用动态可重构计算技术，提出了基于动态重构计算环境的微小卫星架构，提高微小卫星的处理能力、功能密度和载荷比，以满足高性能、低成本、快速研制的航天任务需求。

**关键词**　微小卫星；快速构建；动态重构计算

## 1　引言

微小卫星由于具有研制周期短、研制成本低、高新技术含量高、集成度高、体积小、功能密度比大，易于实现批量化生产和组网发射且可以更方便地以分布式的星座来执行空间任务等特点，正逐渐成为未来空间基础设施建设的重要支柱，世界各国在卫星技术领域掀起了微小卫星研制热潮。随着航天任务的需求不断增加，对微小卫星的处理性能、研制成本和批量化生产提出了更高的要求。通过调研国内外发展趋势，微小卫星技术的研究方向主要在于通用接口模块、星载处理器、自主任务管理与规划和编队组网等方面。通过标准化接口，可减少设备间的接口协调，缩短研制周期；采用高性能处理器，可提高卫星数据处理能力，提高卫星集成度；研究卫星的自主任务管理与规划技术，可提高卫星的自主管理能力和自主维护能力，减少地面对卫星的操作，以利于多星组网管理；微小卫星编队组网技术的研究，可优化组网部署和轨道保持策略，实现微小卫星资源的优化利用，是保证微小卫星组网应用效益的关键。

本文从标准化接口和高性能处理这两个方面，结合可重构计算技术的研究，提出基于动态重构计算环境的微小卫星架构设想，以实现微小卫星批量化生产和低成本，并满足高性能、快速响应的航天任务需求。

## 2　标准化电子系统和可重构计算技术的发展趋势

### 2.1　标准化星载电子系统

国外小卫星星载电子系统的发展有模块化、通用化和综合化的趋势，在体系结构上采用集中式体系结构，实现物理上的综合。如美国深空探测的小卫星空间技术-5（ST-5）的电子系统仅由总质量为 1.5 kg 的 2 块电路板组成，其中一块电路板为电源板，另一块电路板为功能电子板，完成通信、遥控、遥测、姿轨控和探测数据处理等所有任务[1-2]。

国外在卫星接口及模块通用化方面做了大量工作，取得了明显的研究成果，其中的典型代表是 TacSat-3 卫星。目前，TacSat3 已经验证了多项关键技术，其中包括下一代星上即插即用技术。该卫星的成功发射为 ORS-1 奠定了坚实的基础，尤其是其模块化、通用化的卫星设计方法。另外，为了满足 ORS 的需求，ATK 公司对星上模块化总线进行了一系列研究，取得了显著成果，在 TacSat-3 中得到了验证并应用于 ORS-1 中。

ORS 计划的一个目标就是开发具有通用接口的卫星平台，这样对于特定的任务可以装备不同的传感器。此外，ORS-1 的重要意义在于缩短了发射时间间隔，并提供更廉价的方法。为了使卫星快速部署，测试流程进行了简化。

## 2.2　可重构计算定义

可重构计算并没有学术上的严格定义，目前学术界普遍接受的可重构计算定义是 1999 年由 UC Berkeley 的 André Dehon 提出[4]，该定义通过与其他传统计算模式的对比给出：1）区别于 ASIC，可重构计算能够在已生产的计算硬件上针对任意计算任务进行重新定制；2）区别于通用处理器，可重构计算能够为算法向硬件的映射在空间域提供更大程度的并行。

国内学者窦勇[5]等从以下两个方面对可重构计算进行了解读。

（1）定制并行计算

可重构计算是类似于 ASIC 的定制化计算，并且计算由具有天然空间并行性的硬件结构实现，这是可重构计算具有高效计算性能的原因。

（2）重构计算

可重构计算中计算硬件结构可以改变（可重构），甚至可以在运行时改变（动态可重构），这是可重构计算灵活性的保证。

所以可重构计算是介于微处理器平台软件编程和 ASIC 方式之间的一种计算模式，既具有软件的灵活性，又具备 ASIC 的高性能。

## 2.3　可重构计算发展趋势

可重构计算出现初期并未获得足够的重视，直到 1992 年，美国超级计算机中心基于 Xilinx 公司 FPGA 设计的 Splash 2 系统，在基因组分析计算和灰度图像中值滤波器应用中，它比当时的 SPARC 10 工作站的运算速度分别快了 2 500 倍和 140 倍[6]。随着 FPGA 技术的进一步成熟，FPGA 成为可重构计算的主流硬件平台。以后基于 FPGA 的可重构计算被广泛应用到基因组匹配、高能物理、图像处理、金融数据处理、云计算、机器学习等各种计算密集型算法的加速计算。

另外国际上许多研究机构，包括英国 Surrey 空间中心、澳大利亚卫星系统合作研究中心、德国斯图加特大学以及 NASA 等，都将可重构计算技术作为下一代空间飞行器计算系统的发展方向而投入大量资源进行研究[7-8]。

2000 年左右，NASA 与英国 Surrey 大学空间中心（SSC）合作开展了针对小卫星应用的片上卫星（Satellite-on-a-chip）的研究项目，其核心目的是利用可重构技术，将星载计算机集成在单片 FPGA 中，实现卫星系统质量和成本的降低。SSC 为该项目设计的可重构星载计算机如图 1 所示。2002 年 12 月澳大利亚在其发射的科学研究小卫星 FedSat 中第一次使用 FPGA 进行载荷信息的处理，具体型号为 Xilinx 公司 SRAM 工艺辐射增强型 XQR4062 FPGA。2004 年 NASA 开展的空间应用辐射增强电子器件（Radiation Hardened Electronics for Space Environments，RHESE）项目中，包括了与工业部门合作实现辐射增强型 Virtex 5 FPGA 的任务。2007 年，NASA Las Alamos 国家实验室为演示验证基于 FPGA 的可重构计算系统进行载荷信息处理的可能性，发射了 Cibola 试验用小卫星。该卫星的载荷系统中采用了 9 片 Virtex XQVR 1000 CG560 FGPA 作为数据处理器，并采用反熔丝工艺的 FPGA 对上述 SRAM 基于 FPGA 进行配置信息的回读和比对。NASA 喷气推进实验室（Jet Propulsion Laboratory，JPL）在 2013—2016 年期间发射的大量航天任务，如 GEO-CAPE，ACE 等，采用辐射增强型 SRAM 工艺 Virtex 5 系列 FPGA 构建载荷信息处理系统，并且明确指出类似于 RAD750 微处理器机构的星载计算机以难以满足上述航天任务的计算需求。

基于 FPGA 的可重构计算技术已经成为嵌入式环境下，高效率、低功耗、低成本和高可靠计算的理想选择[9]。

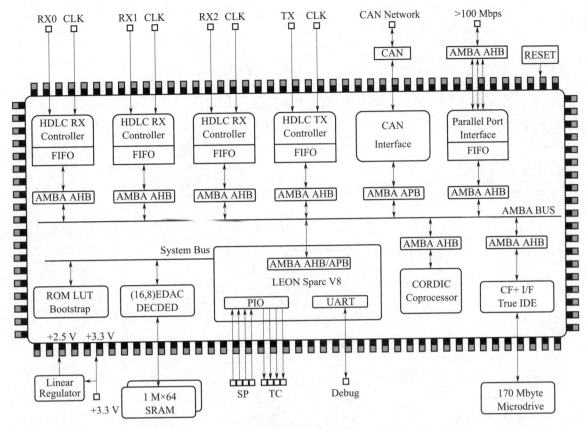

图 1　SSC 开发的可重构星载计算机结构

# 3　基于动态重构计算环境的微小卫星架构

## 3.1　快速构建体系架构设计

微小卫星的快速构建体系架构以前期研究的标准化接口为基础。标准接口处于总线和单机设备间，负责数据、时钟和开关指令的管理。

基于标准接口的卫星电气连接如图 2 所示，标准接口与单设备之间不构成一体，它们电源开和关均采用独立控制的方式；单设备和标准接口间可以采用统一的协议或者传统协议形式进行数据通信，同时标准接口可以实时的掌握单设备的状态信息；各个标准接口、标准总线及星载计算机构成统一的整体（虚拟星务系统）。各个设备连接在同一条总线上，各设备间的通信方式相同，免去了协调各设备间通信的问题，所有状态及数据流都是互相透明的，这种透明的特点为地面测试以及卫星在轨自主故障诊断与处理都提供了极大的方便。

标准接口的应用，一方面有利于减少接口、协议的协调工作；另一方面，可实现标准化的研制、生产，从而实现微小卫星的快速构建体系的架构。

## 3.2　标准化通信接口设计与研究

### 3.2.1　标准化接口设计

在标准总线卫星平台的设计中，标准接口处于至关重要的位置。标准接口分为数据线协议实现和功能线协议实现两大部分，其中数据线协议实现部分由处理器及其外围电路组成，负责数据的收发，可以将常用通信协议转换为标准总线协议，而功能线协议实现部分由硬件电路实现，负责指令的管理和单机设备状态信息的保存。图 3 为标准接口初步方案。

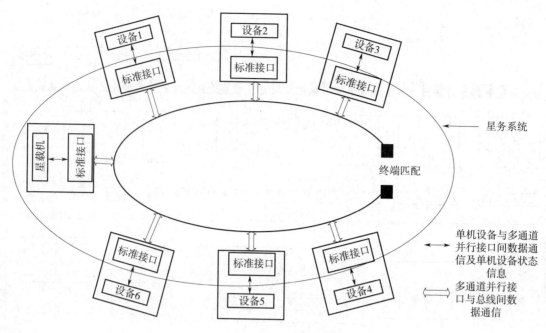

图 2　基于标准接口的卫星连接示意图

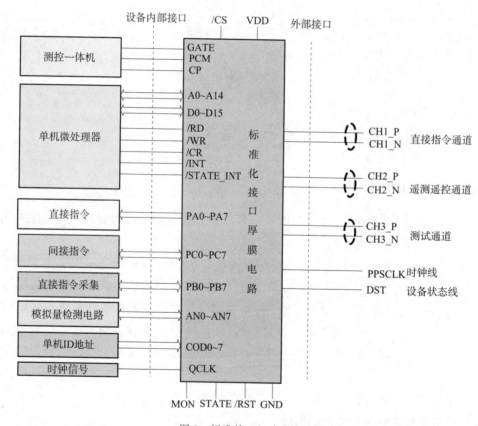

图 3　标准接口初步方案

标准化接口电路是实现标准化接口协议功能的硬件平台，其功能是实现标准化接口与协议所要求的全部外部接口功能、内部接口功能和协议功能。目前已完成了标准化接口电路的原理研究，标准化接口电路主要分为 FPGA 板、总线接口板、电缆与连接器 3 个部分，原理框图和实物图如图 4 所示。

### 3.2.2　基于标准接口的标准协议

标准总线协议方案如图 5 所示，分为用户应用层、数据链路层和物理层。其中用户应用层在单机设备中实现，链路层在标准总线接口中实现，物理层为总线通信介质。

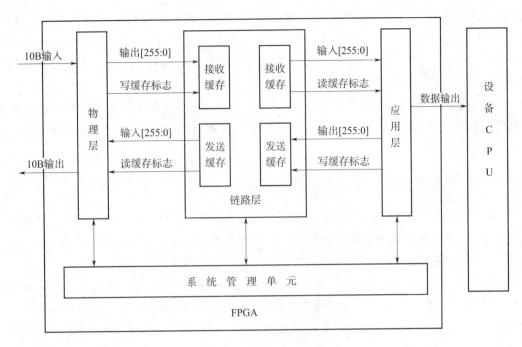

图 4　标准化接口电路原理框图和实物图

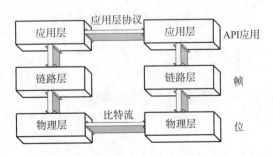

图 5　标准总线协议方案

物理层为节点间真实的接口包括机械接口与电气接口。物理层向上与数据链路层相连，向下与传输介质直接连接。物理层提供一些建立、维持和释放物理连接的方法，以便能在两个或多个数据链路实体间进行数据位流的传输。物理层从数据链路层接收数据信息，对它们进行位编码，并封装成帧（fram-ing），然后将所形成的物理信号传输到节点上的物理介质。信号可以被一个或多个节点所接收，接收设备的物理层将接收的数据单元译码，必要时去掉相关的物理层帧控制信息，然后将该信息传送给正在接收的设备的数据链路层。以规定的电平发送串行差分 NRZ 码流。

目前，线缆主要考虑采用 RS485 总线。在数据传输单元设计里，主要考虑位编码、收发控制以及物理层的帧结构。物理层和数据链路层的接口用于物理层和数据链路层之间交换数据，物理层和系统管理的接口主要包括复位、参数读写等操作。

## 3.3 基于 FPGA 的动态可重构计算的星载计算机

基于 FPGA 的动态可重构技术，以 SRAM 工艺 FPGA 为基础，通过配置不同的程序，该单元可实现测控、数据管理、姿态控制、载荷信息处理等功能的处理任务。为了保证任务的连续性，需要在 1 个控制周期内完成多重任务的切换，因此，对计算机的处理性能提出了很高的要求。

针对 SRAM FPGA 工艺特点、太空恶劣工作环境、处理性能及可靠性要求，并综合实际在轨任务需求，设计基于 Xilinx Virtex 系列 FPGA 的可重构星载计算机核心计算与数据处理单元方案。该单元为星载计算机核心单元，在设计后扩展任务需要的外设控制接口等少量分立电路后便可作为星载计算机。该单元结构如图 6 所示。

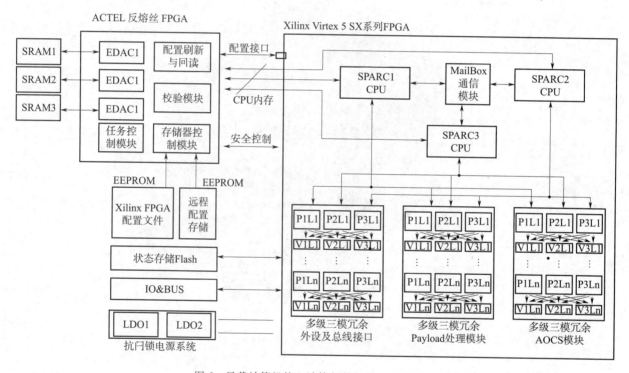

图 6　星载计算机核心计算与数据处理单元结构

图 6 中核心计算与数据处理单元由一片 SRAM 工艺的 Xilinx Virtex 系列 FPGA，一片 Actel 的反熔丝 FPGA，三片 SRAM，2 片 EEPROM 以及电源系统构成。Xilinx Virtex 系列 FPGA 完成大量的计算和数据处理任务，反熔丝 FPGA 实现可靠的 SRAM FPGA 配置以及回读刷洗，SRAM 存储器 EDAC，系统安全可靠复位等功能。三片 SRAM 作为 Virtex 系列 FPGA 内置处理器的内存，2 片 EEPROM 用于存储 Virtex FPGA 的配置信息。

FPGA 内部的 LEON3 处理器主要完成星务管理、任务控制等传统星载计算机的工作，同时实现与 FPGA 内部其他模块进行通信和控制。

FPGA 内部的其他模块包括 3 类：第一类实现与卫星其他功能单元如载荷、热控、测控等系统间数据交换的总线及 IO 控制模块；第二类为处理载荷数据的加速处理模块，该部分采用微码向量化处理器结构进行实现，第三类为轨道计算与姿态控制模块，该部分将实现针对卫星控制的相应算法，并利用 FPGA 的高并行性提高运算速度。这些模块均采用多级三模冗余设计，提高容错性能，同时处理器的每一模分别与这些模块其中第一级模块的其中一模进行连接，并利用第一级表决器进行表决。

基于 FPGA 的可重构星载计算系统的处理性能预计能达到 1 000 DMIPS，1 GFLOPS 以上，为测控、数据管理、姿态控制、载荷信息处理等功能的在轨动态重构计算提供基础，可大大提高星载计算机的集成度，提高微小卫星的处理能力、功能密度和载荷比。

# 4 结束语

针对技术验证、科学试验、快响等航天任务的需求，各研究所和高校通过多种方式研制微小卫星、微纳卫星，以达到微小卫星快速研制、低成本的目的。本文以前期研究的标准化接口和协议为基础，提出微小卫星快速构建体系的架构设想，以实现微小卫星的快速研制、组装和快速测试。同时，采用动态重构计算技术，实现高性能、高集成度的微小卫星动态重构计算环境，为满足高性能和快速响应的航天任务需求提供一种解决方案。

## 参 考 文 献

[1] http://nmp.nasa.gov/st5/ABOUT/about - index.html.

[2] Space Technology 5 News Media Kit，Feb.22，2006. http://www.nasa.gov/pdf/143648main _ ST5Press - Kit.pdf.

[3] TacSat - 3（JWS D - 2）[Z].（2010 - 12 - 16）. http:// www.globalsecurity.org/space/systems/tacsat - 3.Htm.

[4] Dehon A，Wawraynek J. Reconfigurable Computing. What，Why，and Implication for Design Automation [C]. In Proceedings of the 36th Design Automation Conference. 1999. 610 - 615.

[5] 窦勇，谢伦国. 可重构计算相关问题探讨 [J]. 中国计算机学会通讯，2009，5（11）：34 - 42.

[6] Abbott A Lynn，Athanas Peter M，ChenLuna，et al. Finding Lines and Building Pyramids with Splash 2 [C]. In Proceedings of the IEEE Workshop on FPGAs for Custom Computing Machines. 1994. 155 - 163.

[7] Monteneqro S，Roser H P，Huber F. BOSS：software and FPGA middleware for the "flying laptop" microsatellite [C]. In Proceedings of DASIA，2005：401 - 405.

[8] 任小西. 基于可重构计算的高可靠星载计算机体系结构研究 [D]. 湖南大学，2001：7 - 22.

[9] 罗赛. 可重构计算系统体系结构与实现 [D]. 中国科学技术大学，2006：16 - 19.

# A Micro - satellite Architecture Program Based on Dynamically Reconfigurable Computing Environment

Yingchun Zhang[1]    Yu Peng[2]    Chun Li[1]    Shaojun Wang[2]    Weida Huang[1]

1. Aerospace Dongfanghong Development Ltd，Shenzhen，China 518064

2. Harbin Institute of Technology，China 150001

**Abstract**  This paper introduces the trends of standard onboard electronic systems and reconfigurable computing technology. In order to meet the demands of space missions for micro satellites，the architecture which is rapidly constructed by micro satellites is proposed based on standardized interfaces and standard protocols. At the same time，a micro - satellite architecture program is proposed based on dynamic reconfigurable computing environment by means of dynamically reconfigurable computing technology. This program can improve the processing capability，functional density and load ratio of micro - satellite，which can meet the requirements of space mission to realize the high performance，low cost and rapid development.

**Key words**　Micro – satellite；Rapid construction；Dynamic reconfigurable computing

## 作 者 简 介

张迎春，男，总工程师/教授，深圳航天东方红海特卫星有限公司，研究方向为控制科学与工程，电子邮箱：zhang@hit. edu. com。

# 微小卫星热控技术发展的需求分析及发展建议

赵欣　周宇鹏

北京空间飞行器总体设计部空间热控技术北京市重点实验室，北京　100094

**摘　要**　近几年微小卫星发展迅猛，其发射数量截至 2014 年底已经占到全球航天器总发射量的 70％以上。本文首先分析了微小卫星的特点，并根据质量将微小卫星分成了四个类型。之后根据不同类型微小卫星的现状，分别从系统和产品层面对相关热控技术发展的需求进行了分析介绍。最后给出了微小卫星热控技术的发展建议。

**关键词**　微小卫星；微型热控技术；机热一体化；智能化

## 1　引言

热控技术是指通过热分析，采用各种热控材料、器件和设备，合理组织航天器内、外热量的收集、传输、阻断、利用及排散，保证航天器的结构部件、仪器设备在空间环境下处于一个合适的温度范围，使其能够正常可靠地工作。对于卫星而言，热控系统工作正常与否，不仅关系到航天器总体工作性能的好坏，甚至对飞行任务的成败也有重大影响[1-2]。热控涂层、热管、多层隔热材料、导热填料等常规热控技术已经在航天器上得到了广泛应用，几乎所有航天器的温度控制都离不开这些热控技术。

随着载人航天、深空探测、大型通信等航天领域的拓展，单回路/多回路的单相流体回路技术、热湿环境控制技术、基于水升华器等的相变控温技术、可展开式热辐射器技术等新技术得到不断的开发和应用，空间热控技术体系得到健全和完善。随着微小卫星的快速发展，其必然也将推进相关空间热控技术的发展，因此本文从微小卫星特点的分析出发，将对微小卫星对于热控技术发展的需求进行分析，并提出相应的发展建议。

## 2　微小卫星的特点及分类

2013 年，全球小卫星呈爆发式增长态势，共成功发射小卫星 146 颗，相较 2012 年同比增幅达 148.28％[3]。2014 年，全球小卫星（质量低于 1 000 kg 的卫星）延续了 2013 年高速发展的势头，年度发射总数再创新高，全球共成功发射小卫星 189 颗，占全球同期入轨航天器总数的 72.1％，相较 2013 年同比增长 33％，1 000 kg 以下小卫星增长速率已超过全球航天器总增长率。这说明，小卫星已成为世界航天活动高速发展的主要驱动力和重要发展领域。

通过对已经发射的微小卫星技术性能的分析研究，并考虑当前各国所制定的开发研究计划，微小卫星除了质量轻、体积小的特点外，还具有以下几个特点：1）标准接口规范；2）产品微小型化；3）功能密度高；4）智能化程度高（灵活、机动性好）；5）成本低廉；6）研制周期短；7）可批量化生产测试。

到目前为止，我国对于微纳卫星的划分还不明确，各个部门均有自己的定义标准，文献［4］和文献［5］就有两种不同的划分标准。为了便于本文的分析并结合热控技术特点考虑，将微小卫星大致分成如表 1 所示的 4 个层次。

结合微小卫星的特点，不同类型的微小卫星必然对热控技术发展有不同的需求，以下将针对不同微小卫星进行需求性分析。

表 1　微小卫星分类

| 名称 | 划分标准 |
| --- | --- |
| 皮卫星 | 10 kg 以下的（含 10 kg） |
| 纳卫星 | 10～100 kg 之间（含 100 kg） |
| 微卫星 | 100～500 kg 之间 |
| 小卫星 | 500 kg 以上 |

# 3　微小卫星对热控技术发展需求分析

## 3.1　皮卫星

### 3.1.1　国内外典型卫星

2013 年 2 月 25 日，全球的第一个智能手机卫星——由萨瑞卫星公司研制的 STRaND－1 卫星发射升空，该卫星是 3U 立方体卫星，4.27 kg，采用 Google Nexus One 手机对卫星进行控制，除了太阳帆板和推进系统外，STRaND－1 卫星具有传统卫星的所有部件和功能，也是全球第一个采用 3D 打印零件进入太空的航天器，其构型如图 1 所示。

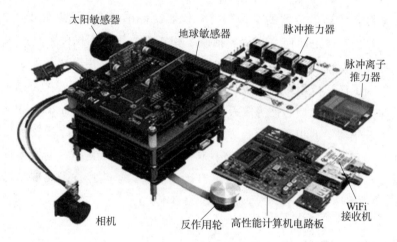

图 1　STRaND－1 智能手机卫星

美军研制的战术快响超视距通信试验星座 SMDC－ONE 为 3U 立方体卫星，如图 2 所示，体积为 10 cm×10 cm×30 cm，质量约为 4.5 kg，全部采用商用现货技术器件，首颗卫星设计寿命 1 年。

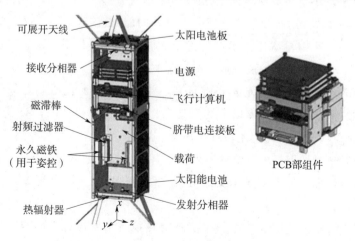

图 2　SMDC－ONE 卫星

目前，我国的皮卫星中最小的是浙江大学的皮星1号，质量3.5 kg。皮星1号是由浙江大学自主研制的一种皮卫星，现已发射3颗。皮星1号卫星，采用15 cm×15 cm×15 cm的立方体体装式结构，成功地进行了半球成像全景光学相机、微机电系统（MEMS）加速度传感器和角速度传感器等多项飞行试验。

### 3.1.2 需求分析

根据国内外的现状看，针对10 kg以下的皮卫星，已经没有热控分系统这一概念，系统设计方法是这种类型卫星热设计的关键，应从质量、低成本、短周期研制等方面进行优化考量。热控设计的思路为整星均温，废热利用，在热控设计方面完全采用被动式热设计的理念。

（1）系统层面

1）由于完全的被动式设计，无调节手段，因此系统热分析的准确性显得尤为重要，对于功耗和体积相对较大的卫星，10 W左右的热耗对于整星平均约有1℃的影响，而对于该类型卫星，估计就有5～10℃的影响，因此必须考虑各个细节，如螺钉的导热、外露设备与模块间导热、电缆之间的导热等。

2）热试验的模拟对于卫星热设计的验证也是非常重要的。外热流模拟存在误差，同时外露设备的外热流难以准确模拟，而且其对于整星温度影响较大，因此对于这类卫星建议以修正热模型为热试验的主要目的，通过等温热沉或定热流辐射边界等方式来开展热试验。在热模型修正中，必须将外热流的模拟误差考虑进去。

（2）产品层面

1）从目前发射的皮卫星看，其特点是功能单一，任务简单，不具备智能化的特点，因此完全依靠材料器件类热控产品就可以实现相应的温度控制，主要采用的产品为涂层类、隔热组件、导热强化材料等传统热控技术，但必须进一步优化工艺，考虑如何实现快速实施和操作。

2）从未来发展的角度看，不排除由于部件不断微小型化的发展趋势所带来的热流密度增大（热功耗总量不大）问题，这时必须考虑微型热控技术来实现热量的排散或局部的等温化，主要需要开展面向单板或功率集成电子器件的基于MEMS的微型热控技术研究，包括微型热管、微型环路热管、微型流体回路等。

## 3.2 纳卫星

### 3.2.1 国内外典型卫星

SMART平台是由美国AeroAstro公司于2005年开发的采用模块化设计理念的智能小卫星平台，其核心技术体现在SMART Bus上，SMART Bus为模块化卫星系统提供了一系列机热、电子和逻辑标准，基于SMART Bus标准的卫星由若干个六边形模块或"片"组成的堆栈构成，每个六边形模块执行一个特定的卫星分系统功能，如图3所示，通过使用可堆叠的模块化结构，各分系统能够各自独立的被选择或替换。

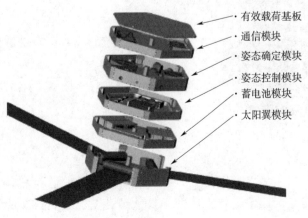

图3 SMART卫星

ST－5 是美国的一颗低成本微卫星，质量为 25 kg（含燃料），功率 24 W。卫星构型如图 4 所示。直径 53 cm，高 48 cm，外形为八面体，八面体外表有体装太阳电池阵。卫星热控分系统完全是被动的，两个固定窗口被动辐射器分别安装在卫星顶部和底面。多层隔热材料用于控制卫星内部温度。有两种可变发射率涂层技术在 ST－5 卫星上使用：一种为 MEMS 可变发射率涂层；另一种为静电可变发射率涂层。提高了卫星在复杂环境变化下的适应性。

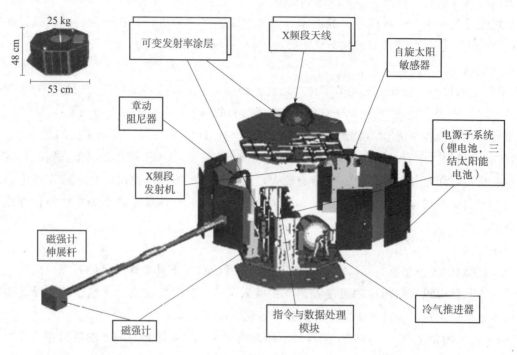

图 4    ST－5 卫星

航天东方红卫星有限公司曾研制了一颗采用模块化结构的微小卫星（如图 5 所示），卫星主体结构是一个 488 mm×320 mm×400 mm 的长方体，由 12 个镁合金金属壁模块盒层叠而成，为体装太阳电池阵。一般模块盒都是将电子器件集成在一个电路板上，蓄电池和姿控设备没有集成，而是直接将蓄电池（设备）安装在模块盒内。沿模块盒堆叠的方向外侧贴了一根热管实现各模块之间的均温[6]。

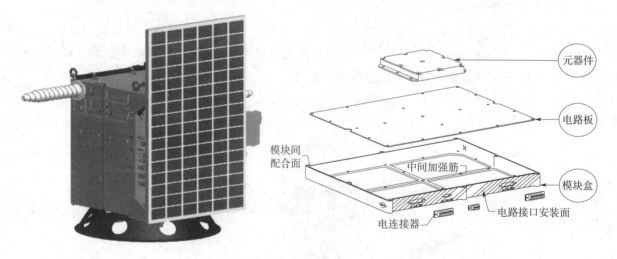

图 5    模块化卫星

### 3.2.2    需求分析

针对 100 kg 左右的纳卫星，系统设计方法同样是这种类型卫星热设计的关键，应从质量、低成本、标准模块化等方面进行优化考量。目前的热控设计主要是以被动设计为主，对于蓄电池等关键单机才采用主动控温的方式。

（1）系统层面

1）虽然热耗及体积增大使得整个卫星的容错能力增强，但由于该卫星仍以被动热控为主，调节能力较弱，因此也需要关注很多细节的地方，比如星表外露表面的热控状态、外露设备的隔热设计等[7]；

2）对于这类卫星建议仍以修正热模型为热试验的主要目的，可以采用外热流模拟筛选分析法来开展热试验外热流模拟[7]。

（2）产品层面

1）从目前发射的纳卫星看，其结构相对复杂，任务模式相对较多，不过，完全依靠传统热控技术也能实现整星的温度控制，如采用涂层类（包括 OSR）、隔热组件、导热强化材料、热管（主要是氨槽道热管）以及加热器等技术，对于这些传统热控技术除了在优化工艺方面的考虑外，还可以从轻量化方面进行考虑，如开展轻量化隔热组件、轻量化 OSR 研究；

2）在单板或功率集成电子器件散热方面，其对微型热控技术的需求与皮卫星中的需求是一致的；同时根据该类型卫星的特点，还可以开发出小型化的热控技术或产品，包括小型热管、小型环路热管等，实现系统的等温化设计；

3）该卫星具备皮卫星不具备的特点——智能化，需要具有较广的适应性，因此需构建智能有效的热控调控手段，提升卫星在轨生存能力，因此在这个层面下需新开发具有自适应性的微小热控技术，包括智能热控涂层技术（包括热致变、电致变等）、智能电加热器技术、微小型百叶窗技术、微小型热开关技术等。

## 3.3 微/小卫星

### 3.3.1 国内外典型卫星

TacSat 是美国国防部在快速响应空间（ORS）计划下发展的快速响应技术试验卫星系列。TacSat‐4 卫星是其中的一个系列，该卫星质量为 450 kg，卫星的平台采用六边形结构，通过铝合金支架及侧边结构板组成卫星的主结构，其平台舱通过铝蜂窝铝蒙皮结构板分为两层，分别安装不同的设备，有效利用星上空间，如图 6 所示。

图 6　TacSat‐4 卫星平台舱结构

TacSat‐4 卫星的设计思想是满足快速响应的要求，因此采用了标准化平台及多适应性接口。平台和有效载荷需分开研制，然后在发射场总装，并可能安装不同类型的有效载荷等。由于通信试验载荷约1 m³体积的热流达600～700 W，并且在飞行过程中卫星姿态不断变化，所以给热控设计带来了非常大的挑战。最终，通信试验采用了中央热平台（CTB）和环路热管（LHP）设计（如图7所示）。中央热平台的概念是将所有散热设备集中布置，集中热控，这样可以节省质量和体积，便于安装集成、布局优化和热屏蔽。同时在载荷主结构外部8个面板上均布置了热辐射器。

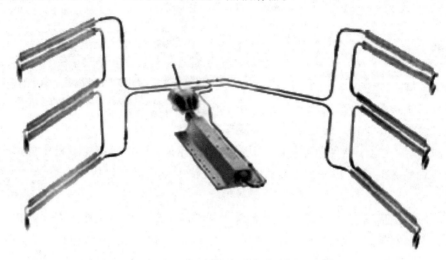

图7　TacSat-4卫星环路热管示意图

以航天东方红卫星有限公司为代表的研究机构已经研制和发射了众多微/小卫星，其热控设计状态可参见多篇文献，如文献［8］和文献［9］等。

### 3.3.2　需求分析

对于100 kg以上微/小卫星的热控设计理念与1 000 kg以上的大卫星设计理念是一样的，即尽量采用等温化设计的理念，整星以被动设计为主，辅以主动温控，针对某些特殊载荷、高精度控温要求的平台设备采用特殊的热控技术，如采用相变技术实现铷钟的高精度控温。因此这类卫星对热控技术的需求与大卫星是一样的，因此本节不再累述。

需要指出的是，随着集成化综合电子、产品微小型化等技术发展，微/小卫星完成任务的能力越来越强，功能密度会越来越高，智能化程度也会越来越高，部分大卫星的功能将会逐渐被取代，因此必须考虑用于传统大卫星上的热控技术小型化发展，比如微小型泵驱流体回路技术、微小型制冷技术等。

## 3.4　小结

本节分析了不同类型的微小卫星对不同热控技术发展的需求，但必须指出的是，这些需发展的热控技术却是具有通用性的，不仅可用在不同的微小卫星上还可以用于大卫星，比如微型热控技术，既可以用于皮纳卫星上，也可以用于大卫星上的高功率元器件散热。因此可以说，针对微小卫星开发研制出的热控技术同样将推动大卫星的技术能力和水平。

# 4　微小卫星热控技术发展建议

微小卫星的快速发展必将推进相关热控技术的发展，根据微小卫星的技术特点看，新开发的热控技术将具备"快速、轻小、智能"等特点，其将极大丰富传统的热控技术体系，也是热控领域"十三五"乃至更长时间里的一个发展方向。针对上述分析并根据我国现有的热控技术水平提出以下发展建议：

1）开展针对微小卫星的热分析仿真和热试验技术的研究，重点研究基于模块化的热分析技术、快速热仿真方法、热模型修正技术，同时开展等效热试验方法、热试验简化技术的研究；

2）开展热控产品工艺实施的优化研究，优化热控技术的部装和总装流程，提升面向快速响应的热控技术能力；

3）在目前成熟技术的基础上，结合卫星发展的需求，全面开展小型化、轻量化、智能化、货架式的热控技术研究，丰富现有热控产品体系，提升热控技术水平；

4）加强学科交叉与融合，促进新兴科学技术领域在卫星热控制技术上的应用，分阶段分步骤的开展基于 MEMS、3D 等技术的微型热控技术研究，推动热控制技术的发展；

5）探索石墨烯、热整流等新材料、新概念的热控新技术应用性研究。

# 5 结束语

本文根据微小卫星的特点，以及对不同类型国内外典型微小卫星的介绍，研究了不同类型微小卫星对于热控技术发展的需求，分别从系统层面和产品层面两个维度进行了分析。根据分析，梳理了需发展的热控技术，这些热控技术不仅可以用于微小卫星，同样可以用于大卫星上，而且这些技术同样可推动和提升大卫星的技术能力和水平，解决大卫星上部组件的散热难题。本文还根据需求的分析以及我国现有的热控技术水平状态情况，对微小卫星热控技术的发展提出了建议，可供相关技术人员参考。

## 参 考 文 献

[1] 闵桂荣，郭舜. 航天器热控制（第二版）[M]. 北京：科学出版社，1998.

[2] 侯增祺，胡金刚. 航天器热控制技术——原理及其应用 [M]. 北京：中国科学技术出版社，2007.

[3] 朱鲁青，张召才. 2013 年国外微小卫星回顾 [J]. 国际太空，2014.

[4] 林来兴. 小卫星技术发展和应用前景——兼谈卫星设计思想演变 [J]. 航天器工程，2006，15（3）.

[5] 尤政. 微小卫星技术的发展 [J]. 科学，2001，53（5）.

[6] 周晓云，易桦，赵欣. 模块化结构卫星热设计与验证 [C] /第十届空间热物理专题学术研讨会文集，2011.

[7] 潘维，赵欣. 小卫星全被动热设计及其验证技术 [J]. 航天器工程，2014，23（4）.

[8] 麻慧涛，高晓明，杜卓林. 环境减灾－1A、B 卫星热设计与飞行验证 [J]. 航天器工程，2009，18（6）.

[9] 刘伟，杨沪宁. 天绘一号卫星热控设计及飞行验证 [J]. 遥感学报，2012，16（zl）.

# Requirement Analysis and Development Suggestion of the Microsatellite and Small Satellite Thermal Control Technology

ZHAO Xin    ZHOU Yupeng

Beijing Institute of Spacecraft System Engineering，Beijing Key Laboratory
of Space Thermal Control Technology，Beijing 100094

**Abstract**    The microsatellite and small satellite has developed rapidly in recent years，its launch number has already accounted for seventy percent of all the number of satellites in the world by the end of 2014. Firstly，the characteristics of microsatellite and small satellite have been analyzed in this paper. The microsatellite and small satellite has been classified into 4 types by weight. Then，the thermal control development requirement of the different microsatellite and small satellite has been analyzed by their status in aspects of system and production respectively. Finally，the development suggestion of the microsatellite and small satellite has been presented.

**Key words**　Microsatellite and Small Satellite；Micro Thermal Control Technology；Integrated Structural – Thermal Design，Intelligentization

## 作 者 简 介

赵欣，男，研究员，北京空间飞行器总体设计部空间热控技术北京市重点实验室，研究方向为航天器热控制系统设计及热分析，电子邮箱：zxbit@sina. com。

# 对地观测小卫星最新发展研究

张召才　朱鲁青

北京空间科技信息研究所，北京　100086

**摘　要**　2014 年，全球共成功发射 262 颗航天器，其中成功发射小卫星（质量低于 1 500 kg 的卫星）200 颗，占全球同期入轨航天器总数的 76.3%，全球小卫星发射总数再创新高，其中对地观测小卫星发展尤为活跃。本论文全面统计分析小卫星最新发射数据，在此基础上系统研究国外对地观测小卫星最新发展态势和创新应用情况，并总结给出研究结论。

**关键词**　小卫星；立方体卫星；对地观测；创新应用

## 1　小卫星数据统计分析

### 1.1　美欧仍是发射主力军，日本发射数量跃居第三

从所属国家看，2014 年美国发射小卫星 93 颗，高居全球首位。欧洲成功发射小卫星 25 颗，位列全球次席。日本发射小卫星 22 颗，是全球小卫星发射数量第三多的国家。俄罗斯小卫星发射数量相对稳定。此外，中小国家开始借助小卫星开展本国航天活动，如匈牙利、立陶宛和乌拉圭等国家，均在 2014 年发射了本国首颗卫星，开始走向世界航天舞台，推动了航天技术在全球的普及，加深了航天活动在世界范围内的影响，在全球掀起一场"轨道革命"。图 1 为各国小卫星发射数量统计。

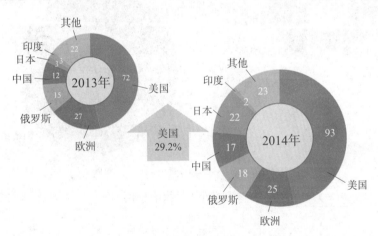

图 1　各国小卫星发射数量统计

### 1.2　宇航公司关注力度加大，新兴商业公司大量涌现

从小卫星研制商看，宇航公司对小卫星关注力度逐步加大，超越大学和科研机构，成为 2014 年度全球小卫星研制的主要力量。2014 年，全球共有 142 颗小卫星由宇航公司研制，占比达到 71%。一方面，以研制大卫星为主的宇航公司开始关注小卫星业务，如波音公司推出了"幻影凤凰"系列小卫星平台。另一方面，国外近年又涌现出大量新兴商业小卫星公司，如美国 Skybox Imaging、Planet Labs 等。这些新兴公司均提出商业小卫星星座计划，发展面向定制化需求的创业应用和商业运营模式，推动了全球范围内小卫星活动的发展与繁荣。图 2 为宇航公司对小卫星关注力度变化趋势。

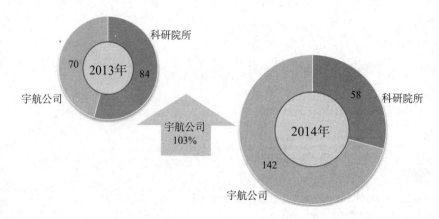

图 2　宇航公司对小卫星关注力度变化趋势

## 1.3　业务型小卫星数量激增，对地观测成为主要驱动

从应用领域看，随着小卫星能力不断提升，小卫星应用不再只局限于科学与技术试验，开始迈入业务化、装备化运营阶段，应用领域不断扩展，在地观测、电子侦察、通信、空间攻防、空间目标监视、在轨服务、战术快响、空间科学探测、空间天气、深空探测等领域应用能力稳步，并且已成为空间系统的重要组成部分。小卫星业务能力不断提升，在军事领域和商业领域的应用前景已获得各方高度关注。美国航天基金会 2014 年 6 月发布的《2014 年航天报告》指出，"未来几年一个可能的趋势是小卫星将占据更多的市场份额。"图 3 为业务型小卫星数量大幅增长。

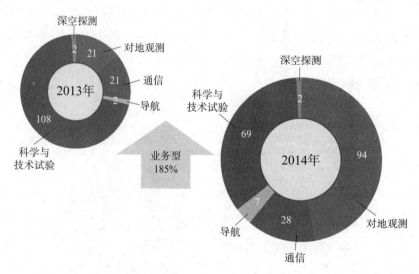

图 3　业务型小卫星数量大幅增长

# 2　对地观测小卫星最新发展

## 2.1　美国低轨商用小卫星批量入轨，开启航天大数据时代

在"新航天经济"驱动下，美国大量硅谷 IT 企业开始进入航天领域，如 Skybox Imaging 公司和 Planet Labs 公司等，相继提出"小卫星、大数据"，"小卫星、大星座"商业计划，发展低轨新型商业对地观测系统。

2014 年 7 月 8 日，Skybox Imaging 公司"天空卫星"（SkySat）星座第二颗卫星 SkySat－2 搭乘俄罗斯联盟－2（Soyuz－2）火箭发射进入倾角 97.2°、高度为 623 km×637 km 的太阳同步轨道。SkySat－2 与

SkySat-1采用完全相同的设计方案，单星质量91 kg，设计寿命4年，星下点全色图像分辨率优于1 m（SkySat-1分辨率0.9 m，SkySat-2分辨率0.95 m），多光谱分辨率为2 m，成像幅宽8 km，并能够获取时长90 s、每秒30帧的高清视频。星下点视频分辨率为1.1 m，标准覆盖为2 km×1.1 km。截至2014年底，SkySat-1和SkySat-2卫星均在轨工作正常。图5为SkySat星座及地面装配。

(a) SkySat星座　　　　　　　　　　　　　　　(b) 地面装配

图5　SkySat星座及地面装配

2014年2月11日至28日期间，Planet Labs公司首个运营级微纳卫星星座鸽群-1（Flock-1）陆续从国际空间站释放进入高度约400km、倾角52°的圆形轨道。Flock-1星座由28颗3U立方体卫星组成，是当时全球最大的对地观测卫星星座，对地分辨率达到3～5 m。该星座于2014年1月7日搭乘轨道科学公司（OSC）"安塔瑞斯"（Antares）火箭进入国际空间站，并利用NanoRacks公司提供的国际空间站小卫星商业部署业务，由"小卫星轨道部署器"（SSOD）释放入轨。截至2015年4月30日，Planet Labs公司共发射113颗卫星，失败26颗，成功入轨73颗，目前在轨运行20颗。图6为Flock卫星。

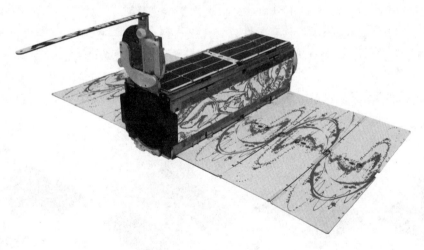

图6　Flock卫星

## 2.2　欧洲萨瑞公司小卫星性能持续提升，发布视频成像卫星平台

萨瑞公司"灾害监测星座"（DMC）性能不断提升，规模不断扩大，开辟了多国合作共赢的低轨小卫星发展模式。自2011年300 kg、2.5 m分辨率光学成像小卫星投入使用后，萨瑞公司已研制出新一代质量为350 kg、分辨率为1 m的光学成像小卫星DMC-3和首颗质量为400 kg、分辨率为6 m的S频段雷达成像验证小卫星，并计划于2015年相继发射入轨。图7为萨瑞公司S频段NovaSAR雷达成像卫星及VIC卫星。

欧洲萨瑞公司发布新一代视频成像卫星平台，2014年4月，萨瑞美国公司（SST-US）又发布了具有彩色视频成像能力的V1C型小卫星。V1C卫星设计紧凑，单星价格低于2 000万美元，能够获得高清晰画质的真彩色（红、绿、蓝）视频，星下点指向时地面分辨率优于1 m，地面幅宽为10 km，帧频高达

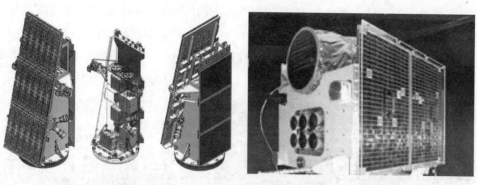

(a) S 频段 NovaSAR 雷达成像卫星　　　　　　　(b) VIC 卫星

图 7　萨瑞公司 S 频段 NovaSAR 雷达成像卫星及 VIC 卫星

100 帧每秒。V1C 型卫星具有任务可再配置能力，可以应用在一系列情报收集领域，如监视、探测和确认，面向需要快速获取和分析卫星数据的组织提供快速变化的地面人群或基础设施的态势感知和实时情报（ABI）信息。根据卫星发射数量不同，V1C 型卫星可构成多种不同的星座构型，如以 30～60 min 的时间间隔部署在同一轨道，以便于在每天特定时段提供近实时的视频覆盖。

## 2.3　日本发射新型通用平台首发星，最高分辨率优于 0.5 m

日本积极推动对地观测小卫星技术发展，政府和商业公司联合研制并发射了基于新一代通用平台的 ASNARO-1 卫星，高校则专注发展 100 kg 以下微纳型对地观测卫星。

2014 年 11 月 6 日，日本利用俄罗斯"第聂伯"（Dnepr）火箭成功发射采用新型高分辨率通用卫星平台的首发星——阿斯娜劳-1（ASNARO-1）卫星。ASNARO-1 卫星质量约 450 kg，全色分辨率优于 0.5 m、多光谱分辨率优于 2 m，幅宽 10 km，星下点侧摆能力±45°。ASNARO 平台基于通用化架构和标准接口设计，采用 SpaceWire 协议，具有柔性化、开放式特点，能够搭载不同对地观测载荷，满足多种对地观测任务需求，如包括高分辨率光学成像载荷、高分辨率合成孔径雷达、高光谱遥感器和红外遥感器等。ASNARO 平台具有高分辨率、高敏捷、低成本、短周期和小型化的特点，能够快速响应用户需求，是日本未来发展低成本低轨对地观测系统的重要力量。图 8 为 ASNARO 卫星支持不同任务载荷。

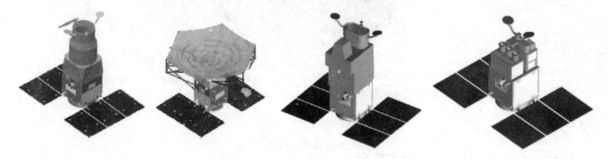

图 8　ASNARO 卫星支持不同任务载荷

## 2.4　韩国重视对地观测卫星长期规划，成功发射 0.5 m 分辨率对地观测卫星

韩国一直非常重视对地观测小卫星的发展。2013 年底，韩国政府发布面向 2040 年的《航天发展中长期规划》，根据该规划，韩国对地观测卫星领域，未来在持续研制并发射低轨道高分辨率光学和雷达成像的"韩国多用途卫星"系列以及静止轨道气象卫星及海洋与环境卫星的同时，将研制 500 kg 级、载荷多样的"下一代中型卫星"，满足多样化的对地观测需求，提高时间分辨率。

2015 年 3 月 26，韩国利用俄罗斯"第聂伯"运载火箭成功发射了"韩国多用途卫星"-3A（KOMPSAT-3A）光学成像卫星。KOMPSAT-3A 卫星是"韩国多用途卫星"（KOMPSAT）系列第 5 颗卫星，是 KOMPSAT – 3 卫星的增强版，增加了红外成像能力，降低了卫星运行轨道，全色分辨率从 0.7 m 提升至 0.55 m，使韩国成为世界上第 6 个拥有 0.5 m 级光学分辨率卫星系统的国家。

KOMPSAT – 3A 卫星平台由韩国航空航天研究院（KARI）研制，卫星成像载荷由空客防务与航天公司德国分公司研制，项目总成本 2.12 亿美元。KOMPSAT – 3A 卫星发射质量约 1 100 kg，直径 2 m，高 3.8 m，整星功率 1.4 kW，设计寿命 4 年。卫星运行于 528 km 的太阳同步轨道，降交点地方时为 13：40。韩国未来创造科学部于 4 月 14 日首次公开了 KOMPSAT – 3A 卫星在轨试运行期间拍摄的图像。

# 3 对地观测小卫星创新应用

随着空间技术发展和小卫星能力提升，国外提出了大量"小卫星、大星座"概念，计划利用低轨小卫星星座提供近实时更新的大数据服务。尤其是在移动互联网时代，信息技术与卫星应用结合，瞄准利基市场，催生颠覆式的创新商业模式和卫星应用模式。小卫星在军事应用方面，也表现出"改变游戏规则"的巨大力量，成为美国、俄罗斯等大国发展军事航天能力的重要手段。

## 3.1 创新商业应用

对地观测小卫星创新商业应用的典型代表是美国 Skybox 公司和 Planet Labs 公司。两家公司均由 IT 技术起步，并采用了颠覆式的创新商业模式，卫星系统设计也以满足其创新商业应用为前提。如 Skybox 公司构建云服务平台，鼓励用户或第三方开发专业应用 APP，提供定制化服务；Planet Labs 公司采用"永远在线"工作模式，无需地面下达指令即可对陆地连续开机成像，确保全球近实时数据更新。图 9 为指令成像工作模式（左）与永远在线工作模式（右）。

图 9  指令成像工作模式（左）与永远在线工作模式（右）

与传统对地观测系统相比，SkySat 星座和 Flock 星座等以小卫星为主体的新兴商业对地观测系统呈现出一些新的技术特点与运营模式：

1）卫星公司均是非传统航天企业，均以互联网企业自居，引入大数据、云计算等互联网理念，并提供在线数据浏览、直销和分发等业务；

2）提供云服务平台，鼓励用户或第三方开发专业化应用 APP，尝试天基对地观测应用的近实时响应和定制化服务模式；

3）除提供天基对地观测图像数据外，还可提供变化监测信息，驱动对地观测应用从图像向信息发展；

4）系统重访周期高，对地观测数据更新快，能实现全球近实时观测，兼顾全球"热点"地区和"非热点"地区。

## 3.2 创新军事应用

当前全球范围内，以信息化为主要特征的新型作战模式强调力量资源集成，驱动军事航天发展开始转型，使得小卫星获得广泛军事应用，推动航天装备从支撑作战开始向融入作战转变，缩短了从敏感器到指挥官的链条，提升了信息化条件下的网络中心战效能。

在国防部 ORS 计划主导推进下，美军通过战术-2，战术-3，战术-4 和 ORS-1 四颗卫星持续在轨验证与能力完善，已经发展了直接服务于作战用户的天基信息获取和传输能力，建立了成熟的小卫星融入作战概念。ORS 卫星融入作战的突出特点是缩短指控链条，直接服务战区。2013 年 4 月，美国中央司令部让前线指挥部队通过"虚拟任务操作中心"直接调度 ORS-1 快响卫星，获取了坠毁在偏远地区的直升机图像，实现基层指挥官—天基敏感器的端到端快速联接与直接应用，提升作战能力。受 ORS 计划激励，美国陆军提出的"隼眼"（Kestrel Eye）计划也以满足战区基本作战需求为发展宗旨。Kestrel Eye 星座用于向基层作战人员快速、按需提供近实时的战场图像数据，支持"按下即拍"作战模式，在 10 min 内完成从前方作战用户发出任务请求到分发图像的全部操作。图 10 为 Kestrel Eye 星座军事作战流程。

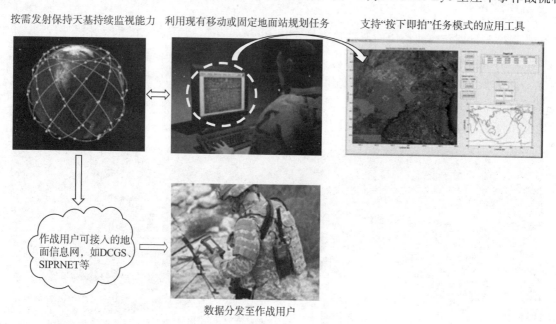

图 10 Kestrel Eye 星座军事作战流程

# 4 结束语

总体来看，小卫发展高度活跃，已成为世界航天活动的重要构成部分，并呈现出以下特点：

1）大卫星小型化、小卫星微型化趋势明显；

2）微纳卫星发展高度活跃，立方体卫星发展前景广阔；

3）小卫星业务能力不断提升，成为宇航公司业务发展的新增长点；

4）商用对地观测小卫星发展势头劲猛，催生全新的卫星应用模式和商业运营模式。此外，随着能力不断提升，对地观测小卫星应用正不断孕育新模式。现代信息技术的广泛"移植"和应用，激活了小卫星应用市场。空间技术与大数据、云计算等技术深度融合趋势显著，加速了定制化卫星应用时代的到来。

## 参 考 文 献

［1］ Barton Gellman. U. S. spy network's successes, failures and objectives detailed in "black budget" summary, Washington Post, 2013. 08. 29.

［2］ John R. London III, Army NanoSatellite Technology Demonstrations for the Tactical Land WarFighter, 27th Army Science Conference, 2010. 11. 29.

［3］ 张召才 . 2014 年国外小卫星回顾［J］. 国际太空, 2014（2）.

# Study on Recent Developments of EO SmallSats

ZHANG Zhaocai    ZHU Luqing

Beijing Institute of Space Science and Technology Information, Beijing 100086

**Abstract**    The number of smallsats sent into space created a new record in 2014. There were 262 spacecrafts sent into space, among which about 76. 3 percents were smallsats. The EO smallsats develop especially rapidly. This paper analyzes the smallsats data, studies the recent developments and innovation applications of EO smallsats, and finally summarizes the study results.

**Key words**    SmallSat; CubeSat; Earth observation; Innovation application

## 作 者 简 介

张召才, 男, 博士, 北京空间科技信息研究所, 研究方向为小卫星情报研究与分析, 电子邮箱: zzcai512@126. com。

# 第四部分 测试试验

# 卫星质心检测与修正全物理试验

苟兴宇　牟小刚　张勇智　郝永波

北京控制工程研究所空间智能控制技术重点实验室，北京　100190

**摘　要**　质心检测与修正是重力场测量卫星需要用到的一项特殊的控制技术。本文在简述该技术国内外研究动态的基础上指出，质心检测与修正全物理仿真试验罕见文献报道。随后，文章基于地面试验系统中加速度计输出数据构成分析，设计出质心检测与修正的地面全物理试验系统，给出质心检测模型、最小二乘公式及质心修正公式，在加速度计组件安装调整、推力器推力调整及质心测定可重复性确认等试验调试的基础上，最终完成了原理性物理仿真试验，加深了对质心检测与修正这项特殊技术的理解。

**关键词**　重力场测量卫星；质心检测；质心修正；全物理试验

## 1　引言

质心检测与修正是重力场测量卫星需要用到的一项专门技术[1-3]。加速度计检验质量质心偏离卫星质心的矢径长度对地球重力场恢复精度具有重要影响[2]。海洋卫星等其他一些卫星也对卫星质心检测提出要求[4-5]。

重力场测量卫星质心检测的基本原理是[6]，获取卫星姿态运动角速度、角加速度及加速度计测量输出中反映质心偏差的数据，采用适当的算法解算出从卫星质心到加计检验质量中心矢径的各个分量。在检测出这些分量之后，基于质心位置修正公式，通过专门装置移动可动质量块，最终完成卫星质心的修正。

为了开展质心检测，需要在卫星上配置合适的执行机构，激励卫星产生期望的角运动，并配置合适的敏感器，拾取响应数据，随后通过适当算法获取上述反映质心偏差的三种基本参数。常见的敏感器与执行机构配置组合包括：1）陀螺与推力器[4-5]；2）星敏、加计与磁力矩器[6-7]；3）陀螺、加计与磁力矩器[8]。

获取反映质心偏差数据的算法研究报道较多，包括递推最小二乘算法[5]、MME/EKF 算法[7]及预测滤波与扩展 Kalman 滤波结合的算法[8]等。

总体看来，国内外关于质心检测的理论、方法研究成果较多，并且国际上已有卫星质心检测与修正的成功先例[6]。不过，开展质心检测与修正的物理仿真试验成果至今罕有报道。参考文献［9］报道了 20 世纪 70 年代初斯坦福大学完成的自旋无拖曳卫星质心估计全物理试验。试验系统中等效卫星的部分气浮于平台之上，检验质量固联于平台舱顶，通过检测检验质量

在卫星自旋平面内的位置分量最终实现对卫星质心的估计。在星体采用位移方式对检验质量进行无拖曳跟踪时，卫星质心的准确确定有利于节省推进工质。

本文以 GRACE 卫星为背景，基于地面试验系统中加速度计输出数据构成分析，设计出质心检测与修正的地面全物理试验系统，给出质心检测模型、最小二乘公式及质心修正公式，描述了试验调试的主要内容，最终完成了卫星质心检测与修正的原理性物理仿真试验，加深了对质心检测与修正这项特殊技术的理解。

## 2　试验系统设计

鉴于地面试验存在的约束，仍然基于单轴气浮台来考虑质心检测与修正试验系统。拟定的卫星质心检测与修正原理性全物理试验系统示意图如图 1 所示。

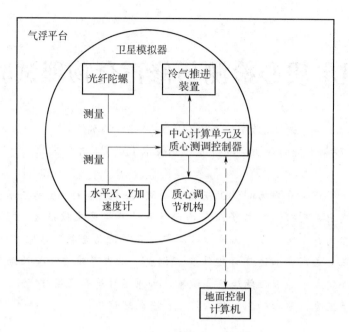

图1 试验系统平面示意图

在该系统中若采用三轴加计，则该加计示数等于气浮系统所受的非重力加速度，具体包括：大理石气浮台面支反力加速度、因加计测点偏离气浮系统质心所引起的牵连加速度、喷气姿态控制非力偶主矢加速度、迎风阻力加速度及因花岗岩平台的大地基础振动而传递到气浮系统的加速度等。

由于本试验理想情况下是在气浮系统所在当地水平面内进行，因此必须避免支反力加速度（数值上与重力加速度相等）在水平面两个敏感轴上的投影。试验系统选用两个单轴加计组合拾取水平面内两个敏感轴的加速度数据，直接避免了该投影的影响及大地振动的影响。

因外激励所致的牵连加速度由切向加速度与径向加速度两部分组成，包含系统质心偏离信息，是试验中要提取的关键参数，必须通过试验设计使其占据主导地位。

大气阻力加速度构成复杂，大致由气浮系统线运动迎风阻力加速度及其转动所致切向加速度两部分组成。切向加速度中仍然包含系统质心偏离信息，直接视同外激励所致牵连加速度使用。但线运动加速度与系统质心偏离信息无关，在惯性系统与气浮本体线速度大小有关，难于模型化，宜按噪声因素处理，试验系统设计及试验环境、试验操作应尽量减小其影响。

试验系统的理想激励是纯力偶，因此对于高精度质心检测，在轨卫星一般采用磁力矩器作为执行机构。受制于地面试验条件，本试验系统选用冷气推进装置提供正、反力偶作为姿态激励。分析认为，提供力偶的两个平行、反向的推力器推力的和矢量将作用于系统质心，从而导致喷气姿态控制非力偶主矢加速度。这个加速度是该试验最主要的误差因素，必须通过推进设计、安装与试验调试加以抑制。

综合各种现实条件与配合关系进行分析，确定本试验系统主要技术指标如下：

1) 单轴加速度计，精度优于 $1.0 \times 10^{-6}$ m/s$^2$，量程 $\pm 0.02$ m/s$^2$；

2) 单轴光纤陀螺，随机游走系数优于 $0.004\,5(°)/\sqrt{h}$，零偏优于 $4(°)/h$；

3) 冷气推进系统，4个推力器，每个推力器标称推力按 0.12 N 设计；

4) 质心调节机构，对气浮系统质心的调节范围 $\pm 10$ cm 左右，调整步长优于 1 mm；

5) 气浮系统由气浮台体、加计、光纤陀螺、冷气推进系统、质心调节机构及中心控制单元等集成形成，质量 150 kg 左右，质心调节机构处于零位时系统惯量 15 kg·m$^2$ 左右，并为冷气推进提供力偶臂 0.4 m 左右；

6) 单块花岗岩平台最大倾斜角优于 4″；

7) 试验系统质心测定精度 3 cm。

# 3 试验原理

## 3.1 质心检测模型与误差

在原理性质心检测与修正试验中，在平行于气浮平面的平面内，加速度计的输出满足以下关系式

$$\left\{ \begin{array}{c} a_{mx} \\ a_{my} \end{array} \right\} = \left[ \begin{array}{cc} -\omega_{rz}^2 & -\varepsilon_{rz} \\ \varepsilon_{rz} & -\omega_{rz}^2 \end{array} \right] \left\{ \begin{array}{c} x \\ y \end{array} \right\} + \left\{ \begin{array}{c} a_{xn} \\ a_{yn} \end{array} \right\} \tag{1}$$

式中　$a_{mx}$、$a_{my}$——两轴加速度计沿气浮台质心坐标系 $x$ 轴及 $y$ 轴的示数；

$x$、$y$——加计检验质量偏离气浮台质心的两个坐标；

$\omega_{rz}$——气浮台绕垂直于气浮平面的当地地垂线的转动角速度，注意要剔除地球自转角速度；

$\varepsilon_{rz}$——相应的角加速度；

$a_{xn}$、$a_{yn}$——沿气浮台质心坐标系 $x$ 轴及 $y$ 轴的噪声加速度，主要是推力器非力偶主矢及线运动大气阻力合力加速度。

为了保证质心检测精度，在质心检测指标要求范围内，噪声加速度的各分量应当比上式右端第一项运算结果中相应分量量值小一个量级以上。试验中具体要求该噪声加速度量值接近加计分辨率即可。

## 3.2 质心检测的最小二乘拟合公式

最小二乘拟合针对的线性测量模型一般为

$$z_i = h_i X + v_i \quad (i=1, 2, \cdots, N) \tag{2}$$

式中　$z_i$——测量矢量 $z$ 的第 $i$ 组测量结果；

$h_i$——第 $i$ 组已知矩阵；

$X$——不随时间变化的待求矢量；

$v_i$——第 $i$ 组噪声矢量。

将 $N$ 组测量结果进行扩维，于是扩维测量矢量为 $Z = \{z_1^T, z_2^T, \cdots, z_N^T\}^T$，扩维已知矩阵为 $H = [h_1^T, h_2^T, \cdots, h_N^T]^T$，扩维噪声矢量为 $V = \{v_1^T, v_2^T, \cdots, v_N^T\}^T$，因此模型（2）联立写成

$$Z = HX + V \tag{3}$$

从而 $X$ 的最小二乘估计为

$$\hat{X} = (H^T H)^{-1} H^T Z \tag{4}$$

本试验中角加速度拟合及质心偏差分量拟合均用到上式。

## 3.3 质心修正公式

在原理性质心检测与修正试验中只关注气浮系统在 $xoz$ 平面内的质心坐标，而且这两轴的质心修正互相解耦，修正原理等价。

令 $x$ 轴修正质量块的质量为 $m_x$，$y$ 轴质量块的修正质量为 $m_y$，变质心气浮台除去这两部分后的剩余质量为 $M_r$。假定根据质心检测结果，变质心气浮台质心沿 $x$ 轴的期望改变量为 $\Delta x_c$，则需要调节质量 $m_x$ 沿 $x$ 轴方向移动的位移增量为

$$\Delta x_m = \frac{m_x + m_y + M_r}{m_x} \Delta x_c \tag{5}$$

$y$ 轴类似。

# 4 试验调试与试验结果

除算法调试、通信调试等常规调试外，质心测定与调整全物理试验调试主要解决或核实三个关键问

题：加速度计组件安装调整、推力器推力调整及质心测定可重复性确认。

实际试验中，由于必然存在花岗岩平台水平度偏差、气浮气膜厚度不均匀、加计在变质心气浮台上安装偏差及气浮台上加计组件安装位置处静变形等误差因素，加计组件这两个敏感轴必然相对于当地水平面存在一定的仰角。由于变质心气浮台的支反力加速度约为 10 m/s²，只要这个仰角的绝对值超过 2 mrad，则该支反力加速度在敏感轴上的分量就超过了加计组件的量程。因此，必须反复调整加速度计组件安装，确保在整个试验过程中加计能够正常拾取试验数据。在每次质心测定试验开始之前采集一段静态气浮数据，这段静态数据反映出这组测量的常值偏差，从而可以将这个常值偏差从正式计算用数据中剔除。

推力器推力调整以尽可能减小推力非力偶主矢为目的，过程较复杂，先后用到变质心气浮系统的质心对中装置、陀螺数据及加速度数据。篇幅所限，这里不再展开。

为了对质心测定的可重复性进行确认，需要进行多个样本的试验。12 次检测试验表明，该组测量的标准差为 0.62 mm、0.88 mm，质心测定试验可重复性好。从这些样本还发现，加计检验质量偏离台体质心 $x$ 坐标检测的系统误差一般小于 6.83 mm，$y$ 坐标检测的系统误差一般小于 5.10 mm。

完成上述三项调试之后，将 $x$、$y$ 两轴调节质量块偏置到正的极限位置，按加速 7 s—减速 14 s—加速 7 s 检测驱动序列激励变质心气浮平台，采集得到相关数据如图 2 所示。

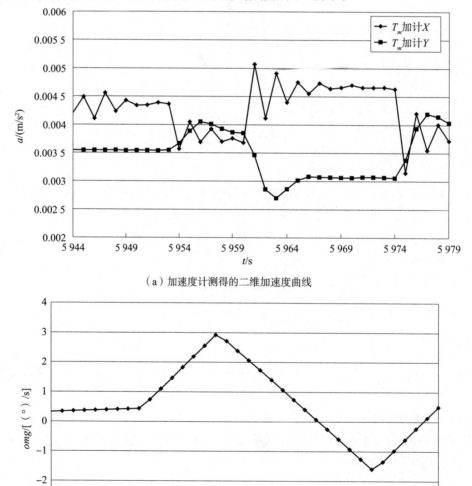

（a）加速度计测得的二维加速度曲线

（b）陀螺测得的角速度曲线

图 2　大偏置状态质心测定时采集到的数据曲线

基于陀螺角速度数据进行最小二乘拟合可得到角加速度。基于所有这些数据，计算得到该状态下变质心气浮台上加计检验质量中心在当地水平面内偏离台体质心的坐标为 $x = -85.7$ mm、$y = -76.4$ mm。

根据计算，$x$ 方向调节质量块需要移动的指令位移分量为 $-517.9$ mm，$y$ 方向调节质量块需要移动的指令位移分量为 $-461.8$ mm。地面控制台通过无线接入点向台上控制器发送该指令，质心调节机构中的驱动电机执行该指令，现场完成变质心气浮台的质心调整。调整完毕后再次检测得到，$x$ 方向加计偏离系统质心的偏差为 $-1.4$ cm，质心修正后检测得到的 $y$ 方向加计偏离系统质心的偏差为 $-0.6$ cm，满足预期指标要求。这两个偏差大于单次检测不可靠度的根源在于试验存在的系统误差。

## 5 结束语

加速度计在环的质心检测与修正原理性全物理仿真试验是在轨质心检测与修正工况在平面运动情形的退化，并因地面气浮试验而新增了若干在轨情形所不具备的运动及干扰特征。本试验正是从这样的退化和新增的角度对在轨检测拟用算法与流程进行了验证，加深了对这项特殊技术的理解，为我国将来相关型号在轨的成功应用积累了经验。

## 致　谢

本文研究工作得到张晓敏研究员、夏哲仁研究员、肖云研究员、张立华研究员、李松明研究员、田野工程师、陈晓东经理、陈小娟研究员、周泽兵教授、吴书朝教授、仇越高级工程师、马林高级工程师、张金保工程师等的支持，作者向他们致以诚挚的谢意！本文研究也得到国家自然基金项目（41274041）的资助，特此致谢！

**参 考 文 献**

[1] 薛大同. 非重力加速度测量对重力测量卫星的要求 [C]. 中国宇航学会飞行器总体专业委员会 2006 年学术研讨会，2006.

[2] 郑伟，许厚泽，钟敏，员美娟，周旭华，彭碧波. GRACE 星体和 SuperSTAR 加速度计质心调整精度对地球重力场精度的影响 [J]. 地球物理学报，2009，52（6）：1465-1473.

[3] 祝竺，张晓敏，周泽兵. 利用旋转卫星法开展加速度计在轨检验研究 [J]. 宇航学报，2010，31（5）：1362-1367.

[4] 李拴劳，张润宁. 一种海洋测高卫星质心在轨估计算法 [J]. 航天器工程，2014，23（5）：29-34.

[5] 王书延，曹喜滨. 卫星质量特性的在线辨识算法研究 [C]. 第25届中国控制会议论文集（上册），2006 年.

[6] Wang Furun, Bettadpur Srinivas. Save Himanshu, Kruizinga Gerhard. Determination of center-of-mass of gravity recovery and climate experiment satellites [J]. Journal of Spacecraft and Rockets, 2010, 47 (2): 371-379.

[7] 王本利，廖鹤，韩毅. 基于 MME/EKF 算法的卫星质心在轨标定 [J]. 宇航学报，2010，31（9）：2250-2156.

[8] 辛宁，邱乐德，张立华，丁延卫，王大雷. 一种重力卫星质心在轨标定算法. 中国空间科学技术，2013（4）：9-15.

[9] J. David Powell. Mass Center Estimation in Spinning Drag-Free Satellites [J] Journal of Spacecraft and Rockets, 1972 9 (6): 399-405.

[10] 周泽兵，白彦峥，祝竺，张晓敏. 卫星重力测量中加速度计在轨参数校准方法研究 [C]. 中国空间科学技术，2009（6）：74-80.

# Full‐physical Experiment on Measuring and Trimming for Center of Mass

GOU Xingyu　MU Xiaogang　ZHANG Yongzhi　HAO Yongbo

Beijing Institute of Control Engineering，Science and Technology on Space Intelligent

Control Laboratory，Branch 20，Beijing mail box 2729　100190

**Abstract**　Measuring and trimming for the center of mass are special control techniques for Gravity Measurement Satellites. The development of the technology was summarized and it was found that almost no literature reported ground physical experiment results for the technology. Full‐physical experimental system on the ground was designed based on analyzing the reading composition of the accelerometer in the system. Then，the measurement model for the center of mass of the system，the least square formula and the trimming formula were given. The system debug include the accelerometers assembling adjusting，the forces adjusting of the thrusters and the repeatability validating of the measuring，etc. By finishing the experiment，this technology has been understood deeply.

**Key words**　Gravity Measurement Satellite；Mass Center Measurement；Mass Center Trimming；Full‐physical Experiment

## 作 者 简 介

苟兴宇，男，研究员，北京控制工程研究所，研究方向为航天器控制系统方案设计，动力学与控制，电子邮箱：gouxy@bice. org. cn。

# 微小卫星供配电组件地面综合测试系统的设计

李龙飞　刘元默　苏蛟

航天东方红卫星有限公司，北京　100094

**摘　要**　本文介绍了一套自行设计研制的适用于微小卫星供配电组件的地面测试系统，具有集成度高、可靠性好的特点。文章首先介绍了某型号微小卫星供配电组件的构成及测试需求，给出了地面测试系统的结构及原理框图。其次介绍了地面测试系统相关硬件设计，并详细分析了相关软件及基于 RT LAB 的应用模型设计。最后，通过试验结果验证了设计的合理性与有效性，为后续设备的设计提供了依据。

**关键词**　微小卫星；电源；测试系统

## 1　引言

随着航天技术的发展，卫星的小型化、集成化、低成本化成为未来的趋势[1]。微小卫星作为一种新兴的卫星形态，受到各国的广泛关注，成为当前研究的热点[2]。供配电组件是微小卫星的核心部件之一，完成星上电能产生、控制、调节和变换的重要任务[3-4]。为了保证卫星在轨正常稳定工作，产品装星前的地面测试工作至关重要[5]。与其他卫星不同，微小卫星因其自身特点，供配电组件的测试由过去针对整机装置的测试转变为针对若干电路板的测试。传统的测试方法已不再适用，而直接触碰电路板又存在一定的风险。本文根据系统需求，设计了一套专门适用于微小卫星供配电组件地面测试的系统，既能够完成供配电组件单模块测试，也能够完成组件整体测试。同时，考虑了设计的通用性，可以应用于不同型号的微小卫星相关组件的测试。

## 2　系统需求分析

### 2.1　微小卫星供配电组件简介

某型号微小卫星供配电组件体现了模块化的设计思路，包括分流稳压模块、接口控制模块、配电模块及下位机模块等。模块采用基于标准 PC104 插件的直接插拔式连接，实现了无电缆化设计。

供配电组件的基本功能是利用太阳方阵输入能量，通过分流稳压控制，将一次母线电压控制在 +12 V，并通过一次母线完成蓄电池充放电和负载供电。同时，通过配电模块将一次母线电压进行变换，产生适用于星上不同设备所需的标准 +5 V 和 -12 V 电压，实现电能的变换与分配。电源下位机实现对整个组件的软件控制，包括遥测参数采集和指令发送等。

### 2.2　主要功能

针对被测对象的特点及相关测试需求，本文设计的地面测试系统可以完成以下功能：

1）应用模式兼容性：兼容单模块测试及组件整体测试两种应用模式。

2）功率测试功能：包含方阵模拟器接口、蓄电池接口和 7 路功率负载通路，并设置示波器监视点。同时设置外部稳压源接口，并可实现 DC/DC 变换，从而实现 +5 V 及 ±12 V 供电功能。

3）遥测采集功能：通过 CAN 总线通信和上位机软件对遥测数据进行实时监视，包括模拟量参数及状态量参数，共需 16 路采集通道。

4）指令输出功能：通过上位机软件发出指令，测试指令执行结果。包括脉冲型指令及电平型指令，共需 16 路指令通道。

5）电源下位机模块测试功能：下位机模块的指令和遥测的信号流方向与其他模块相反，需要单独进行测试。同样需要 16 路遥测通道与 16 路指令通道。

6）程序加载功能：方便的实现下位机程序的加载，以配合下位机软件的修改与调试。

## 2.3 测试系统组成及工作原理

根据以上需求分析，本文设计的地面测试系统组成如图 1 所示。

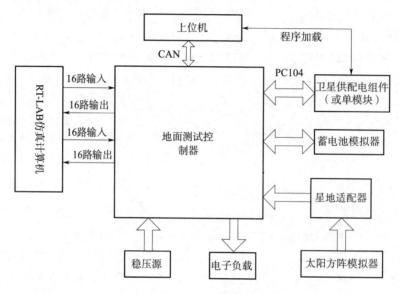

图 1 地面测试系统结构图

本测试系统以地面测试控制器为核心，配合连接其他外部设备。待测组件通过标准 PC104 插件与地面测试控制器相连。按照功能划分，整个测试系统可以分为以下三个子系统。

（1）功率测试系统

由太阳方阵模拟器、蓄电池模拟器、稳压源、供配电组件、电子负载等构成。模拟光照期时，太阳方阵模拟器输入方阵电流，通过供配电组件的控制作用，实现对蓄电池模拟器的充电及多路负载供电。模拟阴影期时，太阳方阵模拟器无输出，供配电组件控制蓄电池模拟器放电，从而对多路负载供电。特定测试情况下，由外部稳压电源供电，并经过地面测试控制器上的电源变换模块实现电压变换，以满足不同电路的供电需求。

（2）信息采集模拟系统

包括 RT－LAB 仿真计算机、CAN 通信卡、上位机及相应的上位机软件等。待测组件通过 CAN 通信卡实现与上位机的数据通信，实现数据的双向传输，完成供配电组件遥测数据的采集显示及控制指令的发送等任务。利用 RT－LAB 仿真计算机平台，自主开发相应的 I/O 控制模型，提供了 32 路输入通道和 32 路输出通道。RT－LAB 的输入通道可以实现组件或单模块模拟信号的采集、下位机输出指令波形显示等功能。RT－LAB 的输出通道可以实现下位机测试激励信号的发出、组件或单模块测试模拟指令的发送等功能，以满足测试系统需求。

（3）星载软件加载系统

由上位机主机、程序加载器等构成。利用上位机中基于 C51 的程序开发环境，编写下位机控制程序或其他测试程序。供配电组件上的程序加载接口与程序加载器配合，可方便实现控制程序的加载，便于下位机软件的修改和调试。

综上所述，整个系统的设计可以满足微小卫星供配电组件全部测试需求。同时，本测试系统还适用于其他型号中基于 PC104 插件的模块或组件的测试，从而扩展了其适用范围，可以方便的应用于其他型号的测试工作中。

# 3 系统硬件设计

结合现有设备，开发相应的配套硬件装置，主要包括方阵模拟器星地适配器与地面测试控制器。

## 3.1 方阵模拟器星地适配器

方阵模拟器星地适配器的原理框图如图 2 所示。其作用为连接太阳方阵模拟器，实现供电支路与分流支路的隔离，配合分流稳压模块及整星的测试。此外，为了配合多星并行测试的需求，将四组转接模块集成在一台设备中，从而可以同时为四颗星并行测试服务。

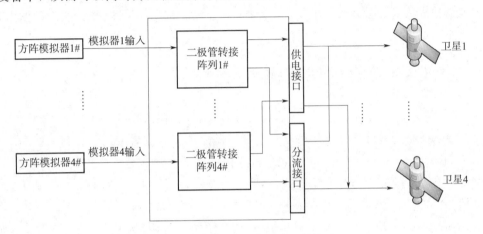

图 2 方阵模拟器星地适配器结构图

## 3.2 地面测试控制器

地面测试控制器是硬件系统的核心，其原理框图如图 3 所示。

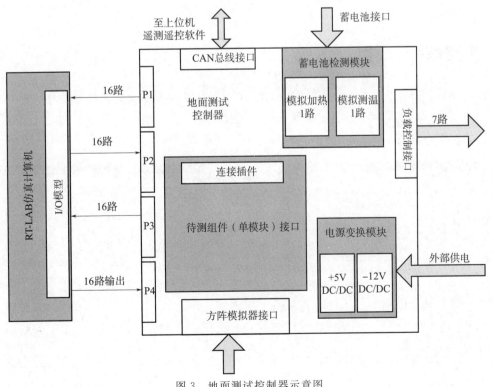

图 3 地面测试控制器示意图

电源变换模块提供外部＋12 V稳压供电接口，并具备＋12 V转−12 V和＋5 V的DC/DC功能，在不同测试模式下为待测设备提供供电接口。负载控制模块提供7路负载通路，包括5路＋12 V直通负载、1路＋5 V负载和1路−12 V负载。每路设置示波器监视点，以观测母线电压值及纹波。

P1口与RT−LAB模拟量输入通道连接，提供16路上拉＋12V的指令模拟通道。可通过RT−LAB同时采集并显示16路指令波形，包括电平型指令与脉冲型指令，避免误指令发出。

P2口与RT−LAB模拟量输出通道连接，提供16路不带上拉功能的指令模拟通道，模拟指令发出，用于测试待测设备的指令执行情况。

P3与P4口提供32路遥测模拟通道。其中，P3口与16路RT−LAB模拟量输入通道连接，通过RT−LAB的I/O模块采集设备上的模拟量及状态量。P4口与16路RT−LAB模拟量输出通道连接，利用RT−LAB发出待测模拟量，由下位机AD模块进行采集，并观测遥测数据。

CAN总线接口为地面测试系统和上位机提供通信通道，以传递遥测信号及上位机指令。

蓄电池测试模块提供一路带开关及电压监测点的蓄电池接入通道，并模拟1路热敏电阻和1路加热带功能。蓄电池供电回路设置保险丝以防止过流。

# 4　基于RT−LAB平台的仿真模型设计

RT−LAB是一种基于模型的工程设计平台，可以直接利用MATLAB/Simulink建立的动态数学模型进行实时仿真及控制。整个实时仿真系统由控制主机、目标机和被控对象构成。利用控制主机上的RT−LAB开发平台，建立MATLAB/Simulink模型，经过编译后下载到目标机中的FPGA板卡。FPGA板卡扩展了2个模拟量输入I/O板卡和2个模拟量输出I/O板卡。每个I/O板卡含有16路通道，共包含32路模拟输入通道和32路模拟输出通道。

在MATLAB/Simulink环境下，调用RT−LAB模块库中的OpCtrl模块，指定目标机地址，实现控制主机与目标机FPGA的连接与控制。Analog_In与Analog_Out模块分别提供了控制主机对目标机I/O通道的控制接口。配合板卡ID号，即可实现对目标机相应I/O板卡的控制与通信。通过搭建相应的Simulink辅助模型，即可实现对所有I/O通道的控制。其中，32路模拟输入通道完成输入量的实时采集，以数据或波形等形式进行显示。而32路模拟输出通道可以根据用户设置，输出固定值或任意波形（如脉冲型指令方波），从而满足测试系统的需求。

# 5　遥测遥控前端软件设计

遥测遥控前端软件基于VC++环境开发，共包含两个窗口：指令发送及数据块注入窗口与遥测显示窗口。窗口界面如图4、图5所示。能够实现数据采集及实时显示、指令发送、数据块注入、数据存储等任务。其软件结构如图6所示。

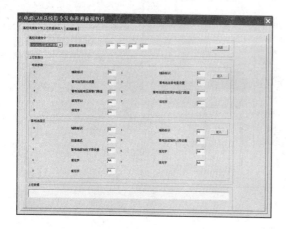

图4　指令发送及数据块注入窗口

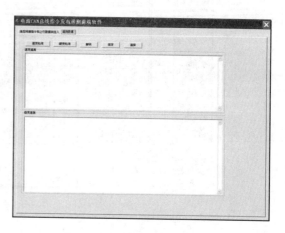

图5　遥测显示窗口

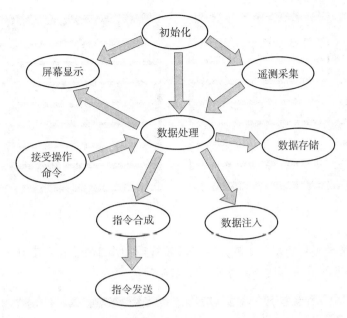

图 6　遥测遥控前端软件结构图

其中，初始化任务完成对硬件接口（如 CAN 通信卡等）的设置。数据处理任务包括指令的解码合成、对遥测源码进行解码计算以及参数上下限判断等功能。数据存储任务是将采集并处理后的遥测数据，以一定的时间间隔进行保存，包括时间、参数名称、实时数据等，以方便日后查询。屏幕显示任务主要实现在上位机屏幕上对解码后的遥测数据及状态进行实时的监视与刷新。

# 6　测试结果分析

利用自主开发的地面测试设备，对某型号微小卫星供配电组件单模块及组件整体进行测试。

利用地面测试控制器的示波器监测点，测试母线输出波形，如图 7 所示。图 7（a）为母线启动波形，图 7（b）为母线纹波波形。

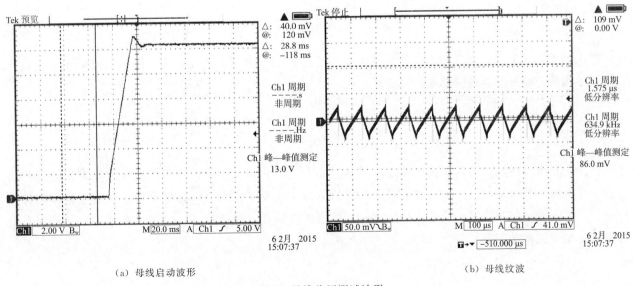

（a）母线启动波形　　　　　　　　　　　（b）母线纹波

图 7　母线稳压测试波形

利用 RT－LAB 平台下的仿真模型，对指令输出波形进行测试，如图 8、图 9 所示。其中，图 8 表示了第 3 路通道发出脉冲型指令，脉冲宽度为 160 ms。图 9 表示第 8 路通道发出电平型指令。通过同时观测 16 路指令波形，可以看出所发指令波形正确，且其他指令通道不受影响，没有误指令发出。

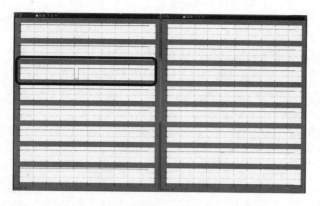
图 8　脉冲型指令测试波形（第 3 路）

图 9　电平型指令测试波形（第 8 路）

利用上位机遥测遥控前端软件，对遥测参数进行监视，如图 10 所示。其中，上半部分为速变遥测数据，更新时间为 2 s，下半部分为缓变遥测数据，更新时间为 32 s。

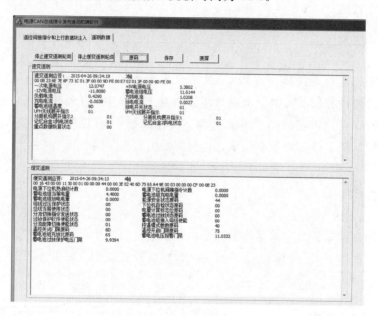
图 10　遥测数据显示测试结果

以上测试结果表明，开发的地面监测设备功能运行良好，测试覆盖性齐全，能够满足微小卫星供配电组件单模块及组件整体的全部测试需求。

# 7　结束语

微小卫星自身的特点为其测试工作提出了新的要求。本文介绍了一种适用于微小卫星供配电组件的地面测试系统，结合测试需求，阐述了测试系统的结构组成及工作原理，详细介绍了相关硬件及软件的设计。经实际测试结果证明，该系统性能完善，使用方便灵活，稳定可靠，满足了微小卫星单模块及组件模式下地面测试的需要。

**参 考 文 献**

[1]　王涛 . 微小卫星电源系统设计 [D] . 天津大学，2012.

[2]　罗明玲 . 微小卫星电源系统 MPPT 模块的设计与实现 [D] . 浙江大学，2014.

［3］ 穆肯德·R·帕德尔．航天器电源系统［M］．北京：中国宇航出版社，2010．

［4］ 马世俊．卫星电源技术［M］．中国宇航出版社，2001．

［5］ 王建军．卫星星座地面供配电测试系统研制［J］．航天器环境工程，2010，6．

# Design of Test System for Power Supply Equipment in Micro – Satellite

LI Longfei  LIU Yuanmo  SU Jiao

DFH Satellite Co，Ltd.，Beijing 100094

**Abstract**  This paper introduces a self – designed test system for the power supply equipment in micro – satellite with the characteristics of high – level integration and reliability. First，the structure and test requirements of the power supply equipment in a certain micro – satellite are given，as well as the architecture and principle frame of the test system. Then，the hardware design is introduced and the software design and the application model based on RT – LAB are analyzed. Finally，the test results prove the rationality and validity，giving the theoretical and engineering basis for the following designing.

**Key words**  Micro – satellite；Power supply；Test system

## 作 者 简 介

李龙飞，男，助理工程师，主要从事航天器供配电系统研究，电子邮箱：llf881020@126.com。

# 卫星电性能测试中故障案例和安全防护措施

陆文高　李立　陈逢田

航天东方红卫星有限公司，北京 100094

**摘　要**　本文对卫星测试过程中发生的几个故障案例作了介绍，并对电压超限故障、短路故障、多通道测控信道失衡、测试接地处理不当、潜通路等案例进行了安全防护分析。

**关键词**　卫星；测试；安全防护

## 1　引言

在卫星电性能测试过程中，会出现各种各样的故障。其中电压超限、短路、信号门限、安全模式等是常见的，接地处理不当、潜通路等故障也偶有发生。有些故障直接影响着卫星的安全和人身安全，必须积极应对和防护。本文介绍了几个型号测试过程中经历的故障案例，分析了故障中的安全防护措施。

## 2　电压超限故障

在卫星测试过程中，为了卫星上设备的安全，需要严格控制在外电供电时卫星母线电压，确保卫星上母线电压不超限。外电供电包括稳压电源供电和太阳电池阵模拟器供电两种情况。

### 2.1　稳压电源供电

稳压电源供电状态下，由于供电方式为负载端采样调节电压，一旦负载端采样线断开，没有近端采样保护的稳压电源会输出其可能产生的最高电压，造成越高限甚至烧毁卫星上设备的严重故障，此类故障在 20 世纪 70 年代就曾发生过。

有近端采样保护的稳压电源，在负载端采样线断开时，会在近端输出高于设定值约 5％ 的电压，到达负载端的电压会随着负载的大小而发生变化，可能越高限（开路或小负载）或越低限（大电流）。安全性有了很大提高。因此，电源的设置和负载端采样线的连接可靠性至关重要。

案例 1：某型号在发射场测试设备从技术区转到发射区后，为保证测试系统可靠运行，在检查电缆井电缆状态良好、稳压电源开机工作正常的情况下，将卫星供电用稳压电源（安捷伦 E6674A）通过电源间转接电缆、塔架电缆井 100 m 长电缆、电子负载进行拉负载检查，检查过程中发现稳压电源设置的各档电压与电子负载端的采样的电压均差约 0.4 V。

通过检查、测量正负输出端与正负采样之间阻值，发现负输出端与负采样间为 10 K，正常，而正输出端与正采样间阻值为异常开路状态。进一步检查确认，发现是正采样线输出线的插接片焊点接触不良。

打开后面板输出保护罩，将插接片焊点处理、紧固后，再次拉负载检查，工作正常。后规定在稳压电源使用前一定要先测量正负输出与正负采样之间阻值。

### 2.2　太阳方阵模拟器供电

太阳方阵模拟器供电状态下，测试过程中曾引起供电母线电压越限的情况包括：

1）模拟器短路电流设置不当，引起供电母线越下限。模拟器设置通常包括开路电压和短路电流，当短路电流设置小于实际负载时，在有电池接入情况下，会引起联合供电，当电池未接入时，会造成母线电压越下限；

2）由于方阵模拟器的短路电流设置通常远大于负载电流（与天上实际状态相同），在电池充电完成即控制充电终止后，星上电源控制器会自动将剩余电流分流，如果有分阵分流状态故障，由于方阵模拟器的恒流特性，大于负载电流的方阵电流将引起母线电压越上限。这时要将快速模拟器退出供电或直接将对应分阵断电，才能保证供电母线电压维持恒定。

案例2：某型号整星在做 EMC 试验时，发现第一次 V/T 曲线控制充电终止时，星上供电母线电压由 29.243 V 跳变到 32.717 8 V，超出 28.5±1 V 的范围，立即采取模拟器退电后，母线电压由 32.717 8 V 恢复到 28.498 4 V 正常状态。

通过回放方阵模拟器的数据，发现充电终止后，除分阵 5 以外，其他分阵都处于分流状态，判定分阵 5 分流电路在 V/T 曲线控制充电终止时，分阵 5 的分流电路没有按正常控制逻辑处于分流工作状态，而继续给母线供电。由于当时星上负载电流只有 1.288 A，小于单阵工作电流 2 A，若无分流调节，则根据方阵模拟器 E4350B 模块的工作原理，分阵 5 的电压将升高，直至其输出电流达到 1 A 左右。

继续给卫星上设备加电，当负载电流 4.448 A，模拟器升电，母线电压正常，为 29.243 V，但观察地面方阵模拟器发现分阵 5 仍然没有按正常控制逻辑处于分流工作状态，而直接给母线供电。由于负载电流大于单阵工作电流，才使母线电压正常。

此案例说明，在测试过程中，要全面监视模拟器供电状态，要监视各分阵是否随负载、充电电流变化，是否逐级分流。这样就可以在充电终止前就发现分阵 5 工作异常，及早采取关闭对应分阵的措施，避免终止时出现母线高压的危险。

# 3　短路故障及保护

因防护不到位导致的短路故障，有时可能会对星上设备造成严重损坏，必须通过稳压电源限流、回路串保险管、空气限流开关等方法予以保护。且多数短路故障与人员操作或加电前状态确认不到位有关，如多个型号发生高频电缆插头外壳与电池外壳接触打火，星上供电插头接插错误等。

案例3：某型号在做整星 EMC 测量期间，发生电源母线瞬时短路故障，烧断了蓄电池组输出电缆中串接的安全保护保险管。

在测量二次电源输出的 CE102 电源线传导发射时，由于需要将二次电源的输入、输出母线分别测量，而二次电源的输入、输出母线在星上是在同一束电缆中，因此需通过转接盒、多根香蕉插头单线将各路电源输入、输出分理出来，便于测量环选择采样通路。当将测量环串入回路后，试验开始，发现卫星出现掉电，经查是串在电池回路的保险管烧断。

测量环本身是绝缘体，连接测量环的输出也与卫星隔离绝缘良好，但测量环上有一个生产公司的金属铭牌，金属铭牌将转接盒上二次电源的输入 28 V 与二次电源的输出负端通过转接盒上有裸露的香蕉插孔瞬时短路，引起蓄电池回路输出电流增加，将串在输出电缆中的保险丝烧断。

通过将测量环上金属铭牌用 3 M 胶带封住绝缘，将转接盒上裸露的香蕉插孔作绝缘处理，试验得以顺利进行。

案例4：某型号在做卫星模飞工作时，作星箭分离模拟，释放分离开关，发现分离开关测量线与星上仪器支架打火。

原因是分离开关测量线绝缘不好，且与火工母线并联在一起，分离开关分离动作后，随着模飞时火工母线接通、分离，开关上有火工母线电压，分离开关测量线也就有了火工母线电压，当其与卫星结构接触时，就会造成火工母线对地短路，出现打火现象。

此案例说明，所有星上电缆网上有裸露的金属导线和插针、插孔均需做好绝缘处理。包括平时测试时一般不带电的部分。

案例5：某型号使用锂离子蓄电池单体均衡充电设备，通过整星星表插座进行锂离子蓄电池单体均衡充电与放电的测试。

在完成各项准备工作后，进行单体均衡充电设备通过星表对正样蓄电池组在装星状态下的单体均衡测试，此时，整星处于断电状态。首先对锂离子电池组的最高节单体即单体电池7进行均衡充电，当测试电缆与整星星表插座连接时，约15 s后工控机尾部有灰烟冒出，并伴有焦味，立刻断开了测试电缆与星表的连接，然后断开了工控机电源，保持现场。

对锂离子蓄电池单体均衡充电设备进行检查，发现地面单体均衡充电测试系统设计不合理，第7节单体的负线（即第6节单体的正线）与均衡充电设备的功率回线相连，功率回线与均衡充电设备的RS232串口的5#点相连，然后通过串口通信线与工控机RS232串口的5#点相连，后者与工控机的机壳相连，机壳通过保护地与大地相连，大地又与整星结构地相连，整星结构地与整星功率地相连，整星功率地与蓄电池组负相连。这样，第6节单体的正对地短路。导致锂离子蓄电池组第6节单体的正端在地面单体均衡充电设备内与串口信号地连通，通过工控机对地短路。

此案例说明，部分测试设备设计只考虑了自己单机使用的情况，对设备连接上星缺乏认识，对星地供电回路结构认识不清，致使出现大错。

# 4　多通道测控信道失衡故障

在卫星电性能测试全过程中，测控上、下行信道正常是保证电性能测试的基本要求，这涉及到整星的状态监测和状态控制设置。通常卫星加电后，必须先对测控信道进行调整，保证上、下行可靠锁定，再进行测试。同时为了保证上、下行信道的安全，通常会规定上、下行的保护限值。

如应答机输入保护限值为−30 dB，一般要求输入不超过−50 dB，保信道通常用−82 dB中高电平，入口门限−118 dB。地面测控设备入口电平会根据所用设备要求，做相关的限值要求。

案例6：某型号是一个具有3颗卫星的星座系统，电性能测试过程经常三星同时加电，为了提高测试设备水平，节约投资和测试场地空间，测试系统设计了如图1所示的多通道测控测试设备系统。

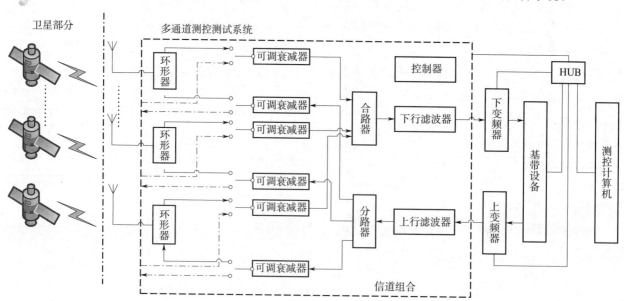

图1　多通道测控测试系统示意图

多通道测控测试系统中的基带设备具备同时调制多路上行信号的能力，并将多路信号合为一路中频信号，经上变频、分路送多颗卫星；也具备接收到包含多路信号的中频信号，根据相关信号的扩频伪码将各路信号解调出来，按要求分星输出下行数据。

信道组合是射频信号分配的一个设备，其将上/下行滤波器、合/分路器、可调衰减器及环行器集成一体，降低系统搭建复杂度的同时，也提高了系统的可靠性，使系统使用更加灵活、运输更加便捷。

此外信道组合增加了控制器，可以对可调衰减器以及开关进行控制，使系统中的上行分路后各卫星输入电平符合自己的要求，使合路前多路下行信号基本平衡，以保证基带能在基本平衡状态下对多路信号的正常解调。

在此型号进行电性能测试，3 颗星同时为无线测控信道状态，信道组合设置正确，全系统工作正常。当天测试结束，卫星断电，保持地面测控设备设置状态。但第 2 天，两颗卫星测控信道状态不变，卫星加电后工作正常。另 1 颗卫星由于测试需要，将测控信道无线状态改为有线状态，第 3 颗卫星加电后其他先加电的两颗星下行失锁。

原因是有线状态下，这颗卫星星地之间衰减变小（电缆衰减小于空衰），下行信号比其他两星强得多，致使基带不能在多路下行信号较严重失衡状态下完成多路下行信号的解调工作，而只锁在信号强的信道上。

此案例说明，在多通道测控系统中，要特别注意信道间的相互影响。包括保信道时的失衡，信道本身测试时的互相影响等。

# 5 测试接地处理不当

接地系统起着保护人身安全、保护设备和设施、降低电气噪声等作用。卫星电性能测试场地中通常配置有星体接地、信号接地、保护接地 3 大类接地端子。卫星本体采用星体接地端子；航天器地面测试系统的供电设备接地应接采用"保护地"端子；设备外壳应接"保护地"端子。不正确的接地，给卫星带来的不仅是干扰，甚至会将危险电压引入星上，烧毁设备，或造成人身伤害。

为了避免地面测试设备与卫星做有线连接时不同地线间引起的干扰，标准 Q/W 1147"航天器接地要求"建议："地面高频设备的机壳与内部电源地相连，如果该设备与航天器进行有线测试时，地面高频设备电源插头应该插在特殊插座上，断开保护地"，如图 2 所示。

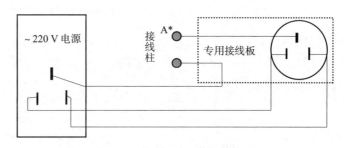

图 2 "浮地"接线板示意图

通过将图 2 中的 A 接线柱连接到星体接地，使高频设备仪器与星上设备共地，避免不同地线间引入的干扰。任何事情都有其两面性，这种"浮地"接线板要求接线柱接地一定要到位，否则仪器设备的信号地（机壳）对卫星电气结构地会存在一个危险电压，通常为交流 110 V，如果将这种危险电压误引入星上，可能会导致烧毁设备的严重后果。因此应采取必要措施防止接地不当带来的损失。

案例 7：某时，两个型号均在做无线测试，两个型号又共用一个 10 m 高的天线支架。考虑到 10 m 高的天线支架升降麻烦，在商定好天线支架位置、高度后，双方均在测试前将各自的发射天线固定到天线支架上，通过高频电缆各自引到各自的地面信号源前备用。一型号先开始测试，当给信号源供电时，用了一个"浮地"接线板，由于信号源放置位置离接地端子较远，"浮地"接线板上的接地线悬空，没有连接任何接地端子，致使接线板出现真正的浮地状态。由于是无线状态，本型号测试正常。

在另一型号准备使用已连接好的天线高频电缆连接信号源时，即当操作者准备将高频电缆与本型号使用的另一台信号源连接瞬间，操作者感到自己被电击，而摔掉了手中高频电缆。

很多进口仪器设备的供电入口方式如图 3 所示，将 220 V 先隔离输出后加串联电容中间引出直接接机壳。这种输入电路可有效抑制电网上的尖峰干扰，但如果接地不良，机壳将会带 110 V 电压。由于仪器信号输出地与机壳连接（高频仪器设备很普遍），如连接高频电缆，其屏蔽层即高频插头的外壳，同样会带 110 V 电压。

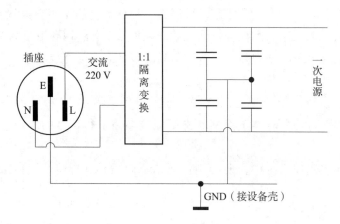

图 3　仪器供电输入图示

上述例子就是因为接线板没有真正接地，从而造成信号源外壳带 110 V 电压。通过高频电缆外壳，天线将 110 V 高压传到天线支架上，再传到另一个天线、高频电缆外壳⋯⋯以此类似，最后造成了不良的后果。

在卫星研制过程中，曾经发生过多起由于卫星及地面测试系统接地不当造成的干扰和危害。例如某型号卫星研制在过程中，因为与其他型号卫星共用星体地接地线，导致测试过程中卫星载荷设备受扰，工作不正常；某型号电源控制器正样设备性能复测过程中，太阳方阵模拟器保护地接地桩脱落引起外壳异常带电，对地电压约为 100 V，该危险电压通过地线进入其他设备，造成地面计算机和电源下位机通信芯片损坏。因此，必须正确认识接地作用，正确连接接地线，采取必要措施防止接地不当带来的损失。

与卫星有直接接口的地面仪器设备，在与卫星连接前，一定要在地面仪器设备加电状态下，检查接口处对卫星壳体地是否存在危险电压，确认无误后再断电连接，以确保卫星和操作人员的安全。

# 6　潜通路问题

"潜通路"指设计师在设计过程中没有意识到这种通路的存在，但实际上却存在着这种通路。系统在特定的激励条件下出现的未预期通路。潜通路的出现会抑制期望功能或产生非期望功能。潜通路会使系统发生失效，并不是由于系统内元器件损坏或参数漂移所引起，而是因存在意外的潜在通路发生作用而导致故障或使系统失效。

案例 8：某型号在整星加电前，通过星表插头的 13、14 点对整星一次电源特征阻值进行测量。测量时，发现整星一次电源母线特征阻值为 460 kΩ 左右，与前一次测试时整星一次电源母线特征阻值（700 Ω 左右）存在较大差别。虽然两次测试时星上设备状态有局部差别，但经分析整星一次电源母线特征阻值仍应为 680 Ω 左右，因此确认通过星表测得的阻值异常。

一次电源母线特征阻值检查示意图如图 4 所示。通过星上其他位置对一次电源母线特征阻值进行直接测量，发现一次电源母线特征阻值正常，问题定位在配电器内一次电源母线正线串接的 10 Ω/0.25 W 表贴电阻 R145 损坏，开板检查也证实其被过电流烧毁。

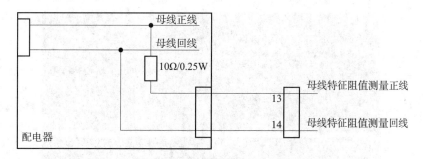

图 4    特征阻值测量示意图

一次电源母线正线串接的 10 Ω/0.25 W 表贴电阻 R145 过电流损坏原因分析如下。

一次电源母线特征阻值测试点又兼作蓄电池应急断电使用,基本电路示意图如图 5 所示。正常情况下应急断电保护插头不插,通过星表可以测量一次电源母线特征阻值或监视一次电源母线品质(纹波、瞬态变化等),地面通过图中的另外回路对星上蓄电池进行接通(图中未画出)、断开控制。当插上应急断电保护插头时,母线电压通过图中虚线的路径加到蓄电池断线包上,使蓄电池放电开关断开。

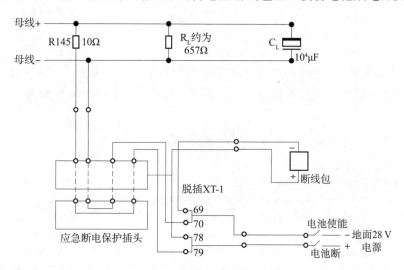

图 5    应急断电电路示意图

如果在应急断电保护插头插上状态下,地面 28 V 接通,将会将 28 V 加到继电器线包的同时,也将 28 V 通过 10 Ω/0.25 W 表贴电阻加到母线,由于一次母线上并有 10 000 μF 的电容,地面 28 V 电源通过 10 Ω/0.25 W 表贴电阻对电容充电,会产生约为 2.8 A 瞬态电流,经过 10 Ω 电阻的瞬时功率可以达到 78 W,通过电阻的电流为其额定电流的 17 倍,功率为其额定功率的 313 倍,而且贴片电阻由于其封装形式不利于散热,160 ms 的电池断指令产生的 2.8 A 瞬态电流足以导致电阻损坏。

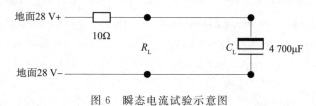

图 6    瞬态电流试验示意图

按照图 6 等效电路,用示波器记录下来如图 7 的电流瞬态变化也证实了分析的正确性。

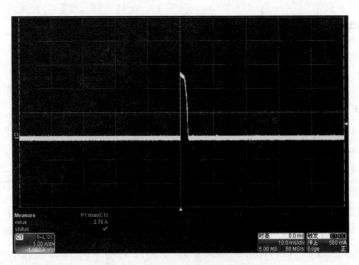

图 7　试验记录的瞬态电流曲线

# 7　结束语

随着卫星事业的高速发展，卫星的电性能测试工作日趋繁多。测试过程中，可能还会出现本文介绍的类似的故障，希望本文能对在卫星测试过程中出现的故障的定位和解决有所帮助。

## 参 考 文 献

［1］　王庆成. 航天器电测技术. 中国科学技术出版社，2007.
［2］　江国强，张桂英. 卫星在应急断电保护插头未拔下时有线台发送电池断指令的分析报告，2012.

# Failure Cases and Safety protection Measures in Satellite Electrical Test

LU Wengao　LI Li　CHEN Fengtian

DFH Satellite CO. LTD. ，，Beijing　100094

**Abstract**　Several failure cases occurred during satellite electrical test were introduced in this paper，which involve security analysis of examples such as overvoltage，short circuit? fault，TT&C multi—channel imbalance，improper grounding of EGSE，sneak path etc.

**Key words**　Satellite；Test；Safety protection

## 作 者 简 介

陆文高，男，高级工程师，航天东方红卫星有限公司，研究方向为卫星综合测试，电子邮箱：lwg _ hit@sohu. com.

# 皮纳卫星姿控分系统小型化测试系统研究

苏振华　陈雄姿　常武军

航天东方红卫星有限公司，北京　100094

**摘　要**　针对皮纳卫星姿控系统的测试需求，本文按照集成化、通用化、标准化的设计原则，提出了一套基于 PXI 总线的姿控测试系统。该系统将现有测试系统中分散的、多种类型不同模块的功能集成到一套设备中，实现了设备的高度集成、可扩展性、一体化。通过试验证明，该测试系统能够满足皮纳卫星姿控系统的测试需求。

**关键词**　皮纳卫星；姿控；测试；集成化；通用化；标准化

## 1　引言

随着微电子、微机械、数据压缩、新材料等高技术的进一步发展，为卫星技术提供了更广阔的发展空间。在此背景下，皮纳卫星具有成本低、体积小、功耗小、研制周期短、发射灵活快速等特点和优越性，使其得以迅速发展。姿控分系统作为卫星的重要分系统，负责卫星姿态和轨道控制的实现，是卫星所有分系统中控制难度较大的一个分系统，不仅部件多、信息流复杂，而且控制模式非常复杂。为了保证其达到设计指标要求，分系统必须在地面进行充分的试验验证和测试工作。

测试系统设计一方面要求采用成熟可靠的设计思想，另一方面需要根据测试的具体要求采用较多的先进技术，从而提供灵活方便的测试手段，满足系统测试的需求。另外，测试系统设计还要考虑系统的集成化、通用化、标准化，系统结构的设计要综合考虑卫星的不同需求，尽可能多地采用通用标准模块，同时有效地利用软件的强大功能，增强二次开发能力。

针对皮纳卫星姿控系统的测试需求，本文提出了一种基于通用化的硬件结构和软件设计思路的姿控测试系统，具有集成化、通用化、标准化等特点。

## 2　测试系统设计

### 2.1　测试系统的原理

根据姿控分系统对测试的需求，姿控地面测试系统需要完成接口测试、部件测试、闭环测试等功能。卫星姿控分系统的闭环测试采用半物理仿真试验的方法，即卫星动力学用数学模型代替，控制系统部件部分或全部接入试验回路，用信号源或模拟器激励相应的敏感器。地面动力学计算机采集执行机构的工作信息，并进行卫星姿态动力学的实时仿真计算，为信号源或模拟器提供卫星运动参数——姿态角度、姿态角速度。卫星动力学模型中考虑各种干扰力矩的影响。

测试系统的原理示意图如图 1 所示，可以归纳为以下几个部分：动力学计算机（各种计算模型、数据及接口），星务模拟计算机（指令发送、遥测及 GNSS 转发），综合控制计算机（综合调度、控制），数据显示存储计算机（数据存储、管理）。

### 2.2　硬件设计

由于皮纳卫星姿控系统中配置的单机产品大部分接口为标准接口，且单机产品直接输出有效的数据，

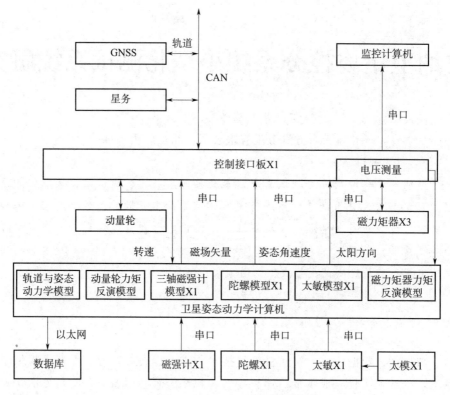

图 1　测试系统原理示意图

因而接口板与单机产品相对独立，仅通过标准接口进行信息交互。因此，为了满足测试的需求并结合姿控系统的特点，本文提出了一套基于 PXI 总线的集成化、通用化、标准化的姿控测试系统，其硬件结构示意图如图 2 所示，包括动力学计算机、综合控制计算机、电气连接解决方案。

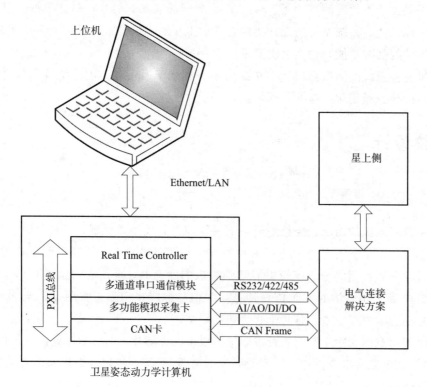

图 2　系统硬件平台示意图

动力学计算机基于标准的 PXI 系统设计，主要由机箱、系统控制器和功能模块三个基本部分组成，均采用工业货架产品。其中，机箱、系统控制器属于系统平台产品，为功能模块提供良好运行的系统环境，包括坚固的结构、PXI 总线结构的背板、电源供给、EMC 环境、数据运算核心、存储介质、外设接口等。在 PXI 总线系统中，仪器、设备或嵌入式计算机均以 PXI 总线插卡的形式出现，在升级或维修时只需更换个别的 PXI 总线模块而无须更换整个系统。动力学计算机与综合控制计算机通过网络接口通信。

图 2 的硬件结构设计，通过对信号的归一化统计，测试系统使用通用板卡来构成系统，并采用标准化的对外接口，相对以往的设计方式简化并统一了测试接口，而且保证了整个测试系统具备良好的可维修性，在现有的技术基础上达到了硬件集成化、通用化及小型化的目标。

## 2.3 软件设计

姿控测试系统的软件按照模块化的设计思想，将功能划分为几类功能模块来分别实现。

1）第一类软件为实时软件，如动力学计算机上模型运算的软件。它主要完成各种模型计算，包括坐标系及转换模型、卫星动力学模型、卫星运动学模型等。

为了尽可能逼近真实情况，半物理仿真平台对实时性要求非常严格，动力学仿真软件的仿真周期一般为几个毫秒，要求操作系统能实现确定的实时线程调度；系统采用 VxWorks 作为动力学仿真计算机的操作系统以提高仿真测试的实时性。另外，还希望在半物理仿真阶段能直接复用全数字仿真中利用 Matlab 的 Simulink 仿真工具生成的各种控制模型。

2）第二类软件为与硬件接口较多、需要进行大量硬件接口操作并对数据进行初步滤波的软件。动力学计算机中数据通信模块的软件就是此类型的软件，它主要完成各种板卡的读写操作，周期一般为几百毫秒。

3）第三类软件为服务平台软件，需要完成非实时要求的指令的发送、数据的存储及显示等功能。该类软件可以适应不同卫星的测试项目及内容的需要，并提供优异的 TCP/IP 网络通信能力及对其他工具软件的调用功能。

对于具体功能模块的实现，在满足需求的情况下尽量选用标准设备和标准板卡，软件进行标准化模块开发，以增加系统的通用性。在实际应用中，根据姿控系统不同的测试需求将各种测试功能模块进行组合或拆分，以构建不同的测试系统，满足不同状态下的测试需求。

测试系统中综合控制计算机、动力学仿真计算机和数据显示存储计算机三个计算机上运行的软件模块及它们相互之间的联接关系如图 3 所示。该测试系统中综合控制计算机与动力学仿真计算机组成上下位机模式。

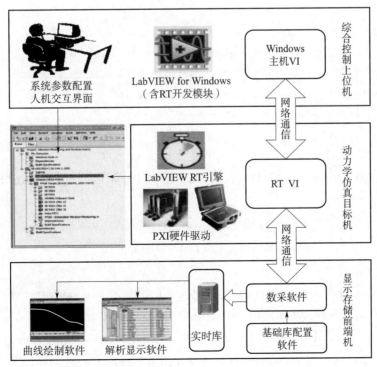

图 3　软件架构示意图

综合控制上位机为实时应用程序的开发环境，运行 Windows 操作系统，包括普通的 LabVIEW 开发环境和 RT 模块。RT 模块提供将 LabVIEW 的 VI 程序编译下装到执行的目标环境并提供两者之间数据通信的功能。

动力学仿真目标机安装 LabVIEW RT 引擎，提供实时运行 VI 程序的能力；另外它上面配备各 PXI 板卡的驱动程序。上下位机之间通过 TCP/IP 网络进行数据交互；同时，动力学仿真计算机通过以太网将仿真数据实时地发送给数据管理网，供测试人员判读。

测试系统中上下位机的核心软件模块为仿真运行策略 VI 程序，即图 3 中的 RT VI。它在上位机上编写，通过编译下装到动力学仿真目标机上运行。其主要功能包括：数据采集、数据处理与发送、动力学仿真计算、数据存储和上位机通信。

## 3 试验验证

测试系统研制完成后，按照图 1 测试系统原理图通过测试电缆与星上姿控分系统进行连接，构建姿控分系统测试平台。按照姿控分系统的测试需求，对测试系统的相应模块进行功能验证。同时，在同一坐标系下将卫星姿态的动力学数据、卫星遥测以及全数字仿真数据进行对比，来验证测试系统的功能。通过与星上姿控分系统的联试表明该仿真平台完全满足工程应用要求。

## 4 结束语

本文按照集成化、通用化、标准化的设计原则，提出了一套基于 PXI 总线的姿控测试系统，软件按照模块化的思想构建了上下位机的模式。将现有测试系统中分散的、多种类型不同模块的功能集成到一套设备中，实现了设备的高度集成、可扩展性和一体化。测试系统选用通用的工业板卡，实现了板卡级的设备备份和互换，提高了测试系统的可靠性，突破了测试设备可维护性不高的现状。通过试验证明，该测试系统可以满足皮纳卫星姿控系统的测试需求。

### 参 考 文 献

[1] 屠善澄. 卫星姿态动力学与控制 [M]. 北京：中国宇航出版社，1999.

[2] 刘良栋. 卫星控制系统仿真技术 [M]. 北京：中国宇航出版社，2003.

[3] 彭瑞，柏嘉翔. 卫星姿轨控分系统通用化半物理仿真测试系统研究 [J]. 数字技术与应用，2011 (9)：58 - 61.

[4] 张洪光. 航天器供配电测试设备硬件模块化、软件配置化设计思路 [J]. 航天器工程，19 (1)：72 - 76.

[5] 王振枫. 某型微小卫星姿态控制系统设计及仿真研究 [D]. 南京航空航天大学，2007.

# Research on Miniaturization Test System of PN Satellite AOCS

SU Zhenhua    CHEN Xiongzi    CHANG Wujun

DFH Satellite Co. Ltd. ，Beijing 100094

**Abstract**　In view of the test requirements of Pico - nano attitude and orbit control subsystem (PN AOCS), this article in accordance with the principle of integration, generalization and standardization of design, puts forward a set of attitude control test system based on PXI bus. The system will integrate a variety of types of different modules scattered function into a set of equipment, realize the integration, extendability，and syntheses of the system. The experiment proved that the test system can meet the test requirements of PN AOCS.

**Key words** PN satellite；AOCS；test；integrated；generalized；standardized

# 作 者 简 介

苏振华，男，硕士，航天东方红卫星有限公司，从事小卫星综合测试工作，电子邮箱：suzhenhua1@163.com。

# 第五部分　管理实践

# 微小卫星蓬勃发展为当前航天管理体系带来挑战

李云　陈建光　王聪

中国航天系统科学与工程研究院，北京　　100048

**摘　要**　近年来微小卫星的快速发展降低了卫星技术和市场准入门槛，促进新兴航天产业的发展，其应用范围显著扩大，对当前航天管理体系带来了巨大冲击。现行航天管理体系主要以传统大卫星为主，不能完全适用于当前的微小卫星管理。本文针对微小卫星近年来的快速发展进行简要分析，并对其给当前航天管理体系带来的多方面影响进行了深入评述，提出了为应对微小卫星发展趋势所应采取的航天管理变革措施。

**关键词**　微小卫星；航天管理体系；航天法

## 1　引言

微小卫星在国际上通常是指卫星质量低于 500 kg（有的以 1 000 kg 为界限）的卫星。经过长期的技术突破与发展积累，国外微小卫星近期在功能、成本、研制部署效率以及应用广度与深度等方面开始呈现质的飞跃。这一方面为军事航天装备变革、小微航天企业创立发展及航天起步国家快速入门带来了良好机遇；另一方面，大规模的微小卫星发射入轨又可能对包括法规政策等在内的现行航天管理体系带来一定挑战，需要我们及早关注、积极应对。

## 2　国外微小卫星蓬勃发展，其地位和作用将发生重大转变

进入 21 世纪，随着微电子、微机电和微光机电系统、新材料、先进制造、纳米技术等群体性高新技术的发展和突破，在基于一体化结构、即插即用、模块化等创新设计理念的牵引下，国外微小卫星技术突飞猛进，芯片卫星、手机卫星、立方体卫星、母子卫星、分离模块航天器等概念层出不穷。微小卫星发射数量持续增长，尤其在近两年呈爆炸性增长（如图 1 所示）。2012 年和 2013 年全球分别发射小卫星49 颗和138 颗，占当年发射卫星总数的 35% 和 64%。与 20 世纪相比，当前微小卫星在功能密度、设计寿命、自主生存能力上均大幅提升，除了在技术验证、科学试验以及工程教育等传统领域进一步发挥作用，还开始在对地观测与通信领域实现业务运行。

微小卫星尽管单星能力尚不能与大卫星比肩，但成本优势明显、发射部署快，通过多星组网可实现不同于大卫星的独特应用。美军在推动天基信息系统从战略应用向战术应用扩展的探索中，一直将微小卫星作为有效解决途径并取得突破。美军 2011 年发射的 ORS-1 卫星（质量 468 kg）和 2012 年提出的看我（SeeMe）卫星（质量 45 kg）计划，均直接面向战场基层人员提供战场态势感知能力，且前者已投入业务运行。

微小卫星的涌现，降低了卫星技术和市场准入门槛。除了波音、洛·马等传统企业和高等院校，中小企业甚至中学亦加入微小卫星研制发射以及运营的大军，充分调动了社会力量在航天技术与应用方面的创新活力。2013 年美国发射了全球首颗由高中生研制的立方体卫星。此外，一些航天起步国家亦依靠微小卫星敲开了航天的大门，如秘鲁和奥地利 2013 年借助纳卫星实现了各自卫星发射的零突破。

研制运行微小卫星的商业遥感或通信公司通过挖掘市场新机遇，将带动相关产业发展变革。天空盒子成像公司通过 24 颗 100 kg 级卫星组网，将提供 1 m 级图像与视频并具备 8 小时全球数据更新能力，并

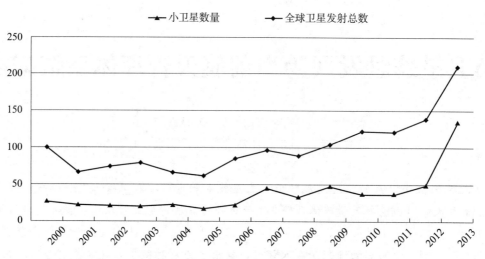

图 1　2000～2013 年全球卫星与微小卫星发射数量统计

融合互联网思维创新性地提供在线访问能力和云服务平台，允许第三方开发个人定制应用工具。这将促进卫星遥感服务从面向团体用户进一步朝定制化服务和个性化服务转变。

微小卫星的发展成熟，还将推动未来军事航天装备的体系变革。2013 年美军颁布的《弹性与分解式空间体系架构》白皮书，提出将传统大型卫星系统的功能分解到组网的多颗小卫星中，在确保系统功能和性能的前提下实现去中心化、分散风险，使潜在对手无法通过攻击节点卫星而使整个体系瘫痪；同时利用小卫星的快速研制、发射和补网能力，提高整个空间系统弹性。

微小卫星技术与应用发展势头持续强劲，将推动其在整个卫星体系中的地位和作用发生转变。微小卫星在此前很长时间内，一直充当大中型卫星的"配角"或"补充"，其无论在性能还是应用潜力上均与大中型卫星相距甚远，基本以实施教育工程与技术验证为主。而现在，我们可以看到，微小卫星已成为卫星发展的一个主流方向，其未来有可能与大、中型卫星"平分秋色"。

## 3　微小卫星相关活动应遵循现行相关航天管理规则

一般情况下，微小卫星无论多大尺寸、多大质量或执行哪类任务，与大卫星一样，都同属空间物体的范畴。因此，微小卫星的发射和运营等航天活动，均应遵循现行国际或国家航天管理规则——包括国际条约、国家法律、相关的规章/准则/原则/条例等。现行航天管理规则总体情况如下。

### 3.1　国际航天法确立了全球探索与利用外层空间的基本原则和制度

国际航天法五大条约：《外层空间条约》（1967 年）、《营救协定》（1968 年）、《责任公约》（1972 年）、《登记公约》（1976 年）和《月球协定》（1979 年），以及《各国探索和利用外层空间活动的法律原则宣言》（1963）、《各国利用人造地球卫星进行国际直接电视广播所应遵循的原则》（1982）、《关于从外层空间遥感地球的原则》（1986）等一系列联合国大会决议，构成了国际航天法的主体。这些法规明确了外层空间的法律地位，确立了探索和利用外层空间的基本原则和制度，对外层空间和平利用、国家应担负的国际责任以及外层空间物体登记等进行了规定。需要指出的是，国际航天法中的决议、决定、宣言、建议或标准等属于软法范畴，其不具备法律约束力但又具备一定法律效果。

### 3.2　越来越多的国家注重颁布或完善航天法

目前，国际上已有十几个国家颁布了国家航天法，其中包括美国、俄罗斯、英国、法国、日本等传统航天大国（如表 1 所示）。近年来，随着微小卫星等航天技术的普及与推广，航天准入门槛降低，许多国家通过发射微小卫星开始跻身航天国家行列，这些航天新兴国家也陆续制定了本国的航天法规，如奥地利、比利时和荷兰等。

表 1　已经颁布航天法的主要国家

| 序号 | 国家 | 颁布时间 | 空间法 |
|---|---|---|---|
| 1 | 美国 | 1958 年 | 《美国国家航空航天法》 |
| 2 | 英国 | 1986 年 | 《外层空间法》 |
| 3 | 澳大利亚 | 1988 年 | 《澳大利亚空间活动法》 |
| 4 | 加拿大 | 1990 年 | 《加拿大航天局法》 |
| 5 | 瑞典 | 1982 年 | 《空间活动法》 |
| 6 | 俄罗斯 | 1996 年 | 《俄罗斯联邦空间活动法》 |
| 7 | 乌克兰 | 1996 年 | 《乌克兰空间活动法》 |
| 8 | 比利时 | 2005 年 | 《比利时空间法》 |
| 9 | 荷兰 | 2007 年 | 《荷兰空间活动法》 |
| 10 | 日本 | 2008 年 | 《宇宙基本法》 |
| 11 | 法国 | 2008 年 | 《通用空间法》 |
| 12 | 奥地利 | 2011 年 | 《奥地利关于空间活动授权和国家空间登记建立的联邦法案》 |

### 3.3　许可证授权是管理航天活动最普遍最重要的工具

根据国际法，《外层空间条约》缔约国须依照"授权和持续监督"规定，管理政府与非政府的外层空间活动，履行相关国际职责。其中，管理航天活动最普遍、最重要的工具，是来自指定政府机构的许可证授权，这为国家和申请人之间建立起法律联系。美国、俄罗斯、瑞典、英国、法国、印度、比利时、荷兰、澳大利亚等国，均已出台相关许可法规，对航天发射、卫星运行等航天活动进行约束规范。其中，俄罗斯《关于空间活动许可证发放条例》规定，不仅要对卫星发射和运营进行许可审批，还要对火箭和卫星系统的研制与存储活动进行许可审批。

## 4　微小卫星蓬勃发展对现行航天法规的冲击

进入外层空间的微小卫星数量急剧增加，会对卫星许可证、太空物体登记、频谱利用、太空碎片等方面的工作带来一定挑战，如果管理不到位，可能会影响其他航天任务的安全和航天活动的可持续发展。

### 4.1　需将微小卫星活动规范纳入航天法规

目前许多国家的航天法规存在空白，难以对微小卫星或一些执行特殊航天活动的大卫星起到约束作用。

加拿大 2013 年 3 月发射的"近地物体监视卫星"（NEOSSat，质量约 65 kg，轨道高度 800 km），属于探测跟踪行星和卫星的空间望远镜。但加拿大现行的《加拿大遥感航天系统法案》对遥感卫星系统的许可证规定中，没有一条适用于 NEOSSat。因此，该卫星虽已发射，却并未获得加拿大外事与国际贸易部（DFAIT）的许可审批。即便如此，依照国际法，加拿大作为发射国，依然必须为 NEOSSat 担负相关国际责任和义务。

加拿大麦克唐纳·迪特维利联合有限公司（MDA）正在研制用于开展"在轨燃料加注和在轨卫星服务"活动的微小卫星，而加拿大现行航天法规缺乏对这类活动的规范，相应的卫星也很难在现行规范框架下获得航天许可证。

事实上，许多国家（包括传统航天国家在内）都缺乏有效有序管理"小卫星发射和利用"等新兴航天活动的法律法规。

### 4.2　需适度放松微小卫星许可审批制度

大多数国家的卫星发射或运营需要通过相关机构的许可审批。以美国为例，其商务部所属的国家海洋与大气管理局（NOAA）负责遥感卫星系统许可证颁发。美国所有计划发射大小遥感卫星的个人、大学和企业均需向 NOAA 提交许可申请，并遵从众多繁杂的要求。NOAA 在审批过程中，会综合考虑国际义务、国家安全、卫星运行控制维护、数据采集与分发、寿命末期卫星处理等众多问题。但对于微小卫星，NOAA 却很难要求其符合现有法规，尤其是"一些立方体卫星在设计上很难满足标准许可证条件，比如，当国家安全需要时，限制卫星成像操作"。

针对这样的问题，NOAA 认为除了制定并执行合理的准则/章程，还应修改目前的遥感条例，使其有权决定"执行地球成像任务的立方体卫星"是否需要许可证。未来美国微小卫星许可证申请制度有可能会放松。不过，当微小卫星执行"大"任务时，管理起来仍应慎重，管理的关键不是卫星的"尺寸"或"质量"，而是"能力"。

### 4.3　需加强履行对微小卫星的太空物体登记规则

尽管太空物体登记是强制的，但许多国家近年来已经逐渐放松履行太空物体登记职责。1975 年，国际太空物体登记率达到 100%，到 2004 年下降到 69.5%，并且仍在不断下降。国际登记没有具体的时间限制，如果卫星由外国运载火箭发射或卫星在轨时间较短，一些国家很容易延迟或干脆不将所需信息发送至联合国。

未来，将会有越来越多在轨时间很短的皮卫星或纳卫星入轨。届时，发射国如果不向联合国登记这些卫星，就可能会给微小卫星的辨识带来困难。一旦遇到"卫星在外层空间发生事故"或"再入时未被毁尽而撞击地球"等事件，更多麻烦将接踵而至。

### 4.4　需针对微小卫星合理改进频谱资源分配申报规则

为避免有害干扰，国际社会和各国均对频谱资源进行管理。国际上，针对大卫星、小卫星以及微卫星的频谱资源分配工作，主要由国际电信联盟（ITU）来进行规范管理。大多数微小卫星的频谱，均属于 ITU 无线电规则的"业余卫星服务"频段。而这些频段在技术和管理方面，均有一定的限制。随着微小卫星的增多，"业余卫星服务"频段已变得越来越拥挤。有鉴于此，ITU 在 2012 年无线电通信大会上通过决议，要求考虑一个有益于推动纳卫星和皮卫星部署和运行的"空间网络申报程序"。

微小卫星很多情况下还应当获得国家频谱许可证。在美国，联邦通信委员会（FCC）根据《通信法案》和《联邦卫星通信规则》对所有卫星进行频率许可管理。对微小卫星来讲，这将是一个冗长且耗时的无线电频谱许可申请程序，若需要通过 ITU 进行国际协调，则耗时更长。2013 年 3 月 15 日，FCC 发布了《小卫星许可证获取指南》，方便参与者们为其小卫星（包括纳卫星、皮卫星和飞卫星等）办理频谱利用许可证申请等相关事宜。

### 4.5　需制定微小卫星空间碎片消除准则

低地球轨道上的微小卫星普遍寿命短，大量这类卫星在完成任务后失效，直接变成空间碎片。空间碎片增加导致太空物体碰撞的危险增加，并可能再入地球，对地面上的人、财产和环境形成威胁。

关于空间碎片减缓问题，一些国际组织发布过一些标准和准则：ESA 在 2002 年发布了《欧洲空间碎片安全与消除标准》；政府间太空碎片协调委员会（IADC）2002 年发布了《空间碎片消除指南》；外层空间和平利用委员会（COPUOS）2007 年发布了《空间碎片消除指南》。需要注意的是，这些指南主要通过国家机制实施，不具备与国际法类似的法律约束力。

微小卫星要符合这类指南，不仅在技术上要满足一定的要求，而且需要有关国家出台或完善相应的管理机制。

## 5 结束语

微小卫星繁荣发展对现行航天管理体系形成的挑战，是全球所有微小卫星发展国家可能面临的共同问题，国际上一些机构或组织已经开始着手考虑应对方案。鉴于我国越来越多的高等院校、民营企业或其他社会团体开始参与微小卫星技术与应用活动且我国尚未出台航天法，如何制定或完善国内现行航天相关政策规章，引导规范微小卫星快速健康发展，确保国家安全和外交利益，恰当履行国际责任和义务应纳入我国当前航天管理体系建设工作，并慎重解决。

# The Boom of Micro – Satellite Challenges Current Space Management System

LI Yun   CHEN Jiangguang   WANG Cong

China Academy of Aerospace System Sceience and Engineering，Beijing   100048

**Abstract**   In recent years，the fast development of micro – satellite lowered the restrictions for operators to enter market of technology and satellite，promoted the development of the new aerospace industry，challenged current space management system. the current Space Management System is always designed for the traditional large satellite，and can not apply to the micro – satellite. the paper analyses the fast development of micro – satellite，studies the influence of micro – satellite's development to Current Space Management，and finally gives the advice we should considerate to keep up with the pace of the micro – satellite.

**Key words**   Micro – Satellite；Space Management System；Space Law

### 作 者 简 介

李云，女，高级工程师，中国航天系统科学与工程研究院，研究方向为科技情报研究，电子邮箱：liyun@spacechina.com。

# 小卫星产学研协同创新的几点思考

马林　冯孝辉

航天东方红卫星有限公司，北京　100094

**摘　要**　近年来，我国 1 000 kg 左右的小卫星已逐步从探索、试验阶段步入装备业务运行阶段，小卫星市场前景广阔，在"十三五"期间有望迎来大发展。产学研协同创新目前已成为推动重大知识与技术创新的前沿创新模式。进一步发挥产学研协同创新优势，孵化创新性项目和研究新的颠覆性技术，进一步提升小卫星产品的技术服务水平，推进小卫星产业创新发展，已经成为小卫星企业、相关高校、科研院所的普遍共识。本文基于产学研创新体系的研究，分析了产学研协同创新的概念和内涵，梳理了目前小卫星产学研协同创新的不足，给出了产学研协同创新的策略和建议。

**关键词**　小卫星；产学研；协同创新；发展建议

## 1　引言

二十世纪末期，现代小卫星以其"快、好、省"的特点，受到国际航天界的高度重视，纷纷投入力量开展小卫星的开发和研制。2013 年，全球小卫星呈爆发式增长，全球共发射 142 颗小卫星，占发射总量的 69%，同比增幅 182%；2014 年，小卫星发展延续 2013 年高速发展势头，年度发射总数再创新高，全球共成功发射小卫星 189 颗，占全球同期入轨航天器总数的 72.1%，相较 2013 年同比增长 33%。总体来看，小卫星发展高度活跃，已成为世界航天活动的重要组成部分。

随着近年来技术的发展，我国小卫星单星性能，尤其是功能密度、敏捷机动和卫星寿命等性能大幅提升，在对地观测、通信等多个应用领域已走向实用化。同时，小卫星在航天技术创新发展中的作用越来越突出。众多创新概念大量涌现，并利用小卫星进行飞行演示验证。小卫星技术创新正在向创新应用转化，与大卫星互为补充，丰富了航天系统的能力和手段，综合形成了完整的国家空间体系。

在取得成绩的同时，小卫星技术创新中也暴露出理论基础薄弱、原创性技术缺乏、核心成果积累不足等突出问题。这些问题如果不及时解决，势必会阻碍我国小卫星技术创新可持续发展，延缓我国从航天大国向航天强国转变。

十八大报告提出了实施创新驱动发展战略的重大部署，并指出：要坚持走中国特色自主创新道路，以全球视野谋划和推动创新，提高原始创新、集成创新和引进消化再创新能力，更加注重协同创新。《国家中长期科学和技术发展规划纲要（2006—2020 年）》要求将中国特色国家创新体系打造成"以政府为主导、充分发挥市场配置资源基础性作用、各类科技创新主体紧密联系和有效互动的社会系统"，其中建设"以企业为主体、产学研结合的技术创新体系为突破口，建设科学研究与高等教育有机结合的知识创新体系"成为现阶段的发展重点之一。

实施创新驱动发展战略，开展"强强联合、优势互补、探索创新、互利共赢"的产学研协同创新，可以促进新概念、新系统、新技术和新产品在小卫星上的直接转化和应用，实现企业、高等院校、科研院所等创新主体的相互促进、共同发展，是服务小卫星技术创新发展的重要举措。本文对小卫星产学研协同创新进行研究，研究了产学研协同创新的不足，提出了产学研协同创新的建议，以丰富产学研协同创新思路。

# 2　小卫星产学研协同创新的内涵与重大意义

## 2.1　小卫星产学研协同创新的内涵

对于产学研协同创新这一概念，目前学界的基本共识，是指高等院校、研究机构和企业等各类创新主体围绕创新目标，突破原有的界限、壁垒，优势互补、深度合作，从而建立起完整的技术创新链条，实现人才、知识、技术、资本等创新要素的无缝对接，更快、更好地把科技第一生产力转化为现实生产力。

小卫星产学研协同创新的本质是实现小卫星企业、高校、科研院所等各主体相关资源的整合和创新融合，使总体效益大于个体效益之和，使参与的各方共同受益。小卫星协同创新的目标是产学研各方通过对小卫星创新技术的获取、转化和运用，在小卫星市场、研制与应用领域形成"协同效应"，以形成小卫星优势产品，提升小卫星产品的技术服务水平，推进小卫星技术创新、产业创新。

## 2.2　产学研协同创新的重大意义

产学研协同创新贯穿于小卫星技术创新的整个过程。在产学研协同创新过程中，各单位的资源在不断增值，通过知识转移和共享来实现资源优势互补、协同发展。知识转移是产学研协同创新活动的必要过程，可有效提升企业创新能力。小卫星产学研协同创新具有以下四方面重大意义：

（1）产学研协同，联合攻关，有利于促进空间科学、深空探测等航天领域的发展

航天活动使人类认识的触角离开地球延伸到了广阔的太空，通过建设多种类型的卫星系统，成功开辟了"陆、海、空"之外的第四疆域，显著改变着人类生产、生活方式。国内外空间科学卫星、深空探测卫星立项的起点都是科学目标的论证和提出。在项目提出阶段，小卫星企业、高校、科研院所联合论证、集同攻关，将有效缩短科学目标的工程实现周期，加快研究数据的获取周期，从而大幅提升我国在空间科学、深空探索领域的国际地位。

（2）以基础研究为动力，研究新技术，开发新产品，有利于航天技术的快速发展

我国由航天大国向航天强国的转变，科学卫星将扮演重要角色。科学卫星任务往往体现出重大的设计创新和技术跨越。比如：NASA 的 GP－B 卫星（2004 年发射），实现了 $10^{-10}\,m/s^2$ 量级的无拖曳控制、$0.02''$ 的惯性指向等。这些指标均比同期的应用卫星相应指标高 3 至 6 个量级，大大提升了美国和欧洲航天器及空间工业技术和装备水平。以科学卫星任务需求为牵引，发挥高校和科研院所在基础研究方面的优势，发挥小卫星企业在产品实现、工程实现方面的优势，在企业引导下共推科技成果转化，将极大地促进航天技术的创新和快速发展，增强我国航天技术实力和技术储备。

（3）围绕小卫星企业，形成产学研战略联盟，有利于形成具有原创性的创新成果

建立产学研战略联盟是产学研协同创新的主要合作模式之一。产学研联盟可发挥其先锋作用和先进技术的辐射作用，带动可应用于航天技术领域的量子科学与应用技术、认知科学与技术等基础前沿技术研究，突破激光光源/通信、量子通信、太赫兹技术等战略必争的核心前沿技术。建立产学研联盟将有利于开展影响航天发展的战略性技术的预见、识别，实现技术、市场等资源整合和创新融合，提升小卫星产业链整体创新能力。

（4）围绕人才培养，发挥各自优势，有利于打造一批航天领军人才

小卫星技术创新的关键是人才。研发队伍的规模和水平是小卫星企业技术创新的基础；高校和科研院所是人才培养和科学研究的重要基地，特别是高校，培养和造就大批创新型人才是学校办学的根本目标。面向市场和国家需求，高校和科研院所与小卫星企业协同合作，通过共建联合研究中心、联合技术试验室等研究机构的方式，为领军人才的培养和交流搭建了平台，将极大促进科技成果向现实生产力的转化，促进小卫星技术创新和产业升级。

## 3　小卫星产学研协同创新的不足

通过调研国内小卫星产学研协同创新的历程和现状，我们发现产学研合作各方已经开展了一些有益的尝试。但是，因为这种尝试尚处于初级阶段，并没有产生1+1＞2的协同效应，存在合作持续性差、层次不高、效率不高等问题，主要表现在：

（1）缺乏顶层设计和统一的协调机制，没有形成合作的创新体系

技术创新是小卫星创新体系的基石，为小卫星产业的可持续发展提供不竭的源动力。总的来看，目前的产学研协同创新以具体项目合作为主，各方没有站在建立创新体系的高度去开展产学研合作关系，从而导致协同创新的水平还比较低，对小卫星技术创新贡献度不够。

（2）缺乏合作的长效机制，短期、间断性合作多，持续稳定的战略合作少

现阶段，小卫星产学研协同创新合作关系还较为松散，以合同等契约性合作为主，参与各方缺乏系统的理论指导，缺乏以知识产权保护为核心的利益保障机制，缺乏持续的资金投入机制。这些问题给持续稳定的合作埋下了隐患，导致合作项目结束联盟即告终结，无法可持续性发展等实际问题。

（3）合作成果呈现"碎片式"状态，没有带动小卫星产业链发展

当前的小卫星产学研协同创新缺乏深度的一体化合作，追求"立竿见影"，主要是为了解决某一企业的技术难题，一旦难题解决，则资源不再互用。合作各方对发展方向和发展步骤缺乏整体谋划，导致缺乏产业共性技术、核心技术成果，尚未形成带动小卫星产业链发展的能力。

（4）合作层次不高，孵化小卫星创新性项目的后劲不足

目前的合作侧重实用技术，合作各方没有建立学科集群与产业集群互动的关系，对面向未来长远发展的前瞻性技术认识不充分，缺乏对基础研究的重视，导致原创性技术缺乏、难以在原创性重大系统级项目上取得突破。

## 4　小卫星产学研协同创新的几点措施

近年来国内小卫星掀起了发展的"热潮"，国家发展和装备建设都对低成本、长寿命、高品质小卫星技术和小卫星产品提出了明确的需求。这就要求小卫星企业必须正视自身的技术创新主体地位，深刻理解、积极适应航天发展的趋势，转变思维方式，把握技术创新规律，提升综合竞争能力。产学研协同创新是推动小卫星企业与高校、科研院所共同发展的有效途径，是推动小卫星技术创新的突破口，也是推进小卫星产业链发展的战略抓手。小卫星产学研协同创新的几点措施如下：

（1）面向国家重大战略需求，共建产学研战略联盟

以满足国家重大战略需求，推进小卫星产业协同创新为目标，围绕系统级业务和应用，以小卫星企业为主体，通过与具有技术优势的高校、科研院所合作，联合酝酿和牵引出新的重大系统级任务；同时，以"以利益共享、风险共担"为基本原则，建立完善的联盟公约，搭建产学研协同创新服务平台，共同维护联盟各方的利益。

（2）瞄准国家重大科技专项，大力促进科技成果向现实生产力转化

高校、科研院所瞄准国家基础性、前瞻性、原创性研究方向，重点开展开拓性、前沿性、颠覆性新思想、新概念、新机理的研究；小卫星企业围绕用户需求，专注新技术的产业化和应用，引导和支持创新要素向企业集聚，从而提升产品的市场核心竞争力，提升产学研创新成果的"含金量"。

（3）建立联合研究中心等科研实体，形成产学研协同创新的长效机制

各方共同投入场地、人员、资金等资源，围绕航天领域中长期重大技术发展需求和国内外航天市场需求，聚焦技术创新和产品创新，组建联合研究中心、联合实验室等实体化运行的科研机构，在促进技术开发与成果转化相互衔接的同时，确保产学研协同创新的可持续发展。

（4）面向高层次领军型人才培养，与高校共建产学研协同创新人才培养基地

小卫星技术人才培养要坚持与实践相结合。立足国际化、规范化和系统化，与高校共建高层次产学研一体化人才培养基地，为在校学生提供实践锻炼机会，同时为企业和科研院所技术人才的知识更新提供支撑和服务。发挥高校基础理论研究优势，联合攻关重大航天项目，培养勇挑重担、承担重任的项目领军人才。

（5）加大自主研发投入力度，对产学研协同创新优势项目进行长期支持

小卫星产学研协同创新应从实践中提炼研究问题，从研究中创新关键技术，从应用中加快成果转化，形成良性的互动循环。各方应围绕新概念、新技术、新产品的研发，加大自主投入力度，构建"大平台"，支撑"大项目"，培育"大成果"。

# 5 建议

（1）将产学研协同创新纳入各主体发展战略，建立产学研协同创新体系

小卫星的发展应融入到国家和行业的发展之中，才能争取更大的发展空间。小卫星产学研协同创新各方都应以满足国家中长期科技发展规划和行业发展需求为目标，制定自身的产学研协同创新战略，并以此为基础共同建立高效协同创新体系，优化和谐共赢的产业环境，实现小卫星产业链的持续发展。

（2）要进一步加强小卫星产学研协同创新的政策法规和机制建设

小卫星行业主管部门应深入分析企业、高校、科研院所等各方在小卫星产学研协同创新中的角色定位、作用和利益等，从完善知识产权保护法律、加强扶持力度等方面着手，尽快出台促进产学研协同创新的政策法规和实施细则，完善科技创新体系建设，解决利益均衡问题，解决制约小卫星产学研协同创新的政策瓶颈，促进小卫星产学研协同创新的长期、健康发展。

（3）面向市场竞争，打造协同创新的驱动机制

小卫星企业作为产学研协同创新的主体，市场竞争是其开展技术创新的重要驱动。企业、高校、科研院所各方，特别是企业，应加强面向市场竞争的经济效益驱动和精神激励驱动等内部驱动机制建设，具体表现在是否获得相应的经济效益，是否可以在精神上获得相应的激励等。

# 6 结束语

"十三五"期间，我国将由航天大国向航天强国迈进，航天事业将实现新的重大突破。当前，我国小卫星发展正处于由试验应用向业务服务转变、由跟踪研制向自主发展转变、由需求牵引向技术创新驱动转变的关键时期。加快发展小卫星必将成为中国航天实现重大转型的最有生机活力的途径。

在小卫星蓬勃发展的新常态下，小卫星企业与高校、科研院所开展深度合作的产学研协同创新是大势所趋。坚持产学研协同创新，将加快技术创新与产品创新的有机结合，将推动小卫星产业链的发展和升级，是我国航天事业发展的必然选择。本文对小卫星产学研协同创新的内涵、重大意义进行了探索和分析，提出了小卫星产学研协同创新的措施和几点建议，希望可以为我国小卫星发展提供参考。

**参 考 文 献**

［1］ 陈劲，阳银娟. 协同创新的理论基础与内涵［J］. 科学研究，2012，30（2）：161-164.

［2］ Werner Bonte, Max Keilbach. Concubinage or marriage information and formal cooperation for innovation［J］. International Journal of Industrial Organization, 2005, （23）: 279-302.

［3］ 何郁冰. 产学研协同创新的理论模式［J］. 科学学研究，2012，30（2）：165-174.

［4］ 孔祥浩，许赞，苏州. 政产学研协同创新"四轮驱动"结构与机制研究［J］，科技进步与对策，2012，29（22）：15-18.

［5］　王文岩，孙福全，申强．产学研协同创新模式的分类、特征及选择［J］．中国科技论文，2008（5）：37－40.

［6］　杜玉波．深化产学研协同创新-服务创新型国家建设［J］．中国高校科技与产业化，2008（08）：16－19.

［7］　产学研协同创新发展现状及对策研究［J］．中国论文网 3－4.

# Some Opinions on Small Satellite Collaborative innovation

MA Lin　FENG Xiaohui

DFH Satellite Co. Ltd. ，Beijing 100094

**Abstract**　In recent years, around 1000kg Chinese Small satellite has been explored gradually from the experimental stage into the equipment business operation stage. The market of Small satellite should be broad and a big development could be expected during the 13th 5 years Plan. Industry – University – Research (IUR) Collaborative Innovation has been regarded as an important innovation mode to promote the knowledge and technological innovation. To the small satellite enterprise, university and research, they have a general understanding on IUR Collaborative Innovation: To develop the further advantages, to research new disruptive technologies, to enhance the technology and service level. This Paper analysis the conception and connotation of IUR Collaborative Innovation, put forward the major weakness, provide the strategy and suggestion.

**Key words**　Small Satellite；Industry – University – Research；Collaborative Innovation；Development Suggestion

## 作 者 简 介

马林，男，工程师，航天东方红卫星有限公司，研究方向为产学研协同创新管理。电子邮箱：leonardma@sina.com。

# 关于商业卫星质量与可靠性控制的思考

袁媛　葛宇　李楠　于翔天

航天东方红卫星有限公司，北京市海淀区友谊路 104 号　　100094

**摘　要**　为探索面向市场的商业卫星研制模式，急需围绕市场需求与成本约束研究一套适用于商业卫星的质量与可靠性控制原则。本文结合商业卫星特点以及国内卫星产品研制基础，通过调研和分析，提出了商业卫星质量与可靠性控制的一些思路，重点是在当前通用产品保证要求的基础上，为确保商业卫星质量与可靠性进行优化的原则，以及为降低成本可裁减的要求。

**关键词**　商业卫星；低成本；质量；可靠性

## 1　引言

近二十年来，我国航天产业取得了很大成就，特别是遥感卫星领域，已陆续发射了陆地资源、气象、海洋、环境与灾害监测四大系列遥感卫星，初步构建起多种分辨率、多谱段、稳定运行的卫星对地观测体系，并在国土资源、海洋、环境、气象和减灾等领域开展了应用。目前遥感卫星的研制主要以国家为主导，应用产品不能与市场需求紧密结合且产品间难以整合共用，无法充分满足日益激增的市场化遥感卫星影像需求。针对这种情况，李克强总理在主持召开国务院常务会议时明确提出，要"研制、发射和运营商业遥感卫星"。因此，以市场需求为导向，开展商业卫星的研制，推动我国商业卫星及应用的产业化发展，已成为一项紧迫的任务。

## 2　商业卫星质量与可靠性控制分析

商业卫星的研制一般以满足用户需求为基本目标，在保证产品可靠性的前提下，尽量控制成本，在特定领域实现商业市场竞争力，同时商业卫星项目一般还具备研制周期紧、组批生产的特点。由于商业卫星与目前其他卫星的研制模式存在不同，因此需要在现有卫星质量与可靠性控制的基础上进行优化和剪裁，实现商业卫星的经济性、实用性和可靠性。

## 3　质量与可靠性控制措施

### 3.1　择优选择外协供方，建立以合同为基础的长期评价机制

商业卫星应改变以往以质量为唯一考虑要因的原则，以产品性价比、质量和可获得性为导向，开展商业卫星合格供方选用和产品认证。在传统航天供方体系的基础上，扩大外协供方选择范围，优先考虑国内外技术领先、管理完善的单位。通过细化外协合同违约条款和严格执行，强化供方对产品质量的管控，定期根据产品的历史质量情况对合格供方等级进行动态调整，确保供方对产品质量的长期重视。

### 3.2　优先选用 COTS 产品

在冷战结束后，美国国防部改革了军用产品采办政策，提出了应用 COTS（商用现成产品）的策略。COTS 产品的空间应用是 NASA 实践"快、好、省"原则所长期推崇的重要举措，并且近年来国外对我

国卫星上使用的很多高等级元器件实施禁运，因此，应用 COTS 产品成为我国商业卫星控制成本研制的迫切需求。

COTS 产品应优先选用在航天、航空和军工行业应用成熟的产品。组件级或单机级的 COTS 产品可以作为"整体"进行产品保证管理，总体依据提出的技术要求进行严格的产品验收，仅通过数据包对产品材料、工艺和生产过程执行情况进行检查。

### 3.3  优化卫星产品设计

商业卫星应强化整星一体化设计，包括系统与分系统一体化设计和单机功能的一体化设计，实现型号扁平化设计，减少单机产品数量，有效降低研制成本。

商业卫星在研制过程中应遵循"通用化、系列化、组合化"设计思想，应用标准化原理和方法进行新产品的设计，最大限度地提高产品的标准化水平。通过模块化设计和标准化接口设计，采用通用零部件、结构和尺寸，最大限度地做到通用和互换。

商业卫星基于降低多星研制总成本选用的新技术、新产品，其首发星设计应充分涵盖所有批产星的应用状态，并在首发星进行充分的试验验证，装备星不再进行设计验证，降低系统平均研制成本。

商业卫星应强化软件应用，在可靠性不降低的情况下，通过软件实现硬件功能，以软件备份替代硬件备份。

### 3.4  优化系统级试验验证

商业卫星在确保研制全过程质量受控的前提下，可对系统级试验项目进行适当的剪裁，保留必要的筛选试验项目。在批产后期，确认产品特性足够稳定的情况下，可对测试与验证进一步剪裁。

1）热平衡试验：在商业卫星首发星已通过热平衡试验验证整星热设计的前提下，批产星在热控设计基线未发生技术状态变化且生产状态一致性可控的前提下，可取消整星热平衡试验。在热控设计技术状态变化不大的情况下，可借用首发星整星热平衡试验结果，并通过仿真验证热控设计更改。

2）EMC 试验：光学遥感类卫星星上射频设备较少，相对雷达探测卫星，其天线耦合的射频电磁兼容性问题不突出，并且传导耦合的电磁兼容问题对测试环境要求不高。光学遥感类商业卫星首发星在微波暗室开展 EMC 试验后，其批产星在设计未发生重大更改的条件下，可简化 EMC 试验项目。

### 3.5  系统规划各级测试项目和完善测试环境，缩短整星测试时间

系统规划产品各级测试覆盖性，在单机测试覆盖性满足要求的情况下，减少分系统和系统级重复测试项目，有效缩短整星测试时间。通过采用测试床等先进工具模拟分系统和整星测试环境，确保单机测试的完整性和准确性，有效降低整星测试时间需求。

### 3.6  提升可靠性设计的准确性和经济性

商业卫星应进行合理的寿命设计，依托积累的在轨数据，优化可靠性模型，开展产品预定寿命和等寿命设计研究，提出符合市场需求的寿命指标。

产品裕度指标的提出应均衡、合理，通过适度的裕度设计使产品设计实现满足裕度指标即可。成熟单机对工艺和过程实现不敏感的裕度设计参数，在经过充分论证后，可以借用裕度验证历史结果。

商业卫星应提高冗余设计的有效性，在系统权衡成本与系统可靠性的基础上进行冗余设计，通过采用异构备份，优化同构备份，采用元器件、部组件级备份，减少单机备份，采用软件备份，减少硬件备份等措施确保可靠性满足要求和成本的降低。

商业卫星应通过单机软件注入实现在轨维护工作，加强软件容错设计，以软件方式加强对关键数据的防护、关键操作防护和关键器件防护，保证在轨自主执行任务和在轨快速处置，提升软件可靠性的同时最大限度减少地面人员干预程度。

### 3.7 加强空间环境适应性保证和设计

对于选用的商业器件和材料，应充分借用已知的空间环境性能指标数据或飞行经验，评估其适用性。但在无相关数据或飞行经验参考时，应通过试验摸底确定其空间环境耐受能力。

由于低等级元器件和材料在空间环境适应能力方面较差，尤其是抗辐射能力，因此必须在空间环境适应性设计方面进行充分考虑，尽量采用刷新、三模冗余等软件防护手段来缓解单粒子翻转问题，减少硬件防护措施，降低硬件防护成本。

### 3.8 系统开展 COTS 器件保证工作

基于应用低成本 COTS 器件，商业卫星元器件保证工作应遵循"风险分析、系统保证、分级实施"的原则，制定 COTS 器件专项保证要求。由于 COTS 元器件的设计、材料、工艺并非针对宇航应用，存在抗辐射能力不详、可追溯性不强、批次间一致性较差等缺点，应在使用前对其开展充分的风险分析，从元器件选型、采购供应控制、质量保证和应用等多个方面系统性地进行保证，开展元器件级、板级或单机级不同级别的 COTS 元器件质量保证工作，并在 COTS 元器件装机后结合产品应用环境进行板级或单机级筛选试验，有效剔除元器件失效。

COTS 元器件由于批次间的质量一致性相对较差，而且同一批次也存在不同芯片版本的可能性。因此，COTS 元器件采购应尽可能采用批量、集中采购模式。确保产品初样和正样采购的 COTS 元器件为同一生产批或到货批，质量保证应按元器件生产批或到货批逐批进行，以降低试验成本。

### 3.9 充分分析使用低成本材料的风险，加强数据共享

为综合降低材料检验成本，建议根据材料的贮存有效期合理的制定选材规划和相应的采购策略，实施统一采购。通过使用常规货架产品、使用国产产品替代进口产品的方式降低成本，应充分考虑所选材料的供货周期、批次质量稳定性、应用成熟度、潜在失效模式及影响程度等，避免因选用产品的可靠性过低或质量波动过大影响型号的可靠性。

建议通过信息化手段加强材料数据共享，包括材料性能测试数据、可靠性测试结果、新材料应用验证结果等，避免重复性工作，降低材料质保成本。

### 3.10 优化软件研制流程和方式

在充分分析整星软件技术状态的基础上，商业卫星应对软件研制技术流程中的工作项目和质量控制点进行适当裁剪或合并，建立软件快速研制技术流程。商业卫星可研究简化软件评测程序，根据软件安全关键等级、软件成熟度等因素对第三方评测的项目进行裁剪。产品通过优先选用 FLASH 或 EEPROM 作为存储器，或者在硬件产品交付前完成软件固化，逐步取消整星 AIT 阶段返厂软件固化环节。

商业卫星应优先选用满足任务需求的产品化软件，加强软件功能部件或软件模块的复用设计，建立软件构件库，提高软件模块的通用化和复用能力。

### 3.11 有效简化文件编制和评审程序

商业卫星应建立一套完整的文件体系表，明确批产星、成熟成品可以最大范围借用的文件，各级文件尽量减少不必要的重复内容，合理减轻研制队伍文件编制工作量。

批产星和成熟产品应简化部分评审程序，关注全过程控制，减少事后评审。

### 3.12 科学简化部分质量问题归零程序

商业卫星应研究根据质量问题的具体情况科学地简化部分归零程序。如，COTS 元器件在研制过程中失效应开展失效分析，在经失效分析机理清楚、不需举一反三、非使用原因的情况下，可简化归零程序，

重点验证和评价改进措施的有效性，将相关情况记录在产品数据包中；AIT阶段发生的质量问题在总体单位具备归零条件的可不返回单机单位；在轨可快速恢复的空间环境等原因引起的问题，如不涉及批产卫星更改完善设计，可不单独组织归零评审。

### 3.13 采用先进工具和手段

为提升研制效率和水平，商业卫星应在多方面采用先进工具和手段。

1）仿真分析：在方案阶段或初样阶段，型号总体应组织产品承制单位研究采用先进的仿真分析技术替代部分硬件产品投产和实物物理试验。

2）数字化制造：在生产环节应推广使用基于数据模型的全流程仿真和数字化制造技术，避免人为差错，规范生产过程，提高产品质量和生产效率。

3）模块化组合地面机械支持设备：地面机械支持设备设计时应采用模块化设计，选用可拆解组合的标准零部件，根据不同型号的使用需求，对单个模块进行改造或更换，从而满足不同型号的使用需求，节省地面机械支持设备物料成本。

4）地面综合测试系统：全面应用小型化、一体化、自动化测试系统，固化测试用例，执行科学设定的通用平台测试用例、载荷测试用例、产品级测试用例，并严格执行，避免整星不必要的重复测试，加强测试结果的统计分析能力。

## 4 总结

本文通过调研和分析国内外商业卫星的发展情况，根据我国商业卫星的研制特点，对质量与可靠性控制方面的核心要素进行分析，阐述了商业卫星质量与可靠性控制的一些建议，涵盖外协供方选择、COTS产品选用、可靠性设计和验证等诸多方面，仅供后续商业卫星研制工作参考。

# Some Considerations of Quality and Reliability Management for Business Satellite

YUAN Yuan  GE Yu  LI Nan  YU Xiangtian

DFH Satellite CO., LTD, No.104, Youyi Road, Haidian District, Beijing  100094

**Abstract**  To search for market-oriented business model for commercial satellites development, it is urgent to research a set of principles that applicable to commercial satellites' quality and reliability according to market demand and cost constraints. In this paper, referring the characteristics of commercial satellites as well as domestic satellite development foundation, we put forward some ideas to improve quality and reliability of commercial satellites. Especially on the base of the current universal product assurance requirements, some optimized principles to ensure the quality and reliability for commercial satellites, and some reducible demand to cost down.

**Key words**  Commercial satellite; Low cost; Quality; Reliability

**作 者 简 介**

袁媛，女，航天东方红卫星有限公司，研究方向为综合质量管理，电子邮箱：yuanyuan@dfh.cast。